城垣杯

规划决策支持模型
设计大赛获奖作品集

2019—2020

Planning Decision Support Model Design Compilation

北京市城市规划设计研究院
中国城市规划学会城市规划新技术应用学术委员会
北京城垣数字科技有限责任公司
编

中国建筑工业出版社

图书在版编目（CIP）数据

城垣杯·规划决策支持模型设计大赛获奖作品集：
Planning Decision Support Model Design
Compilation．2019-2020 / 北京市城市规划设计研究院，
中国城市规划学会城市规划新技术应用学术委员会，北京
城垣数字科技有限责任公司编. — 北京：中国建筑工业
出版社，2021.3
ISBN 978-7-112-25705-8

Ⅰ．①城… Ⅱ．①北… ②中… ③北… Ⅲ．①城市规
划－建筑设计－作品集－中国－现代 Ⅳ．①TU984.2

中国版本图书馆CIP数据核字（2020）第240790号

责任编辑：费海玲
责任校对：张惠雯

城垣杯

规划决策支持模型设计大赛获奖作品集2019—2020
Planning Decision Support Model Design Compilation
北 京 市 城 市 规 划 设 计 研 究 院
中国城市规划学会城市规划新技术应用学术委员会　　　编
北 京 城 垣 数 字 科 技 有 限 责 任 公 司

＊

中国建筑工业出版社出版、发行（北京海淀三里河路9号）
各地新华书店、建筑书店经销
北京锋尚制版有限公司制版
北京富诚彩色印刷有限公司印刷

＊

开本：889毫米×1194毫米　1/12　印张：46　字数：1150千字
2021年3月第一版　　2021年3月第一次印刷
定价：**476.00**元
ISBN 978-7-112-25705-8
（36666）

编委会成员

前言

为推进国家治理体系和治理能力现代化，实现我国经济高质量发展，建立国土空间规划体系并监督实施是党中央、国务院作出的重大决策部署。基于前沿的规划量化理论，融合互联网、大数据、人工智能等先进的信息技术，对国土空间规划和城市治理相关要素进行定量分析研究，为国土空间规划和管理工作提供更具科学性的指导与支撑，是规划从业者需要深入思考的重要课题。自2017年起，北京市城市规划设计研究院与中国城市规划学会城市规划新技术应用学术委员会已成功举办四届"城垣杯·规划决策支持模型设计大赛"，为更加科学地解决国土空间规划和城市治理领域问题提供了新的思路和方法，不断推动规划量化研究工作向更深、更广的领域拓展。大赛旨在汇聚国内外致力于规划量化研究的专业学者，运用先进的国土空间规划理论方法，从我国实际应用角度出发，创新规划决策支持模型技术，综合运用多源数据（如政务数据、开放数据、大数据等），深入分析城市发展现状、总结发展规律、模拟发展趋势以及推演未来场景。同时，鼓励专业学者们结合自身研究专长，探索应用交叉学科技术，从理论方法、技术支撑、成果展现等方面进行开拓创新，推动规划决策支持理论方法与实践应用的深入结合，提高我国国土空间规划量化研究的综合实力。

随着大赛影响力不断提升，参与大赛的队伍规模不断扩大，使技术研究内容不断丰富，技术研究方法不断进步。利用开放大数据所做的各种创新研究在国土空间规划和城市治理中获得了更多的影响力，主办方引入百度、联通等大数据资源，鼓励参赛团队运用大数据、云计算、人工智能等前沿技术推动城市管理手段、管理模式、管理理念的创新。2020年新型冠状病毒肺炎的爆发让我们再一次思考人与自然和谐相处的重要意义，为此大赛特别增设"城市卫生健康"专题，希望促进规划从业者思考如何从规划建设角度做到防患于未然，探讨在重大卫生事件发生的时候，如何利用规划知识和量化技术方法，为事件发展提供有效的分析、预测与评估，为规划建设和城市治理提供量化支撑。四年来，大赛的创立和发展见证和记录了国内外规划量化研究领域的发展历程。

《城垣杯·规划决策支持模型设计大赛获奖作品集（2019—2020）》（以下简称《作品集》）收录了第三、四届大赛评选出的获奖作品，以飨读者。希望《作品集》的出版能为规划从业人员及学者们搭建一个交流学习、相互借鉴的平台，也希望有更多的单位和同行参与进来，共同推动规划量化研究领域的创新实践。

编委会

2020年12月

Preface

In order to promote the modernization of the national governance system and governance capacity, and realize the high-quality development of China's economy, it is a major decision to establish a Land-Space Planning system and supervise its implementation. It has been an important topic how to carry out quantitative analysis and research on Land-Space Planning and urban-governance-related elements, based on frontier Planning Quantitative Theoretical Research and Integrating Advanced Information Technologies such as Internet, Big Data and Artificial Intelligence, so as to provide more scientific guidance and support for Land-Space Planning and its management. Since 2017, Beijing Municipal Institute of City Planning & Design, in association with China Urban Planning New Technology Application Academic Committee in Academy of Urban Planning, have successfully orgnized four sessions of Planning Decision Support Model Design Contest (Chengyuan Cup). The contest provides a new way for scientific solution of Land-Space Planning and urban-governance-related problems, which continuously promotes the quantitative research of planning to a deeper and broader field. The purpose of the contest is to call together domestic and foreign scholars who are committed to urban quantitative research, to deeply analyze the current situation of urban development, to summarize the law of development, and to simulate the development trend potential and future scenarios considering the practical situation of China, by applying the advanced planning ideas and planning decision support models, and using all kinds of data (Government Data, Open Data, Big Data, etc.). At the same time, professional scholars are encouraged to explore the application of interdisciplinary technology combined with their own research expertise, then carry out innovation from the aspects of theoretical methods, technical support, and achievement presentation, to promote the in-depth integration of planning decision support theory and practice, for improving the comprehensive strength of quantitative research on land and space planning in China.

With the continuous improvement of the influence of the contest, the number of participating teams continue to increase, the subjects and contents of technical research continue to enrich, and the technical research methods continue to improve. In consideration of the fact that various case studies using open Big Data have gained more influence in Land-Space Planning and urban governance, the organizers have introduced Big Data resources such as Baidu Map Insight data and smart steps data, and encouraged the teams to use the frontier technologies such as Big Data, Cloud Computing and Artificial Intelligence to promote the innovation of urban management methods, management mode and management concept. The COVID-19 in 2020 reminds us to think about the importance of harmonious coexistence between human and nature, therefore a special topic of "Urban Health" has been added to the contest, in order to encourage planning practitioners to think how to prevent from the perspective of planning and construction, and to think how to use planning knowledge and quantitative technology to provide effective perception, cognition, analysis, prediction and evaluation for event development, to provide quantitative support for planning and construction and urban governance when a major health event occurs. In the past four years, the establishment and development of the contest witnessed and recorded the development process of planning quantitative research field home and abroad.

ChengyuanCup · The Planning Decision Support Model Design Compilation (2019-2020) includes winning works selected in the third and fourth contests for readers. It is hoped that the publication of the compilation can build a platform for exchange, learning and mutual reference for planning practitioners and scholars, and more units and peers are expected to participate to jointly promote the innovative practice in the field of planning quantitative research.

Editorial Board
December, 2020

目录

第三届
获奖作品

第四届
获奖作品

第三届
获奖作品

中国城市公共空间失序：识别、测度与影响评价

工 作 单 位：清华大学

研 究 方 向：城市设计研究

参 赛 人：陈婧佳、梁潇、徐婉庭、张昭希

参赛人简介：团队成员来自清华大学建筑学院城市规划系，主要研究领域为城市空间量化研究及其规划设计响应，研究课题涵盖数字增强设计、城市空间品质、健康城市等。团队成员曾参与多项城市设计竞赛（如上海城市设计挑战赛、大数据支持空间规划与设计竞赛等）并取得佳绩，在时空量化分析、数字建模、城市设计等方面有较强的实践经验。

一、研究问题

1. 研究背景及目的意义

中国城市正在经历着前所未有的快速发展进程，伴随着大量的增量开发与存量更新，城市功能日臻完善，城市面貌日新月异。值得注意的是，一方面，虽然中国城市整体空间品质得到了较大改善，但这种显著的空间品质提升多集中于新建设区或开发区，而稍旧的建成区或老城区存在的城市空间环境品质下降、空间秩序混乱等现象。另一方面，部分城市存在经济停滞或人口减少，但城市空间仍在进一步扩张的现象，这种现象导致了城市建设用地闲置、环境衰败等问题。社会学上将这种空间品质较差、空间秩序混乱的现象定义为城市空间失序（spatial disorder）。

（1）研究背景

城市空间品质较差所带来的城市空间失序现象，指的是可观察或是感知的、对居民生活和邻里公共空间的正常使用造成了扰乱的物质环境和社会环境线索（Skogan，1990年）。相对于"有序"，这种空间秩序混乱的现象包括了物质环境要素和社会环境要素两方面。社会环境失序通常涉及陌生人有潜在威胁性的行为，或者是缺乏社会控制的与人有关的迹象，如公共场合暴虐、贩毒等，而在物质环境上则是城市景观的恶化、衰退或是邻里社区整体的外观紊乱，通常表征为废弃和空置的建筑物、破损的公共空间、未被处理的大量垃圾等。一些西方国家自20世纪末就开始关注城市空间失序甚至破败的现象并投入了一定的研究，包括探讨和界定空间失序的概念、分析空间失序的原因和可能带来的影响等，而国内城市管理者和研究者对空间失序关注较少。

1）在城市品质发展转型中的新需求

目前，国家倡导的"高质量发展"和"城市双修"等城市发展战略，正在引导着中国人居环境建设从重"量"走向提"质"。自从中共中央、国务院出台《关于进一步加强城市规划建设管理工作的若干意见》之后，"城市双修"（生态修复、城市修补）已成为城市管理与建设的年度热词，它侧重针对空间品质较差的建成环境进行城市空间维护、整治和有机更新，并且亟须专业、明晰的理论方法进行指导实践。为了更好地提升城市空间品质，更精准地对建成区进行城市更新与管理，城市管理者与研究者首先需要对现有的城市空间品质及失序现象进行量化测度与评估。

2）新数据背景下的空间失序测度方法研究

随着新数据环境的提升和人工智能技术的突破，城市空间品质的大规模测度成为可能。同时随着图像处理技术的日趋成熟，利用街景图片、结合深度学习技术对城市内容和信息进行挖掘从而展开的城市意象、城市空间品质测度等研究成为城市领域新话

题和服务城市设计与管理的新手段。在空间失序领域，为了实现对空间失序现象的自动识别和大规模测度，也开始出现了结合街景图片和深度学习的实证研究（Quinn，2016年）。基于新数据新技术的研究方法，克服了传统建成环境审计成本高昂、难以在多个城市同时开展研究等问题，成为广泛运用的、有效且可靠的测度手段之一（Kelly等，2012年）。

（2）研究意义

目前最新的相关研究大多以西方城市为研究对象，我国该领域的理论研究与技术探索较少，如何利用城市不断涌现的大数据、结合快速发展的人工智能技术，实现服务精细化和智能化的城市规划、设计与管理需要更多探索，本研究对于中国城市失序发展状况的研究具有以下意义：

理论层面：目前在国际城市研究与规划领域中，空间失序与其他空间品质相关研究作为一个新兴的研究方向，得到越来越多学者的关注，但从城市规划与设计的角度出发来研究城市空间失序的现象、测度或成因的相关研究仍较为匮乏。

技术层面：结合街景图片与计算机深度学习对城市空间失序进行大规模测度的方法，具有技术方法层面的研究意义，有助于科学、系统和动态地认识城市空间失序这一建成环境的空间表征现象。

实践层面：研究城市空间失序的特征及其影响机理为城市更新提供相应的空间干预手段，以达到场所营造和活力培育的目的，具有城市规划与设计实践层面的研究意义。

2. 研究目标及拟解决的问题

本研究从城市规划与设计学科视角出发，吸收已有研究者对空间失序的定义、表象、成因和设计应对等研究内容的思考，就中国城市空间失序研究当前面临的部分重点与难点问题进行探索并开展实践应用验证。

（1）研究目标

本研究希望探讨在中国城市空间特征的语境下，空间失序准确的概念及其要素，并通过对中国城市空间失序现象大规模测度，讨论空间失序在中国城市中的表征，实现以下目标：

第一，以北京五环内城市空间为例，识别出中国城市空间失序的规律特点，讨论空间失序要素的构成体系与分布特征，对发生空间失序的城市空间进行评价和分类，量化评估城市失序等级

与失序特征。

第二，基于我国287个主要城市中心城区的街景图片数据，展开对空间失序的大规模智能测度工作，通过量化我国城市空间失序现象，掌握我国城市空间品质现状及要素特征。

第三，探索中国城市出现空间失序现象的建成环境如何进行维护、整治和有机更新，提出有效的导则，为未来中国城市精细化空间干预策略提供重要建议。

（2）拟解决的关键问题

随着新数据环境的不断完善和新技术手段的日趋成熟，评估建成环境的工具和手段也日益丰富，使得利用多数据和多方法大规模测度中国城市空间失序现象并探索其基本规律成为可能。本研究拟解决的两个关键科学问题：①如何充分有效地利用数据与技术优势来实现对城市空间品质准确而高效的大规模测度；②如何利用测度结果，科学有效地评价中国目前的城市失序现象，并总结其在中国城市中的规律特征，从人本视角对城市空间品质进行全面、客观认识的必要补充。

二、研究方法

1. 研究方法及理论依据

已有研究表明，物质环境失序因素比社会环境失序因素更适合进行测度，它有更多的构成要素，并且它的构成要素分布更为均匀和广泛，整体可靠性更高。另外，虽然人们很早就意识到了关注空间失序的重要性，但是很少有针对空间失序的概念定义与测度的系统研究。已有研究多是为了探究建成环境与个体活动的关系等，少有研究者直接以空间失序为目的进行大规模测度。

（1）理论基础

为了识别空间失序出现的地点和其严重程度，一种可行的测度方法是建成环境审计（built environment audit），即由专业研究人员前往研究地点，对研究需求的空间特征进行直接和系统的观察，并使用评分表对预定义的环境特征进行评估。但传统审计耗时、成本高昂，并且难以在各地区间进行客观可靠的比较，使得城市公共空间难以大规模量化和测度。

随着城市研究可获取的新数据环境的形成，基于街景图片的非现场建成环境审计（虚拟审计，virtual audit），以及其衍生开发

的在线工具平台已经运用在建成环境审计及测度研究中。国外的谷歌街景、国内的腾讯街景和百度街景等数据平台，提供了可获取并覆盖了大部分城市主城区街道的高精度街景图片。当前，基于街景图片开展的城市研究通常包括了三类：对图片元数据的挖掘，如拍照地点、时间等；对图片文本标签的挖掘；对图片内容本身的挖掘。前两类主要用于城市形态分析和人群的时空行为分析，对图片内容信息挖掘，主要是利用深度学习技术对图片内容进行识别，进而分析城市意象要素类型、城市街区的绿化指数、街道安全指数等，与城市物质形态、建成环境息息相关。就建成环境审计研究而言，相较于传统的审计方法，基于街景图片的虚拟审计以更广泛的地理覆盖范围、更高的性价比、更快的更新频率成为广泛运用的、有效且可靠的测度手段之一。对图片内容挖掘主要的研究内容多集中在公共健康领域，探究城市空间要素和其品质对居民健康和活动的影响，如邻里环境的活动友好性，促进不健康饮食的建成环境特征，社区环境的致肥性和街道清洁程度对城市健康的影响等。城市规划与设计领域则有对城市用地类型分类、街道可步行性和城市空间品质等的探讨，但直接对空间失序现象进行研究与测度的比较少有，原因可能是空间失序的概念较新颖、抽象，且评估方法较为模糊等。

（2）研究方法

本研究借鉴了已有西方城市研究中传统的建成环境审计方法，即审计清单（checklist）。审计清单通常包括了城市空间中能够通过直接观察而得到评估的众多物理特征（如街道树木、人行道宽窄等），从而以指标化的方式对空间失序进行定义和系统化、标准化的评估。本研究学习了国际城市研究中已发表的相关文献后，制定了代表不同空间特征的若干大类项目，并进一步地对一级评价指标进行细分，最终定义了五大类十九个二级分类的空间失序构成要素，以便进一步形成统一标准的空间失序评估体系。

1）基于在线街道审计平台对北京五环内街景图片进行空间失序要素评分

参考已有的虚拟审计系统，基于空间失序的构成要素体系和所获取的街景图片数据，研究搭建了在线的虚拟审计网络平台，每一个街景观测点的四个方向街景图片集中在一个页面上，人们可以通过一侧的选项来勾选四个图片中分别存在的空间失序要素。研究甄选了建筑或城市规划专业背景的4位审计员，通过

随机分配完成了全部街景图片的审计（关于评分者之间的可靠性已在齐齐哈尔的预实验研究中得到测度并认为是可行的）。他们首先受到了统一的人工审计培训，包括审计项目介绍和审计要素培训等；基于统一的评分体系，对每个街景点的四个方向街景图片进行了识别，对图片是否存在各个空间失序要素进行二分法的判读，以尽可能地减少由于审计员认知背景的差异而造成的统计误差。

2）利用机器学习对全国主要287个城市中心城区范围内的街景图片进行空间失序打分

研究采用了MobileNet的机器学习模型，以实现对大规模街景图像数据的空间失序要素自动识别（object detection）。这种深度可分离卷积模型显著地减小了模型大小（参数数量减少）和降低了复杂性，从而实现了轻量级的深度神经网络和提升的计算速度。

（3）研究步骤

本研究主要分为4个步骤进行，包括"空间要素体系构建""核心案例城市空间失序现象的规律识别""横向维度探索：全国大规模街景图像数据的机器学习""纵向维度探索：应对空间失序的城市空间更新策略思考"，内容如下：

1）空间要素体系构建

首先基于对中国城市空间的整体现状认知，开展了案例城市的局部现场调研，以进行信息搜集，并总结国外的城市案例与已有理论研究，整合中国城市空间发展特征，建立起空间失序的量化指标体系。

2）核心案例城市空间失序现象的规律识别

通过腾讯地图API提取街道和路网数据，并由此获取核心案例城市和全国主要城市的海量街景数据；依据指标体系建立了在线审计平台，由审计员对街景图片进行分要素的人工判读，并进行数据分析，了解案例城市的空间失序现象的规律。

3）横向维度探索：全国大规模街景图像数据的机器学习

在横向维度上扩大研究范围，将空间失序研究理论应用到全国，实现对全国主要城市的空间失序量化研究。本研究基于机器学习方法，对大规模街景图片进行自动的空间失序要素识别与评分，得到全国街道的"空间失序"指数，获取全国城市街道空间失序现状。

4）纵向维度探索：应对空间失序的城市空间更新策略思考

在纵向维度上探索城市规划者和管理者应对空间失序现象的政策与城市设计策略。因此本研究收集现有的城市街道空间营造的导则信息，讨论不同街道类型失序要素的更新方法，为改善空间失序与提升城市空间品质提供应对方法。

2. 技术路线及关键技术

（1）技术路线

本研究的技术路线图如图2-1所示。

（2）关键技术

1）大数据采集方法

本研究通过互联网地图平台，采集获取中国主要城市的街景图片数据（如覆盖中国大多数城市的百度地图街景和腾讯地图街景等），从而构建中国城市空间失序研究的基本数据库，作为后续空间失序测度的数据基础。

2）人工在线审计平台

本研究对小范围的街景图片样本进行人工判读，结合传统的建成环境审计方法，基于项目所构建的空间失序构成要素体系，通过团队开发的虚拟审计在线平台，由具有城市规划与设计背景的审计员对城市空间失序现象进行评价。

3）基于街景图片的深度学习方法

本研究利用建成环境审计方法所标注的街景图片样本训练机器学习模型，基于深度卷积神经网络结构，构建街景图片数据与是否存在各类空间失序构成要素的关系链接模型，以支持对中国主要城市空间失序现象的大规模自动测度。

4）大数据分析与可视化方法

本研究以街景图片为主的多源大数据，基于大数据分析与可视化方法，将测度结果在街景点、街道和城市层面进行汇总分析，从多个层面对城市空间失序现象及其分布进行可视化。

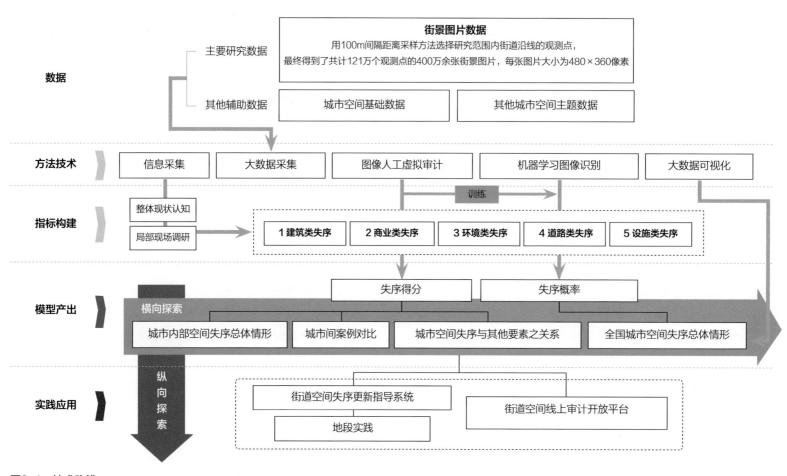

图2-1　技术路线

三、数据说明

1. 数据内容及类型

研究选择了街道作为研究的基本单位，并采用了以街景图片为主的多源大数据，结合北京基础空间数据、五环内房价交易信息和包括微博、大众点评等在内的社交网络数据等多源数据。

（1）北京数据

研究以北京为核心案例城市，考虑到北京行政划分范围过大，而五环内城市空间已经涵盖了北京市主要市区［包括北京商务中心区（Central Business District，简称CBD）、二环内传统民居和普通住区等］，人口密度较高，就业机会、文化活动和娱乐活动等集中，故研究选取了北京五环所包含的城市区域，总面积约为667km²。

为实现高效的空间评价并准确定位空间失序的空间位点，本研究选取了腾讯地图街景图片作为建成环境审计资料。基于本项目所拥有的腾讯地图44 865条北京五环内道路网络数据，研究最终选取了有最新街景图片（2015年1月）的16 790条城市道路作为小范围人工审计的研究对象。考虑到在核心案例研究区域内下载所有街景图片的工作过于繁重，研究采取了间隔距离为50m的距离采样方法来选择研究区域内街道沿线的观测点，并提取了每个观测点平行于道路（前、后）和垂直于道路方向（左、右）共计四个方向的全景街景图片。最终，得到了共计70 436个观测点的281 745张图片，每张图片大小为480×360像素。

（2）全国数据

研究以全国287个主要城市的中心为研究范围（实为利用每个地级市的最大城镇建设用地边界板块推测到的边界），覆盖了4个等级的城市（4个直辖市、15个副省级城市、17个省会城市和251个地级市），并覆盖了全国范围内不含港澳台在内的所有省市和自治区。

在全国城市的街景图像数据方面，考虑到随着研究范围的扩大，数据获取和分析的复杂性随之增加，研究最终采用了间隔距离为100m的距离采样方法来选择研究范围内街道沿线的观测点，并最终得到了基于中心769 407条有最新街景图片的街道，共计121万个观测点的超过400万张图片，每张图片大小为480×360像素。

2. 数据预处理技术与成果

本研究用到的数据预处理技术并不复杂，除了全国287个主要城市的腾讯街景图像数据，另外数据已经在工作团队其他的研究中多次使用，此处不再详细介绍。本研究中关于空间失序的讨论基于ArcGIS平台，将街景图片信息附在其所在街道观测点上，通过空间分析等方式，汇总到街道和城市要素上，以实现街道尺度与城市尺度上的空间品质可视化。该可视化结果将直观地展现出城市建成空间品质与空间失序的分布情况和具体的空间失序要素构成情况。其中，本研究对街景图像数据中存在大面积物体遮挡（如车辆、行人等）、拍摄昏暗、拍摄模糊等的数据进行了筛选和剔除，以适应后续对大规模街景图像开展的机器学习模型计算。经过多数据源的数据融合、数据清洗等操作，实现数据的可视化。

四、模型算法

1. 模型算法流程及相关数学公式

（1）街景图像人工审计

根据5个要素、19项要素的空间失序要素体系来自建筑或城市规划专业背景的4位审计员，通过随机分配分工完成了全部核心案例区域的街景图片人工审计，他们对每个街景点的四个方向街景图片进行了识别，对图片是否存在19个空间失序要素进行二分法的判读。在模型中，每个街道观测点的空间失序指数是其四个方向的街景图像空间失序要素的等权重相加，并在街道尺度上进行了平均值计算，由此得到街道的空间失序指数。

（2）机器学习

研究采用了MobileNet的机器学习模型，对大规模街景图像数据的空间失序要素自动识别。MobileNet模型是一种深度可分离卷积神经网络，指先进行深度卷积，再进行逐点卷积。纵向褶积是通道型的$D_K \times D_K$空间卷积，点态卷积是1×1的卷积来改变维数。每层后均采用批归一化（Batch Normalization，简称BN）和相对非线性，只有最终完全连通层无非线性，并馈入软最大层进行分类。当MobileNet使用3×3深度可分卷积时，可以实现在非常小的精度降低状态下的计算量显著减小（比标准卷积计算量少8～9倍的计算量）。

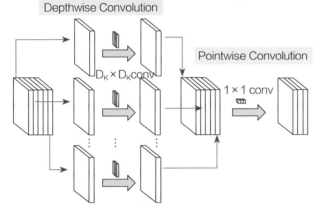

图4-1 机器学习示意图

最初使用RMSprop进行TensorFlow训练，其异步梯度下降类似于Inception V3，但是因为小型模型往往不会过度拟合，研究最终使用了较少的正则化和数据增强技术。对于ImageNet数据集而言，使用深度可分离的卷积MobileNet与完整的卷积相比，仅有1%的精度损失，但其复杂性和参数量大大降低。在具体的模型参数设置上，研究通过对人工标注的数据进行模型训练，得到了模型的参数，最终研究设置了值为1的输入宽度（宽度乘法器 $\alpha=1$）和值为224的图像分辨率（分辨率乘法器224），以有效地权衡延迟和精度，并设置了值为4 000的模型训练步骤，机器学习率为0.0001（图4-1）。在具体的模型训练方法上，研究使用了迁移学习，即在数据集中重新训练已经训练好的MobileNet模型，以完成短时间内对大量训练图像的快速计算。

2. 模型算法相关支撑技术

（1）在线打分平台

为了提高核心案例区域的人工审计与要素标注效率，并服务后续实验，研究自主开发了人工审计在线评价系统（图4-2）。

图4-2 虚拟审计在线评价系统

（2）Python编程语言

研究基于已有的MobileNet V1模型，在Python3.6编译环境中对模型代码进行了移植和修正（图4-3）。

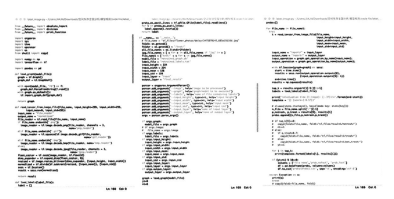

图4-3　研究中所使用到的代码

（3）GIS技术平台

GIS是一个获取、存储、编辑、处理、分析和显示地理数据的空间信息系统，其核心是用计算机来处理和分析地理信息（图4-4）。

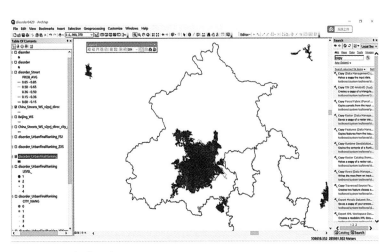

图4-4　GIS操作平台

五、实践案例

1. 中国城市空间失序的规律特点

（1）以北京为例——北京五环内空间失序研究

以北京五环内街道为对象，对特大城市空间品质低下甚至

出现空间失序的现象进行研究。以16 790条城市道路作为研究对象，对70 436个观测点的28 1745张图片进行失序打分，存在某项空间失序要素为1，不存在为0。

研究将每条街道上各街景点空间失序指数的平均值作为该街道的空间失序指数，发现64.3%的街道至少有一个点存在空间失序要素，49.8%街道的平均空间失序水平超过1个要素。空间失序不同程度地散布在五环内城市空间，二环内和东南部的失序现象较为明显。

1）北京城市空间失序概况

通过各街道办事处以及行政区尺度对北京五环内城市空间失序人工审计评分的计算，可以看出，街道办事处尺度下的空间失序情况，较严重的部分集中在丰台区和大兴区，包括新村街道、卢沟桥街道等（图5-1），而四环与五环之间是空间失序的重点区域。对比各个行政区的五类要素失序情况，可以发现，海淀区的建筑品质较好，东城区的商业品质明显优于其他行政区，丰台区的设施、环境与道路方面的失序均较严重（图5-2）。

排名	街道办事处名称	行政区划	失序现象总分
1	十八里店地区	朝阳区	3 606.8
2	新村街道	丰台区	3 125.2
3	卢沟桥街道	丰台区	1 779.9
4	西红门镇	大兴区	1 571.5
5	四季青镇	海淀区	1 533.3
6	王四营地区	朝阳区	1 429.4
7	旧宫镇	大兴区	1 395.6
8	小红门地区	朝阳区	1 377.6
9	东铁匠营街道	丰台区	1 244.7
10	大红门地区	丰台区	1 237.4
……	……	……	……

图5-1　北京街道办事处尺度上的失序情况分布

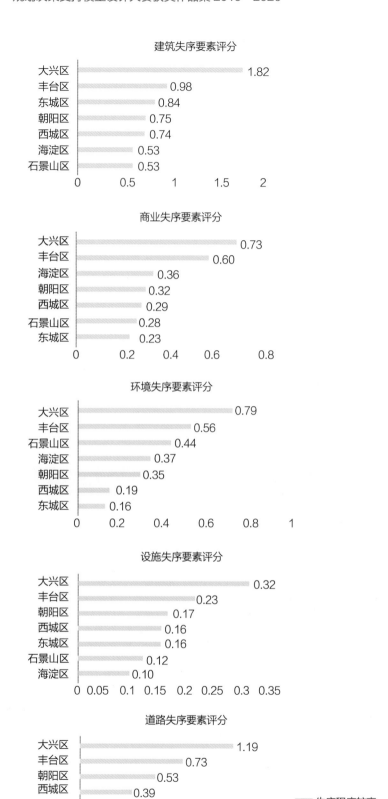

图5-2 北京各行政区尺度上的各类失序情况对比

2）空间失序要素特征与空间分布

在空间失序要素的提取和空间分析上，研究得到了各个要素对五环内城市空间品质的影响占比和空间分布（表5-1）。

19项失序要素评分			表5-1
类别	指标要素	图片中出现的次数	与已有研究相比
1. 建筑	1.1 建筑拆封	1 879	a
	1.2 建筑外立面不完整	2 490	a
	1.3 建筑外立面破损	5 902	a
	1.4 建筑外立面老旧	37 681	a
	1.5 建筑外立面涂鸦	13 138	b
	1.6 私搭乱建/临时建筑物	5 304	c
2. 沿街商业	2.1 招牌老旧/混乱	13 714	c
	2.2 铺面老旧/污损	8 371	a
	2.3 无序占道经营	3 612	c
	2.4 铺面空置及出售	1 120	a
3. 环境绿化	3.1 植物杂乱	13 682	b
	3.2 垃圾堆放/丢弃	11 806	a
	3.3 废弃车辆	212	a
	3.4 未拆除的施工围墙	7 313	c
4. 道路	4.1 道路未硬化	7 386	c
	4.2 道路破损	19 542	c
	4.3 道路侵占	15 711	c
5. 其他基础设施	5.1 基础设施破损	7 752	a
	5.2 公共界面破损	6 541	c

注：a. 几乎同样采用的项目；
　　b. 差异很大的项目；
　　c. 几乎没有出现在以前的研究中。

以街景观测点为基本研究单元，从各个空间失序要素在五环内的空间分布来看，发现各个要素分布各异、相差较大，与街景点的空间失序程度相一致，体现了城区中空间失序现象散布的特点，而影响北京五环内城市空间失序的主要要素如建筑外立面老旧（18.8%）、道路破损（15.2%）、道路侵占（9.6%）等，都呈现了空间失序要素集聚于二环内老城区和城区东南部的特点。

3）北京城市空间失序分级评估

通过对北京五类城市空间失序要素的评分统计，对其进行分级评估，以前5%范围的为优秀（失序评分为0，不存在失序现象），以去掉前后5%后的平均值或高于20%分位线的区间为良好，20%~80%之间为良好，低于后20%分数线的区间为较差，低于后5%分数线的区间为差，并计算其各个部分的比例（图5-3）。

街道案例的各项失序品质评价						表5-2
案例街道	建筑品质	商业品质	环境品质	道路品质	设施品质	整体品质
西单	较差	优秀	良好	良好	优秀	一般
鲜鱼口历史保护区	较差	较差	较差	差	差	差
798东侧住区	较差	良好	较差	一般	较差	较差
北京大学	一般	优秀	优秀	一般	较差	一般

（2）城市空间失序的影响探究：与城市街道活力的关系

为探究空间失序是否存在对街道活力的影响，将汇总到街道尺度的空间失序结果定义为街道的空间失序指数，作为街道活力的影响因素之一。而作为结果输出的街道活力则被定义和量化为经济活力（表5-3）和社会活力，并对相应活力表征进行了量化。其中街道经济活力主要通过邻近街道各住宅单元的房价信息反映，社会活力主要通过各街道50m缓冲区内的大众点评和微博的发帖或签到密度反映（表5-4、表5-5）。

建筑品质	
平均值	0.81
去掉前后5%后的平均值	0.56
标准差	1.59
中位数	0
范围（中间60%）	0-1.3
范围（中间90%）	0-4.18

商业品质	
平均值	0.39
去掉前后5%后的平均值	0.19
标准差	1.08
中位数	0
范围（中间60%）	0-0.33
范围（中间90%）	0-2.5

环境品质	
平均值	0.38
去掉前后5%后的平均值	0.24
标准差	0.83
中位数	0
范围（中间60%）	0-0.5
范围（中间90%）	0-2.17

道路品质	
平均值	0.53
去掉前后5%后的平均值	0.37
标准差	1.06
中位数	0
范围（中间60%）	0-1.0
范围（中间90%）	0-3.0

设施品质	
平均值	0.17
去掉前后5%后的平均值	0.08
标准差	0.49
中位数	0
范围（中间60%）	0-0.06
范围（中间90%）	0-1.17

整体品质	
平均值	2.31（一般）
去掉前后5%后的平均值	1.80（良好）
标准差	3.55（一般）
中位数	0.88（优秀）

图5-3 北京5类失序要素分级的空间分布

通过对北京五环内街道的五个方面的评估，得到各个街道分别在建筑、商业、环境、道路、设施和整体品质方面的表现评价（表5-2）。

以经济活力（房价，N=10595）为因变量的回归结果　表5-3

DV	housing_pr	模型1标准化系数	显著性	模型2标准化系数	显著性
区位指标	d_zhongguancun	-0.627	<0.001	-0.575	<0.001
	d_sub_station	-0.029	<0.001	-0.009	0.282
	d_cbd	-0.299	<0.001	-0.257	<0.001
	d_tiananmen	-0.152	<0.001	-0.209	<0.001
功能密度指标	den_POI	-0.069	<0.001	-0.056	<0.001
	den_junction	-0.013	0.198	-0.038	<0.001
	area	-0.029	<0.001	-0.035	<0.001
空间失序指标	Avg_decay			-0.105	<0.001
	R^2	0.482		0.490	

以社会活力（微博密度，N=16 790）为因变量的回归结果　表5-4

DV	den_weibo	模型1 标准化系数	显著性	模型2 标准化系数	显著性
区位指标	d_zhongguancun	−0.043	<0.001	−0.006	0.544 5
	d_sub_station	−0.133	<0.001	−0.118	<0.001
	d_cbd	−0.013	0.274	0.038	<0.01
	d_tiananmen	−0.033	<0.05	−0.051	<0.001
功能密度指标	den_POI	0.278	<0.001	0.278	<0.001
	den_junction	0.064	<0.001	0.061	<0.001
空间失序指标	Avg_decay			−0.125	<0.001
	R²	0.155		0.169	

以社会活力（点评密度，N=16 790）为因变量的回归结果　表5-5

DV	den_dianping	模型1 标准化系数	显著性	模型2 标准化系数	显著性
区位指标	d_zhongguancun	−0.064	<0.001	−0.074	<0.001
	d_sub_station	−0.104	<0.001	−0.108	<0.001
	d_cbd	−0.012	0.246	−0.018	<0.1
	d_tiananmen	−0.114	<0.001	−0.109	<0.001
功能密度指标	den_POI	0.498	<0.001	0.497	<0.001
	den_junction	0.105	<0.001	0.106	<0.001
空间失序指标	Avg_decay			0.033	<0.001
	R²	0.437		0.438	

结果发现空间失序指数与由房价反映的经济活力和由微博密度反映的社会活力成反比，并通过了显著性检验。空间失序指数

的纳入也能够在一定程度上提高对照模型的解释力度，说明空间失序程度的上涨将对邻近城市空间的上述两类活力造成负面影响。而空间失序指数与由点评密度反映的经济活力成正比，且通过了显著性检验。

2．基于机器学习的全国城市空间失序现状研究

（1）全国城市空间失序概况

本研究主要通过城市"中心城区范围内街道"进行城市总体空间失序评估，并按自然断裂分级法，按城市的空间失序程度高低分为五大级别（差/较差/一般/良好/优秀）。全国城市空间失序总体情况如表5-6所示，总空间失序概率为0.329，其中以设施类、商业类与建筑类空间失序的概率较为显著，而环境类相对不显著。如图5-6所示，从空间分布上来看，城市空间失序程度较严重的城市多位于华北、华东、西北等地区，而东北、华中和华南地区城市的空间失序程度相对较小。

全国空间失序整体情况　表5-6

	空间失序总分	建筑类失序	商业类失序	环境类失序	道路类失序	设施类失序
平均值	0.329	0.334	0.341	0.298	0.329	0.356
标准差	0.057	0.059	0.067	0.049	0.059	0.063
最大值	0.434	0.438	0.458	0.389	0.444	0.476
最小值	0.003	0.003	0.003	0.002	0.003	0.003
中位数	0.334	0.338	0.344	0.302	0.335	0.363

（2）基于行政分级的全国城市街道空间失序比较

研究按照城市行政区划级别，将直辖市、副省级、省会级别共计36个城市进行比较，并按失序总分以及五大空间失序维度进行纵向排比如图5-4。整体而言，基于行政分级的全国城市街道空间失序概率为直辖市大于省会城市大于地级市大于副省级城市。其中，在除环境外的所有维度中直辖市空间失序概率都略高于其他城市，并且在商业维度方面与其他城市有较大差异，而副省级城市则体现了良好的城市空间品质。

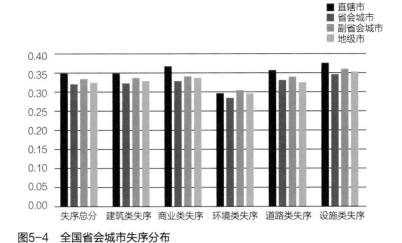

图5-4　全国省会城市失序分布

3. 城市空间失序场所应对策略探究

（1）空间失序要素更新

如何解决空间失序带来的城市品质较差问题是城市更新和城市有机发展必须解决的。本研究从19个空间失序要素入手，研究如何通过微小设计手段实现空间失序状况的改变（表5-7～表5-11）。

建筑失序要素更新			表5-7
失序问题	更新建议1	更新建议2	更新建议3
建筑外立面不完整 建筑外立面破损 建筑外立面涂鸦			
私搭乱建/ 临时建筑物			
建筑拆封			

商业界面失序要素更新			表5-8
失序问题	更新建议1	更新建议2	更新建议3
招牌老旧/混乱 铺面老旧/污损			
无序占道经营			

环境失序要素更新			表5-9
失序问题	更新建议1	更新建议2	更新建议3
植物杂乱			
废弃车辆 垃圾堆放/丢弃			
未拆除的施工围墙			

道路失序要素更新			表5-10
失序问题	更新建议1	更新建议2	更新建议3
道路未硬化 道路破损			
道路侵占			

设施失序要素更新   表5-11

失序问题	更新建议1	更新建议2	更新建议3
公共界面破损			
基础设施破损			

清河地区位于北京市五环外的海淀区（图5-5），由于地区内城市功能混杂、建筑建成年代跨度逾六十年、城市管理措施不足，使得地区范围内存在着基数大、种类多、现状严峻的不同等级的空间失序现象。研究对街道物质空间失序的13类要素和社会空间失序的5类要素进行了评估，最终结论显示：各段由于建成年代、功能和社会环境等的不同，表现出完全不同的失序状况，在较为严重的朱房城中村门前以及毛纺南小区的局部区域，空间失序现象已经严重影响了街道环境和步行体验。

分别对清河街道中建筑品质、道路品质、商业品质、环境品质进行失序评价，结果如表5-12。

对空间失序要素更新的多种可能性的讨论是城市失序模型研究与城市设计实践的衔接，通过模型分析可以有效地了解空间中失序状况的分布与程度，可以为后续城市更新实践提供参考。

（2）街道空间失序评估与更新实践——以北京市清河中街为例

为了进一步探索空间失序对城市设计与城市更新的支持与响应作用，于清河地区开展了结合本科生城乡调研形式的空间失序评价的研究。

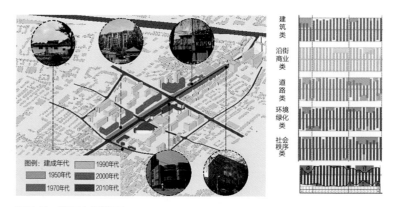

图5-5　清河中街概况

清河街道失序评估   表5-12

要素类别	分布图片	数量与比例	分析
建筑破损		10 频次　3.5% 占比	频次较少，覆盖区域较少，集中分布，有一个分布核 集中出现：朱房路西侧的城中村区域，零星分布在清河中街东段的底商部分
涂鸦小广告		29 频次　10.2% 占比	频次较多，覆盖区域较广泛，沿街道条形分布，有四个分布核 集中出现：海淀小学对面及清河中街与毛纺路交口处为严重区域，城中村及清河中街东段邮局附近为较严重区域

建筑类

续表

道路类			
要素类别	分布图片	数量与比例	分析
道路泥泞	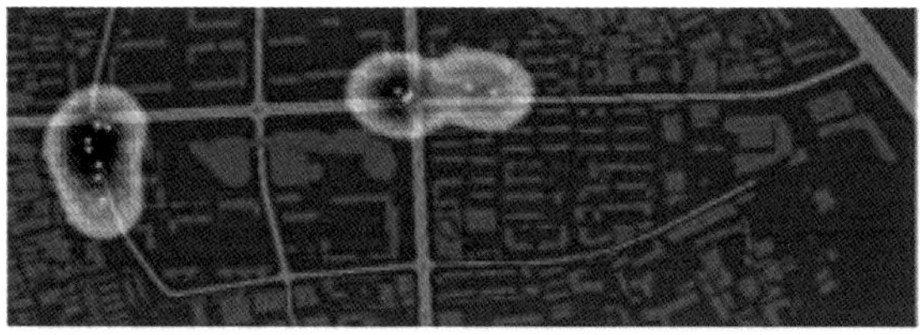	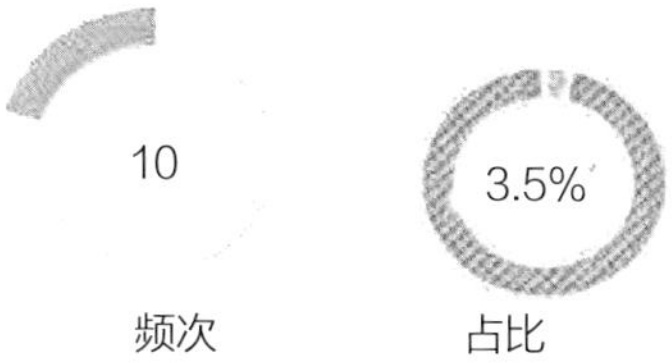 10 频次　3.5% 占比	频次较少，覆盖区域较少，集中分布在1号区段及2号和3号的交口地区 集中出现：最严重的核心位于朱房路的西侧地段，次核心位于五彩城对面商铺及力度家园入口前的公共空间处，力度家园以西的清河中街东段底商街段
道路破损	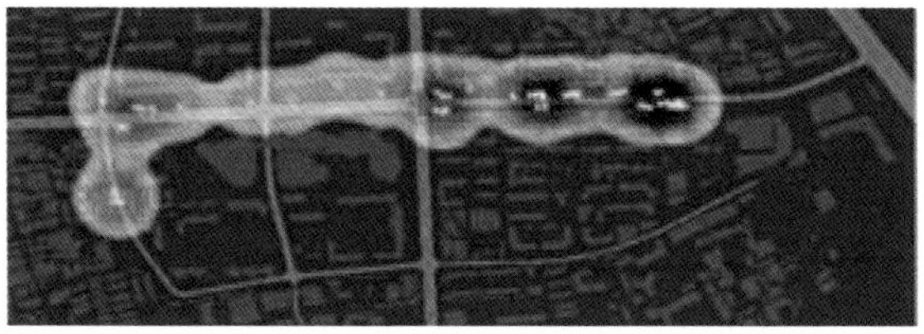	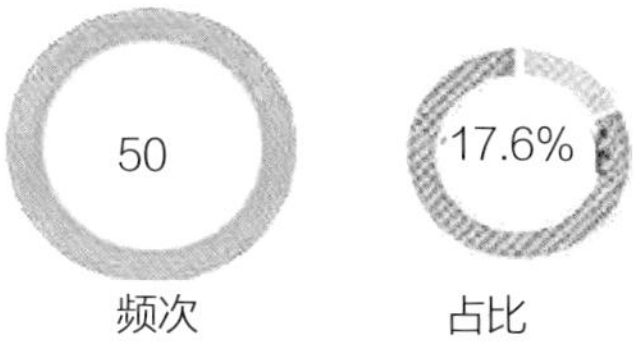 50 频次　17.6% 占比	频次极多，覆盖整个地段,较均匀的分布于街道两侧的人行道区域,集中分布于道路东端 集中出现：力度家园以西的清河中街东段底商街段
道路侵占	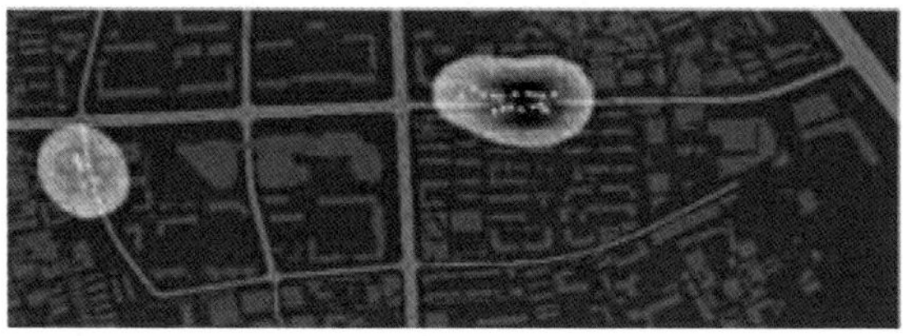	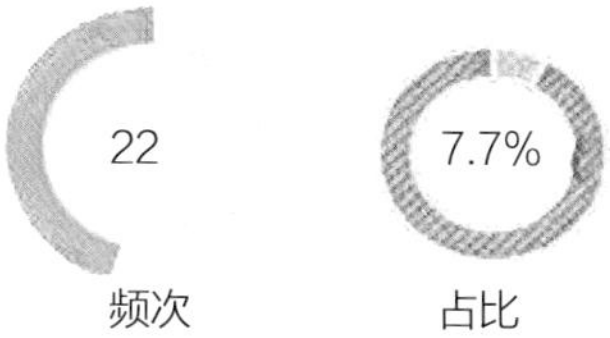 22 频次　7.7% 占比	频次多，覆盖区域较少，共两核分布在1号区段及3号区段 集中出现：主核心位于力度家园入口以东商铺前通行区域,其次位于朱房村的沿街道路空间
商业类			
要素类别	分布图片	数量与比例	分析
铺面破败	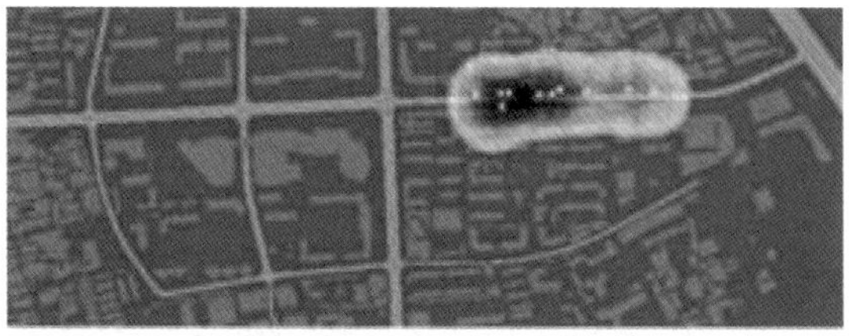	 10 频次　3.5% 占比	频次较少，覆盖区域较少，集中分布在地段东段 集中出现：力度家园以西的清河中街东段底商街段
招牌破败	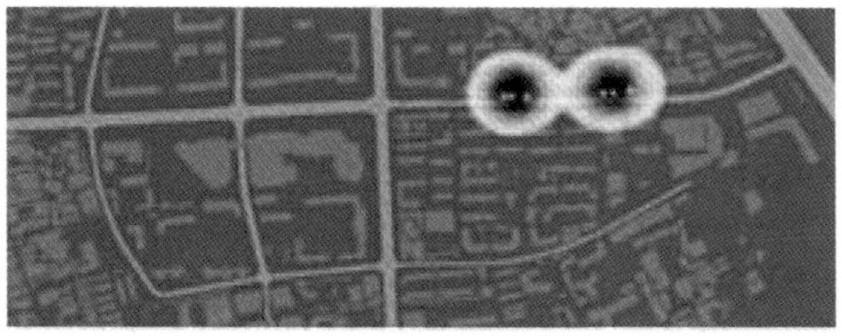	 6 频次　2.1% 占比	频次少。覆盖区域小，集中分布在地段东段，有分布核 集中出现：力度家园以西的清河中街东段底商街段
铺面空置	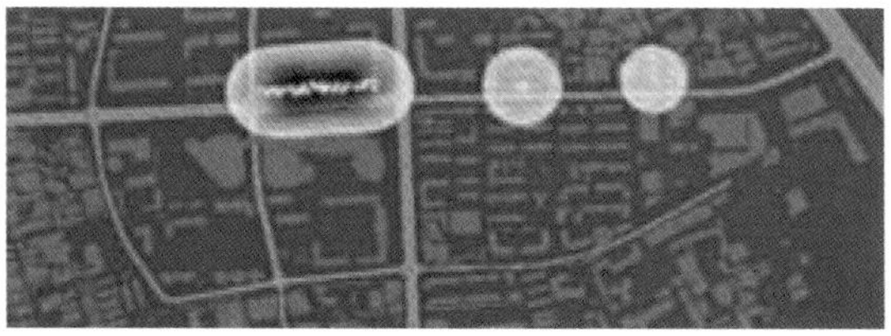	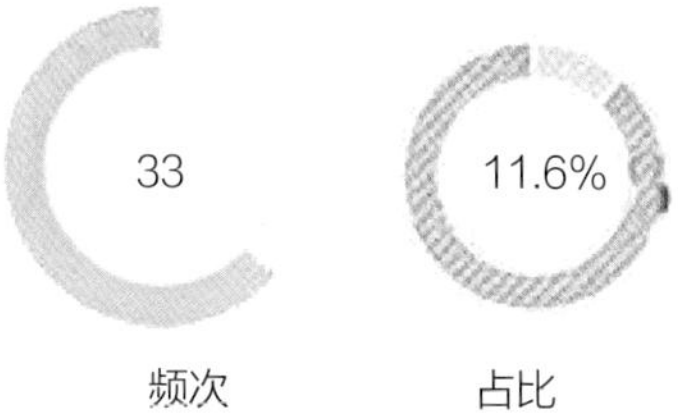 33 频次　11.6% 占比	频次较多，覆盖区域较广泛，出现在五彩城商场对面街道及地段东段的底商部分 集中出现：五彩城对面空置现象较严重，集中空置，东段地段有零星的空置店铺

15

要素类别	分布图片	数量与比例		分析
共享单车破败		11 频次	3.9% 占比	频次较少，覆盖区域较少，核式分布，集中分布在1号区段中部及3号区段 集中出现：主核出现在朱房村沿街的空间，力度家园入口处及毛纺南小区沿街空间有零星分布
垃圾堆放/丢弃		32 频次	11.3% 占比	频次多，连续覆盖了地段内70%的空间，问题较严重 集中出现：街道东端的底商部分（邮局附近）是主核，街道东段人流量较大的地段是重点区域
植被杂乱		22 频次	7% 占比	频次较多，覆盖区域较多，聚集分布，分散在地段各处 集中出现:朱房村沿街空间是问题最为严重的核，五彩城对面区域，清河中街与毛纺路交口区域,邮局前空间问题较严重
基础设施破损		27 频次	9.5% 占比	频次较多，连续覆盖区域的大部分区域，分布较集中 集中出现：朱房路与清河中街的交口地段是问题最为严重的区域，并随清河中街蔓延，街道东段沿街也有不同程度的基础设施破损问题
公共界面破损		18 频次	6.3% 占比	频次为18次，覆盖地段一半区域，聚集分布，有两处较严重的区域 集中出现：毛纺南小区沿街空间的公共界面破损极严重，范围广；朱房村附近出现一定数量的界面破损问题

在对清河街道的失序状况进行全面评价之后，针对几个具体的失序节点，提出更新策略建议（图5-6）。

4. 实践总结

空间失序是社会失序和城市经济社会衰退的结果，也是导致社会失序和城市衰退的原因。

研究采取了基于街景图片的非现场建成环境审计方法，搭建在线人工审计平台，以北京五环内城市空间为例，对现有的空间失序现象作了探究。研究发现，超过一半的城市空间都出现了空间失序的现象，但是整体空间失序水平较低，呈现出二环内城区和东南部城区空间失序现象较为严重和集中的特点。在具体的空间失序构成要素上，五环内的城市空间品质主要受到建筑外立面老旧、涂鸦等空间失序要素的影响。空间失序现象会对邻近城市空间的经济与社会活力造成负面影响。通过对在线地图街景图片进行大规模测度、评估与分析，说明在我国对城市空间的失序与破败现象进行研究是可行的，应对空间失序的城市设计与干预策略是需要的。

失序更新案例一 路口更新	失序更新案例二 小街巷更新	失序更新案例三 街角更新	失序更新案例四 广场或绿地更新	失序更新案例五 住区街道更新铺面空置
公共界面破损、建筑拆封未拆除的施工围墙、道路侵占	无序占道经营、铺面空置、建筑外立面涂鸦、垃圾堆放/丢弃	植物杂乱、铺面空置建筑外立面不完整	植物杂乱、垃圾堆放/丢弃道路破损、基础设施破损	私搭乱建/临时建筑物
策略：用栏杆代替白墙，获得较通透的街道低层界面，在围栏旁设置休憩设施与景观设施，提高街道公共设施品质，改善地面铺装等	策略：改善街道白墙和墙面涂鸦，进行景观性布置，改善墙面的封闭性，提高街道的可步行性和安全性，形成稳静化的街巷空间图	策略：结合人群活动，将其改善为街角空间，布置与景观相适宜的活动设施，如健身设施休闲座椅等，形成适应各类人群活动的公共场所	策略：避免大块不可进入的绿地造成街道的疏离感，将绿地与公共活动空间结合，变成可进入的绿地，承载更多的街道生活与可能	策略：街道家具容纳更多的休闲活动，避免停车与过多的物品堆积，占用人行道空间，商业界面可以结合外摆设施，形成较好的商业气氛

图5-6　清河街道不同场景的微更新

进一步在广度和深度上分别进行拓展研究。本研究采用了基于街景图像的机器学习模型，以实现对全国主要城市海量街景图像的空间失序要素自动识别。从结果来看，全国主要城市中心城区的空间失序现象主要集中在华北、华东等地区。在深度上，研究探讨了应对空间失序的城市空间改造与更新策略。在后续的研究工作中，研究计划探讨了不同城市空间失序现象与城市规模、经济发展状况等宏观条件的关系，并进一步细化空间失序的规划与城市设计应对，从而服务中国未来城市空间精细化与智慧化的管理。

六、研究总结

1. 模型设计的特点

城市空间品质提升是目前中国城市发展到当下水平和由"量"转"质"阶段的重中之重。过去部分粗放式的城市建设和城市空间发展的一般规律，导致城市空间中出现了参差不齐、表征各异的城市空间品质较差甚至空间失序的现象。空间失序及其可能对经济社会的影响已经在国际城市研究中引起了各领域研究者的关注，但是在国内还少有讨论。本研究通过基于街景图片和

深度学习的大规模城市空间品质测度工作，从而对中国主要城市的城市空间失序现象进行监测，具有以下特点：

特点一：基于大数据的高精度空间测度

目前，基于街景图片和人工智能相结合的城市空间品质测度手段已经成为国际城市研究领域的前沿与热点技术，本研究所开展的城市空间失序大规模测度及其成因、影响的研究，将充分利用以大规模街景图片为主的多源数据开展，并集成基于街景图片的深度学习、基于多源大数据的空间分析与可视化等技术手段，实现对"不可以测度（measure the unmeasurable）"的城市空间失序现象的测度。

特点二：基于街景图片的人本尺度测度

在中国城市发展日益强调"以人为本"的宏观政策背景下，人本尺度的城市空间营造与品质提升得到了关注。人本尺度指的是人可以看得见、摸得着、感受得到的与人体密切相关的城市尺度，是城市建设进入精细化阶段和关注居民体验的重要视角。在这一前提条件下，相较于以往空间尺度过大、指标不细的基础数据，街景图像由于更贴近个人视角，并且提供了360°的街道全景空间信息，从而成为新数据环境下进行人本尺度城市街道空间品质测度的重要数据来源。基于街景图像的城市空间品质与空间

失序测度，有利于更好地结合城市街道空间特征和具体场所进行评估与设计实践。

特点三：从定量的角度完成对城市空间失序的测度

不同于过往对于城市空间失序的现象与定义探讨，研究基于街景图像开展大规模分析工作，对空间失序进行了构成要素的解构和体系构建，从而以指标化的方式对空间失序进行了定义和系统化、标准化的评估。

2．应用方向或应用前景

本次研究中利用人工审计、机器学习、空间可视化等方式对我国城市空间失序现象进行测度和评价，一方面呼应当下国际城市研究的热点领域，并且为国际研究提供了尚且欠缺的中国视角；另一方面则有利于国内城市管理者与研究者加深对中国城市空间发展特征的认识和规律的梳理，把握和理解当前中国城市空间失序问题的现状及背后成因，为规划管理与设计应对提供决策依据，未来可广泛应用在以下领域：

前景一：未来城市决策和促进公众参与平台

相较过去依赖于小规模调查，基于街景图片数据的测度提供了一个观测尺度更微观、更新频率更高、测度范围更广并且可供跨地区跨城市进行系统比较的决策依据手段，不仅有利于未来城市规划与设计应对精细化、系统化，也有利于更加直接和直观地测度城市环境改善力度与成果，应用于规划设计评估，而人本尺度的城市空间品质管控和虚拟审计在线评价平台都更有利于城市居民理解决策和促进公众参与。

前景二：帮助建立未来智慧城市建设与精细化管理

基于街景图片虚拟审计的空间失序现象测度使得城市管理者和研究者能够结合新技术、新手段来实现对城市局部空间品质科学、系统、动态的认识。研究探索：①城市空间失序现象整体测度；②发生空间失序的地点往往存在空间失序要素聚集的特点；③对于城市品质低下甚至出现空间失序的重要空间进行识别等方面，能为进一步的城市空间更新升级提出相应的空间干预手段，如"城市修补"背景下的精细化干预与城市设计策略，以达到场所营造和活力培育的目的。在城市发展从增量开发日益转向存量发展、重视智慧城市建设与精细化管理的趋势背景下，本研究将为城市规划、设计和管理提供基础数据、基本规律和干预策略等方面的支持。

城市居住区生活圈划定模型研究

工 作 单 位：北京大学　美国伊利诺伊大学-香槟分校

研 究 方 向：时空行为分析

参 赛 人：李春江、夏万渠、王珏、李彦熙、陶印华、杨婕

参赛人简介：参赛团队由北京大学城市与环境学院和美国伊利诺伊大学-香槟分校地理与地理信息科学系的六名学生组成。团队成员包括本科生、硕士研究生和博士研究生，专业涵盖了人文地理、城乡规划与地理信息科学。团队目前致力于以时空行为为核心的理论、技术方法以及应用实践研究。

一、研究问题

1. 研究背景及目的意义

在新型城镇化战略实施、社区人群的异质性增大和居民对设施服务需求升级等一系列背景下，过去"以物为本""见物不见人"的城市发展观引人反思，并开始转向"以人为本"的城市发展观。城市规划相应的从重城市经济（生产）空间建设转向以居民空间为导向的规划，从只关注"物"转向重视"人"的规划，从只关注数量规模增加转向重视内涵质量提升的规划，以及从只有空间转向时空一体化的规划。在以人为本、重视人需求的背景下，以居民日常生活作为对象、结合物质空间规划和社会规划的生活圈规划将是未来城市规划转型的落脚点，对于实现公共资源的均等、精准化配置，有效应对居民差异化需求，以及实现居民参与的自下而上式的规划具有极大的意义。

以和居民日常生活最接近的居住区规划为例：过去，居住区规划从设施供给视角出发，采取"千人指标""服务半径"等单一的规划方法，快速获得新建居住区的设施种类与配置规模。但是在城市扩张放缓、城市规划从"增量扩张"到"存量优化"、城镇化从注重数量到关注质量的背景下，将人的特征差异抹掉的"千人指标"，并以此作为核心的居住区规划显然不能满足未来

发展的需要。现有研究也指出了传统居住区规划"一次性""静态性""自足性"及忽略个体需求的缺点。因此，在2018年最新公布的《城市居住区规划设计标准》GB 50180—2018中，以居民时空需求出发进行用地和设施配置的15分钟、10分钟和5分钟居住区生活圈成为规划的核心内容。事实上，近期上海、长沙、广州、济南等城市也在尝试规划"15分钟步行生活圈"，希望通过生活圈规划和建设来提高居民生活质量和满意度。

然而，居住区生活圈的概念界定、范围划定、职能归属、规划方法和实施模式等问题不论在学术界还是在规划实务界都仍处于讨论和探索阶段，现有尝试仍然是一种基于土地和设施供给的规划，鲜有能够真正结合人的行为来进行的生活圈规划案例。其中，生活圈的识别与范围划定是生活圈规划的难点与关键技术。已有研究通过居民全球定位系统（Global Positioning System，简称GPS）调查数据识别居住区生活圈并划定范围，但是GPS调查成本高、难度大，无法在全市尺度开展；也有研究尝试采用手机信令、微博签到等基于位置服务（Location Based Services，简称LBS）大数据识别居民活动空间，但是此类数据的颗粒度太大，无法在居住区尺度划定生活圈。因此居住区生活圈规划亟待合适、可推广的算法研究，此类算法基于小样本调查数据训练获取行为与地理环境之间的相关关系，并推广至更大范围居住区的生

活圈的划定和推广。

2．研究目标及拟解决的问题

项目旨在开发一套可推广的居住区生活圈划定模型，作为新版居住区生活圈规划的基础算法模型。

项目核心问题是如何开发一套有效的算法将居民实际发生的时空行为与高精度的地理环境数据有机结合起来，真正实现从基于"地"向基于"人"的规划转变。

据此，项目组成员发挥自身学科特点、研究基础和模型算法积累，开发出一套考虑居住区周边高精度地理环境和空间利用情况的"结晶生长模型"。在此基础上，以清河街道15个居住区为例，划定居住区15分钟步行生活圈。进一步在步行生活圈中，使用居民GPS调查数据，计算分析生活圈内部结构，以及不同类型居住区生活圈的差异，并用集中度和共享度的概念讨论了生活圈体系，以及不同居住区生活圈空间叠合的规划实践意义。最后，项目提出了生活圈与GPS行为调查数据结合构建行为空间互动关系的框架，以及在其他无GPS调查数据的居住区中如何划定生活圈内部结构的框架与技术路线。

二、研究方法

1．研究方法及理论依据

理论上，居住区生活圈相当于居住区内所有居民围绕居住区的活动空间（activity space）的汇总结果。与目前在学术界和规划界中常用的基于居住区给定距离（直线距离、时间距离、路网距离）的缓冲区作为居住区生活圈方法相比，活动空间方法能够充分考虑居民的活动移动特征，以及地理环境对居民行为结果的影响。另外，不同居住区居民的构成不同，不同居民的步行能力、设施时空需求也不同，采用武断的缓冲区划定方法与"以人为本"、重视不同人群差异化需求的生活圈规划思路相悖，因此必须从居民活动空间出发对生活圈进行划定。

划定活动空间需要借助居民活动日志和GPS调查数据，常用的活动空间划定方法包括标准差椭圆、GPS轨迹缓冲区、最小凸多边形以及核密度分析等。对于居住区生活圈而言，上述方法难以在较小的区域内实现，而且其中一些参数定义略显武断。也有文献直接采用家外非工作活动所经过的栅格作为生活圈范围，然

而，此类方法又容易受到调查样本量的局限。除此之外，现有活动空间的划定方法仅考虑居民活动信息，未能将居住区周边地理环境考虑在内。地理环境一方面会限制居民行为，另一方面也可以鼓励居民行为，并且相对于行为数据地理环境信息更容易获取和推广模型。因此，结合居民行为与地理环境的活动空间划定方法将是模型发展的方向。

据此，本项目采用成员自行开发的"基于情境的结晶生长活动空间"划定方法，充分结合行为调查和地理环境数据划定居住区生活圈。与传统缓冲区划定或传统活动空间划定方法相比，这种方法一方面吸收了缓冲区方法考虑地理环境的优势，并进一步改进，使其更加精确无误地反映居住区周边在地理环境影响下的步行可达性信息和受到地理情境影响的潜在活动空间；另一方面也吸收了现有活动空间划定方法的优势，在可达性范围的基础上加入行为调查数据，反映居民实际发生的真实活动空间和居民对周边设施利用的差异化需求。

具体来说，本项目研究的"基于情境的结晶生长活动空间"划定方法有如下几个特点：第一，在划定过程中充分考虑居住区周边的地理环境信息，将居民无法进入或无法步行通过的区域隔离在外，而不是将居住区周边区域大而化之地纳入生活圈中；第二，该方法创新地采用六边形而不是传统的栅格作为生长单元，更接近各向同性的圆形，有利于解决方向和取样上的偏差；第三，该方法在高精度步行可达范围的基础上加入了行为数据，进一步得到基于步行可达范围的居民活动空间，即生活圈的内部结构，以反映不同居民对居住区周边各类设施利用的差异；第四，不同居住区划定的生活圈之间存在交叠，根据已有研究利用集中度和共享度的概念划定生活圈内的等级体系。

最后，在划定清河街道15个居住区生活圈的基础上，本项目进一步提出构建行为与地理环境之间的相关关系的基本框架，为算法在其他无行为调查数据的居住区的生活圈划定提供基础。

2．技术路线及关键技术

项目实施技术路线和研究步骤如图2-1所示。项目可分为获取基础数据、清洗数据、构建生活圈、研究不同居住区生活圈交叠关系，以及探讨生活圈划定方法推广框架等五个主要步骤。首先，通过现场调研或在已有调查数据库中提取的方式获取基础数据，包括土地利用数据、居民活动日志调查数据、GPS轨迹数

据、道路和信息点（Point of Information，简称POI）数据，以及建筑轮廓数据等。其次，对上述数据进行清理，具体来说包括分析提取项目所需GPS数据、生成居住区六边形网格并和地理环境数据匹配等。再次，也是此次项目核心内容，即采用结晶生长方法，以北京市清河街道15个居住区为分析应用案例，构建所有居住区的15分钟步行可达生活圈，并将居民实际发生的行为的GPS数据落在可达生活圈中，利用核密度方法分析居民的活动分布趋势，即生活圈内部结构，分析居民利用设施的差异。再次，利用集中度和共享度的概念，分别构建基于15分钟步行可达生活圈和基于生活圈内部结构差异的生活圈体系，并分析不同居住区生活圈之间的关系。最后，项目在已开发模型的基础上进一步探讨生活圈划定方法的推广框架和技术路线。

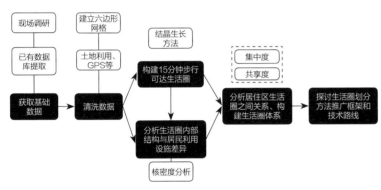

图2-1　项目技术路线

三、数据说明

1. 数据内容及类型

项目实施过程中涉及的数据内容、类型、来源、获取方式及使用目的如表3-1所示。总的来说，根据数据类型、来源和使用目的可以将数据分为两类：一类数据是行为和人口数据，主要来自于项目组已有的调查数据库，用来反映居民对居住区及周边区域的使用情况，并依据人口学特征数据对人群进行分类；另一类数据是地理数据，来自于项目组成员对案例地的现场调查，主要用于刻画居住区及周边区域地理环境特征。事实上，划定生活圈所需数据可以总结为空间和行为两类数据，行为数据目前只能通过调查获得，空间数据未来可以通过遥感、测绘等数据库批量低成本获取。

项目所需数据详细信息			表3-1
数据内容	数据类型	数据来源和获取方式	数据使用目的和作用
居民GPS轨迹数据	ArcGIS shp点数据	数据来源于项目团队在2012年开展的上地清河社区居民时空行为与GPS调查；数据通过居民连续7天携带GPS设备获得	通过GPS数据可以精确捕捉居民在居住区周边活动和对设施使用情况
居民活动日志数据	Excel文件	数据来源于项目团队在2012年开展的上地清河社区居民时空行为与GPS调查；数据通过居民自填活动日志获得，日志填写时间与GPS时间对应	通过活动日志数据可以反映居民在居住区周边活动类型，并筛选家外活动的GPS点
居民属性数据	Excel文件	数据来源于项目团队在2012年开展的上地清河社区居民时空行为与GPS调查；数据通过居民自填问卷获得	反映居民样本的人口学与社会经济属性，用于对人群分类
道路POI数据	ArcGIS shp点和线数据	数据来源于项目团队自行调查和绘制	用于判断道路是否可以步行通过
土地利用数据	ArcGIS shp多边形数据	数据来源于项目团队自行调查和绘制	土地利用反映周边地理环境可进入与否信息，同时也是构建行为与环境关系的基础
建筑轮廓数据	ArcGIS shp多边形数据	数据来源于项目团队自行调查和绘制	建筑范围内无法进入，反映居住区周边地理环境信息

2. 数据预处理技术与成果

（1）数据预处理

1）土地利用类型的预处理

土地利用数据类型的预处理流程如图3-1所示，具体来说包括如下六个步骤：

a. 将居民GPS轨迹数据、土地利用数据、建筑轮廓数据、道路POI数据导入软件ArcGIS 10.4.1中，并投影至同一坐标系；

b. 在ArcGIS中，以目标居住区为中心确立适当的矩形研究区域，基于区域使用"Generate Tessellation"创建六边形格网（图3-2）；

c. 使用"Spatial Join"工具依次将土地利用数据的土地利用属性、建筑轮廓数据的建筑用地、高速路和快速路用地、主要道路和次要道路用地连接到六边形格网中（图3-3a、图3-3b）；

d. 从ArcGIS中导出六边形格网的属性表；

e. 在Python中，根据步骤c中连接到六边形的属性，将六边形的用地类型处理为模型可以读取的数据（TypeID）。具体来说，需要根据土地利用属性划定可步行地块与不可步行地块。根据《城乡规划用地分类标准》DB 11/996—2013，将研究区域中的A1（行政办公）、A2（文化设施）、A4（体育用地）、A5（医疗卫生）、A6（社会福利）、A8（社会综合服务设施）、B1（商业）、B2（商务）、B4（综合性商业金融）、B9（其他服务设施）、C1（村民住宅）、C2（村庄公共服务设施）、C3（村庄产业）、F1（住宅混合公建）、F3（其他多功能用地）、G1（公园用地）、G3（广场用地）、M4（工业研发用地）、R1（一类居住）、R2（二类居住）、R3（三类居住）划分为可步行地块（TypeID＝2），其他类型用地划分为不可不行地块（TypeID＝24）；将包含建筑属性的六边形TypeID按类别设置为11、12、13；将包含高速路、快速路属性的六边形TypeID设置为23；将包含主要道路、次要道路属性的六边形TypeID设置为1；将剩余的六边形设置为区域边界（TypeID＝99）；

f. 使用Python将用地类型预处理打印结果至文件。

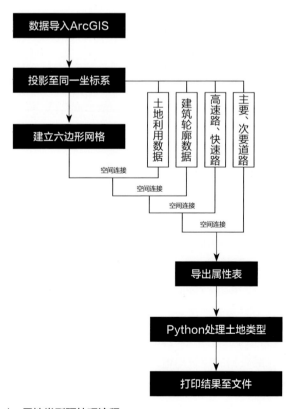

图3-1 用地类型预处理流程

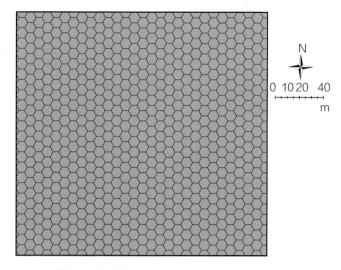

图3-2 生成的六边形网格

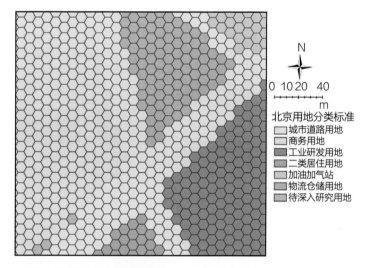

图3-3a 链接土地利用类型属性

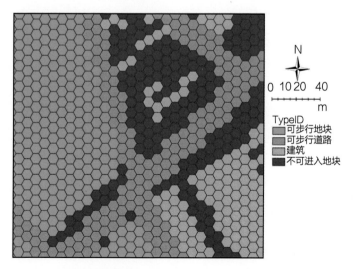

图3-3b 用地类型预处理结果

2）模型生长源点预处理

在ArcGIS中，查找社区居委会坐标所对应的六边形行列值，写入生长源点文件中。

3）GPS数据点的预处理

根据GPS数据点的时间属性，结合活动日志，筛选出家外活动的GPS点。

（2）预处理结果数据结构

1）用地类型的预处理成果结构

用地类型的预处理完成后，生成csv文件，每一行数据包含四条信息：

a. id，记录六边形总的编号；

b. GRID_ID，记录六边形的行列值，示例：ADK-233，其中安卓开放附件开发工具包（Android Open Accessory Development Kit，简称ADK）根据映射规则可以对应到数值，用以表示列坐标，233表示行坐标；

c. TypeID，记录六边形的用地类型，具体对应关系如表3-2所示；

用地类型对应表　　　　　表3-2

类型	TypeID	解释
可步行区域	1	可步行道路
	2	可步行地块
建筑	11	居住建筑
	12	商业建筑
	13	公共建筑
障碍物	22	墙壁
	23	快速路、铁路等
	24	其他障碍物
边界	99	研究区域边界

d. RegionColor，在后续的结晶生长模型中用于记录生长结果。

2）生长源点的预处理成果结构

生长源点的预处理完成后，生成csv文件，每一行数据包含两条信息：

a. GRID_ID，记录六边形的行列值；

b. 模型最大生长范围（Growth Extent，简称GE）模型最大生长范围，用步行时间（单位：分钟）表示。

3）用地类型的预处理成果结构

GPS数据点的预处理完成后格式为一般的shp格式。

四、模型算法

1. 模型算法流程及相关数学公式

（1）结晶生长模型（步行可达生活圈模型）

结晶生长是本项目的核心模型。结晶生长算法的基本原理是在采用六边形网格充分表征步行环境的基础上，通过模拟居住区居民步行过程，在步行能力、步行时间和外在环境的共同制约下，识别出步行可达的地理空间，并将不适合步行，以及步行不可达的空间排除。结晶生长过程示意图（图4-1），N代表生长的轮数。从生长源点（$N=0$）开始，每一轮已生长区域的边界六边形网格搜索相邻的六边形，并通过链接的用地类型属性判断该相邻六边形是否适合步行。随后，将适合步行的地理环境（可步行区域、道路等）栅格纳入步行可达区域，将不适合步行的地理环境（围墙、不可进入区域等）栅格排除在外。以此往复直至生长至最大轮数。模型运算的具体流程如图4-2所示，可以分为如下十个步骤：

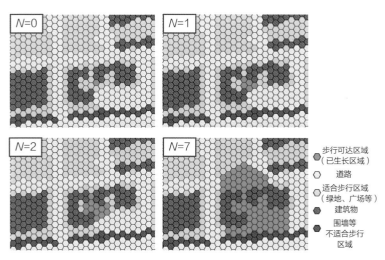

图4-1　结晶生长过程示意图

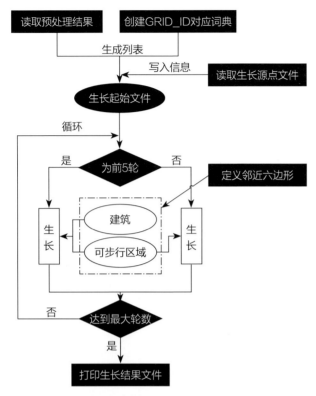

图4-2 模型运算流程处理流程

1）在用地类型的预处理结果中，六边形的行列值记录在GRID_ID中，形式为：ADK-233。这个形式无法被Python直接读取，所以需要根据映射规则创建GRID_ID词典，将字母转换为数字；

2）读取预处理文件；

3）读取生长源点文件，得到生长源点的坐标，以及生长源点的生长轮数，写入预处理文件中，获得生长初始状态文件，其中生长轮数＝步行时间×步行速度/相邻六边形距离；

4）定义相邻六边形：在本模型中，一个六边形每次生长只能扩展到毗邻的6个六边形之一，所以对于一个正在生长的六边形，需要根据行列值确定其毗邻的六边形坐标；

5）进行结晶生长：一般情况下，模型只可以在可步行区域中生长，但是在前五轮生长中，模型可以在除障碍物和边界外的所有可步行区域与建筑中自由生长，这是为了规避生长源点设在建筑内所导致的模型无法生长的问题；

6）对于一个在结晶范围内的六边形，如果它的一个相邻六边形满足生长条件且在结晶范围外，则进行生长，将此相邻六边形纳入结晶范围内；

7）对所有在结晶范围内的六边形进行此操作，即完成一轮生长；

8）循环：重复步骤 7），直到达到最大生长轮数为止；

9）将生长结果打印至文件；

10）将生长结果文件写入六边形属性表，即可在ArcGIS中可视化显示结晶生长情况。

（2）生活圈内部结构模型

结晶生长算法可以判定居民通过步行在15分钟内能够到达的区域。而真实发生的行为还受到周边设施、居民社会经济属性的影响，因此有必要采用行为轨迹调查数据来划定生活圈内部结构，以识别步行可达区域内真实活动发生的频率结构。对于每个居住区而言，首先，在ArcGIS中筛选出位于结晶生长算法生成的15分钟步行可达生活圈内的家外活动GPS点。其次，使用"Kernel Density"工具进行核密度分析。最后，采用中位数等方式对核密度结果进行划分，即可获得该居住区居民家外活动频率密度分布图，即生活圈内部结构。生活圈内部结构划定过程示意图如图4-3所示。

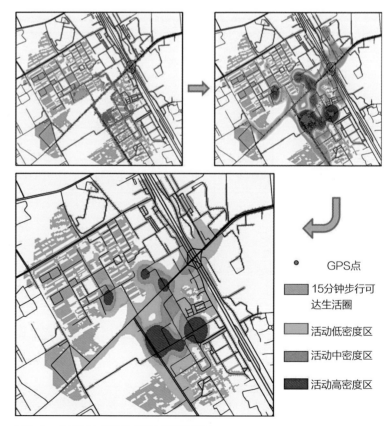

图4-3 生活圈内部结构划定过程示意图

（3）生活圈叠加分析模型

对于步行可达生活圈而言，直接在ArcGIS中叠加，判断每一个六边形能够被多少个居住区的居民可达。对于生活圈内部结构而言，叠加和生活圈体系划定包括如下几个步骤：

1）根据结晶范围内的GPS点分布，使用ArcGIS生成标准差椭圆；

2）为反映空间接近性，在椭圆内建立从中心到边缘逐渐从1下降为0的连续插值作为空间区位的背景值；

3）栅格集中度的计算公式为：

$$C_i = \rho_i \times \frac{\ln(\tau_i+1)}{\alpha} \qquad (4-1)$$

其中C_i为栅格i的集中度值，ρ_i栅格i在GPS点生成的椭圆的空间区位背景值，τ_i为栅格i在核密度分析中的栅格值，因为τ_i为长尾分布，所以进行了形式为$\frac{\ln(\tau_i+1)}{\alpha}$的处理，取对数并对其归一化；

栅格共享度计算公式为：

$$S_{iab} = \frac{\min\{U_{ia}, U_{ib}\}^2}{\max\{U_{ia}, U_{ib}\}} \qquad (4-2)$$

4）其中，S_{iab}为栅格i在社区a和社区b之间的共享度，U_{ia}为栅格i在a社区生活圈中的百分比位序，U_{ib}栅格i在b社区生活圈中的百分比位序；

5）使用栅格计算器即可计算出各栅格的集中度与共享度；

6）确定合适的集中度临界值与共享度临界值，将各个社区生活圈中集中度大于临界值且共享度小于临界值的部分划分为居住区生活圈Ⅰ，集中度小于临界值且共享度亦小于临界值的部分划分为居住区生活圈Ⅱ，剩余部分划分为居住区生活圈Ⅲ。本次研究案例采用集中度中位数作为集中度临界值，采用共享度平均数作为共享度临界值。

2. 模型算法相关支撑技术

本算法的操作软件为PyCharm 2018.2.4、ArcGIS 10.4.1、CDBF for Windows1.12，操作系统为Windows10专业版1903，处理器为Intel(R) Core(TM) i7-8750H CPU @ 2.20GHz，开发语言为Python3.7。

五、实践案例

1. 模型应用实证、结果解读及可视化表达

根据项目设计，模型以清河街道15个居住区（图5-1）作为应用案例。清河街道位于北京市五环外西北郊，具有典型的大城市郊区特征。街道内有单位居住区、政策房（两限房、廉租房和

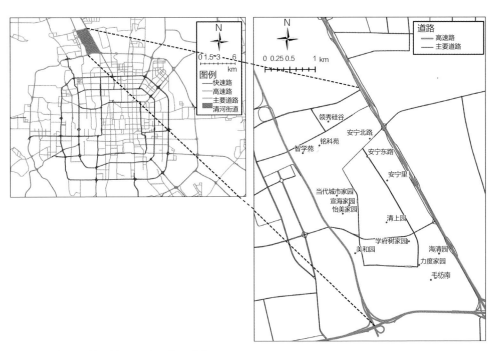

图5-1　清河街道区位及15个居住区分布

公租房）居住区以及大量商品房居住区。与中心城区相比，清河街道的公共服务设施和商业设施密度较低、较为匮乏，公共交通设施也较为缺乏。因此，采用清河街道作为应用案例，一方面可以在多样化的居住区和人群中应用算法，另一方面生活圈划定和分析结果可以为该区域进行设施调整与居住区更新规划提供参考。

本项目模型的实证结果、分析和可视化表达将分为两个部分进行，包括单个居住区15分钟步行可达生活圈和基于GPS数据的生活圈内部结构，以及以两个邻近的居住区作为案例的生活圈体系研究。

（1）15分钟步行可达生活圈及内部结构划定

以美和园居住区为例，清河街道居住区15分钟步行可达生活圈及内部结构如图5-2a及图5-2b所示。15分钟步行可达生活圈通过结晶生长算法得到，反映了居住区及周边高精度地理环境对居民步行能力的制约。特定用地、围墙、建筑物、高速路和快速路是限制居民步行范围的重要因素，将这些因素识别并剔除是判定生活圈边界的重要步骤。因此，15分钟生活圈是一个不规则但内部连通的多边形。由于道路生长速度较快（步行环境好），生活圈还表现出沿道路扩展的特性。除此之外，由于居民步行能力和居住区人群构成的差异，不同居住区生长的最大距离不同。对不同居住区的15分钟生活圈进行对比分析，可以发现地理环境对生活圈形态有重要影响：处在高速路、快速路和不可进入区域附近的居住区生活圈形态沿主要道路扩展，内部存在大量不可达区域（如安宁北路、安宁东路和安宁里居住区）；与之对比，处在清河街道中部、周边步行环境较好位置的居住区的生活圈形态更接近圆形，且生活圈内部纹理也更为饱满（如清上园、学府树居住区）。

在15分钟步行可达生活圈的基础上，利用调查获得的居民行为GPS轨迹数据，刻画生活圈的内部结构。步行可达范围提供了居民日常活动开展的空间基础，在这之上居民对居住区周边设施的时空需求还受到其社会经济属性及周边设施的影响。对不同居住区生活圈内部结构进行对比分析，发现居民利用居住区及周边区域方式存在异同。一方面，居住区内部是所有居民行为的热点区域；另一方面，居住区外则呈现沿道路扩展的点轴形式，围绕居住区向外扩展的单中心形式，围绕居住区和其他重要设施扩展的多中心形式等多种利用方式。居民日常行为的时空需求空间分

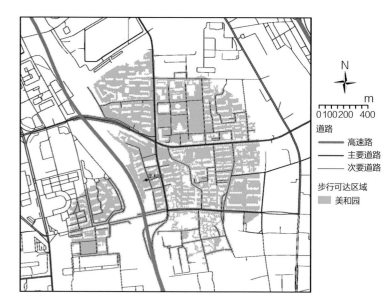

图5-2a　美和园居住区15分钟生活圈

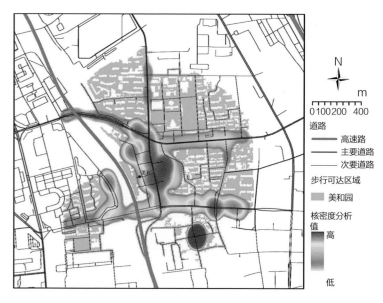

图5-2b　美和园居住区生活圈内部结构

布以步行可达区域作为边界，主要涉及居住区周边的商业设施（便利店、超市、商场等）、公共服务设施（学校、医院、街道办事处等）和交通设施（公交站、地铁站等）。

对于单个居住区而言，将15分钟步行可达生活圈及其内部结构与已有居住区规划进行对比，重点关注其中两类区域，可为未来居住区规划实践提供依据。第一，重点关注居民可达但实

际行为轨迹未涉及或少涉及的区域。一方面，这类区域可能没有居民日常生活所需的设施，因此在未来居住区更新中若需要新建立设施以满足居民日益增长和差异化的设施需求时，可以考虑落在此类区域；另一方面，如果这类区域中已有重要设施但居民实际行为没有涉及的，需要在未来规划中重点优化步行环境，减少物质性和制度性制约，以提高居民对已有设施的利用率。第二，重点关注未规划设施但居民实际行为发生的热点区域。此类区域通常意味着许多非正式活动，一方面社区治理需要考虑此类区域可能面临的消防、卫生和治安问题，另一方面居住区更新规划中可以考虑在此类区域规划建设正式设施供居民使用。

以美和园居住区为例对划定结果作进一步说明。美和园居民日常活动主要分布在居住区内及周边超市（超市发）、绿地公园（美和园公园）、商场（五彩城）、朱房居住区内、上地地铁站以及北侧公交车站等。需要关注的是，美和园北侧和东侧有大片可达性空间居民实际行为未涉及，其中主要是因为这些区域是其他居住区，可能会受到围墙或门禁的阻碍，这造成了实际活动空间的减少。另外，朱房居住区是一个城中村，城中村中便宜的物价和服务设施吸引了以保障性住房为主的美和园居住区中的居民，因此未来关于美和园居住区的更新规划需要考虑分布在朱房居住区内的活动热点区域。

（2）生活圈叠加及体系研究

首先，对上述15个居住区的15分钟步行可达生活圈进行叠合，如图5-3所示。与传统居住区规划不同，居住区生活圈在空间上是存在交叠的。一处空间位置可达的居住区越多，说明该位置越重要，应该放置区域性的、辐射能力强的服务设施。对本次案例地区而言，高可达区域基本上位于区域中心，但也受到具体地理环境的影响。总的来说，高可达性地区与区域性服务中心的匹配关系在案例地区不容乐观。一方面，高可达性区域主要是居住用地或者商务写字楼用地（小米产业园），同时高可达区域内还有大量工业用地不能进入，严重影响总体可步行性。另一方面，区域性商业中心五彩城和公共服务中心清河街道办事处仅为四个居住区可达（本次共分析15个社区），因此居民前往上述设施有可能采用非步行的交通方式，这会对日常生活便捷程度带来影响，同时也会增加交通压力。

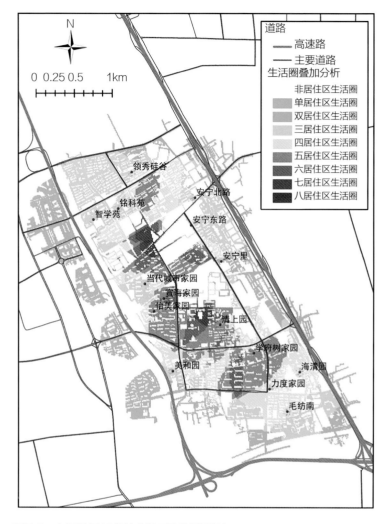

图5-3　各居住区15分钟步行可达生活圈叠加

其次，以清河街道学府树家园和力度家园两个居住区为例讨论包含内部结构的居住区生活圈的叠加结果，如图5-4a和图5-4b所示。在另一个居住区居民行为的影响下，居住区生活圈可以分为生活圈Ⅰ、生活圈Ⅱ和生活圈Ⅲ三类，其中生活圈Ⅰ反映自足性，主要由本居住区居民使用；生活圈Ⅲ反映共享性，在本案例中反映学府树和力度家园两个居住区居民共同使用的活动空间。与前人研究一致，生活圈Ⅰ和对应的居住区边界吻合，而共享生活圈Ⅲ位于两个居住区的中间区域，主要包括公园绿地（清河燕清体育文化公园）及商业设施（五彩城）等，两个居住区居民共同使用该空间进行户外购物及休闲娱乐活动。

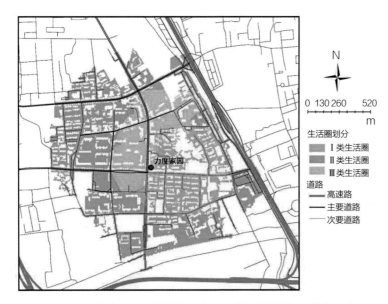

图5-4a 考虑力度家园和学府树家园生活圈内部结构叠加后的力度家园三类生活圈

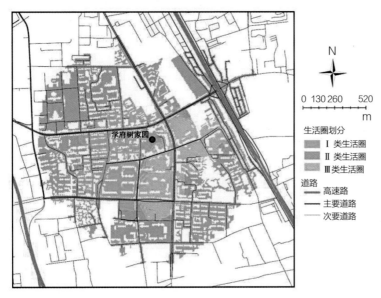

图5-4b 考虑力度家园和学府树家园生活圈内部结构叠加后的学府树家园三类生活圈

六、研究总结

1. 模型设计的特点

项目旨在开发一套适于推广的居住区生活圈划定模型，为新版居住区规划标准中各类生活圈规划能够真正落地实施提供技术

支撑。与目前已有的居住区规划范围、生活圈划定或者居民生活空间划定方法不同，本项目提出的生活圈划定模型能够有效地将居民行为和地理环境结合起来，体现生活圈的实质内涵。具体来说，模型有如下三个特点：

第一，过去基于缓冲区的生活圈划定方法未能充分考虑地理环境对步行活动的制约，仅根据某个时间或距离长度对居民步行范围进行划定，本项目基于结晶生长算法，充分识别居住内部及周边不可步行的区域，对不同居住区15分钟步行可达生活圈进行精确划定；

第二，过去利用GPS数据划定居民活动空间并作为生活圈的方法可分为两类：第一类只考虑实际发生的行为，这种方法受到调查人群和时间的制约，较难获得潜在可能的活动空间；第二类虽然使用标准差椭圆、核密度分析等方式将活动空间扩展至潜在空间，但是这种扩展是十分武断的，没有将地理环境对居民行为的限制纳入考虑。本项目在上述步行可达空间的基础上再结合实际行为轨迹数据分析生活圈内部结构，实现了潜在活动空间和实际活动空间、地理环境和居民行为的有机结合；

第三，过去居住区规划划定的居住区范围是没有交叠的，但是人的行为却不受规划边界限制，因此本项目在构建单个居住区生活圈和内部结构的基础上，进一步讨论了多个居住区生活圈交叠的处理方法，并分析了生活圈的空间体系。

2. 应用方向或应用前景

本项目旨在解决新版居住区规划标准实施过程中生活圈规划中的划定问题，因此项目开发的模型与算法首先可以应用于居住区生活圈划定的场景中。除此之外，项目还将在以下场景中得以运用：①生活圈划定将有效解决现有研究关于居住区周边影响范围划定的问题，生活圈是居民日常活动空间，也是最容易受到环境暴露影响的空间，因此与传统缓冲区方法相比，将生活圈作为居住区影响范围更为合理；②将步行可达生活圈与内部结构和现有居住区规划对比，可以为将来居住区更新规划中新建设施选址及已有设施调整提供参考；③将生活圈体系运用于居住区规划中可以提升规划弹性，避免设施在一处缺位而另一处重复建设的问题。

目前模型仅能在有行为GPS调查数据的居住区中划定生活

圈，为了在无GPS调查的居住区中也能使用该模型，同时仍然保留模型地理环境和居民行为有机结合的特性，本项目最后提出进一步扩展模型的基本框架和技术路线（图6-1）。简而言之，模型推广首先需要在已有GPS调查数据的居住区中训练行为与地理环境的关系，并考虑人口和社会经济属性对此关系的影响；其次，

由于地理环境数据容易低成本大范围获取，因此在新居住区中先划定步行可达生活圈作为基础；再次，将训练得到的行为与地理环境关系投影至新居住区的步行可达生活圈中，形成生活圈内部各个用地类型使用的概率结构；最后，根据上述计算生活圈叠合的基本方法构建区域若干个居住区的生活圈体系。

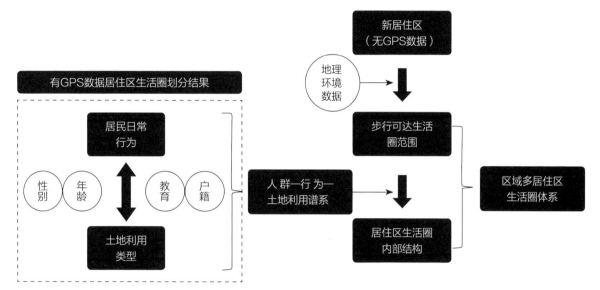

图6-1　模型推广框架和技术路线

基于延时摄影与深度学习的人群时空行为研究模型

工作单位：清华大学

研究方向：时空行为分析

参 赛 人：张恩嘉、侯静轩、雷链

参赛人简介：参赛团队成员关注城市规划学科中的定量研究，并致力于开发及使用新数据、新技术和新算法，对传统城市规划理论及研究方法进行验证、拓展及创新。

一、研究问题

1. 研究背景及目的意义

随着我国进入存量规划阶段，城市研究的重点逐步从关注城市建设的速度，向关注城市发展的质量转变，推动以人为核心的新型城镇化建设已成为共识。在新政策强调以人为本的背景下，不同尺度上对人群时空行为的研究成为当前关注的重点之一。同时，信息通信技术的快速发展带来了基于个体的时空行为大数据的革命，多源新数据的产生和新技术的应用在时空覆盖和考察粒度方面都有巨大的提升，为研究城市空间形态对人类活动的影响提供了广阔的研究思路，也为更精细化地为物质空间和社会空间刻画城市空间提供了可能。

在传统人群时空行为的理论及实践研究中，基于社会学的人群行为研究缺少与空间要素和地理定位的关联，而基于地理学的人群时空行为研究往往存在精细度不足的问题，扬·盖尔、威廉·怀特和凯文·林奇等人对于小尺度公共空间中人群行为的研究大多以问卷调查和人本观测为主，采样率不足。这类传统的调查研究的内容主要包括居民通勤行为、购物行为、休闲游憩行为和其他日常活动出行等（表1-1）。

传统人群行为代表性研究　　　　　　　表1-1

研究方法	研究内容	代表研究
问卷调查及访谈	空间体验等	徐磊青等，2004年
地图标记	空间及设施分布	扬·盖尔等，2013年
现场计数、轨迹记录	街道行人行为	扬·盖尔等，2013年
步行测试	街道可步行性	扬·盖尔等，2013年
行为日志记录	行为规律	陈梓烽等，2015年
跟踪记录	公共生活行动轨迹	张妍、李宇宏，2017年

在新数据与新技术应用研究方面，目前针对人群时空行为研究的主要有两种，一是以手机信令数据、GPS数据及社交网络数据等为代表的时空大数据研究，此类研究通常关注宏观尺度的城市空间结构、居民出行规律、城市职住平衡等议题。尽管时空大数据提供了前所未有的基于动态数据的量化研究，但仍难以在精细尺度、人本取向的深度研究中发挥作用。二是以室内WiFi、街景图片等为空间基础的数据研究，此类研究通常用于刻画人在某一特定空间内的行为特征，或评价特定空间内的环境要素，但WiFi数据存在精度不足的问题，街景图片无法支持长时间连续性的人群行为研究。虽然目前图片识别技术较为成熟，具有较大的挖掘空间，但其不能进行空间定位，无法反映人群行为与空间要

素间的互动关系，目前还没有利用图片或影像数据进行微观空间的人群时空行为观测的相关研究（表1-2）。

研究方法	研究内容	代表研究
相片点位	居民游客分布和旅游路线	Straumann等，2014年
手机信令数据	人口空间动态分析等	王德等，2016年
GPS跟踪器	居民活动的活跃度	柴彦威等，2016年
室内定位大数据	人群环境行为	黄蔚欣等，2017年
街景图片数据	街道空间品质测度	龙瀛等，2018年
LBS定位数据	街道活力	钮心毅等，2019年

新数据和新技术应用的人群行为研究　　　表1-2

本次研究的目的在于构建以空间为基准的长时间微观空间人群时空行为研究方法。针对不同公共空间延时摄影采集的视频图像，对城市中不同区域及不同城市的公共空间进行分析，获知各公共空间的使用情况，从而量化评价公共空间的设计，为城市设计向"人性化、个性化、地域性"等维度的精细化塑造提供依据，并支持环境行为学的基础理论的扩展。

2. 研究目标及拟解决的问题

本次研究的总体目标是在深度学习的基础上对图像识别算法进行优化革新，旨在提供精细尺度空间的人群行为研究的新技术方法。此新模型的主要特点在于其数据采集难度低，使数据获取相较于其他新方法更容易，且该模型以空间为基础，采样范围自由，分析结果较为真实准确。该模型构建的主要瓶颈在于图像识别领域暂时没有与地理空间分析相结合的技术，无法对识别到的环境要素及人群在空间中进行准确定位，无法进一步对空间中人群行为轨迹和人群与空间的互动关系进行分析。针对此问题，核心的解决方法在于根据透视原理将图像中所识别的目标位置还原到地理空间中，进而通过划分平面网格、图像目标检测、人群数量统计、透视网格还原等步骤，实现对空间平面人流的统计和可视化，为进一步分析人群的时空行为提供基础。

二、研究方法

1. 研究方法及理论依据

本研究包含文献阅读、现场调查及数据分析等研究方法。具

体而言，通过文献阅读，根据经典理论在技术条件限制下的不足之处，制定了使用卷积神经网络的深度学习分析小尺度公共空间人群活动的技术路线，并结合现场调查对研究结果进行解读。研究的理论依据为威廉·H. 怀特在研究中提出的延时摄影空间分析法。本研究在此方法的基础上通过对影像进行目标自动检测研究，以获取数据进行分析，并在应用实践中检验模型的有效性（图2-1）。

图2-1　威廉·H. 怀特《城市小空间中的社会活动》

2. 技术路线及关键技术

（1）技术路线

本次研究的主要技术路线为：①对传统人群时空行为研究及新技术与新方法机遇的相关研究进行文献阅读，着重梳理分析人群行为理论及实践研究、新技术与应用研究；②通过文献阅读发现现有研究的局限性：从人群时空行为研究角度发现，目前基于社会学的人群行为研究缺少空间定位，而基于地理学的人群行为研究精细度不足；从新技术与应用研究角度发现，目前GPS定位数据以人为控制变量而非空间，数据获取方式有限且对空间的针对性不强，手机信令、WiFi数据等精度不足，不利于研究微观空间的人群行为，而图片识别技术较为成熟，具有较大的挖掘空间，然而其不能空间定位，目前没有利用图片研究微观空间的人群时空行为相关研究；③在以上分析的基础上，本次研究的突破性思维主要体现在现有图片识别技术的基础上优化模型，构建图

片空间网络用于人群的定位研究，并优化数据采集方案及数据处理方法以适用本研究提出的新模型，最后通过试点应用对模型的适用性进行评估验证（图2-2）。

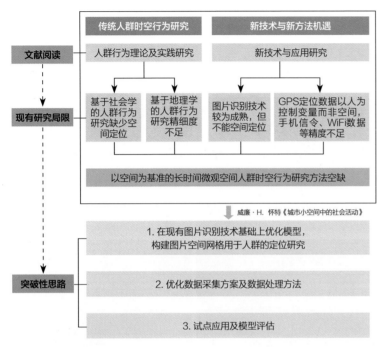

图2-2　技术路线图

（2）关键技术

研究中的关键技术分为三个方面：数据获取及清理、单镜头多盒探测器（Single Shot Multi Box Detector，简称SSD）目标识别及目标位置分析与可视化。其中数据获取技术基于现场延时摄影器材的布置及实践经验的总结，而数据清理、SSD目标识别和目标位置分析与可视化技术源于数据分析及可视化算法方面的整理与创新（图2-3）。

数据获取及清理技术主要涉及如何通过设置延时摄影设备获取所研究公共空间的俯视视频图像，以及如何根据空间内交通方式、分析网格大小，设置视频转换为图片的帧率。SSD目标识别技术指如何使用深度学习的目标识别算法，选取合适的SSD模型，对图片进行目标识别分析，获取目标位置、类别等属性。目标位置分析与可视化包括根据图片内空间位置对图片划分分析网格、统计目标在分析网格中的分布情况，以及将图片分析网格结果转换为地理空间信息等技术。

图2-3　SSD目标识别技术与位置分析技术示例

三、数据说明

1. 数据内容及类型

（1）数据内容

本研究所需的数据为对所研究的小尺度公共区域进行俯视拍摄的固定视角延时摄影图片或视频图像文件，是通过无透视畸变的摄像设备获得的。空间上此数据需覆盖所研究区域的范围，时间上则要求图像数据包含所分析人群活动的时间。由于后续研究中使用的Pythoncv2模组和目标识别中使用的Tensor Flow深度学习网络可以对绝大多数常用的视频格式和图像格式进行编码，因此对于二者没有特殊要求（图3-1）。

图3-1　延时摄影拍图像示例

（2）数据获得方式

数据获得上，需要考虑摄影设备选取、摄影设备布置以及取景范围等方面的问题，以保证获得的视频或图像能够较好地支撑量化分析。

首先根据研究团队的具体需求，可在专业延时摄影设备与一般录像设备中进行选择，以获取分析所需的视频或图像。专业延时摄影设备指可以设置延时摄影拍摄间隔并自动拍照的设备（如GoPro和一些手机等），能够进行较长时间的监测。一般录像设备的优点是价格较低，并可以根据研究需求控制截取图像的时间间隔。缺点是监测时间受设备电池电量限制较大。

拍摄位置选择通常受场地条件限制较大，但仍要充分考虑进行空间活力监测的具体需求。根据监测空间的大小，延时摄影拍摄位置可分为"高位"以及"低位"两种（图3-2）。其中"低位"拍摄位置指将设备放置于墙顶端或平房屋顶等距地面较矮处。"高位"拍摄指设备距地面较高，通常与楼道或房顶上进行拍摄。拍摄位置选定后需要考虑的是拍摄范围控制的相关问题。当选择"低位"拍摄位置进行拍摄时，通常仅能进行小范围取景，以监测某节点的人、车流量，或某线状空间的使用情况。当监测线状空间时，需要确保监测范围内的识别度。进行"高位"拍摄位置的摄影时，可选择大范围取景。此时所受限制较少，保证被拍摄空间的可识别性即可。此外遮盖物在三维上的遮挡也需要注意（图3-3）。

图3-3　大范围（上）与小范围（下）取景示例

2. 数据预处理技术与成果

（1）数据预处理流程

数据预处理过程中需要将视频转换为图像，或对延时摄影图像中根据拍摄频率进行筛选。视频转图像和延时摄影图像筛选过程中使用"帧率"作为参数，即每秒所需分析图像的数量（图3-4）。其中又包含分析网格尺度、人群平均运动速度等关键技术。

图3-2　低位（左）与高位（右）拍摄位置示例

图3-4　视频转换示例

（2）关键技术

选择帧率时，需要考虑前后图像能否反映出监测目标的连续运动情况。其中连续运动是指通常速度运动的个体在两帧图像中不应出现在不相邻的分析网格中。因此在数据预处理过程中应首先确定分析网格的大小，并根据个人运动平均速度确定最终的分析图像转换帧率（图3-5）。

影像分析网格大小的概念来自《城市小空间中的社会活动》。根据威廉·H. 怀特的方法，通过将所研究的公共空间划分为等大的区域，可进行使用行为的统计与分析。威廉·H. 怀特在研究中为了方便统计，采用广场中地砖作为分析网格。而本研究中，延时摄影的分析网格的大小需要根据环境行为学进行更为科学的设定。

设定分析网格时，要尽量在每帧图像中，每个网格仅有一人（指单独出行的人）。自然情况下陌生人之间的最小距离为0.9m，

因此网格不应该显著大于0.9m×0.9m，考虑到计量方便程度，本研究中分析网格为1m×1m（图3-6）。

视频转为图像时要保证连续的两帧图像中，以匀速的行人不应出现在远于相邻格的网格中。行人的平均步行速度为1.2m/s，因此在两个分析网格间移动的平均时间约为1/1.2s。考虑到计量方便程度，本研究中计为1s，即每1s截取一张图像。由于标准视频每1s有24帧图像，因此视频采样帧率定位1/24，即每24帧中取一帧图像进行分析（图3-7）。

（3）数据预处理结果

根据选定的帧率，便可将视频或延时摄影图像转换为研究分析中所需的图像文件。以本研究中模型验证中的一段长约为9分钟的视频为例，根据选定的帧率，最终转换为565帧图像（为jpg格式），用以进行接下来的目标识别分析（图3-8）。

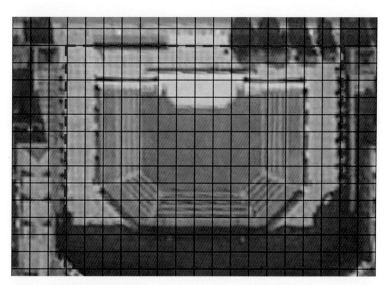

图3-5　分析网格划分示例

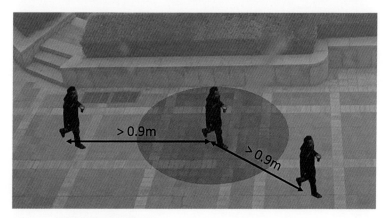

图3-6　陌生人最小距离示例

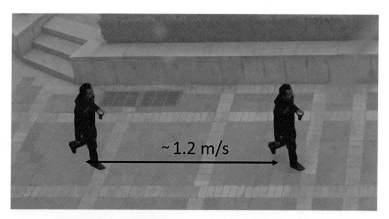

图3-7　行人平均运动速度示例

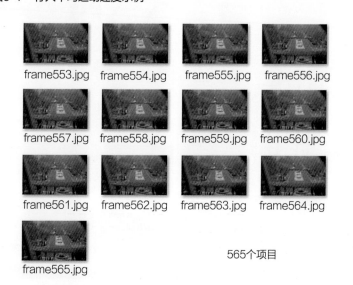

frame553.jpg　frame554.jpg　frame555.jpg　frame556.jpg
frame557.jpg　frame558.jpg　frame559.jpg　frame560.jpg
frame561.jpg　frame562.jpg　frame563.jpg　frame564.jpg
frame565.jpg

565个项目

图3-8　测试视频图像转换结果

四、模型算法

1. 模型算法流程及相关数学公式

（1）模型算法流程

根据预处理后获取的图像数据，使用深度学习算法进行目标识别分析，获取图像中目标的位置、类别等数据。之后根据图片内空间位置划分分析网格，并统计目标在分析网格中的分布情况。最后将图片分析网格结果转换为地理空间信息进行分析和可视化研究。

（2）目标识别

目标识别模型的选取主要考虑速度（speed，即完成目标识别所需时间）和准确率［COCO OmAP，即基于图像训练集上下文中的公共对象（Common Objects in Context，简称COCO）的识别准确程度］两方面。由于开发人员提供的参数仅能作为参考值，因此本研究中对几十种目标识别模型中6种具有代表性的模型进行了比对。比对的方法是将检测视频根据等时长转换为20张图片，人工统计目标检测所需时间及准确率。最终选择了ssd_resnet_50_fpn作为目标选择模型（图4-1）。

本研究所用的ssd_resnet_50_fpn并不是识别准确率最好的模型。目前识别准确率最高的faster_rcnn_nas模型其准确率已超过99%，准确率高于所选模型10%~20%。但由于faster_rcnn_nas检测时间过长（约为ssd_resnet 检测时间的3~5倍）并占据大量内存，容易引起内存溢出导致系统崩溃。考虑到计算速率

及数据处理过程中的稳定性，选择ssd_resnet_50_fpn为本研究的目标识别模型。目标识别过程平均速度为每张图像耗时60秒（图4-2）。

通过将每张图像目标识别结果进行组合，可获取数据框形式储存的所有延时摄影图像中目标的信息，具体包括：目标识别框范围（detection_boxes），包含四个数值，代表目标识别框左下角和右上角的横纵坐标；目标识别置信度（detection_socres），取值范围0~1，表示目标识别为正确的可能性；目标类别（detection_classes），通过数字表示的所识别目标的类别，其中1代表行人、3代表机动车；目标所在帧数（frame_number），由于研究中分析了565张图像，因此其取值范围为1~565（图4-3）。

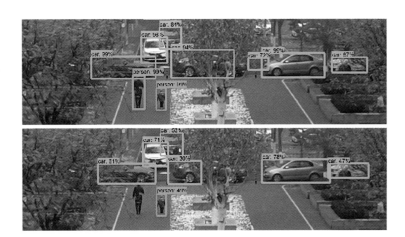

图4-2　faster_rcnn_nas与ssd_resnet识别准确率对比

Model name	Speed (ms)	COCO mAP[^1]
faster_rcnn_nas	1833	43
faster_rcnn_inception_resnet_v2_atrous_coco	620	37
mask_rcnn_inception_resnet_v2_atrous_coco	771	36
ssd_resnet_50_fpn_coco ☆	76	35
mask_rcnn_resnet101_atrous_coco	470	33
ssd_mobilenet_v1_fpn_coco ☆	56	32
faster_rcnn_resnet101_coco	106	32
faster_rcnn_resnet50_coco	89	30
rfcn_resnet101_coco	92	30
mask_rcnn_resnet50_atrous_coco	343	29
faster_rcnn_inception_v2_coco	58	28
mask_rcnn_inception_v2_coco	79	25
ssd_inception_v2_coco	42	24
ssd_mobilenet_v2_coco	31	22
ssd_mobilenet_v2_quantized_coco	29	22
ssdlite_mobilenet_v2_coco	27	22
ssd_mobilenet_v1_coco	30	21

图4-1　目标识别模型选取

detection_boxes	detection_scores	detection_classes	Frame_Number
[0.31905099749565125, 0.6477383375167847, 0.37...	0.780296	3	1
[0.3296710252761841, 0.7342822551727295, 0.362...	0.464349	3	1
[0.33410269021987915, 0.454860955476760886, 0.3...	0.445864	3	1
[0.3303064703941345, 0.4308777451515198, 0.374...	0.443175	3	1
[0.282550185918808, 0.48446840047836304, 0.335...	0.433657	3	1
[0.9149101972579956, 0.40799498558044434, 1.0,...	0.359846	15	1
[0.28321826457977295, 0.484528690057655334, 0.3...	0.321758	8	1
[0.8815921545028687, 0.2520546615123749, 0.919...	0.316669	3	1
[0.3172982633113861, 0.6479458808898926, 0.369...	0.765730	3	2
[0.28061389923095703, 0.48451516032218933, 0.3...	0.453668	3	2
[0.3323691189289093, 0.4621773958206177, 0.370...	0.441388	3	2

图4-3　目标识别结果

（3）目标位置分析

由于目标识别获得的目标框坐标系与Python中的图形分析库不同，因此在目标位置分析前需要进行坐标转换。假设在Matlibplot坐标系（即普通平面直角坐标系中），识别框的坐标为 $[Ax(Dx), Ay(By), Cx(Bx), Cy(Dy)]$，而目标识别框的实际数值是$Box=[1-Dy(Cy), Ax(Dx), 1-Ay(By), Cx(Bx)]$。经过代数运算和获得所需识别框下边框中的实际的坐标：$[(Box[1]+Box[3])/2, 1-Box[2]]$（图4-4）。

目标识别位置分析中需要统计不同分析网格中目标的数量，因此首先确定公共空间范围，读取坐标，并以此为基础划分分析网格。目标识别中将图像设置为1×1大小，因此在确定公共空间范围时需要先将图像变为长宽比$1:1$，之后通过Photoshop或CAD等有度量功能的工具计算出公共空间ABCD的范围。根据Python统计分析的数据格式，所需ABCD范围为：$[[Ax, Ay], [Bx, By], [Cx, Cy], [Dx, Dy]]$（此时ABCD指公共空间范围，而非前文中的目标识别框ABCD），并储存为list形式。本研究使用Photoshop通过参考线读取分析范围坐标，此分析范围外的目标将不纳入空间分析之中（图4-5）。

图像识别中目标在图像中的坐标转换为地理坐标是技术上的难点所在。由于此领域尚未提出相关算法，因此通常目标识别仅用于统计图像所监测的公共空间中人的数量，而难以分析运动情况。要解决这一问题，需要通过透视原理，将图像中的变形空间还原。以平面为例，平面图中矩形的空间在图像中将呈现为梯形或四边形的形状，在统计分析中需要将其还原到矩形当中。然而

图4-5 分析范围坐标度量

直接将图像中目标坐标转换为平面坐标需要很多参数及相对复杂的计算，而且最终结果仅需要统计分析网格中的目标数量，因此本研究中采用先划分图像中透视变形的空间并进行统计，最后再将分析网格平面图化的方法。此过程中要划分统计区域，即在图像上直接根据公共空间范围，通过透视原理，将空间划分为平面上面积相等的区域。由于每次等分会将一个空间划分为4个，因此最终结果将为4的n次方数量的空间。

要根据透视原理将透视变形过的空间ABCD等分为四个平面面积相等的空间的具体方法为：按逆时针方向，从左下角开始将四边形的空间端点计为A、B、C、D；取对角线AC与BD的交点R；对边AD、BC延长线相交H；对边AB、DC延长线交点E；延长ER，与AD、BC相较于点F、G；延长HR，与DC、AB相交于点I、J；ABCD分为AJRF、JBGR、RGCI、FRID四个空间。此四个空间的排列顺序与原空间四个顶点A、B、C、D顺序对应（图4-6）。

将获取的公共空间范围作为统计区域，使用划分算法，可进行空间划分。由1块划分为4块时，由于数据结构的问题（每一个子list为点数据，为非多边形数据），不能进入递归运算。因此首先将原分析空间划分为4个等面积子空间，再使用递归的方法，可将4块统计区域划分为16、64、256、…、2^{2n}（n大于1）块。根据之前确定的分析网格尺寸（不大于$1m\times1m$）和空间总面积，最终选择256块统计区域进行目标识别定位和统计的基本单元（图4-7）。

图4-4 目标识别坐标转换

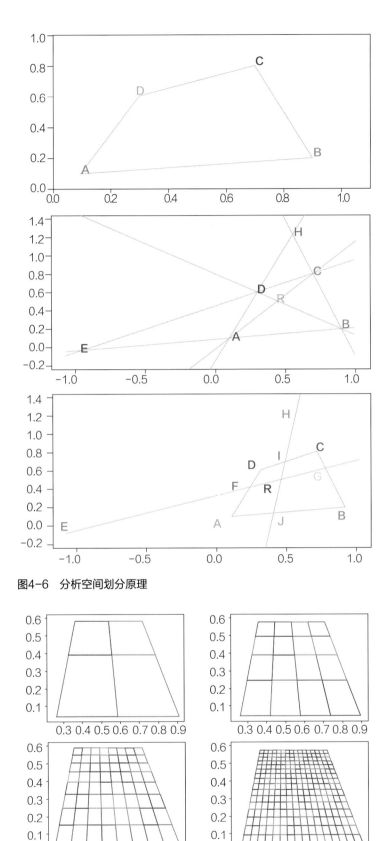

图4-6 分析空间划分原理

图4-7 递归法划分分析空间示例

将分析空间划分好后，便可通过目标识别所得到的目标坐标转化后的底边中点坐标，对每个统计区域内目标的数量进行统计（check points）。由于统计区域是通过递归算法得出，因此数据的位置并不直观（数量排列顺序不是按照最终分析网格中行列的顺序，而是按照左下、右下、右上、左上的顺序不断划分得出），难以通过统计结果迅速获取目标在实际空间中的分布情况，需要进行可视化以直观展示统计的结果（图4-8）。

将统计结果作为使用渐变色域的多边形组的颜色参数，便可实现目标数量在空间中分布的可视化。之后将矩形的平面空间坐标，按照上述方法划分，可将分析结果转置为平面结果，并能够在此基础上进行空间度量及分析（图4-9）。

9, 6, 7, 2, 7, 2, 0, 3, 3, 2, 2, 2, 2, 4, 5, 2, 0, 2, 0, 2, 2, 2, 1, 1, 0, 0, 0, 0, 0, 0, 0, 0,
0, 0, 0, 0, 0, 0, 0, 0, 0, 0, 0, 0, 0, 0, 0, 0, 0, 3, 5, 5, 0, 2, 2, 1, 4, 3, 1, 1, 4, 0, 0, 0,
1, 2, 0, 0, 0, 1, 1, 2, 0, 1, 0, 0, 0, 0, 0, 0, 0, 0, 0, 0, 0, 0, 0, 0, 0, 0, 3, 0, 1, 3,
2, 0, 0, 4, 0, 0, 0, 0, 0, 0, 0, 1, 3, 4, 0, 0, 0, 0, 0, 0, 0, 0, 0, 0, 0, 0, 0, 0, 0, 0, 0, 0,
0, 0, 0, 0, 0, 0, 0, 0, 0, 0, 0, 0, 0, 0, 0, 0, 1, 4, 3, 0, 0, 0, 0, 1, 1, 0, 0, 3, 1, 1, 1, 0,
0, 0, 0, 0, 1, 0, 0, 1, 0, 0, 0, 0, 0, 0, 0, 0, 0, 0, 0, 0, 0, 0, 0, 0, 0, 0, 0, 0, 0, 0, 0, 0,
0, 1, 1, 0, 3, 0, 1, 3, 4, 1, 2, 1, 0, 0, 1, 0, 0, 0, 0, 0, 0, 0, 0, 0, 0, 0, 0, 0, 0, 0, 0, 0,
0, 0, 0, 0, 0, 0, 0, 0, 0, 0, 0, 0, 0, 0, 0, 0, 2, 0, 0, 3, 0, 0, 1, 2, 0, 0, 1, 0, 0, 0, 0

图4-8 分析空间统计结果示例

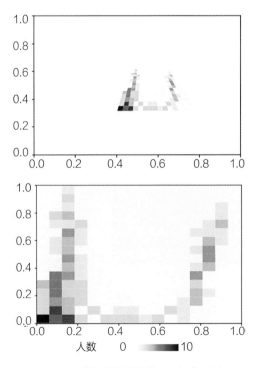

图4-9 分析空间统计结果可视化示例

2. 模型算法相关支撑技术

（1）深度学习技术

研究中使用的目标检测算法，是基于深度学习平台Tensor Flow开发，并通过Python接口进行调用。编译Tensor Flow所需软件如下：对应C＋＋语言的Visual Studio、NVDIA显卡的支持程序CUDA和CUDNN，编译程序CMake，计算机视觉库OpenCV，以及Anaconda等（图4-10）。

（2）目标检测算法

本研究采用了SSD 进行目标检测。SSD是Wei Liu等人提出的一种基于深度学习的目标检测框架。基于深度学习的目标检测方法最具代表性的是基于区域的卷积神经网络（Region-Convolutional Neural Networks，简称R-CNN），是一种结合区域提名（region proposal）和卷积神经网络（Convolutional Neural Networks，简称CNN）的目标检测方法。

R-CNN领域的目标识别研究目前非常活跃，先后出现了一系列新的方法，包括基于区域提名的［如R-CNN、空间金字塔池化网络（Spatial Pyramid Pooling Network，简称SPP-net）、基于区域的全卷积网络（Region-based Fully Convolution Networks，简称R-FCN）］和端到端［如你只需要看一遍（You Only Look Once，简称YOLO）、SSD］两类。端到端是将图切成S×S的网格，目标中心点所在的格子负责该目标的相关检测，每个网格预测B个边框及其置信度。本研究中所使用的目标检测方法SSD即采用端到端的方法（图4-11）。

（3）Python相关技术

模型构建中使用Python搭载Tensor Flow机器学习框架，并通过jupyter处理Python脚本。模型中使用的模组包括：numpy，matplotlib，_future_，cv2，os，six，sys，tarfile，tensorflow，zipfile，distutils，collections，io，PIL（图4-12）。

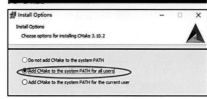

图4-10　深度学习相关软件示例

（a）Image with GT boxes

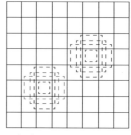

（b）8×8 feature map

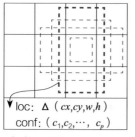

$loc: \Delta(cx, cy, w, h)$
$conf: (c_1, c_2, \cdots, c_p)$

（c）4×4 feature map

图4-11　SSD算法示例

```
import numpy as np
import os
import six.moves.urllib as urllib
import sys
import tarfile
import tensorflow as tf
import zipfile
import time

from distutils.version import StrictVersion
from collections import defaultdict
from io import StringIO
from matplotlib import pyplot as plt
from PIL import Image

# This is needed since the notebook is stored in the object_detection folder.
sys.path.append("C:/Users/BCL_Del101/Desktop/TensorFlow/models-master/research")
from object_detection.utils import ops as utils_ops
from utils import label_map_util
from utils import visualization_utils as vis_util

from matplotlib.patches import Polygon
from matplotlib.collections import PatchCollection

from matplotlib.text import TextPath
import matplotlib.lines as mlines

from __future__ import division
import matplotlib.path as mplPath

import pandas as pd
from ast import literal_eval
```

图4-12　Python中使用的模组

五、实践案例

1. 模型应用实证及结果解读

（1）实证应用背景介绍

本研究在北京通州海绵设施试点区的某试点居住小区内进行了基于延时摄影与深度学习的人群时空行为研究模型的应用实践，以对小尺度公共空间的海绵设施进行分析，并试图通过研究海绵设施对人们行为的影响对低影响开发（Low Impact Development，简称LID）设施的社会效益进行评价，作为环境专项研究的重要补充（图5-1）。

（2）监测空间类型

模型所应用的监测空间分为点状、线状、面状三类。点状空间通常为小尺度公共空间或居住小区位于角落处的出入口。线状空间通常为道路、绿憩等仅有一个主要运动方向（但可停留）的狭长形公共空间。面状空间指存在复杂活动路径面积较大的公共空间，通常为小区活动场或者公共停车场等（图5-2）。

（3）延时摄影设备布置

本研究在紫荆雅园的建设完成的海绵设施及公共区域周边的6个位置（公共停车场西侧、小区东南门、中部廊道、北部廊道、中部活动区和公共停车场东侧）进行了延时摄影拍摄，获取分析所需的数据。其中2台设备采用"高位"大范围拍摄，4台设备采用"低位"小范围拍摄。每台设备根据所监测公共空间范围，选取了适宜的俯仰角度。公共停车场空间布置了2个监测位置，其余空间均布置1个监测位置（图5-3）。

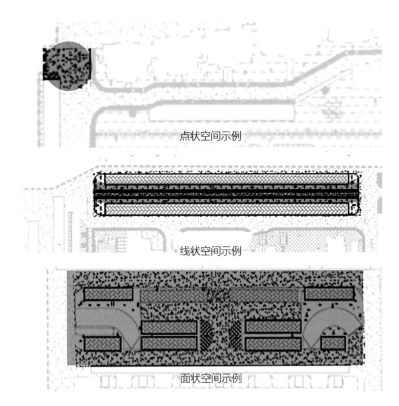

图5-2 监测空间类型

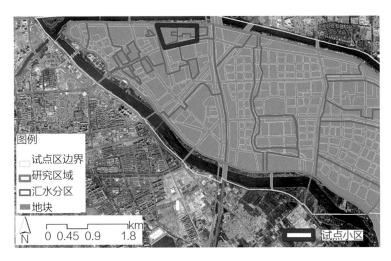

图5-1 研究模型应用位置

图5-3 监测设备情况

6个延时摄影位置采用持续摄影法，分别监测了试点小区内1个点状空间（小区东南入口）、2个线状空间（小区西北廊道和小区中南部廊道）和2个面状空间（小区西南部停车场与小区中部活动场），共5个区域。各个监测区域包含了透水铺装、雨水花园、雨水桶等不同的海绵设施。通过对比不同空间人行为规律的差异，可分析出海绵设施对空间活力的影响（图5-4）。

（4）监测空间分析

1号设备监测的中部活动区为步行区，机动车无法驶入，因此人流量较大。然而由于活动设施尺度太大不易于使用，人群通常仅有通过性行为。2号设备检测的中部廊道由于道路东侧被停驻机动车所占有，居民没有停驻活动的空间，因此中部廊道以居民穿行为主，并且运动速度较快。3号设备监测的公共停车场西侧，其延时观察点位于出入口上方，类似点状空间监测，以记录人流量和居民运动速度为主。由于人车分流较好，人流量较大。4号设备对公共停车场东侧进行了延时拍摄，可监测面状公共空间复杂的人车行为。其中停车场一侧多为人的通过性交通，建筑一侧则产生停驻行为。5号设备对小区东南门点状空间进行了监测。较不明晰的人车分流使得大部分空间没有人群使用。出行方式以依靠载具为主。6号设备所监测的北部廊道两侧有较多座椅，以及丰富的植被，使得很多居民在此停留。即使有通过的交通需求，居民运动速度也往往较慢（图5-5）。

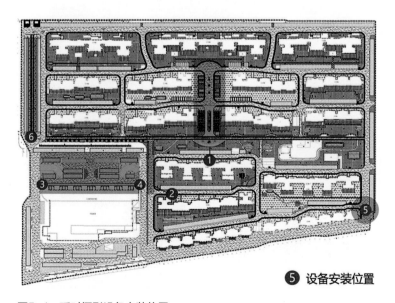

❺ 设备安装位置

图5-4　延时摄影设备安装位置

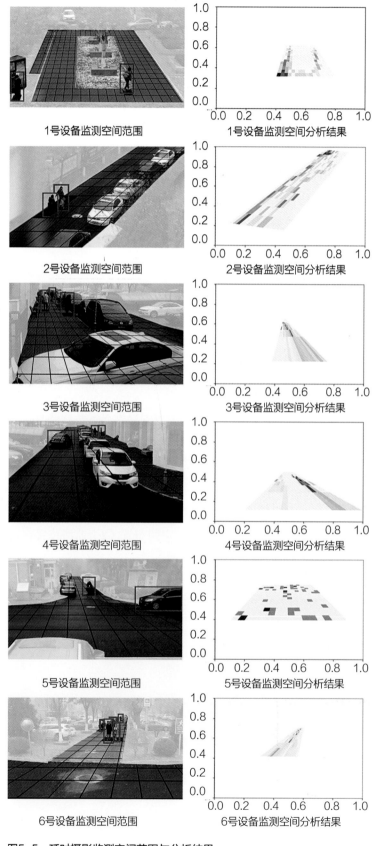

1号设备监测空间范围　　1号设备监测空间分析结果

2号设备监测空间范围　　2号设备监测空间分析结果

3号设备监测空间范围　　3号设备监测空间分析结果

4号设备监测空间范围　　4号设备监测空间分析结果

5号设备监测空间范围　　5号设备监测空间分析结果

6号设备监测空间范围　　6号设备监测空间分析结果

图5-5　延时摄影监测空间范围与分析结果

2. 模型应用案例可视化表达

1号设备延时摄影分析结果显示，人们通常从广场北部向西南方向移动。人们在选择移动路径时倾向于贴边行走，而非沿对角线行进。广场西南部的饮水机在一定程度上吸引了人群，造成人群集中，成为目的性交通的节点。2号设备延时摄影分析结果显示，人们通常在道路边缘行走。在有机动车阻挡路线或者垃圾桶位于道路边缘时，人们会选择与两者保持一定距离。道路西北侧有道路辅入口，成为空间活力较高的地点。此外道路东北侧转角处行人较少。3号、4号设备延时摄影分析结果显示，人们在建筑侧步行道上通过时，偏向于离建筑较远的位置，而非贴近建筑。在停车场上行走的人们通常从东北向西南方向行进。在停车场西部，人群以向南部走向小区出口为主。5号设备延时摄影分析结果显示，人们在小区入口附近步行速度明显加快，采用之前的转换帧率难以进行连续的路径构建。由于人车没有很好的分流，行人会不时在道路中间移动，以避开两侧的车辆。6号设备延时摄影分析结果显示，人们倾向于从廊道南部的两侧进入，后转至空间中部行走，以与两侧座椅保持一定距离（图5-6）。

六、研究总结

1. 模型设计的特点

本模型在威廉·H. 怀特对空间切割的思路和目标检测技术及视频切割技术的基础上，对数据采集方式和数据处理的方法进行了优化。通过四个主要步骤优化算法模型、构建微观空间的人群时空行为研究模型，最后在通州某小区内选取6个节点作为研究案例，验证了模型的可靠性（图6-1）。

本模型在延时摄影法分析城市公共空间的基础上，对数据分析方法进行了革新，主要特征体现在四个方面。其一是真实性强。图片数据能够对场景真实还原，在此基础上，本模型通过图片空间切割，使图像的目标识别分析具有了地理空间属性，因而本模型较于其他模型而言，能够更真实地反映人群行为，且可反向检查验证。其二是空间要素关联性高。由于图片数据的真实性高，加之空间测绘数据的辅助，可进一步将空间要素落位，进而研究人群行为特征受环境空间的影响方式及程度，反映空间特征以及人群与空间要素的互动关系。其三是高时间粒度。本研究采

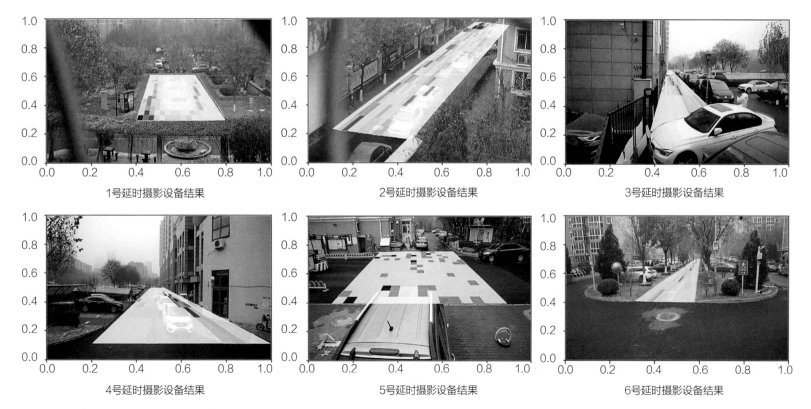

图5-6 延时摄影监测分析结果可视化表达

取延时摄影的方式采集数据，具有较高的时间粒度，并可根据研究需求划分时间间隔大小。整体研究相较于现有方法而言，不同时间粒度可研究不同的人群行为类型。其四是高空间粒度。本模型通过对空间进行划分，计量每单位空间内的累计人次，使得人

们在精细粒度上的空间使用情况得以量化，具有较高的空间依附性和高空间粒度特征，能够用于对特定空间的精细化研究，信息冗余度低。

2. 应用方向或应用前景

城市公共空间由于"承载着城市居民的日常生活和社会交往、协调着人类社会与自然环境的关系、具有强烈的可识别性和标志性"，是进一步提升城市品质、完善城市功能、增强城市活力的空间载体，其设计与管理的精细化程度直接关乎城市的综合竞争力和公众满意度，因此是精细化城市设计的核心。本模型构建了以空间为基准的长时间微观空间人群时空行为研究方法。可针对不同公共空间延时摄影采集到的图像，对城市中不同区域及不同城市的公共空间进行分析，获知各公共空间的使用情况，从而量化评价公共空间的设计，为城市设计向"人性化、个性化、地域性"等维度的精细化塑造提供依据。

具体来讲，本模型的应用前景主要体现在三个维度的研究上：本模型通过细化空间网络和缩小图片采集间隔，可识别空间内人群行为轨迹，整体时间较长时可研究群体在某一空间内的行为轨迹；通过长时间的摄影可计算每个网格的累积人次，可判断该研究范围内人群活跃的空间（人次越多即可分为两种情况，一是路经次空间网格的人数较多，二是人群在此空间网格的停留时间较长）；本模型将平面要素与转换后的空间网格进行嵌入分析，相较于目前多基于人群数据的研究而言，本模型具有较强的空间关联性，可反映真实空间要素，从而可从环境行为学的角度探索人群活动与环境要素之间的关系，有利于拓展其基础理论。

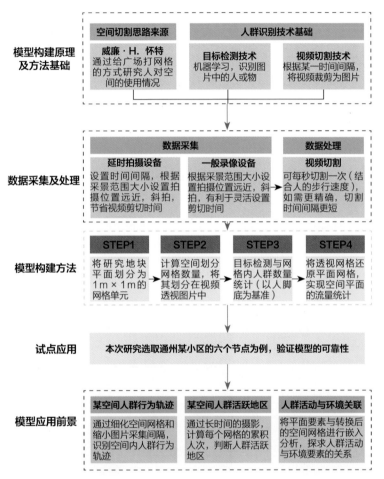

图6-1 研究总结框架图

耦合城市生态资本与生态系统服务的自然资源保护研究

工作单位：北京师范大学

研究方向：自然资源保护

参　赛　人：杨青、王雪琪、刘畅、刘耕源

参赛人简介：杨青，博士研究生，研究方向为生态系统服务核算与管理，已发表12篇高质量学术论文，负责生态系统服务核算方法学构建；王雪琪，硕士研究生，已发表若干学术论文，研究方向为污染物减值规律，精通GIS和Python，负责空间分析及模型算法编写；刘畅，本科生，研究方向为生态系统服务核算，负责数据收集；刘耕源，博士生导师，致力于城市生态规划与管理、资源精细化核算等研究。

一、研究问题

1. 研究背景及目的意义

（1）研究背景及意义

城市生态资本与生态系统服务一直作为慢变量难以被纳入新型城镇化建设与规划，如何对城市生态资产和服务进行有效动态监管并构建合理的生态空间结构等问题受到社会各界的普遍关注。党的十八大首次将生态文明建设纳入"五位一体"总体布局，党的十九大明确指出要加快生态文明体制改革。可见生态文明建设具备了相当的理论高度，但如何将其落到实处仍存在诸多难处。其中一个突出的问题就是生态系统服务价值的度量与核算没有形成统一的方法体系，实践应用性差。核心是缺少衡量生态系统服务价值的标准和社会广泛认同的生态系统服务价值的定价方法。生态系统服务价值核算以经济学的评估方法为主流，即以货币形式度量生态系统服务价值。基于经济评估方法核算的研究结果可让人类直观认识生态系统服务的经济价值，同时也因为主要的经济评估方法是基于个人对真实世界的偏好和个人对假定的生态系统服务情景的反映，而以人为中心的感知价值评估标准存在局限性，因为生态系统可以提供未被人类感知到的、不确定的或者在未来才表现出来的服务。因此需要从生态系统服务供给者

的视角出发，建立生态资本和生态系统服务价值核算的新方法。

（2）国内外研究现状及存在的问题

1）现有核算方法原理大多基于成本法，不是通过市场供求关系确定价格，使得核算结果往往难以被广泛认同和接受。

2）生态资本核算过程复杂。生态资本核算和资源产权界定难；核算过程可能出现重叠；核算结果缺乏可比性；实现动态核算面临较大困难。

3）核算结果的应用受到限制，即生态系统服务应该实现多少经济价值难以得到公认的方法。

2. 研究目标及拟解决的问题

（1）研究目标

构建城市生态资本及生态系统服务价值慢变量核算方法学，评估城市生态资本与生态系统服务价值；揭示生态系统服务功能中的污染物消减规律，识别生态系统服务减值的时空特征；识别重点生态功能区；优化城市空间布局；保护自然资源以提供更多优质生态产品。

（2）拟解决科学问题

1）怎样从生态系统服务供给者视角定量评估城市生态资本与生态系统服务价值？定量评估城市生态资本和生态系统服务是

城市自然资源保护和国土空间优化布局的基础。

2）城市生态系统服务功能中的污染物动态消减规律是什么？生态系统具有净化污染物的能力，但当污染物浓度超过生态系统净化能力时，生态系统将不再发挥作用，生态系统服务需消减。

3）如何耦合城市生态资本与自然资源空间优化？在评估城市生态资产及污染物消减后，如何将核算结果应用于城市自然资源保护及空间优化，服务于城市规划。

二、研究方法

1. 研究方法及理论依据

（1）研究方法

1）构建基于能值分析的生态系统服务价值核算方法

a. 绘制生态系统服务能值分析图

以森林生态系统为例，本研究确立的森林生态系统服务价值分类体系包括:直接价值［净初级生产力（Net Primary Productivity，简称NPP）、固碳释氧、补给地下水等］，间接价值（净化空气、土壤保持、减少水土流失等），以及全球价值分摊的存在价值（调节气候和文化教育价值）（图2-1）。

b. 构建生态系统服务分类体系

将生态系统服务分为直接、间接和存在服务（图2-2），并不是所有生态系统都有列出的所有服务，已在框架中进行了区分，即深灰色表示生态系统有对应服务，浅灰色表示无此服务。

c. 构建生态系统服务价值核算方法

详见第四部分模型算法部分。

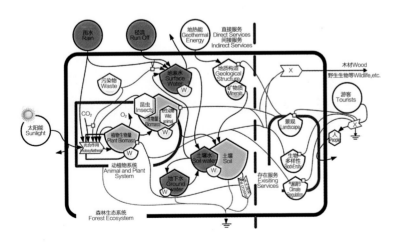

图2-1 森林生态系统服务能值分析图

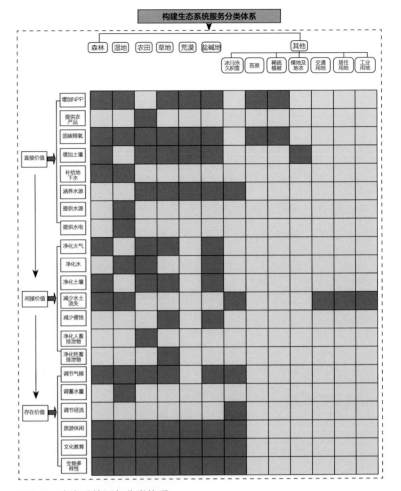

图2-2 生态系统服务分类体系

2）构建生态系统服务的污染物减值核算方法

详见第四部分模型算法部分。

（2）理论依据

1）城市生态资本与生态系统服务价值评估

该部分研究方法主要为能值分析方法，其主要理论依据为热力学、系统动力学。能值为生产或产生产品或服务的直接或间接的可用能总和。能值理论和方法是由美国生态学家Odum于20世纪80年代创立的一个新的系统分析理论和方法，它从地球生物圈能量运动角度出发，以能值表达某种资源或产品在形成或生产过程中所消耗的所有能量。相比于其他生态系统服务价值核算方法，能值的优点在于：基于生态热力学重新理解自然资产及生态系统服务的产生，即确立太阳能、潮汐能和地热能是生态系统服务形成的三大原始驱动力；基于贡献者视角，剖析物质流动和能量传递，允许量化每个流量或存量的环境工作量。

2）城市污染物动态消减规律

本部分研究首先对污染物实时监测站点数据进行空间插值生成面数据，插值方法为克里金插值。克里金插值是建立在半变异函数理论分析基础上，对有限区域内变量取值进行无偏最优估计的方法，是目前发展较为成熟、应用最为广泛的空间插值方法。进一步采用失能生命调整年（Disability Adjusted Life-Years，简称DALYs）和潜在物种灭绝比例核算污染物对人体健康及生态系统的损失。其中DALYs方法是由美国Murray教授提出，并在1993年世界银行发布的世界发展报告中采用。DALYs同时考虑早亡所损失的寿命年和病后失能状态下生存期间的失能寿命损失年。

（3）可行性分析

1）研究基础

申请团队长期从事生态模拟、环境管理、系统建模等研究，掌握能值方法、DALYs、潜在物种灭绝比例、GIS、Python等主要分析方法，在国际期刊及中文核心期刊发表大量高水平论文，参与重点研发项目、自然科学基金项目等多项国家级科研项目。丰富的项目参与经验为本项目的开展提供了良好的支持。

2）数据积累及成果应用

申请团队已获取本项目研究所需的国家和区域层面的绝大多数数据，建立并掌握了主要的核算方法和模型。申请团队常年与相关政府部门保持联系，研究问题来源于政府决策现实需求，研究成果也广泛用于政府的决策中。

2. 技术路线及关键技术

（1）技术路线

本研究技术路线如图2-3所示。

1）城市生态资本与生态系统服务价值评估

根据土地利用类型数据，选取纳入研究的生态系统类别，根据热动力学、系统动力学将生态系统服务分为直接、间接及存在服务。直接服务是生态系统存量和流量变化引起的服务，间接服务是存量、流量变化带来的附加影响，存在服务是全球性生态系统服务价值在局地的分摊及文化教育服务。采用GIS提取土地利用类型数据；查找统计数据获取地区可更新资源数据，采用能值方法核算地区可更新资源的能值价值；使用文献调查法识别生态系统固碳数据，用遥感数据反演出NPP数据；用文献调查法获取

核算构建土壤及补给地下水所需的土壤有机质和矿物质含量、降水入渗系数数据；用文献调查法获取生态系统净化大气、水、土壤污染物能力数据；用失能生命调整年及潜在物种灭绝比例核算污染物对人体健康及生态系统质量带来的损害以评估净化大气、水和土壤及调节气候服务；用物种重要性指数度量局地物种对全球生物多样性的贡献以评估局地生物多样性服务。

2）城市污染物动态消减规律

获取公众环境研究中心环境数据平台上空气质量、水质实时监测数据；利用克里金插值获取整个研究区内污染物浓度面数据；将污染物浓度数据与大气、水、土壤环境质量标准进行对比，考虑开始造成损失的阈值，对超过特定标准的污染物浓度纳入生态系统服务减值范围；采用DALYs和潜在物种灭绝比例方法核算超标污染物造成的人体健康和生态系统损失。

3）城市重点生态功能区的自然资源保护及空间布局优化决策

利用GIS将城市生态系统服务价值与污染物减值进行可视化展示，获取生态系统服务价值及污染物减值空间分布特征；叠加城市行政区划地图，识别重点生态功能区，以保护自然资源、优化空间布局。

（2）关键技术

本研究的关键技术是基于能值的生态资本核算方法与生态系统服务的污染物减值核算方法。

前者的研究步骤为：

a. 识别生态资本及生态系统类别；

b. 构建生态系统服务分类体系；

c. 构建生态系统服务价值核算方法，展开核算；

d. 结合GIS可视化生态资本及生态系统服务价值核算结果。

后者的研究步骤为：

a. 获取环境质量实时监测数据；

b. 采用克里金空间插值方法生成污染物浓度面数据；

c. 对比监测数据与环境质量标准，确定纳入污染物减值范围的地块；

d. 采用失能生命调整年和潜在物种灭绝比例核算污染物减值；

e. 结合GIS可视化生态系统服务污染物减值核算结果。

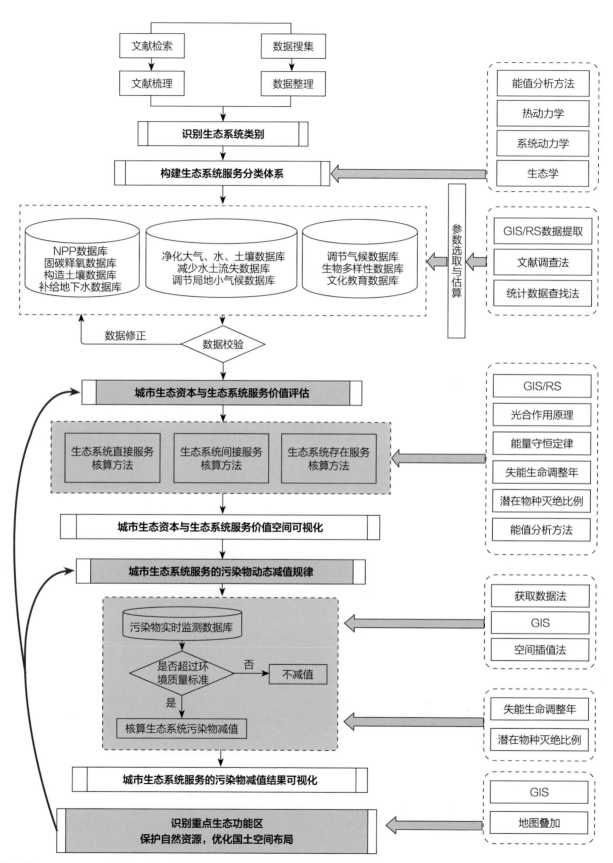

图2-3　本研究技术路线图

三、数据说明

1．数据内容及类型

（1）城市生态资本与生态系统服务价值评估

本研究内容的数据主要包括三大类型：①土地利用类型数据，主要来源于遥感数据；②各核算方法中的实物量数据及相关系数，主要来源于统计年鉴及相关文献等；③能值转化率数据，主要来自相关参考文献及本项目等。具体数据内容及类型详见表3-1。

城市生态资本与生态系统服务价值评估数据内容及类型　表3-1

类型	内容	获取方式	使用目的及在模型中的作用
①土地利用类型数据	全国土地利用类型数据，需包括全国土地覆盖I、II级分类系统	项目合作	核算各生态系统服务价值
②实物量数据及相关系数	a. 可更新资源：太阳辐射、降水量、海拔、风速等	中国经济与社会发展统计数据库	核算研究区当地可更新资源能值
	b. 生态系统固碳量	中国知网及Web of Science数据库	核算生态系统固碳服务
	c. 生态系统碳库周转年	Google学术	核算生态系统固碳服务
	d. 净初级生产力（NPP）	数据平台下载	核算生态系统固碳服务
	e. 生态系统植被凋落物占生物量比例	中国知网及Web of Science数据库	核算生态系统构建土壤有机质服务
	f. 某土壤矿物质占土壤总矿物质比例	中国知网及Web of Science数据库	核算生态系统构建土壤矿物质服务
	g. R土壤矿物质占土壤总质量比例	校图书馆纸质藏书	核算生态系统构建土壤矿物质服务
	h. 公式（4-8）的k_i	中国知网	核算生态系统补给地下水服务
	i. 公式（4-8）和（4-14）的G_w	能值系统网站（Emergy Systems Website）	核算生态系统补给地下水服务
	j. 公式（4-9）的M_{ij}	校图书馆电子藏书	核算生态系统净化大气服务
	k. 公式（4-9）和（4-14）的$DALY$和T_i及公式（4-10）和（4-15）的PDF和T_i	Google学术	核算生态系统净化大气、水质、土壤及调节气候服务
	l. 公式（4-9）的τ_H	Web of Science数据库	核算生态系统净化大气、水质、土壤及调节气候服务

续表

类型	内容	获取方式	使用目的及在模型中的作用
②实物量数据及相关系数	m. 公式（4-12）的r_{omi}、k_{r1}和k_{r2}	能值系统网站（Emergy Systems Website）	核算生态系统减少水土流失服务
	n. 公式（4-13）的G_P和G_{Ri}	中国知网	核算生态系统减少水土流失服务
	o. 公式（4-14）的E_{ei}	https://cgiarcsi.community/	核算生态系统调局地小气候服务
	p. 公式（4-14）的α_i	https://cgiarcsi.community/及数据中心平台下载	核算生态系统调局地小气候服务
	q. 公式（4-15）（4-16）中的C_{ij}	Google学术	核算生态系统调节气候服务
③能值转化率	a. 公式（4-6）的UEV_{mi}	与该书作者合作获取	核算生态系统构建土壤矿质服务
	b. 公式（4-8）的UEV_{wi}	Web of Science数据库	核算生态系统补给地下水服务
	c. 公式（4-12）的UEV_{sl}	能值系统网站（Emergy Systems Website）	核算生态系统减少水土流失服务
	d. 公式（4-14）的UEV_{we}	能值系统网站（Emergy Systems Website）	核算生态系统调局地小气候服务

（2）城市生态系统服务的污染物动态减值规律

本研究内容所需数据主要包括：①土地利用类型数据；②相关参数数据；③环境质量监测站点实时数据等。具体详见表3-2。

城市生态系统服务的污染物动态减值规律数据内容及类型　表3-2

类型	内容	获取方式	使用目的及在模型中的作用
①土地利用类型数据	全国土地利用类型数据，需包括全国土地覆盖I、II级分类系统	项目合作	核算各生态系统服务价值
②参数	a. 公式(4-15)的$DALY$和(4-16)的PDF_i	Google学术	核算生态系统净化大气、水质、土壤及调节气候服务
	b. 公式（4-15）的τ	Web of Science数据库	核算生态系统净化大气、水质、土壤及调节气候服务
③环境质量监测站点实时数据	公式(4-16)的C_i	http://www.ipe.org.cn/	减值模型的基础数据

2. 数据预处理技术与成果

首先需要识别遥感数据中土地利用类型，识别其生态系统服务类型，揭示生态系统服务形成机制，进而构建生态系统服务价值核算方法。将获取的实物量及参数数据归纳整理成Python可调用的数据格式，基于本研究构建的生态系统服务价值核算方法在Python环境下构建函数，调用函数计算各板块生态系统服务价值。结合GIS空间分析技术，可视化核算结果，完成第一部分生态系统服务价值的评估。获取环境质量监测站点污染物实时监测数据，利用克里金空间插值技术生成污染物面数据。对比污染物实时监测数据与环境质量标准，将超过特定范围的污染物进行对应板块的生态系统服务减少核算。再次结合GIS空间分析技术，可视化生态系统服务污染物减少结果。最后叠加生态系统服务价值、污染物消减及行政区划图，识别重点生态功能区，为城市自然资源保护和国土空间优化提供依据。数据预处理中的关键技术是本研究构建的基于能值的生态系统服务价值核算方法及污染物消减核算方法。

四、模型算法

1. 模型算法流程及相关数学公式

（1）模型算法流程

城市生态资本与生态系统服务价值评估的研究模型算法实现流程如图4-1所示：

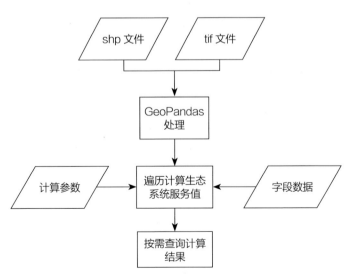

图4-1　生态系统服务价值模型算法实现流程

实施步骤为：

a. 读取shp文件，获得行政区划信息；

b. 读取tif文件，读取土地类型信息；

c. 根据服务值计算算法引入算法参数；

d. 根据字典数据判断土地类型；

e. 基于算法参数、字典信息、地理信息计算生态系统服务价值。

（2）城市生态系统服务的污染物动态减值规律

本研究模型算法实现流程如图4-2所示：

实施步骤为：

a. 获取污染物实时监测数据；

b. 插值以获取污染物面数据；

c. 对比污染物监测数据与环境质量标准，判断是否需要减值；

d. 对需要减值的地区，使用DALYs和潜在物种灭绝比例方法核算污染物减值。

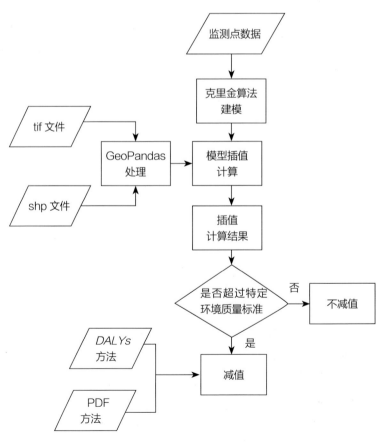

图4-2　污染物减值核算流程

（3）模型中的计算公式及说明

1）城市生态系统服务价值评估

纳入核算范围的生态系统包括：森林、灌木、草地及水生生态系统。其中水生生态系统包括沼泽、湖泊、水库/坑塘、河流及运河/水渠。下列计算方法中，部分生态系统服务仅针对部分生态系统，将给出说明，如无说明即表示该项服务属于所有生态系统。

①直接服务

a. NPP

$$Em_{NPP}=\sum_{i=1}^{n}\left(MAX\left(R_i\right)\right) \qquad (4-1)$$

其中Em_{NPP}是净初级生产力所需能值（sej/yr）；MAX（R_i）是生态系统i的当地可更新资源（sej/yr），公式如下：

$$MAX\left(R\right)=MAX\left[\sum\left(太阳能，潮汐能，地热能\right)，波浪能，风能，雨水化学能，径流势能，径流化学能\right] \qquad (4-2)$$

b. 固碳释氧

$$Em_{CS}=\sum\left(\frac{C_i}{\tau_i}\times S_i\times UEV_{csi}\right) \qquad (4-3)$$

$$UEV_{csi}=\frac{\left(Em_i\right)/S_i}{NPP_i} \qquad (4-4)$$

其中Em_{CS}是生态系统固碳所需能值（sej/yr）；C_i是第i生态系统单位面积固碳量（g C/m²/yr）；T_i生态系统i碳库的平均周转时间（yr）；S_i是第i个生态系统面积（m²）；UEV_{csi}是第i个生态系统固碳的能值转化率（sej/g）；Em_{NPPi}是第i个生态系统驱动初级净生产力所需的可更新资源对应的能值，即公式（4-1）的Em_{NPPi}；NPP_i是第i个生态系统初级净生产力（g C/m²/yr）。

②间接服务

a. 净化大气

考虑因生态系统净化大气而减少了人体健康和生态系统损失。本服务仅针对森林、灌木及草地生态系统。

A. 减少人体健康损失

$$Em_{hh}=\sum_{i=1}^{n}\left(M_{ij}\times S_j\times DALY_i\right)\times\tau_H \qquad (4-5)$$

其中Em_{hh}为减少人体健康损失所需能值（sej/yr）；M_{ij}为第j个生态系统对第i种大气污染物的净化能力（kg/ha/yr）；S_j为第j个生态系统的面积（ha）；$DALY_i$为第i种污染物引起的失能生命调整年（cap×yr/kg）；τ_H为研究区人均能值（sej/cap）。

B. 减少生态系统质量损失

$$Em_{EQ}=\sum_{i=1}^{n}\left(M_{ij}\times PDF_i\times Em_{spj}\right)=\sum_{i=1}^{n}\left(M_{ij}\times PDF_i\times MAX\left(R_j\right)\right) \qquad (4-6)$$

其中Em_{eq}为减少生态系统质量损失所需能（sej/yr）；M_{ij}和公式（4-5）中的一致（kg/ha/yr）；PDF_i为第i种大气污染物引起的潜在物种灭绝比例；Em_{spj}为第j个生态系统物种所需能值（sej/yr）；$MAX(R_j)$是第j个生态系统可更新资源对应的能值（sej/yr），可由公式（4-1）算得。

净化大气服务的计算公式为：

$$Em_{AP}=Em_{HH}+Em_{EQ} \qquad (4-7)$$

b. 净化水质

净化水质计算方法和净化大气类似，但需将公式（4-5）和公式（4-6）中的M_{ij}换成生态系统净化水污染物的能力。

c. 净化土壤

净化土壤和净化大气服务计算方法类似，但需将公式（4-5）和公式（4-6）中的M_{ij}换成第j个生态系统净化第i类土壤污染物的能力。

d. 减少水土流失

考虑因生态系统覆盖而减少了水土流失。计算公式4-8和公式4-9如下：

$$Em_{RSE}=\sum_{i=1}^{n}\left(G_i\times r_{omi}\times 10^6\times k_{r1}\times k_{r2}\times UEV_{sl}\right) \qquad (4-8)$$

$$G_i=\left(G_{Pi}-G_{Ri}\right)\times S_i \qquad (4-9)$$

其中Em_{RSE}是减少水土流失所需能值（sej/yr）；G_i是因生态系统i的覆盖的固土量（ton/yr）；r_{omi}是第i个生态系统土壤有机质含量（%）；10^6是由t到g的转化系数（g/t）；k_{r1}是g到kcal的转化系数（kcal/g）；k_{r2}是从kcal到J的转化系数（J/kcal）；UEV_{sl}是土壤的能值转化率（sej/J）；G_{Pi}是生态系统i的潜在土壤侵蚀系数（t/km²/yr）；G_{Ri}是生态系统i的现实侵蚀系数（t/km²/yr）；S_i是生态系统i的面积（km²）。

e. 发电

此服务仅针对河流。

$$Em_h=Em_r+Em_{mb} \qquad (4-10)$$

$$Em_r=\sum\left(S_{dci}\times R_{di}\times 1000\times\rho\times UEV_r\right) \qquad (4-11)$$

$$Em_{mb}=\sum\left(S_{dci}\times r_{di}\times\left(1E+6\right)\times\rho_{soil}\times UEV_m\right) \qquad (4-12)$$

其中Em_h是河流生态系统水电所需能值（sej/yr）；

Em_r是河流生态系统中降水对水电的贡献（sej/yr）；

Em_{mb}是河流生态系统中造山运动对水电的贡献（sej/yr）；S_{dci}是河流生态系统第i个大坝的集水面积（m^2）；R_{di}是河流生态系统中第i个大坝所在区的降水量（m/yr）；ρ为水的密度（kg/m^3）；UEV_r是雨水的能值转化率（sej/g）；r_{di}为第i个大坝所在区的年均侵蚀率（m/yr）；（1E+6）为m^{3}转化为cm^{3}的转化系数，即1m^3=（1E+6）cm^3；ρ_{soil}为山体的密度（g/cm^3）；UEV_m是山的能值转化率（sej/g）。

③存在服务

调节气候

生态系统可作为碳汇调节气候变化，计算公式4–13和公式4–14如下：

$$Em_{cr1} = \sum C_{ij} \times 0.001 \times \frac{DALY_i}{T_i} \times S_j \times \tau_H \qquad (4\text{–}13)$$

$$Em_{cr2} = \sum C_{ij} \times 0.001 \times \frac{PDF_i}{T_i} \times Em_{spj} \qquad (4\text{–}14)$$

其中Em_{cr1}是生态系统因调节气候而减少人体健康伤害所需能值（sej/yr）；Em_{cr2}是生态系统因调节气候而减少生态系统损失所需能值（sej/yr）；C_{ij}是第j个生态系统对第i类温室气体的固定量（g/m^2/yr）；0.001为g转化为kg；$DALY_i$是第i类温室气体造成的势能生命调整年（capital×year/kg）；T_i为第i类温室气体的生命周期（yr）；τ_H是人均能值（sej/cap）；S_j是第j类生态系统面积（hm^2）；PDF_i是第i类温室气体造成的潜在物种灭绝比例（%×m^2×yr/kg）；Em_{spj}是第j类生态系统物种所需能值，即当地的可更新资源能值，由公式（4–1）计算得到。

调节气候服务为Em_{acr1}与Em_{acr2}之和。

2）城市生态系统服务的污染物动态消减规律

在目前技术和数据支持下，仅考虑大气污染物对人体健康损害和生态系统损失造成的减值。考虑的污染物为《环境空气质量标准》GB 3095—2012中规定的6项污染物：SO$_2$、NO$_x$、CO、O$_3$、PM$_{10}$、PM$_{2.5}$。根据大气环境质量标准和监测站点实测浓度确定是否需减值，当各污染物浓度在二级浓度范围内不考虑减值。当污染物浓度超过大气环境质量标准的二级浓度时，开始减值，考虑污染物对人体健康和生态系统损失两部分减值。

①污染物对人体健康伤害

$$Em_{HH} = \sum (C_i \times k_1 \times S \times DALY_i \times \tau) \qquad (4\text{–}15)$$

其中Em_{HH}为污染物引起人体健康损失对应的减值（sej/yr）；C_i为第i种污染物实测浓度（μg/m^3/h）；k为单位转换系数，即由μg/m^3/h转化为kg/ha/yr，取值0.043 92；S为研究区对应生态系统面积（hm^2）；$DALY_i$为第i种污染物对应的失能生命调整年（人×年/kg）；τ为研究区当年人均能值（sej/人/yr）。

②污染物对生态系统伤害

$$Em_{EQ} = \sum ((C_i \times k_2 \times PDF_i \times E_{msp})/10\ 000) \qquad (4\text{–}16)$$

其中Em_{EQ}为污染物引起生态系统损失对应的减值（sej/yr）；C_i为第i种污染物实测浓度（μg/m^3/h）；k为单位转换系数，即由μg/m^3/h转化为kg/ha/yr，取值0.005 856；PDF_i为第i种污染物影响下的物种潜在灭绝比例（%×m^2×yr/kg）；E_{msp}为研究区物种所需的能值，用研究区当年可更新资源能值度量（sej/yr），即MAX（R）；10 000表示hm^{2}向m^{2}的转化系数。

最终减值为总生态系统服务价值基础上减去Em_{HH}为与Em_{EQ}之和。

2. 模型算法相关支撑技术

技术架构如图4-3所示，各层解释如下：

（1）前台是Web层，用户通过浏览器访问系统；

（2）中间层包括数据获取和地图服务；

（3）数据层分数据存储和地图存储：数据存储为存储生态元结果及减值数据；地图存储为存储各种地图；

（4）自动任务框架层分地图和数据发布：地图发布是发布各种地图数据到地图服务器；数据发布是按照要求计算数据并发布到数据存储中去，该层是自动的，条件达到会自动计算。

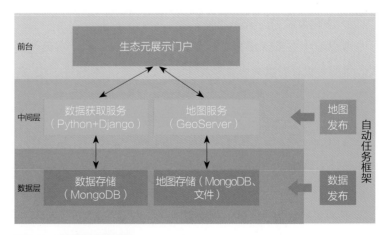

图4-3　支撑技术构架图

五、实践案例

1. 模型应用实证及结果解读

项目团队已基于本研究提出的模型进行了多个实证研究，主要包括：

（1）核算森林生态系统服务价值

本研究构建了非货币量的生态系统服务价值核算方法，并选取京津冀森林生态系统为案例区，对核算方法进行了检验。研究结果表明：

1）2012年，京津冀森林生态系统服务价值的大小顺序为：承德＞北京＞保定＞张家口＞石家庄＞秦皇岛＞天津＞邯郸＞唐山＞邢台＞廊坊＞衡水＞沧州。

2）2012年，京津冀不同森林生态系统服务价值大小顺序依次为：落叶阔叶林（2.32E+22sej）＞常绿针叶林（2.45E+21sej）＞落叶针叶林（2.52E+20sej）。其中，落叶阔叶林生态系统服务价值占总价值的86%，常绿阔叶林占13%，落叶针叶林仅占1%。

目前该研究成果已发表于二区SCI期刊*Ecosystem Services*。

（2）核算水生生态系统服务价值

本研究在厘清沼泽、湖泊、水库/坑塘、河流及滨海湿地生态系统差异性的基础上，构建了基于能值的水生生态系统服务价值核算方法，并以中国水生生态系统为例，核算其生态系统服务价值。研究结果表明：

四川省有最大水生生态系统服务价值，为1.13E+23sej/yr；甘肃省的单位水生生态系统服务价值最大，为2.02E+13sej/m²/yr；大部分中国河流以发电作为其最大的生态系统服务，其他大部分水生生态系统以调节局地小气候为其最大的生态系统服务价值。该研究成果已发表于一区期刊*Journal of Cleaner Production*。

（3）全国"互联网+"水务环境创新创业大赛

本研究团队的"城市的水生态系统的'生态元'综合大数据平台开发"项目荣获2018年全国"互联网+"水务环境创新创业大赛"优胜奖"。

（4）软件著作权

本研究团队开发的"生态元系统服务功能在线可视化计算系统软件"2019年1月获国家版权局颁发的计算机软件著作权登记证书，登记号2019SR0239970。

2. 模型应用案例可视化表达

（1）可视化技术方案

基于模型分析成果，本研究通过以下系统技术实现生态系统服务价值在线可视化，见图5-1。

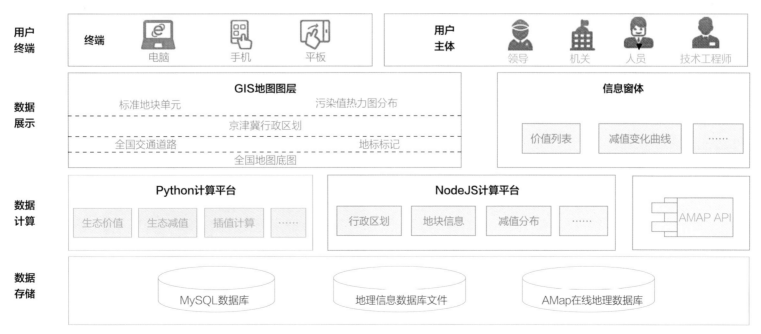

图5-1　系统技术架构图

系统架构共分为四个层次，由下至上分别为数据存储层、数据计算层、数据展示层和用户终端层。

1）数据存储层

地理信息数据库文件存储标准地块信息；MySQL数据库中存储由Python计算平台计算的各种结果数据；AMap在线地理数据库为高德提供的在线地理服务数据库，必须使用AMap API进行调用。

2）数据计算层

Python计算平台实现了生态元各指标的计算模型，将计算结果写入MySQL数据库中。NodeJS计算平台读取MySQL数据库中的计算结果，提供Web服务接口供数据展示层调用。AMap API通过调用AMap地理数据库，提供了地图底图、底图覆盖物、热力图等各种地理信息服务公共数据展示层调用。

3）数据展示层

数据展示层包括两部分内容：GIS地图图层和信息窗体。GIS地图图层分四个图层显示各种信息：第一层是标准地图底图；第二层是河流、道路、标记等信息；第三层是行政区划信息；第四层是地块信息覆盖物和热力图。信息窗体显示选择地块的各种指标值，包括生态价值、生态减值等。

4）用户终端层

系统支持PC、手机和平板等三种常见的终端访问。系统为决策者、政府机构、大众和技术人员等各类用户提供服务。

（2）部分可视化成果展示

1）系统主界面介绍。系统主界面分为顶部菜单、地图显示和底部菜单三部分。顶部菜单主要包括行政区划选择框、土地类型选择框和提示框。底部菜单主要包括价值等高线、污染源等高线、减值等高线、时间轴和动画开关。地图显示区为行政区划、地块、等高线县市区。

2）行政区划浏览

点击行政区划选择框，选择预显示的行政区划（可以多选），则相应行政区划在地图上突出显示，如图5-2所示。

3）土地利用类型浏览

在选择行政区划后，点击土地类型选择框，选择预显示的土地类型，则该类型地块即在地图上以小方块显示（不同类型地块，显示为不同颜色），如图5-3所示。

4）地块价值估值显示

在显示了地块数据后，鼠标点击某地块，则在地图右侧弹出

价值估值信息，主要包括存在价值、间接价值、可更新投入、直接服务等价值估值。同时，如果有减值估值时，减值则将以折线图的形式显示，横坐标为时间，纵坐标为估值，见图5-4。

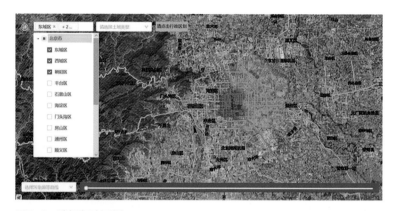

图5-2　选择行政区划

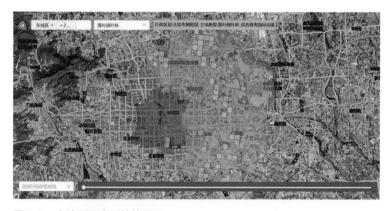

图5-3　土地利用类型地块显示

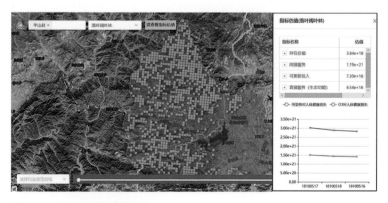

图5-4　地块价值和减值估值

鼠标点击价值分类左边的"+"号，该类价值二级指标则将展开，如图5-5所示。

鼠标停留在折线图上，相应时刻的减值数据详情弹出显示，滚动鼠标滚轮，折线图将缩放显示（图5-6）。

5）价值等高线显示

在选择了行政区划后，点击价值等高线选择框，地图则显示响应行政区划的价值等高线，如图5-7所示。

6）污染源等高线显示

在选择了行政区划后，点击污染源等高线选择框，地图则显示相应行政区划的污染源等高线，如图5-8所示。

此时，鼠标点击时间轴，可以显示不同时刻污染源的等高线，如图5-9所示。

此时，打开界面右下方的开关，可以按照时间显示等高线变化情况（刷新时间为5s），如图5-10所示。此时，关闭界面右下方的开关，切换为静态显示状态。

7）减值等高线显示

在选择了行政区划后，点击减值等高线选择框，地图则显示响应行政区划的减值等高线，如图5-11所示。地块减值等高线与污染源等高线类似，同样支持时间轴浏览和趋势动画展示。

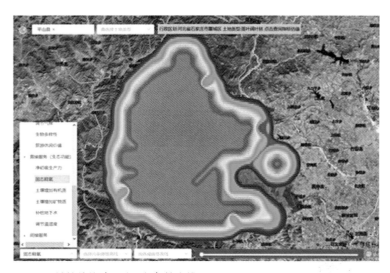

图5-7 地块价值（固碳释氧）等高线

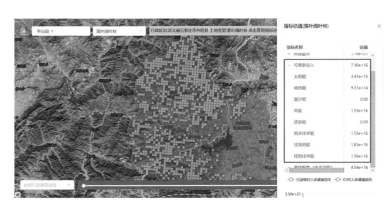

图5-5 地块价值估值二级指标

图5-8 地块污染源（O₃）等高线

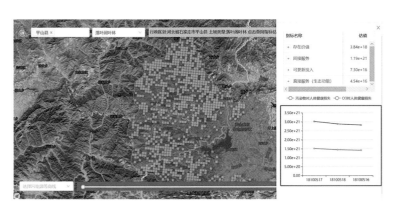

图5-6 土地类型价值估值二级指标

图5-9 地块污染源（O₃）等高线时间轴

图5-10 地块污染源（O_3）等高线动画

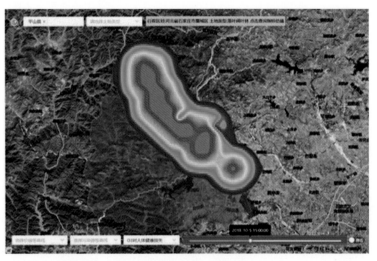

图5-11 地块减值（O_3对人体健康损失）等高线

六、研究总结

1. 模型设计的特点

（1）研究方法及视角上，构建了基于能值的贡献者视角的生态系统服务价值核算方法。传统意义上以货币作为资本量化形式，不能合理体现服务形成过程中投入的所有形式的价值，而如何衡量生态系统对生态系统服务价值的贡献是构建方法体系的重点和难点。本项目针对这一重难点提出基于能值分析的贡献者视角的生态系统服务真实价值的核算方法，该方法从贡献者视角来评估每类资源，而不仅仅是基于人类偏好和市场偶然性。同时，能值用生态热力学的方法重新理解自然资产及生态服务功能的产生，如由太阳辐射、地月引力造成的潮汐能和深层地热等所驱动产生的存量和流量生态系统服务功能。因此，能值分析方法可以反映生态系统对生态服务价值形成的贡献。

（2）数据上，本研究将生态系统服务慢变量数据与污染物实时监测数据的快变量相结合。以往研究在核算生态资本及生态系统服务价值时，多使用生态系统慢变量数据，缺少污染物浓度超过生态系统净化能力后生态系统不再发挥作用的快变量数据。本研究将慢变量数据与快变量数据相结合，既能体现生态系统相对稳定性的特征，又能反映当污染物浓度超过生态系统净化能力后生态系统无法再继续发挥净化作用的实时特征，这种慢变量与快变量数据的结合，可更加准确地反映生态系统提供服务及人与自然相互关系的真实特征。

2. 应用方向或应用前景

生态资源核算：自然资源实物量及价值量核算，摸清生态资源家底，全面直接地反映自然资源总量；为分类施策、有效保护和开发利用提供保障。生态资源交易：通过实现多品种生态资源交易和流通，使生态资源和生态系统服务价值得到合理化配置。生态资源资本运营：通过构建绿色金融服务体系，为生态产业壮大解决资金瓶颈。生态文明建设目标考核：对生态文明建设及绿色发展指标体系进行分解、追踪、评估及预警预测，清晰地揭示目标管理的薄弱环节，为决策提供数据支撑。生态资源统一监管：统筹生态环境基础数据接入整合，形成多角度、大范围、动态化的立体监测网络，实现以数据为驱动的生态资源精细化监管。

基于CA-WRF的大气污染物时空分布模型

工作单位：武汉大学

研究方向：城市环境优化

参赛人：范域立、米子豪、赵伟玮

参赛人简介：参赛团队来自武汉大学数字城市研究中心。范域立，博士研究生；米子豪、赵伟玮，硕士研究生。研究方向为城市形态、位置服务数据的分析和应用、城市风环境及城市大气污染。

一、研究问题

1. 研究背景及目的意义

随着我国政府和居民对于空气质量问题的日渐重视，对于大气污染物的时空分布及其影响的分析和模拟成为重要的研究话题。包括可吸入颗粒物、NO_x等在内的大气污染物对于居民健康有负面影响；明确其时空分布状况，分析其分布规律有助于采取相应的城市污染控制措施，降低大气污染物产生的不利影响。

目前，固定/移动的地面监测站点能够提供时间连续、高精度的离散点大气污染物浓度数据；MODIS影像等高光谱遥感影像则可以通过反演得到空间连续、时间离散的气溶胶参数。在这两者的基础上，许多学者通过常规统计模型对某一区域内的总体大气污染参数进行估计；还有一部分学者通过GWR（地理加权回归）、GTWR（时空地理加权回归）等模型建立大气污染物与气溶胶浓度、气象因子、土地利用、交通等因子的关系，形成了较为完整的研究体系。

然而，这些模型未能考虑风向、风速在空间上的连续动态分布，风是大气污染物传播和扩散的重要条件，也是城市大气污染的形成和时空分布的重要影响因素：一方面，空气流动本身能有效地削弱大气污染物在建成环境中的积累，避免大气污染物在时间和空间上的集聚；另一方面，大气污染物在城市风环境中扩散和转移，最终影响了大气污染物的时空分布状况。可以预见，在大气污染物时空分布模型中引入风向、风速的分布参数，将有利于提高该类模型的准确程度，这也是本研究的目的。

2. 研究目标及拟解决的问题

本研究旨在通过结合天气研究与预测模型（Weather Research and Forecast，简称WRF）和元胞自动机模型（Cellular Automata，简称CA），构建同时考虑风环境参数及大气污染物站点监测数据的分布模型，从而得到较为准确的大气污染物时空分布特征。除了两个模型与研究问题之间的适应性以外，这一思路还考虑了两者在形式上的协调性：CA模型的输入参数和WRF的输出参数在结构上是吻合的，WRF模型可以提供水平方向500m以上网格的风场数据，这一网格可以容易与模拟污染物浓度分布的网格相嵌套，从而提供污染物浓度随时间变化的参数。

本研究的主要难点在于初始分布状态的确定和风环境参数的应用。对此，研究组成员们利用了一个月左右的历史空气质量监测站点数据和风环境数据，借助密集的时间断面得到稳定的结果。具体地，使用两个隐藏层的反向传播神经网络拟合任意（$t+1$）时刻下给定站点污染物浓度与t时刻下邻近站点污染物浓度和风环境数据，并通过遍历式的训练找出最佳的隐藏层节点个数和初始权值。随后，对某个充分早于目标时间段的时刻，通过训练得到的神经网络，利用站点数据预测下一时刻的分布；再通过下一时刻的站点数据和模拟得到的分布本身，通过空间平稳性检验、总体修正量检验和局部修正量检验三个过程，对预测分布进行修正，如此得到稳定的预测分布，作为有效的初始时间断面。

二、研究方法

1. 研究方法及理论依据

本模型采用的核心方法融合了风环境模拟结果的CA模拟。元胞自动机被用于模仿大气污染物随着时间变化在空间上逐步扩散的过程；而风环境模拟则给出调控这一过程的主要参数。本研究的总体路线如图2-1所示。

元胞自动机在城市管理和区域研究领域并不少见。这一模型被广泛地运用在土地利用预测和情景模拟、城市扩张模拟等问题上，也被部分运用于沙漠化、火灾扩散等其他空间要素的扩散模拟。总的来看，我们所熟悉的CA模拟可以分为两个层面。一是地理层面，模拟长时间、大尺度问题。这类问题机制复杂、受到大量人为的外部因素的影响，而忽略外部因素变化导致的偏差又很容易在模型的迭代过程中被放大，为此叶嘉安等学者专门就地理模拟CA中的误差传递问题展开过研究。因此，地理模拟CA常用于假定外部条件下的情景式模拟，同时黎夏等学者面向CA模型的迭代机制改进进行了大量的研究。二是城市管理和应急响应层面，模拟短时间、突发的问题，这类问题受外部因素的影响小，

外部因素即使存在，在事件发生的极短时间内也可被视作恒定，因此在构建模型时主要关注系统内部的迭代机制。

对大气污染物浓度分布的模拟与这两种情况都不尽相同。一方面，大气污染物的扩散过程显然受系统外部因素的影响，其中最主要的影响因素就是风向、风速等气象条件；且城市尺度上这一扩散时间常常是以小时为单位的，这样的跨度上气象条件不能视为恒定。另一方面，局部气象条件的变化是跨区域的气流在地形、地表等环境要素的作用下所形成的。这其中，跨区域的气流始终受到高轨道气象卫星的监控，有空间分辨率低但覆盖完全、时间连续的记录；而地形和地表环境在城市大气污染物扩散的时间跨度下可以视为恒定，不需要进行连续的采集。

联系这两种因素，最终形成城市内部风场数据的就是WRF模型（图2-2）。WRF是由美国环境预测中心（NCEP），美国国家大气研究中心（NCAR）等美国科研机构中心共同开发的统一的气象模式，其在水平方向上采用Arakawa C网格点，垂直方向上采用地形跟随质量坐标，时间积分方案上采用三阶或者四阶的Runge-Kutta算法。通过接入物理过程程序包模块，辅助完善模拟效果。物理过程主要包括微物理过程、积云对流、辐射、行星边界层（PBL）以及路面过程。通过这一模型，可以较为方便地得到模拟所需的平面网格上的连续风速、风向信息。

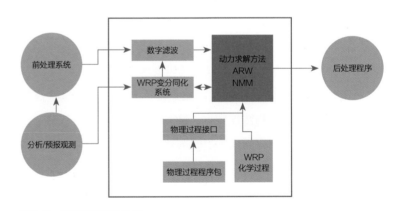

图2-2　WRF模型的结构

2. 技术路线及关键技术

本研究主要包括数据采集、风环境模拟、神经网络训练、初始浓度校正和元胞自动机模拟等五个步骤。

（1）数据准备和预处理

1）下载包含目标时段的同步气象卫星中尺度气象数据，并

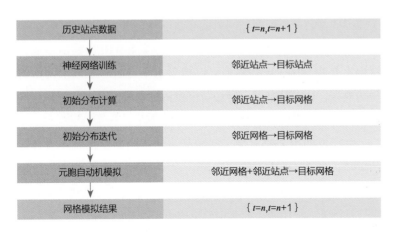

图2-1　本研究的总体路线

准备用于输入WRF模型的DEM数据和地表覆盖数据。

2）将对应时段大气污染物监测站点数据整理为［经度，纬度，各类污染物浓度］的格式，并将每一小时的数据存储为一个csv文件。

（2）运行风环境模拟，得到目标区域的多个连续时段风场数据

1）启动WRF模型预处理系统软件（WRF Preprocessing System，简称WPS），配置经纬度范围等边界参数及网格密度、气压层、时间间隔等模拟参数。

2）载入从需要风场数据的前一天开始的中尺度气象数据，以及地形、地表覆盖等网格化参照数据。

3）运行WRF模型，并通过后处理软件输出为表示风速矢量网格的csv文件。

（3）训练以t时刻邻近站点风场及大气污染分布为输入，以$t+1$时刻本站点大气污染物浓度为输出的反向传播神经网络

1）对于任意可能的t和$t+1$时刻，同时载入两者对应的污染物浓度数据，并通过遍历找出每个数据点对应的前一时刻邻近数据点。

2）建立目标区域参照网格。

3）建立相应的目标数据集和表示了邻近点大气污染物浓度、风速、风向及与目标点之间的位置关系的输入数据集。

4）在合理范围内对初始权值和隐藏层节点个数进行遍历和迭代训练，找出较优的反向传播神经网络。

（4）得到初始时刻大气污染物浓度分布，并进行校正

1）对于$t=2$时目标区域内所有的网格，计算其与邻近监测站点之间的位置关系，通过上一步得到的神经网络计算各网格点上$t=2$时的预计浓度。

2）从$t=2$开始进行CA模拟，并在每一个时间段用监测站点数据进行校正。

3）当CA模拟能够得到稳定平滑的分布结果时，视为得到了可靠的初始浓度分布。

（5）从初始浓度分布开始，将每一网格点的四邻接网格点数据作为神经网络的输入数据，将对象网格点的污染物浓度进行迭代模拟，并通过另一部分监测站点验证模拟效果。

在这一过程中，有三个条件值得特别注意：

一是WRF模型和CA模型的边界效应。WRF模型输入的中尺度气象数据对应的时间范围和空间范围应当显著大于其输出的风场数据边界范围，以减少边界畸变的影响；同时，其输出的风场数据时空范围又应当显著大于CA模拟的时空范围，从而为初始分布的校正提供足够的余地。

二是神经网络隐藏层数目的确定。如果同时对隐藏层数据、各隐藏层节点个数和初始权值进行训练，这一训练过程将具有相当高的时间复杂度。不过，从本质上看，这里的隐藏层实际表达了浓度、风向、风速和位置如何共同描述一个邻近站点的影响，以及多个邻近站点如何共同影响目标站点，因而两个隐藏层是符合直观感受的。同时，小规模的试验也表明两个隐藏层具有比单个或者多个隐藏层好得多的表现。

三是进入模型的大气污染物类型。在本研究中，以冬季城市雾霾的主要来源——$PM_{2.5}$作为模拟的目标。同时，应当注意到$PM_{2.5}$是典型的二次污染物。除各类不完全燃烧过程中排出的烟尘以外，城市大气污染中的$PM_{2.5}$还大量来自硫和氮的氧化物在大气化学过程中的转化。因而，除$PM_{2.5}$本身的浓度外，本研究还将背景环境下的二氧化氮、二氧化硫和一氧化碳浓度作为输入数据。

三、数据说明

1. 数据内容及类型

本研究所使用的数据主要包括：GRIB1/2格式的全球气象分析格点数据，作为WRF模型的基础输入数据；大气污染物监测站点数据，用于神经网络的训练、初始浓度分布的生成和校正以及CA模型的验证。

（1）全球气象分析格点数据

本研究中WRF模拟使用美国环境预测中心（National Centers for Environmental Prediction，简称NCEP）官网提供的FNL模式全球对流层分析083.2版本数据，即GRIB 1/2 格式的全球格点气象数据，时间范围为2018年2月1日0点至2月10日23点。该数据为每6小时一次绘制的每一经度、每一纬度的网格数据，包括地表压力、海平面压力、位势高度、温度、海平面温度、相对湿度、风速风向、垂直运动、涡度和臭氧等实时气象要素，以及土地使用和地表覆盖、地表高程、冰盖和水面含量等地表数据。

（2）大气污染物监测站点数据

本研究采用的监测站点数据来自襄阳市主城区范围内167个空气质量监测微站，时间范围为2018年2月1日至2018年2月10日，时间间隔为1小时。其中，140个站点具有$PM_{2.5}$、PM_{10}的浓度数据；27个站点额外具有二氧化硫、二氧化氮、一氧化碳及臭氧的浓度数据。

原始数据为包含站点信息和污染物浓度记录的xls表格文件。其中，站点属性信息包括站点编号、经度、纬度及站点类型（污染源、道路、工地、餐饮或其他）；污染浓度记录为每一行对应一个时间片段，每一列对应一个站点编号的矩阵表格，每一张矩阵表格记录一种污染物的浓度信息。

2. 数据预处理技术与成果

数据预处理阶段主要需要将风环境模拟数据输入WRF软件的预处理系统，并将监测站点数据转化为方便处理的格式。

（1）风环境模拟数据的预处理

对于进入WRF模型的气象数据和分析数据，需要使用WPS软件进行准备（图3-1）。其主要步骤有：

1）通过geogrid程序确定模拟中心点和模拟区域左上角点的经纬度，从而定义模拟区域，并将输入的静态地形数据插值到网格点。在本研究中，设定起始经纬度为（111.289E，31.393N），经纬度间隔为0.00450450，网格数为313×268，从而得到覆盖研究范围并有充足余裕的风场模拟结果。

2）通过ungrid程序从GRIB/GRIB2格式的数据中模拟提取所需的气象要素场。

3）通过metgrib程序将把提取出的气象要素场水平插值到由geogrid确定的网格点上，随后通过WRF模块中的real程序把气象

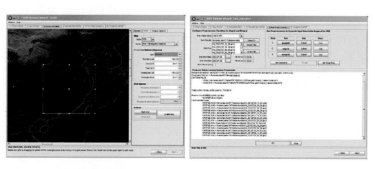

图3-1　WPS数据预处理系统

要素场垂直方向插值到WRF eta层上，即完成了WRF模拟的准备工作。

（2）监测站点数据的预处理

监测站点数据的预处理需要达成两个目的：一是提供神经网络训练所需的输入数据集和目标数据集；二是提供CA模拟所需的按时间片段划分的空间矩阵。具体操作上，首先将原始数据表转化为易于处理的格式，然后分别生成上述的两个数据集。

（3）原始数据表的转化

1）首先在Matlab中生成一个9列、不定行、不定层数（$8 \times m \times n$）的空三维数值矩阵，其中每一层表示一个时间段，每一行表示一个站点记录，第1、2列表示经纬度，第3到6列表示不同的污染物类型，第9列表示站点编号。

2）通过csvread函数，将所有原始数据表和站点信息表导入Matlab工作空间。

3）逐行逐列读取原始数据。对于任意位置的数据，根据其所在的数据表判断其所表示的污染物类型，根据其所在的行判断其对应的时间，根据其所在的列和站点信息表判断对应站点经纬度。

4）将每一条数据对应的浓度、经度和纬度写入空矩阵中的对应位置。

（4）形成神经网络训练数据集

1）在Matlab中生成一个29列、不定行的数值矩阵，一个167行、167列的数值矩阵，和一个不定行的列矢量。

2）读取站点信息表中的经纬度，将任意两个站点之间以经纬度计算的欧式距离填入167×167的数值矩阵中。

3）从第二层开始，遍历污染浓度矩阵中第n层的所有数据项。对于任意一项数据，将其对应的$PM_{2.5}$浓度值填入新建列矢量中的下一行；根据其站点编号，找出与其距离最近的4个站点以及最近的4个有多种污染物浓度记录的站点；在第n层中找到上述四个站点的数据，如果找不到，则依次寻找距离稍远的站点的数据。

4）依次将该数据项中$PM_{2.5}$浓度值、对应站点位置的风速、邻近站点与目标站点的距离、邻近站点上的风速在其与目标站点连线上的投影和邻近站点对应数据项上的污染物浓度填入新建数值矩阵中的下一行。

（5）CA模拟网格的准备

1）构建300×300的空矩阵，用于在后续分析中实时放置监

测站点数据，风向风速数据和模拟得到的网格分布数据。

2）以网格左上角为（112.0501E，31.8701N），网格右下角为（112.3500E, 32.1700N），单个网格为0.001经纬度，建立模拟网格与地理坐标的参照关系。

四、模型算法

1. 模型算法流程及相关数学公式

（1）大气污染物浓度推理

将给定时间t上，位于点P_0（x_0，y_0）处的空气质量监测站记录的PM$_{2.5}$浓度指标增量为ΔC_t^P（x_0，y_0）。假设影响到该值的因素包括：上一时刻该点上的平面风速矢量，记为（u_{t-1}^0，v_{t-1}^0）其中u为风速在东西方向的分量，v为风速在南北方向的分量，以及上一时刻该点PM$_{2.5}$浓度，记为C_{t-1}^P（x_0，y_0）；若干个距离（x_0，y_0）最近的空气质量监测站点上一时刻的PM$_{2.5}$浓度指标，其与目标点的距离和该点上平面矢量风速在其与目标点之间连线上的投影，其中对于距离（x_0，y_0）第n近的监测站点，分别记为C_{t-1}^P（x_n，y_n），D_{t-1}^P（x_n，y_n）和V_{t-1}^P（x_n，y_n）；以及若干个距离（x_0，y_0）最近，且有多种污染物传感器的监测站点上的污染物浓度，其与目标点的距离和该点上平面矢量风速在其与目标点之间连线上的投影，其中对于污染物⊠，其浓度指标记为$C_{t-1}^⊠$（x_n，y_n），⊠可以为S（表示SO$_2$），N（表示NO$_2$）或者C（表示CO）。

对数据预处理中得到的监测站点数据三维矩阵进行逐行读取，并写入到预备作为神经网络训练数据集的空矩阵中。即：

"for t=2:max（t）\\遍历从第二个时间片段开始的所有时间片段

for col=max（col）\\遍历每个时间片段中所有站点的数据记录

X=[X;（u_{t-1}^0，v_{t-1}^0），C_t^P（x_0，y_0）…$C_{t-1}^⊠$（x_n，y_n），D_{t-1}^P（x_n，y_n）…，V_{t-1}^P（x_n，y_n）…]

Y=[Y;ΔC_t^P（x_0，y_0）]\\向训练数据集写入数据

end;end"

记上述伪代码中由目标点P_0和若干邻近点构成的集合P决定的输入数据集为X（P）。

其中，

$$V_{t-1}（x_n，y_n）=\sin(\alpha_n)\times u_{t-1}^n+\cos(\alpha_n)\times v_{t-1}^n \qquad （4-1）$$

且有

$$\alpha_n=\tan^{-1}\frac{x_n-x_0}{y_n-y_0} \qquad （4-2）$$

将X和Y分别作为训练数据集中的输入数据集和目标数据集，对合理范围内不同隐藏层节点个数、不同随机初始权值进行遍历，利用上述参数训练最小平方误差最优的反向传播神经网络，即：

"perf=bignumber\\取一充分大值作为初始的MSE

for hidlyr1=1:40\\在1~40的范围内寻找两个隐藏层的节点数目

for hidly2=1:40

for randwgt=1:100\\取100次随机的初始权值

[Newnet, newperf]=trainlm（X,Y）\\用Levenberg-Marquardt算法训练

if newperf<perf

 perf=newperf

net=newnet\\当MSE优于之前的最佳结果时，保留训练结果

end; end; end; end"

将训练得到的神经网络用于下一步的计算。

（2）生成初始浓度分布

对于新的300×300网格上第row行，第col列的网格（row，col）（而不是监测站点），建立其与经纬度坐标之间的空间对应关系：

$$\begin{cases}latitude_{(row,col)}=lat_0+（col-0.5）\times lat_\Delta \\ longitude_{(row,col)}=lon_0+（300-（col-0.5））\times lon_\Delta\end{cases} \qquad （4-3）$$

其中，取lat_0=112.050，lon_0=31.870。lat_Δ和lon_Δ表示每网格跨越的经纬度，此处取lat_Δ=0.001，lon_0=0.001。相应地，建立以经纬度坐标记录的风速数据和污染物浓度数据与空间网格的对应关系：将已有风场数据点和空气质量监测站点数据赋到中心点与其距离最近的网格点。

根据网格坐标寻找与每个网格欧式距离最近邻近监测站点构成的集合P，取某一充分早的时刻t_0对应数据，建立与所有网格点对应的输入数据集，并代入神经网络进行运算，从而得到对各网格点t_0+1时刻污染物浓度的估计，以这一数据为基准进行接下来的校正工作。

（3）初始浓度分布的校正及CA模拟

1）计算浓度分布校正参数

在每一次迭代中，通过以下三个参数调节迭代过程：空间平

稳性，用于衡量模拟过程是否渡过了初期的不稳定状态；总体修正量，用于衡量城市是否由于外部污染源等原因出现了大气污染物浓度整体上升的情况；局部修正量，用于衡量新的排放现象是否导致了局部地区的污染物浓度上升。

其计算方式分别如下：

①空间不平稳性

对于每一时段t得到的大气污染物浓度分布结果，通过高通滤波计算每一网格点上的浓度预测与其八邻近网格点上的浓度预测之间的差异水平，再取所有局部差异水平的平方和为该时间段预测结果的总体空间平稳性，即：

$$M_{Sta} = \sum_{row=1}^{row=300} \sum_{col=1}^{col=300} filter(\overline{C}(row,col), HP) \quad (4-4)$$

其中HP为边长为3的高通滤波算子，有：

$$HP = \begin{cases} -1 & -1 & -1 \\ -1 & 8 & -1 \\ -1 & -1 & -1 \end{cases} \quad (4-5)$$

记时刻t的空间平稳性水平为$M_{Sta}(t)$。

②总体修正量

对于每一时段t，考察其所有该时刻监测站点所在位置的预计$PM_{2.5}$浓度指标与该时刻该监测站点检测到的实际浓度指标差值构成的集合ΔC_t，即对于监测站点n：

$$\Delta C_t(n) = C_t(n) - \overline{C}_t(n) \quad (4-6)$$

取其中最小的非负差值为总体修正量的值，即：

$$M_{Glo} = \min(\Delta C(n)) \quad (4-7)$$

记时刻t的总体修正量为$M_{Glo}(t)$。

③局部修正量

对于时段t上的网格点（row, col）来说，考虑其受邻近网格点上新产生的大气污染物的影响，而需要进行局部的修正。具体地，考察每一个站点n的局部修正量：

$$\Delta M_t(n) = C_t(n) - \overline{C}_t(n) - M_{Glo}(t) \quad (4-8)$$

对于该网格点，建立其局部修正量：

$$M_{Loc} = \frac{\overline{C}_t(row,col) - \overline{C}_{t-1}(row,col)}{C_t(n) - \overline{C}_t(n)} \times \Delta M_t(n) \quad (4-9)$$

其中n是该网格点的最邻近监测站。记时刻t时网格（row, col）的局部修正量为$M_{Loc}(t,row,col)$。

2）确定适合的初始时刻

在未引入修正参数的情况下，从$t=2$开始，将每个网格点的四邻近网格点视作该网格点的邻近点$PM_{2.5}$浓度和风环境数据的来源，进行元胞自动机模拟，即：

$$\Delta \overline{C_{t+1}^P}(row,col) = net(X(P_0,P)) \quad (4-10)$$

$$P = \{(row+1,col),(row-1,col),(row,col+1),(row,col-1)\} \quad (4-11)$$

并在每一次迭代后的时刻计算$M_{Sta}(t)$。当监测到M_{Sta}随时间的变化趋于稳定，且$M_{Sta}(t) \leq M_{Sta}(2)$时，将此时的时刻$t_0$视为正式模拟的初始时刻。

3）实现元胞自动机模拟

生成下一时刻的浓度分布预期。从t_0+1时刻开始，通过下式对$\Delta \overline{C_{t+1}^P}$进行迭代：

$$\Delta \overline{C_{t+1}^P}(row,col) = net(X(P_0,P)) + M_{Glo}(t) + M_{loc}(t,row,col) \quad (4-12)$$

$$P = \{(row+1,col),(row-1,col),(row,col+1),(row,col-1)\} \quad (4-13)$$

显然地，在此情况下有：

$$V_{t-1}(x_n,y_n) = \begin{cases} u_{t-1}^n, & x_n = row, y_n = col-1 \\ -u_{t-1}^n, & x_n = row, y_n = col+1 \\ v_{t-1}^n, & x_n = row-1, y_n = col \\ -v_{t-1}^n, & x_n = row+1, y_n = col \end{cases} \quad (4-14)$$

且

$$D_{t-1}(x_n,y_n) = lat_\Delta = lon_\Delta \quad (4-15)$$

在实际运算中使用上式生成输入数据集，从而显著减少算法所需的时间。

2. 模型算法相关支撑技术

本模型的技术实现分为两个部分：一是基于Linux操作系统的WRF模拟软件及其预处理和后处理工具，二是基于Matlab平台的监测站点数据处理、CA模拟实现及结果的可视化。本模型的风环境模拟部分在Ubuntu系统下的第三代WRF模型ARW模式（Advanced Research WRF）下运行，元胞自动机模拟和可视化部分在Matlab2015b下编写和运行。

由于Matlab工作空间中的数据存储在内存中，且在每一次迭代时需要进行多层神经网络运算，模型的元胞自动机模拟部分需要系统具有至少4G的内存空间。

五、实践案例

1. 研究区域

本研究以湖北省襄阳市中心城区及周边地区为例，模拟范围为（112.0501E，31.8701N）至（112.3500E，32.1700N）的矩形区域，东至襄阳刘集机场以东，北至G70国道一线，南至鹿门寺–西团山一线，西至G55国道一线的区域（图5-1）。这一区域基本上覆盖了襄阳市主城区建成区，且包括了形成襄阳市地形地貌特点的主要地理要素，如汉水、唐白河、隆中、岘山、鹿门山等。

选择襄阳市作为案例研究区域的原因主要有三个。其一，襄阳市近年来面临较为严重的空气污染问题，其主要的大气污染物来源既包括河南、湖北两省跨区域运动的污染物，也包括城市内部工业生产、汽车尾气、冬季采暖等造成的污染，研究该城市的大气污染物时空分布具有充分的实际意义。其二，襄阳市于2018年2月在全市主城区范围内部署了167个大气污染监测微站，所有监测微站均可记录PM$_{2.5}$和PM$_{10}$浓度指标，部分站点还可以记录二氧化硫、二氧化氮、一氧化碳和臭氧的浓度指标，可以为模型的训练、验证和模拟运算提供充足的基础数据。其三，襄阳市在地形上具有周边平坦、内部复杂的特点，城市内部有两条河流从三个方向经过，在城市南侧有数个较大的丘陵。这样的环境有利于检验本研究所提出的考虑风环境和地形条件的模型的实际效果，同时城市周边地形平坦的特点又能很好地控制本研究作为探索案例所需要模拟的空间范围。

2. 神经网络拟合结果

利用研究区域内2018年2月1日至2018年2月10日，时间间隔为1小时的空气质量监测数据和风环境模拟结果对神经网络（图5-2）进行训练的结果表明，当使用具有两个隐藏层——第一个隐藏层有28个神经元、第二个隐藏层有9个神经元时，训练得到的神经网络对于监测站点下一时刻的污染物浓度与上一时刻自身邻近监测站点的污染物浓度和风向风速之间的关系有最好的拟合效果，此时残差平方和为380.58，预测浓度与实际监测浓度之间的相关系数R=0.84（图5-3）。

这一网络结构与研究对于输入数据结构的设计是吻合的。其一，对于一共29个输入变量，第一个隐藏层中的28个神经元基本对所有的输入变量进行了一次变换；其二，对于一共涉及的9个监测站点（目标监测站点、四个提供PM$_{2.5}$数据的监测站点和四个提供多种污染物数据的监测站点），正好对应了第二个隐藏层中的9个神经元，第二隐藏层对每个监测站点的污染物浓度、距离和风向风速数据进行了汇总。

从拟合结果的残差来看，基本没有预测值过高的情况，但是存在预测值过低的情况。这是由于预测模型考虑了导致污染物浓度全局性降低的主要原因——风，但是无法考虑导致污染物浓度全局性提高的主要原因——外来污染物和本地的排放量变化。这种差异也是在模拟的过程中引入修正参数的原因。

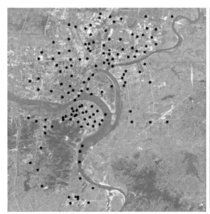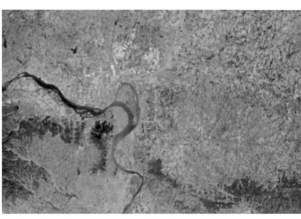

左：CA模拟范围及监测站点位置　　中：研究区域及周边地形　　右：风环境模拟范围

图5-1　研究区域

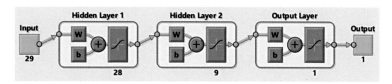

图5-2 最优神经网络结构

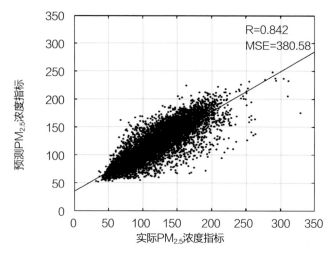

图5-3 神经网络拟合效果

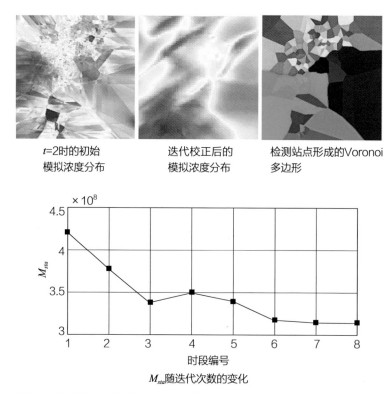

t=2时的初始   迭代校正后的   检测站点形成的Voronoi
模拟浓度分布   模拟浓度分布   多边形

M_{sta}随迭代次数的变化

图5-4 初始浓度分布模拟及其迭代修正

3. 初始浓度分布生成结果

对$t=2$时的PM$_{2.5}$浓度分布情况的模拟结果如图5-4所示。显然，这一结果比实际可能的结果要更加破碎，空间分布和每个网格点被分配到邻近监测站点的Voronoi多边形存在不合理的对应关系。这是由于尽管监测站点分布较为密集（平均10.5km，平均离最近的其他监测站0.90km），但仍然远大于模拟网格的边长（约0.1km）。随着$t=3$开始将每个网格的四邻近网格作为输入数据点，每个时间断面的M$_{Sta}$逐渐降低并趋于稳定。

4. 元胞自动机模拟结果

分别生成不引入修正参数和引入修正参数的模拟结果进行分析。不引入修正参数的模拟结果有两个显著的特点：一是地形和风向的影响已经能够体现出来；二是模拟得到的污染物浓度总体呈现下降趋势。这与前述神经网络拟合效果的产生原因是一致的：模型本身并未考虑外来的或新产生的污染，在风场作用下，区域内的大气污染物自然会逐渐飘散（图5-5）。

在引入修正参数的情况下，这一情况得到了明显的改观（图5-6）。在连续的模拟结果中，模拟得到的区域污染物总体浓

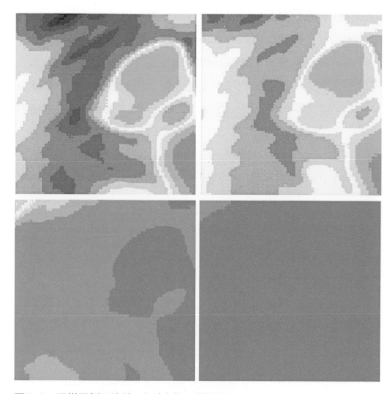

图5-5 同样图例下连续8小时未修正模拟结果

度水平和监测站点的观测结果基本保持一致，且在模拟结果中可以看到风环境要素和地形的鲜明影响：以2月7日早上10点为例，城市西侧猛烈的西南风使得余家湖工业区一带的大气污染物扩散到了虎头山、歪头山、陈家大山以南的平坦区域内，但大部分受到这些山体的阻挡，难以继续向北扩散，小部分则穿过陈家大山和虎头山之间的山坳扩散到汉江以北；城北东风汽车城和城东机场两处工业区产生的污染物沿风向的方向扩散，同时汉江以东的静风区域在缺少污染源的情况下保持了较低的污染物浓度水平。

5. 模型案例的可视化表达方案

本模型主要从风场模拟结果的呈现和元胞自动机模拟过程的呈现两个方面进行可视化表达（图5-7和图5-8）。对于前者，通过ARWpost将WRF运行结果转化为grads或vis5d文件，并将网格化的风速数据表达为直观的矢量箭头，并叠加在地形数据的基础上进行呈现；对于后者，则可以通过Matlab制图函数，容易将多个时间断面上的污染物分布过程和修正情况转化为直观的动态地图。

六、研究总结

1. 模型设计的特点

现有的大气污染物浓度分布研究多采用各类回归统计模型、空间插值方法或者地理加权回归模型，这些模型从模型原理上和采用的数据上来说难以考虑风向、风速的动态分布情况，但风环境是影响大气污染物在空气中运动的最主要因素之一，有必要在大气污染物的时空分布模型中予以考虑。对此，本研究结合了常用于模拟地理扩散过程的元胞自动机模型，以及可以生成城市或区域范围内的网格风环境信息的WRF模型，构建了新的大气污染物时空分布模型，从而真正在模型中考虑了风场对于污染物浓度分布的影响。

除此之外，本研究也是深入挖掘元胞自动机模型在城市和区域研究中的应用潜力，通过元胞自动机将城市动态模拟从时间上的推演扩展到空间上的补充的一次尝试。在过去的城市模拟研究中，包括城市土地扩张、用地变化、人口迁徙等的动态模拟，往往是以对相同的空间单元进行时间上的后推为目的的，它们通过对大量邻近的空间要素的分析，实现在时间维度上对过程的模拟，通过空间上的扩充来达到时间上的扩充；而本研究则通过对

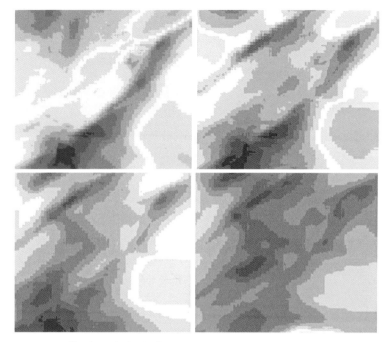

图5-6　同样图例下连续8小时修正后模拟结果

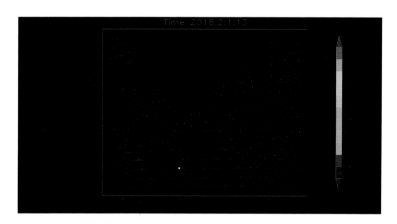

图5-7　风场模拟结果可视化

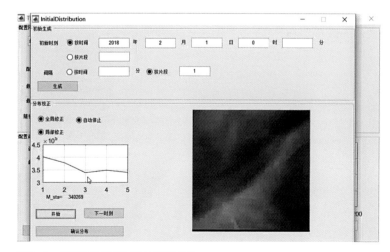

图5-8　模型操作及展示的可视化平台

较长的时间段进行考察，来实现对离散的空间数据的填补，以时间上的连续换来空间上的连续。这一观察角度上的转变，是以风的变化和污染物的生成和运动两个动态过程之间关系的建立为基础的。为此，本研究利用反向传播神经网络建立了风和污染物浓度之间的桥梁，并通过监测站点数据的变化情况构建修正量，来补充风环境无法反映的过程，总体取得了良好的效果。

同时，本模型的实现是以襄阳市较高密度的污染物监测站点为基础的。在初始时间片段、没有任何浓度分布信息作为参考的情况下，能够容易地建立邻近站点对目标站点污染物浓度的影响模型，是因为任意一个目标站点与其最邻近站点足够近，近到两个邻近站点之间一般不存在复杂的风场变化。然而，一定空间范围内随机点与最邻近随机点的距离与随机点的数量呈现递减的对数关系，随着监测站数量的增加，新增监测站对于数据密度的作用逐渐下降。如何在本研究的方法框架下找到较佳的监测站分布密度，平衡运营成本与模型效果，将是一个具有实际意义的话题。

2. 应用方向及前景

随着互联网大数据、地理国情数据、摄影测量和遥感数据的逐渐积累和相关处理技术的日渐成熟，城市研究者开始关注越来越具体、越来越具有针对性的问题。本研究旨在通过对大气污染物浓度空间分布的模拟，支持相应的精细化政策制定、空间规划和管制工作，包括：

（1）区域空气质量改善宏观策略。通过现有的风环境数据和监测站点数据，结合居民点分布情况，可以建模评估不同区域采取不同交通策略和工业发展策略的适合程度，从而在区域规划或城镇体系规划中合理安置工业等。

（2）针对降低大气污染影响的空间规划。通过大气污染物在不同时间段的空间分布情况，可以找出受到严重影响的主要居民区、商业区或交通枢纽等，或找出严重影响中心城区的污染物来源，从而为具体片区的搬迁、绿化、开发强度控制等空间规划措施提供支持。

（3）大气污染事件预警和管制措施。随着历史数据的积累，城市管理者能够通过监测站点的数据预计数小时甚至更长时间之后可能出现的严重空气污染事件中空气污染物的具体分布状况，预判不同区域紧急情况的轻重缓急和演变情况，从而针对性地分配应急响应力量和采取交通管制措施，合理高效地进行大气污染事件的应急响应。

基于传奇小说的历史名城评价系统的构建

——以《华州参军》为例

工 作 单 位：天津大学

研 究 方 向：历史文脉保护

参 赛 人：姜怡丞、康润琦、刘帅帅、马昭仪、张立阳

参赛人简介：参赛团队成员来自天津大学SHAPC Lab[1]，即天津大学建筑学院"空间人文与场所计算研究室"。研究方向为通过GIS、遥感和空间计算等空间信息技术的应用，进行历史、人文、遗产、景观、城市等领域的分析工作。

一、研究问题

1. 研究背景及目的意义

历史文化名城是我国文化遗产的重要组成部分，城市作为任何一个时代居民生活的主要场所，留存了大量的历史建筑和民俗文化等，从不同方面表现了一座城市的底蕴与内涵。

近些年来，国际社会和我国政府对文化遗产保护日益增强，截至2018年，国务院已经将134座城市列为国家级历史文化名城。

同时越来越多的城市运营者和学者们开始关注城市历史所反映的文化价值，国内对于历史文化名城的研究主要集中在历史文化名城保护、规划与开发方面；也有学者对历史文化名城的评价方面进行了研究：张杰采用意愿价值评估法研究城市历史文化遗产的价值评估，程辉在借鉴国外遗产评价标准基础上，提出了历史文化名城评价的指标体系。

但是对于历史名城评定的研究，提及的评价要素都建立在对古代城市图景的一定程度的复原之上。由于传统的城市历史史料研究方法的限制，只能有限度地去还原真实的历史时空。

在此背景下，提出结构化处理历史小说文本，构建古代城市居民对城市的真实反馈，还原真实的历史空间图景；对评价历史城市的反馈机制进行思考，丰富城市史的研究方法，是具有相当意义的。

2. 研究目标及拟解决的问题

唐代是中国古代社会的巅峰时期，长安作为唐代最重要的政治和文化中心，流传下相当多的史料，是研究古代城市的宝贵素材库。

从唐传奇小说出发，结合现有的历史文献分析研究和现代小说分析策略，对传奇小说进行数据分析，构建唐代长安的历史图景。

选择唐传奇小说作为切入点原因有二：

一是当代历史文献研究体系已经较为成熟，而历史文献中的传奇小说，虽有庞大的数据库却从未被挖掘，其反映了对历史文脉的一种全新的审视角度。

二是很多的古代小说与历史有着极为特殊的关系，小说家在进行小说创作时，将现实中的城市作为情节发生的舞台，在创作的字里行间隐藏着作者对城市的认知状态。小说中创作悲欢离合

---

[1] 空间人文与场所计算实验室（Spatial Humanities and Place Comptation Laboratory，简称SHAPC Lab）。

的城市舞台，也倾注了小说家对于城市的想象追忆和态度情感。

同时古代小说所描写的大量生动的城市图景，是古代城市生活形象化的反映，且很多小说描绘的空间场景，与真实的空间重合度很高，是从人文视角对城市空间的一种综合认知。

故从庞大的小说体系中构建出相应的评价系统，不但可以对历史名城的复原保护提供有效帮助，还能对相同时期、相同风格的历史文化名城进行对比分析，从而更好地表现历史，认识古代城市。研究框架如图1-1所示。

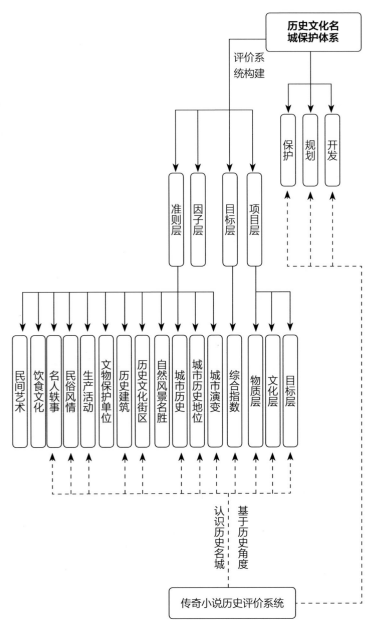

图1-1 研究框架

二、研究方法

1. 研究方法及理论依据

（1）依据的历史文化名城评价体系综述

《历史文化名城名镇名村保护条例》第2章第6条中，对历史文化名城名镇名村的概念给出的定义是："保存文物特别丰富，历史建筑集中成片，保留的传统格局和历史风貌，历史上曾经作为政治、经济、文化、交通中心或者军事要地，或者发生过重要历史事件，或者其传统产业、历史上建设的重大工程对本地区的发展产生过重要影响，或者能够集中反应本地区建筑的文化特色、民族特色的城市。"

历史文化名城申报条件中包括物质层和文化层，以及时间层的要求。故历史文化名城评价体系多从物质层、文化层和时间层三个方面进行评价。

文化层指标反映的是历史文化名城的文化底蕴，文化底蕴的高低是评判一座城市是否为历史文化名城的重要依据。文化层包含民间艺术、饮食文化、名人轶事、民俗风情、生产活动5个三级指标。

物质层是指城市在历史时期保存下来的文物古迹和自然风景名胜等物质实体，是历史文化名城最直观的表现形式。物质层包括文物、历史建筑、历史文化街区、自然风景名胜4个三级指标。

时间层评价指标反映的是历史文化名城的时间长度以及在历史时期的变动情况，包括城市的名称、城址、等级体系的变化。城市的时间长度越长、变动情况越少，城市的地域文化、历史遗留物才能越丰富，从一定程度上可以说城市的时间层决定城市的文化层和物质层。时间层包括城市历史、城市历史地位、城市演变3个三级指标。

（2）笔记小说与城市历史空间研究

李效杰、王欢分别对小说反映的唐代长安的商业发展状况、房舍租赁现象进行了专门的探讨。朱玉麒的《隋唐文学人物与长安坊里》指出隋唐文学往往将长安坊里填充为其作品虚拟生活场景的真实外壳，探讨了《李娃传》中的公共空间与庶民信仰建筑，文美英在《唐人小说中的长安城——以传奇为主》中将《李娃传》等唐传奇作为研究考证长安物质生活和精神意识的资料。这些研究继承了《唐两京城坊考》的作者徐松开创的小说证史的方法，部分承认了小说作为长安城地理景观和生活文化还原依据的价值。

（3）基于文本挖掘的情感分析

分析方法来源于《畅销书密码》。基本手法为分词断句、词性的极性划分、词语的极性频差统计和绘制，划分情节曲线。

1）分词断句

用在线分词系统对小说的文本进行词性划分和断句，并对初步划分结果进行人工核对和校验。

然后，文本中的积极和消极情感词。调用现有的情感分析词库，挑出其中积极情感词和消极情感词。如：

高频的积极情感词：好、可以、爱、明白、红、新、正；

高频的消极情感词：不能、黑、不要、出卖、死、不好、错。

2）进行移动窗口统计积极—消极词频差的统计

设置一个以句数为单位的窗口宽度，比如100句。

用始于第1句的窗口中积极词的个数减去消极词的个数，得出这100句积极—消极词频差，即总体情感的"印象分"，积极为正，消极为负。

移动窗口去统计第2句到第101句，第3句到第102句，以此类推。这样，得到极性频差统计曲线，横轴为窗口起始句编号，纵轴为积极—消极词频差。

3）结合《畅销书密码》所阐述的情节曲线（图2-1），对文本进行归类。

2. 技术路线及关键技术

本研究的技术路线如图2-2所示。将传奇小说的文本进行梳理，分为主观评定和客观情感值计算，并将其与整体的城市空间结构相联系，最终构建城市空间评价系统。

（1）文本挖掘

对历史小说的文本进行熟悉和初步梳理，用在线语料库进行断句分词和词性标注。核对文本并将有错误的词语筛选，二次核查含义并修改，得到预处理数据。

利用NLPIR系统进行文本网络抓取、正文提取、中英文分词、词性标注、词频统计、情感分析等粗处理。利用MARKUS识别文中人名、地名、时间、官职等信息，构思数据库表头的初步结构。由于目前完全没有面向古代汉语的分词系统，研究需要人工对粗处理后的数据进行核查。

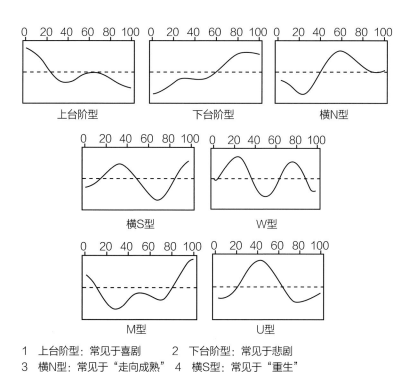

1 上台阶型：常见于喜剧　　　2 下台阶型：常见于悲剧
3 横N型：常见于"走向成熟"　4 横S型：常见于"重生"
5 W型：常见于"探险归来"　　6 M型：常见于"求之不得"
7 U型：常见于"过关打怪"

图2-1　情节曲线的七种类型

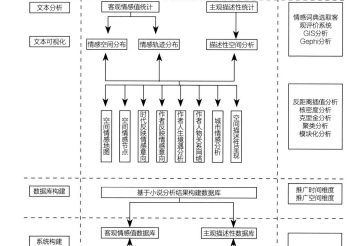

图2-2　技术路线图

（2）文本分析

进行文本整理和数据库的构建，参考之前所论述的情感赋值方法，基于相关情感词典对文本进行赋值，分为短语和短句两种形式处理数据，并分别梳理相关形容词、名词、时间、地点等关键词。

（3）文本可视化

得到初步的统计分析，采用Excel和GIS进行文本可视化，由文本数据推广至空间结构，对其进行空间层面上分析。

分析主要涉及两个方面：一是空间情感值的客观评价；二是空间的主观词语描述。空间情感值的客观评价是指将文本的情感值按照词语和句子两种类型进行划分，并结合其发生的空间结构，用GIS将其与地点相联系，对其进行累加值和平均值的克里金和核密度分析，得到基于小说的研究范围的情感值分布图。

空间主观词语描述是指将文章中的描述性词语提取，将其与地点相联系，得到相关的描述性词语分布图。

（4）数据库构建

结合小说的写作时间，综合小说作者的人生发展际遇分布，对小说的情感分布进行刨除作者主观因素的无差别空间情感分析，构建基于作者的主观性描述网络，组成评价体系中的一个简单样本，由此推广到同时期所有作者的传奇小说，得到小说评价数据库。

技术的运用，主要依靠现有的小说数据库和作者关系网史实数据库查询系统，分析和绘制依靠GIS和Gephi两个系统。

（5）系统构建

当数据库的构建完成后，对同时期不同作者的，刨除了基于人生际遇主观因素的无差别空间情感分析和空间主观描述，就表达了基于古人认知角度的情感空间。

从历史观出发的城市空间总体认知，这将是一个非常重要的构建与参考，反映了当时居民对于城市的综合感知状态。

依托此对相同时期的不同历史研究样本进行横向对比分析，以及相同时期相同关键词下历史名城的查询系统，这有助于历史名城的复原与构建。

而本系统对于现有的历史名城评价体系的反馈落实在文化层、物质层与时间层三个方面。

文化层方面，基于小说的文本分析，反映了当时居民的基本生活状态，落实在文化的各个层面，根据描述词的不同类别，对

民间艺术、饮食文化、名人轶事、民俗风情、生产活动等各个方面进行了阐释。

物质层方面更多的是基于城市空间的情感反映。研究可以得到特定历史时期各个阶级人对某个空间的综合认知状态，譬如居民普遍对某个空间持有积极的情感，人们愿意经常访问该地点。这也是对历史空间判断的一个重要依据。

而时间层面的分析，更多的是落实在数据库的纵向构建上。当对一个时期的数据库构建完成，研究只需要对其推广到某一段时间，甚至是某一个朝代，就能得到更为丰富的纵向查询系统，可以看出城市的整体演变过程。

三、数据说明

1. 数据内容及类型

获取的基本数据来源于传奇小说、对历史空间演变的分析历史文献以及作者相关的诗歌、传记（为了得到作者的关系网络，研究其人生际遇变化）。这些基本都是文本类数据，获取方式多为已经构建的史实数据库。

以之后的案例为例，选择了《华州参军》的基本文本作为传奇小说的研究样本，选取了唐代末期的长安城作为地点研究样本，通过《唐两京城坊考》等作为空间研究的参考，对当时的长安城有了一个基本的认识。

对于作者的人生际遇研究，分析了《温庭筠全集校注》和《温庭筠传》两本史料，推断出其相关的人物关系网络和人生际遇图，从而消除主观因素对空间情感分析的影响。

文本的判断依据，选用了相关的情感词典，对文本进行了赋值分析。

2. 数据预处理技术与成果

（1）词层级

1）分词。通过中国哲学书电子化计划资料库中获取《华州参军》的原始文本，并通过影印版的古籍进行了校准，以保证原始资料的准确性。然后选用了在线分词系统，并通过国学大师网站的词典搜索库对分词结果进行了后期校准。

2）标注。在分词后，根据研究问题不同需求对词语进行标注，从开始最基本的文本人物信息、空间信息、极性情感值和描

述信息入手，在此基础上添加了部分类别。

人物信息的确定是依据小说中词语的描述对象确定的，在文中人物主要涉及柳参军，崔氏、王生、轻红、柳母、王生父亲和王家苍头。

空间信息的标注是对小说的故事发生场所进行标注，由于长安地图的精确度问题，空间信息的标注以坊里级别或街道级别确定。所涉及的空间信息包括永崇里、崇义里、金城里、安仁坊、群贤里和曲江。

情感信息的标注主要是依据极性情感的分类划分成正面描述、中性描述和负面描述，所对应的极性情感值为1、0、-1。

（2）句层级

在短句级别的预处理上，沿用对《华州参军》的句读划分，并对短句标注其下属词语的标签。与词语级别不同的是，短句情感值需要进行演算；经过演算比较结果，采用了下属词语情感值直接加和作为该短句的情感值。形成"词—短句"两个文本细粒程度的文本资料结构（图3-1）。

最终构建得到的数据库如表3-1所示：

分词表										表3-1
n	nt	nd	nl	nh	nhf	nhs	ns	nn	ni	nz
普通名词	时间名词	方向名词	场所名词	人名	姓	名	地名	族名	机构名	其他专名
no	nhh	v	vd	vl	vu	a	f	m	q	d
官名	指代性人名	动词	趋向动词	连系动词	能愿动词	形容词	区别词	数词	量词	副词
r	p	c	u	e	o	i	g	w		
代词	介词	连词	助词	叹词	拟声词	惯用语	语速字	标点符号		

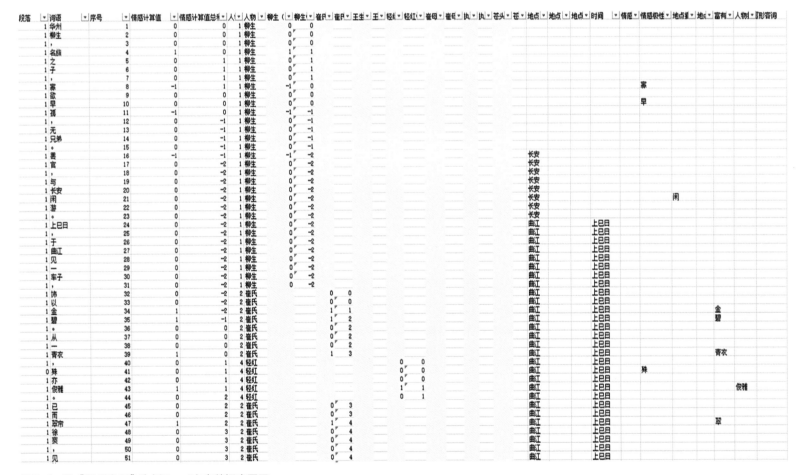

图3-1　以《华州参军》为例Excel文本数据库展示

四、模型算法

模型算法与技术支持：

模型的主要算法基于两个软件，分别是GIS和Gephi。

（1）基于GIS

基于之前构建的数据库，将其与当时的地理空间相联系。

以《华州参军》为例，小说中明确指向的发生地点与史实中的地点名称相同，对每个里坊中发生的情感值进行统计分析，采取的主要是累加分析和平均值分析两种分析手法，得到每个地点的正向累加值统计、负向累加值统计、情感累加值统计和正向平均值统计、负向平均值统计、情感平均值统计，公式（4-1）~公式（4-6）如下：

$$正向累加值统计 = \frac{地点积极情感累加值}{词语发生的频数} \quad (4-1)$$

$$负向累加值统计 = \frac{地点消极情感累加值}{词语发生的频数} \quad (4-2)$$

$$情感累加值统计 = \frac{地点情感累加值}{词语发生的频数} \quad (4-3)$$

$$正向平均值统计 = \frac{地点积极情感平均值}{词语发生的频数} \quad (4-4)$$

$$负向平均值统计 = \frac{地点消极情感平均值}{词语发生的频数} \quad (4-5)$$

$$情感平均值统计 = \frac{地点情感平均值}{词语发生的频数} \quad (4-6)$$

将计算值导入到GIS系统，对其进行研究范围内的核密度分析和克里金分析，由此得到整个研究范围的情感值变化。

依托文本的行文发展用GIS生成了人物行走的可能性路径，基于此进行了线性的情感值平均变化分析，得到了基于作者认知的地点情感认知图，构建了作者人生际遇的数据库，并得到了作者人生际遇的波动曲线。结合作者人生经历，确定某些作者可能对其抱有极端情感倾向的地点，最终拟合出消除作者主观因素的、基于作者视角的城市空间情感认知图。

（2）基于Gephi

基于作者角度进行城市空间认知分析。把数据分成点数据和有向边数据，对点数据赋值权重——权重是文本中出现该地点的句子数，边数据的赋值基于共线关系，即两个地点间人的路径数量，在Gephi里进行平均加权度计算，模块化分析，聚类计算等并输出结果。

比较有意义的是平均加权度计算，反映了作者对于文本中的各个舞台的重要性的认知。基于此，得到数据库一个时间点的一个样本分析。推广到数据库整体，就能得到基于全部作者刨除主观因素的空间地点认知分析图，得到研究范围内，重视程度较高的地点、情感分布较为积极的地点和情感分布较为消极的地点等。

空间情感描述方面，同样构建出数据库，将描述词与空间地点相连接。将数据库构建成信息查询系统，构建方法采用C语言算法。

通过系统查询，不但可以查到一定时期基于当时居民的空间认识，对空间极性的评定，还可以得到对于一个地点的综合性描述分析，甚至可以用拥有相同描述性分析的，已经复原了的历史名城作为参考，用于接下来的历史名城保护与建设。

五、实践案例——以唐传奇《华州参军》为例

模型应用实证及结果解读

《华州参军》文本数据库的建立依赖文本挖掘的手段。实际过程是对上文所建立的模型的实例应用，具体过程如下：

（1）文本预处理

使用在线语料库，将《华州参军》的文本进行初步的断句分词和词性标注，得到图5-1的结果。

观察图中结果，大部分词语的词性和分词还是准确的，但是由于现有的语料库分词标注工具是针对现代汉语设计的，在分析文言古文的时候难免出现偏差，于是需要进行第二步的人工校对。

（2）建立数据库

利用MARKUS识别文中人名、地名、时间、官职等信息，构思数据库表头初步结构。然后通过人工校对，纠正机器无法识别的分词、词性，按照词语情感的正负极性对提取出的词进行词情感的赋值（注：此处采用的情感正负极性的赋值方法，是将情感划分为三类范畴，即积极、中性、消极，分别赋值为1，0，-1），得到的数据库结果如图5-2所示。

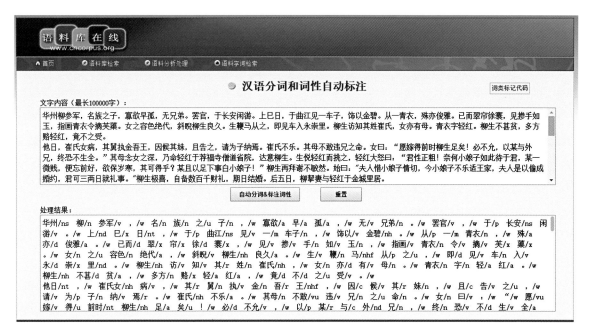

图5-1 在线语料库文本预处理结果

资料来源：使用的在线语料库平台工具为爱汉语——语料库在线（2011—2018年版）

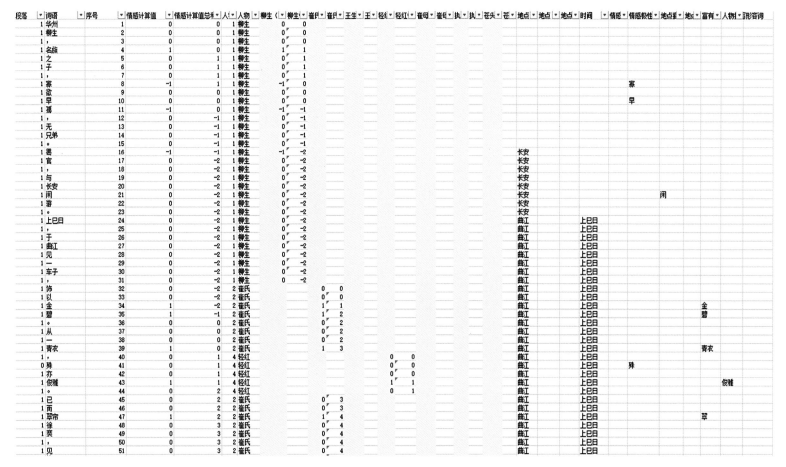

图5-2 华州参军Excel文本数据库展示

在数据库的表头结构中，列入人物信息、空间信息和情感信息，并分别进行标注，有利于后期的唐长安城可视化分析。

（3）文本可视化

1）在Excel表格中对得到的数据库进行处理，计算文章整体的情感计算值总和。计算结果如图5-3所示。

将词语和句子的情感值逐一相加，其累加所得的趋势反映了文本的情感走向，与"三合三离"的剧情走向相符合。

与《畅销书密码》的大数据分析得到的七种文本情感结构比较，《华州参军》符合横N型——文章结尾情感值趋于平缓，走向成熟。故事主人公王生和柳生在情感方面走向了成熟，看破红尘。

该实例验证了提出的文本情感挖掘模型的正确性，证明了该情感赋值方法的可行性。

2）计算各个地点的整体的情感计算值总和。计算结果如图5-4所示。

将已经验证的情感与长安城的实际地理空间相结合，得到在长安城中涉及的各个舞台的情感概况，可以初步展现长安城市民在长安城中实际生活的悲欢离合图景。

3）在GIS中，对《华州参军》中提及的唐长安坊里的质心进行情感赋值，分别使用了赋予情感累加值和情感平均值两种方法。

分别使用克里金、核密度和反距离插值分析法，将唐代长安城中城市居民的生活情感图景展现在地图上，实现了对单篇唐传奇小说中唐长安情感空间的复现。

反距离插值分析呈现的是作者对于城市区域的情感认知状态，克里金插值分析呈现的是作者笔下人物在长安城内情感的分布状态。

图5-5中得到的是使用累加值进行克里金分析法得到的长安情感地图，图5-6中得到的是使用平均值得到的长安情感地图。呈现的是作者笔下人物在长安城内的情感分布。

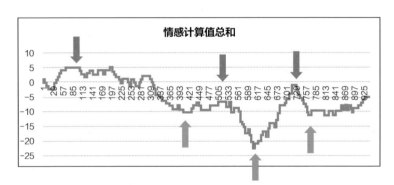

图5-3 华州参军情感计算值总和

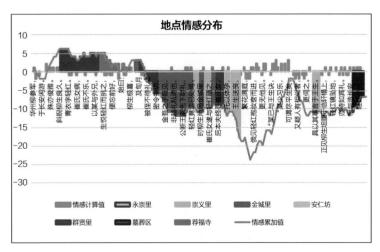

图5-4 《华州参军》地点情感分布

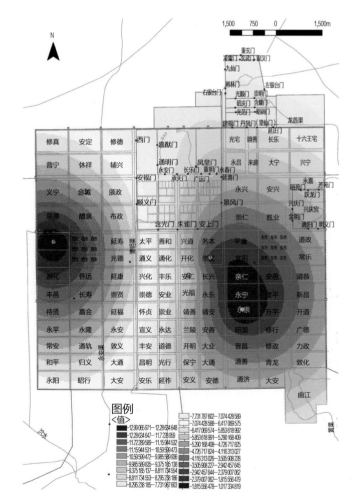

图5-5 《华州参军》地点情感分布（克里金累加值）

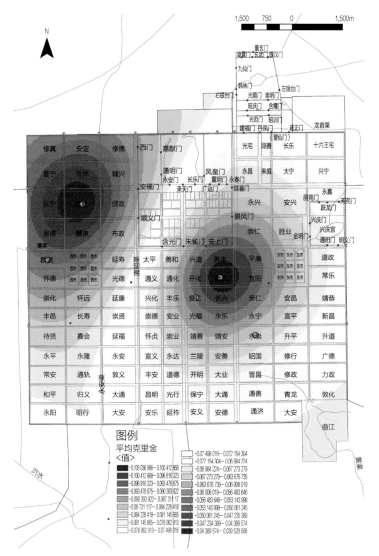

图5-6 《华州参军》地点情感分布（克里金平均值）

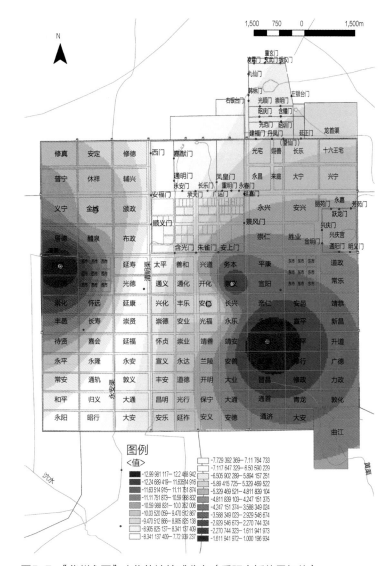

图5-7 《华州参军》人物轨迹情感分布（反距离插值累加值）

整体呈现东正西负的趋势，与《华州参军》故事发展的节奏相合。

此外，进行的核密度分析和反距离插值分析，则呈现出《华州参军》的作者温庭筠对长安城的基本认知。

温庭筠对长安城的整体情感出现了和使用克里金插值法时相似的趋势。

基于获得的图景，可以推测作者对崇义里的舞台设置抱有消极情感，对群贤里附近地区抱有积极情感。

图5-7中得到的是使用累计值进行反距离插值分析法得到的长安情感地图，图5-8中得到的是使用平均值进行反距离插值分

析法得到的长安情感地图。

无论是使用平均值还是累加值，是使用反距离插值分析法、克里金分析法还是核密度分析法，温庭筠笔下的长安城图景都呈现出一种东正西负的整体趋势。

如图5-9所示，采用核密度分析法对人物路径进行了情感分析。

在不同人物轨迹发展的基础上，模拟生成的情感变化的趋势，与整体区域的情感分布相同，随着行文的发展，情感值由长安城东南部向西北部延伸降低，曲江是文章情感值的最高点。

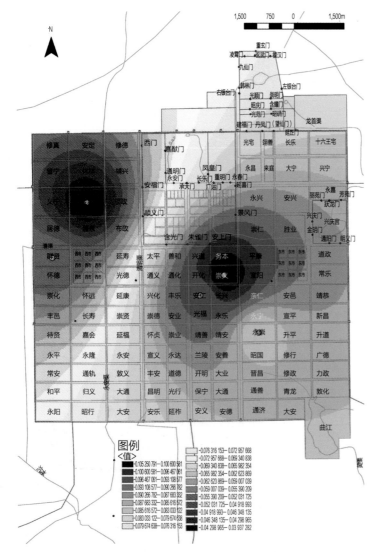

图5-8 《华州参军》人物轨迹情感分布（反距离插值平均值）

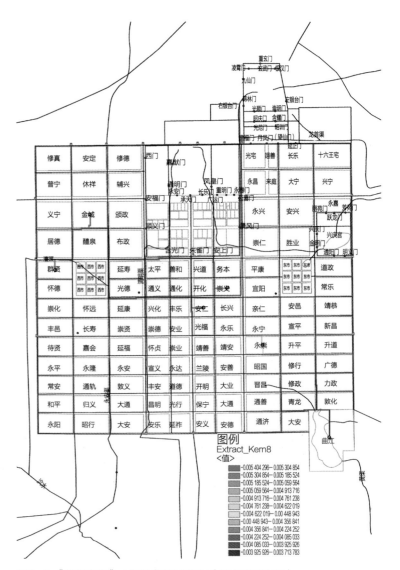

图5-9 《华州参军》人物轨迹情感分布（核密度平均值）

（4）结合史料《唐两京城坊考》分析

1）金城里

金城里是柳生和崔氏私订终身后的住所，后因崔母病逝，二者奔丧被王生撞见，进而导致柳崔二人的第一次分别，故文中金城里的情感体现较为消极（表5-1、图5-11）。

金城里情感分析　　　　表5-1

里坊	情感值累加	情感值平均	正值累加	正值平均	负值累加	负值平均
金城里	0	0	5	0.03937	-5	-0.03937

在史实资料中，也对金城里有较为详尽的记载。金城里位于西市附近，且西市周围居住者具有民族杂错的特点，从而产生了因混居管理不力带来的冲突的可能性（图5-10）。刘肃《大唐新语》卷九中也提出，金城坊虽与皇城、西市隔坊相望，因原本是汉长安城南郊博望苑所在地，故坊中还保留了汉代思后园、戾园等墓地。杨鸿年《隋唐两京考》则分析，"城北地区本多热闹坊，但因该区修祥、金城、修真、普宁四坊保留汉代庙、园、陵、苑遗址九所，而住宅却很少，这又与城南冷僻坊没有多大差别了。"这种闹中取静的坊曲，自然便成为躲避追捕、抢劫偷盗的场所。

群贤坊是崔氏嫁予王生后再次与柳生私奔时的住所，文章中篇幅很短（表5-2、图5-13）。

群贤坊与金城里的空间定位较为相似，邻近西市，人口众多且成分复杂，在韩香的《唐代长安中亚人的聚居及汉化》一书中指出，"长安城西北隅应是一个胡人聚居区，其中不仅包括商胡，亦包括中亚上层贵族"，以及《唐两京城坊考》中有记载，右贤王墨特勒宅（《贤力昆伽公主阿那氏墓志》）位于群贤坊（图5-12）。故可以看出，群贤坊有胡人居住，存在因为混居而产生冲突的可能性。柳崔二人选择此作为私奔的场所是符合时代背景的。

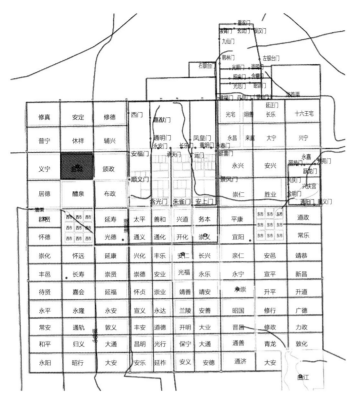

图5-10 金城里在长安城的位置

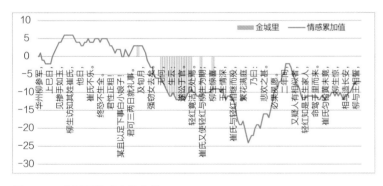

图5-11 金城里情感变化曲线

可以看出作者将金城里设为柳崔二人逃婚、躲避追捕的舞台很合理。

2）群贤坊

| | 群贤坊情感分析 | | | | | 表5-2 |
里坊	情感值累加	情感值平均	正值累加	正值平均	负值累加	负值平均
群贤坊	-1	-0.25	0	0	-1	-0.05263

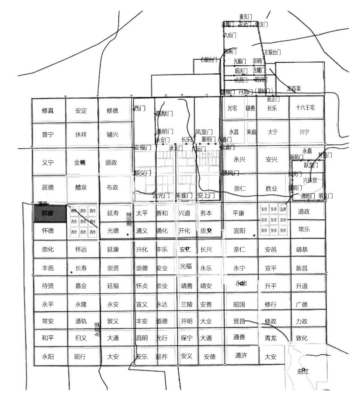

图5-12 群贤坊在长安城的位置

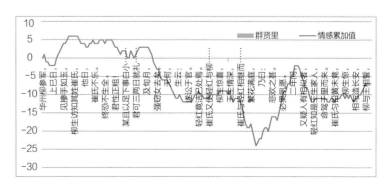

图5-13 群贤坊情感变化曲线

3）永崇坊

永崇坊情感分析						表5-3
里坊	情感值累加	情感值平均	正值累加	正值平均	负值累加	负值平均
永崇坊	-9	-0.264706	4	0.025806	-13	-0.08387

永崇坊是崔氏的娘家所在，在故事的前期出现，情感较为积极（表5-3、图5-15）。

在史料记载中，作为一个普遍的结论，长安城有以朱雀街为界，形成"东城官僚街、西城庶民圈"的空间结构特性（图5-14）。以东西市为中心，街东多为贵族官僚的宅邸，街西则居民成分复杂且人口众多，市场富庶繁华。在《唐两京城坊考》中也有记载永崇里的众多权贵宅邸。

崔氏当然也是名门望族之后，其舅王氏位至执金吾，故将其住所安排在街东贵族官僚区永崇坊十分合理。

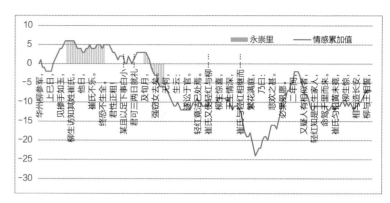

图5-15 永崇坊情感变化曲线

4）崇义里

崇义里情感分析						表5-4
里坊	情感值累加	情感值平均	正值累加	正值平均	负值累加	负值平均
崇义里	-9	-0.40909	3	0.026316	-12	-0.10526

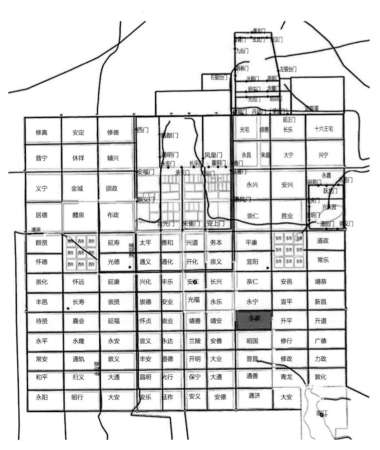

图5-14 永崇坊在长安城的位置

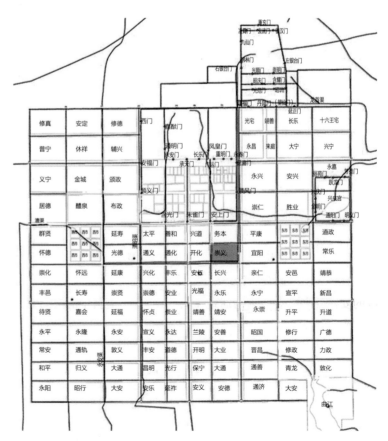

图5-16 崇义里在长安城的位置

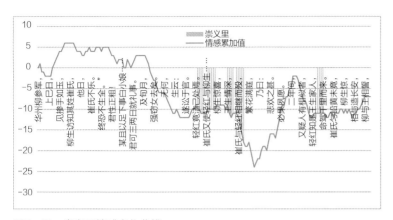

图5-17 崇义里情感变化曲线

崇义里是王生的主要住处，因崔氏不愿跟随王生，故崇义里地区的情感较为消极（表5-4、图5-17）。

而史实中，崇义里与永崇坊相似，都是朱雀街东权贵宅邸所在之处（图5-16）。《唐两京城坊考》中有记载，如尚圭曰左仆射宝易直宅（《明皇杂录》）、剑南东川节度使王承业宅（《旧书》）、太常寺协律即李贺宅（《申胡子觱篥歌序》）皆位于崇义里。

小说中，王生是执金吾之子，故居于此较为符合当时的长安空间结构。

5）安仁坊

安仁坊情感分析　表5-5

里坊	情感值累加	情感值平均	正值累加	正值平均	负值累加	负值平均
安仁坊	-4	-0.2353	5	0.05208	-9	-0.0938

安仁坊的情感分析如表5-5、图5-19所示。安仁坊是丫鬟轻红将小姐心意转达给柳生的舞台，一定程度上也反映了柳生的阶级与生活状态，柳生是名门之后，在长安闲游时选择了东街贵族区的安仁坊荐福寺作为寓居地（图5-18）。与史料中的空间状态相呼应，在《唐两京城坊考》中也有记载，像尚书吏部侍郎韩愈（《昌黎集息国夫人墓志》）和武昌军节度使元积（《寄微之诗》）等皆落户于此。

可以看出，根据情感地图分析得到的长安里坊分析是较为符合史实资料的。

对小说的发展路径和相关人物关系进行分析，得到相关阶级

背景，并对小说中人物经过的地点进行梳理，由GIS生成主要人物的发展轨迹（图5-20）。

将小说中的人物进行阶级划分，得到以柳生、王生、崔氏为代表的官僚阶级和以轻红、小厮为代表的市民阶级在故事行文发展中的轨迹，以此得到了文本的阶级背景信息（图5-21），并对空间进行了聚类分析和平均加权度分析（图5-22、图5-23）。

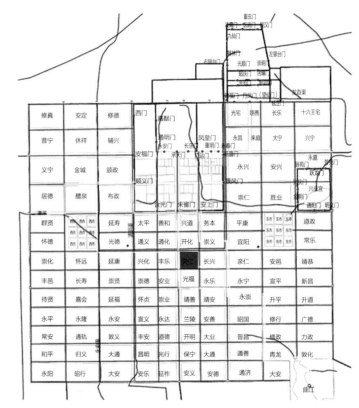

图5-18 安仁坊在长安城的位置

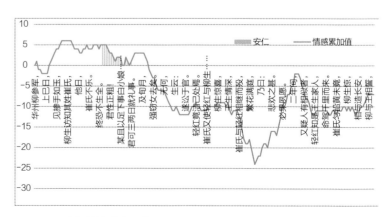

图5-19 安仁坊情感变化曲线

图5-20　主要人物的故事发展轨迹

图例
—— 王生
—— 轻红
—— 崔氏
—— 柳生线

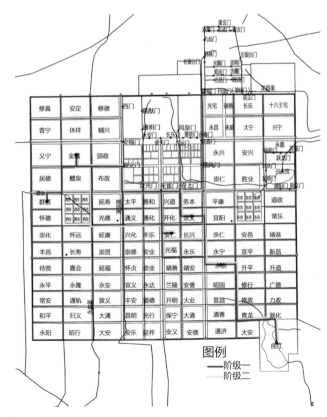

图5-21　不同阶级的故事发展轨迹

图例
—— 阶级一
—— 阶级二

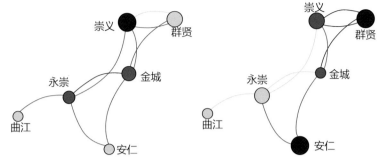

图5-22　文本各地点平均加权度分析　　图5-23　文本各地点聚类分析

（5）小说类型判断

根据畅销书密码所介绍的七种文本情感结构，可以看出《华州参军》最符合横N型——文章结尾情感值趋于平缓，王生和柳生在情感方面走向了成熟，看破红尘。

（6）文本延伸

对小说的文本进行延伸，对《华州参军》的作者的生平背景进行探讨，主要选择了《温庭筠全集校注》和《温庭筠传》两本描述温庭筠生平的典籍进行数据处理和统计，得到了相关数据库（图5-24、图5-25），并着重统计了其生平大事件，人生地理空间轨迹、境遇、政治大事件等相关信息，并对其进行了际遇极性赋值（常规价值观）。

图5-24　《温庭筠传》词云

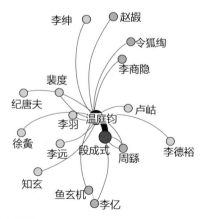

图5-25　温庭筠交友网络

基于数据库整理得到作者的人生际遇波动图（图5-26、图5-27），归结作者人生的主要大事件。

对作者的人生地点际遇走向进行了分析（图5-28），将际遇极性值与作者人生空间地理轨迹相结合，可以由际遇和诗词推测出作者对于唐疆域范围内的情感倾向。

譬如在山南道，作者遇到了人生中的伯乐徐商，得到了赏识，推测作者对其抱有积极情感。

绘制大唐疆域范围内作者的人生际遇地图，选用的是际遇平均值作为主要数据，并用克里金分析法进行分析。

可以看出在山南道情感最为积极，与他得到赏识有密切的关系；京畿道是长安的所在，作者因仕途不畅在长安旅居多年，产生情感交织的可能性也比较大；陇右道和关内道是其失意时所游之处，故情感极为消极。

绘制大唐疆域范围内作者的人生行迹地图，可以看出其主要行进路线和生活舞台——京畿道、山南道和江南道。

江南道是作者的出生地，其17岁以前都生活于此；京畿道是作者旅居时间最长的地方，因长年科举不中，滞留长安；山南道是作者中晚年安居的地方，相比于青年的不遇、中年的失意，作者在山南道的生活较为舒畅，而《华州参军》中一个较为重要的舞台——江陵便位于此。柳生和崔氏在江陵度过了最后一段快乐的时光，或许也是作者心情的一种寄托。

最后，结合作者的人生经历，对小说中长安城里坊中所蕴含的主观情感因素进行刨除（图5-29）。可以推测：作者旅居长安时的落脚点多为旅店，据增订唐两京城坊考记述，进京赶考外地

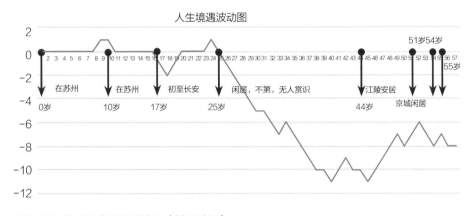

人生境遇波动图

- 16岁前在苏州，10岁父亲去世
- 17岁初至长安，初试不第，出游蜀地
- 17~23岁长安交游公卿公子，名声甚显
- 25岁从太子游，后遭排挤离开，太子身死，皇帝迁怒乐工
- 28岁，等第罢举
- 出塞游，游吴越，屡次拜求入幕无果
- 闲居京郊，屡试不中举
- 44岁，考场代笔，被贬江陵做官
- 44~51岁，江陵安居
- 52岁，广陵受辱，毁容
- 54岁任国子助教，55岁主秋试，同年贬方城，途中身死

图5-26　作者人生境遇波动图（基于时间）

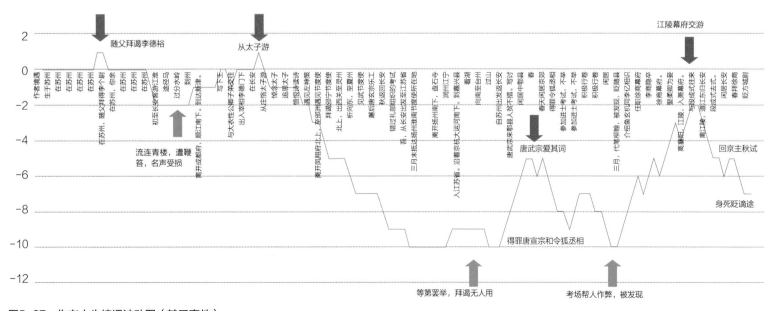

图5-27　作者人生境遇波动图（基于事件）

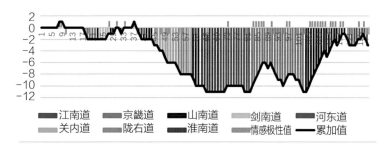

图5-28 基于作者人生的地点际遇走向图

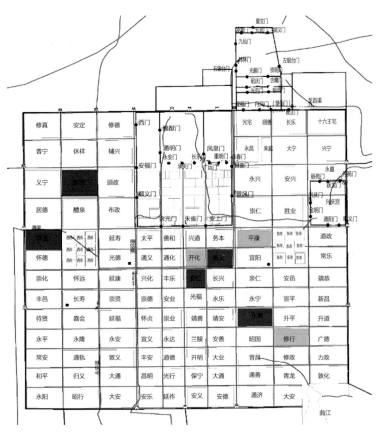

图5-29 里坊分布示意图

学子多居于兰陵坊，长安东南侧。

作者旅居长安时多出入青楼等风月场所，故将平康坊设为作者对长安产生认识的重要场所。

温庭筠在长安从太子游，太子东宫位于宫城东侧。他在长安期间流连寺院，作品中提及西南侧寺院。

作者的好友段成式宅邸位于修行坊，阻挠作者仕途的令狐丞相宅邸位于开化坊。

推测作者将邻近开化坊的崇义里设置为王生的住所，可能存在报复心理。

（7）模型推广与分析

为验证作者与作品的相关性，以及作者经历影响作者认知，作者的空间认知表达在作品中的论断，对笔者团队的另一名篇唐传奇《李娃传》也进行了数字化研究，与华州参军进行对照实验，得出的结果如图5-30与图5-31。

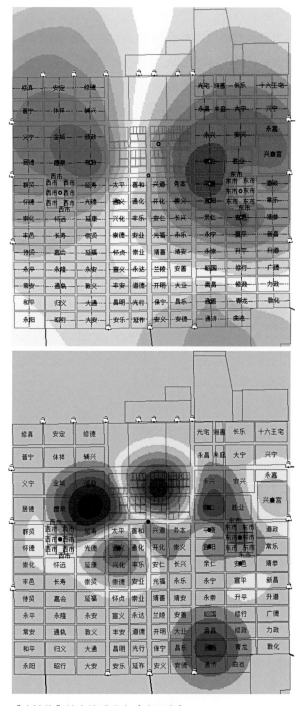

图5-30 《李娃传》地点情感分布（克里金）

《华州参军》中长安的情感分布呈现出与《李娃传》完全相反的形式。

作者白行简代表了典型的官僚阶级人生轨迹状态，贵人扶持，扶摇直上，在长安的情感积极，走向权力。

而温庭筠则反映了庶民跻身仕途的辛苦与无奈，怀才不遇郁郁终生。这验证了作者经历与作者作品中的情感体现的联系。

将传奇中提及的地点相关形容词，关联至长安地图的每个坊内，得到温庭筠的长安意向描述性可视化结果，如图5-32所示。

选取温庭筠描写长安的唐传奇作品，整理其中提及的长安城坊里地点，在Gephi中处理数据，得到温庭筠的长安坊里认知图（图5-33）。

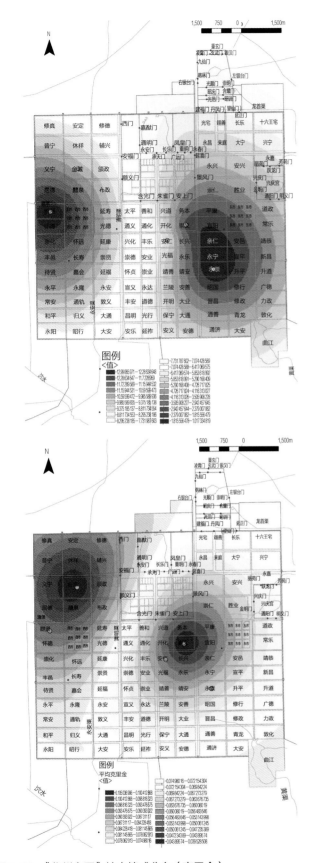

图5-31 《华州参军》地点情感分布（克里金）

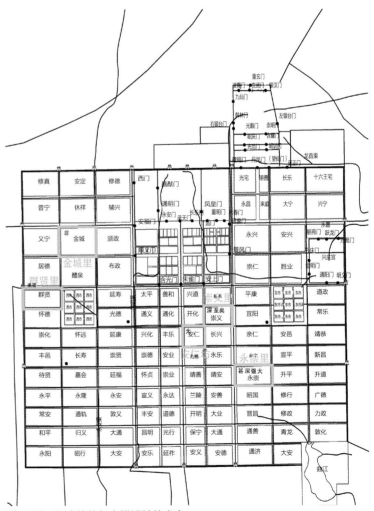

图5-32 温庭筠的长安描述性的意向

市史的研究方法。

2. 应用方向或应用前景

笔者团队的系统主要应用于历史名城的评价与保护，基于古代居民的认知角度，对历史名城进行数据分析。

构建的核心，是相同时期不同作者刨除了基于人生际遇主观因素的无差别空间情感分析和空间主观描述，表达了基于古人认知角度的，从历史观出发的城市空间总体认知，这将是一个非常重要的构建与参考，反映了当时居民对于城市的综合感知状态。

当然，也可以依托此对相同时期的不同历史研究样本进行横向对比分析，以及构建相同时期相同关键词下历史名城的查询系统，这有助于历史名城的复原与构建。

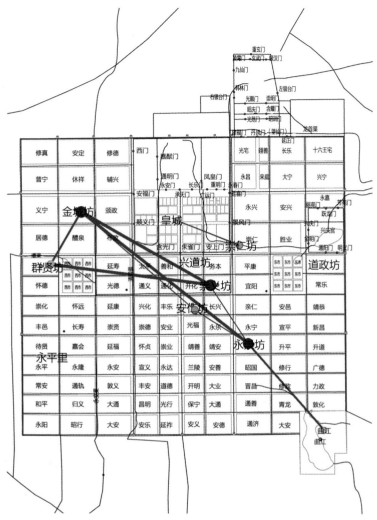

图5-33　温庭筠的长安连接度认知图

六、研究总结

1. 模型设计的特点

在文本挖掘模型的既有研究成果的基础上，笔者团队的模型设计将文本挖掘与城市空间联系起来，跨越时空阻隔，建立了大唐长安城居民的真实城市体验的反馈机制，描绘了大唐长安城居民的长安城市意向，并将得到的长安图景应用于历史文脉保护，历史名城评定和历史街区风貌复建，具有相当的实践意义。

本研究从唐传奇小说中空间真实的特点，将文本挖掘得到的信息与城市实际空间进行联系，探讨了在感知语境中探索城市的新途径，提出了评价历史城市的反馈机制的思考，丰富了长安城

基于热点警务策略的城市巡逻警务站评价与选址

工 作 单 位：武汉大学

研 究 方 向：公共设施配置

参 赛 人：何思源、赖思云

参赛人简介：参赛团队成员来自武汉大学城市设计学院，由城乡规划专业硕士组成。团队研究方向为开放数据与城市新数据在城市规划中的应用、GIS空间分析、城市规划设计，研究课题包括新零售环境下的城市规划响应、基于手机信令数据的时空行为分析等。

一、研究背景与问题提出

1. 选题背景与问题提出

提升城乡社区治理水平是实现国家治理体系和治理能力现代化的重要环节。2017年6月，中共中央、国务院《关于加强和完善城乡社区治理的意见》发布，提出要不断提升社区治理水平，增强社区依法办事能力推进平安社区建设，深化城乡社区警务战略，全面提高社区治安综合治理水平，防范打击黑恶势力扰乱基层治理。城市基层警务设施是落实城乡警务战略，全面提高社区治安综合治理水平的关键载体。

巡逻警务站是一种基层警务设施，一般布置在人流密集处，与警察局、派出所以行政区划或居住小区为导向设置不同，不依赖用地，布置灵活。其24小时驻扎街头，强调巡逻、应答与服务职能，对街头犯罪有强大的治安防控作用，从而实现街面"高见警率、高控制力、高震慑力、高束警力"。国内典型的实例有重庆交巡警平台、北京巡逻站勤务模式。

北京市公安局于2011年2月推行"巡逻警务站勤务模式"，在城市街头复杂核心部位规划布局巡逻警务站，在发生重特大刑事案件后，巡逻警务站能发挥信息快、查控快、机动灵活、位置关键的特点，第一时间占领最佳的街头要害部位，在最前沿查控犯罪，精准防范打击黑恶势力。

但目前北京市巡逻站布局主要依据经验布置在人流密集地段，规划布局方法的科学性存在提升空间。针对这样的问题，有研究提出热点警务策略，该策略是一种有效的街头犯罪防控方法。与传统的警务运作方式不同，热点警务建立在"犯罪热点"（hot spots of crime）的基础上，将犯罪预防的重点定位于犯罪大量聚集的微观地点，并进行指引性的犯罪干预策略。从合理利用资源的角度来看，热点警务是一种将有限的警力资源在空间上进行针对性投放的策略。

2016年7月25日，最高人民法院发布《最高人民法院关于人民法院在互联网公布裁判文书的规定》，该规定要求自2016年10月1日起各级人民法院应在互联网依法、全面、及时、规范公布裁判文书。裁判文书的公开提供了大量权威有效的犯罪类型和发生地点。北京市各级法院需统一在北京法院审判信息网上全面、及时、规范地公布裁判文书。刑事判决书中的犯罪地点数据为犯罪热点识别提供科学有效的数据支撑，也就为实施热点警务策略提供了前提和保障。

基于此，本研究旨在利用犯罪地点数据在警务站规划时加入对以往犯罪事件的考量，以热点警务策略为导向，提高规划科学性与合理性为目的。以北京市为例，研究巡逻警务站设施布局与警力安排的模型方法，最终实现减少出警时间、缓解基层压力、提升应答效率、更有效震慑罪犯的目标。

2. 国内外研究进展

在理论方面的研究上，国外多集中于对犯罪事件与城市空间的相关性研究。如谋杀犯罪与芝加哥社区的社会经济要素是否存在相关性，或是犯罪与克利夫兰市就业便捷度的相关性。也有研究利用弗吉尼亚州里士满市犯罪数据，对其进行时间区分，通过前一周的数据预测下周的犯罪热点，通过构建多变量预测模型来试图发现犯罪热点的空间特征。美国达拉斯警方曾委托学者对该市警察巡逻区进行优化，该研究基于ArcInfo平台和统计分析软件（Statistical Analysis System，简称SAS），统计分析软件，实现对时间约束、设施数量约束、需求量最大等不同情境下警务设施的布局优化。

近年国外学者逐渐反思热点警务策略，试图厘清将有限的警力资源分配给犯罪率更高的地区是否真的能解决治安问题。有学者通过建立博弈论模型来研究警力干预下的犯罪热点是否发生位移效应。研究发现，当建立干预区域后，区域对潜在罪犯的吸引会直接减少，并从改善区溢出到其他地区。

我国的研究目前多集中于利用犯罪数据进行与城市建成环境空间特征的相关性实证。如张延吉、秦波等人利用刑事判决书与调查问卷研究北京市建成环境与主观安全感和客观犯罪事件的相关性，证明城市环境管理维护对城市整体犯罪有显著影响，而社区空间周边的控制强度则影响了社区内部犯罪行为。卓蓉蓉、郑文升等人利用刑事判决书研究武汉市主城区建成环境的哪些区位因子与犯罪密切相关，从而分析出武汉市的风险地形。研究发现犯罪风险较高的区域为城市商业中心、火车站交通枢纽、城中村和城乡接合部，这些区域的特征为人员混杂、防御意识低、自然监视作用较低，且道路交通可达性较好，实施犯罪成功率高。

在国内研究中，利用犯罪热点作为热点警务布局目前仅是在理论上的思考。如陆娟、汤国安等人在犯罪热点时空转移研究中提到，大部分犯罪热点仅发生在很少一部分地区，警方可通过长期预测制定政策，通过短期预测调配警力资源。杨学锋则在分析国外热点警务实践的基础上，认为应将传统巡逻关注的犯罪人转移到规模较小的犯罪地点，不仅有助于社区警务改革，且犯罪转移效应明显小于热点警务干预前的规模。

3. 研究目标及拟解决的问题

本研究以北京市法院审判信息网"两抢一盗"为主的刑事判决书犯罪地点数据为研究的主要数据来源，结合北京市道路网数据、街道办和商业中心统计数据等其他数据共同作为本次研究的数据基础，旨在基于ArcGIS Pro平台构建识别犯罪热点、建立热点警务策略导向的巡逻警务站评价与选址模型方法。

目前存在的问题主要包括数据方面和分析方面，数据方面除刑事判决书数据量大、清洗困难外，街道居住人口与商业中心客流量也难以测量，经研究决定居住人口折中选择北京市2010年第六次全国人口普查分街道数据，商业中心客流量选取《2016年中国百货行业发展报告》的数据，根据北京市商业中心经营面积情况进行人工分类。

分析方面，在应用两步移动搜索法分析三类需求点时，搜索阈值难以确定。其中，犯罪热点数据，拟采用聚类结果进行最小外接圆来确定犯罪聚类面积分析，取犯罪聚类圆半径的中位数作为犯罪热点搜索阈值；商业中心与街道办事处采用5分钟出警距离作为搜索阈值。

二、研究方法

1. 理论依据

（1）犯罪事件的空间自相关性

基于街头犯罪地点使用聚类分析的理论前提之一是犯罪在空间聚集分布，并且犯罪事件之间在空间上相关。根据地理学第一定律"空间上的每个事物都与其他事物相关，但距离近的事物比距离远的事物相关性更高"，可以理解为犯罪事件彼此之间在空间上具有关联性，且较近距离的犯罪之间相关性大于距离较远的犯罪。国内有实证研究以盗窃犯罪为例，利用犯罪密度制图工具证明了在不同等级、不同类型的城市中，犯罪在路段和网格上显著集聚。

另一理论前提是犯罪事件与城市建成环境的空间特征显著相关，特定的空间特征对犯罪行为有吸引作用。日常活动理论将潜在犯罪分子、合适作案目标和缺乏有效监管作为案件发生的三个必备条件；破窗理论则认同环境维护的作用，强调物质与社会层面的失序现象是加剧恐惧和诱使犯罪的主因，环境设计预防犯罪（Crime Prevention through Environmental Design，简称CPTED）理论则融合上述理论总结出领属感、监视性、出入控制、形象维护等影响治安的核心要素。在我国，已有研究证明了城市建成环境要素与客观犯罪行为的显著相关性，其中卓蓉蓉等人在武汉市的"两抢一盗"犯罪数据研究中发现，火车站、商业中心、城中村等场所人流量大、重复性低、道路可达性强，从而造成陌生感、自然监控低、犯罪逃逸成功率高的犯罪事件易发建成环境条件。

（2）犯罪在空间上的稳定集聚性

犯罪在空间上如果不稳定集聚意味着犯罪热点将迅速从一个地点转移到另一个地点，在热点区域投入犯罪防控资源的效果就微乎其微，针对热点的警务干预将失去意义。在国外的犯罪稳定性试验中，学者发现犯罪热点不仅很难被测出转移，且热点警务对毗邻的、非犯罪预防干预区域的犯罪现象有显著改善，犯罪控制效益扩散到原先没有加强犯罪预防的区域。斯德哥尔摩犯罪学奖得主克拉克和威斯勃德共同将这种现象界定为"犯罪控制的扩散效应"。

国内有学者利用H市和W市历时10年的盗窃犯罪数据，基于GIS平台绘制核密度图，将不同年份的犯罪密度数据叠加，探究犯罪热点的稳定性，结果发现H市有50.68%的犯罪发生在研究区12.08%的区块内，W市有53.23%的犯罪发生在6.99%的区块内，印证了在中国城市中同样存在犯罪热点的稳定性。

（3）克服责任区之间绝缘的两步移动搜索法

两步移动搜索法克服了移动搜索法（Floating Catchment Area，简称FCA）在诸如行政区划限制等情形下在需求点附近但在搜索域外的供给点无法被计入服务的缺陷，可为评价警务设施巡逻犯罪热点、街道办事处、商业中心的服务水平提供科学有效的支撑，避免出现警务站责任区边缘得不到服务或舍近求远。在国内已经有许多研究通过该方法评价公园可达性水平或医疗卫生设施服务水平。

2. 技术路线

技术路线一共包括五个步骤（图2-1）：界定研究范围、获取与处理数据、识别犯罪热点、评价服务水平与规划巡逻站点。其中关键技术在于识别犯罪热点与规划巡逻站点。

识别犯罪热点的前提是确定犯罪热点的空间相关性与集聚稳定性。但更关键的环节在于，如何确定犯罪地点聚类分析的搜索范围。本研究通过剔除刑事判决书数据的时间差异性，分别考察发生在2016年6～12月、2017年6～12月、2018年6～12月三个时间段发生的街头犯罪事件聚类，分析得到聚类结果的最小外接圆面积半径，取每个时间段的外接圆半径中位数，并计算三个时间

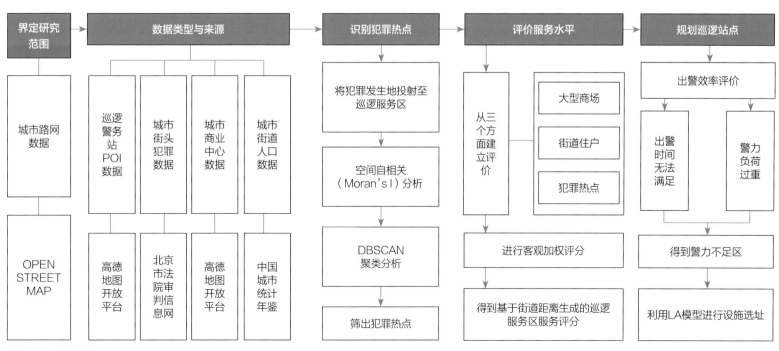

图2-1　技术路线

段中位数相加的平均值来确定搜索范围。

规划巡逻站点的关键在于发现警力空白区与警力负荷过重区。确定警力空白区需要通过现状警务站的起讫（Origin-Destination，简称OD）出行成本矩阵分析得到各街区邻近度密度图，从而确定潜在选址点，再通过位置分配（Location Allocation，简称LA）模型确定最佳选址。而确定警力负荷过重区的核心在于如何评价巡逻警务站的负荷，本次规划模型限于社区居住人口数据来源问题，目的在于展示如何将多影响因子纳入评价体系，得出清晰、直观、可视化的结果以评估警务站的服务能力。通过收集警务站的人力配置（3人）、街道千人警力配置与商业中心日均客流量，以此作为评价警务站是否超负荷的依据。

三、数据说明

1. 数据内容与类型

本次规划模型共使用三类数据：供给点数据、需求点数据、基础路网数据。

供给点数据为巡逻警务站POI数据，来源为高德地图开放平台，利用高德API与Python工具获得。数据类型为点Shape File，属性表字段包括名称、地址、经纬度坐标，北京市五环内共有106个警务站。

需求点数据为犯罪地点数据、街道人口数据、商业中心点数据。

犯罪地点数据的使用是为了识别犯罪热点，并作为热点警务策略的主要依据。本研究使用数据为北京市法院审判信息公开网的刑事判决书数据，时间跨度为2017年1月—2019年4月，类型为盗窃、抢劫、抢夺、杀人、故意伤害和非法拘禁，其中研究关注的"两抢一盗"街头犯罪事件占犯罪事件总数的71%。数据类型为点Shape File，属性表字段包括类型、发生地点、坐标、时间和POI类型，经数据清洗后，共获得3 955个有效犯罪地址。

街道办事处数据与商业中心点数据分别代表了传统巡逻覆盖视角与犯罪的风险空间因素视角，坐标与名称数据来自高德开放平台，街道办事处人口数据与商业中心数据则分别来自第六次人口普查统计数据与《2016年中国百货行业发展报告》。需要指出的是，由于商业中心客流量难以获取，研究采用前述报告中的结论，对收集到的北京主要商业中心进行简单分类（高、中级），并赋予日均客流量平均值。数据类型为点Shape File，属性表字段包括ID、地址名称、经纬度坐标、日均客流量；街道人口为面Shape File，属性表字段包括面ID、人口数、区块面积。

基础路网数据来自Open Street Map开放平台，地理坐标系为WGS1984，数据类型为线要素Shape File，属性表包括路名、长度、道路等级。

2. 数据处理与成果

供给点数据通过高德API获取巡逻警务站的经纬度坐标、名称和地址，并基于Python平台进行地理纠偏（GCJ09–WGS1984）。数据类型为Excel工作表，通过ArcGIS平台Excel转表、显示XY坐标。

犯罪地点数据通过数据清洗获得犯罪事件的发生地点、时间，利用高德API地理编码功能获得的经纬度坐标和POI类型，同样进行地理纠偏（GCJ09–WGS1984），并添加字段Density，其值等于搜索阈值内的其他犯罪事件数量之和。商业中心数据在导入ArcGIS之前均先添加字段Demand，分别得到千人警力数量与日均客流量，且经SPSS统计软件Z-score标准化并整体偏移使数据均大于零。街道人口通过邻域法生成的面积与研究范围面积的比值划分至各邻域区内。

基础路网数据在使用前，通过拓扑检查与编辑工具使道路网数据没有伪节点和悬挂点，并且相交路网均打断以便进行网络分析。

所有数据在导入ArcGIS平台分析前，均先通过ArcCatalog软件转换至北京1954投影坐标系。

四、模型算法

1. 模型算法实现流程与支撑平台

模型实现流程分为六个主要步骤（图4-1），在界定研究范围、输入相关数据后，通过邻域法、DBSCAN聚类算法、两步移动搜索法、熵值法、网络分析法与LA模型实现。其中，在聚类算法步骤后，需要在评价模型中另外输入两个视角的数据，包括犯罪吸引点（商业中心客流量）和巡逻覆盖数据（服务区人口）。

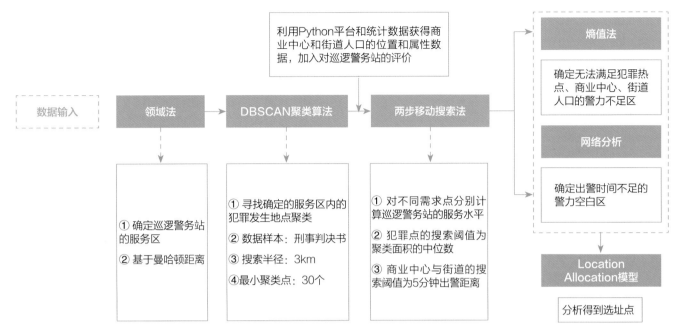

图4-1 模型算法流程

模型实现的操作系统为Windows10，支撑软件为ArcGIS Pro，开发语言为Python。主要工具包括：SPSS Statistics 21、坐标纠偏工具等。

2. 基于邻域法对巡逻警务站进行服务区界定

邻域法是一种界定服务区的地理方法，它根据经典中心地理论假设服务者（或需求者）遵循就近原则进行活动，基于通行距离或通行时间来定义邻域区。

邻域法输入三类变量：由路网构成的街区面、街区质心点、巡逻警务站点，通过质心出发搜索最近巡逻站点，将连接同一巡逻站点的质心所属街区面合成，即为巡逻警务站的服务区。

3. 基于DBSCAN聚类算法对犯罪地点进行聚类分析

具有噪点的基于密度的聚类方法（Density-Based Spatial Clustering of Applications with Noise，简称DBSCAN）是一种基于密度的聚类算法，它能够把具有足够高密度的区域划分为一个聚类，并可在有噪声的空间数据中发现任意形状的聚类。

DBSCAN聚类方法输入变量为犯罪地点数据，搜索阈值为1km，搜索数量不低于30个。分析得到聚类簇和噪点，删去噪点，将聚类簇进行最小外接圆处理，得到两步移动搜索法的犯罪

点搜索半径3km。聚类簇作为犯罪热点纳入下一步分析。

4. 利用两步移动搜索法对三类需求点进行可达性评价

两步移动搜索法（Two-step Floating Catchment Area，简称2SFCA）是一种测量空间可达性的方法，它分别以供给地与需求地为基础，移动搜索两次，搜索指定阈值范围内服务可达水平。

该方法输入需求点和供给点位置数据，并设置两步搜索范围为3km，需求量分别为犯罪热点事件数与警力数的比值、商业中心点日均客流量与邻近度的比值、街道办人口数。需要指出的是，商业中心除了客流量影响巡逻部署以外，商业中心彼此之间的地理位置也会影响巡逻安排，因此考虑利用商业中心邻近度考察，邻近度越高，商业中心彼此距离越近，巡逻警力供给越少。供给点数据为巡逻警务站点数据。通过两步移动搜索分析得到各类需求点的可达性评价。

5. 运用熵值法对三类可达性进行加权评价

熵值法是一种客观计算权重的方法，它通过判断指标的离散程度（熵值）来计算指标的权重，离散程度越大，该指标对综合评价的影响越大。

将三类需求点连接至警务站邻域服务面，一面多点数值的情

况取平均值，导出得到基于邻域面的三类评价表，通过Z-Score标准化、熵值加权并求和后，最终得到各巡逻站的服务水平。通过设置超负荷标准，可以得到需要增加警力的站点地址。

6. 运用网络分析法确定警力无法覆盖的空白区

网络分析是对地理网络（如交通网络）、城市基础设施网络进行地理分析和模型化的过程，通过研究网络的状态及模拟和分析资源在网络上的流动和分配情况，解决网络结构及资源优化问题的一类方法。

本规划模型拟采用基于时间阻抗的网络分析法和OD成本矩阵分析法。通过分析警务站5分钟（车速60km/h）的服务区，该服务区不一定能够覆盖所有需求点，因此可以得到警力空白区。

OD成本矩阵是一种用于查找和测量网络中从多个起始点到多个目的地的最小成本路径的方法。配置OD成本矩阵分析时，可以指定要查找的目的地数和要搜索的最大距离。在警力空白区利用该方法，设置参数为5分钟出警时间，得到各空白区的邻近度密度图，通过密度图结合区位设置潜在选址点供LA模型使用。

7. 基于LA模型对潜在选址点进行最优选择

LA模型是一种用于给定需求和已有设施分布的情况下，由系统从指定的候选设施选址系列中挑选出一定数目的设施选址，实现设施的优化布局的模型方法。

在该模型中有两类潜在选址点，一类是超警力负荷区，一类是警力空白区。但由于前者往往可以通过增加人手来解决，LA模型着重研究后者，通过给定需求5分钟出警范围和前述OD成本矩阵分析得到的潜在选址点，LA模型可得出最佳选址位置。

五、实践案例

1. 研究范围与基础数据

本项目研究范围以北京市五环内为例，研究面积667km²，涵盖约1 000万人口。研究范围内共106个巡逻警务站（图5-1），2 342个犯罪发生地，791个商场，并利用邻域法基于街道距离生成各设施点的责任区（图5-2）。

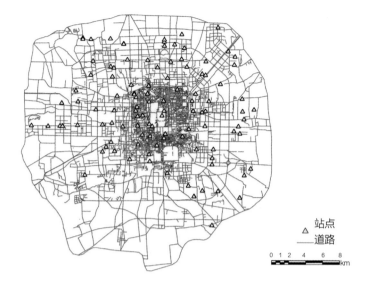

图5-1 五环内站点分布

图5-2 五环内站点责任区

2. 识别犯罪热点

在分析五环内犯罪地点数据前，应先确定犯罪地点数据的空间自相关性，利用莫兰指数和统计分析工具对所有犯罪地址进行空间自相关分析（图5-3），得到莫兰指数>0.09、pvalue<0.0001（通过99.9%的统计显著性检验）、Z-Score>2.58。可以得出在北京市，街头犯罪的发生地呈集聚分布。

在此基础上，利用基于密度的DBSCAN聚类方法，对五环内的犯罪地点（图5-4）进行聚类分析，其中搜索范围为1km，搜索数不少于30个。分析得到9个聚类（图5-5），通过最小外接圆得到各聚类面积半径，取中位数得到两步移动搜索法的阈值3km。

通过比对北京市地图与犯罪聚类图，可以得到街头犯罪高发地为：①国贸桥-大望路段；②三里屯-工人体育场段；③朝阳门-建国门；④东单-王府井；⑤永定门-天坛公园；⑥北京西站-莲花池；⑦刘家窑-宋家庄；⑧五道口-中关村；⑨西单大悦城。该结果将作为犯罪热点评价和规划警务设施布局选址的重要因素纳入模型算法当中。

3. 评价现有设施

通过两步移动搜索法建立警务站对热点警务视角、犯罪风险空间视角、千人指标视角下的服务水平评价，其中热点警务视角为犯罪热点数量、风险空间视角为商业中心数据、千人指标采用警力与居住人口的比值（图5-6）。

风险空间视角和千人指标视角的搜索距离采用5分钟出警时间所能到达的距离，经两步移动搜索得到结果（图5-7）。

通过该方法得到了各个警务站邻域区内三类需求的服务水平表，将该表导出后，通过Z-score标准化、平移，并通过熵权法加权相加后，得到每个警务站的负荷水平，返回ArcGIS，通过自然断点法得到可视化制图（图5-8）。

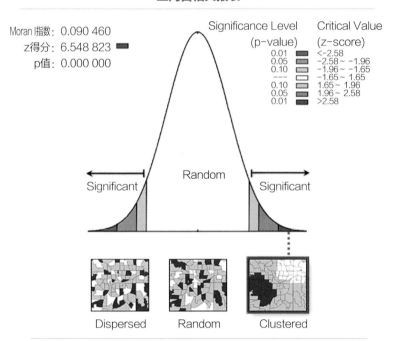

z得分为6.548 823 497 23，则随机产生此聚类模式的可能性小于1%

全局Moran I汇总	
Moran I指数	0.090 460
预期指数	-0.000 253
方差	0.000 192
z得分	6.548 823
p值	0.000 000

图5-3　空间自相关报告图

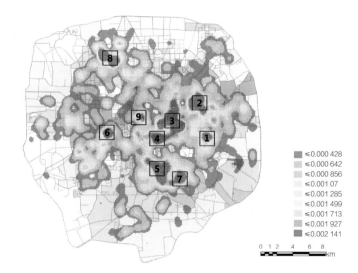

图5-4　基于邻近测度的犯罪地点核密度图

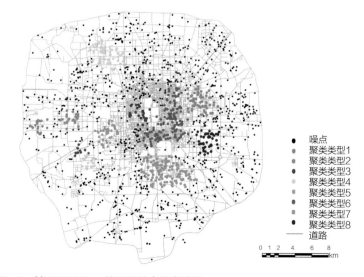

图5-5　基于DBSCAN的犯罪地点聚类结果

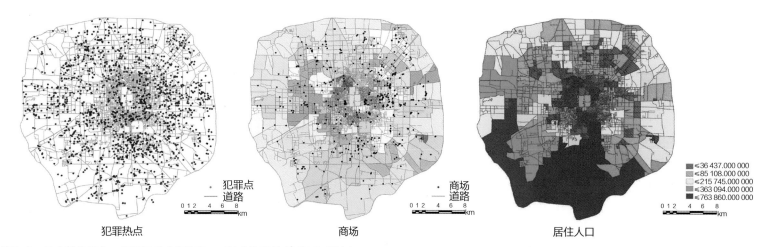

图5-6　热点警务视角、犯罪风险空间视角、千人指标视角评价因子数据

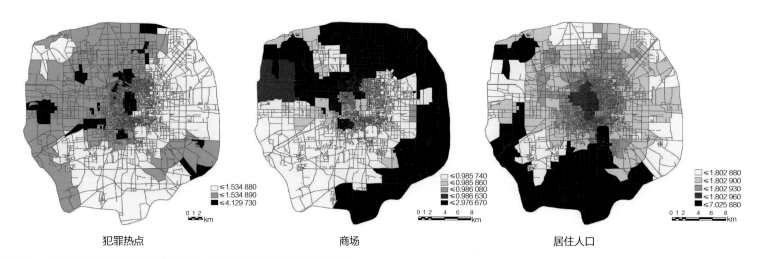

图5-7　基于两步移动搜索法的犯罪热点、商场和居住人口服务水平评价

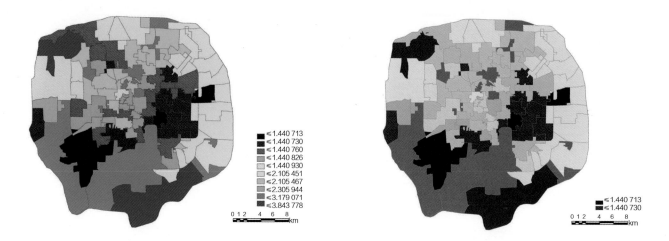

图5-8　三水平叠加后综合服务水平评价（颜色越红负荷程度越高）

自然断点法将各分数差异最大化，从而得到超负荷区，其对应的巡逻警务站共15个，分别为石景山公安分局巡逻警务站、丰台镇派出所巡逻警务站、天宁寺派出所巡逻警务站、双榆树派出所巡逻警务站、朝阳门派出所巡逻警务站、东直门派出所巡逻警务站、北京站派出所巡逻警务站、崇文门派出所巡逻警务站、大栅栏西街派出所巡逻警务站、龙潭派出所巡逻警务站、潘家园派出所巡逻警务站、永安里巡逻警务站、呼家楼派出所巡逻警务站、劲松派出所巡逻警务站和朝阳分局六里屯派出所巡逻警务站。

4. 不同情境下规划决策支持一：空白区站点选址

对基层巡逻警务站来说，其主要职能是巡逻、应答和服务，因此其应当满足基本的出警时间要求，规划采用5分钟警车行驶距离（60km/h车速，5km），基于街道距离，通过网络分析中的OD成本矩阵分析得到已有巡逻警务站的5分钟服务区，排除之后得到空白责任区（图5-9）。分析空白责任区的街区中心间的邻近度（图5-10），用邻近度做核密度分析，选取高值点作为潜在选址点（图5-11），再通过LA模型对其进行选址（图5-12）。

最终得到规划后北京市五环内站点分布与对应责任区（图5-13）。

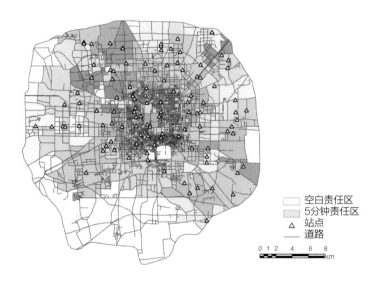

图5-9 基于时间阻抗的空白责任区识别

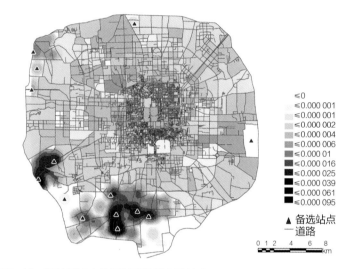

图5-11 通过邻近度分析得到的潜在选址点

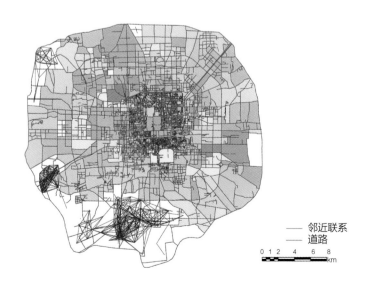

图5-10 基于OD成本矩阵的潜在选址点识别

图5-12 基于LA模型的选址点

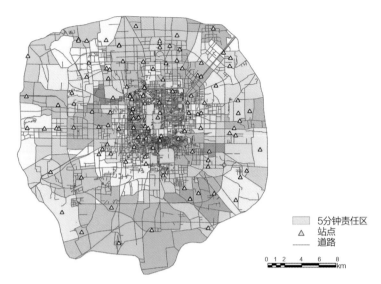

图5-13 规划后五环内站点分布与对应责任区

5. 不同情境下规划决策支持二：超荷区警力补充

北京市巡逻警务站为每个站点配置1～3人的警力，由于不同站点的辖区人口与犯罪吸引点不同，对各个站点的警力要求不同，因此存在警力超荷区。规划假设每个站点均配置警力3名。对已满足5分钟出警时间的警务站进行负荷评定，评价方式同上述方法的步骤一致，得到熵值法评价下的各服务站综合评分（图5-14）。

同5.3中的步骤类似，利用自然断点法得到共16个超负荷区。其分别对应的是：东升派出所巡逻警务站、清华园地区警务工作站治安巡逻队、海淀分局海淀派出所巡逻警务站、海淀分局曙光派出所巡逻警务站、石景山公安分局巡逻警务站、海淀分局万寿路派出所巡逻警务站、丰台镇派出所巡逻警务站、天宁寺派出所巡逻警务站、丰台公安分局巡逻警务站、朝阳分局十八里店派出所巡逻警务站、潘家园派出所巡逻警务站、朝阳分局东风派出所巡逻警务站、麦子店派出所巡逻警务站、丰台分局西局派出所巡逻警务站、东城分局永外派出所巡逻警务站和龙潭派出所巡逻警务站。除丰台分局西局派出所巡逻警务站、东城分局永外派出所巡逻警务站和龙潭派出所巡逻警务站每个需要补充配置6名巡警外，其余设施需要补充配置3名警力，以满足责任区内的服务需求。

六、研究总结

1. 模型特点

该规划模型基于犯罪扩散控制效应等理论，以热点警务策略为导向，创新挖掘刑事判决书的犯罪地点数据用途，将以往犯罪事件与城市犯罪高发地段联系在一起，通过ArcGIS平台和统计分析手段实现犯罪热点识别、巡逻警务站评价与热点警务策略实施。

在数据上，将北京市街头犯罪地址数据通过数据清洗得到有

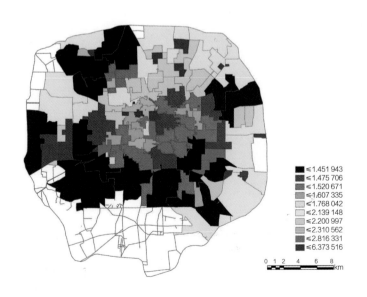

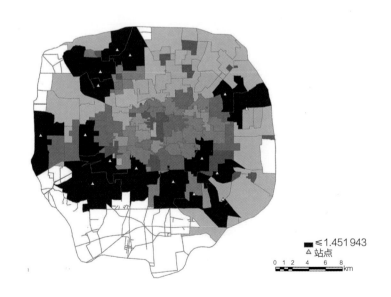

图5-14 5分钟责任区的综合服务水平评价（颜色越红负荷程度越高）

效的地址信息，利用高德API对地址信息进行地理编码，以便纳入评价分析体系中，从而为模型的实现提供了有效的数据支撑。

在研究视角上，该模型方法跳出传统的公共服务设施依赖用地和服务半径的框架，针对基层巡逻警务站这一灵活布置的警务设施，放大其巡逻与治安防控效用，从国际上取得成效的热点警务实践获得灵感，将有限的警力更具针对性的投放至犯罪高发地段，实现治安管理的有效防控。在确定环境设计预防犯罪的理论前提和中国城市建成环境与犯罪相关性的实证前提基础上，将警务设施的关注点从犯罪对象转移到规模更小的犯罪地点，从而对中国语境下的城市警务设施规划布局提出新的方法。

2. 应用前景

该规划模型可较好地面向公安部门布置基层警务设施规划需求提供决策支持，对于热点警务策略的实现，可根据公安部门已有的历史犯罪地点数据或部分城市部署的警务地理信息系统（PGIS）进行方法整合。在出警时间、治安效率、优化布局等不同情境和条件约束下，均可提出有针对性的解决方案。

模型中的方法还可为政府部门改善城市治安环境、制定公安防控政策提供建议。通过确定城市犯罪吸引点，能够归纳城市犯罪空间特征，从而有针对性地改善城市建成环境，提高城市治安管理水平。

此外，可根据数据来源的丰富性提供更多不同目标导向的设施规划与评价方法。如利用多年犯罪地点数据判断特定犯罪热点转移，根据受害者地点与罪犯住址地点距离确定当地巡逻半径等，或利用就业人口分布数据或社区常住人口数据为警务布局提供支持。

基于POI数据的城市土地利用布局多智能体模型研究[1]

工 作 单 位：山东科技大学、上海大学

研 究 方 向：城市用地布局

参 赛 人：冯文翰、李八一、孔令达、贾琼、戎筱

参赛人简介：参赛团队的主要研究人员冯文翰、李八一和孔令达为山东科技大学和上海大学城乡规划专业本科五年级学生，对大
数据与规划支撑系统等城市新科学理论具有浓厚的兴趣；贾琼和戎筱分别为山东科技大学、上海大学讲师，为研究
提供了指导。

一、研究问题

1. 研究背景及目的意义

随着中国城市的发展，现阶段的城市规划决策更加关注城市
建成区的优化、城市更新和城市修复等问题。如何处理"城市建
成区"和"规划调整区"的关系，已成为当今城市规划决策中的
一个重要问题。在这方面的研究中，"建成环境"是最为重要的
基本概念之一。"建成环境"影响着城市的发展，同时其内容也
不断被城市发展更新，这种动态演化的过程始终存在。因此，
传统的静态模型分析在探索城市环境发展规律方面存在一定的局
限性。

2. 研究目标及拟解决的问题

本研究针对城市内部用地布局优化问题，基于对城市建成区
内部百度POI数据的分析，统计得出城市内部各类活动（居住、
工作、游憩）用地之间的相对距离和数量的频率分布关系，并确
定周边环境对目标用地影响的有效范围及功能元空间的面积大
小，进而提取出智能体计算的范围和软件中单位距离与实际距离
的对应比例，并将各活动相对距离和数量的关系整理作为智能体
的行为规则。在此基础上，在目标地块周边地区现行规划和建成
环境的条件下，通过多智能体模型博弈，在目标地块内部不断生
成不同活动的元空间，均衡各种活动元空间之间的相对距离和数
量，从而计算出目标地块的土地利用布局。同时，模型还提供了
转换力度、整合等功能方便使用者对计算进行把控和调整，以使
演化结果更加贴近当前实际规划编制的形式。

整个研究以青岛市流亭机场地区城市更新为例，推演了流亭
机场停用及功能置换后的土地利用布局，总结其土地利用规律，
辅助和支持其规划决策。

研究尝试结合了城市大数据分析方法与多智能体模型分析方
法，使用ArcGIS、NetLogo等软件平台，使规划分析更为快速、动
态。模型成果能更为客观地反映地区土地使用要求，使土地利用
布局更切合原有城市肌理，使城市内部功能配置更加合理。

[1] 本文曾发表于 CUPUM2019 (16th Computers in Urban Planning and Urban Management)。

二、研究方法

1. 研究方法及理论依据

基于智能体的模型（Agent based Model，简称ABM），也称为多智能体系统（(Multi-Agent System，简称MAS），是复杂性科学中的分析方法。它通过设置智能体的行为规则和相互关系来模拟演化过程，其显著优势是动态描述系统并揭示系统的整体行为。它类似于元胞自动机（CA），但比元胞自动机更为灵活。近年来ABM在城市规划和城市管理中的应用正逐渐增多。POI（兴趣点）数据是当前所有数据形式中具有高度代表性的空间点数据，通过分析POI数据进行空间布局的规划符合当前社区研究的发展趋势。功能元空间尺度是基于POI数据的城市功能尺度，基于元空间尺度的空间模拟比地块尺度模拟更为细致和有机。

作为一个错综复杂的系统，土地系统将自然环境与人工环境联系起来，其空间演化结果来自自然因素和社会因素的综合作用。自然因素包括地形、海拔、气候、土壤等；而社会因素与人类活动密切相关，是土地利用的意图和方式的体现。由于人类活动中各类参与者的兴趣需求，重要性和影响程度，以及其他特征不同，因此，土地系统演化可以看作是行为主体在自然环境约束下各种行为的结果。此外，由于土地系统的复杂性，在分析其与土地利用变化的关系时，可以通过将具有相似特征的主要因素分类为相同类型，简化其复杂性。在此理论基础上，本文以青岛流亭机场的城市更新为例，推演了流亭机场关闭后的土地利用布局。

2. 技术路线及关键技术

本研究的技术路线如图2-1所示。该研究基于Google遥感数据和百度POI数据，统计了各种城市活动之间的相互位置关系，利用多智能体模型理论和方法，建立了土地利用分析和模拟的动态模型。建立的模型用于动态模拟和分析流亭机场研究区土地利用演变过程。研究使用由美国西北大学开发和维护的NetLogo软件平台，因为它在多元素和多智能体建模和仿真方面具有优秀的性能，并且可以通过编程灵活的设计模型，以满足自身项目需求。研究主要包括以下两部分：

（1）大数据分析部分：鉴于土地利用系统的复杂性，很难准确量化各种城市活动的复杂关系及其对土地利用的影响。然而，由于城市各种功能的布局和相对关系是由人的长期活动和各种活动间的相互适应而形成的，自发形成的城市建成区可以看作是一个完整的复杂系统。因此，可以通过提取系统的整体规律作为系统内部演变的具有普适性的规律。通过提取建成区的边界，并

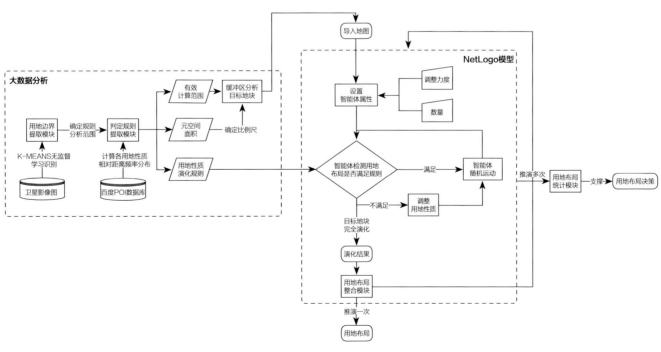

图2-1　技术路线图

计算其内部POI数据的相对距离，测定各类活动的相对空间关系，即可相对客观地获得该建成区系统中的土地利用分布规律，进而再从规律中提取智能体人的行为规则。同时，通过对当前土地利用结构和空间格局特征的定量分析，可以确定模型中所需的POI功能元空间尺度大小和有效的计算分析范围。

（2）NetLogo模型部分：对主要土地利用类型进行分类，并将其归类为城市的三个主要活动，居住、工作和娱乐。通过基于POI数据的统计，研究提取出了城市土地利用布局规律。模型主要通过在NetLogo中编程实现。NetLogo提供三种不同类型的智能体，即海龟、补丁和链接。在这项研究中，模型中有四种智能体，即"agent"（海龟类型），"residence"（具有黄色属性的补丁类型），"work"（具有红色属性的补丁类型）和"recreation"（具有绿色属性的补丁类型）。以目前土地利用现状作为影响因素，通过一定数量的"agent"智能体行为，改变目标区域内各种补丁智能体的数量关系，从而生成土地利用布局，并通过大量模拟结果的统计来获得有针对性的规划策略。

三、数据说明

1. 数据内容及类型

本研究选择山东省青岛市流亭机场区的城市更新区作为案例研究区。在中国，百度POI数据是最成熟的POI数据库之一，因此，基本数据为Google地球平台收集的遥感图像数据和青岛市建成区的百度地图POI数据。

由于Google卫星图像采集和处理相对便利，通过Google卫星图像进行土地利用分类和识别已成为现阶段城市规划研究中的常用方法。在这种情况下，通过K-MEANS聚类提取城市建成区边界。K-MEANS聚类是无监督学习图像识别中常用的方法。通过这种方法，研究可以基本正确地提取建成区的边界，避免了人工提取的不确定性。

POI数据可以通过百度提供的API接口进行获取，根据由卫星图像得到的建成区边界，获取边界内部的POI数据。在数据统计分析和计算之后，将得到的相对距离大小、元空间尺度大小和计算范围作为原始全局变量输入到NetLogo中，从而进行土地利用动态模拟，以预测和研究未来几年目标地块土地利用功能的布局，从理论上为城市规划和管理提供决策支持和政策参考。

2. 数据预处理技术与成果

确定智能体的行为规则是模型分析的第一步。在本研究中，它主要分为以下几个子步骤：

（1）通过K-MEANS聚类方法，识别Google遥感图像并将像素转换为五类，这可以基本正确地提取建成区的边界。通过边界的提取，使数据统计的结果能够较好地体现目标地块所在的城市建成区的发展特征，以确保后续分析的客观性。

（2）收集建成区中的POI数据，并根据三个主要城市活动（residence，work，recreation）对数据进行分类。其中，住宅区和公寓等主要以居住功能为主，属于"residence"；商业办公、商店和城市公共建筑等以服务功能为主，属于"work"；公园、绿地、水系、风景区等都包含在"recreation"中。

（3）由于生活活动是一般活动的起点，因此相对距离参照"residence"进行计算。即分别计算居住和居住（去除自身相减产生的零值），居住和工作，居住和娱乐的相对距离。计算方法如图3-1所示，进而根据数据绘制频率分布直方图，以观察"residence"与其他类型活动之间距离的频率关系。当数据量较大时，每个活动相对于"residence"的分布规律可以相对直观地显示出来。

事实上，由于人类行为与环境之间的相互作用，每个活动频率的增长率将在一定距离内出现较大的波动。超过这个距离后，增长率则趋于稳定。研究认为这个距离是POI的最大服务距离，通常是由人的行走习惯和消费需求引起的。因此，该距离可以用作POI的功能元空间尺度，即模型空间演化的单位距离。因此，模型中补丁智能体的大小是该单位距离的平方。

此外，统计结果中存在多个峰值，可以推断出第一个峰值最接近人的活动。在其之后的其他峰值由于其对应的距离值较大，

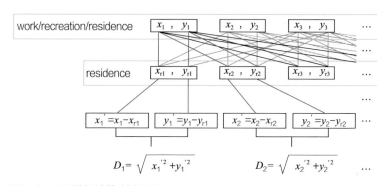

图3-1 POI数据计算方法图示

不符合人类活动规律，应该是由商业中心或住宅中心的大量POI聚集引起。因此，计算范围仅包括第一峰值部分。可以通过缓冲分析目标地块来获得需导入NetLogo中的计算范围的地图。

四、模型算法

1. 模型算法流程及相关数学公式

在ABM模型中，智能体的行为规则是模型运行的核心。确定合理而有效的行为规则至关重要，在本模型中，各种智能体的行为规则有：

（1）"agent"的行为规则

"agent"智能体是计算的核心，它在模型中有两个行为："判断"和"移动"，以及两个输入参数："agents_num"和"agents_step"。这两种行为的含义如下：

1）"判断"行为意味着"agent"将检查其位置周围的每个活动的补丁数量，以确定其是否满足基于POI数据的频率分布规则。如果不满足要求，则会更改目标区域中的补丁布局，增加相应的活动，即增加相应的智能体。由于建成环境的城市活动无法改变，"判断"行为将在判断时检查计算范围内的所有智能体，但仅改变目标区域中的活动数量。

2）"移动"行为意味着当"判断"结束时，智能体会随机移动到另一个位置。运动的距离是输入参数"agents_step."。在"移动"之后，"判断"行为将被再次执行。这两种行为将不断交替运作，直到整个目标区域稳定。同时，由于这种行为是随机的，因此通过批量模拟后的统计可以获得适应性更强的结果。

（2）"residence""work"和"recreation"的行为规则

研究通过NetLogo中的不同颜色的补丁智能体将地图可视化。导入NetLogo的地图由三种补丁智能体组成，即："residence""work"和"recreation"。它的行为包括"更改""调整"和"整合"。同时，它具有输入参数"adjust_strength"。应该注意的是，构成建成环境的补丁智能体没有任何行为动作，只有目标区域内的补丁智能体才会发生变化。这三种行为的含义如下：

1）"更改"是在"agent"智能体判断之后补丁智能体根据"agent"智能体的命令发生转换的行为。

2）"调整"表示在某个补丁智能体发生转换后，其周围的补丁也会随之发生转换，可以根据需要调整其转换的强度。此功能

可以增强区域内各个活动的整体性，避免结果过度分散。"调整"的原理如图4-1所示。根据分析，平面上相邻补丁之间有五种"调整"规则，即：

    a. "当一条边接触时发生转换"

    b. "当两条边缘接触时发生转换"类型一

    c. "当两条边缘接触时发生转换"类型二

    d. "当三条边缘接触时发生转换"

    e. "当四条边缘接触时发生转换"

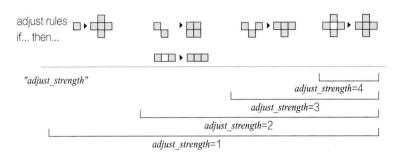

图4-1 "调整"规则原理图示

这五个"调整"规则的可能性依次减少。如果"调整"行为发生的可能性越小，补丁变化就会越慢，"变化"行为发生的空间越大。因此，设定当"adjust_strength"越大则包括的"调整"规则越少。即当"adjust_strength"较大时，更可能发生"改变"，并且活动布局更加分散。当"adjust_strength"为0时，布局将完全集中，当"adjust_strength"为5时，它将完全分散。

3）演化结束后，用户可以使用"整合"功能来锐化活动之间的界线，从而使结果更可控。原理如图4-2所示。每个补丁都会检查自身周围不同颜色的补丁数量，当其发现不同颜色补丁数量不同时，它会将自身的颜色调整为数量较多的颜色。

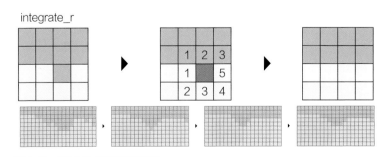

图4-2 "整合"规则原理图示

2. 模型算法相关支撑技术

模型主要使用了多智能体仿真技术,利用NetLogo平台所提供的编程环境,编写程序实现模型运行。同时在具体规则的制定时,借用了元胞自动机的思想和方法,提供了对补丁颜色改变进行调整的功能,能够根据一定规则对结果进行整合。在数据预处理部分,使用了K-MEANS聚类的方法进行建成区边界的提取。

五、实践案例

1. 模型应用实证及结果解读

研究区位于青岛市中心城区北部,地理位置优越,发展动力强劲。具体研究范围为东至青银高速公路,西至双源路,南至白沙河,北至温阳路,面积约14.96km²,是流亭机场的现址。

航空运输在青岛市的发展中起着至关重要的作用。从近年来青岛元旦的客运量数据来看,民航客运量约为16.94万辆,仅次于公路客运量,占全年旅客总量的30%,并且正在逐年增加。流亭机场负责青岛的所有民航客运,随着近年来经济的快速发展,流亭机场的规模已经不能满足人们生产生活的需要。由于周边土地供应紧张,运输设施相对陈旧,在原有基础上进行扩建成本巨大。2019年,胶东国际机场将建设完成,届时流亭机场将规划成为青岛新的商务和公共服务中心。机场的搬迁将释放大量的城市空间,该空间将成为青岛重要的空间资源和城市功能承载地。流亭机场再生是新一轮城市空间规划的重要组成部分,对于青岛在新时期实现优质发展,成为国家中心城市具有重要意义。

由于研究区域的功能特殊性,无法根据当前区域内部土地利用现状确定未来土地利用布局。然而,周边地区的城市肌理相对完整,因此,非常适合使用该模型进行土地布局演绎。

2. 模型应用案例可视化表达

Netlogo模型界面设计如图5-1所示。

(1)步骤

1)从百度地图数据库收集POI并将其分为三类:residence(有效数据量:5 196),work(有效数据量:38 326)和recreation(有效数据量:883)。根据现有城市肌理和当前土地利用分布格局,量化土地布局的优先级(以residence为参照);

2)计算这些类别之间的相对距离并统计相对距离频率分布(类间隔为100m)。第一个峰值的最高点位于5 100-5 199区间内,因此5 100以下的数据范围将被视为有效(图5-2、图5-3);

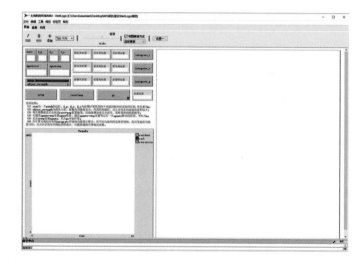

图5-1　NetLogo模型界面设计

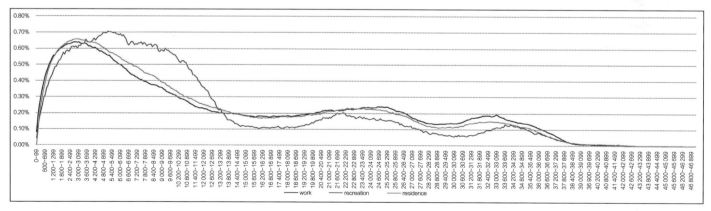

图5-2　相对距离频率分布直方图(全部数据)

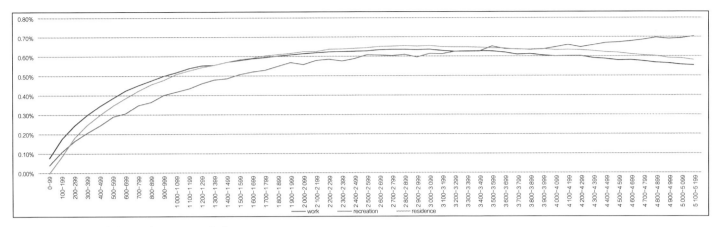

图5-3 相对距离频率分布直方图（0-5 199区间）

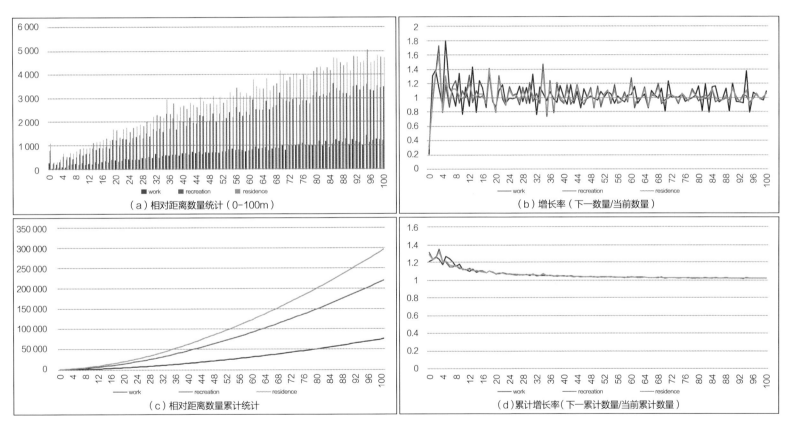

（a）相对距离数量统计（0-100m）

（b）增长率（下一数量/当前数量）

（c）相对距离数量累计统计

（d）累计增长率（下一累计数量/当前累计数量）

图5-4 数量统计

3）通过分析前100m距离的数据，提取POI的功能元空间尺度。通过统计，可以观察到40m后增长速度的变化情况已经稳定（图5-4、图5-5）。

4）如图5-6所示，"work"曲线和"residence"曲线的交点坐标是（1 421，0.005 7），因此当相对距离低于1 421时，"work"的数量大于"residence"；"recreation"曲线和"residence"曲线的交点坐标是（157，0.001 4），因此当相对距离在157以下时，"recreation"数量大于"residence"；"recreation"曲线和"residence"曲线的交叉坐标是（3 463.89，0.006 4）。因此当相对距离在3 464以下时，"residence"的数量超过"recreation"。

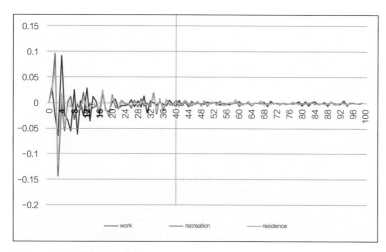

图5-5 累计增长率变化情况

（2）结论

1）从图5-6中，在所有三个类别中，可以将距离"residence"分为四个区间：

a. 低于157m时，"recreation"数量最高；

b. 157m到1 421m之间，"residence"数量最高；

c. 1 421m到3 464m之间，"work"数量最高；

d. 3 464m之后，"recreation"数量最高。

2）通过上述步骤，研究收集了下一步所需的所有参数。然后将它们和周围的土地利用数据（《青岛市城市总体规划（2011—2020年》）输入NetLogo。演变过程如图5-7所示。

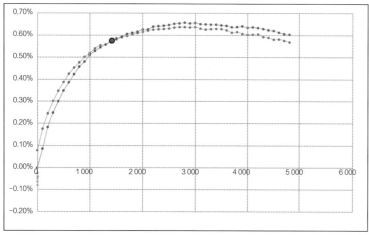

（a）"work"和"residence"频率分布关系

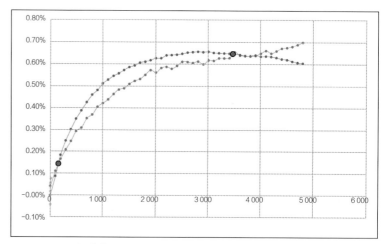

（b）"recreation"和"residence"频率分布关系

图5-6 频率分布关系

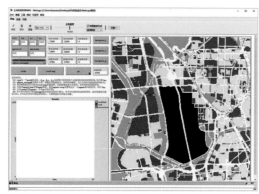
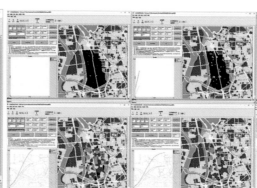

（a）初始状态

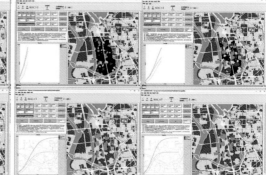

（b）一次演化过程

图5-7 演化过程

最后，研究进行了批量模拟。通过这种方式，可以观察整个系统的行为。该过程的参数设置为：

"gents_num"=100，"agents_step"=100，"adjust_strength"=1

通过30次模拟的结果，可以发现各种活动有一定的集中度，但并不明显。通过500次模拟的结果，可以相对清楚地获得各种活动的聚集点。模拟结果叠加如图5-8。

根据图像的颜色通道提取与每个活动对应的颜色，得到图5-9。

在布局中可以找到以下特点：

a. recreation"和"work"会形成聚集点，并多由道路边缘延伸到内部；

图5-8 批量模拟结果叠加图

从上至下：work, residence, recreation

图5-9 各个活动颜色提取

b. "work"有9个聚集点，包括东半部分6个，西半部分3个；"recreation"有5个聚集点，包括东半部分1个，西半部分4个；

c. "residence"呈现面状分布，西部多于东部。

同时，就数量而言，500次后"work"的总增加量为2 160 820，"residence"的总增量为1 842 624，"recreation"的总增量为1 868 851。分别占36.797%（work），31.378%（residence）和31.825%（recreation）。

综上所述，通过该模型，可以确定流亭机场区域的主要功能应围绕"work"活动展开，同时还获得最适合布置"work"和"recreation"活动的位置。也就是说，在进行规划时，可以增强此研究区域的商业和服务功能。同时，在土地利用布局中，可以确定商业和公园绿地的位置。

六、研究总结

1. 模型设计的特点

本研究基于POI数据，通过多智能体模型（ABM）模拟城市土地功能布局演变。该模型可以快速、相对客观地提取土地利用布局的关键要求，以支撑土地利用规划决策。同时，可以根据需要对模型进行调整。基于该模型，研究可以为土地利用规划的发展提供框架。在对流亭机场的分析中，研究获得了最适合布置商业功能和休憩功能的位置，以及该地区的主导功能。该研究还试图将环境行为学与复杂性科学联系起来，以建立跨学科的分析方法。

2. 应用方向或应用前景

本研究结合大数据和多智能体模型（ABM），利用地理、土地规划、环境行为学、复杂性科学等相关学科的研究成果，将其纳入土地利用布局研究。基于建模平台NetLogo，实现了在建成环境约束下多智能体联合作用引起的土地系统结构宏观特征变化的模拟。研究建立了由大数据分析到多智能体模型的逻辑链条，利用常规的城市POI数据，将统计规律代入多智能体模型中进行分析与预测，拓展了土地利用决策建模的思路和方法。

未来随着城市化进程的深入，对于城市建成区的调整将越来越重要，本模型能够量化需调整的目标用地与其周边地区的功能关系，对其决策提供参考。但需要注意的是，城市的土地利用空间布局演变是一个非常复杂的过程，受各种因素的影响。本研究在建模过程中对真实城市进行了一定程度的假设和简化。案例中所分析的青岛市流亭机场区域是整体功能需要置换的区域，对其区域内部的现有功能可以相对简化的考虑，因此在实际的建成区调整的规划决策中，还需注意区域内部土地现状的要求。研究认为，可以通过本模型量化周边区域对目标用地功能需求，得到适应性较高的功能聚集点后，再根据实际情况进行合理的调整与整合。另外，尽管使用了POI数据并引入了POI功能元空间的概念，但由于土地利用布局尺度的问题，地块的分析精度仍然较难控制。因此，模型仍有深化和改进的空间，在实际应用时需要根据城市和规划地块自身的特点做相应的改进。如何更有效地利用复杂性科学的方法对城市或者说建成环境这一复杂系统进行分析研究，如何更好地量化土地复杂关系仍是一个值得探索的问题。

基于浮动车数据的道路拥堵及交通线源排放时空分布分析

工 作 单 位：上海市城市建设设计研究总院（集团）有限公司

研 究 方 向：基础设施配置

参 赛 人：张开盛、彭庆艳、范宇杰

参赛人简介：参赛团队来自上海市城市建设设计研究总院（集团）有限公司，从事交通规划相关工作，研究兴趣以交通大数据及
　　　　　　城市土地利用为主，将大数据分析与交通规划相结合，实现传统规划与多元数据的融合。

一、研究问题

1. 研究背景及目的意义

（1）道路交通负面效应凸显

城市扩张及人口数量急剧上升导致机动车数量激增，造成了一系列交通负面效应，主要体现在道路拥堵及交通排放两方面。

（2）车辆轨迹数据应用成为研究热点

GPS轨迹数据能够用于深度挖掘道路及车辆信息，在城市治堵管理方面具有较大应用潜力，正成为当前的研究热点。以往的浮动车数据（Floating Car Data, 简称FCD）需指派特定车队在城市道路行驶后方能获得，而出租车大规模安装GPS后可提供更便捷、高效、大规模的FCD数据。

基于车辆GPS轨迹数据分析交通问题的研究主要集中于驾驶行为、交通规划及路网状态评估等领域，近年基于GPS轨迹数据的道路排放研究也随着交通排放模型更新换代而逐渐成为热点，但仍有如下问题亟待解决：

1）大部分研究主要针对高峰小时或直接将全天数据进行不分时段处理。该处理方式极易忽略交通问题的时间波动性，忽视了交通现象的时变性；

2）大部分研究都停留于表面信息分析，如提取车速、交通流量、起讫点、运营时间、OD分布、出行次数等信息，但对排放、拥堵、噪声等二次转化的研究不足，导致研究目标不明确或应用性不强。

3）研究基本以车辆轨迹数据单独分析为主，缺少多源数据的融合，多源数据指土地利用、建成环境、人口数据等外生数据源，该问题导致研究多止步于定性分析（如聚类分析），未能进行深入量化分析。

2. 研究目标及拟解决的问题

本研究利用出租车GPS轨迹数据作为浮动车数据源进行挖掘分析，研究上海市交通网络拥堵及道路排放时空分布特征，提出拥堵识别框架，充分利用海量GPS数据在道路线源排放估算上的优势，建立道路周边建成环境及土地利用与拥堵及排放的关系。主要内容及难点包括：

1）基于路段聚类及空间模型的交通问题分析

首先，将GPS轨迹数据进行地图匹配，提取路段逐小时平均车速，结合聚类算法将目标路段进行分级，从而识别拥堵路段及其空间分布。其次，统计目标路段通过的样本车辆数，结合实地调研结果，推算道路上各种车型的流量及其排放标准，结合COPERT排放模型计算路段NO_x排放率，并将结果进一步聚类，

识别排放异常路段及其空间分布。

2）道路拥堵及路段排放率的影响因素解析

利用地理探测器（Geographical Detector）、莫兰指数（Moran's I）及空间自回归移动平均模型（Spatial Auto-Regressive Moving Average Model，简称SARMA）对研究路段的聚类结果进行检验及回归，辨析建成环境因素及土地利用如何作用异常拥堵及排放产生，为识别城市交通问题高发路段提供指导，避免在规划阶段形成交通瓶颈点。

二、研究方法

1．研究方法及理论依据

聚类与空间分析结合框架突破了传统聚类研究止步于定性分析的局限性，改进了以往土地利用回归解释性较弱的问题（图2-1）。其核心是利用模糊聚类的隶属度作为因变量，揭示交通问题形成的空间特性，并量化土地利用与建成环境影响大小。本框架主要分为三步：

第一步，将路段模糊聚类分析。

首先将研究路段基于24小时（24维度）平均车速或车均排放因子进行模糊聚类。模糊聚类（Fuzzy C-means Clustering，简称FCM）将聚类结果以概率表达，称之为隶属度。聚类结果的描述性统计包括各类变化趋势、均值、空间分布等。聚类结果的合理性直接决定了分析是否具备解释意义，必须严格验证聚类数、算法参数选取的可靠性。

第二步，空间分析。

空间分析以聚类结果为基础，利用地理探测器及莫兰指数两个空间分析模型对聚类结果进行初步解释。

影响因素分析：利用地理探测器分析选取的12种土地利用及建成环境因素对聚类结果的影响大小，核心是比较某一影响因素在各子类内及总体样本中的差异性，从而揭示各因素与聚类结果的相关性。若选取的因素在某一类中具有很强相似性，而在总体样本中呈现随机性，则该因素与聚类结果存在极强的相关性，即该因素可能对交通拥堵及道路异常排放的形成存在一定的正面或负面影响。

空间相似：以聚类结果的隶属度为基础，通过莫兰指数验证其空间相似性，即空间上邻近路段对某一类的隶属度大小是相似还是相异的。若隶属度相似，则拥堵路段或异常排放路段存在聚集性，反之，则不存在聚集性，甚至存在较强的差异性。

第三步，空间回归。

空间回归旨在量化12种土地利用及建成环境因素对道路拥堵或异常排放的影响大小，其因变量为聚类结果中的隶属度。选取SARMA，该模型能够同时考虑多变量影响并兼顾对象间的空间相似性，比传统的土地利用回归、多元线性回归、地理加权回归等模型具有更强的解释性。

2．技术路线及关键技术

（1）研究项目的技术线路图（图2-2）

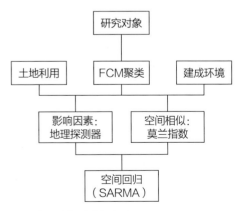

图2-1 聚类与空间分析结合框架

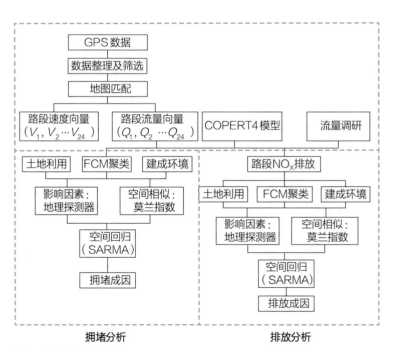

图2-2 技术框架图

（2）研究步骤及关键技术

1）数据处理及调研

对出租车GPS数据进行描述及初步分析，通过数据预处理、地图匹配及异常值筛选等流程，验证数据适用性。通过实地调研确定路段出租车与普通小客车、大客车及货车的比例，实现路段样本车流量至全车型流量的折算。通过查询统计年鉴及综合交通运行年报，估计上述车型从国Ⅱ到国Ⅴ各种排放标准的车辆数占比。利用COPERT排放计算模型计算路段NO$_x$排放。此外，对采集的建成环境因素及土地利用数据进行描述，明确分析重点。

2）基于路段聚类及空间模型的交通问题分析

提出结合FCM与空间量化模型的研究框架，突破以往聚类研究止步于定性分析，实现深入解析。空间量化模型中，引入地理探测器证明选定的环境因素对聚类结果的影响，引入莫兰指数证明邻近路段在拥堵及排放特性上的空间相似性，从而验证SARMA的适用性。最后，利用SARMA进行空间回归，从建成环境及土地利用角度解释拥堵及异常排放的形成机理。

3）道路拥堵及交通排放时空分布及影响因素解析

按拥堵水平对道路进行模糊聚类，并进一步描绘各拥堵等级道路24小时运行车速曲线及空间分布。通过空间分析模型及回归模型解释拥堵成因，利用所计算的道路平均排放因子进行模糊聚类，描绘各排放等级下道路24小时排放因子时空分布，通过空间量化模型及回归模型解释异常排放成因。

三、数据说明

1. 数据内容及类型

（1）浮动车数据

研究选取上海强生公司提供的出租车GPS轨迹数据为研究基础，具体为2015年4月8日至10日的数据。这三天均为普通晴天工作日，能够代表居民日常出行特征及城市典型交通状况。数据大小依次为9.49G、9.51G及9.53G，分别包含了114 143 201、114 383 876和114 633 142条数据记录，数据采集间隔约30s。

该部分数据主要用以提取路段出租车数量及路段平均车速，为后续拥堵识别及路段机动车排放计算打下基础。

（2）建成环境及土地利用数据

研究共选用12种建成环境及土地利用因素，验证其对交通拥

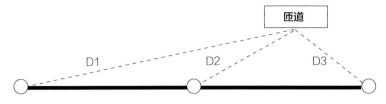

图3-1　与匝道距离定义

堵及道路异常排放的影响大小。数据来源为上海市电子地图获取及人工校准。具体如下：

F1：道路类型。用"1"代表主干道，"2"代表次干道。

F2：路段长度。路段定义为两个交叉口之间的连接道路，单位：m。

F3：与最近匝道的距离，单位：m。匝道是交通瓶颈所在，匝道处的交通瘫痪往往会造成绵延几公里的交通拥堵。"距离"定义为路段的端点及中点与最近匝道距离的均值，即为图3-1中D1～D3的均值。

F4：路段沿线每100m的公交站点密度，单位：个/100m。高密度的公交站表示道路是主要通勤通道，同时也导致更多的车辆换道及大车比率。

F5：与最近地铁站的距离，单位：m，距离定义方式与匝道相同。地铁站是客流聚集地，也是居民出行的主要换乘点。

F6：路段与上海市快速路环线的相对位置（内环、中环、外环）。从内到外各圈层依次标定为0、1、2、3。

F7：路段500m范围内公共停车场数量（折合至单位路段），单位：个/100m。停车场是私家车出行的目的地，出入口往往伴随着偶发性拥堵。由于居民离开停车场后一般以步行为主，因此，采用500m的步行适宜距离作为统计缓冲区。

F8：路段周边500m范围内的学校数量（折合至单位路段），单位：所/100m。上、下学时段普遍存在家长接送高峰，在学校周边形成严重的潮汐交通。同样采用500m的步行适宜距离作为统计缓冲区。

F9：与最近医院的距离，单位：m。医院是城市最重要的公共设施之一，会形成全天持续性交通压力。

F10：1 000m半径内商业用地的占比。

F11：1 000m半径内居住用地的占比。

F12：1 000m半径内交通用地的占比。

F10～F12的土地利用面积占比计算公式如公式3-1所示。

$$P_i = \frac{S_i}{S} \qquad (3-1)$$

其中，S_i为1 000m范围内土地类型i的面积。S为1 000m为半径的圆面积。

（3）道路机动车构成调研数据

通过实地调研统计上海市强生出租车与其他车型的比例，实现道路流量的推算。以上海快速路环线为界进行分区域统计，每个圈层选取10条典型路段（5条主干道，5条次干道），共40条。统计路段双向车流量后，识别强生出租车与其他车型的比率，包括小客车、大客车及货车（图3-2）。

（4）排放标准分布

选取欧洲环保署提出的COPERT模型计算排放因子，该模型是基于不同车型及相应排放标准所开发的。欧洲的各阶段排放标准与中国各阶段标准基本一致，因此，该模型相较于其他模型更适用于上海。通过统计年鉴获取上海每年注册的各种车型总量，然后结合6%的车辆报废率推算国Ⅱ到国Ⅴ各排放标准车辆占比。

2. 数据预处理技术与成果

（1）浮动车数据

选用大数据挖掘分析工具R语言进行处理，数据处理的初步格式如表3-1。

轨迹数据格式 表3-1

出租车 ID	载客状态	信号接收时间	经度	纬度	瞬时车速 /(km/h)
12	0	2015-04-10 07:00:46	121.5638	31.19349	23.5
11 802	1	2015-04-10 07:58:05	121.3935	31.12738	33.5
11 802	1	2015-04-10 07:59:15	121.3894	31.12269	28.2
……	……	……	……	……	……

1）数据质量验证

时间分布：按小时从原始数据中提取3天的运营车辆数及平均车速，3天的运营车辆数基本处于同一水平（图3-3、图3-4）。

空间分布：通过核密度分析对上述3天数据进行空间分布对比，着重分析早晚高峰样本分布特性（早高峰是7：00～10：00；晚高峰是17：00～19：00）。3天数据的空间分布趋势基本一致，主要分布在上海外环线以内（图3-5）。

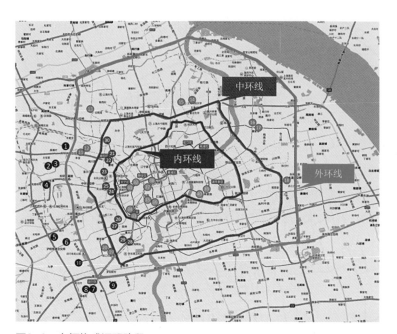

图3-2 车辆构成调研路段

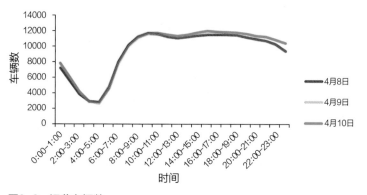

图3-3 运营车辆数

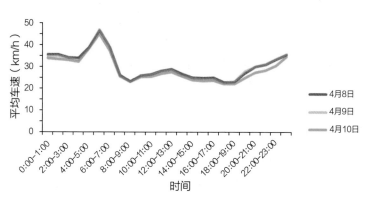

图3-4 运营车辆平均车速

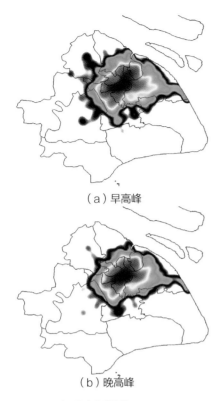

（a）早高峰

（b）晚高峰

图3-5　GPS记录空间投影

2）数据预处理与地图匹配

研究范围限制于上海外环以内，适当外扩至虹桥机场及浦东机场两大交通枢纽，大致在经度（121.266 67，121.816 67）及纬度（31.116 67，31.383 33）范围内。

第一步将GPS数据投影至上海市GIS路网图，道路初步筛选为主干道及次干道（去除低等级道路）。数据预处理主要筛选有用数据并剔除异常记录。因为空载状态无法代表车辆正常行驶特征，仅选取载客状态下的轨迹数据，此外，异常数据的剔除考虑以下两点，GPS定位停滞5分钟及以上和连续两个定位点间的瞬时漂移达到120km/h。

第二步需利用ArcGIS将记录点投影到地图上，并与最近的路段进行匹配。为避免数据漂移产生误差，路段定义为交叉口间长于300m的道路。匹配的原则如下：若某一轨迹点落在路段15m范围内，则定义该轨迹经过相应路段；若某一轨迹点同时落于两条及以上路段的15m范围内，则就近匹配。在投影完成后，需统计每条路段上经过车辆数，如果每小时经过某路段的轨迹记录（车辆数）少于30条，则认为该路段样本量不足，将路段予以剔除。经上述步骤处理后，最终保留551条路段，如图3-6所示。

道路类型
—— 主干道
—— 次干道

图3-6　GPS路段投影匹配结果

（2）建成环境及土地利用数据

各数据的初步概括及缩写如表3-2：

影响因素汇总				表3-2
变量	缩写	最小值	均值	最大值
F1：道路类型/m	Rd_type	1	—	2
F2：路段长度/m	Rd_len	300	1 314	4 510
F3：与最近匝道的距离/m	Dist_ramp	8.3	990.9	4 304
F4：路段沿线公交车站密度/（个/100m）	Num_bus	0	0.2	2.5
F5：与最近地铁站距离/m	Dist_metro	8.1	814.9	3 213
F6：快速路环线相对位置	Ring	0	—	3
F7：500m内的停车场数量	Parking	0	3.2	39
F8：500m内的学校数量/（所/100m）	Num_scho	0	0.5	2.9
F9：与最近医院的距离/m	Dist_hosp	13.5	979.8	6 207
F10：商业用地占比/%	Com_pro	0	5.3	59.1
F11：居住用地占比/%	Res_pro	0	29.3	99.4
F12：交通用地占比/%	Trans_pro	0	15.6	100

（3）道路机动车构成调研数据

据统计，上海市外环、中环、内环三者间的车辆构成比例如表3-3所示。

车辆构成调研结果/%					表3-3
环线位置	小客车		大客车	货车	合计
	强生车	其他			
外环	13.33	77.14	4.15	5.38	100
外环－中环	14.15	77.28	6.25	2.32	100
中环－内环	3.95	87.49	6.26	2.30	100
内环	7.71	87.59	3.48	1.22	100

上述统计结果可作为参照，对551条路段按快速圈层进行流量折算。设路段k上的经过的强生出租车数量为q_{taxi}，则该路段上车型i的流量q_i及路段总流量q_k可表达如公式3-2、公式3-3：

$$q_i = \frac{q_{taxi}}{r_{taxi}} \cdot r_i \qquad （3-2）$$

$$q_k = \frac{q_{taxi}}{r_{taxi}} \qquad （3-3）$$

其中，q_{taxi}为路段k统计得到的强生出租车数量；

q_i为路段k折算得到的车型i数量；

r_{taxi}为路段k对应快速路环线圈层的强生出租车比例；

r_i为路段k对应快速路环线圈层的车型i比例；

q_k为路段k的总车流量。

（4）车辆排放标准分布

查阅统计年鉴，得到各类车型的排放标准分布如表3-4所示。

排放标准分布/%					表3-4
排放标准	国Ⅱ	国Ⅲ	国Ⅳ	国Ⅴ	合计
小客车	17.34	12.22	55.63	14.81	100
大客车	11.79	16.74	49.82	21.65	100
货车	45.71	12.02	37.85	4.42	100

四、模型算法

1. 聚类与空间分析结合模型

为克服以往研究止步于定性研究的局限，研究提出了将模糊聚类算法与空间分析模型相结合的理论框架，具体如第二部分"1. 研究方法及理论依据"中所述。

（1）FCM模糊聚类

1）基本概念

本文采用模糊聚类作为核心模块，相较于其他聚类方式，FCM利用隶属度[0，1]间的值表达分类概率更符合交通问题界定的模糊特性。

假定数据集共有N个样本，目标聚类数为C类。聚类数C需要通过不断的尝试，并利用一系列评价指标择优。假设每个样本可用n维向量表达，$X = \{X_1, X_2, \cdots, X_n\}$，FCM模糊聚类的目标函数如公式4-1：

$$J(U,C) = \min \sum_{i=1}^{N} \sum_{j=1}^{C} (u_{ij})^m \left\| X_i - V_j \right\|_A^2$$
$$s.t. \sum_{j=1}^{C} u_{ij} = 1; 0 \leqslant u_{ij} \leqslant 1 \qquad （4-1）$$

其中，X_i为第i个样本；V_j为第j类的聚类中心；m为聚类的模糊系数，一般取值大于1，等于1时即为硬聚类；m越大模糊度越大，当m值为无限大时，各类完全重合，有且仅有一个大类；u_{ij}为第i个样本对于第j类的隶属度，U为u_{ij}的集合，$u_{ij} \subseteq U$。

$\| X_i - V_j \|_A$为样本i与类别j中心V_j的A范数距离度量公式，用以评价样本i与所属类整体的相似性，一般使用欧拉距离度量。

根据约束条件$\sum_{j=1}^{C} u_{ij} = 1$，可用拉格朗日乘数法求解，以使目标函数$J(U,C)$取得最小值，必要条件即为公式4-2、公式4-3，分别表示计算聚类中心及隶属度的方法。

$$V_j = \frac{\sum_{i=1}^{N} (u_{ij})^m X_i}{\sum_{i=1}^{N} (u_{ij})^m} \qquad （4-2）$$

$$u_{ij} = \frac{1}{\sum_{s=1}^{C} \left(\frac{|X_i - V_j|}{|X_i - V_s|} \right)^{\frac{1}{m-1}}} \qquad （4-3）$$

要实现目标函数的最小化需利用公式4-2及公式4-3不断迭代实现，迭代的收敛标准为$|J_{t+1} - J_t| < \varepsilon$，$J_t$和$J_{t+1}$分别表示第$t$次和$t+1$次迭代的目标函数。初始化聚类中心可从样本中随机选取C个。

2）参数选取

a. 模糊算子m

模糊算子m是聚类有效性的决定性指标，当$m=2$时，聚类结果应具备实际物理意义。

b. 聚类数C的确定

在使用模糊C－均值聚类前需提前确定聚类数C。一般在合理范围内选取若干聚类数分别进行计算，而后对各类的有效性进行评估，从中选取最优聚类数。

本文选取四个指标用以验证聚类数C对聚类有效性的影响，分别为划分系数PC、PBMF指标、最小中心距离MCD及FSI指标。

c. 划分系数PC（partition coefficient）

划分系数PC强调隶属度的紧凑性，紧凑性越强表示样本隶属于特定类的概率越大。划分系数大小与分类效果呈正相关。PC的表达式如公式4-4所示：

$$PC(C) = \frac{1}{N}\sum_{i=1}^{N}\sum_{j=1}^{C}u_{ij}^{2} \qquad (4-4)$$

d. PBMF指标（Pakhira, Bandyopadhyay and Maulik fuzzy）

PBMF指标强调同一类别中样本的紧凑性，以及类与类之间的离散性，指标大小与分类效果呈正相关。PBMF的表达式如公式4-5所示：

$$PBMF(C) = \frac{\max_{j,k}\{\|V_j - V_k\|\}\times E_1}{\sum_{i=1}^{N}\sum_{j=1}^{C}u_{ij}^{m}\|X_i - V_j\|} \qquad (4-5)$$

其中，E_1为常数项。

因为在未乘以常数项前，该指标的数值极小，为了便于作敏感性分析，一般乘以某常数放大计算结果。

e. 最小中心距离MCD（Minimum Centroids' Distance）

最小中心距离MCD计算类与类之间距离的最小值，用以描述类之间的离散性，以及聚类结果的稳定性。MCD随着聚类数C的增加而增加，最优聚类数一般取在MCD曲线增长率趋于平缓的转折点。MCD的表达式如公式4-6所示：

$$MCD(C) = \min_{i\neq j}|V_i - V_j|^2 \qquad (4-6)$$

f. FSI指标（Fukuyama-Sugeno Index）

FSI指标同时验证所有样本间的离散性及类与样本之间的离散性，其核心是保证上述两种离散程度保持在相近的水平。因此，FSI的数值大小与聚类有效性呈负相关。FSI的计算公式如公式4-7所示：

$$FSI = \sum_{i=1}^{N}\sum_{j=1}^{C}u_{ij}^{m}\left(|X_i - V_j|^2 - \left|\left(\frac{1}{N}\sum_{k=1}^{N}X_k\right) - V_j\right|^2\right) \quad (4-7)$$

3）收敛系数的确定

收敛系数ε越小越好，选取收敛系数为1e-5以尽可能保证更

高的收敛精度。

（2）空间分析模型

空间分析中引入地理探测器及莫兰指数，分别从因素影响及空间相似性角度验证聚类结果的有效性。

1）地理探测器

在对道路基于拥堵及排放分类后，需分别验证12种影响因素对聚类结果的影响大小。地理探测器通过对比影响因素在各类中的内方差与总体方差来定量表达研究对象的空间异质性。如研究对象的某特性在同类别内部较为均一，而在不同类别之间存在明显差异，则说明研究对象的空间异质性较强，相对应的影响变量是决定分类结果的主要影响因素。

假设共n个样本，D个类簇，第Di类包含n_{Di}个样本，地理探测器模型的公式表达如公式4-8所示：

$$P_{Di,R} = 1 - \frac{1}{n\sigma_R^2}\sum_{i=1}^{D}n_{Di}\sigma_{Di,R}^2 \qquad (4-8)$$

其中，$P_{Di,R}$为影响因素R的因子解释力；

σ_R^2为样本的总体方差；

$\sigma_{Di,R}^2$为因素R在Di类子样本中的方差。

该公式衡量因素的组内方差与总体方差间的差异。$P_{Di,R}$的取值范围在［0，1］，其值越大表示因素R在各类中的差异性越大，因子解释力越强。当$P_{Di,R}$=1时，单一的因素即可完全决定聚类结果。

利用地理探测器初步检验各建成环境及土地利用因素对聚类结果的影响大小，验证因素外部性影响。

2）莫兰指数

选用莫兰指数验证路段交通状态的空间全局自相关特征。模糊聚类的隶属度作为模型输入，通过验证各路段对某一类的隶属度是否具有空间相关性来评价交通问题的蔓延性。其表达式如下：

$$I = \frac{N\sum_{i=1}^{n}\sum_{j=1}^{n}w_{ij}(X_i - \overline{X})(X_j - \overline{X})}{(\sum_{i=1}^{n}\sum_{j=1}^{n}w_{ij})\sum_{i=1}^{n}(X_i - \overline{X})^2} \quad (i\neq j) \qquad (4-9)$$

其中，X_i和X_j为样本的观测值，在本文中即为路段i与路段j对特定类的隶属度；

$\overline{X}$为观测样本的均值，即所有路段对特定类的隶属度的总体均值；

W_{ij}为空间权重矩阵,表达邻近对象之间的空间关联特征。

莫兰指数的计算结果需要用Z检验评价空间自相关的显著水平。

在空间计量中,空间关联性是通过空间权重矩阵来描述的。假设有n个研究对象,空间权重矩阵一般的表达矩阵形式如式4-10所示:

$$W = \begin{pmatrix} w_{11} & w_{12} & \ldots & w_{1n} \\ w_{21} & w_{22} & \ldots & w_{2n} \\ M & M & O & M \\ w_{n1} & w_{n1} & L & w_{nn} \end{pmatrix} \quad (4-10)$$

其中,W_{ij}为对象i与对象j之间的空间连接关系,以距离关系表达。常见的距离关系呈现由近到远的衰减趋势。由于拥堵等交通问题以节点为原点呈衰减趋势,选用负指数衰减权重矩阵表达这一影响:

$$w_{ij} = \begin{cases} \exp[-0.5(\dfrac{d_{ij}}{b})^2], & d_{ij} < b \\ 0, & d_{ij} \geq b \end{cases} \quad (4-11)$$

其中,d_{ij}为对象i与对象j之间的空间距离,研究定义为两段道路各自中点之间欧拉距离;

b为距离阈值,本文取$b=1000$m。

（3）空间自回归移动平均模型

空间自回归移动平均模型既能考虑空间道路间的相互影响,同时也能考虑外生变量对研究路段运行的影响。其表达式4-12如下:

$$y_i = (1-\rho W)^{-1}X\beta + (1-\rho W)^{-1}u$$
$$u = (1-\lambda W)^{-1}\varepsilon, \ \varepsilon \sim N(0, \sigma^2 I) \quad (4-12)$$

其中,y_i为各路段对于类别i的隶属度向量,为$n \times 1$维列向量;

X为$n \times k$维的外生变量矩阵,即影响因素;

β为$k \times 1$维的影响因素回归系数矩阵;

λ为空间误差参数;

u为$n \times 1$维误差矩阵,服从正态分布;

ρ为待估参数,表达数据集内在的空间相关性,及样本的邻近对象对自身的影响。$\rho > 0$表示正相关,即邻近对象的特征呈现相似性。

进行空间回归前必须对选取的12种自变量进行标准化,采用z-score标准化法。

2. 模型算法相关支撑技术

主要利用R语言、MATLAB及ArcGIS实现上述算法。

五、实践案例

1. 道路拥堵成因分析

（1）模糊C-均值聚类分析

1）聚类数量的选取及初步结果

输入24维速度向量$V=\{V_1, V_2, \cdots, V_{24}\}$进行路段聚类后,$PC$、$PBMF$、$FSI$、$MCD$各自对应的最优聚类数分别为5、3、5、4。在分析道路交通拥堵时的最优聚类数可取4类。

如路段i对1~4类的隶属度分别为0.5、0.1、0.2、0.2,则认为路段i更符合第一类的特性,分属于第一类。

2）聚类结果的时间维度统计

第一类具有235个样本,平均车速为22.6km/h,可定义为"拥堵路段",如图5-1（a）。

第二类具有177个样本,平均车速为29.5km/h,可定义为"中速路段",如图5-1（b）。

第三类具有107个样本,平均车速为41.1km/h,可定义为"畅行路段",如图5-1（c）。

第四类具有32个样本,平均车速为61.6km/h,可定义为"高速路段",如图5-1（d）。

3）聚类结果的空间维度统计

图5-2中红色粗线左侧为"浦西",右侧为"浦东"。水滴形为上海中心城区所在地。第一类"拥堵路段（红线）"主要分布于路网外围,第二类"中速路段（绿线）"散布于研究范围内,第三类"畅行路段"散布图研究范围内,第四类"高速路段"主要分布于城市外围。

（2）聚类结果空间分析

1）地理探测器——空间影响因素（图5-3）

路段周围的公交站密度（Num_bus）具有最大的因子解释力PD,达到0.13。因子解释力第二大的因素是道路等级（Rd_type）,0.105。因子解释力第三高的因素是与最近医院的距离（Dist_hosp）,0.091。此外,道路500m范围内的学校密度（Num_scho）,0.084。及交通用地占比（Trans_pro）,0.071,也为主要影响因素。

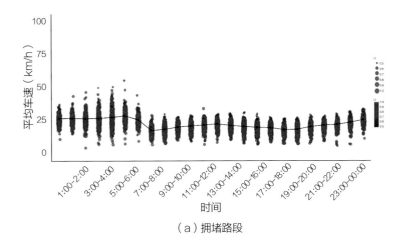

（a）拥堵路段

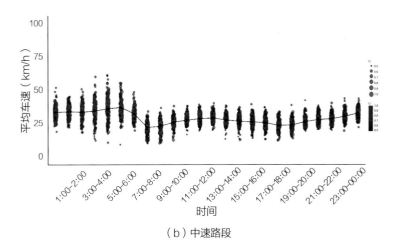

（b）中速路段

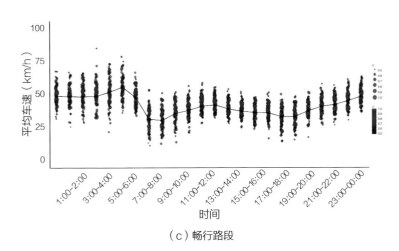

（c）畅行路段

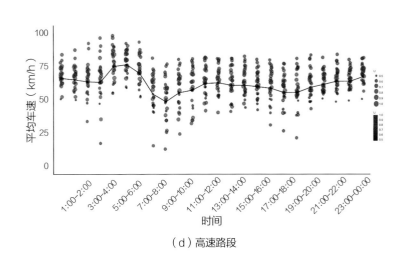

（d）高速路段

图5-1　基于拥堵的聚类结果时变图

图例
—— 聚类1
—— 聚类2
—— 聚类3
—— 聚类4

图5-2　聚类结果空间分布（拥堵）

因子解释力

图5-3　拥堵影响因素的因子解释力（地理探测器）

2）莫兰指数——空间相似性

针对路段聚类的隶属度计算莫兰指数，所有结算结果均大于0，表示拥堵路段常常簇拥在一起（表5-1）。

针对拥堵的莫兰指数计算结果　　　表5-1

指标	聚类1	聚类2	聚类3	聚类4
莫兰指数	0.25	0.03	0.14	0.27
Z值	6	0.82	3.43	6.69
P值	1.01e-09	0.21	0	1.09e-11

（3）SARMA回归因素分析

地理探测器——空间影响因素

第一类（拥堵路段）：该类中所有的显著因素均伴随着持续性交通压力。快速路匝道是车辆汇流区；高密度的公交站会带来大量低速行驶及频繁启停的大型公交；道路周围的学校密度同样也是引起道路拥堵的主要因素之一。医院对交通拥堵具有极为显著的影响。道路类型的系数为正，说明次干路与拥堵有较强的相关性。路段一千米范围内交通用地的占比与拥堵呈现负相关，说明大型交通枢纽周围的交通组织良好，因此可能形成极好的道路通行条件。

第二类（中速路段）：该类中的道路特性均显示了较强的通勤交通特征。匝道依然作为显著影响因素对该类中的路段造成减速效果，其他显著影响因素包括道路周边学校数量、与地铁站距离及商业用地占比。

第三类（畅行路段）：第三类中主要为主干道。匝道、公交站、停车站等严重影响道路畅通的基础设施在该类中也远离路段或呈现稀疏分布。交通用地的占比较高，符合第一类中对大型交通枢纽周边交通组织良好的推测。

第四类（高速路段）：该类中路段沿线的建成环境及土地利用特征与城郊相似。低密度的匝道、公交站点及医院都体现了上海市郊区特征。从整体结论看，"与快速路环线的相对位置"及"居住用地占比"与道路拥堵的相关性并不强，而从常规认识中，中心城区及大型居住社区往往伴随着交通拥堵。以上两种现象在高峰时段确实较为明显，但本研究着重分析全天24小时的交通特性，故不强调高峰时段特征。拥堵聚类隶属度的SARMA回归如表5-2所示。

拥堵聚类隶属度的SARMA回归　　　表5-2

因素	聚类1 拥堵路段		聚类2 中速路段		聚类3 畅行路段		聚类4 高速路段	
（误差）	0.3731	***	0.2885	***	0.1332	***	0.0803	***
	(0.0328)		(0.0245)		(0.0138)		(0.0105)	
F1: 道路类型	0.0695	***			-0.0577	***	-0.0181	***
	(0.0113)				(0.0083)		(0.0059)	
F2: 路段长度			0.0229	**				
			(0.0098)					
F3: 与匝道距离	-0.0192	*	-0.0306	***	0.0165	**	0.0395	***
	(0.0114)		(0.0085)		(0.0073)		(0.0084)	
F4: 公交站密度	0.0831	***	0.0186	*	-0.0369	***	-0.0173	***
	(0.0114)		(0.0096)		(0.0085)		(0.0057)	
F5: 与地铁站距离			-0.0229	**			0.0257	***
			(0.0099)				(0.0080)	
F6: 快速路环线								
F7: 停车场数量	0.0305	**			-0.0160	*		
	(0.0140)				(0.0089)			
F8: 学校数量	0.0373	***	-0.0269	**				
	(0.0139)		(0.0106)					
F9: 与医院距离	-0.0307	**					0.0227	***
	(0.0140)						(0.0082)	
F10: 商业用地占比			2.3256	**				
			(1.1483)					
F11: 居住用地占比								
F12: 交通用地占比	-3.6390	***			0.0239	***		
	(1.2078)				(0.0085)			
Rho	0.1242	**	0.1432	*	0.2978	*	-0.2764	*
	(0.0789)		(0.0767)		(0.0716)		(0.0882)	

续表

因素	聚类1		聚类2		聚类3		聚类4	
	拥堵路段		中速路段		畅行路段		高速路段	
Lambda			−0.1979	**	−0.2465	*	0.4858	***
			(0.0915)		(0.0894)		(0.0684)	
LR test	9.9031	***	3.3252	*	9.5079	***	31.4970	***
MLE	−37.7427		55.7193		113.7466		296.6868	
AIC	107.4925		−79.4449		−195.4910		−561.3728	

注：*表示$p\text{-}value<0.1$，** 表示$p\text{-}value<0.05$，*** 表示$p\text{-}value<0.01$。括号中记录的是标准误差。

2. 道路异常排放成因分析

（1）路段排放因子计算

利用COPERT车辆NO_X排放因子计算模型。首先定义两种排放：路段总排放，综合车辆排放标准分布及道路交通流中各种车型比例计算得出（单位：g）；单位路段长度车均排放因子，为路段总排放与路段流量及长度乘积之比，表征单位路段车辆平均排放强度（单位：g/km）。

$$TE_k = \sum_{i=1}^{3}\sum_{j=2}^{5} EF_{i,j,k} \times q_{i,j,k} \times L_k \quad （5\text{-}1）$$

$$EF_k = TE_k / (q_k \times L_k) \quad （5\text{-}2）$$

其中，TE_k为路段k的NO_X总排放（单位：g）；

$EF_{i,j,k}$为路段k上车辆类型i在国家排放标准j情况下的排放因子（单位：g/km）；

$q_{i,j,k}$为路段k上属于国家排放标准j的车辆类型i数量；

L_k为路段k的长度（单位：km）；

EF_k为路段k上的车均排放因子，为折算长度后的线源排放（单位：g/km）。

COPERT是欧洲环保署所提出的排放计算模型，将平均车速作为输入计算排放，标准车型主要选取小客车、大客车及货车。排放因子计算主要参照公式5-3及公式5-4。各排放标准下的计算公式选取及参数选取见表5-3。

$$EF = (a + c \times V + e \times V^2 + f/V)/(g + b \times V + d \times V^2) \quad （5\text{-}3）$$

$$EF = a \times V^b + c \times V^d \quad （5\text{-}4）$$

其中，V为路段的平均小时车速（单位：km/h）。

COPERT模型参数 表5-3

车辆类型	排放标准	公式	a	b	c	d	e	f	g
小客车	II	（5-3）	2.84E-1	−2.34E-2	−8.69E-3	4.43E-4	−1.68E-4	0	1
	III		9.29E-2	−1.22E-2	−1.49E-3	3.97E-5	0	0	1
	IV		1.06E-1	0	−1.58E-3	0	0	0	1
	V		1.89E-1	1.57	8.15E-2	2.73E-2	−2.49E-4	−2.68E-1	1
大客车	II	（5-4）	1.09E01	−2.18E-1	1.11E02	−1.13	—	—	—
	III		3.26E02	−1.77	4.01E01	−5.77E-1	—	—	—
	IV		2.47E01	−5.30E-1	2.19E03	−3.54	—	—	—
	V	（5-3）	−4.81E01	1.44E01	2.26E-1	6.62E01	1	−6.33E-1	2.18E-1
货车	II	（5-3）	2.03	0	−3.18E-1	0	2.41E-4	0	0
	III		比国II标准减少16%						
	IV		比国III标准减少32%						
	V		5.14E-1	−1.41E-2	−9E-2	—	—	3.43	—

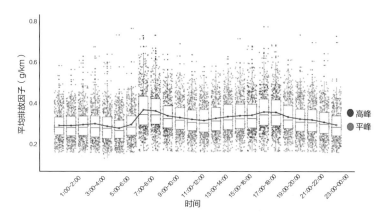

图5-4 路段24小时车均排放因子

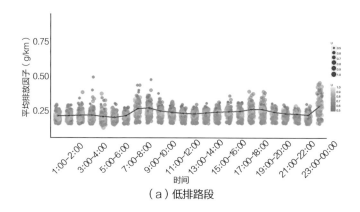

（a）低排路段

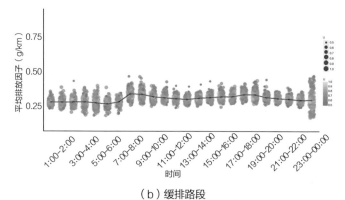

（b）缓排路段

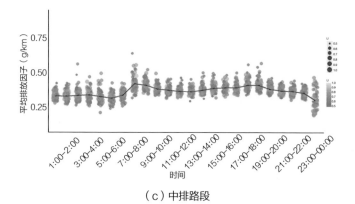

（c）中排路段

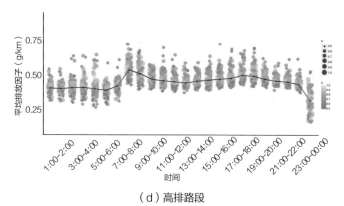

（d）高排路段

图5-5 基于排放的聚类结果时变图

经计算及统计可知，551条车均排放因子约0.3g/km，排放的早高峰出现在7:00～10:00，晚高峰出现在16:00～19:00（图5-4）。

次干道的车均排放因子在24小时中均大于主干道，差距约在0.03g/km左右。

（2）模糊C-均值聚类分析

1）聚类数量的选取及初步结果

输入24维排放向量$EF=\{EF_1, EF_2, \cdots, EF_{24}\}$聚类后，$PC$、$PBMF$、$FSI$、$MCD$的最优聚类数分别为2、2、4、4，可认为最优聚类数取4类。

依照上述聚类数完成聚类后，按样本的最大隶属度对路段进行分配，4类分别有134、208、106及103个样本。

2）聚类结果的时间维度统计

基于排放的聚类结果时变图如图5-5所示。

第一类具有最低的平均NO_x排放因子，仅为0.24g/km，定义为"低排路段"；

第二类平均排放因子为0.29g/km，定义为"缓排路段"；

第三类平均排放因子为0.36g/km，可定义为"中排路段"；

第四类具有最高的平均排放因子为0.44g/km及最少的样本量103个，可以定义为"高排路段"。

3）聚类结果的空间维度统计

如图5-6所示，排放因子最高的第四类道路主要聚集于内环与中环间。排放因子较低的第一、二类集中于内环以及中环之间。外环以外的道路排放率也较高，尽管交通条件相对较好，但不限行的大货车可能造成大量排放。

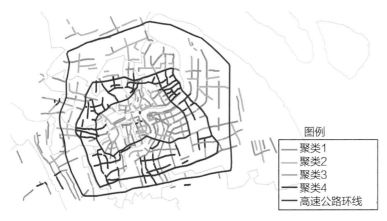

图5-6　聚类结果空间分布（排放）

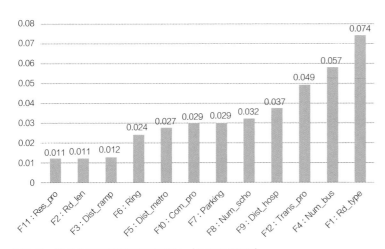

图5-7　排放影响因素的因子解释力（地理探测器）

针对排放的莫兰指数计算结果				表5-4
指标	聚类1	聚类2	聚类3	聚类4
莫兰指数	0.23	0.32	0.20	0.54
Z值	5.67	7.90	4.87	13.06
P值	7.01e-09	1.45e-15	5.49e-07	2.20e-16

（3）聚类结果空间分析

1）地理探测器——空间影响因素

道路类型（Rd_type）对排放的影响最大（0.074），此现象与道路上的限速、信控、拥堵程度等都可能相关。道路沿线的公交站数量（Num_bus）的影响次之（0.057）。第三大影响因素是交通用地的占比（Trans_pro，0.049），即大型交通枢纽。距离最近医院的距离（Dist_hosp）、周边学校数量（Num_scho）、周边停车场数量（Parking）、商业用地的占比（Com_pro）以及与最近地铁站的距离（Dist_metro）具有相似的影响力（图5-7）。

2）莫兰指数——空间相似性

所有类的莫兰指数值均大于0，说明路段在排放强度上具有空间相似性，易引发区域性污染问题（表5-4）。

（4）SARMA回归因素分析

地理探测器——空间影响因素

对排放聚类结果分别对四类的隶属度进行SARMA空间回归（4次回归），分析结果统计于表5-5中。所有类别拟合结果的AIC值均小于0，说明其估计模型的综合质量较高。

第一类（低排路段）：所有显著因素对道路运行车速的影响均较小，都体现了较好的道路交通条件。车辆行驶于更长的路段上，受信号灯的影响更小，交叉口的停车次数及排队长度均更少，因此，产生了较低的NO_x排放。离匝道越远，属于第一类的概率越高，车均排放因子越低。离地铁站越远，车均排放因子越低。低排路段更多地靠近城市外围，而空间分布图中确以中环及外环间为主。

第二类（缓排路段）：路段较长及停车场的稀疏使得路段交通运行通畅，是降低排放率的主要影响因素。周边500m范围内的学校数量系数为负，说明学校数量越多，属于该类的概率越小。学校周边在早晚上下学期间由于机非混行严重，路边停车现象多，会造成路段平均车速低，易导致经过车辆的排放因子上升。居住用地的面积是显著正相关。

第三类（中排路段）：第三类的NO_x平均排放因子显著提高，所有的显著影响因素都具备通勤交通的特性。更长的路段更可能成为通勤及货物运输的主要通道。该类与匝道及地铁站更为接近，说明这两者在影响拥堵的同时，刺激产生了较高的道路排放率。从之前的分析看，居住用地在该类中可能主要造成高峰期的异常排放，由此提高了部分道路的全天平均排放。

第四类（高排路段）：该类是揭示道路异常排放产生原因的重要类别。该类中的路段长度较短，必然造成更多的交叉口停滞及较高的车均排放因子。相对于快速路环线的系数为负，也佐证了内环及中环之间的路段车均排放因子最大。该类中停车场密度的系数变为正，即周边停车场越多，道路的平均排放因子越高。高密度公交站所在的公交走廊是产生道路异常排放的主导因素之一。

排放聚类隶属度的SARMA回归 表5-5

因素	聚类1		聚类2		聚类3		聚类4	
	低排路段		缓排路段		中排路段		高排路段	
（误差）	0.7000	***	0.5758	***	0.5736	***	0.6088	***
	(0.0178)		(0.0183)		(0.0165)		(0.0258)	
F1：道路类型	−0.0455	***						
	(0.0119)							
F2：路段长度	0.0165	***	0.0202	*	0.0199	**	−0.0417	***
	(0.0128)		(0.0104)		(0.0131)		(0.0144)	
F3：与匝道距离	0.0110	*			−0.0073	***		
	(0.0122)				(0.0120)			
F4：公交站密度							0.0351	***
							(0.0126)	
F5：与地铁站距离	0.0269	**			−0.0083	***		
	(0.0132)				(0.0137)			
F6：快速路环线	0.0226	**					−0.0314	**
	(0.0159)						(0.0148)	
F7：停车场数量	−0.0186	*	−0.0180	*			0.0277	*
	(0.0144)		(0.0114)				(0.0165)	
F8：学校数量			−0.0040	**				
			(0.0112)					
F9：与医院距离								
F10：商业用地占比							0.0012	*
							(0.0156)	
F11：居住用地占比			0.0039	**	0.0207	*		
			(0.0103)		(0.0125)			
F12：交通用地占比	0.0221	**			−0.0037	*		
	(0.0125)				(0.0122)			
Rho	0.0164	*	0.1424	**	0.0040	*	0.1389	***
	(0.0369)		(0.0351)		(0.0427)		(0.0431)	
Lambda	0.1173	***			−0.1209	*	−0.0017	**
	(0.1032)				(0.1236)		(0.1186)	
LR test	1.8330	*	15.1710	***	0.8082	*	11.5800	***
MLE	87.9888		132.8228		77.4486		69.7867	
AIC	−143.9813		−233.6542		−122.9151		−107.5733	

注： 表示$p\text{-}value<0.1$，** 表示$p\text{-}value<0.05$，*** 表示$p\text{-}value<0.01$。括号中记录的是标准误差。

六、研究总结

1. 模型设计的特点

（1）按小时统计拥堵（速度）及排放变化趋势，并汇总为24维向量统一分析，而非常规的高峰小时作短期分析。该方式可从道路全天整体服务水平考察道路交通运行特性。此外，若一类道路在高峰小时出现极端负面效应，也会反映在向量各维度的波动中，可通过聚类算法识别。

（2）利用出租车GPS大数据作为数据源，借助土地利用及道路建成环境因素解释交通负面效应成因，扩展了传统轨迹数据的研究范围。

（3）将模糊聚类算法FCM与空间计量相结合，避免了以往的交通聚类研究仅停留于定性解释的局限。该框架为利用机器学习研究交通问题提供了新思路。

2. 应用方向或应用前景

本研究利用出租车GPS轨迹数据探寻了上海市道路24小时交通拥堵及道路排放的时空变化趋势。主要应用前景如下：

（1）提出了处理及筛选出租车GPS数据的方法，并验证了多日数据的整体一致性，检验了数据质量。随后提出了道路流量调研方法，以上海市快速路圈层为界，统计路段小客车、大客车、货车及样本出租车的占比，为后续路段总流量折算及线源排放因子计算打下基础。同时，提出了统计各种车型的国家排放标准分布方法。

（2）提出了综合模糊聚类及空间分析模型的研究框架。该框架首先利用模糊C-均值聚类将路段针对特定交通特性进行聚类，

以概率形式表达的隶属度可作为因变量与后续的计量模型相结合。随后，利用地理探测器验证聚类的有效性，以及外生变量对聚类结果影响的存在性；利用莫兰指数验证邻近路段是否存在空间相似性。最后，利用空间自回归移动平均模型量化土地利用及建成环境因素等对聚类结果的影响，成功突破了聚类分析止步于定性研究的局限性。空间自回归移动平均模型同时考虑多变量影响及研究对象间的空间滞后性，既可兼顾外生变量对道路运行的影响，也可表达道路交通现象的蔓延性。

（3）辨识道路交通拥堵的时空分布及成因。研究发现严重拥堵的路段主要集中于城市外围，且拥堵路段呈现空间聚集性，道路的拥堵特性同时存在较强的时间波动性，尤以高峰时段为主。一般而言，次干道比主干道更易发生拥堵；邻近的匝道、停车场、学校及医院均是刺激交通拥堵形成的关键因素。路段上高密度的公交站点不但表征城市主要通勤通道，也存在高比例的大型公交车辆，拥堵频发。当路段紧邻大型对外交通枢纽，交通用地占比高，道路交通组织良好，拥堵发生概率较小。

（4）辨识交通排放的时空分布及成因，并以NO_x为例进行了讨论。聚类结果表明，车均排放因子较高的路段集中于上海市内环与中环之间，具有极强的空间聚集性，并且同样呈现蔓延特性。回归结果表明，较短的路段可能导致频繁的信号控制及刹车，造成较高排放率。此外，高密度的公交站、停车场数量及学校数量同样是影响交通运行，提高交通排放的主要原因。商业用地占比较高，会导致较高的经济活动，周边路段的车均排放因子同样较高。

本研究的结论可对城市交通规划予以指导，避免交通问题的形成；同时，可帮助辨识现有路网的问题点，为交通管理提供参考。

基于多源数据的公共服务设施与人口平衡性评估

工 作 单 位：平安城市建设科技（深圳）有限公司

研 究 方 向：公共设施配置

参 赛 人：王丹希、程平、李晓华

参赛人简介：王丹希，专业为社会学；程平，专业为会计学；李晓华，专业为大地测量与地理信息系统。均来自于平安城市建设
科技（深圳）有限公司。

一、研究问题

公共资源主要是由政府进行建设和配置管理的。根据美国学者罗斯托的理论，随着经济发展水平的不断提升，政府在公共产品方面的支出也会不断增长。因为经济发展会对公共产品提出更多要求，经济发展程度越高，它对公共产品的需求层次也会越高。政府需要及时调整公共产品的供给结构来适应不同的经济发展阶段。作为公共产品的消费者，人口本身也是随着时间和经济发展发生变化的。不同人口总量和人口素质，影响着公共产品的需求。以人口作为需求侧去研究公共产品，也就是公共服务设施的均衡化能重点地合理分配公共资源。由于城市公共服务设施的配置情况直接影响城市居民的生活体验，公共服务设施的科学设置与合理规划是规划工作对于重新调节社会财富，增进社会总体福利，帮助弱势群体，缓和社会矛盾和维护社会安定的重要体现，通过作为需求侧的人口所具有的社会特征衡量公共服务设施的供需平衡水平，并进一步指导后续的城市规划有着重要意义。目前基于公共资源配置的研究还仅停留于分别对教育、医疗、体育等公共资源的城乡差异、区域差异，即公共资源配置的机制研究及其均衡性的评价指标研究，对于一定区域内部不同类型的公共资源配置均等化研究较少。不同类型的社会公共资源配置上各有特点，但在资源配置基础理论层面具有很高的同质性。目前关于资源配置的研究指出，政府应保证基础层级的公共资源投资，如义务教育资源的投资和基础医疗卫生服务的投资。这类公共资源私人投资意愿少，政府需承担其供给任务。另外，公共资源配置侧重城市及人口密集区域，只有很少部分公共资源投入乡镇或郊区，这样的分配规律直接导致了公共服务设施的非均等化。

本研究将主要基于香港特别行政区政府公开的公共服务设施与人口调查信息，结合互联网等多源数据，从人口的教育、经济、家庭结构等社会特征入手，分析包含教育、养老、医疗、文体等多个大类的公共设施的供给，构建衡量城市公共服务设施供需平衡性的评分模型。通过评分模型判断一定城市区域内目前的公共设施配置与人口结构是否均衡，对于不均衡的公共设施配置给出相应的数量和规划建议，来满足以人口为主的公共产品供给。从人口与社会公共资源关系入手的公共资源配置研究目前尚不多见，对于公共资源配置的均衡性也没有统一的指标可作考虑，尤其是公共资源包括科、教、文、体、医等几个大类，利用统一的评分模型评价几个大类的公共资源均衡性，需要找出合适的均衡性评价指标。同时，也需要定义合适的标签来计算人口对于公共服务设施的需求大小。本研究将结合基于城市物理空间的可达性模型和基于数值建模的评分卡模型，对香港地区以主要屋邨为主的节点定义等距圈，基于职业声望和财富占有等维度对屋

邨人口阶层与市场能力等维度进行评估，计算以主要屋邨为主的公共服务设施的需求，对比现有公共服务设施，分析其均衡性，为之后的基于公共资源的城市规划给出实质的数据和理论支撑。

二、研究方法

本研究主要采用了定性研究与定量研究相结合的研究方法。定性研究主要以社会公共资源的供需及其相关理论为主，定量研究采用可达性模型和评分卡模型，计算选择区域内所需的实际公共服务设施的数量，分析该区域公共资源配置的均衡性。

党的十八大报告强调2020年总体实现我国基本服务均等化。对于均等化的定义，不同学者给出不同的理念标准。从静态视角，朱柏铭认为均等化是不同区域居民所感受的基本公共服务性价比水平大体相当。从动态视角，钟振强和宋丹兵认为均等化在不同阶段具有不同标准，最终达到大致均等。对于基本服务均等化可以概括为以下几点：①基本服务均等化前提是地方政府人均财政收入均等化；②区域间的公共服务水平应达到人均均等而非总量均等；③全体公民都能公平可及地获得大致均等的基本公共服务；④每个国民所享受的基本公共服务不低于社会最低标准，社会最低基本公共服务标准是制度红线而非均等化的标准；⑤不同区域间和上下级政府间公共服务按收入比例均等。也就是说，每个公民具有平等机会享受到数量和质量一致的基本公共服务。国家满足均等化的基本公共服务是以公民个体基本需求出发，而非国家层面的总体均衡。因此本研究以人口为需求主体出发，以等距圈的方法计算各屋邨实质需求的公共服务设施，与原有的公共服务设施进行对比分析。

本研究中运用的可达性模型主要是基于路网可达性以屋邨为中心构造等距圈分析等距圈内屋邨居民可达的公共服务设施。等距圈计算部分主要依赖地理空间数据库PostGIS/PostgreSQL提供的pgRouting，一个具有地理信息路径规划功能的扩展。目前pgRouting支持多种最短路径算法，如Dijkstra最短路径、A*算法、双向Dijkstra算法、Johnson算法、Traveling Sales Penson算法、转向限制TRSP最短路径算法等。结合开源地理信息系统软件（Quantum GIS，简称QGIS）作为可视化表达的工具，利用pgRouting基于道路网络数据设置兴趣点为起始点、终止点和途径点等信息，调用其路径成本分析功能，从而得到一定范围的通行成本信息。

评分卡模型是一种运用数学优化理论（包括统计方法、运

筹方法等），依照既定原则或策略（损失最小原则或风险溢价原则），在数据分析决策阶段区分样本被预测为正样本的不同概率的方法。通常分数越高，表明样本越不可能成为正样本（即为负样本的可能性越高）。评分卡建模框架常被用于各种信用评估领域，比如信用卡风险评估、贷款发放等业务。另外，在其他领域评分卡常被用来作为分数评估，比如常见的客服质量打分、芝麻信用打分等。实践证明，评分卡模型能够替代大部分的专家经验评分的功能。

本研究中应用评分卡模型，基于不同的公共服务设施选择不同的维度进行评分卡建模，对数据按不同影响因素先进行筛选处理，如业务逻辑分析、数据质量分析、缺失值处理、相关性分析和显著性分析，然后对数据进行分箱、证据权重（Weight of Evidence，简称WOE）转换，通过逻辑回归建立不同维度的评分卡，汇总成总评分卡模型，最终用准确率（Accuracy Rate，简称AR）、模型预测准确性检验指标曲线下面积（Area Under Curve，简称AUC）、概率AUC、灵敏度和特异度评估和检验模型测试集。

本研究的具体技术路线为首先收集政府公开的多级行政与规划区划、数字地形模型、道路网络、各类公共服务设施等地理数据集，通过空间数据库、地理信息系统等技术构建城市物理空间的数字表达，在此基础上通过叠加人口调查数据中所包含的不同社会维度，归纳城市不同空间粒度下的社会结构特征。其次通过可达性模型等空间算法评估设施的服务范围与服务能力，在此基础上结合评分卡模型等数值建模方法，对各类公共服务设施与服务人群间的供需平衡情况进行综合评分，并实现三维可视化展示成果。最后基于这一模型与人口预测，检验目前的公共服务设施现状与规划在面向未来时的适应性，并结合现有的公共服务设施现状，给出该城市或区域公共服务设施规划的优化建设和数据模型支持（图2-1）。

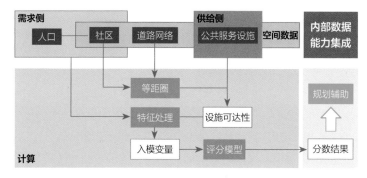

图2-1 技术路线图

三、数据说明

1. 数据内容及类型

本研究的数据主要由作为供给侧的公共服务设施与作为需求侧的人口两个方面构成。其中公共设施的供给包含教育、养老、医疗、文体等多个大类，人口以普查数据为主，数据来源均为香港特别行政区政府的数据公开网站（data.gov.hk）。

公共设施方面，香港特别行政区政府的公共设施数据集提供了79种不同类型设施的属性与位置信息，研究中根据实际需要与关联程度的高低，研究选取了其中部分类型作为衡量公共设施供给水平的基础；同时基于政府数据中提供的丰富属性信息，得以对同类设施的不同细分类型在影响该类公共服务设施的供给水平中进行精细化的评估。以教育为例，数据按不同阶段分为幼稚园、小学、中学，对同阶段的不同性质设施也作了区分，如公立学校、津贴学校、英基学校、私立学校等，而这些分类背后隐含的招生政策、课程设置、学费高低等不同因素实际影响其作为公共教育资源普适性的判断。

人口方面，研究使用了香港2016年人口中期调查数据中以主要屋邨（3 000人或1 000户以上）为单位的人口调查数据，涵盖屋邨人口的基本情况、经济、教育、家庭、居住等不同方面信息。其中基本信息包含性别、年龄、族裔、语言使用能力，经济信息包含工作地点、经济身份、主要职业收入、工作时长，教育信息包含小学、中学等不同学历阶段与就读地点，家庭信息包含家庭人数、户收入等，居住信息包含租金、租金收入占比、按揭、按揭收入占比等。其中经济身份和社会学研究中通行的职业声望分值表一致，便于之后基于职业声望与财富占有等维度对屋邨人口的阶层与市场能力等维度进行评估，从而对需求部分进行调整。

另外，香港特别行政区政府的数据公开网站也提供了优质的道路网络数据、多级行政区划、官方地址解析编程接口等基本城市空间地理信息，对本研究中等距圈计算、屋邨定位提供了巨大的便利。

2. 数据预处理技术与成果

（1）屋邨为中心的等距圈模型的数据预处理与成果

由于PostgreSQL数据库对空间处理与计算的支持程度较好，本研究所涉及的数据全部存储于PostgreSQL数据库中，方便进行处理和计算；同时借助开源地理信息系统工具QGIS进行可视化分析。

如前文所言，本研究中的绝大多数数据来源均为香港特别行政区政府网站，数据质量相对较好且基本都提供明确的数据定义和字典。不过部分数据集由于形式上比较分散，人工下载较为不便，组员们在Python中编写了自动化脚本进行下载。

屋邨人口数据的处理首先需要基于香港特别行政区政府提供的地址解析编程接口进行开发，本研究通过Python快速构建了解析工具并对屋邨进行了定位，获取到实际的地理位置。由于部分大型屋邨涉及的周边地址不止一个，研究对其MultiPoint抽取了质心作为其代表（图3-1）。

屋邨与其公共服务设施资源的对应关系借鉴了生活圈的概念，通过构建1 500m的等距圈进行实际的操作化，并基于等距圈对生活圈范围内的各类对距离敏感的公共服务设施资源进行统计，结合上文提到的细分类属性作为评估供给侧的基础。

针对每个屋邨的等距圈计算中主要使用了PostgreSQL数据库的PGRouting插件作为网络计算工具，辅以PostGIS插件进行空间计算。由于香港特别行政区政府提供的道路数据结构是围绕节点构建的，通过每个节点对应的边ID构建出整个图结构，因此并不能直接用于PGRouting的计算过程，需要在数据库中进行数据结构的转化，构造PGRouting中使用的边列表形式的有向图（图3-2）。另外，由于屋邨的位置点并不是图结构中的节点，实际过程中通过PostGIS进行空间计算选取最近的节点输入。

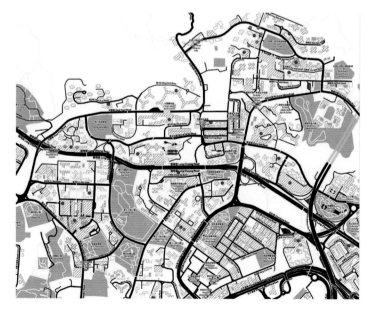

图3-1　屋邨多点对象质心

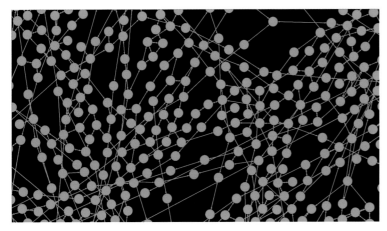

图3-2　路网图结构示意

（2）行政区划相关数据处理

多级行政区划由于并未区分陆域部分与海域部分，本研究将陆域全境的面对象以及行政区划的面分别拆解为线后合并了两者并进行多边形化，通过多边形内随机点与陆域的包含关系剔除了海域的部分，基于同样的逻辑为每个陆域分块计算了与原先行政区划的归属后重新合并，这个步骤中由于落马洲河套地区不在行政区划矢量的范围内因此被去除。

（3）屋邨公共设施评分卡模型的数据预处理与成果

如前文所述，香港特别行政区政府的公共设施数据集提供了79种不同类型设施的属性与位置信息。本研究根据公共服务的范围将香港特别行政区政府公开的所有公共设施分为教育、养老、体育和文娱四大类，在前期建立的屋邨等距圈的基础上，结合各人口经济数据，研究屋邨等距圈内各类公共设施分布的供给水平，通过评分卡模型对屋邨等距圈内的设施进行打分。此过程均通过Python实现，其中数据预处理部分主要有以下内容：

1）异常值处理

由于香港特别行政区政府的人口经济数据多为统计数据，部分表格内的数据因为统计口径发生变化或者用"—"代替零值，因此需要进行异常值处理。主要是将统计口径发生变化的特征进行调整或者补零值。

2）缺失值填充

缺失值填充分两种情况：由于部分屋邨统计数据导致的缺失值（包括部分不公布的值），由于明确此类缺失值不是零值，且变量之间有一定的相关关系，因此通过随机森林模型（random forest model）对缺失值预测进行修补；能够明确缺失值是零值的部分，直接填充为零。

3）标签二值化

部分特征如养老设施类型是否提供长期养护服务、教育设施是否全日制等属性特征为分类特征，针对此类特征，通过标签二值化将分类特征转换成0，1组合。

4）衍生特征

由于香港特别行政区政府提供的公共设施数据集中部分设施如养老设施维度信息较少，不能直接对应到各屋邨的等距圈中，因此通过官方地址解析编程接口生成相应的定位指标，用于公共设施对应到屋邨的等距圈内。

此外，还有其他维度的衍生特征生成工作，包括但不限于：①将人口数据经济身份特征通过社会学研究中通行的职业声望量表中的职业分类进行转换，生成小区内人群职业声望分数；②将较为精细的公共设施数据集中多个同类特征合成一个特征，如将幼儿园与幼儿中心进行合并等；③将基础数据特征转换成其他特征，如将各屋邨内各家庭结构的家庭数转换成相应的家庭结构占比等。

5）特征转换

由于评分卡模型是为了评估特定区域内公共服务设施的供给水平，因此，在等距圈模型计算的基础上，本模型得到各个屋邨1 500m等距圈内的各类服务设施的个数，并通过人口数据将各类特征的供给能力转换成如公式3-1的特征：

$$X_{i,j} = \frac{N_{i,j}}{People_{i,j} \times \beta_i} \tag{3-1}$$

其中，$X_{i,j}$为i屋邨1 500m等距圈内j设施的供需水平；$N_{i,j}$为i屋邨1 500m等距圈内j类设施的供给个数；$People_{i,j}$为i屋邨内j设施的主要服务人群个数，针对不同类型的公共设施，其主要服务人群$People_{i,j}$各有不同：教育类公共设施的主要服务人群为0~14岁人口，并在后续的评分卡模型中细化了0~14岁男女生比例等特征；养老类公共设施的主要服务人群为65岁以上老人；体育和文娱设施的主要服务人群则为全体人口，并细化了性别比、是否同区工作比例、各年龄段人群比等特征；β_i为根据屋邨居民的对公共设施的需求的调整项——市场能力，这是由于市场能力更强的人可以通过购买行为得到可替代公共设施的服务，与市场能力较弱的居民相比，前者对基础公共设施服务资源的需求会有较低的偏好。本研究中，市场能力主要考虑了屋邨居民个人与家庭的收入，以及职业地位与职业声望的影响。

6）特征分箱

在评分卡开发中，通常需要对入模的连续变量离散化和分段处理，从而便于计算定量指标的*WOE*值和对离散变量进行必要的降维。

本研究在对连续变量进行分箱时主要采用两种方法：当连续变量的分段满足正态分布时，采用最优分段法；当连续变量的分布不满足最优分布的要求时，采用等深分段法。其中，最优分段法是指根据变量的分布属性，并结合该变量对因变量预测能力的变化，按照一定的规则将属性接近的数值聚在一起，形成距离不相等的若干区间，最终得到对因变量预测能力最强的最优分段。等深分段是指将连续变量分为样本个数相同的若干区间，然后再分别计算每个区间的*WOE*值。

除此之外，另有直接分段法进行补充。直接分段主要是针对个别特征的取值分布，直接确定分段档次及分段数。

四、模型算法

1. 屋邨为中心的等距圈计算

等距圈计算部分主要依赖PostgreSQL数据库中pgRouting插件的图计算能力，通过pgr_drivingdistance函数能够指定图上节点与成本阈值作为参数，从而得到阈值内的边与节点集合，继而通过凹包求得一定通行成本内的节点构成的圈。其中成本阈值可以是道路长度或是通过时间，在表结构上反映为边列表的cost，前者的计算结果即本研究中的等距圈，后者可用于计算等时圈。具体部分代码如图4-1所示。

2. 屋邨各类公共设施评分卡模型

（1）评分卡模型相关理论支撑

评分卡模型的典型应用之一——信用评分卡，在信用风险评估领域是一种非常成熟的预测模型，通常被各大金融机构用于支持信贷申请决策评估。在其他领域，评分卡模型常被用来进行分数评估，比如常见的客服质量打分等。由于评分卡模型的可解释性强，开发过程标准，它已经成为主流评价方法之一。

在对于公共设施供需平衡评估的研究中，学者们为了量化与评估公共设施均衡性作出了很多尝试与贡献，但是在数据获

```
SELECT
    seq, node, edge, cost, agg_cost,
    b.geom as point, c.geom AS road
FROM pgr_drivingdistance(
    'SELECT
    route_id AS id,
    id1::int4 AS source,
    d2::int4 AS target,
    length::float8 AS cost
    FROM hk_roadroute_network_with_edge', 6986, 2000, TRUE
    ) a
JOIN "INTERSECTION" b ON a.node=b.id
JOIN "ROADROUTE" c ON a.edge=c.route_id;
```

图4-1 使用pgr_drivingdistance函数计算等距圈

取、定性指标量化，以及指标权重权衡的过程中，非常依赖德尔菲法、问卷调研以及专家评分方法，往往摆脱不了大量的主观评价，常常是成本与回报不成正比。虽然量化公共设施供需平衡性很难，但是判断一个区域内的某类公共设施是否能够满足居民的生活需求却是很容易的。因此本研究采用评分卡模型，评估屋邨各类公共设施的供需平衡性，通过分数高低来量化公共设施供需平衡性的方法是十分可行，且低成本的。

（2）评分卡模型流程

为得到屋邨内各设施的供需水平，通过评分卡模型对各屋邨1500m等距圈内的教育、养老、体育和文娱四大类公共设施进行评价。下文以教育公共设施为例，说明如何通过评分卡模型对香港各屋邨的教育设施进行评分。

将各屋邨内教育设施供给不充足的概率表示为p，则满足居民正常需求的概率为$1-p$。因此可以得到$Odds=\dfrac{p}{1-p}$，此时教育设施供给不充足的概率p可表示为$p=\dfrac{Odds}{1+Odds}$。

评分卡设定的分值刻度可以通过将分值表示为比率对数的线性表达式来定义，即可表示为公式4-1：

$$Score = A - B\log(Odds) \tag{4-1}$$

其中，A和B为常数。式中的负号可以使得教育设施供给不充足的概率越低，得分越高。通常情况下，这是分值的理想变动方向，即高分值代表教育设施供给充足，低分值代表教育设施供给不足。

逻辑回归模型计算比率如式4-2：

$$\log(Odds) = \beta_0 + \beta_1 x_1 + \cdots + \beta_n x_n \tag{4-2}$$

其中β_0、$\beta_1\cdots\beta_n$可以通过建模拟合得出，式中的常数A、B的值可以通过将两个已知或假设的分值带入计算得到。

确定常数A、B的值以后，就可以计算比率、屋邨内教育设施供给不充足的概率，以及对应的分值了。通常将常数A称为补偿，常数B称为刻度。则评分卡的分值可以表达为公式4-3：

$$Score = A - B\{\beta_0 + \beta_1 x_1 + \cdots + \beta_n x_n\} \qquad (4\text{-}3)$$

其中，$x_1\cdots x_n$出现在最终模型中的自变量，即为入模指标。由于此时所有变量都进行了WOE转换，可以将这些自变量中的每一个都写成$(\beta_i \omega_{ij})\delta_{ij}$的形式，如公式4-4：

$$Score = A - B\left\{\beta_0 + \sum_{i,i}\left(\beta_i \, \omega_{ij}\right)\delta_{i,j}\right\} \qquad (4\text{-}4)$$

式中$\omega_{i,j}$为第i行第j个变量的WOE；β_i为逻辑回归方程中的系数；$\delta_{i,j}$为（0,1）变量，表示变量i是否取第j个值。如果$x_1\cdots x_n$变量取不同行并计算其WOE值，式子可以表示为标准评分卡格式，如表4-1所示。

评分卡分值计算		表4-1
变量	行数（分段或降维结果）	分值
基准点	—	$A - B\beta_0$
x_1	1	$-B\beta_1\omega_{11}$
	2	$-B\beta_1\omega_{12}$
	$\cdots$	$\cdots$
	k_1	$-B\beta_1\omega_1 k_1$
x_2	1	$-B\beta_2\omega_{21}$
	2	$-B\beta_2\omega_{22}$
	$\cdots$	$\cdots$
	k_2	$-B\beta_2\omega_2 k_2$
$\cdots$	$\cdots$	$\cdots$
x_n	1	$-B\beta_n\omega_{n1}$
	2	$-B\beta_n\omega_{n2}$
	$\cdots$	$\cdots$
	k_n	$-B\beta_n\omega_n k_n$

可见，变量x_i的第j行的分值取决于以下三个数值：

1）刻度因子B。

2）逻辑回归方程的参数β_i。

3）该行的WOE值ω_{ij}。

综上，给特征进行分段（分箱），计算相应的WOE值，通过逻辑回归得到回归系数β_i，并计算得出刻度因子B，最终可以生成标准评分卡。

五、实践案例

1. 模型应用实证及结果解读

（1）模型应用实证

本研究以香港数据为例，主要基于人口调查与公共服务设施数据，针对教育、养老、体育、文体等公共服务设施的供给与需求平衡情况进行了评估。

1）等距圈计算

研究根据每个屋邨所在位置选取了最近的节点计算1 500m的等距圈（图5-1），由于pgRouting的相关函数的直接返回结果为所有途经节点的集合，针对所得点集需要通过计算凹包得到每个屋邨最终的等距圈多边形（图5-2，凹包针对这个场景是相对简单的处理方式，且容易通过PostGIS或pgRouting的内置实现）。这个过程由于在数据库中整体计算时没有明显的并行优化，通过Python将整个过程映射到多个进程后，进行了并行化，以完整利用多个核心的算力提高整体的计算速度。

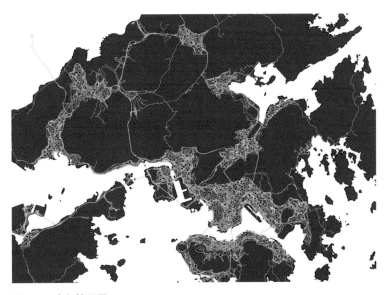

图5-1 全部等距圈

图5-2 等距圈计算示意

2）评分卡模型

为得到屋邨内各设施的供需水平评价，通过评分卡模型对各屋邨1 500m等距圈内的教育、养老、体育和文娱四大类公共设施进行评价。整个模型开发流程如图5-3所示。

a. 数据清洗

在前述等距圈结果的基础上，本研究将香港的各类公共设施

与各屋邨的1 500m等距圈进行匹配，得到各屋邨1 500m等距圈内的各类公共设施的统计个数。并将公共设施分为教育、养老、体育和文娱设施四大类，具体如表5-1所示。

下文以教育公共设施为例，说明如何通过评分卡模型对香港各屋邨的教育设施进行评分。

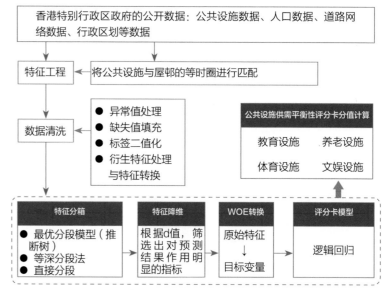

图5-3 评分卡模型流程框架图

各类公共设施关键指标

表5-1

纬度	关键因子	备注	纬度	关键因子	备注
教育	学龄人口数	需求侧	养老	65岁以上老年人数	需求侧
	公共设施地理参考数据—资助小学	供给侧		住户家庭结构[1]	
	公共设施地理参考数据—资助中学			每户人数[2]	
	公共设施地理参考数据—按额津贴中学			包含安老院宿位的设施数	供给侧
	公共设施地理参考数据—英基学校协会（小学）			包含护理安老宿位的设施数	
	公共设施地理参考数据—英基学校协会（中学）			包含护养院宿位的设施数	
	公共设施地理参考数据—公立小学			提供持续照顾的护理安老宿位的设施数	
	公共设施地理参考数据—公立中学		体育	人口数	需求侧
	公共设施地理参考数据—国际学校（小学）			65岁以上人口[3]	
	公共设施地理参考数据—国际学校（中学）				
	公共设施地理参考数据—幼稚园暨幼儿中心				

[1]、[2] 住户家庭结构、每户人数用于调整需求侧数值，4人以上的非核心家庭调低需求侧数值。

[3] 65岁以上人口用于调整需求侧数值，65岁以上老人调低需求侧数值。

续表

纬度	关键因子	备注	纬度	关键因子	备注
教育	公共设施地理参考数据—幼稚园	供给侧		公共设施地理参考数据—羽毛球场	
	公共设施地理参考数据—私立小学			公共设施地理参考数据—篮球场	
	公共设施地理参考数据—私立中学（日校）			公共设施地理参考数据—草地滚球场	
	人口数	需求侧		公共设施地理参考数据—健身室	
文娱	公共设施地理参考数据—郊野公园	供给侧		公共设施地理参考数据—草地球场	
	公共设施地理参考数据—图书馆			公共设施地理参考数据—硬地球场	
	公共设施地理参考数据—博物馆			公共设施地理参考数据—其他体育设施	
	公共设施地理参考数据—公园及动植物公园		体育	公共设施地理参考数据—体育馆	供给侧
	公共设施地理参考数据—海岸公园			公共设施地理参考数据—运动攀登设施	
	公共设施地理参考数据—社区会堂及社区中心			公共设施地理参考数据—运动场	
	公共设施地理参考数据—烧烤区（渔农署）			公共设施地理参考数据—壁球场	
	公共设施地理参考数据—烧烤区（康文署）			公共设施地理参考数据—大球场	
	公共设施地理参考数据—露营地点			公共设施地理参考数据—泳池	
	公共设施地理参考数据—泳滩			公共设施地理参考数据—乒乓球台	
	公共设施地理参考数据—表演场地			公共设施地理参考数据—网球场	

b. 特征工程与分箱、特征降维与WOE转换

在经过初步的等距圈匹配得到各个维度的数据表之后，本研究数据进行异常值处理、缺失值填充、标签二值化、特征转换和衍生特征处理得到可以用作数据分箱的数据。其中，在市场能力特征的构建上，本研究主要分成屋邨居民的职业声望与经济能力两部分，具体操作如下：

在计算各屋邨的职业声望时，本研究将香港特别行政区政府统计处统计的各职业分类下的屋邨人口转换成各职业分类下的人口的占比，作为调整权重，然后通过标准国际职业声望量表（Standard International Occupational Prestige Scale，简称SIOPS）分值乘以相应的权重，得到该屋邨最终的职业声望原始分值，其中SIOPS分值如表5-2第一列所示。并最终将SIOPS分值压缩至0～1范围内。

International Standard Classification of Occupations　表5-2

SIOPS	分类代码	国际标准职业分类	香港特别行政区政府统计处职业分类[1]
51	1000	Legislators,Senior Officials and Managers	经理及行政级人员
62	2000	Professionals	专业人员

续表

SIOPS	分类代码	国际标准职业分类	香港特别行政区政府统计处职业分类
48	3000	Technicians and Associate Professionals	辅助专业人员
37	4000	Clerks	文书支援人员
32	5000	Service Workers and Shop and Market Sales Workers	服务工作及销售人员
37	6000	Craft and Related Trades Workers	工艺及有关人员
38	7000	Plant and Machine Operators and Assemblers	机台及机器操作员及装配员
34	8000	Elementary Occupations	非技术工人
21	9000	Skilled Agricultural and Fishery Workers	渔农业熟练工人及不能分类的职业

在计算屋邨居民的经济能力过程中，本研究选取香港特别行政区政府统计处的人口数据中有关收原始数据中的"按揭供款及借贷还款与收入比率中位数""租金与收入比率中位数""家庭住户平均人数""家庭住户每月收入中位数""居所楼面面积中位数""家庭住户每月租金中位数"等特征，转换成"贷款收入

---

［1］　统计表内的数字是根据2011年人口普查所采用的职业分类编制。该职业分类大致上是以《国际标准职业分类法（2008年版）》为蓝本编定。

比""租金收入比""家庭平均收入""租金单价"等特征，其中"家庭平均收入"与"租金单价"表示居民花钱购买服务的能力（即对政府公共设施的依赖小），"贷款收入比"与"租金收入比"表示居民的经济压力，作为居民经济能力的调整项。最后将邨居民的经济能力得分标准化至0~1范围内，如表5-3所示。

经济能力因子作用方向　　　　　　　　表5-3

因子	调整方向	因子	调整方向
家庭人均收入	经济能力，+	贷款收入比	经济能力调整项，-
租金单价	经济能力，+	租金收入比	经济能力调整项，-

最后将计算得出的经济能力与职业声望两个特征进行求和，得到原始的市场能力值，并将其按照百分比排名（以10%、25%、75%、90%为节点）分成五档，分成的五档中，最高档代表屋邨居民的市场能力最强，反之亦然。并将五档由高到低，分别取值0.8、0.9、1、1.1、1.2，作为后续公共设施需求端的调整因子。

由上述步骤得到教育设施供需平衡评分卡的初步待分箱指标，此部分的具体操作见本文第三部分第2小节（3）：屋邨公共设施评分卡模型的数据预处理与成果。

c. 分箱、特征降维与WOE转换

随后将处理后的特征，进行特征分箱，并计算得出相应的WOE值和IV值。其中WOE是对原始自变量的一种编码形式。IV指标是一般用来确定自变量的预测能力。计算公式5-1如下：

$$WOE_i = ln(\frac{py_i}{pn_i}) = ln\left(\frac{\#y_i/\#y_T}{\#n_i/\#n_T}\right) \quad (5-1)$$

其中，py_i是这个组中的响应样本（即正样本）占所有样本中响应样本的比例，pn_i是这个组中未响应样本（即负样本）占所有未响应样本的比例，$\#y_i$是这个组中响应样本的数量，$\#n_i$是这个组中未响应样本的数量，$\#y_T$是样本中所有响应样本的数量，$\#n_T$是样本中所有未响应样本的数量。

针对某个变量的第i分组，可以得到对应组的IV_i，该变量的IV值为各分组之和，即如式5-2：

$$IV = \sum_i^n IV_i \quad (5-2)$$

其中，

$$IV_i = (py_i - pn_i) * WOE_i = \left(\frac{\#y_i}{\#y_T} - \frac{\#n_i}{\#n_T}\right) * ln\left(\frac{\#y_i/\#y_T}{\#n_i/\#n_T}\right)。$$

在通过前述计算IV值之后，筛掉IV值小于0.1的特征。如图5-4所示，删除IV值小于0.1的特征。

将筛选后的特征进行WOE转换，得到最终的进入评分卡模型的数据。

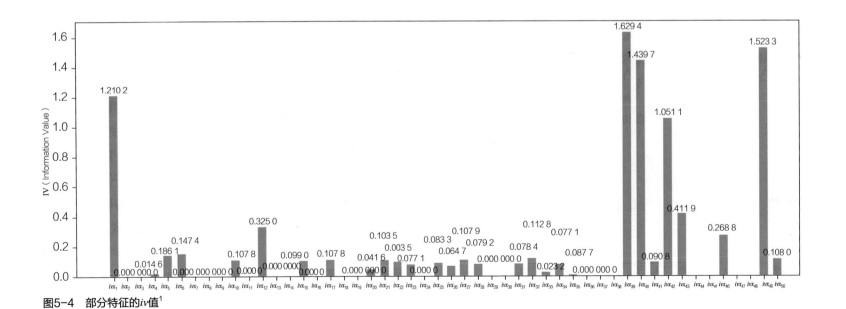

图5-4　部分特征的iv值[1]

---

[1]　ivx_1 至 ivx_{50} 为用于教育评分卡的各类特征主要包含屋邨内人口的社会特征，各类学校等教育类公共设施特征。

对筛选后的特征进行*WOE*转换前后的相关性分析，如图5-5、图5-6所示。可以看到，进行特征转换之后，表示屋邨内学校个数和学生人数的特征之间的相关性明显降低。

d. 评分卡模型及结果输出

将进行*WOE*转换之后的特征输入到逻辑回归模型中进行学习，得到逻辑回归模型评估参数auc-roc值为0.923，模型表现非常好。

将逻辑回归的系数作为后续评分卡模型的刻度β_i。随后根据特征的*WOE*值、刻度β_i计算样本的评分：

$$样本总评分＝基础分＋各部分得分 \quad （5-3）$$

其中基础分由PDO（比率翻倍的分值）和正负样本比两个特征以及逻辑回归中的常数项决定，本研究中PDD＝20/log（2），

$$基础分＝A－B\beta_0 \quad （5-4）$$

其中，β_0为逻辑回归中的常数项，常数A、B的值可以通过将两个已知或假设的分值带入计算得到。本教育评分卡的基础分经计算为124分。

最后输出各样本的教育资源供需平衡性得分如表5-4所示。

香港教育设施供需平衡型评分卡部分结果展示　表5-4

estate_eng	45人家庭_propt	……	Aided Schools	Direct Subsidy Scheme schools	International Schools	Score
kwun lung lau	5	……	-66	-3	-11	22
queen's terrace	-4	……	-45	-3	-11	30
the belcher's	5	……	-66	-3	-11	22
the merton	-4	……	-66	-3	-11	7
aldrich garden	5	……	-45	-3	47	98
bedford gardens	5	……	-66	-3	20	56
braemar hill mansion	5	……	-66	-3	47	83
chai wan estate	-4	……	-66	33	-11	41
cheerful garden	5	……	-66	33	-11	57
……	……	……	……	……	……	……

	少于35小时人数比例	为35-54小时人数比例	教育程度中学_propt	雇员_propt	料理家务者_propt	学生人数	45人家庭_propt	多于6人家庭_propt	需求端调节因子	Kindergartens	Kindergarten-cum-child Care Centres	Aided Schools	Direct Subsidy Scheme Schools	International Schools
少于35小时人数比例	1.000	-0.688	0.323	-0.450	0.209	0.218	-0.166	-0.061	0.455	0.090	-0.070	0.054	0.055	0.007
为35-54小时人数比例	-0.688	1.000	-0.275	0.557	-0.156	-0.235	0.091	-0.136	-0.480	-0.063	0.020	-0.054	-0.062	-0.029
教育程度中学_propt	0.323	-0.275	1.000	-0.426	0.392	0.220	-0.173	-0.095	0.601	0.118	-0.079	0.155	-0.020	-0.100
雇员_propt	-0.450	0.557	-0.426	1.000	-0.314	-0.294	0.172	-0.013	-0.690	-0.109	-0.014	-0.148	-0.061	0.034
料理家务者_propt	0.209	-0.156	0.392	-0.314	1.000	0.215	0.015	0.001	0.331	0.041	-0.158	0.043	-0.096	-0.167
学生人数	0.218	-0.235	0.220	-0.294	0.215	1.000	0.165	0.027	0.240	0.020	-0.087	0.025	-0.017	-0.053
45人家庭_propt	-0.166	0.091	-0.173	0.172	0.015	0.165	1.000	0.520	-0.281	-0.107	0.011	-0.124	-0.046	0.016
多于6人家庭_propt	-0.061	-0.136	-0.095	-0.013	0.001	0.027	0.520	1.000	-0.079	-0.107	0.046	-0.114	-0.030	0.065
需求端调节因子	0.455	-0.480	0.601	-0.690	0.331	0.240	-0.281	-0.079	1.000	0.138	0.048	0.186	0.022	-0.056
Kindergartens	0.090	-0.063	0.118	-0.109	0.041	0.020	-0.107	-0.107	0.138	1.000	0.576	0.789	0.423	0.158
Kindergarten-cum-child Care Centre	-0.070	0.020	-0.079	-0.014	-0.158	-0.087	0.011	0.046	0.048	0.576	1.000	0.548	0.348	0.421
aided schools	0.054	-0.054	0.155	-0.148	0.043	0.025	-0.124	-0.114	0.186	0.789	0.548	1.000	0.357	0.144
Direct Subsidy Scheme Schools	0.055	-0.062	-0.020	-0.061	-0.096	-0.017	-0.046	-0.030	0.022	0.423	0.348	0.357	1.000	0.172
International Schools	0.007	-0.029	-0.100	0.034	-0.167	-0.053	0.016	0.065	-0.056	0.158	0.421	0.144	0.172	1.000

图5-5　进行*WOE*转换之前的数据相关性分析

	少于35小时人数比例	为35-54小时人数比例	教育程度中学_propt	雇员_propt	料理家务者_propt	45人家庭_propt	多于6人家庭_propt	需求端调节因子	Kindergartens	Kindergarten-cum-child Care Centres	aided schools	Direct Subsidy Scheme Schools	International Schools	学生人数
少于35小时人数比例	1.000	-0.096	0.028	-0.114	-0.346	0.356	0.372	-0.219	0.103	0.000	0.132	-0.043	-0.041	0.473
为35-54小时人数比例	-0.096	1.000	0.668	0.421	0.312	-0.109	-0.063	0.431	-0.027	0.098	-0.009	0.000	0.033	0.262
教育程度中学_propt	0.028	0.668	1.000	0.525	0.309	-0.098	0.091	0.476	0.019	0.046	-0.004	-0.042	0.001	0.292
雇员_propt	-0.114	0.421	0.525	1.000	0.373	-0.186	0.004	0.799	-0.037	0.003	-0.095	-0.020	0.040	0.316
料理家务者_propt	-0.346	0.312	0.309	0.373	1.000	-0.109	-0.104	0.548	-0.134	0.048	-0.141	-0.041	0.077	0.252
45人家庭_propt	0.356	-0.109	-0.098	-0.186	-0.109	1.000	0.552	-0.213	0.123	0.014	0.115	0.001	-0.046	0.184
多于6人家庭_propt	0.372	-0.063	0.091	0.004	-0.104	0.552	1.000	-0.073	0.121	-0.046	0.139	-0.002	-0.077	0.164
需求端调节因子	-0.219	0.431	0.476	0.799	0.548	-0.213	-0.073	1.000	-0.130	-0.011	-0.147	0.012	0.071	0.385
Kindergartens	0.103	-0.027	0.019	-0.037	-0.134	0.123	0.121	-0.130	1.000	0.585	0.721	0.201	0.093	-0.005
Kindergarten-cum-child Care Centres	0.000	0.098	0.046	0.003	0.048	0.014	-0.046	-0.011	0.585	1.000	0.509	0.246	0.341	0.078
aided schools	0.132	-0.009	-0.004	-0.095	-0.141	0.115	0.139	-0.147	0.721	0.509	1.000	0.219	0.079	0.001
Direct Subsidy Scheme Schools	-0.043	0.000	-0.042	-0.020	-0.041	0.001	-0.002	0.012	0.201	0.246	0.219	1.000	0.062	-0.003
International Schools	-0.041	0.033	0.001	0.040	0.077	-0.046	-0.077	0.071	0.093	0.341	0.079	0.062	1.000	0.043
学生人数	0.473	0.262	0.292	0.316	0.252	0.184	0.164	0.385	-0.005	0.078	0.001	-0.003	0.043	1.000

图5-6　进行*WOE*转换，并且根据*IV*值删选之后的数据相关性分析

（2）结果解读

通过建模得到四大类公共设施供需平衡性的评分结果分布如图5-7所示。可以看到，首先，香港的教育设施的供需明显不平衡，有70%的屋邨等距圈内的教育设施供需平衡分数处于最低两档，然而处于最高两档的屋邨数却仅有3个。

与之相应的，养老设施则分布的比较均衡，且高分屋邨个数明显比低分屋邨个数多，这与香港已经成为老龄化社会，其社会福利署已经在为65岁以上的长者提供社会福利方面有了长时间的摸索，形成了多种且涵盖面广的社会服务及福利的实际现实相互印证。

其次，作为香港康乐文化事务署的主要工作之一，香港的体育设施分布也比较均衡，这与香港特别行政区政府大力推动"普及体育"的康体计划密切相关。与文娱设施不同的是，体育设施体量差异较大，有的体育设施数目虽然少，但是一次性能够容纳大量的市民，如泳滩、户外大球场（如香港大球场和旺角大球场）和大型公园等，也有的体育设施数量众多但是只能容量少量的市民，如遍布全港各区的儿童游乐场。与之相对的是，本研究中为了保持对公共设施供需平衡性的度量一致，在进行评分卡建模的过程中，仍然以公共体育设施个数与服务人群比例（调整后）作为衡量体育设施供需平衡型的度量，因此，可以看到图表中体育设施的供需平衡分数的分布较为均衡，同时也有部分屋邨的体育设施较少。

最后，香港的文娱设施的分布呈正态分布，这是由于文娱设施相对来说比较零散且量大，与其他类型的公共设施相比，香港特别行政区政府对各区域的文娱设施的建设并没有强力干预，各屋邨等距圈内的文娱设施的供需平衡分数呈现统计学上的正态分布是完全合理的[1]。

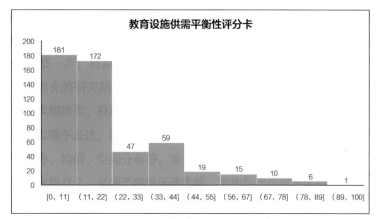

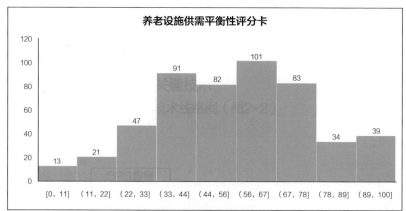

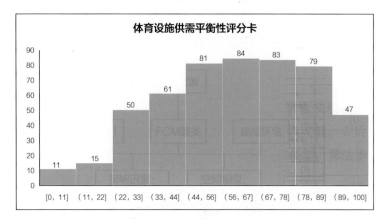

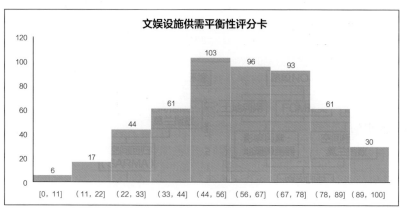

图5-7　香港公共资源设施供需平衡型评分卡结果统计图

---

[1]　如果一个指标并非受到某一个因素的决定作用，而是受到综合因素的影响，那么这个指标分布呈正态分布。

2. 模型应用案例详细分析

在使用模型进行评分的各类公共服务设施中，本研究选取了教育与养老两个类别作为案例进行进一步的详细分析。

基于评分卡模型输出的屋邨教育资源状况分数，以及全量分选区学龄人口的数据（5~14岁），研究将插值的结果与分区设色图叠加后发现，教育评分较高的区域主要集中在九龙城区与港东等区域。然而这些区域的学龄人口数量相比沙田、荃湾、屯门等地区会更少，传统上地价更高的中心都会区域在教育资源上相比适龄人口较多的新市镇地区仍旧有着较大优势。而港东作为政府锐意发展的区域，其教育资源的得分优势则更为明显，新市镇中作为第二代的元朗和大埔相对情况较好。

观察政府出资的公立学校分布后，能够更加明确地发现这样的趋势。造成这种状况的可能因素有很多，既有香港地界的扩展变迁，以及新市镇规划等方面的历史背景，也存在香港自身多山的地形等自然条件因素的制约。香港都会区的高昂地价使得能够负担相应优势教育资源的人拥有更强的市场能力且往往掌握较多的社会资源，然而此类人群即使不使用政府提供的教育资源也基本都有能力负担更昂贵的国际学校、英基学校或私立学校，在这类人群需求降低的同时，资源的供给却反而较为充裕，新市镇等较远区域的学龄人口如需使用这部分资源则需要负担更多的通行成本。尽管港铁的线路设置确实对新市镇地区和都会区的连接有着重要作用，但教育资源作为一项涉及青少年低龄人口的公共服务，集中于都会区需要较长时间的通勤显然是一个值得优化的问题。新市镇的建设作为历史上疏导中心人口的规划措施，其作为较边缘地区的教育设施设置需要更多的投入，尤其教育作为涉及社会地位再生产的重要社会资源，其对地区的长远发展有着重要作用。在士绅化等城市内部人口层级与结构变化中所引起的部分阶层人口外迁的过程中，如果在教育资源的配置上仍旧得不到相应的偏重，作为类似卫星城概念的新建设区域有相当的可能演变为衰退的边缘地区。

针对养老设施，模型输出分值较高的区域分布较广，从九龙深水埗、港岛中西区等都会地区一直到元朗、沙田、荃湾等新开发地区；同样，较低地区的范围也较为分散，大多处于安老设施集中的区域之间。相比教育设施，新市镇等新开发区域的情况相对并没有落后很多，荃湾、沙田、元朗等地区的屋邨养老设施供给也相对充足。不过在距离新市镇中心区域较远的边缘地带，这部分屋邨各个方向上距离安老设施集中区域都较远，处于较为尴尬的位置，如沙田、元朗的外围区域，而这一现象不仅出现于上述的新市镇地区，九龙城、港岛也有着相同的问题，安老设施多集中在各自的核心部分，各自外围的交界处相对较少。基于这个发现，对于安老设施的规划或许可以考虑在零星的低分区域间增设，并结合65岁以上老人人口总量分布情况，从而降低外围地区的养老设施压力。

六、研究总结

1. 模型设计的特点

本研究的模型设计不论从方法、技术还是数据、视角等方面，皆有自身特色与创新之处。

（1）数据来源

从数据的可信度而言，本研究中不论是数据抑或功能开发接口，所涉及的数据资源几乎全部来自于香港特别行政区政府的官方数据发布门户，对于模型构建与研究的可信度有明显的保障。当前研究中采用的互联网大数据往往需要大量的技术手段进行前期的获取、清洗与规整，其数据生产的过程对使用者而言也几乎是"黑盒"的，相比之下，香港的特别行政区政府数据不仅提供了明确而详尽的说明文档与数据字典，对数据阐释与解读中需要注意的问题也有着明确的提示。空间数据的投影问题上，香港特别行政区政府数据也提供了香港80方格网坐标系（EPSG:2326）作为一个标准方案，而大多数点集类型数据也都会顺带提供WGS84的经纬度信息方便直接在Web端展现。类似香港特别行政区政府"资料一线通"这样的政府数据公开门户，发达国家也是较为普遍的，政府端数据平台的建设对于提升规划的科学性与研究的便利性有着明显的帮助作用。

（2）数据的覆盖广度

本研究的数据覆盖面不仅涵括了陆域、各级行政区划、道路网络、公共设施点位在内的基本空间地理信息，更重要的是人口调查数据所包含的从年龄、性别等基本信息到经济身份、家庭结构、房租贷款收入占比等细分社会与经济属性。对于公共服务设施的设置来说，对人口的族群、生活习惯、社会地位、经济身份等方面影响的考虑显然是有必要的，而官方来源的人口调查数据为本模型加入这些考量因素提供了可能。

（3）基于人口数据的模型调整

规划领域中加入人的社会变量因素一般基于宏观的人口数据或抽样调研数据，然而在没有科学编制抽样方案的情况下，通过后者获取人的社会属性往往存在各种各样的可靠性问题。借助香港特别行政区政府官方口径的人口调查数据，本研究的模型中对公共设施需求的度量增加了人的因素作为调整——即市场能力更强的人与社区会有相对较低的公共服务资源需求。市场能力不单纯使用经济方面的衡量指标，如个人与家庭的收入，同时也包含了职业地位与声望的影响，拥有更高职业声望的人群更有可能拥有更高的社会经济地位。香港人口调查数据中经济身份的分类与社会学研究中通行的标准国际职业声望量表的分类是一致的，使本研究能够方便地使用该度量表，并更好地评估人口的市场能力，从而得到更为完整的结论。

（4）道路网络构建与等距圈计算

在过去的很多研究案例中由于缺少完善的道路网络数据，计算覆盖范围或可达性时，用以计算等距圈的道路数据往往依赖诸如开源地图（Open Street Map，简称OSM）这类开放数据源，而OSM的道路数据结构并不能直接在pgRouting中构建图结构，且OSM数据的质量相对来说难以有效保障。另一些研究则将道路网络计算的过程交予互联网地图服务的API来完成，一个常见的作法是通过正则点或划分网格，通过互联网地图服务的Matrix API这类批量道路计算接口请求通行时间，最后拟合一个等距圈，这样的方法实际上是将计算的过程"黑盒"化了，并且无法输出中间过程的计算成果；而要使用pgRouting这类网络计算的工具，则又依赖完整的道路网络数据并且需要自行在数据库层构建图结构。本研究中的道路网络有赖于香港运输署在政府数据门户上公开的全套道路网络数据，借助pgRouting插件的路径计算能力能够得到较为准确和翔实的路网计算结果（图6-1、图6-2）。

（5）评分卡模型的应用

作为改善居民生活水平的重要载体，公共设施的规划和建设受到国家相关部门的高度重视，公共设施供需平衡性的评估在学术界也颇受关注。然而受限于指标的特殊性，主流评价方法往往是定量与定性相结合，如层次分析法、德尔菲法等，使得模型评估结果不可避免地受到专家或者调查研究对象主观评价的干扰。本研究则创新性地使用评分卡模型，定量地对香港各屋邨的各类设施的供需平衡性进行了评估。并且由于评分卡模型的开发标

	seq	node	edge	cost	agg_cost
1	2	17504	104659	151.580184340818	151.580184340818
2	3	20218	104671	38.281119822174	189.86130416299198
3	4	17505	104553	106.932831946253	258.51301628707097
4	5	21205	104670	89.3611181781749	347.8741344652459
5	6	13416	104568	123.906326836127	382.41934312319996
6	7	13419	104658	6.01080267395286	388.43014579715083
7	8	8038	104672	33.0410367204722	415.4603798436702
8	9	8015	104642	55.0855556167074	443.5157014138582
9	10	10695	104657	58.2809198454701	446.71106564262095
10	11	8037	104643	30.2768206452752	473.79252205913343
11	12	8039	104686	6.10465932607049	479.8971813852039
12	13	8034	104826	3.97843700612754	483.87561839133144
13	14	13426	104808	50.7455569613457	494.2612583752039
14	15	10401	104383	48.5806705021099	495.29173614473086
15	16	13031	104662	126.877209898717	509.296553021915
16	17	20551	104809	34.1851781878165	514.0823595730204
17	18	13427	104812	32.3350347181636	516.2106531094951
18	19	8922	104541	28.8635926926075	538.1601457145225
19	20	10634	104567	78.4392561237681	573.730992268499
20	21	8924	104980	84.6787171044101	578.939975479614
21	22	14619	104672	3.5570043066214	582.407870876254

图6-1　pgRouting计算结果

图6-2　PGRouting计算结果样例

准、可解释性强，能够快速应用到其他评估场景中，无论是细分场景还是宏观场景都能发挥不错的效用。

2. 应用方向或应用前景

本研究从现有的公共基础设施的数量及人口的需求出发，运用最前沿的地理信息空间分析技术中的等距圈计算和基于逻辑回归的评分统计技术，从职业声望和财富占有等维度计算人口实际需求，分析该城市或地区的公共基础设施是否满足需求；根据计

算结果，针对实际需求对公共基础设施给出数量和规划建议，建立一个系统分析城市发展公共资源配置均衡的技术框架，解决城市公共资源在不同群体间的配置失衡问题，在公共资源配置均衡性层面上保障城市发展的质量与速度。

另外，由于公共供给的非均衡性最终会导致城镇住房的群分效应，即高收入人群与低收入人群的居住分割，高收入人群更愿意投资教育、医疗较好的区位的住房，低收入人群逐渐集中在交通不便、教育资源不足和环境质量较差的区位。位于公共资源配置较好区位的住房更受人们青睐，自然也有着更高的价格，从住宅规划层面（包括区位选址等）出发，改善公共资源配置较差的区位能提高人们对该区位的住房投资驱动，而本研究则根据已有的数据对住宅规划提供了技术支持，将公共产品可及性与房子的产权属性进行剥离，为求在城市经济建设和社会发展进程上，无论租房人还是产权人在优质公共资源上都应具有相等的获取权，切实保障中低收入阶层优质教育、医疗服务等公共资源的可得性。

基于多源数据与多方式融合的区域客货OD模型

工作单位：中设设计集团股份有限公司大数据研发中心

研究方向：基础设施配置

参 赛 人：白桦、周涛、张雪琦

参赛人简介：白桦，大数据研发中心副主任，高级工程师，东南大学博士，主要研究方向为交通运输规划与管理、交通大数据；周涛，大数据研发中心，工程师，北京交通大学硕士，主要研究方向为交通模型、交通大数据；张雪琦，河海大学交通工程在读硕士，主要研究方向为交通运输规划与管理。

一、研究问题

1. 研究背景及目的意义

打造强省江苏，需要打造综合交通运输体系，而综合交通运输涉及多种交通方式，规律各异，统计口径各异，难以统一；如何将不同交通数据进行统一管理和分析，探究综合交通运输OD（起点和讫点，Origin Destination）规律一直是区域交通研究的重点和难点问题。

各种交通数据各有特色，之间又有着千丝万缕的联系，在大量数据汇聚的"交通互联网"包含着人、车、路、城市之间联系，这种最基础的交通联系，即乘客OD出行的问题。单一的数据源很难兼顾精度与广度，也就影响了需求分析精度和交通项目决策的科学性。本研究将对多源大数据进行融合分析，构建完整的"交通互联网"，抽象出完整的交通OD信息，供交通规划、决策和管理者使用。

本研究通过交通大数据融合，收集各种交通方式数据，更新区域调查技术；通过分析综合交通体系现状，洞察江苏省交通运输结构特点；在沿江城市群、都市圈和城市层面研究客货运输规律，研判区域出行新特征，指导区域交通政策的制定；刻画新时期交通OD特征，描述出行规律，为相关规划提供坚实的数据支撑。

当前国内外交通大数据主要用于单个城市或单种数据类型，针对多数据源和区域综合交通的研究较少，本研究借助科研课题，针对区域综合交通运输OD进行探索，构造全省客货一张表，全面反映综合运输体系和运输结构。

2. 研究目标及拟解决的问题

本研究主要构建基于多源数据获取客货运输OD矩阵的方法和实现方案，从趋势上研究全省交通运输OD分布特征与既有OD调查结果之间的关系及规律，并通过多源交通数据短时预测模型探索未来年交通出行趋势。

本研究主要解决以下四个关键问题：

（1）多源数据的获取

数据资源的质量和特征在很大程度上决定了分析的内容和质量，然而全省的客货运输数据范围广，获取难度大，数据不能及时更新。研究尽可能依托交通行业数据，将已有基础数据进行整合处理，分析校核全省客货OD特征；尽可能利用电信、联通等手机信令数据分析OD出行。

（2）统一多源数据的量纲

如何将原始数据中公路交通量（pcu）、铁路票根数（人）、OD

矩阵结果（人、吨）进行单位转换，如何利用卡口数据获取OD矩阵是研究关键点。在进行OD矩阵推算前，对数据进行预处理，将统计时间、统计区域，以及统计单位的量纲统一，对难以统一的开展小范围、小规模补充调查。

（3）多源OD数据融合技术

多源数据如何校核、删选、整合、扩样是研究重难点，解决方案为在数据层和决策层进行融合，制定合适的体系融合框架和数据融合技术框架。

（4）基于大数据的短时交通流预测方法

短时交通流预测在OD领域应用并不成熟，且涉及交通方式众多、数据不全，技术要求难度大等问题，可采用机器学习方法构建短时交通流OD预测模型。

二、研究方法

1. 研究方法及理论依据

本研究主要运用以下四种方法：

（1）多源数据融合技术

多源数据融合是一个多层次、多方面的处理过程，这个过程对数据进行检测、结合、相关、估计和组合，以达到精确的状态估计和完整及时的态势评估。数据融合技术是指利用计算机对按时序获得的若干观测信息，在一定准则下加以自动分析、综合，以完成所需的决策和评估任务而进行的信息处理技术。目前，数据融合已在机器人、图像处理、空中交通管控、遥感和海洋监测等多个领域广泛应用，通过对不同来源数据的综合处理，可以得到比任何单一数据来源更全面、更准确的结果。

（2）数据修复技术

数据误差是影响区域客货运输OD精度的重要因素，将在后继推算、分析中不断传递，从而影响最终结果。多源数据误差可代入推算模型中进行处理，在数据预处理阶段进行归类和修复。

（3）大数据平台技术

采用"数据仓库技术"，对以Oracle数据库为主的数据进行初步处理，由于处理量大，计算能力有限，引入ONEMINE大数据处理平台，利用分布式计算技术快速地进行OD计算。

ONEMINE平台是以深度学习、最优化引擎为核心的智能平台，覆盖大数据驱动的智能分析全生命周期。ONEMINE平台包含

数据源、数据资产、数据交换机和数据分析仪，可快速生成数据文档和数据大屏，进行数据处理、分析和展示。

（4）机器学习技术

采用机器学习方法进行短时交通流预测。一是多源数据及OD数据的输入；二是数据分析，分析影响OD变化的各种影响因素（如路段拓扑信息、物理信息和流量变化因素等），并将其处理为统一的数据源格式；三是确定训练算法，采用监督学习策略进行历史数据计算；四是建立测试算法，评估训练算法的优劣并进行算法优化；五是确定有效的预测方法，建立短时预测结构体系；六是针对整个交通网络（大区域、江苏省域、都市圈）的客货运输构建短时交通流预测模型。

2. 技术路线及关键技术

本研究的技术路线如图2-1所示。

（1）基于多源数据的OD获取方法研究

本研究数据来源种类繁多，可按行业划分为交通行业数据，非交通行业的交通数据和非交通数据三类。随着大数据技术的兴

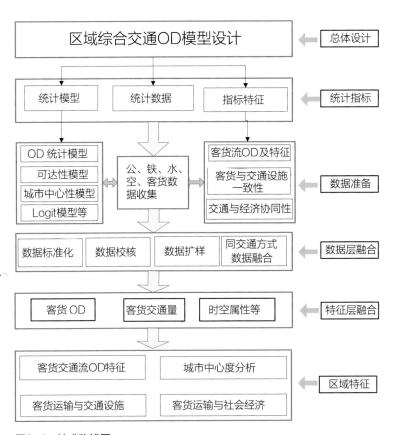

图2-1　技术路线图

起，越来越多的学者采用手机信令数据或基于位置服务的数据等开展交通OD调查，大数据具有调查样本大、范围广、速度快、可持续的特点。

本研究主要对不同的交通方式和数据源进行相应处理，力求获得较全面的客货运输OD现状数据，从而建立一套在既有的数据条件下，获取各种方式的OD的方法。

（2）多源OD数据融合分析方法研究

针对不同数据源，需要设计对应的数据层进行数据融合，获得全面的"公、铁、水、空"标准化数据，并通过合理的融合算法，实现多种交通方式层面的融合，获得全省性区域客货运输强度融合指标。在多源数据融合算法设计上，不仅需要对数据在空间和时间进行分类，还需要对数据进行对比与校核，剔除错误数据，删除无效属性，修复处理不完整数据，扩样和融合。

（3）OD特征分析

将推算出的现状OD与2003年、2007年调查推算的OD进行对比，包括综合运输通道识别结果、各通道不同方式贡献率、不同运输方式各自增长率情况等，从中找出变化规律和发展趋势，并结合全省不同城市客货运输结构和特征分析城市间OD特征。

（4）交通运输短时预测方法研究

将调查获取的客货运输OD数据在时间和空间两个维度进行重构，获取与当前交通状态近似的历史数据作为训练集，选择高精度的短时交通流预测方法，构建可以应用于客货运输量预测的短时交通流预测模型。

三、数据说明

1. 数据内容及类型

交通数据包括静态数据与动态数据。动态数据会随着采集时间、地点和获取方式差异而出现不同特征和性质，在实际运用时必须对这类数据进行分析处理，从而得到有用的交通信息。

由中设大数据研发中心搭建的"江苏省综合交通大数据平台"充分利用高质量的交通行业数据，地理信息数据、手机信令数据。铁路客运、汽车客运、高速联网、航空等售票数据和干线公路交通量、航道交通量、港口货物等数据都可在某些方面反应客货出行规律，对OD提取具有重要价值，是研究的重要基础。

随着信息网络化程度不断加深，互联网及手机进一步普及，

很多企业尤其是各大地图、电商平台都掌握了海量的用户位置数据，如高德、百度的LBS数据、阿里的物流数据、移动电信的手机信令数据等。这些数据描述了人和货具有时空特性的移动轨迹，是行业管理数据的重要补充，在客货OD提取上有重要价值。本研究结合企业掌握数据的价值度和获取难易程度，挑选有价值且可以获取的数据资源入手进行梳理，重点关注手机信令数据及LBS数据。交通数据优缺点及适应性分析如表3-1所示。

交通数据优缺点及适应性分析　　表3-1

数据	优点及特点	适用范围	数据处理难度
手机信令数据	数据量大；时间连续、追踪轨迹；准确度高，可查询性强	人物画像，标签；人流聚集、OD、轨迹等；短时预测等；出行行为模拟	数据收集、处理、分析难度大；数据专业性和针对性不强
交通行业数据	数据专业性和针对性强；数据可信度高；交通特征丰富	出行特征分析；数据校核；规划及中长期预测	数据收集难度一般；数据处理技术成熟；个人出行行为考虑不足
视频监控数据	数据准确性强，信息丰富，可视化效果好	枢纽换乘分析、交通组织分析、车辆追踪等	数据保密性较高，视频存储量大，处理难度高
地理信息数据（地图数据）	数据信息量大，准确性较高、数据详细	用地分析、热力图分析、职住平衡分析、交通发生、吸引分析等	数据收集难度大，工作量较大，详细信息获取较难
问卷调查数据	数据全面性高，可获得乘客出行特征等信息	出行特征分析、交通OD分析、出行行为分析等	数据收集难度大，数据量较小，费用较高
网络爬虫数据	数据量大，可更新，针对性较强	用地分析、热力图分析、职住平衡分析、交通设施分布分析、评价分析等	技术难度较高，具有一定的网络安全风险

2. 数据预处理技术与成果

本研究使用的数据分为三类，交通行业数据、手机信令数据和地理信息数据。其中，交通行业数据为高速公路联网收费数据、交调点数据、铁路客运票根数据、船舶交通管理系统（Vessel Traffic System，简称VTS）数据、船舶过闸数据、航空数据和行业统计数据。

（1）交通行业数据

1）高速公路数据

通过高速公路联网营运管理中心搜集各高速公路收费站联网数据，联网收费数据表字段属性如图3-1，共34个字段属性。主

EXP_KEYCOL	EXP_	EXP_ENTRY_STATIO	EXP_ENTRY_TIME	EXP_E	EXP_EXIT_STATION	EXP_EXIT_TIME	EXP_VEHICLE	EXF	EX	EXP_DIS	EXP_	EXP_	EXP_(	EXP_TO
1550502011012018070400235200133850	3202	1010002	2018/7/4 0:05:29	3202	1550502	2018/7/4 0:23:52	苏M682CE蓝	1	0	30.41	0	0.00	0.00	0.00
0050105011022018070400292300114010	3201	50202	2018/7/4 0:08:05	3201	50105	2018/7/4 0:29:23	沪B67921黄	4	0	32.21	0	0.00	0.00	0.00
0200002011012018070400205900023700	3201	2130001	2018/7/4 0:14:51	3201	200002	2018/7/4 0:20:59	苏AE3X70蓝	2	0	0.00	0	0.00	0.00	0.00
0200002011012018070400215100023710	3201	2130001	2018/7/4 0:16:36	3201	200002	2018/7/4 0:21:51	苏EB525E蓝	1	0	0.00	0	0.00	0.00	0.00
0050501011012018070400183500276090	3201	50503	2018/7/4 0:09:35	3201	50501	2018/7/4 0:18:35	苏A7G5V5蓝	1	0	18.40	0	0.00	0.00	0.00
0050501011012018070400201600276100	3201	50503	2018/7/4 0:12:22	3201	50501	2018/7/4 0:20:16	苏A0D9N6蓝	1	0	18.40	0	0.00	0.00	0.00
0050101011052018070400162100377720	3201	50102	2018/7/4 0:04:44	3201	50101	2018/7/4 0:16:21	苏A22V28蓝	1	0	18.74	0	0.00	0.00	0.00
1950002011022018070400250900062150	3202	1950002	2018/7/4 0:25:09	3202	1950002	2018/7/4 0:25:09	皖S06271黄	4	0	0.00	0	0.00	0.00	0.00
0050102011022018070400184700044530	3201	50101	2018/7/4 0:07:59	3201	50102	2018/7/4 0:18:47	浙D067KM蓝	1	0	18.74	0	0.00	0.00	0.00
0050107001112018070400261700035810	3201	50101	2018/7/4 0:17:28	3201	50107	2018/7/4 0:26:17	闽DD3785	15	1	10.48	6	6240.00	0.00	49000.00

图3-1　高速公路主要字段原始字段结构截图

要利用Oracle中SQL语句和大数据分析平台进行数据初步处理，数据处理流程主要分为数据清洗、数据校核、模型参数标定、客货分离、时间切片、数据修复、单位换算、节点OD矩阵、匹配字典和设市区县客货OD生成（图3-2）。

2）交调点数据

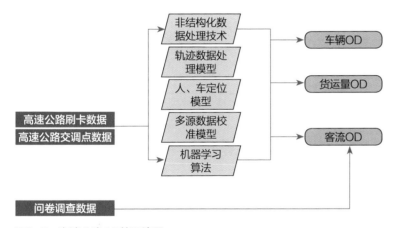

图3-2　高速公路OD处理流程

交调点数据为微波监测器断面数据，每5分钟上传一条数据，共约50个字段（图3-3、图3-4）。交调点数据中，包含设备编号、设备位置、车道编码、不同车型车辆数，车速、车头时距等重要参数，对分析不同类型车流量具有重要意义。主要利用Oracle中SQL语句和ONEMINE大数据处理平台进行。数据处理流程主要分为数据修复、数据统计。

以江苏省2007年全省国、省道调查数据为基础OD矩阵，利用爬虫技术获取各区县实际出行距离和时间作为阻抗矩阵，建立全省国、省道干线路网（图3-4），结合交调点断面交通量，利用Transcad交通模型的多路径随机均衡分配反推模型求解国、省道OD（图3-5）。

3）铁路数据

省内火车站客流量信息，包括上车车站名称、车次、运行区间、下车车站名称、座位类别（无座、硬座、硬卧、软卧）乘客量、不同车次乘客小计、车站客流量小计、站点分席客流量、站点合计客流量等信息（表3-2）。

HSD_GCZBS	H	HSD_GCSJ	HSD_	HSD_SBSFSBM	HSI	HSD	HSD	HSD	HSD_	HSD	HSD	HSE	HSD	HSE	HSD_E	HSD_	HSD_E	HSE	HSE	HSD_	HSI	HS
K231+900+1	B	2018/7/4 16:05:00	11	0151145312120033	5.00	193.00	48.00	184.00	3.00	26.00	93.00	5.00	84.00	2.00	102.00	2.00	95.00	0.00	0.00	3.00	84.00	1.00
K231+900+1	B	2018/7/4 16:05:00	12	0151145312120033	5.00	193.00	29.00	289.00	3.00	8.00	97.00	2.00	88.00	1.00	81.00	3.00	96.00	0.00	0.00	9.00	83.00	1.00
K231+900+1	B	2018/7/4 16:05:00	13	0151145312120033	5.00	193.00	75.00	139.00	3.00	45.00	95.00	5.00	104.00	2.00	106.00	0.00	0.00	4.00	94.00	0.00	0.00	0.00
K231+900+1	B	2018/7/4 16:05:00	14	0151145312120033	5.00	193.00	66.00	157.00	1.00	55.00	101.00	1.00	108.00	0.00	0.00	0.00	0.00	0.00	0.00	0.00	0.00	0.00
K231+900+1	B	2018/7/4 16:05:00	31	0151145312120034	5.00	193.00	29.00	284.00	4.00	6.00	87.00	2.00	78.00	0.00	95.00	2.00	101.00	2.00	93.00	9.00	79.00	2.00
K231+900+1	B	2018/7/4 16:05:00	32	0151145312120034	5.00	193.00	78.00	94.00	5.00	51.00	79.00	4.00	74.00	0.00	84.00	2.00	73.00	5.00	83.00	2.00	69.00	3.00
K231+900+1	B	2018/7/4 16:05:00	33	0151145312120034	5.00	193.00	86.00	100.00	4.00	71.00	98.00	5.00	105.00	5.00	100.00	0.00	1.00	0.00	96.00	2.00	91.00	0.00
K231+900+1	B	2018/7/4 16:05:00	34	0151145312120034	5.00	193.00	83.00	92.00	3.00	70.00	80.00	1.00	87.00	0.00	0.00	1.00	91.00	0.00	0.00	0.00	0.00	0.00
K265+520	B	2018/7/4 16:05:00	11	0151145312120035	5.00	193.00	64.00	149.00	2.00	51.00	94.00	5.00	93.00	0.00	0.00	0.00	0.00	0.00	0.00	0.00	0.00	0.00
K1186+950	B	2018/7/4 16:10:00	34	0151145312120019	5.00	194.00	69.00	29.00	3.00	46.00	17.00	0.00	0.00	0.00	0.00	0.00	0.00	0.00	0.00	0.00	0.00	0.00
K1186+950	B	2018/7/4 16:10:00	11	0151145312120020	5.00	194.00	70.00	31.00	13.00	38.00	15.00	11.00	17.00	0.00	63.00	1.00	63.00	0.00	0.00	6.00	63.00	0.00
K1186+950	B	2018/7/4 16:10:00	12	0151145312120020	5.00	194.00	80.00	21.00	13.00	57.00	15.00	8.00	21.00	0.00	0.00	3.00	42.00	1.00	38.00	0.00	0.00	0.00
K1186+950	B	2018/7/4 16:10:00	13	0151145312120020	5.00	194.00	95.00	16.00	14.00	106.00	21.00	5.00	26.00	0.00	0.00	0.00	0.00	0.00	0.00	0.00	0.00	0.00
K1186+950	B	2018/7/4 16:10:00	14	0151145312120020	5.00	194.00	96.00	20.00	15.00	97.00	25.00	6.00	34.00	0.00	0.00	0.00	0.00	0.00	0.00	0.00	0.00	0.00

图3-3　国、省干道交调点数据结构

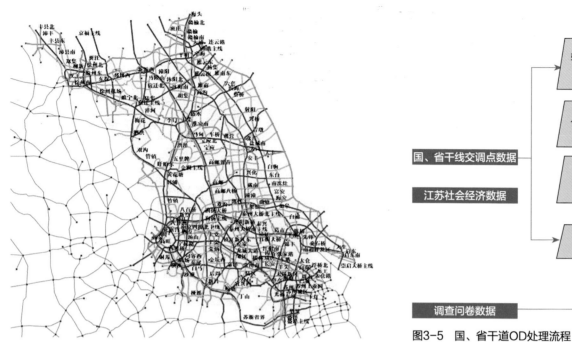

图3-4　国、省干道线路图

图3-5　国、省干道OD处理流程

下车车站			常州						常州北			威墅堰		
上车车站	车次	运行区间	无座	硬座	软座	硬卧	软卧	小计	无座	软座	小计	无座	软座	小计
丹徒	G7221	淮南东一	1		48			49						
	D3034	汉口一上海	3		26			29						
	丹徒		4		74			78						
丹阳	G7029	南京一上海			842			842						
	G7037	南京南一上海			246			246						
	G7043	南京南一上海			412			412						
	G7045	南京一上海			565			565						
	G7053	南京-上海			148			148						
	G7055	南京-上海			343			343						

省内火车站间客流量月度数据　　　　　　　　　　表3-2

　　江苏省全省火车站与全国各省间客流量、长三角范围内周边城市间客流量月度数据包括上车站名、下车站名、火车班次、火车班次的运行区间、不同席别客流量，数据精确到火车班次信息。

　　首先结合铁路票数数据的存储数据特征，利用Python提取"小计"关键词，对上车站名、下车站名及对应客流量进行数据统计，获取省内站点间客流量OD、省内站与邻省（安徽省、浙江省）城市间客流量OD、省内站与全国其他省份间的客流量OD的三列阵，选取计算结果客流量大于100 000人的数据，利用

VLOOKUP函数匹配不同火车起点O和终点D所属的城市，再利用Excel中的宏程序，将三列阵转换为所需的城市客流量OD矩阵（图3-6）。

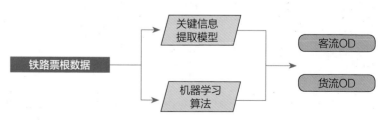

图3-6　铁路OD处理流程

4）水运数据

交通水运行业业务数据目前主要存在于各级交通水运行业管理机构内部，信息系统资源整合不够，主要包括水运航道数据、港口、码头、船闸等水运基础设施数据、江苏省内河航道船舶 VTS 数据、港口吞吐量核查和船舶过闸数据等（表 3-3）。

过闸数据主要字段的数据字样

表 3-3

船闸	航向	船名	单放	船籍	船类	起点	终点	空载	货种	实载	箱数	过闸时间	
ZZ06	上行	鲁济宁货3	1	11	5	804	15	1	0	0	0	20181101	000 027
ZZ06	上行	鲁济宁货3	1	11	5	803	15	1	0	0	0	20181101	000 027
ZZ06	上行	鲁济宁货4	1	11	5	804	15	1	0	0	0	20181101	000 027
FZ05	上行	芜湖联顺9	1	10	5	1 102	11	1	0	0	0	20181101	000 252
FZ05	上行	苏宝鲁货0	1	109	5	11	4	1	0	0	0	20181101	000 252
ZZ01	下行	鲁泰安货0	1	11	5	8	1	1	0	0	0	20181101	000 447
ZZ01	下行	宝隆167	1	10	5	8	1	0	4	1 993	0	20181101	000 447
ZZ01	下行	鲁济宁货1	1	11	5	15	403	0	4	1 583	0	20181101	000 447
ZZ01	下行	鲁济宁货2	1	11	5	15	18	0	4	1 478	0	20181101	000 447
ZZ07	下行	鲁济宁货1	1	11	5	15	1 300	0	8	1 116	0	20181101	000 654
ZZ07	上行	苏宿货186	1	112	5	15	100	0	4	1 688	0	20181101	000 654
ZZ05	上行	苏徐州货1	1	105	5	403	6	0	8	1 042	0	20181101	000 848
ZZ05	上行	苏徐州货0	1	105	5	8	13	0	8	2 440	0	20181101	000 848
ZZ05	上行	鲁济宁货2	1	11	5	1	603	0	4	2 603	0	20181101	000 848
FZ02	上行	苏翔辉货6	1	108	5	11	1 106	0	8	676	0	20181101	000 957
FZ02	上行	海安六航8	1	110	5	11	1 106	0	8	685	0	20181101	000 957
FZ02	上行	苏无锡货0	1	1 032	5	4	11	0	12	249	0	20181101	000 957
FZ02	上行	皖霍邱516	1	10	5	11	1 103	0	8	623	0	20181101	000 957
FZ02	上行	中港货512	1	111	5	11	11	0	8	623	0	20181101	000 957
FZ02	上行	苏财荣机2	1	110	5	11	11	0	8	669	0	20181101	000 957

船舶 VTS 基础信息数据主要包括船舶 ID、船舶登记号、船舶识别号、中文船名、海船内河标记、行驶航线、航区代码、船舶种类代码、造船厂、登记日期、船舶长度、船舶型宽、船舶型深、总吨、净重等信息。

首先，结合航道走向、VTS 数据的邻近时刻，借助 GIS 对 VTS 缺失数据进行轨迹重构。再利用 Python 语句将 VTS 数据的时间格式 TIMESTAMP（12 小时制）转为 DATE（24 小时制）重新进行时间存储。然后结合船舶的轨迹数据，对疑似停靠点进行判断，进行 OD 甄别。其次，利用数理统计、聚类分析的方法，将速度小于 0.5km/h、区间行驶距离大于 10km、停泊时长大于 3h 的判断为真正意义上的靠港停泊，进行关键参数标定。最后利用时空参数（区间距离、停泊时间）计算 OD（图 3-7）。船闸数据通过时间和船名排序，获得起终点 OD 数据。

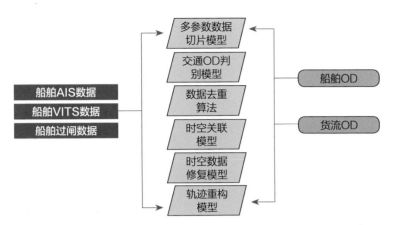

图3-7　水运OD处理流程

5）航空数据

航空数据主要来源有两种，一是行业统计数据，航空公司、机场、第三方平台的旅客售票数据、机场的货运航线；二是手机信令数据。

航空公司、机场的旅客售票数据，主要包括记录编码、机场编码ID、起终点机场编码、客运量、货运量、邮件、货物、外航客货运量等。数据统计周期为每月一次，江苏9个机场发往国内机场客货航班、港澳台机场客货航班和国际机场客货航班（表3-4）。

国内航空基础售票统计数据表　　　　　　　　　　　　　　表3-4

RECID	REC	机场ID编码	时间	FLOATOR	起点机场	起点机场	目的地机场	客运量	货运量	邮件	货物	外航客	外航货	外航邮件
559F91EBF	0	5F715D4C6	2017Y0010	16 999	扬州泰州机场	YTY	SJW	1 619	0.1		0.1			
63AC4BC6	0	5F715D4C6	2017Y0010	17 999	扬州泰州机场	YTY	HRB	978	26.5	1.8	24.8			
15819E48B	0	5F715D4C6	2017Y0010	18 999	扬州泰州机场	YTY	NNG	837	36.1		36.1			
C28A2336	0	5F715D4C6	2017Y0010	13 999	扬州泰州机场	YTY	DLC	2 216	57.7		57.7			
4AEE10CC	0	5F715D4C6	2017Y0010	11 999	扬州泰州机场	YTY	XIY	2 255	48.4	8.6	39.8			
C459BC88	0	5F715D4C6	2017Y0010	7 999	扬州泰州机场	YTY	FOC	2 864	0.2		0.2			
5837E5E37	0	5F715D4C6	2017Y0010	10 999	扬州泰州机场	YTY	KWL	2 337	1.7		1.7			
A0655233	0	5F715D4C6	2017Y0010	22 999	扬州泰州机场	YTY	CKG	377	1.6		1.6			
D4E88355	0	5F715D4C6	2017Y0010	23 999	扬州泰州机场	YTY	LYA	235						
F39E3F505	0	5F715D4C6	2017Y0010	21 999	扬州泰州机场	YTY	HET	583						
1A16FA2F	0	5F715D4C6	2017Y0010	999	扬州泰州机场	YTY	CAN	6 313	162.5		162.5			
72AC1A37	0	5F715D4C6	2017Y0010	20 999	扬州泰州机场	YTY	URC	691	0.3		0.3			
08E2313B3	0	5F715D4C6	2017Y0010	12 999	扬州泰州机场	YTY	KMG	2 242	5.7		5.7			

首先，将历年航空数据按照国内航空、港澳台航空和国外航空进行整理，合并到一张Excel中；对客运量和货运量均为空值的机场数据进行剔除，并用剔重函数剔除时间、起终点及客货运量完全一致的选项。其次，利用起终点代码匹配查询起终点，并对客货运量进行统计计算，可得出每个机场的客货运OD矩阵；对未能匹配成功的机场代码进行核查，判别是否属于统计错误，最后汇总为历年客货OD矩阵（图3-8）。

（2）手机信令数据

电信大数据平台汇聚了江苏全省移动终端的位置信令数据、

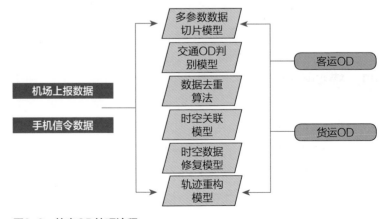

图3-8　航空OD处理流程

固网宽带深度数据包检测（Deep Packet Inspection，简称DPI）的HTTP上行GET数据，3G、4G终端DPI的HTTP上行GET数据。移动终端的位置信令数据每天全省约为40亿条，固网DPI全量每日在1 000亿条左右。移动终端的位置信令数据，包括基站位置数据、通话数据、短信数据、GPS数据以及4G信令数据等，可实现数据的融合和关联分析，实现用户的位置行为和位置画像（表3-5）。

手机信令数据样例		表3-5
样例数据		
数据说明	数据日期 位置更新时间|加密MDN|加密IMSI|纬度|经度|手机归属地市| 手机归属省份|位置上报地市|CI编号|数据上报类型|网格编号	
1	2018-07-30 06：37：22|f3696805a66cecd25b5e25190ce98d1c32a4 16fa|2ef95ec3277b6197896a51f5bf1df4bb206025267| 32.542028000000|119.352431000000|0|0|6| 77126450|4|28101979	
2	2018-07-30 06：42：09|b9825c83af18c2b80be7d5c60c55f2fe094d| 82dc|5558ffb535a87db6547ce44269ab7b 82b231e97c| 32.542028000000|119.352431000000|6|1|6| 77126451|4|28101979	
3	2018-07-30 06：35：34|fb8b026e9aa35e6b8b53d0a76e9bcfee8 db92ca2|d78ea12977ae47534cc385b05453cf41af3b fd16|32.542028000000|119.352431000000|0|0|6| 77126449|4|28101979	

首先，将获得的数据进行清洗，剔除不规范的信息和文字，使用ETL工具进行数据的抽取、转化和装载，将其存储到分布式存储平台上，以便于后面的分析和挖掘步骤；其次，通过简单统计分析，初步探索数据规律，对不同数据源获取数据进行交叉验证，补全一些缺失数据。针对OD信息，判断居民出行规则，提取OD起终点，如对机场取停留1h以上用户为节点。

四、模型算法

模型算法流程及相关数学公式

本研究涉及的模型算法有以下3种：

（1）利用Oracle进行数据修复

数据修复主要对未正常运行的收费站数据进行修复，工作原理如图4-1所示。

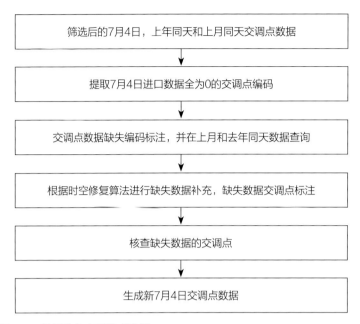

图4-1　数据修复主要技术路线

修复算法：

Station_i_Data = Station_i_Data + α 1* Station_i_Data1 + α 2* Station_i_Data2

Station_i_Data为第i个交调点数据记录；

Data 为2018年7月4日交调点数据记录；

Data1为2018年6月4日交调点数据记录；

Data2为2017年7月4日交调点数据记录；

α 1=Σ Station_i_Data / Σ Station_i_Data1 *n；其中，n为0、0.5或1；当Data1与Data2均不为空值时，n为0.5；当Data1为空值时，n为0；当Data2为空值而Data1不为空值时，n为1。

（2）利用Python语句提取OD

1）火车站间客流量OD提取

结合铁路票数数据的存储数据特征，利用Python提取"小计"关键词，对上车站名、下车站名及对应客流量进行数据统计，获取省内站点间客流量OD、省内站与邻省（安徽省、浙江省）城市间客流量OD、省内站与全国其他省份间的客流量OD的三列阵。其Python语句如图4-2所示。

2）水运数据OD矩阵获取

运用Python语言对一周的VTS数据进行处理，具体计算程序如图4-3所示。

```
        if "小计" in str(rtable.cell(1,k).value).replace(' ',''):
            t.append(k)
        k = k + 1
while(True):
    i = i + 1
    if i == 0:
        j = 0
        while (True):
            if "分席" in str(rtable.cell(i, j).value):
                a = a + 1
                print('')
                break
            elif len("".join(rtable.cell(i, j).value.split())) != 0:
                wtable.write(a, b, str("".join(rtable.cell(i, j).value.split())))
                b = b + 1
                print("".join(rtable.cell(i, j).value.split()), end=' ')
            j = j + 1
    if str(rtable.cell(i,0).value) =="合计":
        break
    if hasNumbers(str(rtable.cell(i,1).value)) or "".join(rtable.cell(i, 1).value.split()) == '':
        continue
    else:
        # print(str(rtable.cell(i,1).value))


    if i==1:
        continue
    b = 1
    wtable.write(a, 0,str("".join(rtable.cell(i, 1).value.split())))
    print ("".join(rtable.cell(i, 1).value.split()), end=' ')
    for w in t:
        if ((type(rtable.cell(i, w).value))==type("abc")):
            if len("".join(rtable.cell(i, w).value.split())) == 0:
                wtable.write(a, b, 0)
            else:
                wtable.write(a, b,"".join(rtable.cell(i, w).value.split()))
                print("".join(rtable.cell(i, w).value.split()), end=' ')
```

按 "小计" 关键词
客流量提取

图4-2　Python处理OD算法

```
def haversine(lat1,lon1,lat2,lon2):
    EARTH_REDIUS=6378.137
    lat1,lon1,lat2,lon2=map(np.deg2rad,[lat1,lon1,lat2,lon2])
    dlat=lat2-lat1
    dlon=lon2-lon1
    a=np.sin(dlat/2)**2+np.cos(lat1)*np.cos(lat2)*np.sin(dlon/2)**2
    c=2*np.arcsin(np.sqrt(a))
    total_dis=EARTH_REDIUS *c
    return total_dis


def vts_stat(infile,Park_outfile,Trip_outfile,Dist_min,Time_min):

    rddata=pd.read_csv(infile)
    #print(rddata)
    df=rddata.dropna(how='all',axis=0)
    df=df.reindex(columns=['CHUANBSBH', 'JINGD', 'WEID','JINGD_0', 'WEID_0','JINGD_1', 'WEID_1', 'DUIDHS',
    #print(df.columns, '\n')
    df['SHUJBJSSJ2']=df['SHUJBJSSJ'].str.replace("上午","AM")
    df['SHUJBJSSJ2']=df['SHUJBJSSJ2'].str.replace("下午","PM")
    #df['SHUJBJSSJ2']=df['SHUJBJSSJ2'].str.replace("月","")
    #df['SHUJBJSSJ2']=df['SHUJBJSSJ2'].str.replace(".",":")
    df['SHUJBJSSJ2']=pd.to_datetime(df['SHUJBJSSJ2'], format='%d-%m月-%y %I.%M.%S.%f %p')
    #df['SHUJBJSSJ2']=pd.to_datetime(df.SHUJBJSSJ2)
    df['Country']=df.CHUANBSBH.str[0:2]
    df['ID']=df.CHUANBSBH.str[2:14]
    df['ID']=df['ID'].astype(np.int64)
    print("Done_1") #文件载入、日期识别、船舶编号分离完成

    df=df.sort_values(['CHUANBSBH','SHUJBJSSJ2'])

    df['ID_2']=df['ID'].shift(-1)
    df['ID_3']=df['ID']-df['ID_2']

    df['JINGD_0']=df['JINGD'].shift(-1)
    df['WEID_0']=df['WEID'].shift(-1)

    df['SHUJBJSSJ3']=df['SHUJBJSSJ2'].shift(-1)

    df['Trip_Time']=(df['SHUJBJSSJ3']-df['SHUJBJSSJ2']).dt.seconds/3600.0

    df['Dist']=df['Dist'].astype(np.float32)
    df['Dist']=haversine(df['WEID'],df['JINGD'],df['WEID_0'],df['JINGD_0'])
```

图4-3　Python计算VTS数据OD

（3）短时预测模型

道路交通系统是一个时变的复杂系统，其显著特征就是具有高度的不确定性。这种不确定性给交通流预测带来困难。差分整合移动平均自回归模型（Autoregressive Integrated Moving Average model，简称ARIMA）是一种基于数据之间有强相似性和周期性的时间序列预测模型，是专门针对时间序列性数据的预测方法。ARIMA集成时间序列分析和回归分析功能，很好地克服了传统预测方法的缺点，非常适合大规模网络流量预测，具体流程图如图4-4所示：

具体技术流程可表示为三个步骤：

第一步：获取高速公路收费站原始数据，通过关键词筛选，整理出各交通小区间的客货运输量，并将其统计合并。

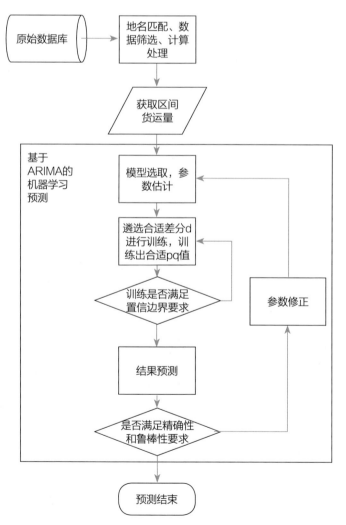

图4-4　ARIMA数据处理流程图

第二步：采用ARIMA模型对高速客货运量进行预测。划分处理后交通小区间的历史数据，98%用于参数拟合，2%用于模型校验，比较模型预测值与历史数据，衡量模型预测精度。

第三步：通过不断参数调整，优化预测模型，输出达到精度、鲁棒性要求的预测结果，对预测模型设定进行优化更新。

对江苏省高速公路客货运输量进行短期预测。在预测短期未来具体某一天的客货运量时，有两个算法思路。

算法思路一：先运算出接下来最近一天的数据（9月1日），将运算出来的结果代入原训练集迭代出下一个最近一天的数据（9月2日），以此类推，直至获得目标日期（9月8日）的数据。

算法思路二：根据运输量数据的特性，将数据分为工作日和非工作日数据。将所需求取的目标，翻译为其所在数据列的数据含义，再对其进行预测。

取两个算法的上海至江苏十三个地级市的预测结果展示：

第二种算法误差均值11.9%，小于第一种算法误差均值12.7%，选取第二种算法进行预测。

1）鲁棒性评价

鲁棒性评价是指对预测结果表现出的稳定性进行分析，对于行程时间数据，可采用预测结果与实测数据的最大相对误差的绝对值R_i作为模型鲁棒性评价指标，其计算公式4-1如下：

$$R_i = Max_{t=1}^{n} |(M_t - F_t)/M_t| \times 100\% \qquad (4-1)$$

其中，M_i为实测数据；F_i为预测结果；n为样本量。

2）精确性评价

精确性评价是指对预测结果的精度进行评价，衡量预测结果与实测数据的整体误差情况，可选用的代表性指标为平均绝对百分误差（Mean Absolute Percentage Error，简称MAPE），其计算公式4-2如下：

$$MAPE = \frac{\sum_{t=1}^{n} |(M_t - F_t)/M_t|}{n} \times 100\% \qquad (4-2)$$

对八月份剔除31号数据的工作日进行预测，得出326对数据结论。由于逐个分析缺失具体含义，合计分析会消弭误差，使结果比实际情况准确。故选择上海至江苏十三个地级市的客货运量进行典型分析（图4-5）。

鲁棒性用于评价模型的稳定性，若考虑所有数据，该模型的稳定性良好。若只考虑客货运量较大地区，该模型稳定性极为优异。平均相对百分误差用于评价模型的准确性，客货运量分别为

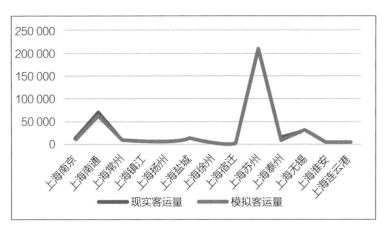

图4-5 客货运输量分析折线图

13.4%和9.7%，在统计学中，理论上当MAPE小于15%时，则认为该模型为准确。综合鲁棒性和平均相对百分误差，模型稳定且准确，适宜用于预测江苏省高速公路短时客货运输量。

五、实践案例

模型应用实证及结果解读

从全省客运运输结构看：苏州、南京、无锡客运总量最大，约为5.9亿/年、4.2亿/年和2.7亿/年，整体呈现以南京、苏州为核心的放射状；形成2个客运圈，分别为南京、苏州与浙江省和苏州、上海与南通之间。其中客运最强的三个OD对分别为苏州与上海，苏州与无锡和南京与苏州之间（图5-1）。

从全省客运结构看（图5-2），公路客运前三分别为苏州、南京、无锡；铁路客运前三分别为南京、苏州、徐州；公路货运量比铁路货运量达到10：1。各市中铁路占比前三分别为苏州、南京与镇江，占比为28.3%、17.7%和12.8%。

从全省客运内外结构看，省内省外比例约为4.1：1，其中铁路客运以对外为主，公路以省内出行为主；省外占比最大的城市为徐州、苏州和南京，占比约为35.6%、28.7%和22.9%；公路对外比例前三为苏州、徐州和宿迁，铁路对外比例前三分别为徐州、南京和苏州。

全省货运总量约32亿吨/年，纯省内货运量约15.5亿吨，对外15亿吨/年，其中过境1.7亿吨，其中对内、对外和过境比重分别为48%、47%和5%。从全省货运运输结构看：苏州、徐州、南京货运总量最大，约为3.1亿吨/年、2.9亿吨/年和2.6亿吨/年，形成

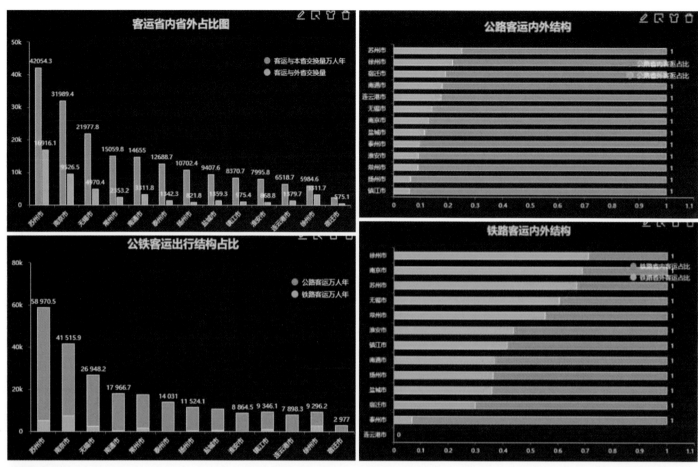

图5-1 客运特征分析

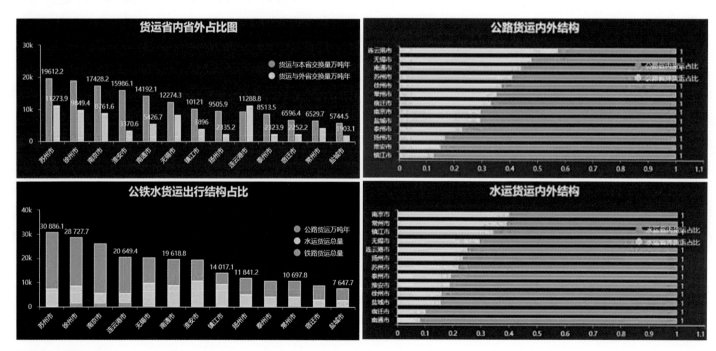

图5-2 全省货运运输结构分析

以南京、苏锡和徐连为节点货运中心。前10%货运通道，京沪通道（含沿江通道，常州是洼地）；前20%有徐宿淮盐，中部通道、徐连、南沿江、沿海（连盐是洼地）等；货运前三OD对为连云港与山东、苏州与浙江，南京与安徽。

六、研究总结

1. 模型设计的特点

本研究在技术方法手段、研究结论上的探索，具备以下三方面意义：

（1）研究采用多源数据分析技术方法，如数据处理、信息提取、多源异构数据融合分析、数据整合与归并处理，能为其他大数据应用研究提供一定参考。

多源数据中各数据本身所具备的时空属性信息只是数据所包含的部分信息，而非定制信息，因此在运用数据进行特定对象的分析时，涉及对数据的处理、信息提取、关联信息推导等多种环节的技术处理，处理复杂并且难度较大。本研究在对多源数据获取客货运输OD矩阵和相关性分析及预测分析与处理中采取数据分析、专业技术体系、多源异构数据融合等算法及手段能为其他研究提供一定的参考。

（2）本研究所提出的客货运输OD获取方法，能为区域综合交通规划提供重要的参考依据，为地区精准服务提供决策依据。

客货运输的服务水平是评价一个区域交通发展水平的重要指标，客货运输的需求特征是制定交通规划的重要参考。本研究能为区域综合交通规划统筹协调区域各种运输需求提供一定的实证参考，同时为地区精准的改善运输服务水平提供决策的方向和重点。

将此次调查的处于同一运输通道内的公路、铁路、航空等运输方式进行对比分析，得出各运输方式在综合运输通道中的贡献率和作用，理清各种运输方式之间的关系，以此对综合运输系统中公路运输、铁路运输、航空运输及水路运输等的发展趋势进行预测，找出交通量增长与经济发展的关系，能够为中长期综合交通运输体系规划提供重要数据支撑。

（3）基于大数据的短时预测技术，突破原有预测方法的约束。

本研究所提出的基于大数据短时预测技术，突破原有四阶段法的约束，通过学习历史数据与实际OD数据的关系，模拟以部分实时交通数据为输入源，结合机器学习算法模型，预测全方式OD，快速的把握整体OD特征。

2. 应用方向或应用前景

（1）深化区域客货运输强度研究，完善交通统计内容

随着长三角区域一体化快速发展，行业管理单位或规划设计单位都在寻求量化区域一体化发展程度的方法。国内外学者研究表明，客货运输联系强度不仅可以反映区域一体化的交通联系，还间接反映城市间经济联系。当前的行业统计报表指标中，对区域城市之间联系强度反映不足，本研究所构建完成的区域客货运输强度指标体系，可补充新的统计属性，完善区域统计交通统计内容。

本研究主要从客货运OD、区域运输货种、运输人员结构、运输交通方式等多种指标，反映区域一体化的现状进程，深度挖掘区域一体化的潜能。在分析区域客货运输联系强度的基础上，结合城市群地区区位、人口、经济、产业、交通基础设施等关系，通过建立新的指标体系，评价客货运输与交通设施、经济发展的关系。

（2）利用大数据等新技术，创新区域统计方法

传统交通行业中逐级上报的统计方法已十分成熟，在既有的统计报表中增加区域客货运输联系强度指标的方式难以实现；而且传统区县逐级上报的模式工作量较大，费时较长，本研究在不改变统计制度的情况下，制定一套新的区域交通统计的方法。

本研究利用行业数据（高速公路收费数据、水运过闸数据、港口数据、铁路票根数据和航空票根数据等），结合手机信令数据、互联网POI数据等，采用合理的区域客货运输联系强度模型，利用大数据技术建立可持续的区域联系强度统计方法，并建立数据统计平台，实现数据自动采集、处理、分析、可视化和查询工作。该统计方法可减少人工上报环节，提高统计效率，拓展传统的调查体系，创新升级既有的统计方法。

（3）准确把握区域出行特征，为长三角一体化提供数据支撑

本研究通过区域客货运输联系强度分析，结合长三角城市区位、经济分布、人口分布、产业分布、交通设施分布等基础条件，探究长三角现状发展特征，对区域一体化进行定量化评价。研究区域客货运输联系强度，结合现状交通网络，分析现状交通一体化的合理性；把握现状区域主要客货运输通道，为长三角交通一体化规划与设计提供参考；查找区域一体化发展的薄弱点，结合既有的经济、人口，以及交通条件提出补强战略；结合未来长三角的发展战略，为未来客货运输的变化作出判断。

城市再生绿地效益评估及优化布局策略研究

工 作 单 位：华南师范大学

研 究 方 向：城市环境优化

参 赛 人：洪建智、覃小玲、李久枫、苏立贤、郭碧云

参赛人简介：参赛团队来自华南师范大学城市更新规划的大数据研究团队。

一、研究问题

1. 研究背景及目的意义

Peter.R指出城市再生是一项旨在解决城市问题的综合整体城市开发计划与行动，以寻求某一亟须改变地区的经济、物质、社会和环境条件的持续改善，也是经历城市重建、更新、再开发后的城市深化发展阶段。城市重建和更新改造是对当前城市无序蔓延和老旧城区衰败问题的一种应对策略，已经逐步替代新的扩张开发，引领我国城市空间发展模式由外延扩张向内涵收缩转变，是关于"人的城镇化"主张的重要手段，也是当前国土空间规划的重点，标志中国城市化进入新的发展阶段。

城市复合生态系统由社会、经济和自然子系统组成，城市绿地是确保城市居民享受其自然生态系统服务的基本载体。参照《城市绿地分类标准》（CJJ/T 85—2017）定义，城市绿地是以自然植被和人工植被为主要形态的城市用地，包含城市建设用地范围内用于绿化的土地，以及建设用地之外对城市生态、景观和居民游憩具有积极作用、绿化环境较好的区域。分别对应土地利用分类标准中公共设施用地下的瞻仰景观休闲用地（包括公园、广场、公用绿地等狭义绿地）及城市农业用地下的耕地、园地、林地、草地、农用地等市域绿地。

当前中国城市化进程发展迅速、城市边界空间外延式拓展迅速，内部结构更新并存。虽然划定了城乡二元结构下的生态保护红线，城镇绿地空间发展与建设用地之间的冲突面临着前所未有的压力。在广州，由于对建设用地侵占绿地缺乏有效的管控，导致公园绿地总量不足、生态空间逐年减少，同时绿化质量不高，景观建设"重新城新区、轻老城旧村"，绿地设施规模偏低，绿地生态效益低下等问题。"有条件更新"和"选择性更新"的规划主要执行自上而下政策，更新改造模式和效应更多关注的是经济利益平衡，以及不同（政府、开发商和个人）主体的更新效益研究。通过土地出让获得改造资金，容积率翻倍来满足拆迁补偿面积，拆建模式较为粗犷，缺少对生态、经济、社会结构的考虑，导致诸如的城市市民对公园绿地日益增长的需求与绿地的布局、规模及其建设质量等发展的不平衡所产生的矛盾不断加剧，问题也日益凸显。傅伯杰等对深圳更新空间的规划编制有效性评估，发现城市规划在指导城市更新和发展方面没有发挥特别重要的作用。因此，规划专家和学者希望以城市更新为契机，在城市高密度地区改变公共绿地的生态受损和生态效益不高的现状。

由于社会环境、经济发展、科技进步等诸多因素的推动，旧城区需要改建和优化。就算是新城区，可能也会因为时间的演变出现改建的需求，这是社会自身的新陈代谢和再生演绎。只有综

合考虑社会、经济和自然的协调发展，才能全面可持续的完成城市改造，真正实现城市复兴，建设绿色发展的宜居城市。此外，很有必要建立一套再生绿地综合效益的评估方法体系，并作为统筹优化布局的依据。因此，本研究参照国家《城市绿地分类标准》CJJ/T 85—2017，确定再生和更新中涉及的城市绿地5大类包括：公园绿地、广场绿地、防护绿地、区域绿地和排除保护区中的森林。本文将从城市绿地再生视角，对其再生综合效益开展研究，通过建立市域尺度—改造案例—再生效益评价的研究框架，以指标测度量化形态、经济、社会与生态环境的效益，对比其中优势与劣势，发现并探究规划中再生效益提升的实施路径，改变单个更新案例决策现状，结合线性规划算法对再生绿地效益以及实际需求分析，提供对城市整体再生绿地布局的统筹考虑和规划设计的辅助决策和数据支持。

2. 研究目标及拟解决的问题

本项目基于城市地理学和空间信息科学的研究方法，在人地关系理论研究框架下，结合改造再生的有利契机，将城市建设过程中维持不变的绿地定义为稳定绿地，将城市建设过程中累积由建设用地转变为绿地并一直维持为绿地的部分定义为再生绿地，结合再生绿地服务的居民感知，对广州市2000—2015年间再生绿地在生态、社会和经济的多维度再生效益和综合效益建立市域尺度和不同再生个案的评估模型；在此基础上对比市域尺度—改造案例—再生效益分析，深入解读城市再生规划指标的内涵与外延效应，探明再生视角下市域尺度上的空间规模效应、生态效益和人本服务效益的潜在作用，并在此基础上厘清不同改造案例中的效益差异，有助于开展城市再生空间布局规划设计。

本项目以广州主城区为研究区域，通过建立城市内部再生绿地变化的连续检测模型，和多维测度指标的综合效益评估模型，构建市域和案例的效益测评估模型和分析框架，甄别绿地再生的空间需求和效用平衡优化案例，为国土空间管理提供数字赋能的城市地理信息监测感知手段和案例解读，提供市域尺度和再生绿地布局的优化建议。

3. 拟解决问题

（1）如何构建城市再生视角下绿地效益评估框架体系？

（2）如何探明绿地效益以辅助城市空间规划决策的实施

路径？

（3）如何根据绿地的综合效益及优化目标、城市规划实际需求进行优化绿地配置方案？

二、研究方法

1. 研究方法及理论依据

本研究的理论基础包括三个方面：城市再生增长理论、行为时空分析原理和遥感变化检测技术。

吴良镛在20世纪80年代提出的"有机更新"与"城市再生"是相近的概念。"有机更新"理念强调通过旧城改造和城市更新改善城市空间结构，也是城市增长的新形势，所采取的大拆建和微改造模式都将深刻改变着物质空间及人的行为感知。因此，城市再生增长需要兼顾空间布局与内部结构的改变及其综合效应，并同时改变人的个体行为和感知。但目前，这种宏观和微观耦合比较薄弱，多行政区研究、少地块水平上的用地格局和功能分析，时空整体分析较少。根据增长相互作用论，将提升效益与人的感知变化视为更新结果，并随不同再生强度变化，由此构成再生绿地强度—再生绿地效益—行为感知的三角形研究框架（图2-1），并在其中刻画两者间相互关系，解释再生强度和提升效益、提升效益和人为感知的关系。因此本研究将根据以上理论和技术方法量化再生绿地变化强度、提升效益和对绿地再生的人为感知，并解读其间关系对再生规划决策的支持意义，三维度的

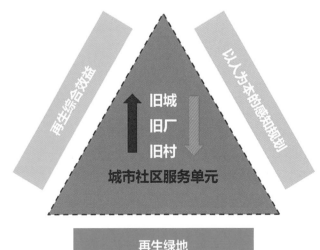

图2-1 研究理论三角图（笔者自绘）

综合效益估算采用层次分析法获取权重，并采用公式（2-1）进行综合效益的估算。

结合遥感时序分析和GIS大数据，提出城市再生绿地的检测模型、更新绿地效益测度和指标计算方法、签到大数据分析，构建再生绿地时空变化及效益评估、指标对比的研究框架，最终通过在城市尺度、再生类型实例上的绿地再生效益分析，提供绿地再生规划的指标评价和配置优化决策建议。

$$R_i = \sum (E_i, S_i, f_i, W_i) \qquad (2\text{-}1)$$

式中：R_i为再生绿地综合效益，E_i为再生绿地生态效益，S_i再生绿地社会效益，f_i为再生绿地经济效益，W_i为权重系数。

2. 技术路线及关键技术

针对广州市16年以来的城市快速变化和同一地块多次变化的特征，应用时序遥感的连续变化检测技术确定2000—2015年中由建设用地类型转换为绿地类型的单元，并将逐年变化累积作为16年中的变化绿地，没有变化的绿地视为稳定绿地，变化绿地和稳定绿地叠加则为再生绿地；在居（村）委会服务单元尺度上分析稳定绿地和再生绿地在生态功能、经济功能及社会功能方面进行对比，构建城市中观尺度和不同再生模式下的旧城旧村的优化提升效益，同时基于线性规划算法对再生绿地进行优化配置，为提供优化空间的辅助更新规划提供依据。技术路线如图2-2所示。

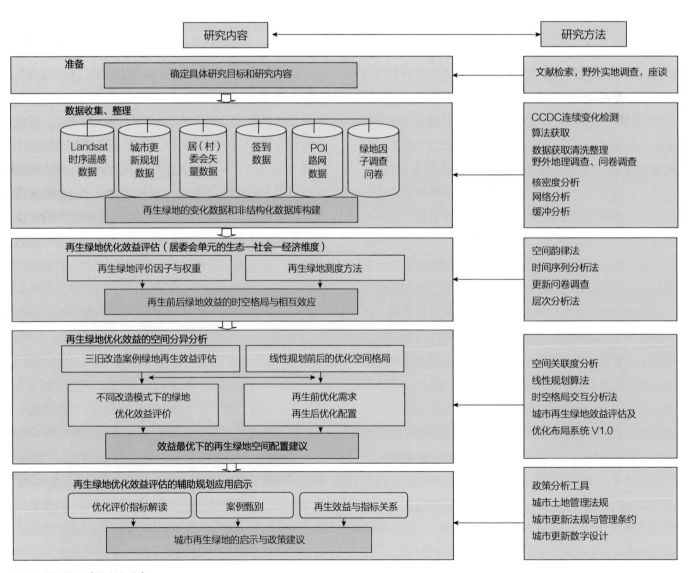

图2-2　研究技术路线图（笔者自绘）

三、数据说明

1. 数据内容及类型

（1）城市再生绿地数据集（2000—2015年）

针对再生绿地的规模效应评估，主要使用Landsat时序数据共194景提取2000—2015年间绿地变化。结合广州开展的拆建、整治和新规划发展三类主要实际情况，再生绿地分为再生绿地和稳定绿地，并将体现这三类规划发展的分析为主，将利用遥感连续变化检测（Continuous Change Detection and Classification，简称CCDC）和GIS空间分析技术进行绿地获取。稳定绿地斑块是2000—2015年绿地类型未发生变化的部分，再生绿地斑块是依据2000—2015年间，逐年由建设用地转换为绿地并一直为绿地的累积数据集。

（2）绿地质量数据

绿地质量数据用于评估研究区绿地的健康状况，本研究主要借助归一化植被指数用来衡量再生与稳定绿地的健康程度，数据由2015年的Landsat影像波段计算得出。

（3）居（村）委会服务单元

以居委会和村委会为最小服务区，建立绿地更新评价的研究单元。首先借助"居委会""村委会""居民委员会""村民委员会"等关键词从百度地图API获取研究区内服务单元的兴趣点，之后利用GIS空间分析中泰森多边形工具建立每个兴趣点的最佳范围，构建居（村）委会的服务单元。

（4）众源地理数据

众源地理数据包括百度路网、POI地图数据和微博签到数据，用于从不同维度评估绿地的社会功能和经济功能，其中交通路网、居住小区、商业网点POI等是基于百度地图API获取所得，交通路网包括了广州的主要交通干道和街区道路，共有47 713条道路线；居住小区主要为研究区内的商业地产开发的楼盘小区，共有10 087个兴趣点；商业网点包括了研究区内的公司企业、休闲娱乐商业设施、餐饮、购物中心、生活服务类商业设施、金融服务类商业设施、综合性商务大厦等，共有142 760个兴趣点；绿地签到数据包括研究区内的公园、城市广场绿地、一般景点绿地、植物园绿地、度假疗养场所绿地、国家级景点绿地、户外健身场所绿地等，共1 607个签到地点，签到总次数为230 871数据说明（表3-1）。

	数据说明		表3-1
数据类型	数据内容	数据来源	获取方式
遥感数据	城市再生绿地数据集2000—2015年时序影像Landsat 194景	美国地质勘探局下载网站	CCDC变化检测技术
	再生绿地相关属性数据	2015年Landsat影像	归一化植被指数NDVI，地表温度指数LST（Land Surface Temperature）
众源地理数据	居（村）委会服务单元	百度地图	网络爬虫技术
	交通路网（47 713条道路）		
	居住小区分布（10 087个POI）		
	商业网点分布（142 760个POI）		
	绿地签到点（共1 607个签到地点，签到总次数为230 871）	微博签到	

注：美国地质勘探局（United States Geological Survey，简称USGS）。

2. 数据预处理技术与成果

（1）连续变化检测与分类技术

CCDC算法基于所有可用Landsat影像，先根据各像元时序中少量或无云观测值初始化模型，然后通过对比模型预测值和观测值之间的差异来检测变化。若某像元时序中的观测值和预测值差异连续超过阈值3次就判定为变化。借助CCDC算法对广州市14个主要地类的变化提取，精度评估为87.5%，并从中提取准确的建设用地转化的绿地数据集。该算法主要是根据3组傅里叶模型（simple,advanced,full）对经过预处理后的像素进行各波段反射率时间序列构建（公式3-1～公式3-3）。

$$\rho(i,x)_{simple} = a_{0,i} + c_{1,i} \times x + a_{1,i} \times \cos\left(\frac{2\pi}{T}x\right) + b_{1,i} \times \sin\left(\frac{2\pi}{T}x\right) \quad (3-1)$$

其中，x：儒略历日；i：第i个Landsat波段（i=1，2，3，4，5和7）；T：一年中总天数（T=365）；$a_{0,i}$：当x为0时，第i个Landsat波段的总值系数；$c_{1,i}$：第i个Landsat波段的趋势（年际变化）系数；$a_{1,i}$，$b_{1,i}$：第i个Landsat波段的周期（年内变化）系数；$\rho(i,x)_{simple}$：基于CCDC(simple)模型的第i个Landsat波段在儒略历日为x的表面反射率预测值。

$$\rho(i,x)_{advanced} = \rho(i,x)_{simple} + a_{2,i} \times \cos\left(\frac{4\pi}{T}x\right) + b_{2,i} \times \sin\left(\frac{4\pi}{T}x\right) \quad (3-2)$$

其中：$a_{2,i}$、$b_{2,i}$：第i个Landsat波段的周期（年内双峰变化）系数；$\rho(i,x)_{advanced}$：基于CCDC（advanced）模型的第i个Landsat波段在儒略历日为x的表面反射率预测值。

$$\rho(i,x)_{full} = \rho(i,x)_{advanced} + a_{3,i} \times \cos\left(\frac{6\pi}{T}x\right) + b_{3,i} \times \sin\left(\frac{6\pi}{T}x\right)(3-3)$$

其中：$a_{3,i}$、$b_{3,i}$：第i个Landsat波段的周期（年内三峰变化）系数；$\rho(i,x)_{full}$：基于CCDC（full）模型的第i个Landsat波段在儒略历日为x的表面反射率预测值。

（2）泰森多边形分析

泰森多边形分析用来确定研究区的最佳分布范围，首先将居（村）委会分布点导入GIS软件，通过ArcGIS—分析工具—邻域分析—创建泰森多边形，生成居（村）委会服务单元，作为各个指标计算分析的基础。

（3）众源地理数据预处理

众源地理数据存在大量的噪声和冗余数据，必须根据绿地再生的研究主旨进行预处理，使原始数据达到标准统一、结构清晰、数据准确、质量可靠的要求。大数据预处理一般包括数据清洗、数据标准化、数据转换、缺失值插补、数据整合、数据除噪、数据降维、结构化处理等8个步骤。

本研究结合研究主旨，主要对网络爬虫数据完成以下处理：交通路网数据处理主要针对断头路、重复交叉路、多余交叉口、重叠路网进行合并、修复、删除、平移，并通过规范道路名称、规范道路表达，最后生成规范统一的交通路网。POI数据主要是对无经纬度坐标、经纬度偏离研究区、重叠点等进行定位、纠偏、剔除，其次分别对地产楼盘开发小区和商业网点进行归类处理，除去错分POI点与重复地名点，保证数据表达的一致性，最后得到规范统一的居住小区POI数据和商业网点POI数据。微博签到数据主要是除去冗余的无坐标点和无效的签到数据点，筛选出准确的绿地签到地点和有效的绿地签到次数，最后规范的签到数据结构表达形成统一的再生绿地签到数据。

（4）POI核密度分析

核密度分析用于空间量化绿地的经济功能，研究首先将获取的POI数据转换为csv格式，并通过XY坐标添加方式导入ArcGIS，选取与研究区相同的WGS84坐标系，通过投影转换与矢量点转换生成矢量POI。其次借助GIS工具生成居住小区与商业网点的核密度，通过ArcToolbox—SpatialAnalyst—密度分析—核密度分析—添加旅游POI—输出像元大小（为了提高输入清晰度，可减小像元值，这里选30）—搜索半径默认—确认，生成研究区绿地服务范围内的核密度分布图。

（5）网络分析

网络分析用来分析各个绿地斑块的可达性，研究首先通过ArcGIS建立文件地理数据库—要素数据集—网络数据集，导入交通网络数据、绿地分布数据，之后借助Network Analyst—新建服务区计算5分钟可达范围的再生绿地覆盖率。

（6）缓冲分析

缓冲分析用来分析各个绿地斑块签到范围，进而分析绿地斑块的吸引能力。首先借助ArcGIS—缓冲区工具生成各个绿地斑块的100m缓冲范围，并基于研究单元统计缓冲范围内绿地签到点的签到次数，用于表达各个研究单元内绿地的吸引能力。

四、模型算法

1. 模型算法流程及相关数学公式

基于再生绿地视角，选取生态、社会、经济方面直接相关或指示因子作为参考指标，考虑目前规划和研究常用指标作为对比，完成指标测度计算模型和效益评估的分析流程设计。

（1）生态功能效益指标

从更新视角评估绿地的生态功能提升效益，主要考虑社区服务单元上更新绿地的空间、面积和质量变化，除了规划使用的绿地覆盖率，选择二维形状指数和三维绿量综合评价更新的生态效应，并希望对比覆盖率指标说明更新对绿地空间的影响。

1）再生绿地斑块形状指数

Wiens认为绿地斑块的周长面积比值越大，反映其形状越复杂，与周围环境越容易进行交流，因此使用周长面积比的绿地形状指数能够更为科学地表达绿地对热环境的缓解效应。同时多位学者发现绿地斑块形状指数越大，其对城市热岛的降温能力越强。如王帅帅等以遥感和GIS为工具，通过热环境反演和空间统计分析发现广州城市绿地形状指数增大，绿地内部均温和最低温度均降低。王文娟等从斑块尺度分析发现绿地形状指数与城市热岛具有负相关关系，即绿地形状指数越大，降温效果越好。此外，绿地斑块形状指数对场地雨洪径流管理具有影响。王茜等以重庆某住区为例，对其设计方案展开降雨径流的实证模拟研究，认为绿地形状指数越高，即绿地斑块越不规则，对径流的控制作用越强，越有利于减少内涝。因此本研究认为形状指数与减缓城市热岛效应和城市内涝风险的能力呈现正相关关系，即绿地斑块形状指数越高，其减缓城市热岛效应和城市内涝风险的能力越强。统计研究单元内各绿地斑块形状指数的均值，表征研究单元内绿地减缓城市热岛效应和降低城市内涝风险的能力，再生绿地斑块形状指数如图4-1所示，具体计算公式4-1如下：

$$S = \frac{P}{2\sqrt{\pi A}} \qquad (4-1)$$

其中：S为形状指数，P为斑块周长，A为斑块面积。

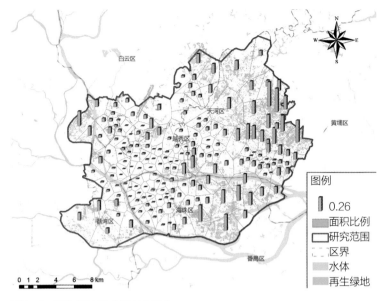

图4-2 再生绿地率（笔者自绘）

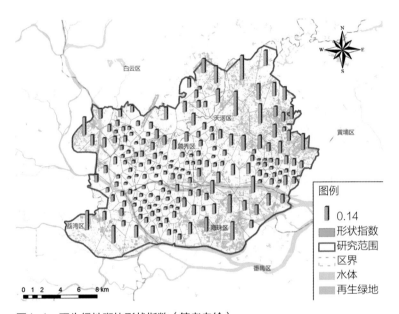

图4-1 再生绿地斑块形状指数（笔者自绘）

2）再生绿地率

已有研究表明绿地斑块面积与绿地斑块降温程度之间存在显著的对数关系，随着绿地斑块面积的增加，绿地斑块降温能力增强，当绿地斑块面积趋于某一数值时，绿地斑块降温能力趋于稳定。因此本研究认为在社区级研究尺度上，绿地斑块面积并不会达到阈值使降温能力达到饱和，绿地斑块面积比例越大，其降温能力越大。再生绿地率如图4-2所示，具体计算公式4-2如下：

$$area_{ratio} = area_{green} / area \qquad (4-2)$$

其中：$area_{ratio}$为绿地率；$area_{green}$为绿地面积；$area$研究单元面积。

3）再生绿地质量

孔繁花等研究中提到地表温度与归一化植被指数（Normalized Difference Vegetation Index，简称NDVI）存在负相关关系，因此本研究借鉴前人的成果，认为$NDVI$指数越高，降低地表温度能力越强，减缓城市热岛效应。本研究借助ENVI5.3软件计算研究区内绿地的$NDVI$值，并按照研究单元统计其均值，再生绿地质量如图4-3所示，具体计算公式4-3如下：

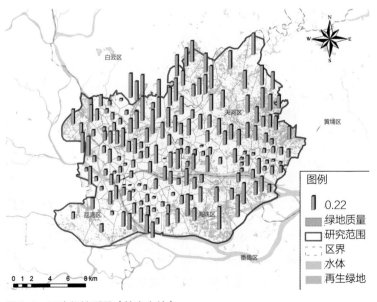

图4-3 再生绿地质量（笔者自绘）

$$NDVI = \frac{NIR - IR}{NIR + IR} \qquad (4-3)$$

其中：NDVI为植被指数，NIR为近红外波段值，IR为红波段值。

（2）社会服务功能效益指标

主要通过使用规划中的5分钟步行绿地空间范围和吸引力来衡量更新绿地的可达性，使用签到数据说明绿地活动行为的吸引力感知，同时也是人对更新绿地综合效应的感知。

1）5分钟可达范围的再生绿地覆盖率

绿地服务范围指绿地所在所有通行街道（即在指定的阻抗范围内的街道）的区域，即绿地中心的5分钟服务区包含从该点出发在5分钟内可以到达的所有街道，可以反映居民利用绿地的公平性和便捷性，从而评价绿地斑块布局是否合理。以研究单元内5分钟可达街道上的绿地覆盖率，作为以5分钟可达性相关的绿地服务范围覆盖率（图4-4）。具体计算公式4-4如下：

$$coverage = GreenArea_{5min} / Area \qquad (4-4)$$

其中：coverage为研究单元内绿地5分钟服务范围的覆盖率；$GreenArea_{5分钟}$为绿地5分钟服务范围；Area为研究单元面积。

2）绿地服务能力

微博签到数据在一定程度上能够体现研究单元上居民或游客到绿地活动和游憩的吸引力，其中绿地签到类型的微博签到数据能够体现绿地斑块吸引人到某地活动的能力。绿地签到类型的微博签到数据数量越高，则代表研究单元内绿地服务能力越强。绿地服务能力如图4-5所示。

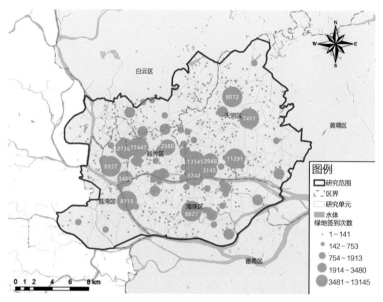

图4-5　绿地服务能力（笔者自绘）

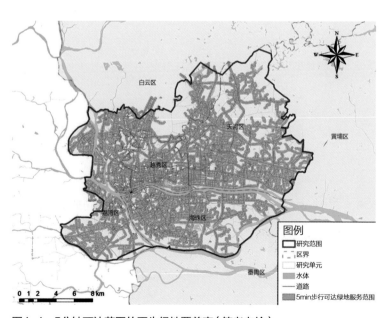

图4-4　5分钟可达范围的再生绿地覆盖率（笔者自绘）

（3）经济功能指标

王志芳等分析绿地景观作为城市公共基础服务设施的作用，更新绿地能够对周围商业和居住经济效益具有带动提升作用。因此通过对稳定绿地和再生绿地斑块内的商业类型POI和居住类型POI的核密度进行空间计算统计，可评估两种类型的绿地斑块带来的经济效益的分异。

1）商业类型POI核密度

选取商业类型的POI，对其进行核密度分析，若再生绿地商业类型POI核密度越大，则代表再生绿地具有越高的商业价值（图4-6）。具体计算公式4-5如下：

$$f(s) = \sum_{i=1}^{n} \frac{1}{h^2} k\left(\frac{s-c_i}{h}\right) \qquad (4-5)$$

其中：f(s)为空间位置s处的核密度计算函数；h为距离衰减阈值，这里由ArcGIS软件计算所得；n为与位置s的距离小于或等于h

的要素点数；k函数则表示空间权重函数。

2）居住类型POI核密度

选取居住类型的POI，对其进行核密度分析，若再生绿地商业类型POI核密度越大，则代表再生绿地具有越高的价值（图4-7）。核密度计算公式如下公式4-6所示：

$$f(s) = \sum_{i=1}^{n} \frac{1}{h^2} k\left(\frac{s-c_i}{h}\right) \qquad (4-6)$$

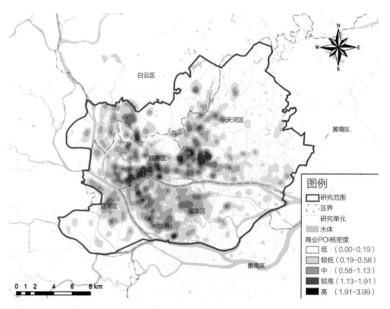

图4-6　商业类型POI核密度（笔者自绘）

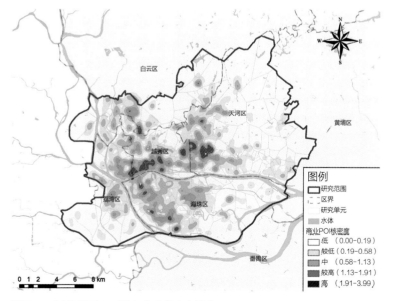

图4-7　居住类型POI核密度（笔者自绘）

其中：$f(s)$为空间位置s处的核密度计算函数；h为距离衰减阈值，这里由ArcGIS软件计算所得；n为与位置s的距离小于或等于h的要素点数；k函数表示空间权重函数。

（4）再生效益评价

参考经济学效益评价思路，确定各个维度和综合维度上本研究再生效益计算公式4-7如下：

$$UI_i = \frac{(UI_{i\_a} - UI_{i\_b})}{UI_{i\_a}} \times 100\% \qquad (4-7)$$

UI_i再生效益取值范围在［0，1］，取值越接近1，则代表再生效益越好。UI_{i_a}是再生后的效益，UI_{i_b}是再生前的潜力，该公式表明再生绿地效益是相对潜力增长的效益与最终效益比值。

2. 模型算法相关支撑技术

（1）基于层次分析法的再生绿地综合效益评估

1）层次分析法原理与应用结构

层次分析法（Analytic Hierarchy Process，简称AHP）是一种多目标多准则的决策方法，层次分析法通过分析问题所包含的影响因素，构建层次结构分析模型，利用每个层次所包含的因子进行两两比较，建立判断矩阵，最后利用各层次因子的相互重要性确定各因子的权重。本文利用专家评价的方法来确定因子间的重要程度，最后科学确定各因子权重。

应用层次分析法解决实际问题，首先明确要分析决策的问题，并把它条理化、层次化，理出递阶层次结构。在复杂问题中，影响目标实现的准则可能有很多，这时要详细分析各准则因素间的相互关系，即有些是主要的准则，有些是隶属于主要准则的次要准则，然后根据这些关系将准则元素分成不同的层次和组，不同层次元素间一般存在隶属关系，即上一层元素由下一层元素构成并对下一层元素起支配作用，同一层元素形成若干组，同组元素性质相近，一般隶属于同一个上一层元素（受上一层元素支配），不同组元素性质不同，一般隶属于不同的上一层元素。本研究通过构建3个层次的评价因素，运用专家打分法确定层次评价因素的相互重要程度，最后确定其权重（图4-8）。

2）构造判断矩阵

根据递阶层次结构可以容易地构造判断矩阵。构造判断矩阵的方法是：每一个具有向下隶属关系的元素（被称作准则）作为判断矩阵的第一个元素（位于左上角），隶属于它的各个元素依次排列在其后的第一行和第一列。重要之处在于填写判断矩阵。本研究主要利用城市规划、景观生态学、人文地理学等专业专家对各个因素的评价得分构造判断矩阵（表4-1）。针对判断矩阵的准则，其中两个元素两两比较哪个重要，重要多少，对重要性程度按1~9赋值（重要性标度值如表4-2）。最后利用yaahp层次分析法软件可以计算出各项不确定性因素对目标层的重要度权重，以及一致性检验参数，从而得到A-B、B-C判断矩阵。

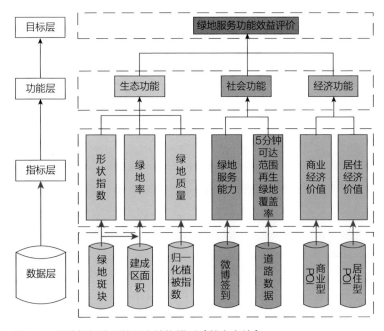

图4-8 评价指标体系的层次结构模型（笔者自绘）

城市再生绿地效益评估体系　　表4-1

目标层（A）	准则层（B）	指标层（C）
城市再生广州绿地效益评估体系	绿地生态功能B₁	形状指数C₁
		面积比例C₂
		绿地质量C₃
	绿地社会功能B₂	绿地服务质量C₁
		绿地服务范围覆盖率C₂
	绿地经济功能B₃	商业经济价值C₁
		居住经济价值C₂

重要性标度含义　　表4-2

重要性标度	含义
1	表示两个元素相比，具有同等重要性
3	表示两个元素相比，前者比后者稍重要
5	表示两个元素相比，前者比后者明显重要
7	表示两个元素相比，前者比后者强烈重要
9	表示两个元素相比，前者比后者极端重要
2，4，6，8	表示上述判断的中间值
倒数	若元素i与元素j的重要性之比为aij，则元素j与元素i的重要性之比为aji=1/aij

决策目标判断矩阵（表4-3）一致性判断：0.020 7；对总目标权重：1.000 0；$\lambda_{max}=3.021\,5$。

决策目标判断矩阵　　表4-3

生态功能	社会功能	经济功能	W_i
1.0	1.4	3.7	0.484 6
0.714 3	1.0	4.1	0.401 4
0.270 3	0.243 9	1.0	0.114 0

生态功能判断矩阵（表4-4）一致性判断：0.005 7；对总目标权重：0.048 46；$\lambda_{max}=3.005\,9$。

生态功能判断矩阵　　表4-4

生态功能	形状指数	绿地率	绿地质量	W_i
形状指数	1.0	0.9	1.0	0.319 9
绿地率	1.111 1	1.0	1.4	0.383 8
绿地质量	1.0	0.714 3	1.0	0.296 3

社会功能判断矩阵（表4-5）一致性判断：0.000 0；对总目标权重：0.401 4；$\lambda_{max}=2.000\,0$。

社会功能判断矩阵　　　　　　　　　　表4-5

社会功能	绿地服务能力	绿地服务范围覆盖率	W_i
绿地服务能力	1.0	2.2	0.687 5
绿地服务范围覆盖率	0.454 5	1.0	0.312 5

经济功能判断矩阵（表4-6）一致性判断：0.000 0；对总目标权重：0.114 0；$\lambda_{\max}=2.000\ 0$。

经济功能判断矩阵　　　　　　　　　　表4-6

经济功能	商业经济价值	居住经济价值	W_i
商业经济价值	1.0	0.8	0.444 4
居住经济价值	1.25	1.0	0.555 6

最后得到所有评价指标及功能层对决策目标的权重，如表4-7所示。

评价指标及功能层权重　　　　　　　　表4-7

功能层	权重	指标	权重
生态功能	0.484 6	形状指数	0.155 0
		绿地率	0.186 0
		绿地质量	0.143 6
社会功能	0.401 4	绿地服务能力	0.275 9
		5分钟可达范围的再生绿地覆盖率	0.125 4
经济功能	0.114 0	商业经济价值	0.063 3
		居住经济价值	0.050 7

（2）线性规划算法优化绿地配置

线性规划算法由George B. Dantzig于1974年提出。线性规划法是在各种相互关联的约束条件下，为满足特定要求的线性目标函数最优的问题，即在限制的人力、物力和资源条件下，合理分配资源得到最大经济效益。

基于绿地优化配置的线性规划模型构建

本研究依据线性规划理论，构建线性规划模型的目标函数：

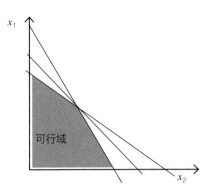

图4-9　线性规划可行域示意图

$$y=a_1x_1+a_2x_2+a_3x_3+a_4x_4+a_5x_5+a_6x_6+a_7x_7 \quad （4-8）$$

式中，y为综合效益，a_i为权重系数，x_i为优化指标，1~7分别代表形状指数、绿地率、绿地质量、绿地服务能力、绿地服务范围覆盖率、商业经济价值、居住经济价值，由于绿地规划对象仅涉及绿地本身，因此将x_6（商业经济价值）和x_7（商业经济价值）设置为常数，$x_1\sim x_5$设置为可优化变量。

线性约束条件的设置是针对生态指标和社会指标进行约束，结合当前研究区绿地生态效益最优和社会效益最优情况，提出线性规划模型的约束条件：

$$\begin{cases} 0.155x_1+0.186x_2+0.144x_3\leqslant0.459 \\ 0.28x_4+0.125x_5\leqslant0.359 \end{cases} \quad （4-9）$$

其中非负变量$x_1\sim x_5$设置为：

$$\begin{cases} 0\leqslant x_1\leqslant5.57 \\ 0\leqslant x_2\leqslant5.36 \\ 0\leqslant x_3\leqslant0.17 \\ 0\leqslant x_4\leqslant29.5 \\ 0\leqslant x_5\leqslant0.7 \end{cases} \quad （4-10）$$

通过公式4-8~公式4-10确定目标函数，线性约束条件和非负变量，在更新效益最优导向下进行空间优化分析，并借助公式4-11确定空间优化提升类型，为未来绿地更新规划选址提供针对性的布局配置建议。

$$\begin{cases} x_{Ei}<x'_{Ei}\ and\ x_{Si}>x'_{Si} & 生态效益待提升 \\ x_{Ei}>x'_{Ei}\ and\ x_{Si}<x'_{Si} & 社会效益待提升 \\ x_{Ei}<x'_{Ei}\ and\ x_{Si}<x'_{Si} & 生态和社会效益待提升 \\ x_{Ei}>x'_{Ei}\ and\ x_{Si}>x'_{Si} & 生态和社会效益符合型 \end{cases} \quad （4-11）$$

五、实践案例——广州主城区再生绿地的综合效益评估

1. 模型应用实证及结果解读

2000—2015年广州市主城区再生绿地的时空变化

1）基于CCDC的再生绿地提取模型流程（图5-1）

2）研究区概况

通过分析再生绿地的集中程度，主要选取了主城区，包括完整的越秀、荔湾、海珠和天河四个区及白云区一部分，再生绿地比稳定绿地稠密很多。

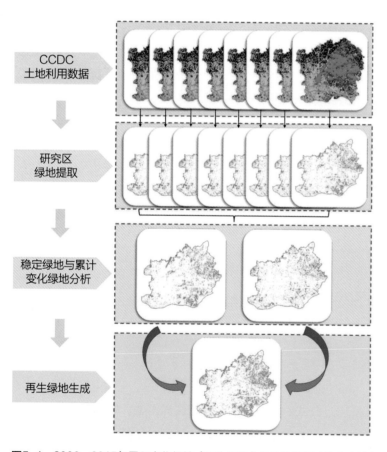

图5-1　2000—2015年累积变化绿地（再生绿地）的总体格局（笔者自绘）

2. 模型应用案例可视化表达

（1）广州市主城区再生绿地的生态、社会、经济效益评价

1）再生绿地的生态功能效益

三个绿地生态功能指标在社区服务单元上的变化强度和提升

效益，通过自然断裂点分为低、较低、中、较高、高五个类型，主城区再生后的绿地率的高值与较高值集中在荔湾区、越秀区西边，低值主要分布在主城区中心、越秀东部、海珠区和天河区北部；与绿地率相似，绿地质量在荔湾区和天河区的社区单元有较好重合，而中心散落一些绿地率不高但绿化质量高的社区单元；同时形状指数和地表温度LST热岛效应对比看来符合其间关系规律：在荔湾和越秀西边，较高的再生绿地形状指数和较低的LST共存，越秀、海珠、天河中心有较低的形状指数和较高的LST共存，说明绿地形状指数高，其绿地降温效应更好。三个指标既有相似也有差异，考虑通过专家打分，将通过绿地率（常用规划指标）、绿地质量和形状指数三方面综合分析更新绿地所带来的生态效益。

2）再生绿地的社会功能效益

对比社会服务功能再生效益的两个指标测度存在明显差异，5分钟可达性范围的绿地率主要和路网有关，使用百度地图能提供主路和支路，高值主要集聚在荔湾越秀相邻地方；而签到数据代表的绿地服务功能比较均匀地分布在研究区中部，签到数据包括本地居民和游客的到访行为，到访该研究单元上的公园景点。两者分别指示了绿地的相邻性和吸引力两个方面对社会服务的影响，也是可达性的不同方面测度。

3）再生绿地的经济功能效益

同样对比商业和居住区上绿地的经济服务功能再生效益，也存在着明显的空间差异，由相关的商业POI和居住POI密度指示这两个方面的经济效益差异，所带动的商业高值主要聚集在荔湾与越秀相邻地方，而居住区高值则比较均匀地分布在研究区的老城区范围，天河新区比较少，这也和居住区再生绿地变化比较普遍，而商业相关的再生绿地效益比较集中，土地成本相对高。

（2）再生绿地效益比较

对再生绿地综合效益的空间格局分析，可以对比效益等级和多维度效益的关系，以此帮助解读再生绿地格局形成的机制。通过对比图5-2高级（a）、中级（b）、低级（c）综合效益等级的生态—社会—经济维度占比，发现比较明显的规律：三个维度的的效益都在由高到低的综合效益中呈现降低趋势。而三者对比起来，生态效益有显著提高，经济效益和社会效益从中等到低等的变化比较明显，重要的是社会效益对高中低三个等级的变化具有较好的区分作用（图5-2）。

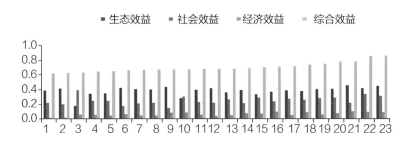

（a）高级

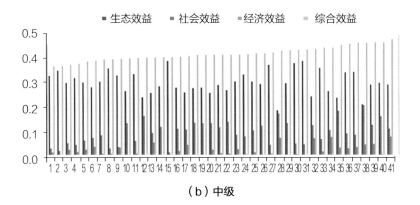

（b）中级

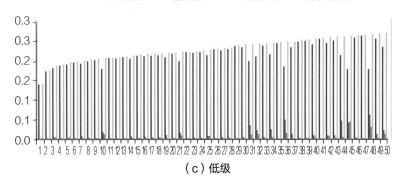

（c）低级

图5-2　再生绿地综合效益的经济—社会—生态维度比较（笔者自绘）

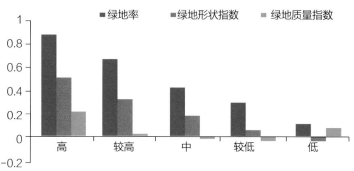

（a）再生绿地的生态功能效益与生态因子

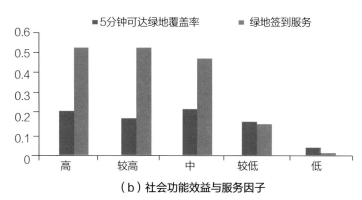

（b）社会功能效益与服务因子

（c）经济功能效益与经济POI因子

图5-3　再生绿地生态效益与三个测度因子（笔者自绘）

进一步分析所选因子与生态、社会、经济维度效益的关系，有助于探明影响因子，帮助解读规划指标意义。通过对比图5-3中再生绿地生态效益与三个测度指标的均值（a），与社会效益测度指标的均值（b）和经济效益测度指标的均值（c），可以发现：绿地率是主要影响因子，而绿地形状指数也起到了相似的正向意义指示作用；此外，绿地服务的签到数据均值相比5分钟可达范围的绿地覆盖率均值更高，有更好的指示性。

（3）基于再生绿地效益评估的布局优化规划指标建议

综述以上，通过量化三个维度的7个指标，结合规划师和学者打分获取权重指标，在再生绿地的变化强度—再生效益—人为感知框架中量化了市域和案例的综合效益，再生效益得到了显著的提升。但在白云区、海珠区局部有需要提升的效益低值区，值得今后布局优化关注。

此外，通过综合效益与常用规划指标——绿地率的占比和关

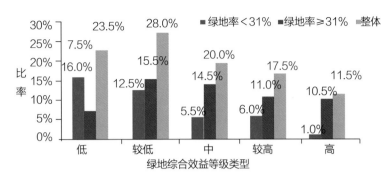

图5-4　绿地率与再生绿地综合效益关系图（笔者自绘）

系分析（图5-4），统计发现综合效益高和较高的社区绿地率大于31%的分别是10.5%和11%，并非最高值，而绿地形状指数被探明具有较好的地面热岛缓解效应，因此应该成为规划设计的考虑要素之一。在城市绿地再生过程中绿地的形状可趋于多样化和不规则化，提倡零碎空间增绿插绿，进行"见缝插绿"的绿化建设。

对各效益提升高低类型的5分钟可达性范围的绿地覆盖率平均值进行统计分析见表5-1，本研究认为当5分钟可达范围的绿地覆盖率平均值达到70%以上时，效益会有50%以上的提升。

与学者常用的5分钟可达性范围的绿地覆盖率相比，签到数据指示了绿地服务能力也有较好的效益体现，并具有最高的权重分值，不仅通过本项目结果验证如图5-2（b）所示，也为规划专家认可。而绿地带来的商业和居住经济效益也是不容忽视的，指示了美好家园环境的重要性。因此本研究认为，在进行城市再生过程中绿地再生应同时考虑经济、生态、社会再生效益，并且绿地再生应采取"见缝插绿"的方式，增加零碎绿地和口袋公园等，而且应结合海绵城市的理念，合理利用绿地地形，在低洼处设置旱溪和卵石滩进行雨水的过滤及收集。为了增加口袋公园及零碎绿地的社会效益及经济效益，可以增添亭廊、座椅、健身步道等便民设施。结合以上优化建议能够在一定程度上综合提升绿地再生的效益。

5分钟可达范围绿地覆盖率与效益提升量化分析　表5-1

5分钟可达范围绿地覆盖率平均值	效益提升程度
60.50%	14%~27%
67.48%	28%~35%
69.91%	36%~46%
69.48%	47%~61%
73.49%	62%~86%

六、基于线性规划算法的绿地优化配置

1. 更新效益最优导向下生态和社会指标空间优化分析

基于面向更新效益的线性规划模型，求出线性最优解如下：

$$\begin{cases} x_1 = 1.446 \\ x_2 = 1.205 \\ x_3 = 0.078 \\ x_4 = 1.272 \\ x_5 = 0.31 \end{cases} \quad (6\text{-}1)$$

借助公式4-11和公式6-1对研究单元进行空间优化分析，最终如图6-1所示，图中社会效益待提升单元主要分布于远离老城区的白云区、天河区和海珠区边缘地带，生态和两种效益都待提升单元呈聚集特征分布于珠江两岸及天河区和海珠区交界处。

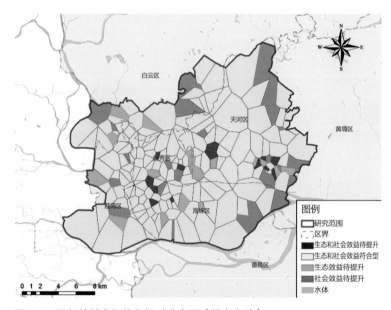

图6-1　更新效益空间优化提升分布图（笔者自绘）

2. 绿地更新规划空间配置建议

针对不同的提升类型，分析其对应指标达标率，作为提升绿地更新规划空间配置合理性的重要参考。图6-2分析了生态效益待提升单元的指标达标率，可以发现绿地率和NDVI存在不达标的情况，因此需要在珠江两岸及天河及海珠交界处中提升"见缝插绿"的绿地面积，尤其是已有绿地的质量。图6-3分析了社会效益待提升单元的指标达标率，发现绿地的签到是其短板，而绿地

签到是衡量绿地服务能力的关键，因此针对远离老城区的边缘绿地应重点提升其服务及辐射能力。如通过绿地景观的创意设计、公园绿地的路牌指示、绿色空间的和谐搭配等，提升边缘绿地对城市居民的吸引能力。图6-4主要指示了两者都待提升型的指标达标情况，可以发现绿地质量和绿地签到仍然是影响更新绿地综合效益的关键指标，因此在两者效益都待更新的区域，绿地的质量和空间感知设计是提升更新综合效益的有效改善途径。

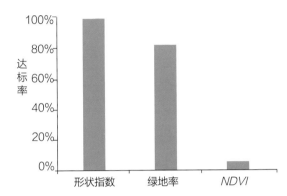

图6-2　生态效益待提升型生态指标的达标率（笔者自绘）

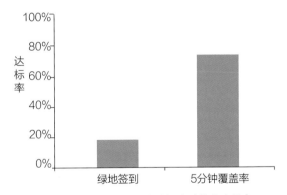

图6-3　社会效益待提升型社会指标的达标率（笔者自绘）

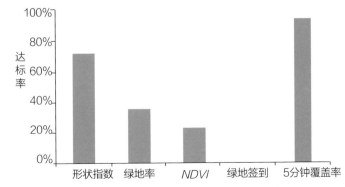

图6-4　生态和社会效益待提升型指标达标率（笔者自绘）

七、研究总结

1. 模型设计的特点

针对2000年以来广州城市绿地再生的典型性和规模性，本研究将引入时序遥感分析技术，准确提取城市再生绿地的空间变化，以居（村）委会服务等势面为单元整合城市再生绿地的变化效应，结合居民行为和大数据合理选择评价测度，构建再生绿地的综合优化效益评价模型，并重点讨论旧社区改造和旧城商业区改造案例中的绿地再生优化效益，提出准确可行的方案以辅助再生绿地总体布局的规划决策。因此，结合遥感和多源地理大数据来探明城市再生绿地的变化，并分析其功能服务与效益的空间格局，融合数据监测感知分析评价是本项目的目标和特色。

本项目基于再生绿地的空间变化，建立变化再生强度—效益优化—行为感知融合的研究框架，探明三个方面的量化测度指标及其间联系；从生态社会经济三方面开展再生绿地优化效益的综合评估，对比既有规划指标——绿地率和5分钟可达性，凸显本项目相关指标对于更新规划辅助决策的重要性。同时界定了社区服务单元的城市整体布局空间差异。最后应用线性规划算法，基于绿地综合效益最优目标，对再生绿地进行优化配置。因此，相对既有地理学的个案研究，本研究提出了融合物质空间和人本效应进行再生效益评估的研究理论，体现再生研究中多元主体相互作用的复杂性，同时甄选了指标，融合了宏观和微观个体研究；而遥感时序数据和地理大数据签到数据及专家问卷数据等研究方法的有机结合为本项目提供了可行数据和坚实基础。因此具有城市再生视角下综合协调进行国土空间再生规划的创新性，符合城市规划从微观到空间管治整合转变的特色。

2. 研究结果总结

（1）基于专家打分的层次分析法问卷结果表明，城市规划学、人文地理学及景观生态学等方面专家认为在再生绿地三个功能维度中，再生绿地的生态功能效益提升最为重要，其次为社会功能效益；所构建的7个评价指标中再生绿地服务能力最为重要，其次是再生绿地的绿地率。问卷结果反映出在城市再生过程中，绿地再生所带来的生态功能效益和社会功能效益需求最大，其中绿地率能够有效提升生态功能效益，绿地服务能力能够有效提升社会功能效益，在绿地规划布局过程中可着重关注再生绿地

城垣杯 ·
规划决策支持模型设计大赛获奖作品集 2019—2020

的绿地率和其服务能力。

（2）通过生态功能效益的空间格局图、社会功能效益结果图及经济功能效益结果图可以看出，广州市主城区再生绿地生态功能效益、社会功能效益及经济功能效益高值区集中在越秀区、荔湾区及海珠区等广州老城区的社区服务单元上，略有不同之处表现为在经济功能效益方面，天河区的效益提升相对社会功能效益及生态功能效益提升并不明显，综合效益高值区集中在荔湾区、越秀区及海珠区等广州市老城区。原因是在2000—2015年期间，天河区作为广州市城市开发区，城市新区的重点发展在于建设用地加密，城市再生绿地并没有形成集聚效应，社会功能效益和生态功能效益具有一定的滞后表现性，综合效益也表现出相对其他区域的滞后性。

（3）通过分析不同的待提升类型的指标达标率，作为提升绿地更新规划空间配置合理性的重要参考。对于珠江两岸及天河及海珠交界处，采用"见缝插绿"等规划手段提升绿地面积和已有绿地的质量；针对远离老城区的边缘绿地重点提升其服务及辐射能力。综合不同待提升类型发现，加强更新绿地的质量和空间感知设计是绿地更新规划的有效改善途径。

3. 应用方向或应用前景

城市绿地的再生规划一直是城市规划领域关注的重点，城市绿地再生规划的目的是满足居民日益增长的城市生态环境和高品质宜居生活空间的需求。随着我国国土空间治理的加强，尤其是城市发展规划由"增量扩张"向"存量更新"转变，加强城市再生绿地规划的空间布局合理性与科学性显得尤为重要。本研究融合遥感大数据和众源地理数据，通过提取历史再生绿地构建基于层次分析法的城市再生绿地效益评估体系，全面分析绿地的生态、社会、经济功能，从整体把控城市再生绿地效益的空间格局，阐述城市绿地规划的微观变化与宏观规模效应的联动机制，从更新视角分析城市再生带来的绿地变化对于城市空间格局的多维影响，为未来城市绿地的再生布局提供效果评估、规划模拟和空间指导。本研究的主要应用前景如下：

（1）在国土空间规划中，可以基于历史再生绿地数据评估城市绿地规划对于国土空间的多维影响，权衡未来城市绿地规划布局所带来的国土空间治理成本。

（2）在城市总体规划中，可以在原有的绿地规划指标要求上增加关于社会和经济方面的评估，提升城市总体规划中绿地配置的科学性。

（3）随着主要城市的城市更新行政机构建立，本研究成果可以用于模拟城市更新规划的未来效果，评估城市更新效益的优劣，为更科学的更新空间选址提供空间指导。

（4）现有的众源地理数据和遥感数据为城市绿地规划提供了丰富的数据源，这提高了本研究提出的效益评估体系的适用性，对于其他城市的绿地再生效益评估具有借鉴意义。

多元数据融合与系统耦联的城市空间应急救援能力评估[1]

工作单位：北京工业大学

研究方向：安全设施保障

参　赛　人：费智涛、张猛、张瑞、李甜甜、马嘉、刘子艺

参赛人简介：参赛团队来自北京工业大学建筑与城市规划学院、北京工业大学城市工程与安全减灾中心，利用空间方式对城市的应急救援与响应开展评估，以对接规划编制并支持城市韧性建设。团队的研究方向包括城市安全与防灾减灾、韧性城市和防灾规划等方面。

一、研究问题

1. 研究背景

1987年以来，联合国等国际组织为全球范围内的防灾减灾行动作出了努力，产生了不少成果，如1994年《横滨战略及其行动计划》、2005年《兵库宣言》和《兵库行动框架》、2015年《2015—2030年仙台减灾框架》等。我国在应急管理方面的研究与实践不断进步，2003年"非典"之后，学习日本应急管理的经验，在面对灾害时更加强调应急管理。2006年，国务院发布《国家突发公共事件总体应急预案》，其特点是使提高应急能力及强化政府责任意识有了法制化依据，明确应编制并实施突发公共事件应急体系建设规划；2007年公布的《突发事件应对法》提出合理确定应急避难所；2015年，环保部发布了《突发环境事件应急管理办法》，从风险控制、应急准备、应急处置、事后恢复4个环节来构建全过程突发环境事件应急管理体系；2018年3月1日起实施的《城市综合防灾规划标准》GB/T 51327—2018明确将应急保障和服务能力作为综合防灾评估中的重要一项内容。目前，研究人员以不同的视角与方法对城市的应急响应与救援能力开展评估，涉及建筑工程应急能力、应急管理机制及评估和应急资源配置等方面，利用交通网络系统模拟灾害应急救援运作的研究相对较少。

近年来，已有研究将可达性评估与灾后城市空间应急评估相结合，基于现状城市状况模拟灾后空间应急能力，并强调城市道路对灾后应急的重要作用。吴超等通过最短路径模型与最大覆盖范围模型的定量分析，优化应急避难场所的空间布局，利用交通等时线对其交通效率进行评价；殷杰等利用洪涝数值模拟模型与GIS网络分析相结合的方式，基于灾后道路网的可用情况，评估了医疗系统在不同洪涝灾害情景影响下的应急空间可达性；Daniel Green等基于GIS平台，评估城市重要网点在灾后道路可达性变化情况下的服务范围；R. Albano等融合了城市应急的结构可达性和可操作性模型，以洪涝最大影响（maximun impact）为情景，考虑系统各要素间的影响程度，评估灾害影响前后道路可达性与可靠性的能力变化，并给出策略。

2. 目的意义

（1）对接规划与应急预案

很多城市都制定了灾后应急响应预案，但在灾害发生时，道

---

[1]　本研究基于《门头沟分区规划（2017—2035）》和《门头沟综合防灾专题研究》。

路系统、生命线系统等城市应急保障基础设施的中断，削弱了避难、医疗、消防、物资储备等应急服务设施之间的空间联系，使有些应急服务设施变为"服务孤岛"，救援队伍与防灾资源的空间配置举步维艰，规划和预案的作用难以很好地发挥出来，延长了救援与恢复的时间。本研究面向规划编制，集成GIS平台的各种空间分析工具，考虑应急服务设施系统与城市道路的耦联效应，评价城市空间应急救援能力。针对评价结果，可以给出城市生命通道优选方案和管控策略，并为规划编制提供技术支撑。

（2）支撑城市防灾韧性能力评估

城市防灾韧性强调通过各类方法措施来减轻灾难对城市造成的损失并提升快速恢复的能力，应急救援能力的好坏对减轻灾害损失与提升城市恢复效率方面有重要帮助。同时，对城市应急救援能力的评估作为一个韧性的过程，对城市防灾韧性能力的提升起到至关重要的作用。

3. 研究目标

评估模型着眼于规划这一灾前手段，对灾害影响下城市道路破坏导致各类防灾设施联系中断这一问题开展定量化的空间模拟。利用脆弱性熵的关联矩阵模型、空间阻隔模型、Dijkstra最短路径算法等模型算法，通过GIS对各类数据的空间分析，计算城市防灾服务设施系统的耦联效应和城市灾后道路的可通行情况，评估城市空间应急响应能力。

4. 拟解决问题

（1）量化评价城市各类防灾服务设施之间的耦联效应。

（2）量化评价城市灾后道路的可通行情况。

（3）集成开发路段筛选模型。

（4）定量分析灾后防灾设施的空间应急救援能力。

（5）针对实际案例模拟给出规划建议。

二、研究方法

1. 脆性联系熵矩阵模型

耦联效应描述了同等级系统之间相互作用的影响。城市防灾服务设施子系统共同支撑了灾后城市的内部运作。根据《城市综合防灾规划标准》GB/T 51327—2018条文说明中第6.1.1条规定：

"城市中的应急指挥、医疗、消防、物资储备、避难场所、重大工程设施、重大次生灾害危险源等应急保障对象需要规划安排应急交通、供水、供电、通信等应急保障基础设施"。本研究基于空间供需关系重新审视灾后各类防灾设施，将灾后城市道路作为空间救援活动的载体，医疗设施、避难设施、消防设施、物资储备设施与居住区作为开展空间救援活动的对象，基于脆性联系熵矩阵模型，分析各类防灾服务设施系统间的相互影响，模拟灾后城市道路在防灾设施系统的使用频率。

使用脆性联系熵矩阵模型计算防灾设施系统的耦联效应。系统耦联的脆性联系熵包括脆性对立、脆性同一和脆性波动三个方面。若一个子系统X在干扰下发生崩溃，则表征另两个与之脆性相关的子系统Y的状态向量中，至少有一个y_j（$1<y<n$），受到脆性关联的影响而发生灾难性的变化，即达到了使子系统对应于该状态变量的功能不能正常工作的范围，称y_j与子系统X是脆性同一的，称其他没有受到任何影响的状态对于子系统X为脆性对立。若随着时间的演进，一些状态时而趋向同一，时而趋向对立，则称这些状态对于子系统X是脆性波动的，并使用脆性对立熵、同一熵、波动熵来描述这些状态。若一个子系统X在干扰下发生崩溃，则另外一个子系统Y的状态向量中至少有一个y_j（$1<y<n$），与子系统X发生脆性同一、脆性对立和脆性波动的概率分别是：

$$P_a\left(y_i \mid X\right), \ P_b\left(y_i \mid X\right), \ P_c\left(y_i \mid X\right) \qquad (2-1)$$

三者概率和为1：

$$P_a\left(y_i \mid X\right)+P_b\left(y_i \mid X\right)+P_c\left(y_i \mid X\right)=1 \qquad (2-2)$$

分别定义脆弱性同一熵为H_a、定义脆弱性对立熵为H_b、定义脆弱性波动熵为H_c。子系统Y受X的影响，应该是脆性同一、脆性对立和脆性波动的综合。定义出X崩溃发生时，子系统Y也发生崩溃的脆性联系熵为$H_x Y$。

2. Dijkstra最短路径算法

Dijkstra最短路径算法是由荷兰计算机科学家狄克斯特拉于1959年提出的，因此又叫狄克斯特拉算法。是从一个顶点到其余各顶点的最短路径算法，解决的是有向图中最短路径问题。狄克斯特拉算法主要特点是以起始点为中心向外层层扩展，直到扩展到终点为止。

（1）令$arcs$表示弧上的权值。若弧不存在，则置$arcs$为∞。S为已找到的从出发地到终点的集合，初始状态为空集。那么，从出发到图上其余各顶点可能达到的长度的初值为：

$$D=arcs\ [\mathrm{Locate\ Vex}\ (G,)]，\in V \qquad (2-3)$$

（2）选择v_j，使得：

$$D=\mathrm{Min}\{D|\in V-S\} \qquad (2-4)$$

（3）修改从v出发的到集合$V-S$中任一顶点v_k的最短路径长度。

3. 空间阻隔模型

（1）空间阻隔模型

空间阻隔模型是从交通本身出发以节点空间阻隔的难易程度表示可达性的模型，把两个节点间的空间阻隔（可用距离、出行时间等表示）作为可达性的数值，阻隔越小，可达性越好。

交通网络中，每个节点的可达性，点的最短路径之和/（$n-1$）：

$$H_i=1/(n-1)\sum_{j=1(j\neq i)}^{n}(d_{ij}) \qquad (2-5)$$

n个节点的节点可达性（该节点到其他每一节点整个路网的交通可达性），为每个节点交通可达性的平均值（每个节点可达性之和/n）：

$$H_i=1/n\sum_{i=1}^{n}(H_i) \qquad (2-6)$$

空间阻隔模型具有基础数据简单、计算方便等优点，本研究选用该模型计算可达性。

（2）其他可达性计算模型

1）累积机会模型把可达性定义为个体从出发地利用某种交通方式，在一定出行范围内能够接触到的机会的数量。通过定义一个时间阈值或费用阈值，把从该点出发在阈值容许范围内到达的所有机会(人口或工作机会的数量)作为某一特定区位的可达性，即公式2-7：

$$A_i=\sum_j O_{if} \qquad (2-7)$$

其中：f是预先定义的时间阈值；O_{if}是小区j中的机会；j是到i小区的出行时间小于f的小区。该模型通俗易懂，但是阈值f不容易确定，通常根据经验指定。

2）空间相互作用模型把可达性定义为相互作用的潜力，认为可达性不仅与两点间的空间阻隔有关，还与起点或终点活动规模的大小有关。这一思想来源于Wilson利用最大熵原理推导出的双约束重力模型。此类模型中，最常用的是Hansen提出的潜力模型，公式2-8：

$$A_i=\sum_j \frac{D_j}{t_{ij}} \qquad (2-8)$$

其中：t_{ij}为从小区i到小区j的出行时间；D_j是小区j中的机会。该模型意义明确，可解释性好；但由于出行时间t_{ij}在分母，因此小区i自身的潜力不好计算。

3）效用模型以离散选择模型为理论依据，假定出行终点会赋予个体一定的效用，而个体会选择效用最大的终点出行，因此可达性是出行选择的最大期望效用，用对数和的形式表示，公式2-9：

$$A_i=\ln\sum_{j\in C}\exp(V_{ij}) \qquad (2-9)$$

其中：V_{ij}是i小区中的个体选择j小区的效用，C是选择集。该模型的优点是在理论上容易拓展，但所需数据量大，计算复杂。

4）时空约束模型是从个体角度出发，在特定的时空约束下，以个体能够到达的时空区域来度量可达性水平，通常用时空棱柱来形象的表示。这个模型的核心概念是对时空约束的理解，时空约束是指个人活动的时间和空间特性所引起的对于活动选择的限制，而时空棱柱则是某一个体在特定的时空约束下可能的活动空间。Kwan提出的基于可行机会集（Feasible Opportunity Set，简称FOS）的时空约束模型，是很有代表性的模型，即公式2-10：

$$A=\sum_i W_iI(i)，I(i=\begin{cases}1, & i\in \mathrm{FOS}；\\ 0, & 其他\ i\end{cases}) \qquad (2-10)$$

其中：W_i是i小区中的机会，FOS是小区i的可行机会集合。该模型反映了个人出行的时间和空间范围，但所需数据量大并且难于获取。

4. 技术路线及关键技术

城市空间应急救援能力评估模型研究包括数据获取预清洗、场景模拟构建、耦联效应分析、交通网络响应分析、结果分析和研究总结六个步骤（图2-1）：

（1）数据获取与清洗

通过多种方式（如查阅资料、Python等）获取模型运作所需基础数据（如城市交通网络数据、城市建筑轮廓数据等）；将获取到的原始数据进行清洗与属性录入，完成初始数据的准备工作。

（2）场景模拟构建

基于ArcGIS平台网络分析功能，使用处理好的交通网络数据与建筑轮廓数据，构建城市正常状态下的交通网络；通过计算可

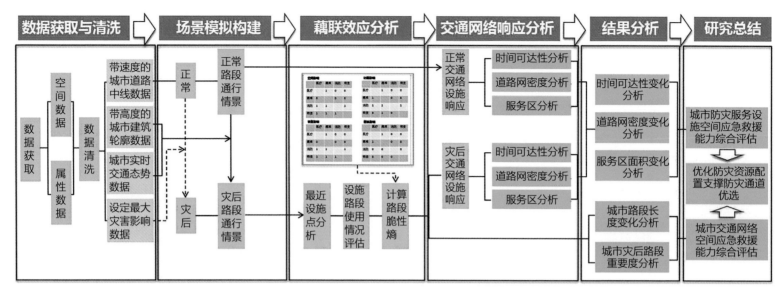

图2-1 技术路线示意图

通行系数、地震建筑物倒塌模拟，构建城市灾后状态下的交通网络。

（3）耦联效应分析

针对选取的灾后重要防灾服务设施点（医疗、消防和避难系统），以居住区点数据作为防灾资源的需求端，分析防灾设施系统灾后的耦联效应。与防灾基础设施情况不同，由于某一类防灾服务设施系统在空间上不存在线性的功能实体，采用防灾服务设施在路段上使用的位置与频次（如120、119等救援车辆使用的路段），表征灾后防灾服务设施系统间的相互影响，并选取在灾后具有战略意义的重要性保障路段。

（4）交通网络响应分析

分别使用灾前、灾后两种状态下的交通网络，分析城市防灾设施点的可达性指标、道路网密度指标和防灾设施点服务区指标，并对比两种状态下设施点可达性、道路网密度与防灾设施点服务面积的指标变化，给出应急救援能力在空间上的分异状态。

（5）结果分析

使用可达性与路网密度作为两个正交的维度进行分析，得出灾后设施点可达性、路网密度的四种类型，即高高类型（HH）、高低类型（HL）、低高类型（LH）和低低类型（LL），确定防灾服务设施的灾后空间救援能力。分析灾前、灾后两种状态下的道路网系统变化程度，使用设施系统耦联的综合脆性熵分析交通网络在灾后的重要程度。分析灾前、灾后服务区的面积变化，确定

灾后空间应急救援能力服务区变化情况。

（6）研究总结

根据表2-1指标体系中2项一级指标，8项二级指标综合评估城市空间应急救援能力，给出针对性规划建议，并总结研究内容。

城市空间应急救援能力评估指标体系　　表2-1

	一级指标	二级指标
城市空间应急救援能力评估指标体系	城市交通网络空间应急救援能力变化情况	道路长度变化
		道路网密度变化
		战略路段长度变化
	防灾服务设施空间应急救援能力变化情况	避难场所服务区面积覆盖变化
		消防设施服务区面积覆盖变化
		医疗设施服务区面积覆盖变化
		设施点时间可达性变化
		设施点OD数量变化

三、数据说明

1．数据内容及类型

随着科学技术的发展，城市规划的各项研究工作进入大数据分析时代。数据在交通分析、生态评价、城市分区、城市空间分析等城市各个方面得到越来越广泛的应用。同时，数据为研究个

人或群体的空间变化轨迹及城市交通流量变化等提供了基础支撑。

本次研究数据主要涉及交通网络数据、建筑轮廓数据、城市用地边界、POI兴趣点数据、实时交通数据和在规划实践过程中获得的各种CAD数据，以及其他相关数据。详见表3-1。

数据类型信息统计表　　　　　表3-1

数据名称	格式、类型	信息	来源
城市交通网络矢量数据	Shapefile、线数据	长度、等级、速度、位置	Bigemap
城市建筑轮廓矢量数据	Shapefile、面数据	面积、层数、位置	Bigemap
城市用地边界数据	CAD&shapefile、面数据	位置	规划部门、Bigemap
POI	Shapefile、点数据	名称、类型、位置	Bigemap、高德API
实时交通数据	Json、Excel	名称、平均速度、拥堵情况	高德API
百度街景图	PNG	道路宽度	百度API
CAD数据	CAD、点线面	位置	规划部门
其他数据	Excel	其他	其他

（1）城市交通网络矢量数据

交通网络数据为城市现有的交通网络体系。交通网络体系是整个城市的骨骼网络，是支撑城市各要素正常运转的纽带，也是灾害应急系统中的重要网络防灾通道与生命工程。对交通网络的研究主要基于Bigemap平台，采集道路的等级、位置信息，再通过ArcGIS系统完善道路名称、宽度、长度等信息。

（2）城市建筑轮廓矢量数据

建筑的年代、高度、位置、结构等信息为判断灾害时城市防灾能力提供了依据。此外，地震时，可根据建筑倒塌模型综合评估建筑倒塌对城市道路的通行能力影响，从而优先将通行力高、建筑倒塌影响相对小的城市道路作为空间救援的重要生命通道。

研究时主要采集建筑轮廓数据，通过Bigemap平台采集现有的建筑轮廓，对不完整的建筑轮廓数据基于ArcGIS系统进行补充完善，同时完善建筑的面积、层数、高度、位置等信息。

（3）城市用地边界数据

城市用地边界是合理引导城市发展与布局，控制城市无序扩张的有效工具。划定城市用地边界不仅有助于指导城市建设用地的集聚，控制城市的无限扩张，还能够促进城乡规划与土地利用

规划的协调与融合。对城市用地边界的界定也为规划研究划定了区域范围。

研究中涉及城市用地边界是以自然资源部划定的边界为依据，并结合规划部门提供的边界基础资料，通过Bigemap平台和ArcGIS系统进行处理。

（4）POI数据

POI是"Point of Interest"的缩写，翻译为"兴趣点"。本研究涉及的兴趣点主要为与道路系统耦连的医疗系统、消防系统、居住区、防灾避难场所等。及时有效的城市空间应急救援与医疗、消防、居住、防灾避难场所等的分布位置、设施完备程度等各因素紧密联系，研究时不仅要考虑系统本身，还要考虑与之相关的其他系统。

POI数据主要基于Bigemap和高德API工具，采集兴趣点的名称、类型、位置等信息。

（5）高德交通态势数据

实时交通数据的获取可了解不同时间段的城市交通流量大小。研究主要通过高德API，使用Python与地图截图工具，获取名称、平均速度、拥堵情况等信息，再通过Excel进行基本的数据处理。

（6）百度街景数据

研究需求的道路宽度数据，采用百度街景图人工提取的方式获取，具有效率高、误差较低的特点。使用Python获取研究区道路街景图，根据街景图双向车道数，判断城市道路的实际宽度。

（7）CAD数据

CAD数据主要由规划局提供，包括现状避难场所信息等。

2. 数据预处理技术与成果

（1）原始数据处理为可用数据

将直接获取的原始数据处理为模型可用的数据，包括对表格数据的空间矢量化、地理坐标转化为投影坐标等。

（2）道路宽度确定

根据《城市道路工程设计规范》CJJ 37—2012（2016年版）关于城市道路车道宽度的描述，城市道路单车道宽度范围在3.25～3.75m之间，为便于计算，本研究采用3.5m为城市道路宽度预测值。使用城市道路街景图估算双向道路的宽度，方法见图3-1。考虑到实际情景中车道渠化导致同一条道路车道数变化的状况，取观测点车道数的众数为该道路车道宽度（表3-2）。

图3-1 使用街景图确定城市道路宽度

编号	1	2	3	4	5	6	7	8	9	10
车道数	6	6	6	8	8	6	6	8	6	6

某道路双向车道数识别表　　表3-2

（3）空间数据的属性赋值

对投影后的空间数据进行初始属性的赋值。如对城市道路网数据添加设计速度字段，并计算通行时间；数据处理主要参考《公路工程技术标准》JTG B01—2014，将道路限速分别设置为：高速公路120km/h、快速路80km/h、主干道60km/h、次干道50km/h、支路30km/h，根据路段长度与设计速度计算通行时间（m/min），并通过使用路段平均拥堵程度反映路段的车辆阻塞指数。

数据处理时基于ArcGIS系统、Excel工具，将数据分为两类：一类为非空间数据的空间矢量化，主要处理对象为表格数据、栅格数据、JS数据；另一类为数据清理与基础属性添加，处理对象为道路网数据。

四、模型算法

1. Dijkstra最短路径算法

Dijkstra最短路径算法与ArcGIS网络分析拟合程度较好，使用该算法计算交通网络的各路段阻抗系数，模拟灾前、灾后两个状态的交通情况，构建两种状态下的交通网络模型。算法步骤如下：

$G=\{V,E\}$；

（1）初始时令$S=\{V_0\}$，$T=V-S=\{$其余顶点$\}$，T中顶点对应的距离值；

若存在$<V_0,V_i>$，$d(V_0,V_i)$为$<V_0,V_i>$弧上的权值；

若不存在$<V_0,V_i>$，$d(V_0,V_i)$为∞；

（2）从T中选取一个与S中顶点有关联边且权值最小的顶点W，加入到S中；

（3）对其余T中顶点的距离值进行修改：若加进W作中间顶点，从V_0到V的距离值缩短，则修改此距离值；

重复上述步骤（2）（3），直到S中包含所有顶点，即$W=V_i$为止。

其中，选取时间T（min）和距离L（m）作为灾前、灾后道路网模型阻抗系数。距离阻抗系数L（m）使用ArcGIS计算几何命令完成赋值，对于时间阻抗T（min），正常情况下：

$$T_0=L_n/(V_{0n}) \tag{4-1}$$

式中T_0为正常情况下的时间阻抗（min），L_n为交通网络每一条路段长度（m），V_{0n}为不同等级道路的设计速度（m/min）。

灾害作用下，很多因素造成路段通行受阻，导致可通行能力下降甚至失效，本研究中考虑建筑物破坏的坠落物与实时交通拥堵情况双重因素。

首先计算路段可通行系数g_n：

$$g_n=\left[1-\left(\frac{S_{1n}}{S_{2n}}\right)\right]+R_n\times c \tag{4-2}$$

式中g_n为n路段的可通行系数，S_1为影响n路段的建筑物倒塌面积（m^2），S_2为n路段路幅面积（m^2），R_n为n路段拥堵状态评分，c为拥堵状态系数。

灾后路段可通行系数是一个面积比例，未考虑到路段受到坠落物覆盖整个路幅宽度的最不利情况，因此附加可通行宽度指数W_n，表征建筑倒塌距离与路段宽度的关系：

$$W_n=W_{n0}-b_{ni1} \tag{4-3}$$

式中W_n为n路段可通行宽度（m），W_{n0}为n路段路幅宽度（m），b_{ni1}为n路段第i栋建筑物倒塌距离（m）。

在城市的实际建设中，建筑物一般后退道路红线建设。将建筑物退线距离b_{ni2}（m）嵌入可通行面积计算公式，修正为：

$$W_n=W_{n0}-(b_{ni1}-b_{ni2}) \tag{4-4}$$

式中W_n为n路段可通行宽度（m），W_{n0}为n路段路幅宽度（m），b_{ni1}为n路段第i栋建筑物倒塌距离（m），b_{ni2}为建筑物后退红线距离（m）。

灾后交通系统各路段的阻碍程度，影响了通行的效率。灾后路段通行的时间阻抗系数T_{z0}为：

$$T_{z0}=L_n/(V_{0n}\times g_n) \qquad (4-5)$$

式中T_{z0}为灾后道路时间阻抗（min），L_n为交通网络每一条路段长度（m），V_{0n}为不同等级道路的设计速度（m/min），g_n为每条路段的可通行系数。

至此，基于时间阻抗T（min）和距离阻抗L（m），使用Dijkstra最短路径算法计算与筛选，灾前、灾后两个状态的交通网络系统构建完成。

2. 脆性联系熵模型

使用脆性联系熵计算防灾服务设施系统的耦联效应。首先计算其中每一类设施系统发生脆性对立、脆性同一和脆性波动的概率，并满足三者概率和为1：

$$P_a(Y_j\mid X)+P_b(Y_j\mid X)+P_c(Y_j\mid X)=1 \qquad (4-6)$$

式中P_a、P_b、P_c分别为设施系统发生脆性对立、脆性同一和脆性波动的概率，Y_j为其他同等级设施系统，X为目标设施系统。

定义脆弱性同一熵：

$$H_a=-\sum_{j=1}^{k}P_a\left(Y_j|X\right)\ln\ P_a(Y_j|X) \qquad (4-7)$$

定义脆弱性对立熵：

$$H_b=-\sum_{j=1}^{h}P_b\left(Y_j|X\right)\ln P_b\left(Y_j|X\right) \qquad (4-8)$$

定义脆弱性波动熵：

$$H_c=-\sum_{j=1}^{n-k-h}P_c\left(Y_j|X\right)\ln P_c\left(Y_j|X\right) \qquad (4-9)$$

防灾服务设施系统X的脆性联系熵为：

$$H_xY=\omega_a\times H_a+\omega_b\times H_b+\omega_c\times H_c \qquad (4-10)$$

式中H_xY为防灾服务设施X相对于其他同等级系统Y的脆性联系熵，H_a，H_b，H_c分别防灾设施系统X的脆性同一熵、脆性对立熵和脆性波动熵，ω_a、ω_b、ω_c分别为对应的权系数，使用突变级数法求得。

将求得每一类设施的脆性联系熵赋值给相应使用的路段，得到设施救援路段的脆性综合熵，用来表征设施对路段的使用需求。

3. 空间阻隔模型

计算设施点可达性使用空间阻隔模型。在交通网络中，每个设施点的可达性，等于设施点到达其他每个节点的最短路径之和/（$n-1$）：

$$H_i=1/(n-1)\sum_{j=1(j\neq1)}^{n}\left(d_{ij}\right) \qquad (4-11)$$

式中H_i为某个设施点的可达性，n为设施点个数，i为起始点编号，j为终点编号，d_{ij}为第i个设施点到第j个终点的最短路径距离。

n个设施点的节点可达性等于该节点到其他每一节点整个路网的交通可达性，即为每个节点交通可达性的平均值＝每个节点可达性之和/n：

$$H_i=1/n\sum_{i=1}^{n}\left(H_i\right) \qquad (4-12)$$

式中H_i为某个设施点的可达性，n为设施点个数，i为起始点编号，j为终点编号，d_{ij}为第i个设施点到第j个终点的最短路径距离。

4. 支撑平台

模型算法及集成平台介绍如表4-1所示。

模型算法及集成平台介绍			表4-1
算法/工具名称	软件平台	操作系统	开发语言
Dijkstra最短路径算法	ArcGIS 10.2	Windows 7	–
脆性联系熵模型	IDLE(Python 3.5 64-bit)	Windows 7	Python 3.5.4
空间阻隔模型	ArcGIS 10.2	Windows 7	–
Modelbuilder	ArcGIS 10.2	Windows 7	–

五、实践案例

1. 研究区概况

以门头沟区为研究对象，评估其中心城区的空间应急救援能力。门头沟区位于北京市西部，行政范围1 455km²，中心城区总面积约87km²。本次研究区范围为中心城区内城市建设用地，共计约31.9km²。

2. 基础数据处理及场景构建

（1）基础数据处理

本次研究基础数据包括门头沟中心城区用地范围面数据、建筑轮廓面数据2 413条、现状道路线数据（总长度170 307.69m，处理后共计557个路段）、防灾服务设施（医疗、消防和避难）及居住区POI点数据、实时交通Json格式数据与栅格数据［数据采集时间：5月13日（周一）—3月18日（周日），6:00—22:00]。剔除不可用数据、补充缺失数据后，在GIS平台中对数据进行字段赋值与计算，数据准备工作完成。

（2）场景模拟构建

将基础数据带入分析模型，通过式4-1、式4-2、式4-4、式4-5计算时间阻抗T_0、T_{z0}，使用可通行系数g_n与筛选灾后可通行宽度W_n双重指标筛选灾后可通行路段，分别构建灾前正常情况与灾后情况两个场景。

3. 耦联效应分析

（1）最近设施点

使用ArcGIS网络分析工具中最近设施点分析方法，以医疗设施系统点、消防设施系统点、避难设施系统点为设施点，居住与其他设施点为需求点，分别计算灾前、灾后两种状态下的路径，并定义为医疗性通道、消防性通道和避难性通道，提取生成的"Total_时间成本"属性字段备用。

（2）脆性联系熵计算

根据三类道路被各设施使用的空间影响、功能影响、恢复影响和替换影响，使用布尔型矩阵计算防灾服务设施系统发生脆性对立、脆性同一和脆性波动的概率$P_a(Y_j \mid X)$、$P_b(Y_j \mid X)$、$P_c(Y_j \mid X)$，使用Python脚本计算出医疗、消防和避难设施系统的脆性联系熵，赋值给相应类型路段。

通过计算发现，门头沟城区医疗系统脆性联系熵$H_{医}$为0.634 7，消防系统脆性联系熵$H_{消}$为0.447 5，避难系统脆性联系熵$H_{避}$为0.583 2。得出医疗系统与其他系统的相互关联较强，耦联程度最高，医疗性通道（保障120急救车通行的路段）应优先保障。避难性道路的脆性联系熵较高，也应做好保障措施。消防性道路的脆性联系熵虽然相对较低，但也应最大限度保障其功能的使用。

4. 交通网络响应分析

（1）可达性分析

使用ArcGIS网络分析工具OD成本矩阵并根据公式4-11，分别计算正常、灾后两个情景下的164个设施点时间可达性$H_{前}$、$H_{后}$，根据公式4-12，计算两中状态下每个设施点的综合可达性$H_{前}$、$H_{后}$。对比164处设施（含居住区）灾前、灾后两种状态的可达性变化，其中变化率大于60%以上的设施点104个，占63.4%；变化率大于

90%以上的设施点62个，占37.8%，表现为道路阻抗上升明显，基本不可达（图5-1）。

由于灾后道路被破坏导致道路失效，部分设施点有效OD段数量显著下降，表现为时间可达性指标变化不大或指标值降低（可达性升高）的情况，如位于老城区腹地的京煤集团总医院，灾前时间可达性为4.3分钟，计算OD段数量163个；灾后时间可达性指标0.01分钟，OD段数量降为7个，表现为灾后可达性指标降低，但实际可到达的点数量锐减，在空间上形成"孤岛"的特征（图5-2）。

根据上述情况可以看出，仅仅根据灾后的设施点可达性指标，难以反映设施点可以提供空间救援服务（120急救车、119消防车运作等）的真实情况。因此，使用灾后设施时间可达性与OD段数量两个指标共同作为参考，筛选设施点。使用自然间断点分级法，求得设施点灾后时间可达性变化临界值为1.62分钟，灾后设施点OD段数量为37个，即可达性指标小于1.62分钟且OD段数

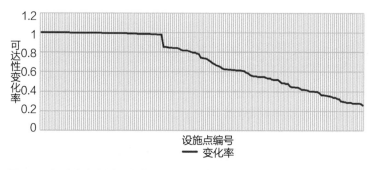

图5-1 门头沟中心城区灾前、灾后设施点可达性变化情况

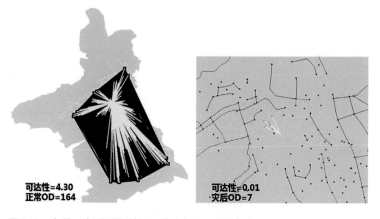

可达性=4.30
正常OD=164

可达性=0.01
灾后OD=7

图5-2 灾前、灾后设施时间可达性与OD段的变化

量小于37个的为难以到达设施，表现为灾后路段损毁较为严重，基本不可达，其中处于灾后基本不可达状态的防灾服务设施包括京煤集团总医院等。

设施OD段数量大于等于37个的设施点为可达设施，使用自然间断点分级法，将设施时间可达性分为高、中、低三个等级。使用反距离权重法插值结果如图5-3。

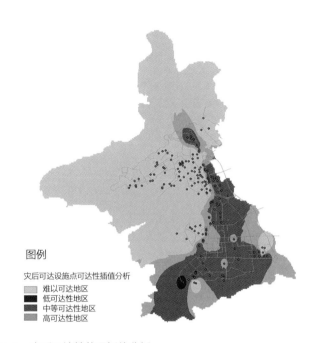

图例

灾后可达设施点可达性插值分析

难以可达地区
低可达性地区
中等可达性地区
高可达性地区

图5-3　灾后可达性状况插值分析

（2）道路网密度分析

城市的道路网密度是反映城市交通基础设施的完备程度重要指标，使用公式5-1计算门头沟区中心城区的道路网密度：

$$\rho = l_r/A \tag{5-1}$$

式中ρ为道路网密度（km/km²），l_r为一个区域内的道路网长度总和（km），A为区域面积（km²）。

首先，根据门头沟中心城区的实际情况划分研究网格。通过对比发现，使用100m×100m网格，精度较高，对道路的拟合程度较好，但无法较好地反映出路网密度变化趋势，计算量较大；250m×250m网格计算结果得当，能够较为明显地识别出路网密度较集中的区域；500m×500m网格集中度较高，但缺乏精度；综上，选取250m×250m的网格计算并研究城区道路网密度情况（图5-4）。

经计算，得出灾前、灾后两种状态下门头沟中心城区道路网密度分布图，以及具体指标。通过灾前、灾后499个有效网格的路网密度对比，113个网格路网密度降幅大于60%，占总量26.7%；降幅达90%以上达17.2%，这些区域主要分布在老城区，表现为道路设施中断（图5-5）。

（3）服务区分析

使用ArcGIS服务区分析功能，分别模拟灾前、灾后两个情况下的防灾设施的服务区。

目前国内尚无针对医疗紧急救援时间的规定，120反应时间

100m×100m　　　　250m×250m　　　　500m×500m

图5-4　道路网密度网格选取

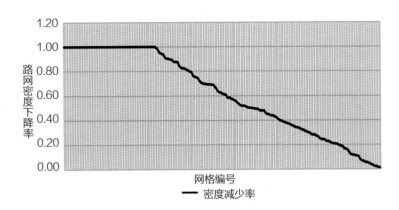

图5-5 灾前、灾后道路网密度变化

普遍较长，与发达国家8～10min相比有较大差距。根据已有研究，2005年北京市总体120急救反应时间中位数为16.5分钟，呼叫反应时间在5分钟内的仅占2.28%，而30分钟以上的占19.20%。综合考虑门头沟道路实际情况，采用10分钟为门头沟中心城区120紧急救援呼叫反应时间的期望值；参考《城市消防站建设标准》（建标152−2017）相关规定，城市消防站服务区应根据"接到出动指令后5分钟内消防队可以到达辖区边缘为原则"；参考《防灾避难场所设计规范》GB 51143−2015中第3.1.10条规定，紧急避难场所服务半径0.5km，短期、中期和长期固定避难场所服务半径为1.0km、1.5km和2.5km（图5-6、图5-7）。

图5-6 灾前防灾服务设施服务区

图5-7 灾后防灾设施服务区

5．结果解读

（1）门头沟中心城区防灾设施通道使用分析

灾后剩余路段的总长度109 829.20m，整体道路网络损毁率35.5%；主干道灾前总长度28 833.19m，灾后23 606.68m，损毁率18.1%；次干道灾前总长度63 816.44m，灾后44 518.80m，损毁率30.2%；支路灾前总长度77 658.07m，灾后41 703.71m，损毁率46.3%。可见门头沟中心城区干道交通网络受影响相对较低，等级较低的支路系统受损较为严重，破坏主要集中于建设较早的老城区（图5-8），影响了城市灾后空间应急救援的开展。

计算灾后剩余各路段的脆性综合熵（图5-9），使用自然间断点分级法，将路段脆性综合熵分为高、中、低三类。其中，脆性熵大于7.55的路段包括永安路、滨河路、冯石路、石担路、新城大街、砂石坑西侧、新23路、河滩路、规划八路（图5-10）。新桥大街作为主干道，与石担路相接，深入老城区，但由于路段损毁率较高，对老城、新城的应急救援影响较大。

（2）门头沟中心城区可达性与道路网密度分布

以灾后时间可达性为横坐标，道路网密度为纵坐标，绘制散点图。分别根据灾后道路密度、时间可达性的频率图选定2.84与1.62为两者高低的临界值，由此两两组合划分为4种类型（图5-11），划分方式为：①第一类型（$\rho \geq 2.84$且$T \geq 1.62$），区内道路基础设施情况较好，且时间可达性较高；②第二类型（$\rho < 2.84$且$T < 1.62$），区内道路基础设施情况较好，但时间可达性指标较低；③第三类型（$\rho < 2.84$且$T < 1.62$），区内道路基础设施情况不好，且时间可达性指标较低；④第四类型（$\rho \geq 2.84$且$T < 1.62$），灾后道路基础设施情况不好，但时间可达性指标较优。

由图5-12可以看出，第一类型包括东龙门地区、滨河路地区、新中心区、长安街滨河南区等。东龙门地区多数建筑拆迁，导致灾后路段较少地造成建筑倒塌的影响，路网密度与设施可达性指标均较高；除东龙门地区外，其他地区均位于新城地段，交通网络建设标准较高且设施较完备，建筑与道路界线的距离控制较好，道路网密度高；由于这些设施灾后OD段数量大于37个，虽然时间可达性指标较高，但灾后设施可达性能力较好。第二类型主要位于老城区，包括东、西辛房地区、黑山和高家园的部分地区，表现为道路宽度低、密度高；受到灾害的影响，道路通行能力下降甚至中断，可达的OD段数量下降，导致可达性指标虽

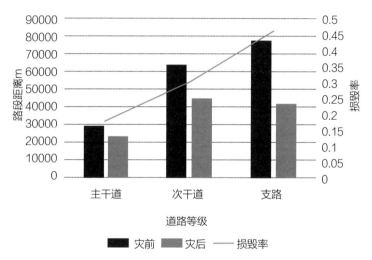

图5-8　灾前—灾后交通网络路段损毁情况

灾后救援路段脆性熵

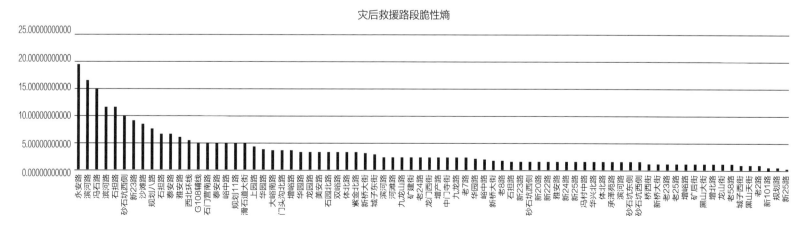

图5-9　灾后路段脆性熵指标

然较低，但区域可达能力下降。第三类型主要分布在黑山地区、高家园地区的老城核心地段，受灾害影响较大，区内道路中断现象严重，灾后基本处于"孤岛"状态；时间可达性指标较低，但OD段数量锐减，表现为基本不可达。第四类型主要分布在滨河路地区。由于衔接阜石路等对外连接的快速路，道路网密度较低，时间可达性指标较高，可达性较低。总体来看，由于灾后道路中断导致设施点OD段数量变化的影响，在空间上表现为时间可达性小于1.62分钟的设施点，与OD数量小于37个的设施点分布基本吻合，即灾后难以到达。由于灾后的时间可达性指标并不能完全反映设施的实际可达情况，剔除难以到达的设施点（即图5-11中第二类型、第三类型），使用自然间断点分级法，将时间可达性指标大于等于1.62分钟的设施点分为高可达性地区、中可达性地区和低可达性地区三类。特殊的，第二类型、第三类型和第四类型中存在时间可达性、道路网密度单一指标或双重指标为0的情况，表现为设施点对外无连接，道路中断，主要分布在老城区；另外，南部新城部分地区处于开发阶段，交通基础设施不完备导致出现此类情况（图5-13）。

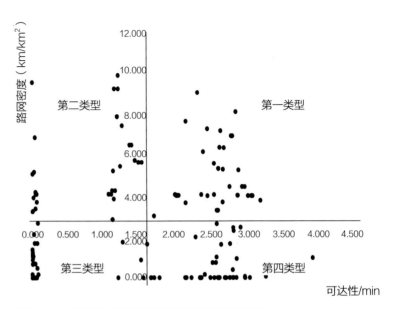

图5-11　灾后可达性与道路网密度指标划分示意图

图5-10　灾后路段脆性熵分级

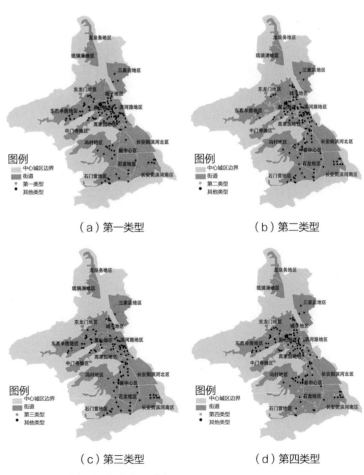

（a）第一类型　　　　　　（b）第二类型

（c）第三类型　　　　　　（d）第四类型

图5-12　四种类型设施点空间分布

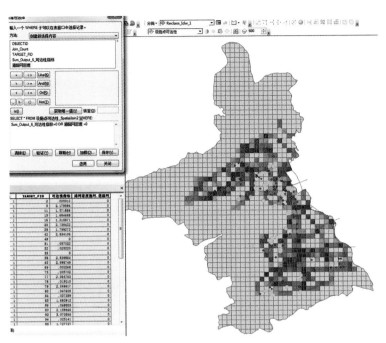

图5-13 灾后时间可达性与道路网密度为0的设施分布

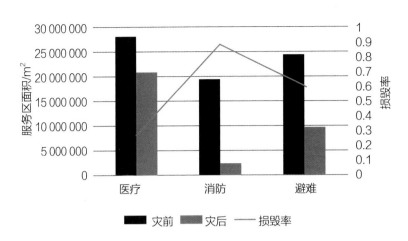

图5-14 灾前、灾后城区防灾服务设施服务区面积变化情况

通过模拟评估发现，门头沟中心城区防灾服务设施空间应急救援能力呈现南与北、新城与老城的差异性，南部新城空间应急救援能力相对较好，而北部老城灾后道路基础设施的受损较严重。灾后空间联系的中断，很大程度上影响了防灾服务设施开展紧急救援活动的能力，如京煤集团总医院、门头沟区医院和门头沟区龙泉医院等医疗设施，救援反应时间增加、门头沟消防支队的救援路径被阻断、老城区人群避难路径难以通行（如到黑山公园、人口文化园等现状避难场所）。

（3）门头沟中心城区防灾服务设施服务区分析

分析灾前、灾后两个状态下门头沟中心城区的防灾服务设施服务区变化（图5-14）。在灾前，医疗设施系统服务区总面积27.99km²，实现10分钟覆盖率87.7%；消防设施系统服务区总面积19.19km²，实现5分钟覆盖率60.2%；现状避难场所总体服务区面积24.30km²，覆盖率76.2%，其中0.5km服务区1.81km²，1km服务区5.10km²，1.5km服务区5.92km²，2.5km服务区11.47km²。灾后医疗设施服务区总面积20.44km²，服务区面积下降27.0%；消防系统服务区总面积2.47km²，下降率87.1%；避难场所总体服务区面积9.71km²，下降率60.1%，其中0.5km服务区0.61km²，1km服务区1.76km²，1.5km服务区2.04km²，2.5km服务区5.30km²，服务区面积下降率均超过52.0%。

经分析，城区医疗设施系统灾后10分钟服务区面积下降程度最低，这与医院数量和医院的空间分布相关，10所医院分布在新、老城区，提升了医疗系统的冗余程度，降低了单点失效概率。由于消防站仅为位于新城中部地段的门头沟区支队一处消防站，老城的交通中断致其服务区面积锐减，消防性救援能力下降。位于老城区的避难场所（如黑山公园等）服务区面积降低60.1%，形成灾后避难性服务能力低洼地区。

（4）结果讨论

1）设施空间应急救援能力变化

面对超越设防水准的灾害，城市的空间应急救援能力水平体现在剩余功能的完备程度上，而这与城市系统灾前、灾后的能力变化相关，能力变化率越低，则空间应急救援能力越高。

对于城市道路网络，面对灾害的影响，门头沟中心城区城市道路损毁程度较大，根据设施点对城市灾后道路的需求程度即脆性综合熵，选取为重点保障路段。其中，永安路、滨河路、冯石路、石担路、新城大街、砂石坑西侧、新23路、河滩路、规划八路等路段灾后使用需求提升，应列为重点保障路段；灾害影响下，新桥大街北段损毁严重，但由于新桥大街是沟通老城与新城的动脉，具有很强的战略意义，应将其列为重点保护路段；河滩路东段的损毁同样影响了空间应急救援能力，也应作为重点路段整治修缮，提升其空间可靠性。

对于医疗（表5-1）、消防（表5-2）和避难（表5-3）设施系统，使用设施点灾前、灾后的时间可达性、OD段数量和服务区面积指标计算指标变化率。其中，首先应筛选剔除难以可达地区的设施点，再对其他符合条件的设施点进行比较。

医疗设施空间应急救援能力指标表　　表5-1

编号	医院名称	可达性变化率	OD段变化率	服务区面积变化率
1	北京京煤集团总医院	1.00（难以可达）	0.96	0.96
2	北京市门头沟区医院	1.00（难以可达）	0.98	0.66
3	北京市门头沟区中医医院	0.99（难以可达）	0.92	0.79
4	北京市门头沟区妇幼保健院	0.35	0.59	0.96
5	国家安全生产监督管理总局职业安全卫生研究中心石龙医院	0.48	0.59	0.57
6	北京京门医院	0.28	0.59	0.72
7	门头沟区疾病预防控制中心	0.43	0.79	0.57
8	北京女医师协会仁圣医院	0.52	0.59	0.19
9	北京市门头沟区龙泉医院	0.78（难以可达）	0.79	0.35
10	北京市门头沟区医院（圈门外大街）	1.00（难以可达）	0.98	0.10

消防设施空间应急救援能力指标表　　表5-2

编号	消防站名称	可达性变化率	OD段变化率	服务区面积变化率
1	门头沟区消防支队	0.34	0.51	0.87

避难设施空间应急救援能力指标表　　表5-3

编号	现状避难场所名称	可达性变化率	OD段变化率	服务区面积变化率
1	滨河世纪广场公园	0.26	0.59	0.18
2	黑山公园	1.00（难以可达）	0.96	0.99
3	人口文化园	0.39	0.59	0.61
4	石门营公园	0.54	0.59	0.36

续表

编号	现状避难场所名称	可达性变化率	OD段变化率	服务区面积变化率
5	京门铁路遗址公园	0.48	0.79	0.69
6	北京八中京西附属小学	1.00（难以可达）	0.98	0.97

从可达性变化率与OD变化率综合来看，医疗设施的时间可达性均有不同程度下降，OD段变化率超过0.59。北京京煤集团总医院、北京市门头沟区医院、北京市门头沟区中医医院、北京市门头沟区龙泉医院和北京市门头沟区医院（圈门外大街）在灾后处于难以可达状态；其他医院受道路网损毁影响，时间可达性下降，其中北京市门头沟区妇幼保健院、北京京门医院时间可达性下降较低，可达性变化率0.35和0.28，灾后救援能力较好。消防站时间可达性变化率0.34，OD段变化率0.51，这与门头沟区支队位于城区中部有很大关系，可以连接南北新老城区，但灾后服务区面积变化较大，主要原因是新桥大街与北部老城的道路网中断引起的。对于避难场所，位于老城区腹地的黑山公园灾后难以可达，新城北京八中京西附属小学难以可达，是道路设施不完备与路网损毁的双重结果。

2）门头沟中心城区空间应急救援能力评估

以门头沟中心城区14个社区（不含龙泉务、琉璃渠）为城市空间应急救援能力评估基本单元，根据表2-1分别测算其空间应急救援能力指标，综合判断门头沟中心城区空间应急救援能力，评估可视化结果见图5-15。

以灾前能力值最大值为基线，对灾前、灾后各项能力指标进行标准化处理，绘制灾前、灾后各社区应急救援能力曲线，对比灾前、灾后空间应急救援能力的变化情况。横向比较得到，位于老城区腹地的黑山地区灾前空间应急救援能力处于最低状态，而位于新城的石门营地区、石龙地区、长安街滨河地区、新中心区、滨河街地区等灾前空间应急能力相对较高。

通过灾前、灾后能力对比，门头沟中心城区14个社区的空间应急救援能力受灾害影响均存在不同程度的下降。其中位于老城区黑山地区、东龙门地区等地区能力下降显著。8个评估指标反映了社区空间应急救援能力的不同方面（图5-16），针对不同社区的能力下降情况，可对应采取不同的规划策略（表5-4）。

（a）灾前各社区能力

（b）灾后各社区剩余能力

图5-15　灾前、灾后状态下社区空间应急救援能力

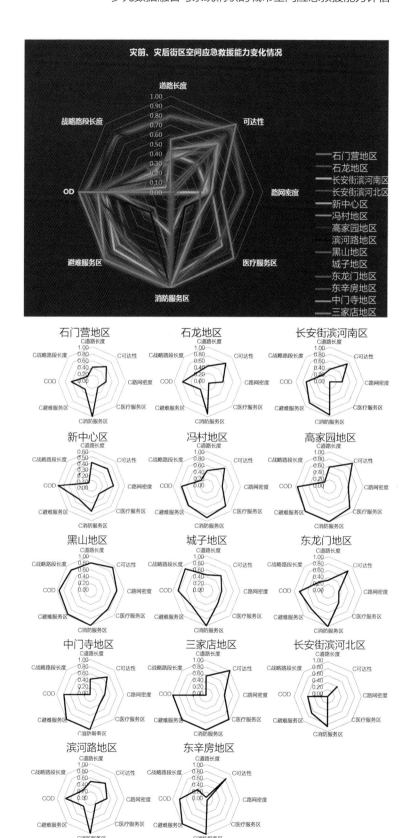

图5-16　灾前、灾后社区空间应急救援能力指标变化

社区规划策略与建议		表5-4
社区	明显下降的性能	规划措施
石门营	消防服务、可达性、OD	南部增设消防站、提升道路可靠性
石龙地区	消防站服务、设施可达性、OD	南部增设消防站、提升道路可靠性
长安街滨河南区	消防服务、可达性	南部增设消防站
长安街滨河北区	消防服务	南部增设消防站
新中心区	可达性、道路长度、OD、路网密度	提升高层建筑抗震能力，提升道路可靠性，设置隔离带
冯村	消防、避难服务区、医疗、可达性、OD	提升道路可靠性
高家园	可达性、OD、消防、避难服务、医疗	提升道路可靠性
滨河路地区	消防服务、OD、可达性	提升道路可靠性
黑山	各方面能力均大幅下降	提升战略性路段保障能力、改善老旧建筑抗震性能、有条件适当拓宽道路
城子	战略性路段长度、消防服务区、可达性	北部应增设消防站、提升战略性路段保障能力
东龙门	消防服务、OD、可达性	北部应增设消防站、提升道路可靠性
东辛房	消防、避难服务、可达性	提升道路可靠性，避难场所密度
中门寺	消防、避难服务、OD、可达性	提升道路可靠性
三家店	消防、避难服务、医疗、OD、可达性	提升道路可靠性

六、研究总结

1. 模型设计特点

城市空间应急救援能力评估模型依托GIS平台，使用多元数据并集成系统耦联性分析模型、空间阻隔模型和狄克斯特拉网络算法，定量化研究并评估城市的空间应急救援能力。研究项目具有以下特点与创新性。

第一，使用基于情景模拟的分析，实现两种状态下的能力对比评估。基于GIS平台和多元城市数据构建灾前、灾后两个场景，筛选不同情况下的道路网状态，实现对未来状态的可能性预测。

第二，从空间角度入手，研究并评估城市系统的应急救援能力。目前对城市应急响应能力的研究多集中于体制机制与资源配置角度，缺乏空间方面的考量。空间应急救援能力评估模型基于城市空间系统，模拟灾后防灾设施在城市空间范围内的运作情况，并考虑不同防灾设施系统之间的联系。

第三，使用多元数据，量化评估。使用城市设施、城市建筑和城市交通等不同类型的数据，从空间与属性两个方面开展定量研究。与定性研究不同，定量研究基于不同类型、不同时间的多元时空数据，能有效反映城市的动态变化情况，而不是以静态指标衡量。

2. 创新点

（1）对接规划编制需求

城市规划尤其是城市防灾规划的编制，需要制定城市在灾后的应急救援与响应的预案，不仅包括防灾资源的数量方面需求，还包括防灾资源在城市中的空间配置需求。模型面向规划编制，使用灾前、灾后空间应急救援能力的指标动态变化，为规划编制提供定位、定量的依据，指导规划编制与实施。

（2）支撑城市防灾韧性的评估

城市韧性的理念从系统健壮性和快速性两个目的维度提出了提升城市韧性的若干过程。对于城市这个复杂系统来说，内部的空间过程是不可忽略的。灾后城市的应急响应与救援，极大地影响了恢复的速度。空间应急救援能力的评估就是对城市灾后状态的预测与模拟，发现问题并提出韧性的策略，是城市防灾韧性的一个子维度，支撑城市防灾韧性的评估。

耦合城市用地与农田适宜性评价的UGBs演化模型构建及应用

工作单位：河南大学

研究方向：空间发展战略

参 赛 人：王海鹰、刘小萌、白楠屹、王紫恒、何炜欢

参赛人简介：参赛团队由河南大学环境与规划学院王海鹰副教授带领，团队成员专业涵盖地理信息科学、人文地理与城乡规划方向，专研智能计算与空间决策、虚拟地理环境、数字城市理论与技术。

一、研究问题

1. 研究背景

中国正处于城镇快速化发展的时期，城镇化率由2000年的36.2%提高到2018年的59.6%，年均增长1.3个百分点。根据美国地理学家诺瑟姆（Ray·M·Northam）描述的城市化"S"型曲线，我国的城镇化水平目前正处于30%～70%之间的快速发展阶段，该阶段是"经济结构剧烈变动期"和"各种社会经济矛盾的凸显期"。一些结构性的问题和矛盾在这一时间会不断显现，具体表现为：城乡二元分化、城市内部结构分异、土地资源紧张、粮食生产安全及生态环境持续恶化等问题，极大地阻碍了我国经济社会可持续发展。所以本研究团队将从研究开封市的城市增长边界的角度出发，通过把握开封市的城市增长边界的形成机理与时空演变规律，有助于破解开封市在城镇化过程中普遍面临的土地资源紧张、生态环境恶化等问题，推动新型城镇化的建设与管理实践。

城市增长边界（Urban Growth Boundary，简称UGB）是指通过划定城市区域和农村区域之间的界限，利用区划、开发许可证的控制和其他土地利用调控手段，将合法的城市开发控制在边界之内，从而达到控制城市地区增长规模、时序和形态的作用。由于UGB的概念起源于美国，所以相关的研究与实践也早已在美国成熟开展。国内直到2006年颁布《城市规划编制办法》才引入了UGB的概念，但是近年来，国内学者借鉴西方的相关研究成果，也涌现了许多研究成果，大体分为四种类型：①引入复杂的城市增长模型，对模型进行必要修正，但是模型是否适合中国国情，还有待理论的进一步研究和检验，尚未见有关研究报道；②基于景观生态学的UGB界定，以景观生态学理论（生态适宜性、生态基础设施、生态阻力面、生态足迹法等）为基础，运用GIS和空间分析进行城市空间规划和UGB的划定，由于其缺少对城市生态安全与城市发展复杂作用机制的深刻认识，能否正确指导城市的可持续发展值得商榷；③基于城市—生态综合分析的UGB界定，综合分析城市生长动力与生态约束因素，在复杂城市模型、存量土地理论等理论指导下划定UGB范围，这种类型比较注重研究方法的综合性，但在理论深度上还比较欠缺；④基于动态模拟方法的UGB界定，利用系统动力学、元胞自动机，结合定量模型与空间过程模拟进行UGB的多情景划定，是近年来UGB划定技术的新发展。

综合以上分析，本团队认为未来UGB划定理论应注重利用GIS空间分析与空间过程模拟与优化工具的应用，要特别重视城市系统与生态环境之间的复杂关系研究，从中探寻UGB的内在形

成机制和过程机理，开发科学合理的UGB空间划定与分析模型。

2. 研究问题

本研究在城市—生态综合分析的基础上，利用元胞自动机来进行动态模拟和进行开封市UGB的界定。分析城市增长边界形成的主要因素，对城市当前发展水平、城市发展动力及未来用地需求进行空间评价和预测，揭示城市增长边界的形成机理和作用规律，确定开封市的城市增长边界合理空间分布格局，从而建立城市增长边界演变过程机理研究的新模式和新视角。开发城市增长边界空间模拟，为开封市城市增长边界的科学划定、城市用地的合理开发与利用提供理论模型和分析工具。在研究过程中，使用多约束CA模型，模拟2025年开封市城乡建设用地扩张。

二、研究方法

1. 城市用地规模增长预测方法

（1）多元线性回归

运用多元回归分析法，分析城市用地与这些影响因素在数量关系上的线性相关情况，从而精准地把握城市用地受这些因素的影响程度，建立多元回归模型进行预测。开封市城市用地社会、经济两方面的相关性大的影响因子与城市用地之间存在显著性关系，本文采用多元线性回归方法假设城市用地与各影响因子之间的预测模型为：

$$Y=b_0+b_1X_1+b_2X_2+\cdots+b_nX_n \qquad （2-1）$$

其中Y代表城市用地，X_1、X_2、X_3、$\cdots$、X_n分别代表各影响因子。

（2）曲线拟合

总体来看，开封市城市用地规模呈不断上升趋势，为了能对未来变化趋势作出更好的预测，分别选取不同的模型进行拟合。曲线拟合是指选择适当的曲线类型来拟合观测数据，并用拟合的曲线方程分析两变量间的关系。以下为不同的模型：

线性模型：$Y=b_0+b_1t$ $\qquad$ （2-2）

对数模型：$Y=b_0+b_1\log(t)$ $\qquad$ （2-3）

二次曲线模型：$Y=b_0+b_1t+b_2t^2$ $\qquad$ （2-4）

三次曲线模型：$Y=b_0+b_1t+b_2t^2+b_3t^3$ $\qquad$ （2-5）

幂函数模型：$Y=b_0t^{b_1}$ $\qquad$ （2-6）

指数函数模型：$Y=b_0e^{b_1t}$ $\qquad$ （2-7）

式中，Y为城市用地面积，t为时间序列。

（3）时间序列模型

本文利用时间序列数据本身建立模型，以研究城市用地发展自身的规律，并据此对未来城市用地的发展作出预测。本文时间序列分析采用ARIMA，是数据随着时间模拟自身的规律，可以将非平稳时间序列转化为平稳时间序列。

2. 适宜性评价方法

（1）主成分分析法

利用主成分分析法（Principal Compnents Analysis，简称PCA）对多维变量指标进行"降维"分析，构建综合适宜性评价模型，利用累积贡献率比例确定主成分权重。假设有n个评价样本，每个样本共有p个变量，则变量指标的主成分表述如公式（2-8）：

$$\begin{cases} z_1=a_{11}x_{11}+a_{12}x_2+\cdots+a_{1p}x_p \\ z_2=a_{21}x_1+a_{22}x_2+\cdots+a_{2p}x_p \\ \vdots \\ z_m=a_{m1}x_1+a_{m2}x_2+\cdots+a_{mp}x_p \end{cases} \qquad （2-8）$$

式中，$m \leqslant p$, z_i与z_j（$i \neq j; i,j=1,2,\cdots,m$）相互无关。$z_1, z_2, \cdots, z_m$是原变量指标的$x_1, x_2, \cdots, x_p$的第1，2，$\cdots$，m主成分。$a_{ij}$（$i=1,2,\cdots, m; j=1,2,\cdots,p$）是$x_j$（$j=1,2,\cdots,p$）的在各主成分$z_1, z_2, \cdots z_m$上的载荷，载荷计算如公式（2-9）：

$$a_{ij}=\sqrt{\lambda_i}e_{ij}(i,j=1,2,\cdots,p) \qquad （2-9）$$

式中，λ_i是主成分特征值，e_i是特征值所对应的特征向量。当第i个主成分特征值贡献率在85%~95%时，取前q个主成分$z_1, z_2, \cdots, z_q$，那么这q个主成分就可以用来反映原来p个指标的信息。

利用$z_1, z_2, \cdots, z_q$等主成分建立城市开发适宜性综合评价模型，如公式（2-10）：

$$F=\sum_{i=1}^{q}\omega_i z_i \omega_i=\frac{\lambda_i}{\sum_{i=1}^{q}\lambda_i}i=1,2,\cdots q(q<p) \qquad （2-10）$$

式中，F为城市开发适宜性综合评价值，ω_i为各主成分的权重，z_i为各主成分。

（2）Logistics回归分析

城市用地的开发适宜性通常要高于非城市用地的开发适宜性。利用缓冲区分析划定各指标因子（除了高程X_1、坡度X_2、地貌类型X_3、土地利用类型X_8、离城市建成区距离X_9、植被覆盖度X_{16}）的缓冲区，分析不同缓冲距离内的城市用地比重与各指标因子的缓冲区距离的关系，发现城市用地比重随着缓冲距离出现了复杂的非线性变化特点，难以用单一或分段线性方程来表达。而常见的适宜性评价等级划分，其实质就是利用这类方法建立的。如果采用非线性拟合方法则往往会出现样本过拟合现象，将造成预测错误。

基于此，将土地单元是否适宜开发转化为二分类问题，利用Logistic回归方法建立了单因子适宜性评价模型，实现各单因子的开发适宜性评价。Logistic模型是针对二分类或多分类响应变量建立的线性回归模型，其自变量可为定性数据或定量数据。设y为二分因变量，1代表适宜，0代表不适宜，自变量X_i为单因子指标。记某土地单元开发适宜的条件概率为p $(y=1)$：

则建立Logistic线性函数为：

$$\ln \frac{p}{1-p} = \beta_0 + \beta_1 X_i \qquad （2-11）$$

式中，β_0是常量，β_1是待定自变量X_i的回归系数，p为城市开发适宜性。对该函数进行求解，得到该土地单元的概率p，即开发适宜性：

$$p = \frac{e^{\beta_0 + \beta_1 X_i}}{1 + e^{\beta_0 + \beta_1 X_i}} \qquad （2-12）$$

3. 基于约束性CA城市开发边界划定模型的构建

本研究在已有研究的基础上，结合开封市的实际情况试图提出一种用于城市边界划定的约束性元胞自动机模型。该模型主要从总量规模、空间规模、城市用地和农田保护适宜性，确定多情景目标下城镇建设用地合理规模。整个模型的关键是转换规则的建立。

（1）模型元胞状态、邻域

1）元胞状态

在城市开发边界划定的元胞自动机模型中，元胞的状态即为各个土地元胞的土地利用类型，分为三类：城市用地、农田、水体。则元胞状态的可以用数学集合可以表示为$s=\{0,1,2\}$（其中"1"表示"城市用地"，"0"表示"农田"，"2"表示"水体"）。

2）元胞邻域

在元胞自动机中，演化规则是定义在局部范围内的，即一个元胞在下一时刻的状态取决于本身状态和它的邻域元胞的状态。因而，在确定规则之前，必须定义邻域大小，明确哪些元胞属于该元胞的邻域。常见的元胞自动机邻域类型有VonNeumann型（相当于图像处理中的四邻域）、Moore型（相当于图像处理中的八邻域）和扩展的Moore型。

城市开发边界划定模型中元胞邻域的类型采用扩展Moore型，即邻域半径R大于元胞的边长，R的具体取值可以根据研究区域的实际情况来决定。本研究中将模型的邻域半径设置为3倍的元胞边长，因而任意一个元胞在某一时刻的状态将受到8个邻域元胞的影响。在计算邻域作用时采用如公式（2-13）：

$$\Omega_{ij}^t = \sum_{3 \times 3} con(s_{ij}^t = urban) / (3 \times 3 - 1) \qquad （2-13）$$

（2）城市扩展约束性元胞转换规则

城市CA的核心是如何定义转换规则。利用CA进行地理模拟时，涉及许多空间变量，转换规则定义有较大的不同。在城市CA模型中，转换规则往往反映土地利用状态与一系列空间变量的关系，即需要确定城市发展概率（development probability），城市发展概率与一系列空间变量有关，常用主成分来定义转换规则，并校正CA参数的权重。基于主成分校正的CA模型中，某元胞$t+1$时刻发展为城市用地的概率$P_{d,ij}^{t+1}$如下：

$$P_{d,ij}^{t+1} = RA \times P_{c,ij}^{t+1} \times (1-P_{f,ij}^{t+1}) \times \Omega_{ij}^t$$
$$= \left[1 + (-\ln\gamma)^\alpha\right] \times \frac{1}{1+\exp(-z_{c,ij})} \times [1 - \frac{1}{1+\exp(-z_{f,ij})}] \times \Omega_{ij}^t \qquad （2-14）$$

公式2-14中：$P_{d,ij}^{t+1}$为元胞ij在$t+1$时刻的城市发展概率；$P_{c,ij}^{t+1}$为元胞ij在$t+1$时刻未考虑随机变量时的城市发展概率；RA为随机变量，以反映城市系统的不确定性，该随机项可以表达为：

$$RA + 1 + (-\ln\gamma)^\alpha \qquad （2-15）$$

式中：γ为$[0,1]$间的随机数；α为控制随机变量大小的参数，一般取0.5。

z_{ij}的计算公式2-16如下：

$$z_{ij} = a_0 + a_1 x_1 + a_2 x_2 + \cdots + a_n x_n \qquad （2-16）$$

式中：x_1、x_2、$\cdots$、x_n为区域空间变量；a_0、a_1、$\cdots$、a_n为相应各变量的回归系数。

Ω_{ij}^t表示邻近范围城市化元胞对中心元胞的影响，随着时间t的变化而改变。计算公式2-17如下：

$$\Omega_{ij}^t = \sum_{3 \times 3} con(s_{ij}^t = urban) / (3 \times 3 - 1) \qquad （2-17）$$

公式2-17中：con(s_{ij}^t) 为条件函数，其值在 [0,1]。s_{ij}^t为元胞ij在t时刻发展为城市用地的适宜性，如果元胞越适宜于转换为城市元胞，该值越接近于1，反之，该值越接近于0。在每次循环中，将该发展概率与预先给定的阈值进行比较，以确定该元胞是否发生状态的转变。将城市发展适宜性与农田适宜性P值带入CA公式。

具体流程如图2-1所示。

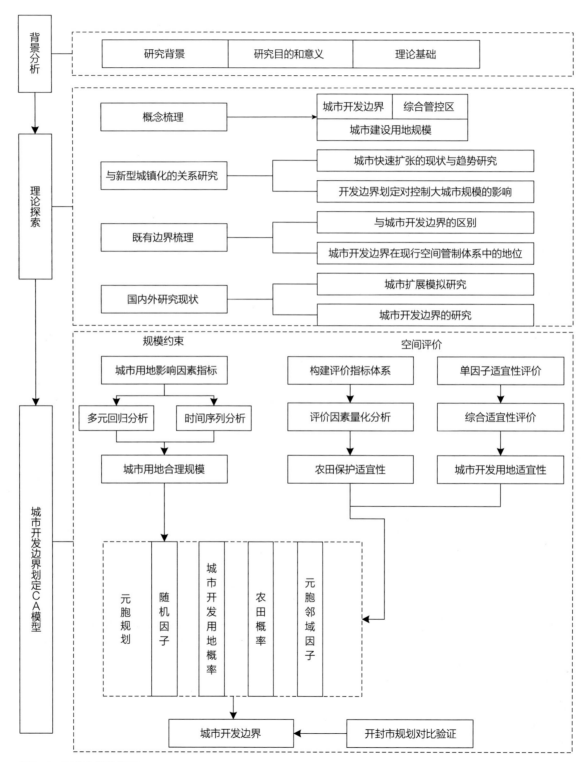

图2-1　研究路线流程图

三、数据说明

1. 数据预处理

本研究中主要数据源如下：2015年开封市电子地图数据、河南省数字高程模型（DEM）数据（分辨率30m）、2015年开封市土地利用数据、河南省1：10万地理背景空间数据库、河南省环境保护数据、开封市基本农田数据、归一化植被指数（NDVI）数据、植被覆盖度（VFC）数据和2015年开封市土壤理化性质数据。

其中，2015年开封市电子地图数据来自互联网，数据清洗后，生成了36个图层数据，分别提取和合并了湖泊、河流、国道、省道、村道、高速公路、铁路、社会管理、商业服务、公众服务、农村居民点等点、线、面矢量数据。河南省基础地理数据库、河南省环境保护数据、河南省数字高程模型（DEM）数据和2015年河南省土地利用数据来自黄河下游科学数据中心（http://henu.geodata.cn/index.html），分别提取了开封市地貌类型数据、开封市生态保护区数据、开封市数字高程模型数据、开封市坡度数据、2015年开封市土地利用类型数据。开封市基本农田数据来自第二次全国土地调查数据库，提取了开封市基本农田图层数据。归一化植被指数（NDVI）数据来自于Google Earth Engine的哨兵2号卫星，利用NDVI数据估算出植被覆盖度（VFC）数据。

最后，根据研究需要得到以下图层数据：湖泊、河流、国道、省道、村道、高速公路、铁路、社会管理、商业服务、公众服务、农村居民点、自然保护区、高程、坡度、基本农田、土地利用数据、地貌类型，植被覆盖度、全氮、全磷、全钾、土壤有机质，共计22个空间图层数据。在ArcGIS中将以上数据的投影坐标系统一设置为Xian_1980_3_Degree_GK_CM_114E，栅格大小设置为30m×30m，掩膜设置为开封市边界数据。

2. 城市开发用地适宜性评价数据

影响城市建设用地适宜性评价的数据可以分为自然环境因子、社会经济因子、生态保护因子三大类。

自然因子主要从地形地貌等自然条件方面选取，包括：高程、坡度、地貌类型。自然环境因子（高程、坡度）是影响城市重要影响因素，决定了城市的基本形态。地貌类型是地表形态特征，影响着城市空间基本布局。

社会经济因子主要从城市交通、建设、土地利用和城市管理服务机构等方面选取，包括：离高速公路距离、离省道距离、离国道距离、离铁路距离、土地利用类型、离城市建成区距离、离公共管理机构距离、离商业服务点距离、离公共服务机构距离等指标。交通因素（离高速公路距离、离省道距离、离国道距离、离铁路距离）对于城市发展具有先导作用，交通可达性、便捷性高的区位更容易转化为城市用地，是城市发展的重要影响因素。土地利用类型直接决定了现有城市土地开发适宜性。而城市管理和服务单元分布（离公共管理机构距离、离商业服务点距离、离公共服务机构距离）代表了当前城市功能区空间格局分布，反映了人类活动对城市内部空间格局的影响。

生态保护因子主要从基本农田、水域和植被生态保护选取，是城市可持续发展的保护性因素，包括：离基本农田距离、离湖泊距离、离河流距离、植被覆盖度。基本农田保护因子（离基本农田距离）反映了对基本农田实施严格土地保护政策，水域保护因子（离湖泊距离、离河流距离）反映了对水环境的保护，植被覆盖度反映了对植被环境的保护，离自然保护区距离反映了对自然保护区的保护。

3. 农田适宜性评价数据

影响耕地质量评价的数据可划分为土壤理化性质、农业生产条件和区位条件三大类。

土壤理化性质主要包括有机质、全氮、全磷、全钾等数据，是进行农业生产的基础，参照相关文献对其等级进行划分。

农业生产条件包括耕地利用方式和田面坡度，也是决定耕地质量的重要指标，参考相关文献并结合定性对其评分。

区位条件主要从农村居民点和农村道路选取，包含耕作距离（地块离农村居民点距离）和耕作便捷度（地块离农村道路距离），耕作距离近，耕作便捷度高的地区，更利于耕地的经营管理。

4. 用地规模总量预测数据

城市用地规模总量的数据来源于开封市统计年鉴，主要选取开封市1995—2014年的社会商品零售总额（亿元），国内生产总值（亿元），人均GDP（元），第二、三产业产值（亿元），工业总产值（亿元），固定资产投资（亿元），城镇居民人均生活费收入（元）这7个指标。

城市用地影响因素指标　　　　表3-1

国内生产总值（GDP）（亿元）	第二、三产业产值（亿元）	社会商品零售总额（亿元）	城镇居民人均生活费收入（元）	人均GDP（元）	工业总产值（亿元）	固定资产投资（亿元）
125.68	76.45	43.87	2 786	2 802.00	41.75	24.92
153.30	101.21	60.23	3 202	3 383.00	50.80	26.23
178.10	115.80	65.97	3 498	3 840.00	56.40	28.12
188.60	123.03	70.47	3 733	4 421.00	56.19	31.34
199.16	131.23	75.98	4 097	4 417.00	58.93	33.82
226.34	153.88	83.82	4 418	4 870.00	68.30	38.76
252.35	172.05	92.75	5 383	5 379.00	74.87	43.99
269.90	187.87	102.02	5 821	5 718.00	80.73	48.32
282.09	209.61	111.90	6 184	5 936.00	89.36	61.10
345.74	248.60	128.62	6 603	7 264.00	111.18	86.46
407.04	285.76	154.24	7 220	8 533.00	147.16	128.86
472.37	341.20	177.73	8 831	9 876.00	171.59	166.30
571.15	417.70	209.17	10 406	12 190.00	200.25	220.35
689.38	535.71	258.55	12 002	14 713.00	288.28	303.08
777.96	608.47	308.33	12 983	16 523.00	319.35	406.22
930.23	710.91	364.61	13 695	19 893.00	368.35	506.58
1 093.64	856.11	434.62	15 558	23 269.00	453.42	619.04
1 212.16	954.49	510.34	17 545	25 922.00	517.80	775.19
1 363.54	1 083.13	585.65	19 492	29 327.00	555.96	979.07
1 492.06	1 216.37	661.92	21 467	32 454.00	615.87	1 169.55

四、模型算法

1. Logistics回归定义转换规则的CA模型

城市增长模型基本处理流程

基于以上所述模型的架构和元胞转换规则分析，基于约束性CA城市开发边界划定方法模型的基本处理流程为如图4-1所示。具体为：

第一，根据水体、城市与非城市，确定城市开发边界的综合管控区与元胞代码类型，水体区域为禁止转化为城镇建设用地的

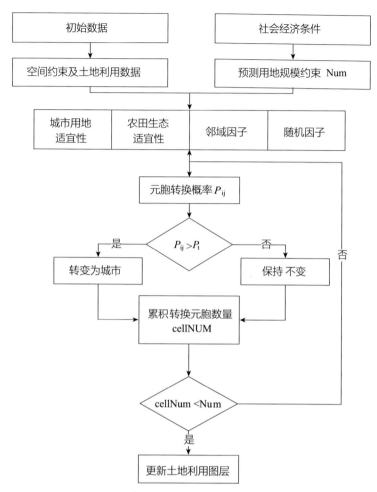

图4-1　城市增长模型处理流程图

区域，即确定空间约束。

第二，根据不同发展情景目标结合区域的宏观社会经济条件及资源察赋和发展的需求，确定需要新增的城镇建设用地总规模面积，然后将此总规模细分到不同阶段所需要转换的土地元胞数量Num。

第三，通过logistic分析确定各项影响地块城镇建设用地综合适宜性的各项要素，经过综合评判处理流程，计算出城镇建设用地综合适宜性和农田适宜性转换为城镇建设用地元胞的最终概率。

第四，对元胞邻域影响值进行更新计算，动态更新元胞转换为城镇建设用地的最终概率，重复第四步，不断循环，直到转换土地元胞的总面积达到需要转换的面积为止。

第五，将基于栅格格式的模拟结果矢量化，删除面积较小（hm²）的不适合开展规模城镇建设的地块。根据最终得到的矢量图层，基于相应的规划期限和发展情景确定城市开发边界。

2．城市增长模型编程实现

元胞自动机（Cellular Automata 或 Cellular Automaton，简称 CA）是一种时间、空间、状态都离散的动力学模型，是非线性科学的一种重要研究方法，特别适合于复杂系统时空演化过程的动态模拟研究。本研究运用Visual Studio平台VB语言搭建USIM程序进行实现。

（1）程序功能

1）核心算法模块

程序能自定义设置转换阈值、增加元胞数量与摩尔邻域。转换阈值既能是固定值，也可采用蒙特卡洛随机设置阈值。增加元胞数量则通过时间序列分析与多元线性回归模型进行预测，增加元胞数量越多，转换阈值越大，则迭代次数越多，进而使得城市增长边界趋于规则。摩尔邻域包含3×3与5×5两种方式，与城市边界演化形态密切相关。

2）可视化模块

系统采用基于位图和timer控件的动态可视化技术，实现模拟过程的动态可视化。同时可对过程模拟数据进行实时采集；可对模拟过程的关键指标数据进行动态监测、实时采集，通过采集的指标数据图表，实现指标变化的可视化。

项目采用集成开发环境的PictureBox控件作为显示窗口。首先，将栅格矩阵转为一堆字节数组，再将一堆字节数组转为位图格式。最后，将位图加载PictureBox控件，实现栅格图像显示。可视化模块可以将系统对城市增长边界的模拟效果直接显示出来，同时可根据模拟效果来更改模型参数，从而达到更好的模拟效果。可视化模块可按照设置间隔输出结果，直观高效地实现模拟目标。

3）输入/输出模块

本系统以ASCII文本文件作为系统的输入数据，同样可将模拟结果以ASCII文件导出。

（2）程序运行流程

程序启动后的运行界面如图4-2所示。首先进行数据加载，在文件处点击加载数据，即可设置输入数据"土地利用代码""农田生态适宜性""城市用地适宜性"。在界面左边的"转换阈值""增加元胞数量""邻域"栏中输入相应的数据。然后，设置显示间隔，确定可视化的结果。最后，如果顺利完成上面设置，现在就可以进行具体的模拟了。程序将每迭代一个时步就显示一下运动后的空间状态。点击"导出"，即可导出最终运行结果。这中间可以按"暂停"或"继续"以暂停运行或恢复运行。

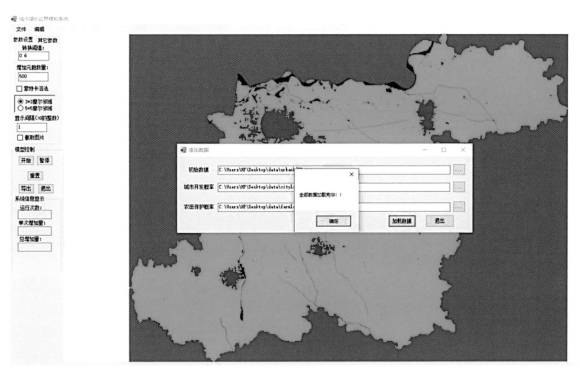

图4-2　程序界面图

五、实践案例

1. 研究区概况

本研究选择开封市作为研究区，开封市地处黄河中下游平原地区，位于河南省中东部。开封市下辖5个市辖区、4个县，其包括了鼓楼区、龙亭区、禹王台区、顺河区、祥符区、尉氏县、兰考县、杞县、通许县，涵盖面积共6 266km²。开封西部近临河南省省会郑州市，京广、京九铁路左右为邻。

2. 开封市城市用地规模预测

合理地划定城市增长边界，关键在于规划目标年城市用地规模的确定和城市用地扩展方向的把握，本文将对1995—2014年开封市城市用地规模进行研究，构建预测模型，对2015—2025年开封市城市用地规模进行预测。

（1）城市用地规模变化影响因素分析

城市用地数量增长受很多因素的影响，具体包括社会、经济、环境、政策等多个方面。影响城市用地需求的环境因素大多都是定性指标，如不利于进行客观预测，获取资料的难度较大，同时政策因素更不易被定量，所以在选取影响城市用地规模的因子中不考虑。因此，本文主要选取社会商品零售总额（X_1）、国内生产总值（X_2）、人均GDP（X_3）、第二三产业产值（X_4）、工业总产值（X_5）、固定资产投资（X_6）、城镇居民人均生活费收入（X_7）这7个因子进行分析说明。初步建立城市用地需求变化的影响因子指标体系，进一步筛选因子，为构建预测模型提供基础。本文选择开封市1995—2014年二十年城市用地与影响因子的统计数据汇总。利用SPSS统计软件进行相关性分析，结果可知，这7个因子与城市用地量之间的相关系数都比较大，且假设检验概率都为0.000，显著相关。所以，最终决定保留所有因子进行模型构建。

（2）基于多元回归模型的城市用地规模预测

影响城市用地规模的因素有很多，并且这些影响因素与城市用地之间存在比较复杂的关系。多元回归是回归分析中的一种，主要运用于一个因变量与多个自变量在数量关系上存在线性相关的情况。本文运用多元回归分析法构建城市用地规模预测模型，进行开封市城市用地规模预测研究。

1）构建回归模型

根据各影响因子的统计数据，利用SPSS统计软件进行多元线性逐步回归分析，回归方程调整判定系数结果为0.98，表明方程的总体相关性很高。得到4个模型，4个模型的F值检验概率都为0.000，都通过了F值检验，回归方程显著性很高。但模型4的方差膨胀因子（Variance Inflation Factor，简称VIF）值较大，明显存在很大的共线性，模型1、2和3的VIF值较小，表明该模型存在较小的共线性，模拟效果较好。因此，本研究选择模型3为多元线性回归分析的最优模型。

根据模型3，本文建立了开封市城市用地规模与城镇居民人均生活费收入、工业生产总值、社会商品零售总额这3个影响因子的多元线性回归方程，即：

$$Y = -14.493 + 0.025X_4 - 0.963X_6 + 0.423X_3 \quad (5-1)$$

2）相关影响因子预测

根据开封市1995—2014年城镇居民人均生活费收入、工业生产总值、社会商品零售总额进行曲线拟合分析和时间序列分析。通过SPSS软件进行多元逐步回归分析。分析结果更符合二次曲线，但是二次曲线模型的F检验太大，故选择时间序列分析方法来预测，时间序列分析采用差分自回归移动平均模型（ARIMA）来进行时间序列预测，此方法可以将非平稳时间序列转化为平稳时间序列。

（3）城市用地总规模预测

总体来看，开封市城市用地规模呈不断上升趋势，为了能对未来变化趋势作出更好的预测，分别选取不同的模型进行拟合。利用多元回归模型，三次曲线模型和时间序列模型预测1996—2014年城市用地规模，利用变异系数计算真实值和这三种模型的预测值来反映真实值和模拟值的离散度，如表5-1所示。

真实值和预测值的变异系数	表5-1
	变异系数
真实值	0.430
多元回归模型预测值	0.411
三次曲线模型预测值	0.392
时间序列模型预测值	0.432

从表5-1可以看出，计算1996—2014年真实值的变异系数为0.430，用多元回归模型，三次曲线模型和时间序列模型得到1996—2014年预测值的变异系数分别为0.411、0.392、0.432，变异系数衡量某段时间城市用地面积的标准差和平均数的比值，衡量变异程度的一个指标。经过对比真实值和预测值变异系数的大小，发

现多元回归模型和时间序列模型预测值的变异系数和真实值的变异系数很接近，因此，本文采用多元回归模型和时间序列模型预测平均值来作为最终的城市用地规模预测值，如表5-2所示。

城市用地规模预测结果/km²   表5-2

年份	预测值
2015年	231.92
2016年	245.75
2017年	263.07
2018年	290.49
2019年	310.09
2020年	330.39
2021年	351.40
2022年	373.11
2023年	395.53
2024年	418.65
2025年	442.49

3. 城市开发用地适宜性评价

（1）单因子适宜性评价结果

对X_1，$X_1 \cdots X_{16}$指标因子归一化处理，将X_1，$X_1 \cdots X_{16}$指标因子作为自变量，Y作为响应变量，将指标因子图层和城市用地空间数据随机采样，排除异常点作为训练数据。将自变量和响应变量代入Logistic回归模型，利用极大似然估计得到回归参数。其中，指标地貌类型X_3和土地利用类型X_8是分类变量，需要根据分类建立哑元变量，获取回归参数。最终，研究建立了16个单因子开发适宜性评价模型：

所有变量（除哑元变量X_3，X_8）的P值均小于0.05，通过显著性检验。对于变量X_3，X_8，其P值也小于0.05，虽然个别哑元变量无显著性统计，但考虑到在模型中"同进同出"的原则，以便保证所有哑元变量含义的正确性，因此也将不通过显著性的哑元变量纳入模型。根据所获得的Logistic模型参数，得到单因子评价结果（图5-1）：

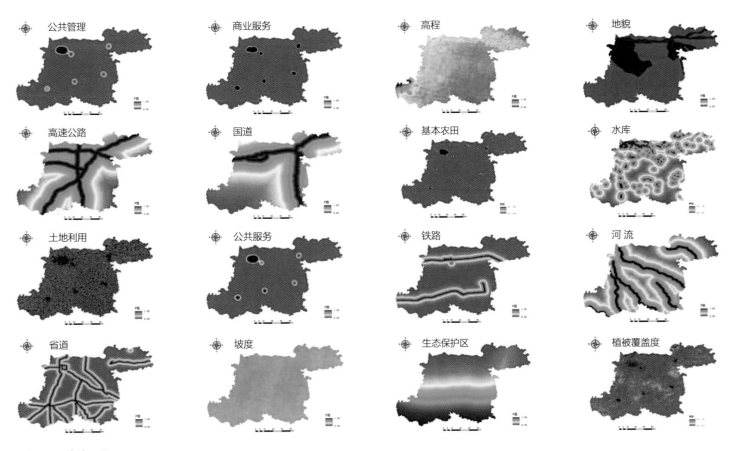

图5-1　单因子评价结果图

（2）综合适宜性评价结果

利用ArcGIS对16个单因子适宜性评价图层进行随机采样，设置最小采样间距为15m，生成50 000个随机空间样本点，统一设置空间投影坐标，生成样本数据。对该样本数据进行主成分分析，得到因子特征值与各主成分的贡献率，如表5-3所示：

单因子适宜性评价模型参数表　　　表5-3

因子	β	B	S.E.	Wald	df	sig	Esp(B)
X_1	β_1	4.412	0.331	178.099	1	0.000	82.409
	β_0	-5.488	0.168	1 066.860	1	0.000	0.004
X_2	β_1	-2.174	0.438	24.666	1	0.000	0.114
	β_0	-3.115	0.045	4 752.197	1	0.000	0.044
X_3	β_1	—	—	1 463.616	2	0.000	—
	$\beta_1(1)$	1.670	0.122	188.786	1	0.000	5.312
	$\beta_1(2)$	-0.254	0.123	4.255	1	0.039	0.776
	β_0	-3.743	0.117	1 026.293	1	0.000	0.024
X_4	β_1	-1.930	0.138	194.701	1	0.000	0.145
	β_0	-2.882	0.036	6 491.260	1	0.000	0.056
X_5	β_1	-12.798	0.036	1 216.651	1	0.000	0.000
	β_0	-1.711	0.037	2 195.277	1	0.000	0.181
X_6	β_1	-3.850	0.172	498.802	1	0.000	0.021
	β_0	-2.575	0.034	5 789.311	1	0.000	0.076
X_7	β_1	-11.163	0.276	1 636.103	1	0.000	0.000
	β_0	-1.258	0.037	1 157.028	1	0.000	0.284
X_8	β_1	—	—	2 560.826	4	0.000	—
	$\beta_1(1)$	-3.583	0.071	2 519.507	1	0.000	0.028
	$\beta_1(2)$	-19.654	2157.672	0.000	1	0.993	0.000
	$\beta_1(3)$	-19.654	4985.324	0.000	1	0.997	0.000
	$\beta_1(4)$	-4.281	0.579	54.687	1	0.000	0.014
	β_0	-1.549	0.028	3 009.996	1	0.000	0.212
X_9	β_1	27.338	0.544	2 524.059	1	0.000	7.457E+11
	β_0	-4.616	0.044	11 186.358	1	0.000	0.010
X_{10}	β_1	35.807	0.717	2 495.749	1	0.000	3.556E+15
	β_0	-4.594	0.044	10 787.463	1	0.000	0.010

因子	β	B	S.E.	Wald	df	sig	Esp(B)
X_{11}	β_1	36.774	0.705	2 718.143	1	0.000	9.349E+15
	β_0	-4.834	0.047	10 512.134	1	0.000	0.008
X_{12}	β_1	31.073	0.628	2 447.235	1	0.000	3.125E+13
	β_0	-4.287	0.038	12 864.192	1	0.000	0.014
X_{13}	β_1	-4.472	0.199	504.613	1	0.000	0.011
	β_0	-2.448	0.039	3 933.224	1	0.000	0.086
X_{14}	β_1	-3.083	0.166	345.783	1	0.000	0.046
	β_0	-2.643	0.038	4 712.997	1	0.000	0.071
X_{15}	β_1	-6.319	0.129	2 415.645	1	0.000	0.002
	β_0	-1.170	0.035	1 096.941	1	0.000	0.311
X_{16}	β_1	6.759	0.535	159.895	1	0.000	861.870
	β_0	-3.131	0.073	1 823.667	1	0.000	0.044

利用Kriging插值法预测研究区城市建设用地适宜性评价。对空间样本数据的区域化变量进行变异函数分析，并利用球状模型对函数曲线进行拟合。利用ArcGIS地统计模块进行Kriging插值，并对插值结果进行归一化处理，最终得到所有栅格单元的城市土地开发适宜性评价结果（图5-2）。

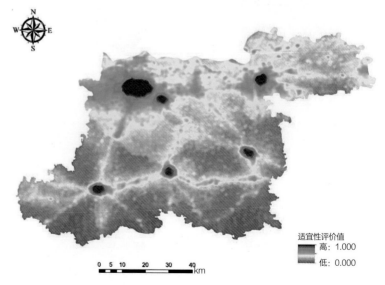

适宜性评价值
■ 高：1.000
■ 低：0.000

0 5 10 20 30 40 km

图5-2　城市开发适宜性评价图

4．农田适宜性评价

（1）评价指标体系

农田适宜性评价作为其中一个约束性CA，合理评价这些区域耕地质量可以作为限制城市增长的过度扩张的刚性边界，除了限制城市无序蔓延之外，更重要的是为了保护自然环境与自然资源，保证农业、林业以及非城市建设活动等其他活动的正常开展。

因此本文以开封市为例，从土壤理化性质、农业生产条件、区位条件等方面构建耕地质量综合评价指标体系，采用多因素综合评价模型，通过测算质量分值来划分耕地等级，分析其总体特征及空间布局与行政区域分布规律。其中，土壤理化性质包括：有机质含量、全氮、全磷、全钾、土壤质地；农业生产条件包括：耕地利用方式、田面坡度；区位条件包括：耕作距离、耕作便捷度。共计9种因子。

针对适宜性评价过程中存在的人为因素影响大、评价因子标准量化的主观不确定等问题，选取指标时要选择对耕地质量影响大、稳定性高且能准确反映耕地质量差异的因素。根据上述原则和主要影响因素筛选出相关指标，构建耕地质量综合评价体系，并确定各指标量化标准。主成分分析法（Principal Component Analysis，简称PCA）是一种常用的数据分析方法。PCA是通过线性变换将原始数据变换为一组各维度线性无关的表示方法，可用于提取数据的主要特征分量，常用于高维数据的降维。本文采用PCA来确定评价因素的适宜性（表5-4）。

（2）评价因素量化分析

评价因素量化从土壤理化性质、农业生产条件与区位条件三方面选取9个指标，进行量化分析。其中，土壤理化性质选取了表层土壤质地、有机质含量、全氮、全磷、全钾这5种因子作为指标，参考相关文献，以及询问专家意见将其按照[0，100]的分值分为五个等级进行评分。农业耕作条件依据河南省100m土地利用数据，再参考相关文献将耕地利用方式分为耕地与非耕地两种类型，其分值为100和0，由开封市高程图得出各栅格表面的坡度。

区位条件的指标选取耕作便捷的与耕作距离进行分析。首先，根据开封市2015年POI数据中乡村居名点数据，计算农村居民点到耕地的距离作为耕作距离。在地图矢量下载器（http://www.vectordown.com）中下载开封市的乡村道路矢量数据，计算乡村道路到耕地的欧式距离得到耕作便捷度。各因子分级如图5-3所示。

根据以上方式所获取的因子等级分值，使用主成分分析法进行分析。利用ArcGIS 10.3对9个影响因子指标进行随机采样，生成49 987个随机空间样本点，统一设置空间投影坐标，生成样本数据。对该样本数据进行主成分分析，得到因子特征值与各主成分的贡献率，如表5-5所示。

耕地质量综合评价指标体系　　　　表5-4

准则层	指标层	指标分级标准				
		Ⅰ	Ⅱ	Ⅲ	Ⅳ	Ⅴ
土壤理化性质	表层土壤质地		黏土	沙土		
	有机质含量	[2.44,9.03]	[1.13,2.44)	[0.64,1.13)	[0.11,0.64)	(0.11,0)
	全氮	[0.07,0.12]	[0.04,0.07)	[0.01,0.04)	[0,0.01)	0
	全磷	[0.09,0.16]	[0.06,0.09)	[0.05,0.06)	[0,0.05)	0
	全钾	[1.94,3.01)	[1.85,1.94)	[1.61,1.85)	[0.27,1.61)	[0,0.27)
农业生产条件	耕地利用方式	耕地				非耕地
	田面坡度	(0,10)	[10,20)	[20,30)	[30,40)	≥40
区位条件	耕作便捷度	(0,115.50)	[115.50,317.64)	[317.64,794.10)	[794.10,1 790.32)	[1 790.32,3 681.70)
	耕作距离	(0,241.46)	[241.46,603.66)	[603.66,1 303.90)	[1 303.90,2 607.80)	[26 07.80,6 133.17)

注：指标分级标准中Ⅰ、Ⅱ、Ⅲ、Ⅳ、Ⅴ按照[0，100]的分制标准依次从高到低赋予100、80、60、40、20。

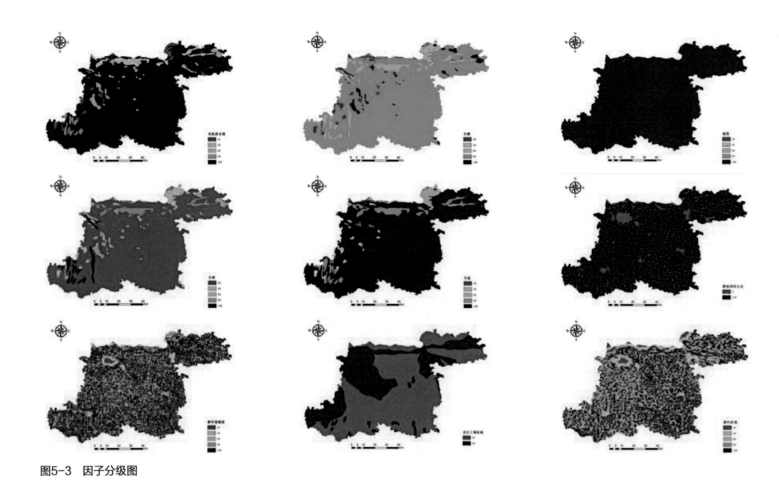

图5-3　因子分级图

因子特征值和贡献率			表5-5
主成分	特征值	贡献率/%	累计贡献率
1	2.411	26.785	26.785
2	1.405	15.612	42.397
3	1.054	11.714	54.111
4	0.993	11.030	65.141
5	0.949	10.547	75.688
6	0.906	10.066	85.754
7	0.692	7.689	93.443
8	0.535	5.941	99.384
9	0.055	0.616	100.000

从表5-5可知，前7项主成分的累积值已经达到了93.443%，因此，把前7个作为适宜性评价的主成分因子。根据特征值百分比计算出各主成分的权重，带入公式（5-2）进行计算：

$$F = \sum_{i=1}^{q} \omega_i z_i \quad \omega_i = \frac{\lambda_i}{\sum_{i=1}^{q} \lambda_i}, i = 1,2,\cdots,q(q<p) \quad （5-2）$$

式中，F为城市开发适宜性综合评价值，ω_i为各主成分的权重，z_i为各主成分。

根据所计算的农田适宜性评价分值利用ArcGIS10.1地统计模块进行Kriging插值，并对插值结果进行Logit函数变换，最终得到所有栅格单元的农田保护适宜性评价结果（图5-4）。

5. 城市增长边界预测

基于以上实例分析，本文以开封市作为研究对象，使用多重约束条件进行CA模拟，以生态保护区域为限制发展区，并基于主体功能区土地开发强度的约束，进行2025年开封市用地扩张的模拟，并基于此进行开封市城市开发边界体系的确定。

1）参数调试

使用双约束元胞自动机来构建城市建设用地扩展模型，元胞状态分为三种，城市用地、农田用地和水体。元胞状态转换规则根据开封市用地扩展动力分析确定，分为规模数量和空间分布两块，规模数量对每次转换的元胞数量进行约束，空间分布则对转换元胞的具体空间分布进行约束。在进行模拟之前，需要对城市增长边界系统进行不同的参数调试，城市增长边界的模拟状态也受到其影响。在城市增长边界模拟系统（FLUCA）中，若使用蒙特卡洛法定义随机数，随机性更强，呈现碎的板块形态。当选取3×3式摩尔领域，影响范围较小，所以城市边界的扩张形态较为紧缩，而选取5×5式摩尔领域，影响范围较大，所以城市边界的扩张形态更加发散。使用蒙特卡洛生成的模拟结果对比如图5-5所示。

若设置确定的转换阈值，范围为（0，1）：设置阈值的转换形态较好，但由于阈值的设置存在值域的限制，所以需要采用交叉验证的方法确定转换阈值。若阈值低于0.5，城市增长边界扩张速度较快，所以交叉验证法具体执行时以0.5为阈值基准值，以0.1为步长，逐步增加阈值动态模拟城市发展形态，以模拟结果的

评价与实际最接近的阈值0.8作为最终值。固定转换阈值生成的模拟结果对比如图5-6所示。

2）多情景结果分析

本研究采用多元回归模型和时间序列模型预测平均值来作为最终的城市用地规模预测值，2025年开封市的城市建设用地规模达到442.49km²，由于本次模拟城市扩展是基于栅格图片进行计算的，其栅格大小为30m×30m，然后将2025年最大的用地规模与栅格大小相比，得到最大建设规模时相对应的栅格数量为234 000。根据实践与参考文献，研究采用固定阈值法作为模拟参数的设定，经过多次模拟，取阈值为0.6时模拟出的边界为开封市在2025年的城市"弹性"开发边界。在此基础上，本研究进行了三种情景分析，分别是只考虑城市开发适宜性而不考虑农田保护适宜性、只考虑农田保护适宜性而不考虑城市开发适宜性和两者结合考虑。

将2015年开封市城市边界进行叠加，可以发现：除了内涵式发展以外，未来开封市主城区在向四周扩张的同时，以往西部扩张最为显著，其余四县则东部扩张较为明显，在西部与西南部也有适量扩张。

参考《开封市城市总体规划简介（2011—2020年）》中总体规划方案与开封市域城镇空间结构规划图（2011—2020年），未来开封市主城区的扩张方向切合"郑汴一体化"发展战略与总体规划中开封市明确提出的"重点向西发展"的发展方向。开封市中心城区与祥符区之间联系更加紧密，形成开封市的复合中心。未来建设用地的规划与开发主要集中在主城区西部，主要是在汴西新区进行集中建设。自开封县改为祥符区以后，祥符区的建设日益成为开封市建设的重要方向，加强了与主城区之间的经济联系，促进开封市区的统筹发展。

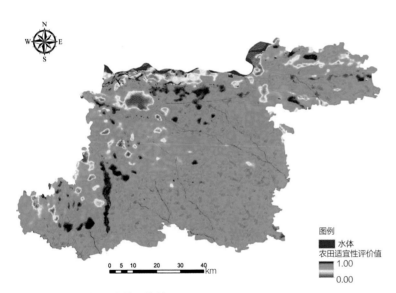

图5-4 农田保护适宜性评价结果图

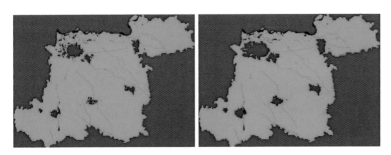

图5-5 使用蒙特卡洛法生成的模拟结果对比

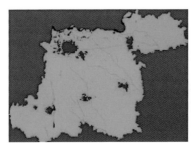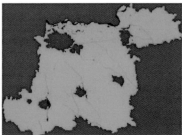

图5-6 固定转换阈值生成的模拟结果对比

开封市面积变化	表5-6
城市	面积变化/m²
杞县	5 400
通许县	12 600
尉氏县	13 500
兰考县	22 500
开封市	18 900
总面积	72 900

除此之外，从统计得出的开封市主城区，以及四县的面积变化来看，见表5-6，说明在开封市区与兰考县所形成的城镇发展轴对其建设用地的扩张影响显著。而杞县可能受交通因素的影响，相对面积变化较小。在基于原有的城市区位向东部进行不同程度的扩张，在尉氏县、通许县、兰考县的沿河一带也形成了新的城市用地斑块。

通过三种情形下的不同区域与总体的分维数与紧凑度进行计算对比，如图5-7、图5-8所示，分维数的大小表征城市地域边界的复杂曲折程度，说明城区周界整齐规则，用地紧凑节约。城市外围轮廓形态的紧凑度，紧凑度值越大，其形状越有紧凑性；反之，形状的紧凑性越差。圆是一种形状最紧凑的图形，圆内各部分空间高度压缩，其紧凑度为1，如果是狭长形状，其值远远小于1。

从分区的分维数与紧凑度的折线表可以看出，在单考虑城市开发或者农田保护适宜性的情况下，差异并不明显，但在综合考

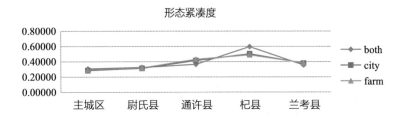

图5-7　三种情形下的不同区域的紧凑度与分维数

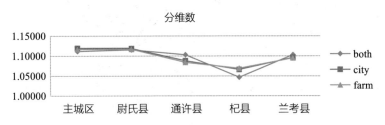

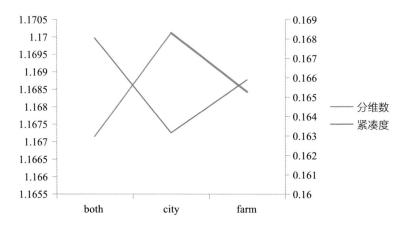

图5-8　三种情形下总体的分维数与紧凑度

虑两者之后，通许县的紧凑度降低，同时分维数增高，而杞县紧凑度增加，分维数降低。着眼于整个开封市，可以看出在综合考虑城市开发适宜性与农田保护适宜性的情况下，城市的分维数最低且紧凑度最高，使城市的增长边界呈现出更为紧凑的城市空间开发范围。

本研究通过三种情形的对比分析，发现耦合城市开发用地适宜性与农田保护适宜性评价的约束方法是较适宜现实情况与未来规划发展预期的。通过建立多约束的元胞自动机模拟得出开封市2025年的城市增长边界，来引导开封市城市空间进行有序的发展，促进开封市未来的健康可持续发展。

六、研究总结

空间规划是政府调控和引导空间资源配置的基础，也是现代国家进行空间治理的重要手段，是有效调控社会、经济环境要素的空间政策工具。根据2014年国家发展改革委、国土资源部、环境保护部、住房城乡建设部联合发布《关于开展市县"多规合一"试点工作的通知》（发改规划〔2014〕1971号），明确提出空间规划要"划定城市开发边界、永久基本农田红线和生态保护红线，形成合理的城镇、农业、生态空间布局"。

1. 研究创新与优势

本研究为切合"三区三线"的科学划定原则，以"守住生态底线、控制建设总量、保留弹性发展余地"作为控制模型，充分考虑了土地的功能性，从城市系统的复合性、动态性，以及时空

统一性特点出发，利用空间过程模拟与优化方法、数理统计与空间回归分析方法、GIS空间分析技术，对城市空间定量评价与预测、城市增长边界空间扩散过程模拟和优化等问题进行定量分析和动态模拟，从而把握城市增长边界的形成机理与时空演变规律。选择影响城市建设用地的16个影响因子，以及9个影响农田的影响因子。本研究构建了城市用地，以及农田保护适宜性评价指标体系，提出基于PCA分析的城市开发适宜性评价方法，获得了开封市城市开发适宜性评价结果，最后利用多约束的元胞自动机模拟城市增长。本研究主要有以下两个创新点：

（1）"自上而下"和"自下而上"的理念结合

当前国土空间规划采用自上而下的统筹控制规划理念，从而促进符合发展需求的土地利用。而本研究采用元胞自动机对城市增长边界进行动态模拟，通过模型的迭代演化从单个元胞到形成完整的城市的增长边界，是以一种自下而上的理念对城市规划提供方法和建议。在"自上而下"的空间规划思想控制下，通过"自下而上"的方法进行模型构建与实现，尊重城乡发展规律并充分考虑了现实可操作性，为城市的发展提供了良好的空间保障。在数据来源方面，将POI与传统数据相结合所构成的更全面与合理的适宜性评价方法。

（2）构建了多约束的城市增长边界演化模型

针对城市系统的复合性、动态性和时空统一性的特点，本研究从总量规模约束、空间规模约束、城市开发和农田保护适宜性，构建了多约束的城市增长边界演化模型，元胞自动机能直观地表示城市未来的增长情况，用于模拟城市扩张具有很好的空间建模能力，且能够找到更合理的城市增长格局。利用了元胞自动机对开封市的城市增长边界进行演化。城市建设用地扩张与城市系统中的社会、经济各因素之间存在复杂非线性关系，且样本量少，如果利用单个模型进行预测具有局限性，无法准确找到其内部关联，预测效果不理想。因此，本研究结合线性回归、多元回归、时间序列法等多个模型并取平均，确定未来城市发展的用地需求量。通常采用的建模方式是将影响因子的空间条件作为线性要素对待，而在元胞转换规则建模中考虑影响因子的空间非线性特征更接近真实状况。

2. 研究应用方向与前景

通过本项目的实施，可为城市规划部门提供一套完整的城市增长边界划定技术方案和划定分析工具，以及开封市城市增长边界的空间数据库和成果数据集。通过该项目成果的应用，可节省大量人力开发和研究经费。同时，也可在其他地市进行成果应用和推广，项目预期经济效益显著。同时，本项目的实施将有助于开封市推进新型城镇化建设和可持续发展，通过划定合理的城市增长边界空间分布格局，有利于解决城市化和环境的突出矛盾，破解城市空间过度蔓延和土地资源紧张等问题，推动新型城镇化的建设与管理实践，具有重要的科学意义和广泛的应用前景。

城市公园空间品质测度与提升模型

——以成都市老城区公园为例

工作单位：成都理工大学、同济大学、汉嘉设计集团

研究方向：城市设计研究

参 赛 人：孙强、盛硕、孙淑芳

参赛人简介：孙强，硕士研究生，风景园林专业，研究方向为风景园林规划与设计，研究兴趣为风景园林新技术方法应用；盛硕，博士研究生，风景园林专业，研究方向为绿色基础设施与生态系统服务；孙淑芳，城市规划师，研究方向为总体城市设计。

一、研究问题

1. 研究背景及目的意义

公园是城市中近似于自然生态环境的重要公共空间，是居民户外游憩活动的主要场所，对居民身心健康与社会交往生活具有至关重要意义。随着我国新型城镇化进程加快，城镇规模与各项设施建设飞速发展，城市居民逐渐远离了山水田园似的自然生态环境，城市公园便成为居民享受"绿色"、亲近自然的宝贵处所。

存量规划背景下，同其他类型城市建设用地一样，城市公园建设由规模扩张转变为品质提升。梳理已有研究发现，与公园品质息息相关的"美学价值""自然感知""娱乐""场所感"等指标多作为文化服务因子，整合在公园绩效评价中，但是，绩效评价侧重于公园服务水平与经济价值，对公园空间品质评价关注较少，公园规划设计与建设能否真正满足人们对美好物质生活的期待，尚缺乏大规模研究与评价。

本研究旨在构建城市公园空间品质测度与提升模型，可视化各公园空间品质层级，寻找高"停驻意愿"空间的感知环境特征，为探寻及改造升级中、低品质公园空间提供理论依据和技术支撑。

2. 研究目标及拟解决的问题

（1）构建城市公园空间品质测度模型

从公园外部（社区尺度）和公园内部两个维度出发，构建城市公园空间品质测度模型。综合GIS空间与统计分析、空间句法、人工智能学习系统和基于深度学习卷积神经网络的图像语义分割识别与统计技术、层次分析、相关性分析等技术方法，从物理环境、感知环境两方面量化城市公园空间品质高低。

（2）构建城市公园空间品质提升模型

基于上述测度模型，对"停驻意愿"主观评价和公园内部中感知环境进行SPSS相关分析，量化感知环境指标，指导公园改造升级。

（3）以成都老城区15座综合性公园为例进行实证研究

以成都老城区15座综合性公园为例，实证研究模型的可行性，其成果可用于成都市域范围乃至更多城市公园改造升级与规划建设等项目中。

通过可视化构建指标评价体系，量化城市公园空间品质高低，量化公园内部感知环境指标，提升中、低空间品质公园，为城市公园空间品质测度与提升奠定基础，回应人们对美好物质生活的期待。

二、研究方法

1. 研究方法及理论依据

公园空间品质高低直接影响居民使用方式、频率及停驻意愿，从物理环境和感知环境两方面测度公园空间品质，能更为全面衡量其品质高低、提升居民使用意愿。按照从认识论、方法论到实践论的顺序展开，针对不同阶段所涉及的不同内容和目标，采取不同的研究方法。

（1）文献查阅法

查阅相关文献，梳理公园、绿地、街道等公共空间品质评价方法从多维度筛选合适指标，构建城市公园空间品质测度评价指标体系。

（2）人工智能与深度学习法

采用TensorFlow人工智能学习系统和Deeplab基于深度学习卷积神经网络的图像语义分割识别与统计技术。TensorFlow是谷歌研发的第二代人工智能学习系统。Deeplab是一种用于图像语义分割的顶尖深度学习模型，将语义标签分配给输入图像和每个像素，其评测数据集使用Cityscapes，是由奔驰公司推动发布的自动驾驶领域权威和专业的图像语义分割评测集（图2-1、图2-2）。

（3）现场调研与量表打分法

对成都老城区15座公园进行现场调研，对公园内部配套服务设施水平、功能多样性，以及水体亲水性进行记录并评价打分，同时沿主要浏览路线和景观节点360°拍摄公园照片，引入尤因（Ewing）提出的街道空间（公园街道、开敞景观节点）停驻意愿

图2-1　人民公园外部环境百度街景照片样片图

图2-2　人民公园外部环境街景照片语义分割识别样片图

测度指标，制作《观察手册》阐释参考理论、指标打分标准和相关研究案例参考，再邀请风景园林、城市规划专业人员对15座公园中每个采样点进行量表打分。

（4）空间句法

空间句法是一种基于拓扑关系分析和描述空间的手段，主要模型包括轴线模型、线段模型、凸空间模型等。空间句法目前已经成为一种重要的城市空间形态分析方法，在公共建筑设计、城市公共空间设计、住区环境规划，以及交通等方面得到了比较成功的应用。本研究结合上述三个模型各自特点和基于城市道路网公园可达性测度需求，选择在城市规划及相关领域中应用较多的线段模型开展研究工作。

（5）层次分析法

层次分析法是一种常用的决策方法，将与决策有关的元素分解成目标层、准则层、方案层等，进而进行定量决策，在城市研究中常用于特定目标下各影响因子的权重确定。本研究采用层次分析法，基于yaahp软件对评价指标体系中各因子进行权重赋值。

（6）相关性分析法

运用SPSS软件，对公园内部感知环境的绿视率、开阔度、围合度及色彩混合度四项指标与表征停驻意愿的围合性、人性化尺度、通透性、整洁度、意象化五项指标进行相关性分析，量化在统计学具有显著意义提高居民停驻意愿的感知环境指标内容。

（7）GIS空间分析与统计和"极海云"平台可视化表达

利用GIS强大空间分析与统计技术，实现诸如公交站点密度、周边地块开发强度、功能密度等指标分析与统计，同时利用"极海云"平台对指标分析与统计结果进行可视化表达。

2. 技术路线及关键技术

本研究技术路线如图2-3所示。

城市公园空间品质测度与提升模型主要分为测度模型和提升模型，其中测度模型包含两个维度：公园外部环境，即社区尺度，因为居民不可能空降于公园内，必然需要穿越各地块，经过各街道到达公园门口，其过程会使居民心理产生不同的空间感

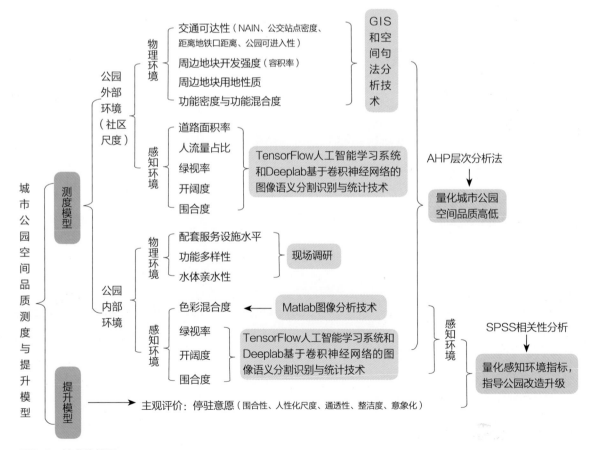

图2-3 技术路线图

受；同时也包含公园内部环境。

公园外部环境包含物理环境和感知环境，其物理环境包含的指标因子为：交通可达性［标准化角度整合度（Normalized Angular Integration，简称NAIN）、公交站点密度、距离地铁口距离、公园可进入性］、周边地块开发强度（容积率）、周边地块用地性质、功能密度和功能混合度，通过GIS和空间句法分析技术予以实现；其感知环境包含的指标因子为：道路面积率、人流量占比、绿视率、开阔度和围合度，通过TensorFlow人工智能学习系统和Deeplab基于深度学习卷积神经网络的图像语义分割识别与统计技术，主要步骤为：获取研究范围内街景照片采样点坐标；通过Python程序语言进行街景照片自动抓取；进行街景照片语义分割识别和裁剪；汇总统计街景照片所得19类指标数据（表2-1），再从中选取本研究所需指标内容。

公园内部环境同样包含物理环境和感知环境，其物理环境包含指标因子为：配套服务设施水平、功能多样性和水体亲水性。通过人工现场调研获得相应数据资料，其感知环境包含指标因子为：色彩混合度、绿视率、开阔度和围合度，采用Matlab图像分析技术、TensorFlow人工智能学习系统和Deeplab基于深度学习卷积神经网络的图像语义分割识别与统计技术予以实现。通过AHP层次分析法确定以上各指标因子权重，量化城市公园空间品质高低。

提升模型采用尤因（Ewing）城市设计主观评价方法，通过人工360°拍摄公园照片，对停驻意愿的五个维度（围合性、人性化尺度、通透性、整洁度、意象化）专家打分获得数据，并与公园内部感知环境各项指标进行SPSS相关性分析，量化具有统计学显著意义感知环境指标，指导未来公园改造升级或新规划建设。

三、数据说明

1. 数据内容及类型

研究数据主要为城市道路、公交站点、现状建设用地、城市建筑、POI（兴趣点）、百度街景图片、现场调研、人工拍摄公园街景照片、主观评价中专家打分数据。

（1）城市道路：利用OSM下载所需城市道路网分级数据或人工描绘城市道路网。数据类型为shp线数据或CAD转换为shp线数据。

（2）公交站点：直接下载并校核"城市数据派"网站已有数据。数据类型为shp点数据。

（3）周边地块性质：探索以公园中心为圆点，以1 000m半径为缓冲区确定该范围内的地块用地性质，若最高类型地块用地面积占比超过60%，则将该类型属性赋给公园（图3-1）。具体用地性质参考国家标准——《城市用地分类与规划建设用地标准》GB 50137-2011。数据类型为Excel表格csv数据可导入GIS中进一步分析处理。

（4）周边地块开发强度：基于城市建筑数据，直接下载并校核"环哥的万事屋"分享数据。数据类型为shp面数据。

（5）功能密度和功能混合度：基于POI数据，可使用GeoSharp1.0软件进行设置抓取。探索以公园中心为圆点，以

语义分割所得19类指标　　　　表2-1

序号	分类	分类名称	代码	类型
1	road	道路	0	flat
2	sidewalk	人行道	1	flat
3	building	建筑	2	construction
4	wall	墙	3	construction
5	fence	围墙栅栏	4	construction
6	pole	杆	5	object
7	traffic light	信号灯	6	object
8	traffic sign	指标牌	7	object
9	vegetation	植被	8	nature
10	terrain	地形	9	nature
11	sky	天空	10	sky
12	person	人	11	human
13	rider	骑车人	12	human
14	car	汽车	13	vehicle
15	truck	卡车	14	vehicle
16	bus	公交车	15	vehicle
17	train	火车	16	vehicle
18	motorcycle	摩托车	17	vehicle
19	bicycle	自行车	18	vehicle

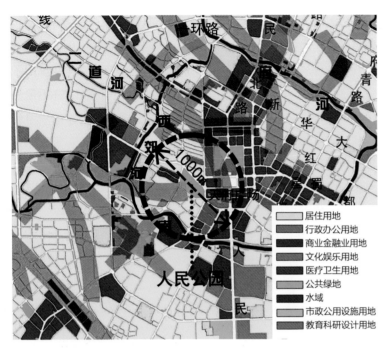

居住用地
行政办公用地
商业金融业用地
文化娱乐用地
医疗卫生用地
公共绿地
水域
市政公用设施用地
教育科研设计用地

图3-1　人民公园缓冲区周边地块性质样片图

1 000m半径为缓冲区确定该范围内的POI数据。参考刘行健和龙瀛的研究，以及实现本研究目的所需分类情况，对POI数据进行清洗筛选，分为旅游景点、政府机构及社会团体、公司企业、住宅、公共服务（含科教文化、医疗卫生、公共厕所、金融服务）、商业（购物服务、餐饮服务、生活服务、体育休闲服务、宾馆酒店、汽车维修、汽车服务、摩托车服务）六大类。数据类型为shp点数据。

（6）百度街景照片：基于百度地图开放平台（图3-2），采用Python程序语言自动化批量获取公园外部环境（社区尺度）的百度街景照片。数据类型为bmp图片数据。

2. 数据预处理技术与成果

（1）城市道路网数据：首先利用开源Open Street Map获取所需城市道路网分级数据，再基于ArcGIS Desktop10.2软件进行道路数据清洗。主要步骤为：使用ArcToolbox中"合并分开的道路"

图3-2　百度地图开发平台展示图

工具来简化道路，再使用"细化道路网"进一步对道路简化，过滤掉过于细碎的道路，最后一步就是拓扑处理，将多余的节点合并，对道路数据进行简化。因每个城市道路情况各有差异，研究成果对道路数据精度各有不同，也可采用人工描绘方法得到准确度更高的道路网数据。

（2）周边地块开发强度（容积率）数据：基于城市建筑数据，使用ArcGIS Desktop10.2软件加载建筑数据图层，打开其属性表新建建筑面积字段并使用"字段计算器"计算各个建筑面数据所对应的建筑面积，并以各公园1 000m缓冲区范围计算用地面积，新建容积率字段并使用"字段计算器"计算各公园1 000m缓冲区范围内总建筑面积，其再除以缓冲区用地面积得到各公园周边地块开发强度（容积率）。

（3）周边地块用地性质数据：由各公园1 000m缓冲范围内地块用地性质决定，若最高类型地块面积占比超过60%，则将该类型赋给公园。

（4）公园外部感知环境各指标数据：基于百度街景照片，采用TensorFlow人工智能学习系统和Deeplab基于深度学习卷积神经网络的图像语义分割识别与统计技术，得到诸如街景照片背后所反映的人视野中绿化水平占比，即绿视率等。

（5）公园内部物理环境各指标数据：基于人工现场踏勘调研，制作调研统计打分表获取数据。

（6）公园内部感知环境各指标数据：基于人工拍摄公园照片，沿公园主要浏览路线和景观节点确定采样点，每一个采样点选取人视角度拍摄两张180°照片，形成360°全景照片。色彩混合度数据使用Matlab图像分析技术对每个采样点的两张街景照片进行12种颜色色彩占比分析，取其平均值得到该采样点色彩混合度值，再通过统计公园内每个采样点的平均值得到该公园整体色彩混合度值。绿视率、开阔度和围合度数据预处理方法同公园外部感知环境指标数据。

（7）主观评价数据：其引介尤因（Ewing）提出的城市设计评价五个维度，来获得打分者在公园公共空间中的停驻意愿，反映其感知品质。主观评价的五项指标（围合度、人性化尺度、通透性、整洁度和意象化）通过专家打分得到，最高总分为5分，最低总分为0分，即五项指标中每一项打分为0或1分（比如围合度，围合感差为0分，围合感好为1分）。对每一项指标进行打分，最后将五项指标得分加总，得出每个照片采样点总分。

四、模型算法

1. 模型算法流程及相关数学公式

城市公园空间品质测度与提升模型算法流程图分别如图所示（图4-1、图4-2）。

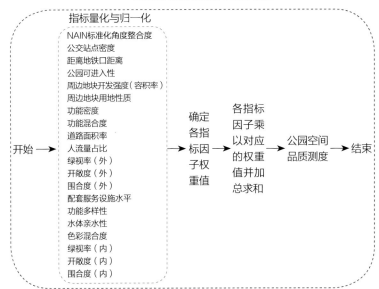

图4-1　公园空间品质测度模型算法流程图

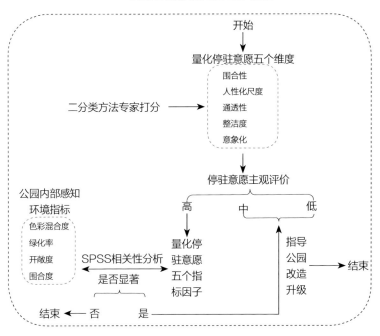

图4-2　公园空间品质提升模型算法流程图

（1）*NAIN*标准化角度整合度

*NAIN*标准化角度整合度概念源于空间句法，数学公式4-1为：

$$NAIN=NC^{1.2}/（TD+2）\qquad（4-1）$$

其中，*NAIN*为标准化角度整合度值，可用来表征路网可达性；*NC*为节点数，即任意线段到其他所有线段相遇的线段数之和；*TD*为全局角度深度，即从某条线段到系统中所有线段最短角度路径深度之和。

（2）周边地块开发强度

周边地块开发强度采用周边地块平均容积率表征，数学公式4-2和公式4-3为：

$$FAR_i=S_建/S_规\qquad（4-2）$$
$$FAR=（\textstyle\sum_n FAR_i）/n\qquad（4-3）$$

其中，FAR_i为地块i的容积率；

$S_建$为地块*i*的建筑面积；

$S_规$为地块*i*的规划用地面积；

*FAR*为公园1km缓冲区范围内平均容积率值；

*n*为公园1km缓冲区范围内地块数量。

（3）功能密度

采用公园1km缓冲区范围内POI点密度来表征，数学公式4-4和公式4-5为：

$$D_i=N_{POI}/S_i\qquad（4-4）$$
$$D_{POI}=（\textstyle\sum_n D_i）/n\qquad（4-5）$$

其中，D_i为地块i的POI密度；

N_{POI}为地块i的POI数量；

S_i为地块i的面积；

D_{POI}为公园1km缓冲区范围内POI密度均值；

*n*为公园1km缓冲区范围内地块数量。

（4）功能混合度

采用公园1km缓冲区范围内POI混合熵计算，数学公式4-6和公式4-7为：

$$Diversity_i=-Sum（P_{w}\times lnP_w），（w=1,2,3\cdots）\qquad（4-6）$$
$$Diversity=（\textstyle\sum_n Diversity_i）/n\qquad（4-7）$$

其中：$Diversity_i$为i地块功能混合度；

P_w为*w*类POI占地块总POI的比值；

*Diversity*为公园1km缓冲区范围内所有地块POI混合度均值；

*w*为POI类别数；

*n*为公园1km缓冲区范围内地块数量。

2. 模型算法相关支撑技术

模型基于风景园林、城乡规划和计算机科学等相关学科知识，主要使用地理信息系统ArcGIS Desktop10.2软件、空间句法Depthmap Beta 1.0软件、JetBrains PyCharm Community Edition 2018.2.3 x64（基于Python、TensorFlow、Deeplab、Cityscapes共同搭建批量百度街景照片获取和图像语义分割识别与汇总统计环境）、Matlab2015a图像分析软件、AHP层次分析法确定指标因子权重yaahp V11.2软件、指标因子相关性分析IBM SPSS Statistics 20软件、批量获取百度街景照片所基于的百度地图开放平台、基于GIS数据可视化的"极海云"平台等。全部在Windows操作系统上完成。

五、实践案例

1. 模型应用实证及结果解读

本模型选取成都市林业与园林管理局提供的《成都市绿地系统规划（2013—2020年）》中老城区（金牛区、成华区、锦江区、武侯区、青羊区）现状综合性公园，并进行现场踏勘调研，包括：人民公园、文化公园、百花潭公园、浣花溪公园、清水河公园、金牛公园、黄忠公园、簇锦公园、望江公园、东湖公园、成华公园、府南河活水公园、新华公园、塔子山森林公园、沙河公园共计15座。

通过采用GIS和空间句法分析技术、TensorFlow人工智能学习系统和Deeplab基于深度学习卷积神经网络的图像语义分割识别与统计技术，对公园外部（社区尺度）物理环境分析工作具体为：

（1）*NAIN*标准化角度整合度计算，主要步骤为：CAD描绘城市道路网存dxf格式；导入Depthmap，转Axial Map检查后再转Segment Map；Add Column并Update Column，录入公式得到整体*NAIN*，统计各公园*NAIN*（图5-1）。

*NAIN*标准化角度整合度较高为地处市中心的人民公园和文化公园；较低为市中心边缘的簇锦公园、塔子山森林公园；东湖公园和望江公园因紧邻府河，跨河交通可达性较低（图5-2、表5-1）。

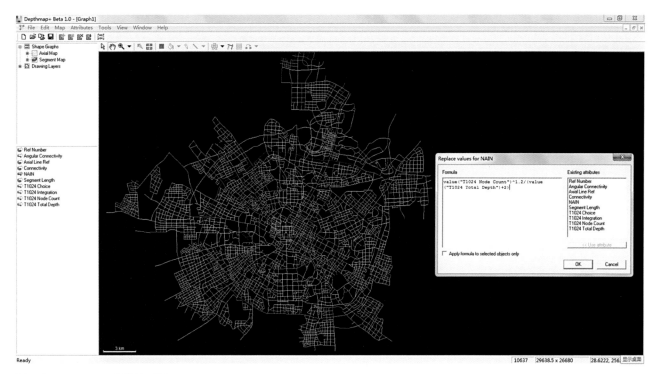

图5-1 Depthmap操作演示图

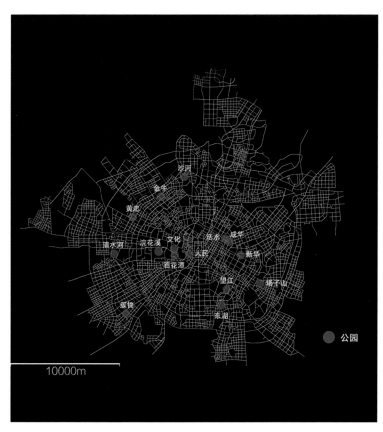

图5-2 NAIN标准化角度整合度分析图

	NAIN标准化角度整合度分析表	表5-1
公园名称	NAIN（标准化角度整合度）平均值	NAIN（标准化角度整合度）归一化后值
人民公园	0.352	5
文化公园	0.364	5
百花潭公园	0.342	4
浣花溪公园	0.321	3
清水河公园	0.304	2
金牛公园	0.315	3
黄忠公园	0.320	3
簇锦公园	0.255	1
望江公园	0.302	2
东湖公园	0.264	1
成华公园	0.329	4
府南河活水公园	0.340	4
新华公园	0.320	3
塔子山森林公园	0.272	1
沙河公园	0.316	3

（2）公交站点密度计算，主要步骤为：各公交站点导入GIS空间化显示；各公园坐标导入GIS空间化显示；计算各公园缓冲区范围；计算各公园公交站点密度（图5-3）。

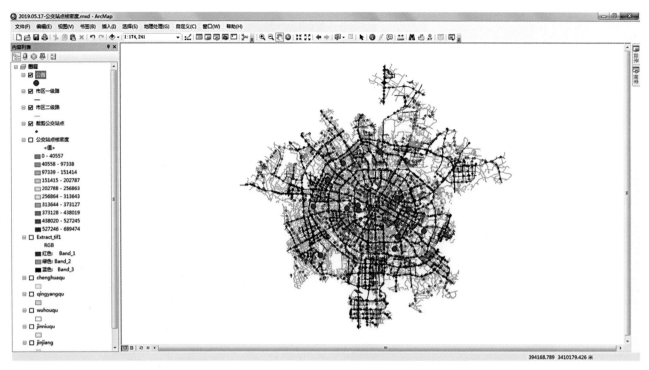

图5-3 计算公交站点密度GIS操作演示图

公交站点密度最高为望江公园，虽然其*NAIN*交通可达性较低，但有多路公交车在附近设站，适当缓解交通可达性低的问题（图5-4、表5-2）。

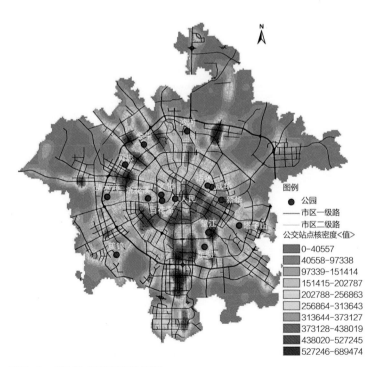

图5-4 公交站点核密度分析图

公交站点密度分析表		表5-2
公园名称	公交站点密度 （个数/缓冲区范围内）	公交站点密度 归一化后值
人民公园	92	4
文化公园	66	2
百花潭公园	59	2
浣花溪公园	67	2
清水河公园	42	1
金牛公园	64	2
黄忠公园	59	2
簇锦公园	53	1
望江公园	104	5
东湖公园	69	2
成华公园	88	4
府南河活水公园	78	3
新华公园	114	5
塔子山森林公园	40	1
沙河公园	53	1

（3）周边地块开发强度计算，主要步骤为：城市建筑数据导入GIS；打开其属性表新建"jianmian"字段，并计算建筑面积；各公园坐标导入GIS空间化显示并计算各公园缓冲区范围；叠加

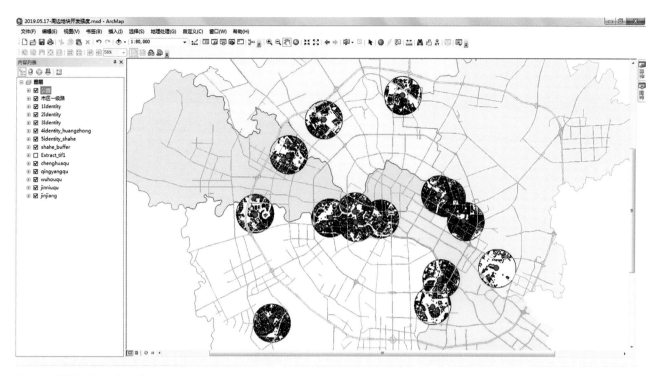

图5-5 计算周边开发强度GIS演示图

分析得到各公园缓冲区范围内总建筑面积，并计算容积率（图5-5~图5-7）。

周边地块开发强度最大为成华公园（1.97）和人民公园（1.96），处于市中心周边地块开发强度大；其次为府南河活水公园公园（1.85）和新华公园（1.77）；平均容积率最低为塔子山森林公园（0.46），主要由于其缓冲范围内东侧（岷山路以东）大片为待开发现状空地（表5-3）。

周边地块开发强度评价表			表5-3
公园名称	周边地块开发强度（地上总建筑面积/m²）	周边地块开发强度（容积率）	周边地块开发强度归一化后值
人民公园	6 149 781.57	1.96	5
文化公园	4 573 774.92	1.46	4
百花潭公园	4 094 913.73	1.30	4
浣花溪公园	3 751 306.74	1.19	3
清水河公园	2 802 481.02	0.89	3
金牛公园	3 597 056.28	1.15	3
黄忠公园	3 897 290.53	1.24	4
簇锦公园	2 791 844.94	0.89	3
望江公园	4 741 903.59	1.51	4
东湖公园	3 977 455.86	1.27	4
成华公园	6 198 979.53	1.97	5
府南河活水公园	5 811 269.87	1.85	5
新华公园	5 562 227.01	1.77	5
塔子山森林公园	1 441 685.14	0.46	2
沙河公园	3 113 230.14	0.99	3

图5-6 计算周边开发强度GIS演示放大图

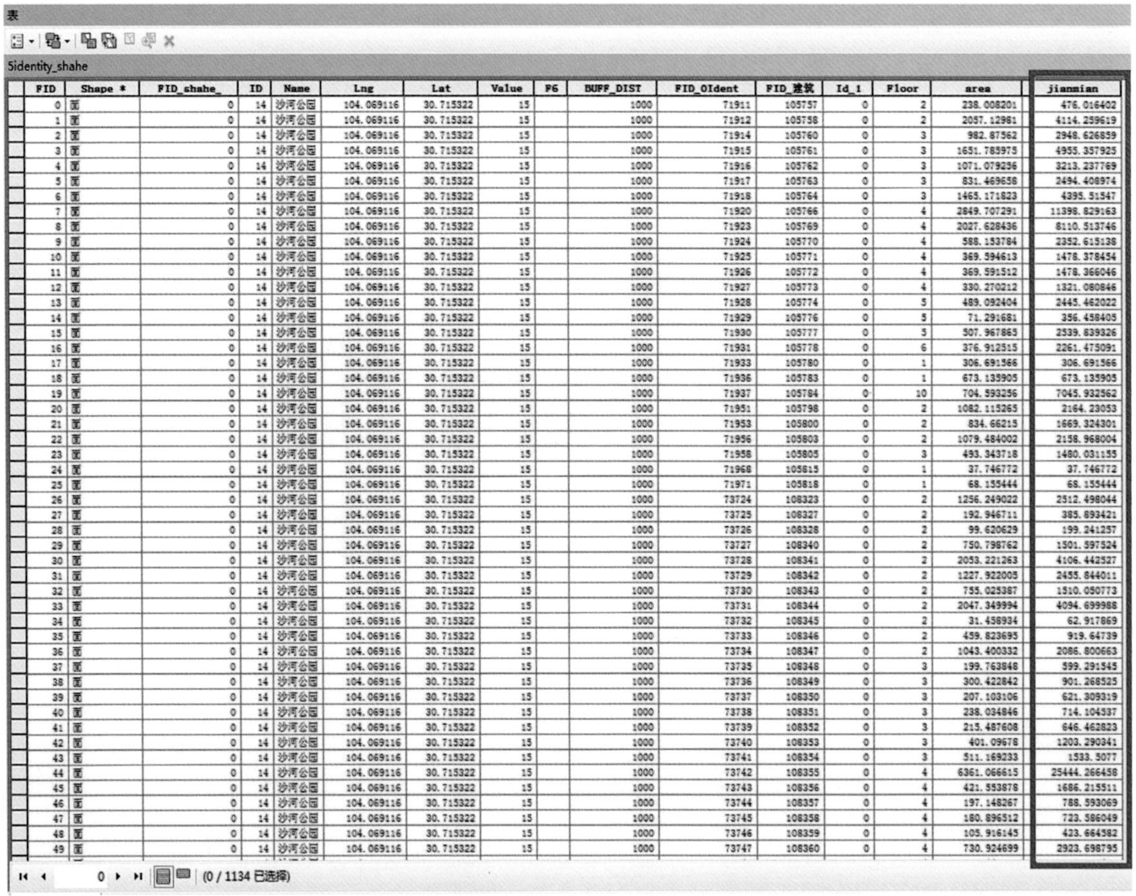

表

Sidentity_shahe

FID	Shape *	FID_shahe_	ID	Name	Lng	Lat	Value	F6	BUFF_DIST	FID_OIdent	FID_建筑	Id_1	Floor	area	jianmian
0	面	0	14	沙河公园	104.069116	30.715322	15		1000	71911	105757	0	2	238.008201	476.016402
1	面	0	14	沙河公园	104.069116	30.715322	15		1000	71912	105758	0	2	2057.12981	4114.259619
2	面	0	14	沙河公园	104.069116	30.715322	15		1000	71914	105760	0	3	982.87562	2948.626859
3	面	0	14	沙河公园	104.069116	30.715322	15		1000	71915	105761	0	3	1651.785975	4955.357925
4	面	0	14	沙河公园	104.069116	30.715322	15		1000	71916	105762	0	3	1071.079256	3213.237769
5	面	0	14	沙河公园	104.069116	30.715322	15		1000	71917	105763	0	3	831.469658	2494.408974
6	面	0	14	沙河公园	104.069116	30.715322	15		1000	71918	105764	0	3	1465.171823	4395.51547
7	面	0	14	沙河公园	104.069116	30.715322	15		1000	71920	105766	0	4	2849.707291	11398.829163
8	面	0	14	沙河公园	104.069116	30.715322	15		1000	71923	105769	0	4	2027.628436	8110.513746
9	面	0	14	沙河公园	104.069116	30.715322	15		1000	71924	105770	0	4	588.153784	2352.615138
10	面	0	14	沙河公园	104.069116	30.715322	15		1000	71925	105771	0	4	369.594613	1478.378454
11	面	0	14	沙河公园	104.069116	30.715322	15		1000	71926	105772	0	4	369.591512	1478.366046
12	面	0	14	沙河公园	104.069116	30.715322	15		1000	71927	105773	0	4	330.270212	1321.080846
13	面	0	14	沙河公园	104.069116	30.715322	15		1000	71928	105774	0	5	489.092404	2445.462022
14	面	0	14	沙河公园	104.069116	30.715322	15		1000	71929	105776	0	5	71.291681	356.458405
15	面	0	14	沙河公园	104.069116	30.715322	15		1000	71930	105777	0	5	507.967865	2539.839326
16	面	0	14	沙河公园	104.069116	30.715322	15		1000	71931	105778	0	6	376.912515	2261.475091
17	面	0	14	沙河公园	104.069116	30.715322	15		1000	71933	105780	0	1	306.691566	306.691566
18	面	0	14	沙河公园	104.069116	30.715322	15		1000	71936	105783	0	1	673.135905	673.135905
19	面	0	14	沙河公园	104.069116	30.715322	15		1000	71937	105784	0	10	704.593256	7045.932562
20	面	0	14	沙河公园	104.069116	30.715322	15		1000	71951	105798	0	2	1082.115265	2164.23053
21	面	0	14	沙河公园	104.069116	30.715322	15		1000	71953	105800	0	2	834.66215	1669.324301
22	面	0	14	沙河公园	104.069116	30.715322	15		1000	71956	105803	0	2	1079.484002	2158.968004
23	面	0	14	沙河公园	104.069116	30.715322	15		1000	71958	105805	0	3	493.343718	1480.031155
24	面	0	14	沙河公园	104.069116	30.715322	15		1000	71968	105815	0	1	37.746772	37.746772
25	面	0	14	沙河公园	104.069116	30.715322	15		1000	71971	105818	0	1	68.155444	68.155444
26	面	0	14	沙河公园	104.069116	30.715322	15		1000	73724	108323	0	2	1256.249022	2512.498044
27	面	0	14	沙河公园	104.069116	30.715322	15		1000	73725	108327	0	2	192.946711	385.893421
28	面	0	14	沙河公园	104.069116	30.715322	15		1000	73726	108328	0	2	99.620629	199.241257
29	面	0	14	沙河公园	104.069116	30.715322	15		1000	73727	108340	0	2	750.798762	1501.597524
30	面	0	14	沙河公园	104.069116	30.715322	15		1000	73728	108341	0	2	2053.221263	4106.442527
31	面	0	14	沙河公园	104.069116	30.715322	15		1000	73729	108342	0	2	1227.922005	2455.844011
32	面	0	14	沙河公园	104.069116	30.715322	15		1000	73730	108343	0	2	755.025387	1510.050773
33	面	0	14	沙河公园	104.069116	30.715322	15		1000	73731	108344	0	2	2047.349994	4094.699988
34	面	0	14	沙河公园	104.069116	30.715322	15		1000	73732	108345	0	2	31.458934	62.917869
35	面	0	14	沙河公园	104.069116	30.715322	15		1000	73733	108346	0	2	459.823695	919.64739
36	面	0	14	沙河公园	104.069116	30.715322	15		1000	73734	108347	0	2	1043.400332	2086.800663
37	面	0	14	沙河公园	104.069116	30.715322	15		1000	73735	108348	0	3	199.763848	599.291545
38	面	0	14	沙河公园	104.069116	30.715322	15		1000	73736	108349	0	3	300.422842	901.268525
39	面	0	14	沙河公园	104.069116	30.715322	15		1000	73737	108350	0	3	207.103106	621.309319
40	面	0	14	沙河公园	104.069116	30.715322	15		1000	73738	108351	0	3	238.034846	714.104537
41	面	0	14	沙河公园	104.069116	30.715322	15		1000	73739	108352	0	3	215.487608	646.462823
42	面	0	14	沙河公园	104.069116	30.715322	15		1000	73740	108353	0	3	401.09678	1203.290341
43	面	0	14	沙河公园	104.069116	30.715322	15		1000	73741	108354	0	3	511.169233	1533.5077
44	面	0	14	沙河公园	104.069116	30.715322	15		1000	73742	108355	0	4	6361.066615	25444.266458
45	面	0	14	沙河公园	104.069116	30.715322	15		1000	73743	108356	0	4	421.553878	1686.215511
46	面	0	14	沙河公园	104.069116	30.715322	15		1000	73744	108357	0	4	197.148267	788.593069
47	面	0	14	沙河公园	104.069116	30.715322	15		1000	73745	108358	0	4	180.896512	723.586049
48	面	0	14	沙河公园	104.069116	30.715322	15		1000	73746	108359	0	4	105.916145	423.664582
49	面	0	14	沙河公园	104.069116	30.715322	15		1000	73747	108360	0	4	730.924699	2923.698795

0 (0 / 1134 已选择)

图5-7 计算周边开发强度GIS属性表展示图

（4）功能密度和功能混合度计算，主要步骤为：各类POI点导入GIS空间化显示；各公园坐标导入GIS空间化显示；计算各公园缓冲区范围；计算POI点功能密度和功能混合度（图5-8）。

功能密度最高为邻近天府广场的人民公园8 060个点，其周边各项配套公共服务设施充足；功能密度最低为塔子山森林公园，但其功能混合度最高，即虽然配套公共服务设施有限，但种类多样，少而全（图5-9、表5-4）。

功能密度和功能混合度评价表 表5-4

公园名称	功能密度（POI点密度/个）	功能密度归一化后值	功能混合度数值	功能混合度归一化后值
人民公园	8 060	5	1.468	4
文化公园	3 809	4	1.450	4
百花潭公园	2 504	3	1.455	4
浣花溪公园	2 031	3	1.487	4

续表

公园名称	功能密度（POI点密度/个）	功能密度归一化后值	功能混合度数值	功能混合度归一化后值
清水河公园	858	1	1259	2
金牛公园	1 564	2	1.420	4
黄忠公园	1 227	2	1.305	3
簇锦公园	2 093	3	1.128	1
望江公园	2 855	3	1.444	4
东湖公园	1 481	2	1.313	3
成华公园	7 049	5	1.336	3
府南河活水公园	7 668	5	1.305	3
新华公园	3 479	4	1.422	4
塔子山森林公园	233	1	1.557	5
沙河公园	1 095	2	1.279	2

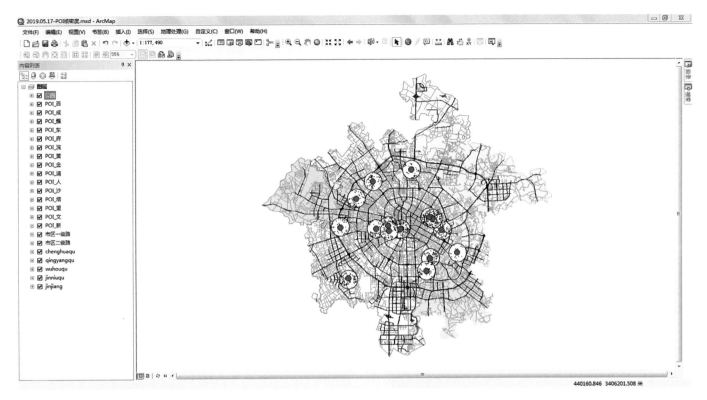

图5-8 计算POI点密度GIS操作演示图

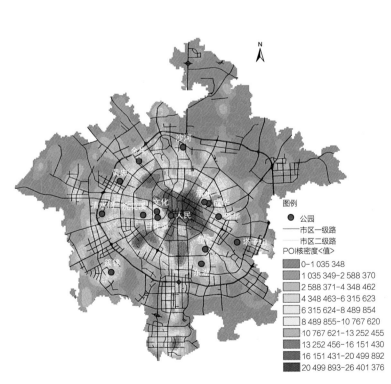

图5-9 POI核密度分析图

公园外部（社区尺度）感知环境分析工作具体为：

1）道路面积率、人流量占比、绿视率、开阔度、围合度采用TensorFlow人工智能学习系统和Deeplab基于深度学习卷积神经网络的图像语义分割识别与统计技术量化上述指标因子。主要步骤为：各公园坐标导入GIS空间化显示并计算各公园缓冲区范围；城市道路网数据导入GIS中，得到公园缓冲区范围内道路网；对道路网进行"交叉口打断""增密""折点转点""添加XY坐标"，得到道路视点；将道路视点导出csv，转为百度坐标，目的是通过百度坐标的视点，获取相应的街景照片；在PyCharm（集成开发环境）中，获取街景照片、对街景照片进行语义分割识别、对街景照片进行语义分割识别、对语义分割识别后街景照片进行裁剪，并进行统计分析（图5-10～图5-14、表5-5）。

2）部分参数解读：①道路面积率人民公园、府南河活水公园道路面积率较高，即为公园缓冲区范围内道路较多，交通可达性较好，但同时过多的道路或过宽的道路，往往车流量较大，也会影响居民沿途到达公园心理感知变化；②绿视率较高为簇锦公园、望江公园、东湖公园和新华公园，居民步行尺度在视野中感受到绿化水平较高，对于提高居民游园感受具有积极作用。

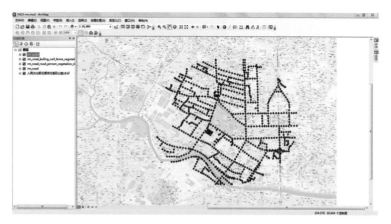

图5-10　人民公园道路视点GIS处理演示图

图5-11　PyCharm获取街景照片演示图

图5-12　PyCharm街景照片语义分割演示图

图5-13　PyCharm街景照片语义分割结果统计分析演示图

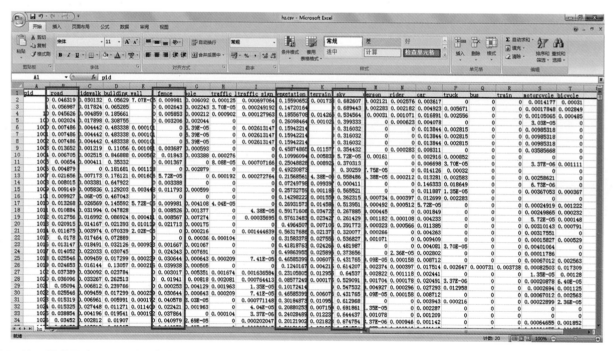

图5-14　公园外部感知环境街景照片语义分割结果统计表

公园外部感知环境街景照片语义分割结果统计汇总表　　　　表5-5

公园名称	（外）道路 面积率	（外）道路面积 率归一化后值	（外）人流 量占比	（外）人流 量占比归一化后值	（外）绿 视率	（外）绿视率 归一化后值	（外）开 阔度	（外）开 阔度归一化后值	（外）围合 度	（外）围合度 归一化后值
人民公园	8 060	5	1.468	4	1.87%	3	0.13%	3	33.30%	4
文化公园	3 809	4	1.450	4	1.82%	3	0.15%	4	35.75%	4
百花潭公园	2 504	3	1.455	4	1.76%	3	0.12%	3	38.96%	5
浣花溪公园	2 031	3	1.487	4	1.60%	4	0.15%	4	38.49%	5
清水河公园	858	1	1259	2	1.62%	4	0.09%	2	34.07%	4
金牛公园	1 564	2	1.420	4	1.82%	3	0.17%	4	20.01%	1
黄忠公园	1 227	2	1.305	3	2.37%	1	0.05%	1	34.11%	4
簇锦公园	2 093	3	1.128	1	1.34%	5	0.21%	5	22.25%	1
望江公园	2 855	3	1.444	4	1.37%	5	0.08%	2	32.01%	4
东湖公园	1 481	2	1.313	3	1.41%	5	0.08%	2	31.65%	3
成华公园	7 049	5	1.336	3	1.82%	3	0.14%	3	32.78%	4
府南河活水公园	7 668	5	1.305	3	1.84%	3	0.13%	2	34.08%	4
新华公园	3 479	4	1.422	4	1.38%	5	0.07%	1	37.63%	5
塔子山森林公园	233	1	1.557	5	2.30%	1	0.08%	2	26.80%	2
沙河公园	1 095	2	1.279	2	1.90%	2	0.09%	2	28.19%	3

公园内部物理环境分析工作具体为：

1）配套服务设施水平较高的为人民公园、文化公园、百花潭公园、清水河公园、簇锦公园、望江公园、府南河活水公园和新华公园，除配套建设的停车场、公共厕所、商业服务设施用房、座椅、垃圾桶等外，还设置了符合成都地域文化特色的麻将室、茶室和餐厅。

2）功能多样性较高的为人民公园、文化公园、百花潭公园、新华公园和塔子山森林公园，配套建设有符合各年龄段人群使用的文化娱乐设施，比如：人民公园有历史文化展馆、塔子山森林公园有球场和鸟类飞禽园。

3）水体亲水性较高的为人民公园、清水河公园、府南河活水公园，设有水上观光游船；府南河活水公园实现从污染到层层生态净化后湿地水体景观之后，吸引了不少居民前来游玩（表5-6）。

公园内部感知环境分析工作具体为：

1）色彩混合度：各公园色彩混合度分析使用Matlab图像分析技术，通过输入程序语言自动批量对公园照片进行色彩识别与统计分析（图5-15）。

公园内部物理环境各指标表　　表5-6

公园名称	配套服务设施水平 归一化后值	功能多样性 归一化后值	水体亲水性 归一化后值
人民公园	4	4	4
文化公园	4	4	3
百花潭公园	4	4	3
浣花溪公园	3	2	3
清水河公园	4	3	4
金牛公园	3	2	2
黄忠公园	2	1	1
簇锦公园	4	3	3
望江公园	4	3	3
东湖公园	3	3	3
成华公园	2	2	1
府南河活水公园	4	3	4
新华公园	4	4	3
塔子山森林公园	3	4	2
沙河公园	2	1	1

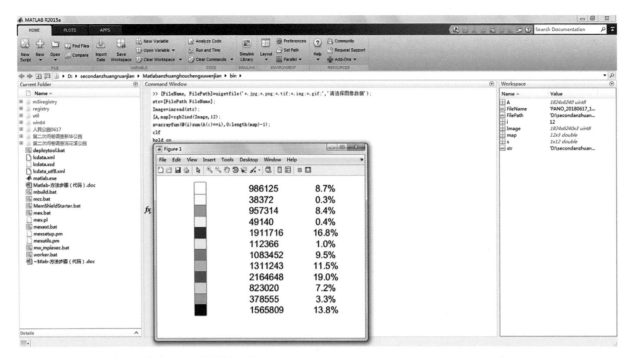

图5-15　人民公园色彩混合度Matlab操作演示图

色彩混合度最高的为新华公园，其道路、活动场地，以及景观建筑色彩有别于传统公园偏深色暗淡或颜色单一、缺乏材质纹理等，反而采用红色、橘黄色、浅蓝色等暖亮色、材质纹理清晰，给人以耳目一新，充满激情与活力的美景感受（图5-16）。

2）绿视率、开阔度、围合度指标因子量化分析方法同公园外部感知环境指标因子量化方法。绿视率较高为百花潭公园、金牛公园、府南河活水公园、人民公园、文化公园、望江公园和沙河公园，其公园历史比较悠久或者邻近江边河流，树木枝繁叶茂，绿化层次丰富；绿视率最低的为黄忠公园，灌木和草地虽较多，但乔木较少，整体给人感受绿化水平在人视野中占比不足，有待改善（表5-7）。

图5-16　新华公园Matlab色彩混合度分析样片图

公园内部感知环境各指标因子汇总表 表5-7

公园名称	色彩混合度归一化后值	（内）绿视率	（内）绿视率归一化后值	（内）开阔度	（内）开阔度归一化后值	（内）围合度	（内）围合度归一化后值
人民公园	3	69.62%	4	4.25%	2	18.53%	4
文化公园	3	69.90%	4	3.66%	2	18.88%	4
百花潭公园	3	78.73%	5	2.56%	1	20.52%	5
浣花溪公园	4	62.76%	3	14.28%	5	16.74%	2
清水河公园	2	63.91%	3	4.03%	2	18.32%	3
金牛公园	3	74.37%	5	0.63%	1	19.74%	4
黄忠公园	3	51.92%	1	13.93%	5	14.08%	1
簇锦公园	3	62.22%	3	3.23%	2	16.90%	2
望江公园	3	67.77%	4	3.36%	2	19.12%	4
东湖公园	4	62.62%	3	11.64%	5	17%	3
成华公园	3	64.15%	3	8.05%	3	16.51%	2
府南河活水公园	3	77.03%	5	2.40%	1	20.71%	5
新华公园	5	66.37%	3	8.45%	3	17.88%	3
塔子山森林公园	3	56.56%	2	7.15%	3	15.29%	1
沙河公园	2	68.92%	4	7.99%	3	18.16%	3

对公园外部、内部环境各指标因子进行AHP层次分析，确定各指标因子权重并加总，量化城市公园空间品质高低，构建其测度模型，得出成都老城区公园空间品质排序（图5-17和图5-18、表5-8～表5-10）。

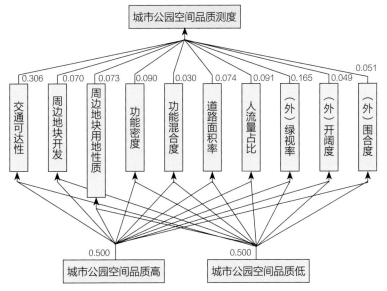

图5-17 公园外部环境各指标因子权重矩阵图

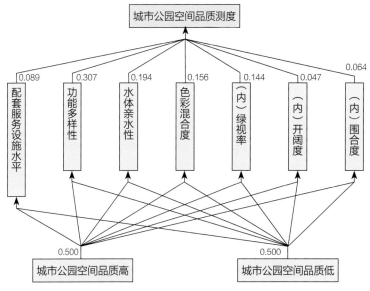

图5-18 公园内部环境各指标因子权重矩阵图

公园外部环境指标权重值　　　　　表5-8

公园外部环境指标因子名称	权重值
交通可达性	0.306
周边地块开发强度	0.070
周边地块用地性质	0.073
功能密度	0.090
功能混合度	0.030
（外）道路面积率	0.074
（外）人流量占比	0.091
（外）绿视率	0.165
（外）开阔度	0.049
（外）围合度	0.051

公园内部环境指标权重值　　　　　表5-9

公园内部环境指标因子名称	权重值
配套服务设施水平	0.089
功能多样性	0.307
水体亲水性	0.194
色彩混合度	0.156
（内）绿视率	0.144
（内）开阔度	0.047
（内）围合度	0.064

城市公园空间品质高低排序表　　　　表5-10

城市公园空间品质排名	公园名称
1	人民公园
2	活水公园
3	新华公园
4	文化公园
5	百花潭公园
6	浣花溪公园
7	成华公园
8	望江公园
9	金牛公园
10	东湖公园
11	清水河公园
12	黄忠公园
13	簇锦公园
14	塔子山森林公园
15	沙河公园

公园空间品质最高为人民公园，其位于市中心天府广场西侧，公园外部、内部环境各项指标因子均处于高、中水平；其次

为府南河活水公园、新华公园、文化公园、百花潭公园等；最低为沙河公园，其公园外部、内部环境各指标因子基本处于中、低水平，比如公交站点密度最低，公共交通到达出行不便，功能密度和功能混合度较低，周边缺少配套公共服务设施，城市活力不足，且公园自身配套服务设施水平较低，功能单一，无法满足不同年龄段居民使用需求，虽邻近沙河，但水体亲水性差，无法互动。

城市公园空间品质高低差距悬殊，有公园外部环境原因，有公园内部环境原因，也有以上两者叠加原因所致，公园外部环境原因往往涉及内容广泛，不宜轻易改变，反而公园内部物理环境较为容易改善和进行定性分析，例如：健全配套服务设施；提高功能多样性，设置各类活动场地；增加水体亲水性，让居民更容易接触到水系，不再只可远观不可亵玩等。故为更好指导未来公园改造升级或新规划建设，选取公园内部环境较难测度的感知环境作为定量分析切入点，进一步提出公园空间品质"提升模型"。

引入尤因（Ewing）等人构建的城市设计质量评价体系，对停驻意愿的五个维度（围合性、人性化尺度、通透性、整洁度、意象化）进行专家打分获得数据，并与测度模型中公园内部感知环境各指因子进行SPSS相关性分析，量化具有统计学显著意义感知环境指标。

通过SPSS相关性分析可知，公园内部感知环境指标因子与停驻意愿五个维度不同程度存在统计学显著意义，通过改变感知环境指标因子可提升居民停驻意愿，即空间品质（表5-11）。汇总统计15座公园主观评价较高的全部采样点对应公园照片所感知的绿视率、开阔度、围合度的均值与比例关系；再制作其散点图，直观查看上述三个指标因子阈值范围；最后按照其比例关系和阈值范围量化公园空间品质，作为提升中、低水平公园空间品质的参考（图5-19～图5-21、表5-12和表5-13）。

SPSS相关性分析表　　　　表5-11

		绿视率	开阔率	围合度
围合度_TZYY	Pearson相关性显著性（双侧）N	0.300** 0.000 466	-0.375** 0.000 466	0.320** 0.000 466
人性化尺度	Pearson相关性显著性（双侧）N	0.313** 0.000 466	-0.207** 0.000 466	0.372** 0.000 466

续表

		绿视率	开阔率	围合度
通透性	Pearson相关性显著性（双侧）N	−0.197** 0.000 466	0.320** 0.000 466	−0.245** 0.000 466
整洁度	Pearson相关性显著性（双侧）N	−0.028 0.544 466	0.115* 0.013 466	−0.103* 0.026 466
意象化	Pearson相关性显著性（双侧）N	−0.219** 0.000 466	0.178** 0.000 466	−0.161** 0.000 466

注：**. 在0.01水平（双侧）上显著相关；*. 在0.05水平（双侧）上显著相关。

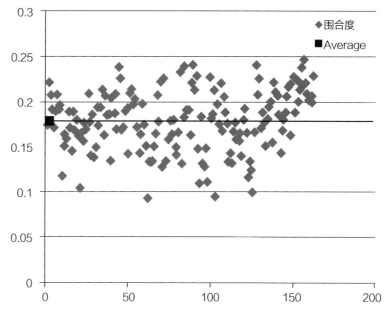

图5-21 公园内部感知环境围合度散点图

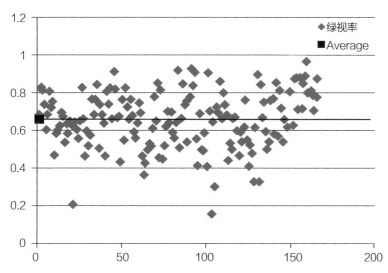

图5-19 公园内部感知环境绿视率散点图

量化感知环境指标			表5-12
量化感知环境指标	绿视率	开阔度	围合度
均值	66%	7%	18%
比例	9.4	1	2.6

感知环境指标阈值范围与运算分析			表5-13
量化感知环境指标	绿视率	开阔度	围合度
阈值范围	56%~76%	3%~11%	13%~23%
输入照片绿视率占比，按照"94126"输出开阔度和围合度占比，具备空间品质较高的基础	X% eg：55%	（1*X%）/9.4 6%	（2.6*X%）/9.4 15%

2. 模型应用案例可视化表达

本研究公园外部物理环境各指标主要是通过Depthmap和GIS进行可视化表达，其感知环境各指标主要是通过GIS进行先期处理，再导入"极海云"平台进行可视化表达（图5-22~图5-26）。公园内部物理环境通过现场调研获取数据主要是表格形式予以表达，其感知环境同公园外部感知环境表达方法。主观评价（停驻意愿）通过表格形式予以表达。

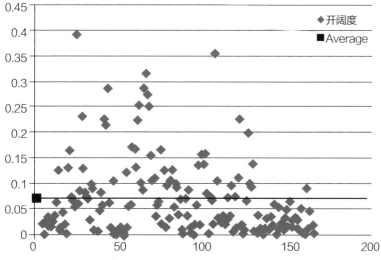

图5-20 公园内部感知环境开阔度散点图

图5-22 人民公园道路面积率可视化图

图5-25 人民公园开阔度可视化图

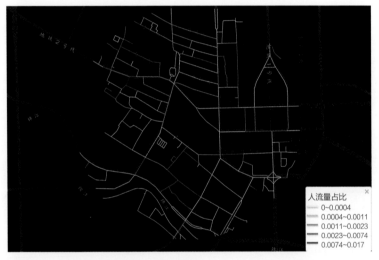

图5-23 人民公园人流量占比可视化图

图5-26 人民公园围合度可视化图

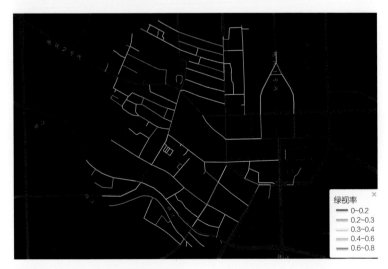

图5-24 人民公园绿视率可视化图

六、研究总结

1. 模型设计的特点

构建城市公园空间品质测度与提升模型，旨在新数据环境背景下快速智能化测度公园空间品质高低，对测度公园空间品质低提供参数化优化方案，达到提升公园空间品质目的。本模型在指标体系构建上引介美国城市公园品质评价——Bedimo-Rung指标体系，将研究范围拓展至公园所在社区尺度；引介清华大学龙瀛老师团队基于街道空间品质测度相关方法，采用Python程序语言自动化获取公园外部社区尺度下百度街景照片和人工拍摄公园内部街景照片相结合，并应用先进性的TensorFlow人工智能学习系统和Deeplab基于深度学习卷积神经网络的图像语义分割识别与统计技术，实现批量街景照片快速智能化测度；同时引介尤因（Ewing）等人构建的城市设计质量评价体系，与TensorFlow和Deeplab技术所得公园内部感知环境指标因子进行SPSS相关性分析并最终量化感知环境指标，用于指导未来公园改造升级或新规划建设。本模型研究视角紧跟时事政治发展步伐，在中国社会主要矛盾转型、提升城市空间品质与居民获得感以及"公园城市"建设背景下，提出本模型研究内容。

结合国内已有城市公园空间品质研究基本上聚焦于传统研究方法与技术，诸如：公园可达性、公园景观美感度等，鲜有较为全面系统应用人工智能与深度学习方法与技术构建城市公园空间品质测度与提升指标体系，具有一定实践意义和创新性。

2. 应用方向或应用前景

中国城市经济建设和社会发展日新月异，作为城市中唯一近似于自然生态系统的公园成为居民日常休闲活动，放松身心的重要公共场所，随着人们对美好生活的不断追求，公园同样面临提升空间品质的需求。

本模型致力于提供新数据环境背景下，快速智能化测度与提升公园空间品质方法与技术（图6-1、图6-2）。经过测试，该模型具有一定的推广性，通过未来构建基于GIS二次开发模块，构建各项指标因子输入端、测度与提升指标因子输出端，可在更大范围内高效进行规划建设与设计决策。

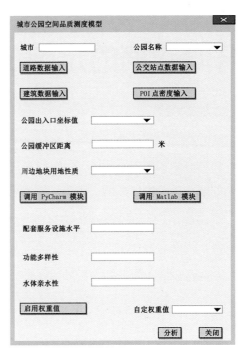

图6-1 公园空间品质测度模型拟操作界面

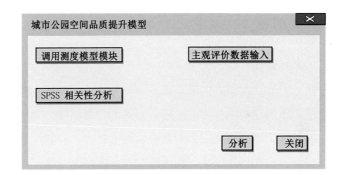

图6-2 公园空间品质提升模型拟操作界面

基于开源数据的定制公交网络设计

工作单位：同济大学中国交通研究院（CTIT）、同骥管理咨询（上海）有限公司

研究方向：基础设施配置

参 赛 人：刘畅、王天佐、成诚、王洧、唐鹏程、郭文恺

参赛人简介：参赛团队由交通运输领域的教师、研究员、行业工程师及学生组成。本着理论与实践相结合，产、学、研高度融合，将模型及优化方法成功应用于城市规划领域的愿景，团队在城市时空行为分析、模型建模、规划方案设计等领域拥有较强的研究能力和项目经验。

一、研究问题

1. 研究背景

定制公交是一种新兴的需求响应型公交系统，它基于互联网及移动端收集的用户出行需求，设计合理的行车路线，为用户提供舒适、便捷、可靠的公交出行服务。根据百度、谷歌搜索的统计结果显示，自2015年以来，全国已有50余座城市开通了定制公交系统，而美团、滴滴、小巴联城等互联网企业也积极设置定制公交线路，促进城市公共交通的发展。

在定制公交快速发展的背景下，由于线路、定价设置不合理，市场供求失衡的现象常有发生。成都、南京等城市出现了部分定制公交线路上座率低、线路关停等现象。这种现象多由于收集的出行信息有偏、线路设置方法不合理所致。获得精准的出行需求信息，提出行之有效、可靠合理的线路设计方案是推进定制公交系统发展的两大核心因素。

近年来手机信令分析技术的成熟，高德、百度地图等开源交通数据的出现，为城市交通规划提供了更为全面、精准的交通信息。提出可靠的数据处理和使用方法，指导定制公交网络设计，对改善现有定制公交系统的服务水平，提升定制公交系统的吸引力，缓解城市交通拥堵，具有重要的现实意义。

基于上述分析结果，研究组以《基于开源数据的定制公交网络设计》为参赛题目，基于北京市手机信令数据，分析用户职住特征及出行习惯，提取代表性交通出行需求，利用高德/百度地图数据开放平台，获取城市路网基础信息及交通运行态势信息，以运营成本合理、服务品质优良为约束，以服务最多乘客量为目标，设计定制公交网络优化模型，构建启发式算法实现定制公交网络设计。研究成果将为未来定制公交系统的设计及推广提供理论及技术支撑。

2. 研究目的及意义

（1）研究目的

研究目的主要体现在如下两方面：

1）提出定制公交网络成套设计方法

定制公交网络设计是一项系统性工作，涉及交通需求采集、交通特征提取、线路布设及优化、线路运行效果验证等多个模块。已有研究成果以面向定制公交网络设计为主，尚未形成成套技术方法，这也是导致定制公交线路吸引力差、上座率低的核心因素之一。

2）研发手机信令、开源交通数据提取、分析方法

手机信令、开源交通数据能为交通规划、设计、运营管理提供精准、可靠的交通信息，研发手机信令、开源交通数据的提取、分析方法，对定制公交网络设计，乃至城市规划、交通规划，均有重要的实际意义。

（2）研究意义

本研究有着重要的理论意义及实用价值：①令研究机构受益，促进公交系统设计理论及方法的研究及应用；②令城市规划机构受益，提出的手机信令、开源交通数据提取及分析方法具有普适性，能为未来城市规划、交通规划提供理论和关键技术支撑；③令交通系统研发机构受益，为扩展和加强交通系统的设计、研发提供理论和关键技术支撑；④令出行者受益，工程推广后，能提高交通出行的便利性和舒适性，提升出行品质，为缓解城市交通拥堵助力。

二、研究方法

1. 研究思路

（1）原始数据采集

1）手机信令获取方式

数据通过移动或联通等信息服务公司获取，具体获取内容包括原始手机信令数据、基站数据、用户画像数据等。

2）路网及交通出行时间获取方式

利用高德开放平台中驾车路线规划功能及其API接口，使用Python获取站点间早晚通勤时段站点间的驾车时长，作为后续遗传算法求解定制公交线路规划模型的输入参数。

（2）数据处理

1）手机信令数据处理

在开源数据获取与处理部分，主要利用手机信令数据通过多级过滤、筛选、修正、识别，最终获取定制公交线路规划所需的OD。

a. 噪声数据识别

利用多级过滤器，对海量信令数据进行分析和筛选，去除噪声数据。结合各类噪声数据的特点，将已知的开始结束时间、GPS位置坐标作为输入，识别乒乓数据、漂移点等。

b. 居民出行链提取及停驻点识别

通过有效轨迹序列，基于一定的空间距离将轨迹信息进行时空聚类处理，筛选出移动用户的有效停留点信息。

c. 职住识别

以有效轨迹数据作为输入数据，根据移动用户在各位置点的有效停留时长、频次，以及累计停留时间，识别用户的居住地和工作地，并结合北京市居民出行特征和人口分布特征，获得具有时空稳健性的OD。

2）路段代表性行程时间选择

为尽量提升定制公交线路的服务质量和吸引力，在规划线路中，选取OD间驾车规划路径的行驶时长作为规划模型输入，数据获取范围及为利用稳定OD识别的城市大客流走廊。

（3）定制公交线路规划

1）OD走廊识别

借鉴计算机图像处理的线段聚类算法，提出OD走廊识别算法，对海量OD对数据从方向和距离两个方面依次进行聚类。

2）站点DBSCAN聚类算法

根据居民出行选择行为特性，选取临界距离ϵ，聚类得到定制公交的可能停靠站点。

3）基于可行解变换法的遗传算法

针对构建的定制公交线路规划模型，提出基于可行解变换法的遗传算法，保证求解效率。

2. 技术路线

本研究的技术路线如图2-1所示。

三、手机信令数据分析及代表性OD识别

1. 手机信令数据概述

（1）数据概况

手机信令数据包括如下三类：原始信令数据、北京市基站信息和用户画像信息。数据采集时间为2013年12月，采集地点为北京市市辖区，通过抽样采集方式覆盖人口量达10万人。

原始手机信令数据是运营商移动基站在用户发生主叫、被叫、使用流量、基站切换行为时采集的数据。数据结构及数据实例如原始手机信令数据表3-1所示。

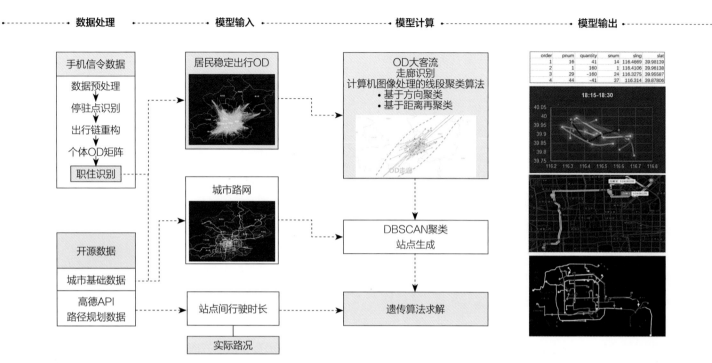

图2-1 技术路线

<table>
<tr><td colspan="4">原始手机信令数据　　　　表3-1</td></tr>
</table>

字段名称	字段描述	数据示例	备注
user_id	用户编号	129 008 293	
opp_user_id	对端编号	1 008 297 826	
T_start	开始时间	2013-12-05-07:13:50	
T_end	结束时间	2013-12-05-09:22:34	
roam	是否漫游	否	初步筛选位置有效性
Lng	经度	116.782 638	
Lat	纬度	39.726 371 1	
scene	场景	地铁	可用于后续职住判别分析

基站信息数据包括基站编码、空间坐标，以及基站名称，如移动基站信息表3-2所示。

<table>
<tr><td colspan="3">移动基站信息　　　　表3-2</td></tr>
</table>

字段名称	字段描述	数据示例
STATIONID	编号	124 94
LNG	经度	116.281 7
LAT	纬度	39.896 65
STAION_NAME	名称	海淀总后京翠招待所18号楼

用户画像信息介绍了手机用户的社会经济属性及手机使用情况，数据结构包括用户编号、性别、年龄、品牌、通话时长、GPRS流量、通话费用、流量费、终端价格、归属分公司、片区等（表3-3）。其中，用户年龄和性别可以用于人口的年龄结构、性别构成集计分析；用户终端设备、套餐选择和使用信息反映了手机用户的消费水平。

<table>
<tr><td colspan="3">用户画像属性　　　　表3-3</td></tr>
</table>

字段名称	字段描述	数据示例
user_id	用户编号	129 008 293
sex	性别	男
age	年龄	35
brand_name	品牌	动感地带
call_duration_m	通话时长	1 224
gprs_flow	GPRS流量 单位M	16.41
call_fee/ gprs_fee	通话费用/流量费	48.56
gprs_fee	流量费	30
terminal_price	终端价格	3 199
dept_county_name	归属分公司	城区三分公司
dept_name	片区	CBD北

（2）数据特征统计

1）数据质量及完备性分析

结合在出行时间及出行量稳定性方面的需求，对语音和流量数据开展数据质量和数据完备性分析。

a. 数据子项缺失情况

信令记录方面，语音数据和流量数据在产生时间、结束时间等子项方面有着较好的记录。在经纬度完整性方面，语音数据经纬度采集量较为完备，有效数据达19 649 325条，占总数据的94.6%。但流量数据中经纬度子项缺失严重，有效率约为52%。

在此基础上，项目以天为时间间隔，对手机信令数据集计处理，统计了每天的总数据量，以判断数据在时间间隔内的完整程度，结果如图3-1。统计发现，日均手机信令数据产生量达900 000条，用户单日信令数据在10条左右。手机信令数据呈现出周一至周五较高，在周末较低的规律。信令数据量随时间的分布相对稳定，但在2013年12月30及31日出现数据量激增的情况，这是由于节假日到来，以会友、休闲、旅游为目的的信息需求激增所致。从数据波动的规律性角度分析，未出现某一天数据量异常的情况。

b. 不同用户数据缺失情况

以用户编号为对象，统计了不同用户在测定时间内的数据产生量，所有用户数据产生量的累计分布曲线如下图3-2所示。统计发现手机信令数据产生量低于300条的样本比例达60%，数据缺失较为严重。

2）数据特征分析

a. 数据在空间上的分布特征分析

基于基站坐标数据，对北京市市辖区进行空间划分，并以子空间为对象，集计了不同空间内的数据采集量特征。由于城中心及郊区基站布设密度的差异，空间划分结果呈现出在海淀区、朝阳区、西城区、东城区相对密集，在延庆、怀柔、密云、房山等区域相对分散的特点。总体而言，城市核心区内信令数据较多，郊区信令数据较远，数据在同一行政区划内的分布较为分散的特征。

b. 数据在时间上的分布特征分析

基于手机信令数据，以一小时为时间间隔，统计了数据采集时段内数据量随时间的分布，如图3-3所示。手机信令数据的产生量呈现典型的双峰特征，通信峰值发生在8点至11点，16点至19点之间。不同日期的数据产生量也有较大区别，其中，周一及周五的数据产生量较大，周二及周四数据产生量较小。

2. 数据处理流程说明

根据数据统计结果，不同用户的数据产生量存在较大差异，且数据覆盖的人口量较小，难以支持定制公交线网设计。为此，通过切块清洗、噪声数据修正、停驻点识别等技术，识别手机用户的职住特征，提取代表性出行OD，在此基础上，基于北京市人口统计数据，对OD数据进行扩样处理，生成出行需求，为后续定制公交网络设计提供支撑。上述工作内容的具体流程如图3-4所示。

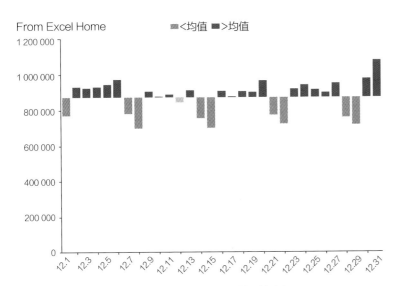

图3-1　每日手机信令数据量与日均数据量的差异性分析

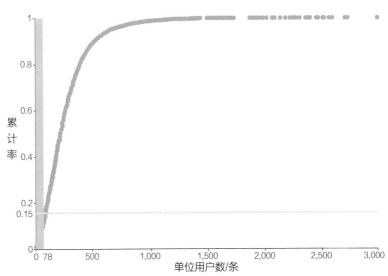

图3-2　单位用户数据量累计分布

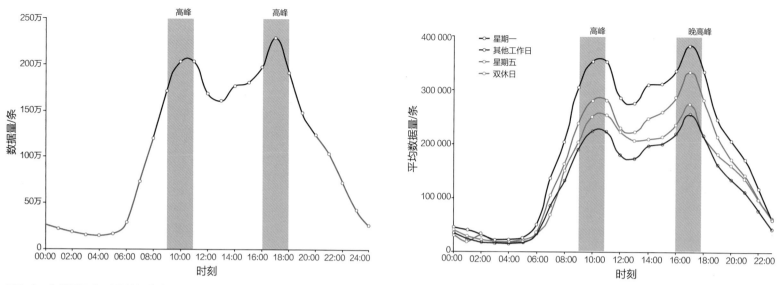

图3-3 各类型天各时段数据分布

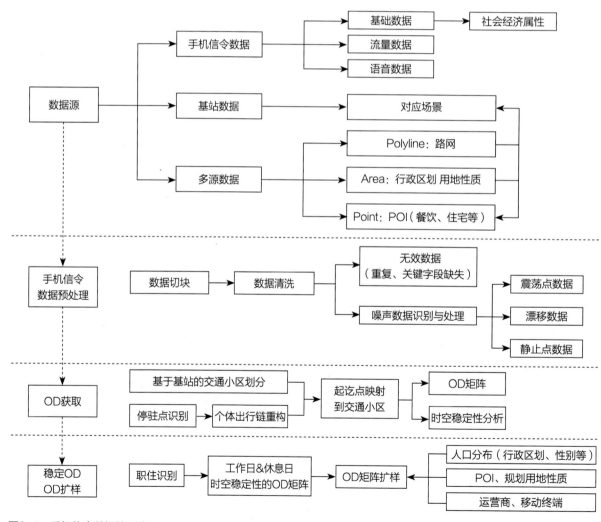

图3-4 手机信令数据处理流程

3. 数据处理及代表性OD识别

（1）数据预处理

在数据预处理阶段，利用多级过滤，对海量信令数据进行分析和筛选，结合北京市2013年城市用地、居民、路网等信息，选取符合北京市居民出行特征的速度阈值和时间范围，对数据进行提取分析。

1）无效数据处理

针对大量手机信令数据，为提高运算速度，对无效数据和无用数据进行处理，包括删除与客流分析不相关的字段（对端编号等）、删除关键字段（ID、起止时间、经纬度）缺失或重复数据等。

2）数据排序与切块

由于流量数据和语音数据的格式相同，将流量数据和语音数据合并，增加有效数据量。将数据按［'用户编号'，'开始时间'］排序切块，选取数据质量较高的文件试运行。

3）噪声数据清洗

a. 漂移点数据处理

手机信号会突然从邻近的基站切换到相对较远的基站，并在一定时间之后切换回原来的基站或邻近的基站，如图3-5。针对这一情况，项目利用相邻点间的速度与阈值识别漂移点，并对漂移点进行提出操作具体处理方式如下：

针对同一用户，提取相邻时间的两条数据（i和$i+1$），以市区内速度阈值$v=100$km/h为标准，计算如公式3-1指标V_i，若出现V_i大于v的情况，则删除$i+1$行数据漂移点数据。

$$V_i = \frac{T\_start_{i+1} - T\_end_i}{Dis(i,i+1)} \qquad (3-1)$$

b. 乒乓数据处理

在基站小区的交界处，易产生手机信号被多个基站覆盖的情况，使得信号基站之间来回切换，但是用户并没有移动，这一类型的数据称为乒乓数据，如图3-6所示。

为减少乒乓数据对后续数据分析结果的影响，项目采用时空约束平滑方法，结合居民出行特征和基站服务范围，选取空间维持阈值$\delta=300$m，时间滞后阈值$\tau=5$min，修正采集数据，实现用户经纬度数据的修正。

c. 静止点数据处理

由于数据采样及传输过程的滞后性，数据中往往出现上一信令行为的结束时间晚于下一信令开始行为的情况，造成信令时间重合，对后续数据扩样造成误差，为此，利用数据中的"开始时间"和"结束时间"，计算用户在基站范围内的用户停驻时间。若在某一点停留时间超过$T=10$h，则视为中间轨迹点缺失或数据切换失败，插入一个超时标记，以避免停驻时间不合理导致估计结果失真的现象（图3-7）。

d. 停驻点识别

将用户在某一位置的使用时间（上网时间/通话时间=结束时间—开始时间）作为停留时间。综合考虑北京市居民出行特征，基站信号切换原理等因素，确定一个停留时间阈值$\tau=15$min，当用户在某一地点使用时间超过阈值τ时，视作一个停驻点。

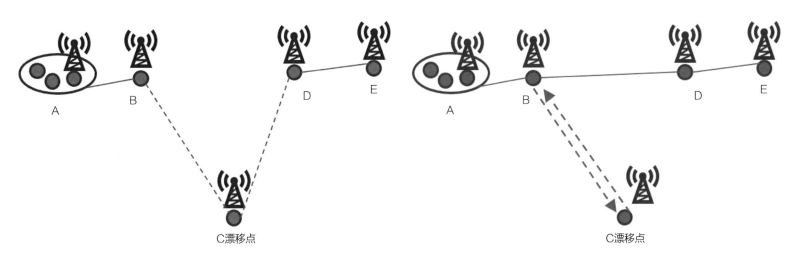

图3-5　漂移点产生原理

Index	用户编号	经度	纬度	开始日期	开始时刻
25827968	40100000325893	116.094	39.942	12.15	23:54:55
25827969	40100000325893	116.18	39.9072	12.15	23:55:50
25827970	40100000325893	116.094	39.942	12.15	23:56:45
25827971	40100000325893	116.18	39.9072	12.15	23:57:39
25827972	40100000325893	116.094	39.942	12.15	23:58:33
25827973	40100000325893	116.18	39.9072	12.15	23:59:28
25827974	40100000325893	116.094	39.942	12.16	00:00:22
25827975	40100000325893	116.18	39.9072	12.16	00:01:14

图3-6 乒乓数据示例

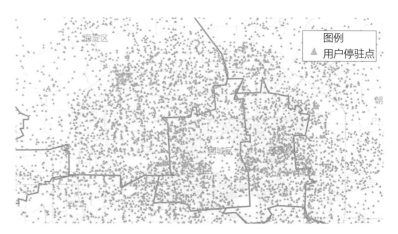

图3-8 手机用户停驻点

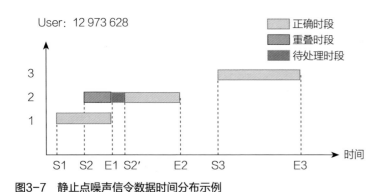

图3-7 静止点噪声信令数据时间分布示例

（2）居民职住识别

在数据预处理基础上，利用有效的停驻点数据，考虑数据在时间、空间上的稳定性，从中判断各用户的职住空间，判断流程如下：

1）停驻点代表性空间识别

为减少基站切换延迟对用户职住区域识别的影响，利用DBSCAN聚类算法，以50m为半径对基站进行聚类，根据聚类结果，以同一聚类中各基站经纬度坐标的平均值作为区域代表性坐标。

2）用户停驻点数据更新

在1）的聚类结果基础上，将用户停驻点经纬度坐标替换为代表性经纬度坐标，为后续分析提供基础。

3）职住空间识别

提出时段覆盖、持续时长覆盖和日期覆盖的三重标准，开展

职住识别工作。具体流程如下：

a. 提取当日21:00-次日7:00（在家）、9:00-19:00（工作）发生手机信令行为的数据；

b. 从中筛选出停驻时间超过2h的样本；

c. 以用户编号为标识，集计上述样本，识别满足上述两条标准，且样本出现时间超过21天的用户；

d. 以设置的休息时间范围和工作时间范围，切分各用户的停驻点数据，并以停驻点对应的坐标作为职住点坐标。

结合居住点分布和工作地点分布情况，从图3-8可以发现如下规律：

用户的职住空间在城市核心区中呈现片区式分布。其中，用户的居住地主要在北三环、北四环的西北角和东南角，工作空间与居住空间分布呈现相似性的特征，人口密度更大，且分布范围更广，工作核心区拓展至西二环、莲花池路交接处附近。

交通区位是影响城市核心区外职住空间分布的核心因素。在北京市四环以外，职住空间相对分散，人口密度较大职住区域主要分布在京通、京新、京藏、京沪高速沿线，交通区位优势对职住空间的影响较为明显。

（3）用户出行链识别

在停驻点分析结果的基础上，针对每个用户，分别以连续两个停驻点为起点和终点，形成全市的起讫点信息。根据居民有效出行的定义，设置出行最短距离$l=300m$，结合北京市市域范围，设置出行时间阈值为$T=2h$，并利用这两个参数剔除无效出行信息。

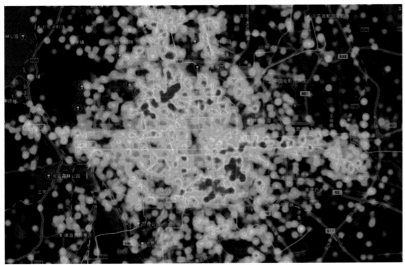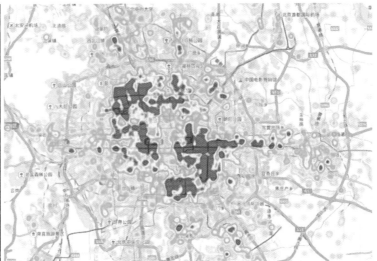

图3-9 （左）居住地点分布（右）工作地点分布

增加考虑短时往返出行的情况：对于两停驻点满足上述情况，若停驻点间存在定位数据（未被定义为停驻点数据），则将上述距离上述停驻点间的最远点视作一个新的停驻点。

综上完成停驻点的识别和出行链的提取，数据格式如表3-4所示。

停驻点数据格式　　　　　表3-4

ID	O_lng	O_lat	D_lng	D_lat	t	O_T	D_T
用户编号	起点经纬度		终点经纬度		出行时长/s	出发时间	到达时间
1201099	116.603	39.835	116.803	39.325	1 302	12-02-10:37:35	

（4）时空稳健性OD提取

考虑到定制公交网络规划的需求，仅针对工作日通勤时段进行稳定OD提取，提取方法如下：

对于工作日早高峰，获取稳定的通勤OD（H-W）：选取O_T<09:30:00的最大值作为稳定的出发时间，同时$D\_T\in$（08:00:00—10:00:00）且出行平均速度为［15km/h,40km/h］；针对非通勤OD（OD点未被判定为用户职住地），若OD出现比例>阈值（P=0.6），则视为稳定OD。

对于工作日晚高峰，采取与早高峰相同的方式，取O_T>16:30:00和$D\_T\in$（17:00:00—19:00:00）。

（5）居民OD扩样

利用用户性别信息和基站小区对应的用地情况初步扩样，扩样系数如下：

$$扩样系数Q=\eta\times\ln\left(\frac{p_D}{\min(p)}\times\frac{p_O}{\min(p)}\right)\times0.5 \qquad（3-2）$$

其中，η：性别比例；P：地块吸引系数；

对于地块吸引系数P，利用北京市2013年POI数据对每一个地块进行计算：

$$地块吸引系数P=\frac{n+\sum(m_i+\mu_i)}{Area} \qquad（3-3）$$

其中，n：餐饮POI数量；m_i：i类商用住宅POI数量；μ_i：i类商用住宅的权重；$Area$：地块面积

通过公式3-2计算，地块吸引情况分布如图3-10所示，在完成各个小区间OD利用系数Q扩样后，利用工作日高峰时段出行量和休息日相应时段出行量对OD再次进行整体扩样，获得稳定的城市级的OD。

将获得的城市级OD集计算后与外部数据进行校核，需要说明的是，利用手机信令数据获取的地点信息，与手机信令接收的基站的坐标相同，用户的出行距离可能存在一定估计误差，但误差在可接受的范围内，因此在分析过程中予以忽略。

由用户的早晚高峰通勤距离分布集计汇总，大部分通勤距离集中在10km以内，长距离通勤的用户比例较小。用户的平均通勤距离为10.326km，结果与北京市居民出行调查结果（2014年第五

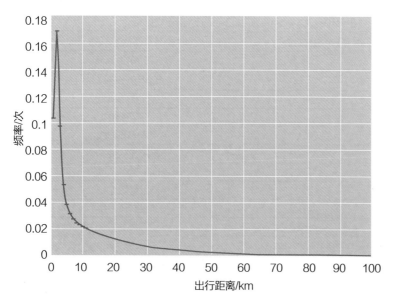

图3-10 居民出行距离分布

次北京综合交通调查）8.1km比较接近，由于手机信令数据的位置识基于基站坐标，经度较差，因此可能对短距离（<500m）的出行统计有偏，故扩样后平均距离比调查数据偏大，但在可接受范围内。

四、模型算法

在代表性交通需求数据基础上，考虑定制公交在运营成本控制、服务品质优良的运营管理需求，基于最优化理论，开展定制公交网络设计建模工作。

本部分首先明确了乘客出行需求信息的要素，而后从定制公交走廊识别、站点生成、路径设计三个方面形成模型算法。

1. 出行需求信息定义

通常，在计划出行时，主要考虑起点位置、终点位置，以及计划到达终点的时间，而后通过确定出行方式，以及计算该出行方式所需的时长决定出发时间。所以，采用公式4-1确定一个出行需求OD：

$$OD\left(o_x, o_y, d_x, d_y, t_d, q\right) \qquad (4-1)$$

其中，(O_x, O_y)表示起点位置坐标；(d_x, d_y)表示终点位置坐

标；t_d表示计划到达时间；q表示具有该出行需求的人数。所以，满足一个出行需求需要定制公交线路途径该出行需求的起终点且到达时间为t_d（或t_d附近的一个时间段）。

2. 定制公交走廊识别

针对海量出行OD数据，识别大客流走廊不仅可以识别城市居民出行的空间特征，还可以为后续线路的规划求解带来必要且有效的简化。

然而，每一对OD都相当于一条有向线段（O、D点为线段的2个端点，方向为O点指向D点），在平面中，确定一条线段不仅需要确定线段中点的平面坐标，还需要确定线段的方向及长度，即$\left(x_c, y_c, \vec{i}, l\right)$，其中$(x_c, y_c)$为线段中点C的位置，$\vec{i}$为该线段的单位向量，$l$为线段长度。所以一些常见的数据聚类算法（如K-MEANS、DBSCAN等）无法应用于OD聚类。

由O可知OD的唯一性体现在起点位置、终点位置，以及计划到达目的地时间，其中，起点位置、终点位置属于空间维度，计划到达目的地时间属于时间维度。因此，OD大客流走廊聚类也需要同时考虑空间维度和时间维度两个方面。

（1）空间维度聚类

空间维度方面，OD可以看作一条有向线段（O、D点为线段的2个端点，方向为O点指向D点）。在平面中，确定一条有向线段的空间位置需要以下3点：

①线段中点(x_c, y_c)；

②线段的单位向量$\vec{i}$；

③线段长度l。

即$\left(x_c, y_c, \vec{i}, l\right)$可以在平面中唯一确定一个有向线段的平面空间位置。

借鉴计算机图像处理的线段聚类算法，提出一种简单有效的OD走廊识别算法。该走廊聚类算法基于方向和距离分2步进行聚类。

1）基于方向聚类

方向近似是大客流走廊中OD对特征的必要条件。空间维度，将OD对均视为由起点指向终点的向量，相应地，利用向量运算方法即可计算出任意两个OD对向量间的夹角，该夹角的计算方法如下：

对于OD对1和OD对2，其单位向量分别为$\vec{i_1}$和$\vec{i_2}$，则利用平面向量的计算方法，二者的夹角θ为：

$$\theta = \arccos\left(\vec{i_1} \times \vec{i_2}\right) \qquad (4-2)$$

OD对基于方向聚类算法基本步骤如下：

Step 1：在有限的车辆容量下尽可能提高载客率、减少线路停站次数保障服务水平，大客流OD对理应优先考虑。在聚类前先对所有OD对按人数从大到小进行排序，排序后所有OD对的单位向量集合$I = \left\{\vec{i_1}, \vec{i_2}, ..., \vec{i_n}\right\}$。

Step 2：取出人数最多的OD对（即集合I中的$\vec{i_1}$）作为基准，遍历计算剩余OD对与该基准的夹角（如式4-2），若夹角小于阈值，则取出与基准作为一类，遍历结束后得到一组基于方向的聚类结果。

Step 3：判断该组聚类结果的人数和是否满足最低的数量限制，若不满足则将除了基准单位向量外的其他向量重新加入到集合I中，若满足则得到初步可行聚类$Cluster_{Direction\_based}$，而后进行基于距离的聚类，返回聚类结果的个数$n$。

Step 4：判断目前聚类结果个数N是否满足需要的聚类个数，并判断目前集合I中元素个数是否等于0，若两者判断结果至少有一个为真，则算法结束，输出聚类结果，反之，则重复步骤Step 2、Step 3、Step 4。

2）基于距离聚类

大客流走廊中的OD对在空间上相互接近，才能形成一条近似的"廊道"，故OD对之间距离相近也是大客流走廊中OD对特征的必要条件。将"两个OD对之间的距离"定义为一个OD对的中点到另一个OD对所在直线的距离。同理，将所有OD对均视为由起点指向终点的向量，相应地利用向量运算方法即可计算出任意两个OD对之间的距离，该距离的计算方法如下：

设$P(x_c, y_c)$为OD对1的中点，OD对2的起点为$O(x_o, y_o)$，单位向量为$\vec{i}$，则OD对1到OD对2的距离d可以由公式4-3计算：

$$d = \left| \overrightarrow{OP} - \left(\overrightarrow{OP} \times \vec{i}\right) \times \vec{i} \right| \qquad (4-3)$$

所以，基于方向聚类的初步结果，还需进一步基于距离再聚类，OD对基于距离聚类算法基本步骤如下：

Step 1：取出方向聚类初步可行结果$Cluster_{Direction\_based}$中人数最多的OD对，并以此为基准，遍历计算剩余OD对的中点与该基准所在直线的距离，若距离小于阈值，则取出与基准作为一类，遍历结束后得到一组基于距离的再聚类结果。

Step 2：判断该组聚类结果的人数和是否满足最低的数量限制，若不满足则将除了基准OD对外的其他OD对重新加入到集合$Cluster_{Direction\_based}$中，若满足则得到OD走廊聚类的其中一个结果。

Step 3：判断目前聚类结果个数N是否满足需要的聚类个数，并判断目前集合$Cluster_{Direction\_based}$中元素个数是否等于0，若两者判断结果至少有一个为真，则基于距离再聚类算法结束，返回聚类个数至中；反之，则重复步骤Step 2、Step 3。

（2）时间维度聚类

OD对大客流走廊聚类在时间维度也应设置对应的聚类规则。算法参数定义如表4-1。

算法参数定义　　　　　　　　　表4-1

参数	含义
t	2个OD对的到达时间之差
t_e	乘客能接受的提前到目的地的时间，本次研究取15min
t_l	乘客能接受的推迟到目的地的时间，本次研究取10min
s_f	定制公交最快速度（直线距离/时间），本次研究早高峰取45km/h，晚高峰取50km/h
s_s	定制公交最慢速度（直线距离/时间），本次研究早晚高峰取10km/h
d	2个OD对的终点间直线距离

乘客可接受的到达时间区间$\left[t - t_e, t + t_l\right]$；

2个OD对终点间行驶时长区间$\left[\dfrac{d}{s_f}, \dfrac{d}{s_s}\right]$；

若$\dfrac{d}{s_f} \in \left[t - t_e, t + t_l\right]$或$\dfrac{d}{s_s} \in \left[t - t_e, t + t_l\right]$，则判断这2个OD对可聚为一类。

3. 站点生成（DBSCAN聚类算法）

手机信令生成的起讫点数据具备典型的"门到门"特征，需根据起讫数据合理设置定制公交站点，支撑定制公交网络设计。通过DBSCAN聚类方法，对用户出行的起讫点聚类，形成合理的定制公交网络站点。DBSCAN聚类算法流程如下：

（1）输入：起讫点集合D，临界距离ϵ和站点覆盖最小用户量$minpts$；

（2）初始化：站点聚类簇数$k=0$，未访问起讫点集合$\Gamma=D$，输出集合$C=\varnothing$，对象集合$\Omega=\varnothing$；

（3）对于m个起讫点，按下面的步骤找出所有的核心对象：

1）计算第j个点到其他点的距离，找到与j点距离小于ϵ的集合$N\in(x_j)$；

2）如果$|N\epsilon(x_j)|\geq minPts$，将样本$x_j$加入核心对象样本集合：$\Omega=\Omega\cup\{x_j\}$；

（4）如果核心对象集合$\Omega=\varnothing$，则算法结束，否则转入步骤（5）；

（5）在核心对象集合Ω中，随机选择一个核心对象o，初始化当前簇核心对象队列$\Omega cur=\{o\}$，初始化类别序号$k=k+1$，初始化当前簇样本集合$C_k=\{o\}$，更新未访问样本集合$\Gamma=\Gamma-\{o\}$；

（6）如果当前簇核心对象队列$\Omega_{cur}=\varnothing$，则当前聚类簇C_k生成完毕，更新簇划分$C=\{C_1,C_2,\cdots,C_k\}$，更新核心对象集合$\Omega=\Omega-C_k$，转入步骤4；

（7）在当前簇核心对象队列Ω_{cur}中取出一个核心对象o'，通过临界距离ϵ找出所有的在临界范围内的节点集合$N_\epsilon(o')$，令$\Delta=N_\epsilon(o')\cap\Gamma$，更新当前簇样本集合$C_k=C_k\cup\Delta$，更新未访问样本集合$\Gamma=\Gamma-\Delta$，更新$\Omega_{cur}=\Omega_{cur}\cup(\Delta\cap\Omega)-o'$转入步骤（6）。

经过上述处理后，即可生成最终的站点集合$C=\{C_1,C_2,...,C_k\}$及各个起讫点所属的站点覆盖范围。

所有OD对起终点DBSCAN聚类为基础，每一个类中生成一个站点。其站点坐标确定方法如下：

设一个类中包含点的集合为P，集合中共有n个点，点p_i是集合P中的一点，点p_i的坐标可以表示为(x_i,y_i)，点P_i对应的OD人数为q_i，则该类中生成的站点坐标(x_s,y_s)为该类中所有点的坐标，按人数加权平均，如公式（4-4）、公式（4-5）：

$$x_s=\frac{\sum_{i=1}^{n}x_i\times q_i}{\sum_{i=1}^{n}q_i}\qquad(4-4)$$

$$y_s=\frac{\sum_{i=1}^{n}y_i\times q_i}{\sum_{i=1}^{n}q_i}\qquad(4-5)$$

另外，所有OD对起终点DBSCAN聚类后，每一个OD对起终点均对应一个站点，原先的OD对即变为两个站点间的OD，若两个OD对起终点站点相同，则应将二者合并，合并的规则如下：

设有n个OD对起终点站点相同，od_i为其中一个OD对，od_i对应的人数为q_i，计划到达目的地时间为td_i和，则这n个OD对的合并OD对od_c对应的人数q_c和计划到达目的地的时间td_c分别由公式（4-6）和公式（4-7）确定：

$$q_c=q_1+q_2\qquad(4-6)$$

$$td_c=\frac{\sum_{i=1}^{n}td_i\times q_i}{\sum_{i=1}^{n}q_i}\qquad(4-7)$$

4. 定制公交线路规划模型构建

在保证足够服务水平的前提下，定制公交线路的存续与效益很大程度上取决于线路的上座率。另外，在规划定制公交线路阶段，无法精确预测线路运营后将要搭乘定制公交出行的人数。所以，从定制公交运营者的角度考虑，定制公交线路应服务尽可能多的潜在出行需求量，在规划线路阶段无需考虑线路车型容量的限制，该限制可在线路后续的运营管理中具体调整以满足乘客，以及定制公交运营者双方的需求。

因此，定制公交线路规划模型不考虑交车型容量的限制，在保证不低于服务水平阈值、满足每个出行需求的到达时间的前提下，以服务人数最多为最优化目标，生成定制公交线路。

（1）变量定义

变量定义表如表4-2所示。

变量定义	表4-2	
符号	定义	
k	线路编号$k\in\{1,2,...,K\}$，其中，K为指定需要规划的线路数	
P	P为所有乘客起终点的集合	
p_i,p_j	$p_i,p_j\subset P$，$\{i,j\}\subset\{1,2,...,N\}$	
p_i^k	点p_i是否在线路k中，若是，则$p_i^k=1$，若不是，则$p_i^k=0$	
t_{ij}^0	从点p_i到点p_j的直达时间	
t_{ij}^k	线路k从点p_i到点p_j的线路时间（若线路k中不存在点p_i或点p_j，则$t_{ij}^k=0$）	

续表

符号	定义
D	每停站一次的延误时间
n_{ij}^k	线路k中点p_i与点p_j之间的中间站停站次数
λ_{ij}^k	点p_i和点p_j是否是线路k的起终点，若是则$\lambda_{ij}^k=1$，若不是则$\lambda_{ij}^k=0$
OD_{ij}	点p_i到点p_j是否为乘客od，若是则$od_{ij}=1$，若不是则$od_{ij}=0$
q_{ij}	点p_i到点p_j是否为乘客od，若是则为乘客od的人数，若不是，则$q_{ij}=0$
f	线路中服务到的每对OD须满足的服务水平阈值，即每一对OD实际线路行驶时间和直达行驶时间的比值不得超过的阈值
f_{total}	沿线路从起点p_{start}到终点p_{end}的时长与起终点的直达时长之比不得超过的阈值
d_i^k	点p_i若是线路k中所有OD对中的一个终点，若是则d_i^k为沿线路抵达该点的时刻，若不是则$d_i^k=0$
td_i	点p_i若是所有OD对中的一个终点，则td_i为该OD对乘客计划的到达时间，若不是则$td_i=0$
E	乘客可接受的提前到达的时长（可根据不同OD对设置不同的值）
L	乘客可接受的推迟到达的时长（可根据不同OD对设置不同的值）

（2）数学模型

$$\max \quad F(i,j,k)=\sum_{k=1}^{K}\sum_{\substack{i,j=1\\(i\neq j)}}^{N} p_i^k p_j^k q_{ij}$$

$$od_{ij}t_{ij}^k-(od_{ij}t_{ij}^0+od_{ij}n_{ij}^k D)f\leqslant 0,$$
$$\forall\{i,j\}\subset\{1,2,\cdots,N\},k\in\{1,2,\cdots,K\} \quad (4\text{-}8)$$

$$\lambda_{ij}^k t_{ij}^k-(\lambda_{ij}^k t_{ij}^0+\lambda_{ij}^k n_{ij}^k)f_{total}\leqslant 0,$$
$$\forall\{i,j\}\subset\{1,2,\cdots,N\},k\in\{1,2,\cdots,K\} \quad (4\text{-}9)$$

$$td_i-E\leqslant d_i\left(\sum_{k=1}^{K}p_i^k\right)\leqslant td_i+L,$$
$$\forall i\in\{1,2,\cdots,N\},k\in\{1,2,\cdots,K\} \quad (4\text{-}10)$$

$$\sum_{k=1}^{K}p_i^k\leqslant 1 ,\quad \forall i\in\{1,2...,N\},k\in\{1,2,...,K\} \quad (4\text{-}11)$$

模型中各个约束的作用如下：

约束1，保证线路中每对OD的服务水平，不超过直达时间的f倍；

约束2，保证线路不是简单的不考虑不同OD对间衔接的各个OD对直达；

约束3，保证所有线路服务的OD对的乘客均满足计划到达时间窗限制；

约束4，保证所有的点不会被多条线路经过。

（3）模型遗传算法设计

定制公交线路规划实质属于车辆路径问题（Vehicle Routing Problem，简称VRP）。由于VRP问题是NP难题，另外，人工智能算法在求解大规模VRP时，总可以在有限的时间里，找到满意的次优解/可行解，这是精确算法难以做到的，所以在实际应用中，人工智能算法广泛应用于VRP问题的求解，如禁忌搜索算法、模拟退火算法以及遗传算法等。

综上，采用遗传算法（Genetic Algorithm，简称GA）对OD中构建的数学模型进行求解，其中，为了提高遗传算法效率，采用可行解变换法设计选择、交叉和变异算子。

遗传算法流程设计如图4-1。

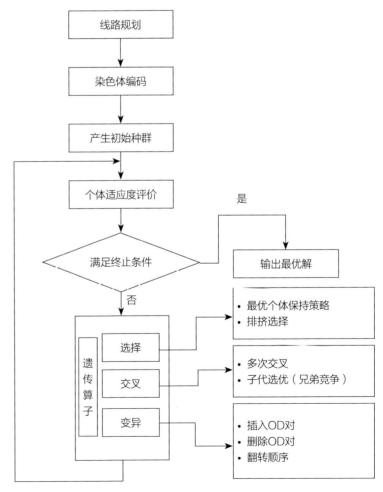

图4-1 遗传算法流程图

1）编码与解码

编码是应用遗传算法时需解决的首要问题，选择适当的解的表达方式是遗传算法解决实际问题的基础。由于遗传算法应用的广泛性，迄今为止人们已经根据不同类型的问题提出了不同的编码方式，大致可以分为二进制编码、实数编码、整数或字母排列编码和针对具体问题的一般数据结构编码等几种结构。其中，二进制编码是最常用的编码方式，它的编码符号集由二进制符号0和1组成，具有编码解码操作简单，易于进行遗传操作等优点，但不适用于基于次序的优化问题，它会导致频繁生成无效解，降低遗传算子的搜索效率，给遗传操作和解码造成很大的复杂性。

所以，编码方案的选取应取决于问题的实际情况。考虑到OD对应同时存在于同一条线路这一特性，决定对染色体采用分块自然数编码形式，具体见表4-3。

编码与解码说明 表4-3

项目	说明
问题背景	共N个起终点，预先判断最多开行K条线路
编码方式	自然数编码，前N个基因位取值范围 $[0, N]$，后N/2个基因位取值范围 $[0, K]$
染色体	长度$\frac{3}{2}N$，前N个基因位代表点在线路中的停靠序号，后$\frac{1}{2}N$个基因位存放每个od对所在的线路序号
基因编码	r_i^k是第i个基因位的数字
例子	共8个起终点，开行2条线路，则011204230121代表：线路1: 2→4→8→6；线路2: 3→7

2）适应度函数

考虑到数学模型中约束1和约束2不易进行可行解变换，故将其作为惩罚函数加入到目标函数中。

$$Fitness = \sum_{k=1}^{K}\sum_{\substack{i,j=1\\(i\neq j)}}^{N} p_i^k p_j^k q_{ij} - \sum_{k=1}^{K}\sum_{\substack{i,j=1\\(i\neq j)}}^{N} r_{ij1}^k punish_1 - \sum_{k=1}^{K}\sum_{\substack{i,j=1\\(i\neq j)}}^{N} r_{ij2}^k punish_2 - \sum_{k=1}^{K}\sum_{\substack{i,j=1\\(i\neq j)}}^{N} r_{ij2}^k punish_3 \qquad (4-12)$$

其中，

$$r_{ij1}^k = \begin{cases} 0 & \text{当 } od_{ij}t_{ij}^k - fod_{ij}t_{ij}^0 < 0, \\ & \forall\{i,j\}\subset\{1,2\cdots,N\}, k\in\{1,2,\cdots,K\}\text{时} \\ 1 & \text{当 } od_{ij}t_{ij}^k - fod_{ij}t_{ij}^0 \geq 0, \\ & \forall\{i,j\}\subset\{1,2\cdots,N\}, k\in\{1,2,\cdots,K\}\text{时} \end{cases} \qquad (4-13)$$

$$r_{ij2}^k = \begin{cases} 0 & \text{当 } \lambda_{ij}^k t_{ij}^k - f_{total}\lambda_{ij}^k t_{ij}^0 < 0, \\ & \forall\{i,j\}\subset\{1,2\cdots,N\}, k\in\{1,2,\cdots,K\}\text{时} \\ 1 & \text{当 } \lambda_{ij}^k t_{ij}^k - f_{total}\lambda_{ij}^k t_{ij}^0 \geq 0, \\ & \forall\{i,j\}\subset\{1,2\cdots,N\}, k\in\{1,2,\cdots,K\}\text{时} \end{cases} \qquad (4-14)$$

$$r_{ij3}^k = \begin{cases} 0 & \text{当}td_i + E < d\left(\sum_{k=1}^{K}p_i^k\right) < td_i + L, \\ & \forall i\in\{1,2\cdots,N\}, k\in\{1,2,\cdots,K\}\text{时} \\ 1 & \text{当}d_i\left(\sum_{k=1}^{K}p_i^k\right)\geq td_i + L \text{或}d_i\left(\sum_{k=1}^{K}p_i^k\right)\leq td_i + E, \\ & \forall i\in\{1,2\cdots,N\}, k\in\{1,2,\cdots,K\}\text{时} \end{cases} \qquad (4-15)$$

$punish_1$为一个OD对服务水平低于阈值时的惩罚值；

$punish_2$为线路起终点线路时间与直达时间超过阈值时的惩罚值；

$punish_3$为沿线路到达OD对终点时不在乘客可接受到达时间窗范围内时的惩罚值。

这里，$punish_1$，$punish_2$，$punish_3$均应取较大的一个数，以保证约束成立，本次研究中，取输入参数中OD对人数的最大值为$punish_1$，$punish_2$，$punish_3$的值。

3）选择算子

遗传算法使用选择算子（又称为复制算子，reproduction operator）来对群体中的个体进行优胜劣汰操作，进而促进种群进化。选择操作建立在对个体的适应度评价的基础之上。选择操作的主要目的是为了避免有用遗传信息的丢失，提高全局收敛性和计算效率。选择算子确定的好坏，直接影响到遗传算法的计算结果。选择算子确定不当，会造成群体中相似度值相近的个体增加，使得子代个体与父代个体相近，导致进化停止不前，或使适应度值偏大的个体误导群体的发展方向，使遗传失去多样性，产生早熟问题。

因此，针对本遗传算法的特殊性，采用排挤选择相似个体，以及最优个体保留策略设计选择算子。

a. 排挤选择相似个体策略

为了加快收敛速度，可采用滤除相似个体的操作，减少基因的单一性。删除相似个体的过滤操作为：对子代个体按适应度排序，依次计算适应度差值小于门限delta的相似个体间的海明距离（两个字符串对应位置的不同字符的个数称为两者间的海明距离，借鉴信息论中的概念来判断两个个体的相似度）。如果同时满足适应度差值小于门限delta，海明距离小于门限delta，就滤除其中适应度较小的个体。

过滤操作后，需要引入新个体。从实验测试中发现，如果采用直接随机生成的方式产生新个体，适应度值都太低，而且对算法的全局搜索性能增加并不显著。因此，使用从优秀的父代个体中变异产生新个体补充的方法。该方法将父代中适应度较高的m个个体随机进行若干次变异，产生出新个体，加入子代。这些新个体继承了父代较优个体的模式片段，并产生新的模式，易于与其他个体结合生成新的较优子代个体。而且增加的新个体的个数与过滤操作删除的数量有关。如果群体基因单一性增加，则被滤除的相似个体数目增加，补充的新个体数目随之增加；反之，则只少量滤除相似个体，甚至不滤除，补充的新个体数目也随之减少。这样，就能动态解决群体由于缺乏多样性而陷入局部解的问题。

b. 最优保存策略

在遗传算法中，通过对个体进行交叉、变异等遗传操作而不断产生出新的个体。虽然随着群体的进化过程会产生出越来越多的优良个体，但由于选择、交叉、变异等操作的随机性，它们也有可能破坏掉当前群体中适应度最好的个体。而这却不是研究所希望发生的，因为它会降低群体的平均适应度，并且对遗传算法的运行效率、收敛性都有不利的影响，所以，希望适应度最好的个体要尽量保留到下一代群体中。为达到这个目的，可以使用最优保存策略进化模型来进行优胜劣汰操作，即当前群体中适应度最高的个体不参与交叉运算和变异运算，而是用它来替换掉本代群体中经过交叉、变异等操作后所产生的适应度最低的个体。

4）交叉算子

遗传算法有效性的理论依据为模式定理和积木块假设。模式定理保证了较优的模式（遗传算法的较优解）的样本呈指数级增长，从而满足了寻找最优解的必要条件，即遗传算法存在着寻找到全局最优解的可能性。而积木块假设指出，遗传算法具备寻找到全局最优解的能力，即具有低阶、短距、高平均适应度的模式（积木块）在遗传算子作用下，相互结合，能生成高阶、长距、高平均适应度的模式，最终生成全局最优解。

遗传算法的"模式"为点的相对顺序，故在交叉算子的设计中，父代向下遗传的部分应保留其点的相对顺序。

5）变异算子

虽然交叉运算是产生新个体的主要方法，它决定了遗传算法的全局搜索能力；而变异运算只是产生新个体的辅助方法，但它也是必不可少的一个步骤，因为它决定了遗传算法的局部搜索能力。

变异算子的设计主要包括插入、删除OD对，以及翻转OD对顺序三种操作。

五、实践案例

1. OD走廊识别

在OD走廊识别中，基于方向的聚类选取与基准OD对走向夹角arccos值为0.9（夹角约25°），基于距离的再聚类选取点到直线的距离阈值为5km。

2. 站点生成与站点间驾车路线规划的时间获取

（1）站点DBSCAN聚类生成

根据居民出行选择行为特性，取临界距离$\epsilon=800m$，站点覆盖最小点数$MinPts=1$，聚类得到定制公交的可能停靠站点，并存储OD点与站点间的对应关系。

（2）站点间驾车路线规划的时间获取

利用高德开放平台中驾车路线规划功能及其API接口，使用Python获取站点间早晚通勤时段站点间的驾车时长，作为后续遗传算法求解定制公交线路规划模型的输入参数。

3. 遗传算法求解定制公交线路规划

基于遗传算法求解流程确定公交线路规划，如表5-1、图5-1～图5-4所示。

定制公交线路规划结果示意（早高峰时段）　　　　表5-1

线路编号	上下客人数	站点经度	站点纬度	站点地名
1	160	116.423 6	39.972 6	北京市朝阳区和平街街道北京化工大学东校区
	-160	116.267 8	39.916 7	北京市海淀区永定路街道金沟河路6号
2	153	116.443 6	39.963 5	北京市西城区明苑酒店
	-153	116.271 3	39.904 7	北京市海淀区万寿路街道复兴路32号院
3	180	116.447 7	39.910 7	北京市朝阳区建外街道日坛东路3号
	-180	116.348 8	39.904 1	北京市西城区月坛街道真武家园
4	160	116.456 1	39.914 9	北京市朝阳区呼家楼街道北京以太广场
	-160	116.182 4	39.931 3	北京市石景山区苹果园街道苹果园北路
5	55	116.425 8	39.996 5	北京市朝阳区大屯街道道尔泰商城道尔泰生活广场
	16	116.400 7	39.968 5	北京市朝阳区安贞街道北三环中路辅路中国木偶剧院
	-16	116.193 3	39.938 1	北京市石景山区苹果园街道中铁天宏大厦西山汇
	-55	116.162 9	39.931 3	北京市石景山区金顶街道首钢模式口南里居民区首钢模式口中里小区
6	167	116.356 8	39.928 9	北京市西城区新街口街道阜成门北顺城街国际投资大厦
	-167	116.395 0	39.957 1	北京市东城区和平里街道鼓楼外大街安德里社区
7	6	116.313 1	39.885 2	北京市丰台区太平桥街道文新学堂太平桥西里小区
	146	116.312 0	39.901 4	北京市海淀区羊坊店街道西三环中路辅路
	-146	116.415 0	39.969 8	北京市朝阳区和平街街道北三环东路辅路中国特种设备检测研究院
	-6	116.444 2 3	39.965 9	北京市朝阳区香河园街道北三环东路西坝河东里社区西区
8	132	116.246 2	39.898 0	北京市石景山区八宝山街道北京京顺宝汽车销售服务有限公司
	146	116.246 2	39.898 0	北京市石景山区八宝山街道北京京顺宝汽车销售服务有限公司
	-146	116.515 6	39.909 3	北京市朝阳区高碑店镇滋美卤肉卷（四惠东店）锦裕广场
	-132	116.494 8	39.921 8	北京市朝阳区六里屯街道爱丽家快捷酒店北京年轮中医骨科医院
9	195	116.246 2	39.898 0	北京市石景山区八宝山街道北京京顺宝汽车销售服务有限公司
	-195	116.464 5	39.841 7	北京市朝阳区十八里店镇缘海堂古典家具厂
10	118	116.337 5	39.932 0	北京市西城区展览路街道华夏银行（北京车公庄支行）核建大厦
	38	116.360 8	39.906 0	北京市西城区金融街街道西铁匠胡同远洋大厦
	-118	116.473 8	39.922 1	北京市朝阳区呼家楼街道金台北街小区
	-38	116.454 1	39.913 5	北京市朝阳区呼家楼街道光华路汉威大厦
11	42	116.360 8	39.906 0	北京市西城区金融街街道西铁匠胡同远洋大厦
	44	116.360 8	39.906 0	北京市西城区金融街街道西铁匠胡同远洋大厦
	-42	116.431 4	39.923 3	北京市东城区朝阳门街道北京知音医疗美容朝内小区北区
	-44	116.454 8	39.883 8	北京市朝阳区劲松街道劲松四区劲松4区
12	153	116.458 3	39.945 6	北京市朝阳区三里屯街道三里屯东六街7
	-153	116.445 7	39.851 1	北京市丰台区东铁匠营街道成寿寺路25号院
13	139	116.428 0	39.953 6	北京市东城区和平里街道民旺北胡同
	-139	116.429 0	39.922 7	北京市东城区朝阳门街道竹竿胡同

续表

线路编号	上下客人数	站点经度	站点纬度	站点地名
14	139	116.458 3	39.945 6	北京市朝阳区三里屯街道三里屯东六街7
	-139	116.452 9	39.881 1	北京市朝阳区劲松街道劲松六区劲松6区
15	146	116.291 5	39.969 1	北京市海淀区海淀街道万柳华府南街万城华府海园
	-146	116.454 9	39.881 0	北京市朝阳区潘家园街道华威路21号智达汽修
16	133	116.338 8	39.976 4	北京市海淀区中关村街道知春路厦门大厦
	-133	116.443 7	39.914 1	北京市朝阳区朝外街道光华路丁17号日坛公园
17	14	116.319 1	39.931 1	北京市海淀区甘家口街道花园村第二小学中国劳动关系学院
	132	116.232 8	39.953 6	北京市海淀区四季青镇中间建筑
	-132	116.451 4	39.830 5	北京市朝阳区小红门镇山西面王（南四环东路辅路店）
	-14	116.452 9	39.867 7	北京市朝阳区十八里店镇左安路61弘善家园L区
18	146	116.317 1	39.963 4	北京市海淀区紫竹院街道外专局培训中心北京友谊宾馆
	-146	116.409 0	39.846 3	北京市丰台区南苑乡时村路

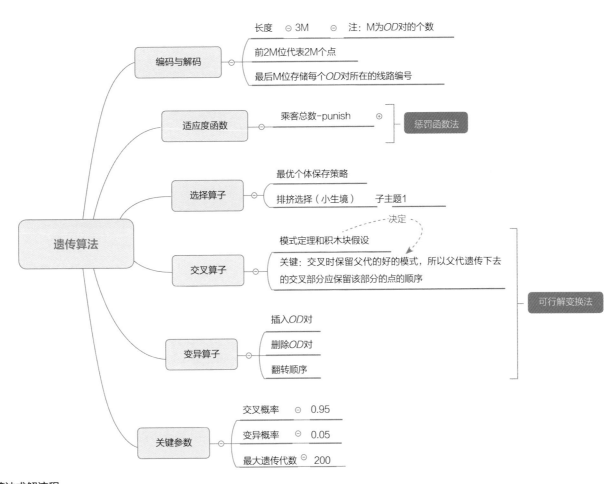

图5-1 遗传算法求解流程

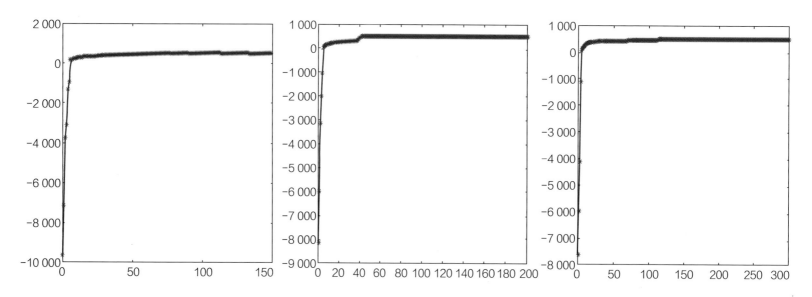

图5-2　遗传算法求解稳定性

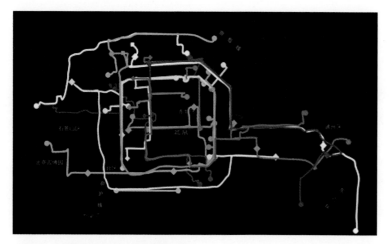

图5-3　早高峰定制公交规划线网图

图5-4　晚高峰定制公交规划线网图

六、研究总结

1. 创新点

本研究的创新主要体现在理论创新和应用创新两个方面。

（1）理论创新

提出了基于开源数据及手机信令数据的定制公交网络设计成套方法，包括定制公交网络优化设计模型及启发式求解算法。相关成果能有效促进公交系统设计理论及方法的研究与应用。

（2）应用创新

所提出的定制公交网络设计方法能显著提升定制公交的吸引力和公交出行品质。所提出的开源数据及手机信令提取、分析方法，能有效地应用于城市规划、交通规划有关领域，具有较好的实用性。

2. 应用前景

研究成果具备较强的行业应用前景，主要表现在如下几个方面：

（1）提出的定制公交网络设计方法涉及交通需求采集、交通特征提取、线路布设及优化、线路运行效果验证等多个模块，分析流程完备可靠，具有极强的可复制性，适用于不同城市、不同交通运行场景。

（2）研究成果在服务于定制公交网络设计的同时，也能够有效推广至轨道交通网络设计、公交网络评价及优化等相关业务板块，可拓展性较强。

（3）研究成果及其中的部分技术适用于研究机构、设计机构、交通运营管理机构、系统研发机构等多种行业部门，具备较好的行业推广能力。

基于复杂网络模型的城市网络研究：
徐州市城市发展定位

工作单位：上海交通大学规划建筑设计有限公司、杭州数云信息技术有限公司、上海市城市规划设计研究院

研究方向：空间发展战略

参 赛 人：崔嘉男、张恺、蔡广妊、杨英姿

参赛人简介：崔嘉男，城市规划专业，上海交通大学规划建筑设计有限公司，助理规划师；张恺，杭州数云信息技术有限公司，数据工程师；蔡广妊，北京化工大学信息科学与技术学院，研究生；杨英姿，上海市城市规划设计研究院，注册规划师、高级工程师。团队主要研究兴趣包括城市规划、区域规划、城市设计、数学建模、复杂网络、数据挖掘和数据分析等。

一、研究问题

1. 研究背景及目的意义

随着现代城市交通、通信技术的革新与进步，以及城市经济的繁荣、全球化进程的加快，城市、公司之间的社会经济联系受空间距离的影响变得越来越小，城市之间的联系也变得越来越广泛、深入和复杂。传统上认为中心地理论较好地解释了城市间的关系问题，"位序—规模"分布的研究方法可以较好地阐述城市体系的等级关系。然而在新时期出现新特征的情况下，原有的理论已无法解释城市网络联系活动加强、联系通道增加、联系的非等级性等问题，从地域空间上看目前出现的多中心区域更是无法用简单的等级性理论来解答。同样的变迁也发生在更广的空间尺度中。单个的大城市区域作为一个节点，通过各种的流，在一个更广阔的城市网络系统中与其他的城市发生联系，如国家城市网络、世界城市网络等。因此，多尺度的城市网络研究，能更加贴合当下实际地反映一个城市自身的各种功能特征，以及它与其他城市间的互动关系。

国内对于城市网络的研究已有很多，但不足之处有：在方法上，静态指标与"假设关系"模型中的"城市联系"，采用的是经过城市属性计算出的"理想的"城市关系，而非实际中的城市联系。在数据上，多使用统计年鉴数据，数据的时效性不佳。航空、高铁班次、企业联系等数据可以反映城市之间的联系，但由于交通工具不一定满员，企业除去自身的分支机构外还有其他的跨企业资金流动，导致数据的准确性降低。

2. 研究目标及拟解决的问题

本研究的总体目标：采用天眼查网站（tianyancha.com）的企业对外投资数据，利用复杂网络模型，对徐州市、淮海经济区20市、扩大的淮海经济区29市、邻近徐州市的四个省份、全国等不同尺度下的城镇群进行复杂网络的相关特性计算；通过复杂网络模型中的节点、连边、网络全局的基本拓扑特性和高阶拓扑特性等（图1-1），得出徐州市在不同尺度的城镇群下其自身的重要性，以及与城市群中其余城市之间的联系，进而指导、支持城市总体规划的城市发展战略决策（表1-1）。

笔者认为，该研究拟利用现有的数据，在对城市发展规律的深刻理解之上，构建复杂网络数学模型，既能够很好地代表现实，又能够利用复杂网络模型的特性响应现有的城市特征和具体的城市规划应用需求；通过一系列的计算，发现一些综合的、复杂的城市特性与城市间关系（图1-2）。

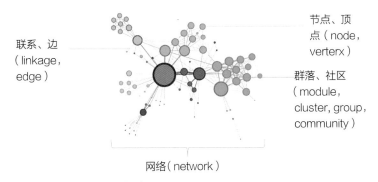

图1-1　复杂网络的相关概念

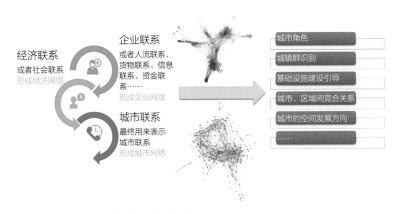

图1-2　网络的形成与在规划中的应用

复杂网络模型与城市规划的关系　　　　　　表1-1

网络模型的特性维度	城市规划中的词汇
节点、顶点 （node，vertex）	城市、都会、城邑、中心、地区、点……
节点、顶点的属性 （attribute）	极、核心、中心、门户、代表、高地、首要、第一、领先、枢纽、影响力、龙头……
群落、社区 （module，cluster，group，community）	国家、区域、城镇群、发展带、经济区、特区、仓、腹地……
网络 （network）	国际、全球、世界、全球城市网络、××国家、××大都市带……
联系、边 （linkage，edge）	通廊、廊道、发展带、发展轴、竞争、互赢、联络、协调……

二、研究方法

1. 研究方法及理论依据

本研究采用的方法主要是利用复杂网络模型，来表示城镇群

（城镇系统）；并通过复杂网络模型的相关计算，来表示城市、区县、镇的网络结构特征，包括节点特征、联系特征、网络总体特征等。

2000年起，世界城市研究小组（The Globalization and World Gties，简称GaWC）在相关地理学理论的基础上，通过对高级生产性服务业公司办公网络的分析，研究了城市在全球网络中的等级排位。他们选取了全球人口在200万以上的526个城市进行相关研究，来评估城市自身的重要性，其"联系度"就是使用了复杂网络中"节点度"的概念和计算方法。Berry、Pred最早提出了"城市系统"（urban system）的概念，意指"一个区域或一个国家中一些相互联系的城市"。学者Narisra Limtanakool则进一步利用"城市系统"这一概念，使用商务、度假和娱乐出行人流，计算并比较了德国和法国两个国家城市系统的各项特征，包括城市系统熵、城市节点控制力、城市节点对称性、城市联系对称性、城市联系强度等的异同点。本研究采取两者的共同点，即依旧把城镇群看作是由许多相互联系的城镇组成的城市网络系统来研究其各项特性。

城市本身是一个复杂系统。不同年龄、性别、职业、种族、性格的人在一定的地理空间中集群、工作、生活，并产生各种联系。城镇之间因为地理区位、优势分工、历史文化、政策干预等原因，也产生了各自不同的特性，并产生了各样的联系和集群。城镇群不是简单的人群相加，也不是简单的城市相加。因此，基于数据的复杂系统数学模型，既弥补了传统中心地理论、重力模型、规模等级排位等对城镇群研究的过度简单化缺陷，又能很好地将城镇群这一复杂、巨大、时刻变化的系统合理地抽象成网络系统，进行研究计算。

2. 技术路线及关键技术

（1）明确研究问题、研究目的和研究范围

（2）构建总体研究方法：数据采集、数据清洗、模型构建与数据计算

1）数据采集：使用网络爬虫，采集天眼查网站的相关企业数据，包括企业名称、企业注册资本、企业注册地址、企业注册时间、企业详情页内的对外投资的被投资企业名称、被投资企业的被投资额、被投资额占其注册资本的比例，以及被投资企业的注册时间和注册地址，并保存在本地电脑磁盘上。

2）数据清洗：对数据进行格式规整、清洗。编写Python程

序，将总公司和分公司的地址字段，利用百度地图开放平台数据接口，转换成所在的省份、地级市、区县，方便后期筛选比较；将数据字段格式统一，并利用数学公式，补齐空缺值。过程中反复校验，有漏采、采集错误的信息，返回第一步补采。直至得到格式规范、统一的数据。然后筛选出本次计算需要的数据，单独分类保存，以备后期计算。

3）模型构建：利用企业之间的投资关系，代表城市之间的联系。将城市（可能是地级市、可能是镇、县）抽象成复杂网络中的节点，投资联系抽象成复杂网络中的连边。组成一个"城市系统"，其本质可以抽象为一个有向、有重边、边加权、没有自环的复杂网络。在复杂网络的节点、连边、网络、社群几个方面进行计算。

4）数据计算：使用Python编写程序，对各项网络指标进行计算，统一输出结果和相关图纸，并在ArcGIS中进行可视化。结合规划原理，进一步优化算法模型。

（3）计算结果解读、形成最终成果（图2-1）。

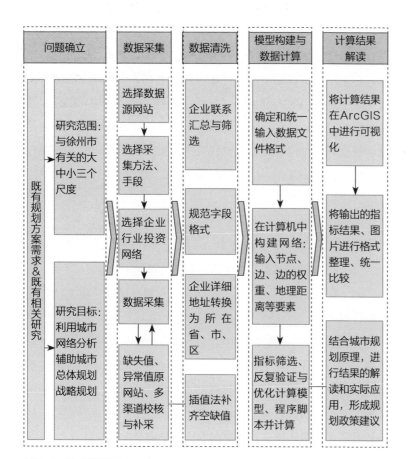

图2-1　技术路线图

三、数据说明

1. 数据内容及类型

（1）2017—2018年间的全国500强企业对外投资数据（此处的"对外投资"意义为企业在其本身经营的主要业务以外，以现金、实物、无形资产方式，或者以购买股票、债券等有价证券方式向境内外的其他单位进行投资，以期在未来获得投资收益的经济行为）。不同于"境外投资"（下同），格式为Excel文件，数据字段为：总公司名称、总公司地址、总公司企业专利数、总公司企业注册资本、总公司企业注册时间、分公司名称、分公司地址、分公司企业注册资本、分公司注册时间、投资额、投资比例、分公司企业状况共12个字段，总计包含19 847条数据（一个总公司——分公司联系算作一条数据）。

（2）淮海经济区20个地级市（蚌埠、亳州、阜阳、菏泽、淮安、淮北、济宁、开封、莱芜、连云港、临沂、日照、商丘、泰安、宿迁、宿州、徐州、盐城、枣庄、周口）和周边联系比较多的9个城市（北京、上海、深圳、南京、苏州、合肥、济南、郑州、苏州），2018年高新企业对外投资数据，字段同上。一个城市一张Excel表格，总计29张表格，合计67 707条数据（一个总公司——分公司联系算作一条数据）。

（3）淮海经济区20个地级市（同上）和周边联系比较多的9个城市（同上）2018年上市企业对外投资数据，字段同上。一个城市一张Excel表格，总计29张表格，合计26 297条数据（一个总公司——分公司联系算作一条数据）。

（4）用百度API得到的城市间通行的"通行路程矩阵"。求得某一地理尺度下，该城市系统中所有节点城市中任意两个节点城市之间的路程，即若城市节点数目为n，则求解数量为$n \times (n-1)$条路程。为方便可视化，字段包括：出发地点、到达地点、是否有数据、出发地经度、出发地纬度、到达地经度、到达地纬度、距离（km）、耗时（h）。

本次研究数据之所以选取这几个城市，以及数据采集的数量是这些，原因有两个。

一是与研究范围有关。最开始研究的是传统意义上的淮海经济区。由于历史、地理原因，淮海经济区的划分包括20市：蚌埠、亳州、阜阳、菏泽、淮安、淮北、济宁、开封、莱芜、连云港、临沂、日照、商丘、泰安、宿迁、宿州、徐州、盐城、枣庄、周口。这只是一个人为划定的经济区，而非因各个城市内部紧密联系而自发形成的经济区。在数据采集的过程中，发现淮海经济区这20个城市中，每个城市除了与淮海经济区20市有一些联系之外，还和自己的省会城市，以及若干超大城市有着较强的联系。综合来看，选择与淮海经济区20市联系较强的九个"淮海经济区外围"地级市：北京、上海、深圳、南京、苏州、合肥、济南、郑州、苏州，作为"扩大的淮海经济区范围"。

二是受制于数据采集技术和时间。上市企业、高新技术企业多集中于各个大城市、超大城市。天眼查显示，北京市的上市企业有2015家，一般注册资本高的、规模大的企业往往倾向于有对外投资；而注册资本低的、规模小的企业对外投资较少或没有对外投资。采用分层抽样的方式，在企业注册资本为0～100万（1家）、100万～200万（6家）、200万～500万（13家）、500万～1 000万（149家）、1 000万以上（1 846家）这五个区间的北京市上市企业中，只在各个区间内选择了注册资本排名前15%的企业，并剔除无相关信息的企业。最终选择了北京市的313家注册资本靠前的企业。这些上市企业的对外投资数据，就多达9 341条。平均每家企业对外投资29家企业。相比之下，徐州市的上市企业只有32家，对外投资企业150家，平均每家企业对外投资5家企业。这种情况下，完全采集某些城市的所有企业数据将耗时巨大，故9个城市中，北京、上海、深圳采用分层抽样的方式采集数据，其余城市相关企业数据全部采集。

最终的数据中，每一行是总公司相关信息和相应分公司信息的关联，可以表示为复杂网络中两个节点之间的连边，以及连边的权重等信息。

2. 数据预处理技术与成果

本次数据预处理包括手动处理、程序处理和爬虫处理相结合的方式。在补齐空缺值的同时，利用百度地图API，将文字地址转换为经纬度，再通过经纬度转换为企业所在的省、市、区。补齐空缺值的数学方法：（分公司）投资比例空缺的，一律用50%补齐；分公司注册资本空缺的，用总公司所有的下属分公司的注册资本的（中位数+平均数）÷2；投资额空缺的，用分公司注册资本×投资比例来补齐。有些分公司注册资本为空，同时只有总一分这样一家，没法通过相应的其他分公司补全，所以就用了总公司注册资本的0.618倍补齐分公司注册资本，其他方法同上。核心

是抓住不变的关系：分公司注册资本×（投给分公司的）投资比例＝投资额，来进行数据空缺值的补齐。

本次数据采集好后，经过初步整理的原数据字段包括：总公司名称、总公司地址、总公司企业专利数、总公司企业注册资本、总公司企业注册时间、分公司名称、分公司地址、分公司企业注册资本、分公司注册时间、投资额、投资比例、分公司企业状况共计12个字段。数据清洗好后的字段包括：清洗ID、总公司名称、总公司地址、省（总）、市（总）、区（总）、总公司注册资本、总公司注册时间、总公司企业专利数、分公司名称、分公司地址、省（分）、市（分）、区（分）、分公司注册资本、分公司注册时间、投资额、投资比例、分公司企业状况共计19个字段。计算中使用到的字段有：市（总）、区（总）、市（分）、区（分）、投资比例共计5个字段。原因是，在第一步中多采集几个字段，以作数据储存、日常积累使用。最终的数据中，每一行代表复杂网络中两个节点之间的连边，以及连边的权重（投资额）。

四、模型算法

模型算法流程及相关数学公式

对于一个有向、加权、有重边、没有自环的（数据中剔除了自环）复杂网络：

节点总数（系统中的区县总数，以下统称"节点"）为N，节点之间的联系总数（系统中区县之间联系的总边数，包括重边，以下统称"边"）为M。节点编号为i、j；$i=1,2,3,\cdots,I$；$j=1,2,3,\cdots,J$；$i\neq j$。

网络的邻接矩阵$A=(a_{ij})_{N\times N}$，a_{ij}表示节点i到节点j的联系总边数，a_{ji}表示节点j到节点i的联系总边数。由于城市之间的企业投资数目不一定是来往对等的，故a_{ij}与a_{ji}可能都不为0且相等，也可能都不为0且不相等，也可能一个或全部为0。

因为两个节点之间联系的方向不同，而且有重边，每条联系（边）若考虑其自身的投资数额（权重），那么点i和点j之间，其边的权值为w_{ij}，w_{ij}为点i向点j投资的总投资数额。则其权值矩阵$W=(w_{ij})_{N\times N}$。w_{ij}与a_{ij}之间不存在特定的比例关系（因为a_{ij}指的是城市之间联系的公司数量；而w_{ij}指的是城市之间的投资数额；每个公司的投资数额不同，故w_{ij}与a_{ij}之间不存在特定的比例关系）。

不考虑权重时，定义节点i的出度k_i^{out}为：

$$k_i^{out} = \sum_{j=1}^{N} a_{ij} \qquad (4-1)$$

节点i的入度k_i^{in}为：

$$k_i^{in} = \sum_{j=1}^{N} a_{jt} \qquad (4-2)$$

与节点i相连的总边数（总度）k_i^{total}为：

$$k_i^{total} = k_i^{out} + k_i^{in} = \sum_{j=1}^{N} a_{ij} + \sum_{j=1}^{N} a_{ji} \qquad (4-3)$$

[k的单位是公司（家）]。

考虑权重时，节点i的出强度O_i为：

$$O_i = \sum_{j=1}^{N} w_{ij} \qquad (4-4)$$

节点i的入强度I_i为：

$$I_i = \sum_{j=1}^{N} w_{ji} \qquad (4-5)$$

与节点i相连的总投资数额强度T_i为：

$$T_i = O_i + I_i = \sum_{j=1}^{N} w_{ij} + \sum_{j=1}^{N} w_{ji} \qquad (4-6)$$

[单位是投资额（万元）]。

使用Python语言编写数据计算程序。在64位Windows 10操作系统上，利用Pycharm或Spyder IDE进行开发、调试、输出结果。主要计算如下指标：

（1）节点方面

1）节点控制力指标（Weighed Dominance Index Total，Weighed Dominance Index Out）DIT_i、DIO_i：

$$DIT_i = \frac{T_i}{\left(\sum_{j=1}^{J} T_j \middle/ J\right)} \qquad (4-7)$$

值域：$0 \leqslant DIT_i < +\infty$；

意义：表示城市节点i的联系强度控制力（投资联系与被投资联系）。DIT_i越大，表明城市的联系强度控制力越强。

$$DIO_i = \frac{O_i}{\left(\sum_{j=1}^{J} O_j \middle/ J\right)} \qquad (4-8)$$

值域：$0 \leqslant DIT_i < +\infty$；

意义：表示城市节点i的出强度控制力。在总公司——被投资

公司的联系中，一个城市发出的联系资本越多，表明其出强度越强，其在网络中的控制力就越强。DIO_i的值也就越大。

2）节点对称性指标（Weighed Node Symmetry Index）NSI_i：

$$NSI_i = \frac{I_i - O_i}{I_i + O_i} \qquad (4-9)$$

值域：$-1 \leqslant NSI_i \leqslant 1$；

意义：表示城市节点i的投资对称性。当NSI_i的值为正时，表明进入的资本数额多于发出的资本数额。值越大进入占比越多。当NSI_i的值为负时，表明发出的资本数额多于进入的资本数额。值越大发出占比越多。

（2）整个网络层面

1）网络总体熵（Entropy Index简称，EI）：

整个网络中联系的总数目（总边数）M为：

$$M = \sum_{i,j=1}^{N} a_{ij} = \sum_{i=1}^{I} \sum_{j=1}^{J} a_{ij} \qquad (4-10)$$

联系a_{ij}占整个网络所有联系的比例$P_{a_{ij}}$为：

$$P_{a_{ij}} = a_{ij} \middle/ M \qquad (4-11)$$

总体熵（平均后的香农熵）EI为：

$$EI = -\sum_{i=1}^{M} \frac{(P_{a_{ij}}) Ln(P_{a_{ij}})}{Ln(M)} \qquad (4-12)$$

[当$z=0$时，$(z)Ln(z)=0$]。

值域：$0 \leqslant EI \leqslant 1$；

意义：当$EI=0$时，表示所有的联系都系于网络中的一个节点，网络是单中心的，等级结构最强；当$EI=1$时，表示网络中各个联系都均匀分布、指向各个节点之间，网络是多中心的，没有等级结构。

2）网络的平均路程（Average Route简称AR）：

设城市i和j之间的路程，或者说地理行车路程，为d_{ij}，则：

$$AR = \frac{1}{\frac{1}{2}N(N-1)} \sum_{i>j} d_{ij} \qquad (4-13)$$

值域：$AR > 0$；

意义：城镇群中所有节点城市之间的平均路程；表示网络中基础设施的发达程度和交通的便利程度。

3）聚类系数（Clustering Coefficient，简称C）：

设E_i为节点i的所有邻节点（直接相连的节点）之间实际存在的边数（公司联系数），则节点i的聚类系数为：

$$C_i = \frac{E_i}{\frac{k_i(k_i-1)}{2}} = \frac{2E_i}{k_i(k_i-1)} \qquad (4-14)$$

则整个网络的聚类系数C为：

$$C = \frac{1}{N}\sum_{i=1}^{N}C_i = \frac{1}{N}\sum_{i=1}^{N}\frac{2E_i}{k_i(k_i-1)} \qquad (4-15)$$

值域：$0 \le C \le 1$；

意义：用来表示平均每个节点的邻居节点的联系强度。平均聚类系数越大，说明网络中的节点控制力更少地被邻居节点"稀释"；网络中控制力强的节点有更强的把控能力。

4）节点的对称性同配性（Symmetry Assortivity）$<s_{nn}>$、r_s：

a. 对称性为$s_i=NSI_i$的节点的余平均对称性：

节点i的n个邻居节点（直接相连的节点）的平均对称性$<s_{nn}>_i$为：

$$<s_{nn}>_i = <NSI_{nn}>_i = \frac{1}{n}\sum_{j=1}^{n}NSI_j \qquad (4-16)$$

假设网络中对称性为某一值s的节点有m多个（$m \ge 1$），它们分别为$v_1, v_2, v_3, v_4, \cdots, v_m$，那么对称性值为$s$的节点的余平均对称性为：

$$<s_{nn}>(s) = \frac{1}{m}\sum_{i=1}^{m}<s_{nn}>_{v_m} \qquad (4-17)$$

意义：通过判断$<s_{nn}>(s)$是不是s的增函数来判断网络的稳定性。

如果$<s_{nn}>(s)$是s的增函数，说明对称性人的节点倾向于和对称性大节点相连接、对称性小的节点倾向于和对称性小的节点相连接，也即城市节点之间的投资相对趋于稳定态，资本盈余型城市节点与资本盈余型城市节点相连、资本负债型与资本负债型城市节点相连；网络此时是对称性正相关的，或说对称性同配的（assortive）、稳定的。反之，如果$<s_{nn}>(s)$是s的减函数，则网络中称性大的节点倾向于和对称性小节点相连接，即城市节点之间的投资相对趋于不稳定态，资本盈余型城市节点和资本负债型城市节点相连；此时网络是对称性负相关的，或说对称性异配的（disassortive）、不稳定的。

b. 网络的（对称性）同配系数r_s。（皮尔森相关系数，$r_s \in [-$

$1,1]$）：表示不稳定的程度大小。当$r_s \in [0,1]$时，网络是同配的；当$r_s \in [-1,0]$时，网络是异配的；当$r_s=0$时，意味着网络是中性的（neutral），不具有度相关性。$|r_s|$的大小反映了网络同配或异配的强弱程度，即网络的不稳定程度、发生变化的倾向性。值域：$0 \le r_s \le 1$。

5）节点的度值同配性（degree assortivity）r_d：

一个城市有较高的入度，不代表一个城市同时有较高的出度；一个城市可能是较多城市的被投资城市，同时也可能是较多其他城市的"上游"总部控制城市。一个城市投资很多其他城市，也被很多其他城市投资，它是城市网络系统中的被带动增长节点，还是被吸血节点，不能单单只看它和某一城市的关系，也不能单单只看两个城市之间的关系来断定城市的"增长与衰退"。例如，上海有许多分公司在苏州市，但并不代表苏州在长三角城市群中是被带动发展的城市节点，因为苏州市同时也投资了全国其他一些城市，也被全国其他一些城市投资。上海亦然。在复杂的城市网络关系中，某一个节点和整个城镇系统所有其他城市的综合关系更能表示真实的城市关系。因此，用有向网络的度同配性，表征不同度值节点指向的倾向性程度，来表征总体上城镇系统中各类节点之间的关系。借助皮尔森相关系数的概念，来计算有向网络的度同配系数$r_d(r_d \in [-1,1])$。

使用$\alpha, \beta \in \{in,out\}$标记出度或者入度类型（表4-1）（图4-1），并把有向边e的源节点和目标节点的α度和β度分别标记为j_e^α和k_e^β。有向网络的一组度同配系数可以用如下的Person相关系数刻画：

$$r_d(\alpha,\beta) = \frac{M^{-1}\sum_i(j_e^\alpha - <j^\alpha>)(k_e^\beta - <k^\beta>)}{\sqrt{M^{-1}\sum_i(j_e^\alpha - <j^\alpha>)^2}\sqrt{M^{-1}\sum_i(k_e^\beta - <k^\beta>)^2}} \qquad (4-18)$$

$<\cdots>$表示均值。这里规定每种情形下，边都是从α标度的节点指向β标度的节点。计算$r_d(out,out)$，$r_d(out,in)$，$r_d(in,out)$，$r_d(in,in)$。

有向网络的度同配性说明				表4-1
节点	计算的度方向代号	参与计算的度		
j：源节点	α	out	out	in	in
k：目标节点	β	out	in	out	in

值域：$0 \le r_d(\alpha,\beta) \le 1$；

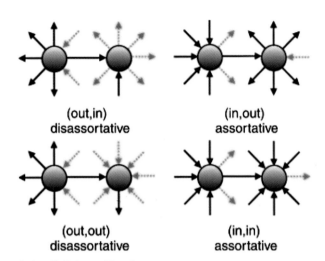

图4-1　有向网络的度同配性示意

意义：

当$r_d(out,out)$的值越大时，表明高出度的节点越倾向于指向高出度的节点，表示网络中"双核辐射、强强相连、马太效应"的城市关系较多；

当$r_d(out,in)$的值越大时，表明高出度的节点越倾向于指向高入度的节点，表示网络中"带动增长、强指向弱、梯度扩散"的城市关系较多；

当$r_d(in,out)$的值越大时，表明高入度的节点越倾向于指向高出度的节点，表示网络中"强者吸血、弱指向强、资本外逃"的城市关系较多；

当$r_d(in,in)$的值越大时，表明高入度的节点越倾向于指向高入度的节点，表示网络中"濒临衰退、弱者相连、无路可走"的城市关系较多；

当$r_d \in [0,1]$时，网络是同配的；当$r_d \in [-1,0]$时，网络是异配的；$|r_d|$的大小反映了网络同配或异配的强弱程度。

（3）联系（边）方面

1）联系强度指数（relative strength of link）RSL_{ijw}：

两点之间的投资额度，占全部投资额度和的比例：

$$RSL_{ijw} = \frac{w_{ij}}{M_w} \qquad (4-19)$$

值域：$0 \leqslant RSL_{ijw} \leqslant 1$；

意义：表示两个节点i, j之间联系的强度。值约大，表示节点间联系的非对称性越强。

2）联系对称性指数（link symmetry index）LSI_{ijw}：

$$F_{ij} = \frac{w_{ij}}{w_{ij} + w_{ji}} \qquad (4-20)$$

$$LSI_{ijw} = |F_{ij} - F_{ji}| \qquad (4-21)$$

值域：$0 \leqslant LSI_{ijw} \leqslant 1$；

意义：表示两个节点i, j之间联系的对称性。值约大，表示节点间联系的非对称性越强。

3）斗争指数（jealousy）V_{ij}：

首先计算其共引矩阵、耦合矩阵。把a_{ij}替换成0—1矩阵；有连边的为1，没有连边的为0。记作矩阵z_{ij}那么：

对于网络中的一个节点k，若k同时有两条出边分别指向节点i和节点j，那么$z_{ki}z_{kj}=1$，否则$z_{ki}z_{kj}=0$。则节点i和节点j的共引数c_{ij}为：

$$c_{ij} = \sum_{k=1}^{N} z_{ki} z_{kj} \qquad (4-22)$$

由此可以得到共引矩阵：$C=(c_{ij})_{N \times N}$，用于表示城市节点之间的"下游（产业、价值）相似度"。

同理，对于一个节点k，若节点i和节点j都有边指向它，那么$a_{ki}a_{kj}=1$，否则$a_{ki}a_{kj}=0$。则节点i和节点j的耦合数b_{ij}为：

$$b_{ij} = \sum_{k=1}^{N} z_{ik} z_{jk} \qquad (4-23)$$

由此可以得到耦合矩阵：$B=(b_{ij})_{N \times N}$，用于表示城市节点之间的"上游（产业、价值）相似度"。

城市i和j之间的路程为d_{ij}。由于d_{ij}是通过百度地图API的批量算路功能求得的，两个节点的来往路程由于线路选择可能会不同。故采用来往路程的平均值作为最终的d_{ij}。

用DIK_i^{total}、DIK_j^{total}表示两个城市节点各自的（产业、价值）多样度。则两个城市ij之间的斗争指数V_{ij}为：

$$V_{ij} = \frac{c_{ij} + b_{ij}}{[(d_{ij} + d_{ji})/2] \times (z_{ij} + z_{ji} + DIK_i^{total} + DIK_j^{total})} \qquad (4-24)$$

值域：$0 \leqslant V_{ij} < +\infty$；

意义：公式中分子表示的是节点i和节点j的上游相似度和下游相似度之和，即相似度。分母表示：若节点i和节点j两个城市产业多样性很弱、产业结构单一（$DIK_i^{total} + DIK_j^{total}$值很低），同时两者之间没有什么联系（$z_{ij} + z_{ji}$的值很低），同时地理距离相距很近，那么这两个节点在产业、价值、功能定位等方面就越相似，就越有可能是竞争、攀比关系。值越大说明竞争关系越强。

（4）社团相关

社群划分、模块检测（community）：

使用经典的模块度划分算法，对各个城市系统划分有较好的适应性。具体使用软件中的Newman快速算法（fastgreedy），一种基于贪婪算法思想的凝聚算法，来对不同城镇进行模块划分。

意义：计算结果将返回不同的社区及其成员，用于城镇群的划分。

五、实践案例

模型应用实证及结果解读、模型应用案例可视化表达

选择包含或不包含徐州市的三个地理尺度的城市系统（城镇群）进行所有指标计算，并进行相互比较。三个地理尺度分别是：小尺度（城镇群尺度）、中尺度（扩大的城镇群尺度）、大尺度（全国尺度）。小尺度包括淮海经济区的20个城市（同上）组成的城市系统，以及全国城镇体系规划（2005—2020年）中的几个城镇群（长三角、珠三角、京津冀、辽中南、成渝、汉中、江汉平原、闽中南、长株潭）城市系统；中尺度包括徐州市的四个邻近省份（山东省、河南省、安徽省、江苏省）城市组成的城市系统，以及与淮海经济区密切联系的9个城市（同上）和淮海经济区20个城市组成的29市城市系统；大尺度包括全国的部分城市（351个地级市）组成的城市系统。

使用的联系数据分别是：小尺度上，淮海经济区的20个城市使用全国500强企业对外投资数据、高新企业对外投资数据、上市企业对外投资数据，全国城镇体系规划（2005—2020年）中的几个城镇群使用全国500强企业对外投资数据；中尺度上，徐州市的四个邻近省份使用全国500强企业对外投资数据，29市城市系统使用全国500强企业对外投资数据、高新企业对外投资数据、上市企业对外投资数据；大尺度上，使用全国500强企业对外投资数据。

在城市节点的"范围"上，小尺度精确到县域，中尺度研究精确到县域和市域；大尺度精确到地级市（表5-1）。使用Python

编写的脚本，可以方便、快速地对所有城市系统的指标进行批量计算，并即时自动输出结果文件（txt格式报表和图片）。

对结果进行统一整理（全部指标都有计算结果，但没有全部展示和用于分析比较），有如下发现：

研究尺度、精度与数据使用　　　　　表5-1

尺度	包含市县	节点精度	数据使用
小尺度	淮海经济区20市（蚌埠、亳州、阜阳、菏泽、淮安、淮北、济宁、开封、莱芜、连云港、临沂、日照、商丘、泰安、宿迁、宿州、徐州、盐城、枣庄、周口）组成的城市系统	县域	全国500强企业对外投资数据；高新企业对外投资数据；上市企业对外投资数据
	全国城镇体系规划(2005—2020年)中的几个城镇群(长三角、珠三角、京津冀、辽中南、成渝、汉中、江汉平原、闽中南、长株潭)城市系统	县域	全国500强企业对外投资数据
中尺度	徐州市的四个邻近省份（山东省、河南省、安徽省、江苏省）城市组成的城市系统	县域、市域	全国500强企业对外投资数据
	与淮海经济区密切联系的9个城市（北京、上海、深圳、南京、苏州、合肥、济南、郑州、苏州）和淮海经济区20个城市组成的29市城市系统	县域、市域	全国500强企业对外投资数据；高新企业对外投资数据；上市企业对外投资数据
大尺度	由全国地级市中的351个组成的城市系统	市域	全国500强企业对外投资数据

对于同一研究尺度，不同的企业网络形成的城市网络有各自的特点。在淮海经济区20市中（表5-2），500强企业形成的"网络"聚类系数为0，意味着网络中任意一对节点都是唯一的单线结对相连，即500强企业在淮海经济区之间很难形成高密度的相互连接。上市企业亦是，网络聚类系数很低，但高新企业却相反。上市企业是资本实力比较雄厚的企业，而500强企业是国内乃至全球的综合实力较为优秀的企业。高新企业是符合《高新技术企业认定管理办法》〔2016〕32号的企业，领域主要包括电子信息、生物与新医药、航空航天、新材料、高技术服务、新能源与节能、资源与环境、先进制造与自动化等领域。偏向制造业与技术密集型行业。这三种类型的企业可能有所交叉，即一家企业

淮海经济区20市部分结果   表5-2

指标		500强	高新企业	上市企业
整个网络层面				
网络总体熵 （0是单中心）	EI	0.82	0.83	0.88
网络平均路程	R	205.32	235.71	230
网络的聚类系数	C	0	0.29	0.18
节点对称性 同配性	图			
	r	−0.95	−0.27	−0.7
节点的度 同配性	r图			
社团方面				
社团划分	划分 结果	济宁市邹城市　9.398 063 济宁市兖州市　4.891 936 临沂市临沭县　4.241 982 徐州市鼓楼区　4.239 903 商丘市永城市　2.063 011 宿迁市泗阳县　0.024 802 连云港市新浦区　0.001 982	徐州市鼓楼区　13.251 62 淮北市相山区　13.017 13 济宁市兖州市　10.407 01 徐州市贾汪区　9.868 254 临沂市临沭县　8.785 079 泰安市泰山区　7.117 344 泰安市岱岳区　4.979 29 蚌埠市禹会区　4.611 662 济宁市市中区　4.288 817 菏泽市东明县　3.963 604 枣庄市台儿庄区　3.602 37 枣庄市峄城区　3.602 002 枣庄市山亭区　3.586 418 菏泽市郓城县　2.970 349 济宁市任城区　2.272 126 淮安市淮安区　2.016 631 临沂市兰山区　1.570 065	济宁市邹城市　12.162 3 徐州市鼓楼区　10.109 16 济宁市兖州市　7.037 684 临沂市临沭县　6.464 862 蚌埠市龙子湖区　6.409 858 日照市东港区　4.274 703 盐城市亭湖区　3.475 58 徐州市铜山区　3.434 058 泰安市泰山区　3.382 91 商丘市永城市　3.191 641 枣庄市台儿庄区　3.052 615 蚌埠市禹会区　2.251 293 淮北市濉溪县　1.905 93 淮安市淮安区　1.358 664 济宁市市中区　1.177 117 盐城市盐都区　0.987 542 淮北市杜集区　0.554 967

可能同时为三种企业或其中的几种企业。高新企业的节点性同配性呈现出明显的同配性，即资本盈余型节点倾向于和资本盈余型节点相连，城镇群的创新网络反而相对稳定，即创新网络难以对城镇群城市的重要性难以起到结构性的、颠覆性的影响。三者中，徐州市和济宁市的一些区县控制力排在首位，属于淮海经济区的核心城市。

观察发现上市企业有较强的高入度指向高入度倾向，证明在淮海经济区内，资本密集型企业发展状况堪忧。

继续从小尺度的城镇群特征来看，中国三大城镇群长三角、

珠三角、京津冀的网络要比淮海经济区发达很多（表5-3）。聚类系数C都在0.5左右。长三角的聚类系数在三者当中最低，意味着平均每个节点的邻居节点度值较低，也就意味着节点度值的差异性较大。从有向网络的度统配性特征来看，长三角和京津冀的各类网络联系较为发达，没有明显的同配性质；但珠三角体现出了较强的"高出度指向高入度"的"控制力强弱相连"特征，即整个网络有较强的带动增长、强指向弱、梯度扩散的倾向性。类似的有长株潭城镇群等（表5-4）。

500强企业各个城镇群部分结果		表5-3		
指标		长三角	珠三角	京津冀
整个网络层面				
网络总体熵（0是单中心）	EI	0.78	0.67	0.76
网络平均路程	R	195.07	125.05	212.15
网络的聚类系数	C	0.46	0.62	0.65
节点对称性同配性	图			
	r	−0.45	−0.41	−0.47
节点的度同配性	r图			

续表

指标		长三角		珠三角		京津冀	
		节点控制力方面					
节点控制力	DIO	上海市浦东新区	35.042 71	深圳市罗湖区	29.44	北京市西城区	41.494 57
		上海市黄浦区	19.967 41	深圳市福田区	9.454 004	北京市海淀区	27.185 78
		南京市秦淮区	8.087 716	佛山市顺德区	7.709 164	北京市东城区	19.796 19
		杭州市下城区	6.287 417	深圳市南山区	3.303 043	北京市朝阳区	14.953 72
		杭州市西湖区	5.469 191	广州市荔湾区	2.436 629	北京市延庆县	7.543 973
		宁波市江东区	5.265 874	惠州市惠城区	2.397 997	北京市石景山区	3.354 92
		南京市鼓楼区	4.926 141	广州市越秀区	2.262 576	北京市丰台区	2.402 923
		上海市徐汇区	4.265 599	深圳市宝安区	1.159 818	天津市西青区	1.453 941
		杭州市萧山区	4.094 688	广州市天河区	1.003 347	天津市北辰区	1.212 729
		南京市建邺区	3.645 174	广州市萝岗区	0.388 173	北京市怀柔区	0.888 575
		上海市静安区	3.305 668	深圳市盐田区	0.205 622	北京市顺义区	0.845 051
		上海市长宁区	3.297 503	广州市海珠区	0.095 336	廊坊市固安县	0.696 857
		上海市闵行区	2.984 665	深圳市龙岗区	0.082 826	北京市密云县	0.610 843
		杭州市拱墅区	2.704 906	广州市番禺区	0.058 584	廊坊市广阳区	0.577 457
		南通市海门市	2.391 252	珠海市香洲区	0.043 877	保定市南市区	0.504 782
		常州市武进区	2.168 973	佛山市禅城区	0.007 423	北京市大兴区	0.500 48

500强企业各个城镇群部分结果 表5-4

指标		辽中南	成渝	江汉	闽东南	长株潭
网络总体熵（0是单中心）	EI	0.88	0.79	0.78	0.71	0.76
网络平均路程	R	209.9	260.97	101.57	150.72	54.71
网络的聚类系数	C	0.21	0.51	0.16	0.8	0.39
节点对称性同配性	图					
	r	-0.7	-0.54	-0.74	-0.6	-0.66
节点的度同配性	r图					

辽中南城镇群、江汉城镇群的对称性相关系数绝对值比较大，意味着网络并不稳定。网络联系正处在变化中，资本正在寻找新的出路。比较徐州市的对称性同配性，发现徐州市的上市企业网络与辽中南、江汉等500强企业网络的对称性同配性相似。

从中尺度来看，高新企业、上市企业的对称性相关系数较小，意味着宏观上比500强企业网络更倾向于稳定态（表5-5）。但低入度的多指向低入度；意味着高新企业对城市发展的贡献有风险。笔者猜测500强企业的对外投资可能是基于价值分工的上下游因素考虑，而高新企业和上市企业则是为了思想增值和资本

中尺度29市部分结果　　　　　　　　表5-5

指标		500强企业29市县域	高新企业29市县域	上市企业29市县域	500强企业4省县域
整个网络层面					
网络总体熵（0是单中心）	EI	0.71	0.75	0.75	0.89
网络平均路程	R	522.2	477.3	483.51	457.49
网络的聚类系数	C	0.6	0.53	0.6	0.32
节点对称性同配性	图				
	r	−0.35	−0.07	−0.2	
节点的度同配性	r图				
社团方面					
网络节点控制力	DIO	43 南京市栖霞区 0.061 536 44 济宁市兖州市 0.060 618 45 青岛市崂山区 0.058 81 46 郑州市管城回族区 0.055 299 47 徐州市鼓楼区 0.052 827 48 南京市江宁区 0.047 29 49 深圳市龙岗区 0.031 505 50 郑州市巩义市 0.030 634 51 合肥市庐阳区 0.027 848	17 北京市丰台区 2.278 154 18 上海市嘉定区 2.023 907 19 青岛市李沧区 2.013 611 20 苏州市昆山市 1.933 953 21 徐州市贾汪区 1.799 657 22 北京市顺义区 1.774 94 23 济南市历城区 1.671 143 24 南京市建邺区 1.662 6 25 上海市青浦区 1.580 666 46 合肥市肥西县 0.713 207 47 南京市六合区 0.699 021 48 临沂市临沭县 0.686 159 49 青岛市城阳区 0.685 706 50 徐州市鼓楼区 0.653 084 51 南京市玄武区 0.630 908 52 济宁市兖州市 0.629 188 53 上海市静安区 0.621 781 54 合肥市巢湖市 0.574 791	73 青岛市城阳区 0.651 06 74 苏州市太仓市 0.617 296 75 南京市秦淮市 0.576 675 76 郑州市管城回族区 0.549 796 77 徐州市鼓楼区 0.516 061 78 青岛市即墨区 0.516 061 79 苏州市相城区 0.504 818 80 济南市市中区 0.471 096 81 合肥市瑶海区 0.471 096	济宁市兖州市 2.489 26 潍坊市寿光市 2.374 791 青岛市崂山区 2.333 173 宿迁市泗阳县 2.315 975 徐州市鼓楼区 2.215 737 郑州市管城回族区 2.166 842 南京市栖霞区 2.037 141 滨州市邹平县 1.896 429 烟台市芝罘区 1.573 953

增值，倾向于"随机相连"。通过DIO的排序来看，徐州市鼓楼区，即徐州市的老城核心区，和周边9大城市的"外围地带"，如青岛市的城阳区、南京市的江宁区等省会城市边缘地带，有一定的位序相似性。

选择中尺度城市系统，进行网络联系、社区划分、竞争指数的可视化。可见在省际边界地区，不论哪种企业，都存在有较为明显的分界空白地带；但在徐州—枣庄—临沂地带略有不同。在地理上邻近的具有较高控制力的节点，不一定有较强的城市联系。同时也可以看出，环微山湖周边的高新企业节点控制力较强。三种企业呈现一种">"型联系通廊。徐州市位于这个通廊的"下部"。

通过竞争指数强弱的空间分布，给出如下发展建议：500强企业西南方向竞争指数较低，可作为劳动力来源；环微山湖周边创新企业控制力较强，建议建立创新企业发展带。上市企业中本省内有合作优势，建议省内进行资本对接，承接长三角资本转移，代表江苏省经济特色城市，与邻近周边城市进行经济合作。

从全国的尺度来看，徐州的*DIT*指标在本次计算的全国351个地级市中排名第83位；在115个具有有效*DIO*值的城市排名中排名第107位。但国家安全指数排行榜（National Security Index，简称NSI）靠前。综合来看，徐州市在全国的网络控制力不强，但是是重要的被投资城市。

综上所述，淮海经济区各个城市位于省际边界地带，受行政边界影响，城镇群在历史上的区域划分与现实中的企业联系划分有所不同。通过对三种城市网络：资本密集型（上市企业）、劳动力密集型（全国500强企业寻找下游企业）、知识密集型企业网络（高新企业）的比较研究，笔者认为：在小尺度的淮海经济区层面上，徐州市应当与其他区县、地市着力打造"环微山湖创新产业研发带"，并与济宁市形成两个高新产业核心。注重挖掘西南方向的劳动力来源潜力；在城镇群各个城镇经济实力不强、上市企业联系几乎没有的现阶段，不宜形成淮海经济区的资本、金融中心。同时注重在省内进行资本对接，承接长三角资本转移，代表江苏省特色产业的代表城市，与邻近周边城市进行经济合作。

在中、大尺度层面上，由于高新产业的"随机联合"规律，建议徐州市在本区内，以发展高新企业为主，争取后发优势。在控制力上，徐州市只相当于这些省会城市的外围、边缘发展地带。在全国控制力排名也比较靠后。在这样的现实情况下，建议先对标各个省会中心区县的发展水平，并与其他省会争夺淮海经济区的控制和辐射中心。

六、研究总结

1. 本研究的特点

在研究理论方面，使用了复杂网络数学模型，不仅仅研究了常用的节点属性（如入度、出度等）来表示城市本身属性，同时也研究了边的属性（如联系的强度、联系的对称性、竞争合作关系等）来表示城市之间的关系，以及整个网络的许多高阶拓扑特性（对称性同配性、度同配性等）来表示整个网络的发展倾向性。

在技术方面，使用Python连接百度地图的正逆地理编码、批量算路API，用于转换公司地址为所在的省、市、区，以及计算任意两地点之间的路程。同时，将数据清洗功能结合API也是一大创新（补齐空缺值的同时利用百度API进行地址切分），大大提高了工作效率。

在数据方面，本研究的精度也是精于其他城市网络研究的。同时应用了补齐空缺值技术，也是针对网络采集数据所做的特有步骤。另外，在联系数据上也采用了同一网络的不同企业类型联系，更加深刻地揭示了不同产业类型网络中，城市所处的位置和角色。

在研究视角上，本研究采用了多尺度的关系型研究，得出以往许多研究所不具有的结论，如"敌友识别""马太效应识别""增长模式判别"等。这些复杂的计算都依赖于统计学、依赖于计算机才能够实现，单靠观察或简单计算是无法得出这些结论的。

在研究对象上，本研究选取了位于省际边界地区的徐州市作为研究对象。不同于几大联系网络较为发达的城镇群（如长三角），淮海经济区属于东部沿海地区的"大都市阴影区"，城市间联系尚不发达。此研究证明了在欠发达地区应用的可行性与价值。

2. 可能的应用方向

在经济建设和社会发展中，城市的发展战略和空间布局不仅仅与自然资源、耕地保护、生态安全等有关，更与整个城镇群的内在经济社会结构有关。基于数据的复杂网络模型应用于城市区域规划、总体规划，在指导战略发展和空间发展方面，有着无可比拟的独特优势，可以揭示许多深刻的城市间关系。

另外，城市的功能用地可以抽象为节点，道路可以抽象为连边，那么，在一个城市的内部，复杂网络同样可能有着广阔的应用前景。相信随着数据的丰富，以及城市规划与网络博弈、网络动力学等理论的良好结合，基于数据的复杂网络模型会给城市规划决策者带来更多意想不到的惊喜。

以地铁站为载体的一线城市居住性价比评判指标体系构建

工 作 单 位：天津大学

研 究 方 向：基础设施配置

参 赛 人：金石、唐伟洋、李嫣

参赛人简介：参赛团队来自天津大学城乡规划系，对大数据辅助研究设计有着浓厚的兴趣，希望基于大数据、厚数据，借助GIS
等计算机辅助软件对智慧城市、智慧规划决策作出力所能及的贡献。

一、研究问题

1. 研究背景及目的意义

（1）研究背景

随着国民经济的快速发展和人们生活水平的日益提高，我国已涌现出一批发展较为完备、生活水准较高的一线大城市。然而在人口聚集、城市规模日益扩增的同时，大城市病也渐渐凸显。自2010年起，"逃离北上广"一词就已诞生，时至今日，"买不起租不起""通勤辛苦""孩子上学难""毕业工作难"等词语成了大城市居民的日常牢骚。人们一方面被大城市拥有的教育、医疗、就业、景点等吸引，一方面又因巨大的压力而选择放弃甚至逃离。图1-1及图1-2是通过微博语义搜索"逃离北京"和"向往北京"绘制的词云，左支右绌可见一斑。

（2）目的意义

通过构建北京地铁站周边地区的"引力—压力"模型，探索建立一线城市通用性评价体系方法，计算以地铁站为索引的居住性价比，让居民更好地了解城市，提供择居宜居生活攻略。同时，为政府制定相关政策提供信息依据和支持，为规划人员开展城市分析及城市更新改造提供参考和依据，并推广至其他一线城市的评价分析中。

图1-1 微博语义搜索"逃离北京"绘制词云

图1-2 微博语义搜索"向往北京"绘制词云

2. 研究目标及拟解决的问题

本次研究聚焦一线城市之首的北京，以北京地铁线路及站点为空间布局基础，通过数据处理构建"引力—压力"模型，对各地铁站点周边居住引力和压力进行量化分析，获取地铁沿线生活攻略，并通过生成的指标反推至各项指标突出的站点为其改良提出政策引导。

研究将获取地铁站周边一定范围内的兴趣点、交通与通勤、房租与房价、消费水平等数据，涵盖日常生活的衣食住行，并通过聚类分析、项目排名、综合计算等方法解析并可视化数据，为居民提供居住选择参考，让居民更好地了解城市，为政府部门规划决策提供新思路。

本研究的总体目标是结合SPSS分析、ArcGIS技术等，通过大数据可视化，制作北京地铁沿线生活攻略，了解城市活力分布点，定位城市居住价格洼地，得到地铁沿线高性价比居住点、各地铁站竞争力及居住比，并以此为规划提供决策支持。

本研究的关键科学问题为：

第一，模型影响因子选取。通过多个平台的数据爬取及收集，筛选涵盖人们衣食住行等方面的因子，并将其分为对人产生吸引的因子和造成压力的两类因子，作为"引力—压力"模型构建的基础。

第二，因子权重赋值。通过数据分析，建立与专家打分法不同的指标体系，用既定的数据反映市场经济下的社会选择，形成自上而下的权重体系，并由主成分分析法确定，包括取样适当性（Kaiser-Meyer-Olkin，简称KMO）检验、Bartlett球形度检验、主成分法因子分析、特征值碎石图分析等。

第三，指标相关性。通过线性回归分析法确定引力与压力指标的相关性，包括线性回归分析，标准化残差分析等。

第四，数据可视化。通过ArcGIS进行数据处理与展示，包括核密度分析、三维显示等。

第五，实践案例分析。结合指标和现状用地性质布局图，识别居住引力及压力平衡的示范站点，并指出特殊站点引力及压力两方面的问题，对其应提升的方面及规划中需关注的方面作出探讨。

二、研究方法

1. 理论依据及研究方法

（1）理论依据

地铁线路是串联城市空间的重要交通联系，地铁站周边区域汇拢各类资源，以地铁站为中心向外辐射的一定区域，形成极具活力的城市节点。越来越多的人生活在城市里，居住在地铁站周边的居民共享一个地理位置，以便于区分和定位。而地铁站出入口则是人流集中的进出口，其周围一定范围区域内，人群聚集，设施完善，商业紧凑，土地开发程度高，成为选择居住点的重要考量指标。

本研究以地铁站点的中心位置为坐标，向外延伸一定距离作为地铁周边的辐射圈。采集圈内的多样化指标，建立引力与压力评价模型，分析其功能倾向、业态发展和人群活跃情况。

在地铁站尚未建成通车时，周边区域的资源聚集度还远没有达到顶峰，因此一些在建站点很可能成为未来增长点。北京有94个在建站点，其中九成分布在欠发展区域，仍有一成位于城市中心区域，它们或将基本补齐这几个人气极高区域的站点短缺。

通过模型及评价指标体系的建立，利用可视化识别出尚存的

"房价洼地"，为寻求高性价比居住提供指南，并通过指标反推为政府提升优化各个站点居住品质政策的制定提供一些参考。

（2）研究方法

1）前期准备阶段

收集整理相关的文献和社会新闻，了解居民之间的热门话题，初步确定影响居民生活压力与引力的因素；结合国内外研究成果，建立构建评价体系的理论基础；同时，结合文献梳理，为分析特例地铁站的成因提供方向。

2）指标选择阶段

兼顾各类人群的需求特点，选取"生活服务及娱乐""公园景点""住宅""教育设施""公交站点""医疗设施"六项指标为引力指标；选取"房租""房价""人均消费""通勤成本""拥堵指数""停车位数""职住比"七项指标为压力指标。

3）数据收集阶段

通过数据爬取、微博语义收集、广播信息收集、POI数据统计，获取基础数据。

4）数据处理阶段

主成分分析法是一种数学变换的方法，它把给定的一组相关变量通过线性变换转成另一组不相关的变量，新变量按照方差依次递减的顺序排列。

5）数据分析阶段

线性回归分析是根据一个或一组自变量的变动情况预测与其相关关系的某随机变量的未来值的一种方法，需要建立描述变量间相关关系的回归方程。

2. 技术路线及关键技术

（1）技术路线

本研究的技术路线如图2-1所示。

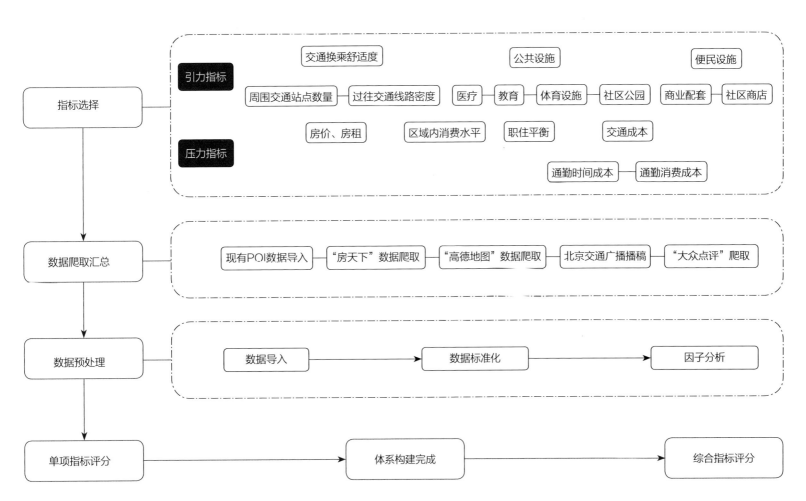

图2-1 居住性价比评价指标体系构建技术路线图

（2）关键技术

1）数据爬取技术：房价、房租、人均收入等数据使用八爪鱼采集器从互联网爬取。

2）主成分分析（Principal Cornponents Analysis，简称PCA）技术：分别对压力、引力的各项指标进行定性分析，检验第一因子与权重的相关性，提取第一因子的得分作为评价体系中各项指标的权重。

3）线性回归分析技术：对所得的压力指标和引力指标进行分析，检验其相关关系，得到相关系数与常数。

4）GIS空间分析技术：对收集的数据进行整理、录入和计算，并对引力和压力的各项指标进行可视化处理。

三、数据说明

1. 数据内容及类型

（1）数据内容

本研究涉及的数据包括北京市地铁覆盖范围内的教育、医疗、居住、公园及公共、生活服务及娱乐等设施兴趣点，各地铁站点周边可换乘交通线路、房租及房价、区域内消费水平、拥堵状况、通勤时长、职住比等。

（2）数据类型

数据类型包括城市道路及地铁线路数据、兴趣点数据、交通数据、消费数据、房价数据。

（3）数据来源

数据主要来源于互联网。其中，房价房租数据来自房天下网站、交通成本及可换乘交通线路来源于高德地图、拥堵状况及通勤时长来源于北京交通广播、区域内消费水平来源于大众点评。

（4）获取方式

网络数据主要利用八爪鱼数据采集器进行爬取，将各类数据加载入ArcGIS，通过统一坐标系和数据格式的转换实现多种指标信息数据库的构建，并形成北京市地铁线路覆盖范围内现状数据分析平台。

（5）数据选择与使用目的

首先，引力指标的选择主要包括兴趣点、可换乘公交线路。各类兴趣点满足居民日常生活的基本需求，是人们选择居住点的优先考虑项。例如，家中有子女者，倾向选择学区密集居住点；

家中有老人者，倾向选择医疗便捷的居住点；上班族倾向选择工作地周边居住，更考量出行便捷度等。故而将这些数据列为引力指标的主要因子。

其次，压力指标的选择主要包括房租房价、区域内消费水平、拥堵状况、通勤时长、职住比等。该选择建立在对消费和交通有定性认知基础上，即对于多数居民，北京的消费水平和房租房价普遍较高，交通拥堵严重、通勤压力较大，这些在居民生活中都是不可忽略的重要压力因子。

2. 数据预处理技术与成果

（1）数据预处理流程

数据预处理流程主要包括：数据清洗、数据集成、数据可视化。

首先，数据清洗主要是对遗漏值以及错误数据的清理。对于遗漏值，用最大可能值进行替代；对于错误数据，用均值替代或重新爬取。

其次，数据集成是将多个数据源的数据整合并共同存储的过程，主要解决格式匹配、冗余数据处理及检测数值冲突。

最后，数据可视化是将数据导入ArcGIS，通过核密度分析得出预处理成果。

（2）数据预处理成果—引力指标

1）引力指标—教育设施

教育设施大量集中在北三环至北五环之间，主要原因是高校集中、海淀区教育资源最为丰富。总体来看，呈现城区集中、郊区分散，北部集中、南部分散的规律（图3-1）。

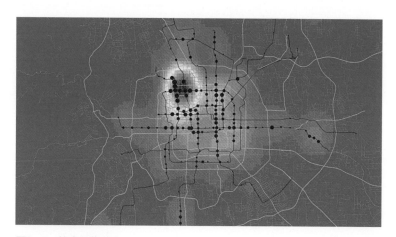

图3-1 教育设施分布

2）引力指标—医疗设施

医疗设施大量集中在地铁10号线之内，且呈现东多西少的格局。各郊区线的末端有少量医疗设施布局，总体上医疗设施分布与地铁线路契合度较高（图3-2）。

3）引力指标—居住点

居住点呈现"空心状"分布，密集区北侧延伸至五环外，东、西、南部收拢于四环之内，各郊区亦有居住密集区，总体上居住点分布与地铁线路相关度较高（图3-3）。

4）引力指标—交通换乘舒适度

交通换乘舒适度呈现中心高、向各方向扩张的格局，换乘的交通工具主要是地面公交，全域覆盖率较高（图3-4）。

5）引力指标—公园及公共设施

公园及公共设施因子主要考量公园及文物古迹等景点的分布，主要集中在城中心，延中轴线布局，五环附近有部分集中分布点，且北多南少、西多东少（图3-5）。

6）引力指标—生活服务及娱乐

以CBD为最集中处，生活服务及娱乐呈现东多西少、中心集中、四周分散的格局，且各郊区的娱乐集中点均分布于地铁线附近（图3-6）。

（3）数据预处理成果—压力指标

1）压力指标—房租

房租呈现中间低、四周高的分布状态。主要因为北京中心区以老区为主，房源较少且居住点零散、房屋较之周边设施较差、户型较小，反而不及城区周边新建小区的租金更高（图3-7）。

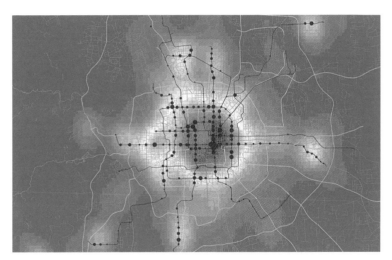

图3-2 医疗设施分布

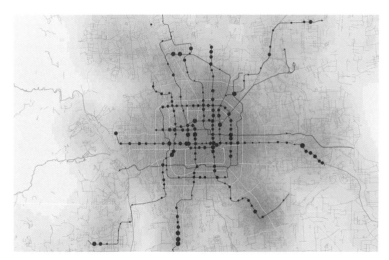

图3-4 交通换乘舒适度

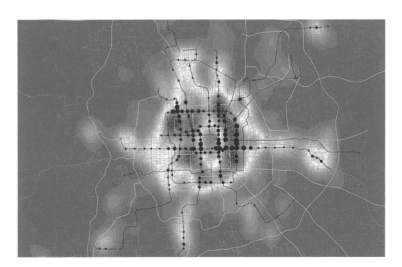

图3-3 居住点分布

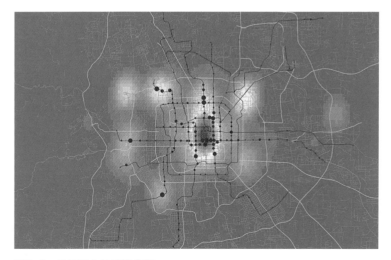

图3-5 公园及公共设施分布

2）压力指标—房价

对比房租可以看到，房价明显呈现中间高、四周低的分布状态。尽管中心区的居住条件不一定最为理想，但结合引力指标各因子分析不难看出，城区对于各类人群的吸引力是巨大的。同时，因历史建筑具有较高的文化价值，部分四合院标出天价出售，在一定程度上也抬升了中心区的房价。（图3-8）

3）压力指标—区域内消费水平

消费水平呈现东高西低、北高南低的分布状态，尤以5号线在二环内各站、2号线东侧各站、10号线东侧各站最高。（图3-9）

4）压力指标—通勤成本

通勤成本主要考量的是到达国贸、海淀黄庄、西单、望京等站的交通费用，呈现四周高、中心低的布局（图3-10）。

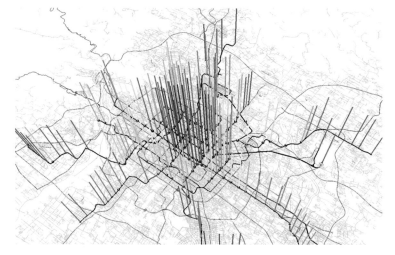

图3-8　房价分布

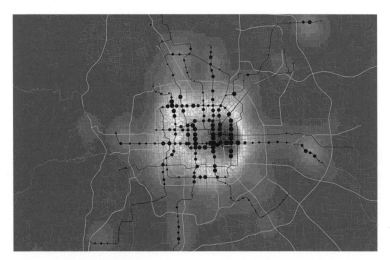

图3-6　生活服务及娱乐分布

图3-9　区域内消费水平

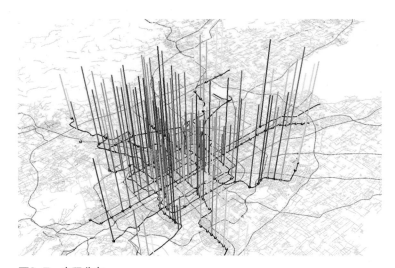

图3-7　房租分布

图3-10　通勤成本

5）压力指标—通勤时间成本

通勤时间成本主要依据交通拥堵状况进行评估（图3-11）。

6）压力指标—停车场及停车位

北京的停车问题对于居民来说是非常重要的因子，大量的街道停车位紧缺，因违章停车造成的拥堵、纠纷屡见不鲜。停车场及停车位呈现北多南少的格局，且分布十分不均匀（图3-12）。

7）压力指标—职住平衡

职住平衡以职住比为评价依据，这是一个适度性指标，即职住比过大或过低都是不平衡的（图3-13）。

（4）数据标准化

1）数据导入：将压力和引力数据整理成两个表格并导入SPSS 20.0软件。

图3-11　通勤时间成本

图3-12　停车场及停车位

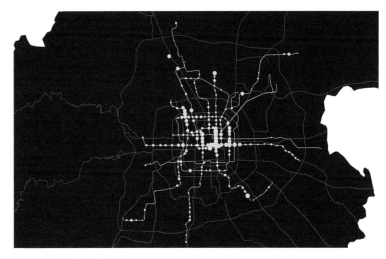

图3-13　职住平衡

2）数据标准化：运用离差标准化的方法对原始数据进行线性变换，将各项数据映射到[0, 1]的区间：获取各类数据的最大值和最小值，然后运用公式3-1计算原始数据标准化后的映射数据。

$$x^* = (x - x_{min})/(x_{max} - x_{min}) \qquad (3-1)$$

其中，x^*为标准化结果，x为原始数据，x_{max}为同类数据的最大值，x_{min}为同类数据的最小值。

四、模型算法

1. 算法流程

（1）对标准化后的压力和引力数据进行PCA因子分析

该方法用于形成原始变量的不相关线性组合，其中第一成分具有最大的方差，后面的成分对方差的解释逐渐缩小，成分之间均不相关。

1）KMO与Bartlett球形度检验：KMO统计量用于比较变量间简单相关系数矩阵和偏相关系数指标，KMO越接近1表示越适合作因子分析；Bartlett球形度检验的原假设为相关系数矩阵为单位阵，如果Sig值拒绝原假设（等于0）表示变量之间存在相关关系，适合作因子分析。

如图4-1和图4-2所示，引力指标的KMO度量为0.713，压力指标的KMO度量为0.657，均大于基本的0.6；Sig值均为0，说明经过KMO与Bartlett球形度检验，两组数据适合进行因子分析。

取样足够度的Kaiser-Meyer-Olkin度量		0.713
Bartlett的球形度检验	近似卡方	727.072
	df	15
	sig.	0.000

图4-1　引力指标KMO与Bartlett球形度检验结果

取样足够度的Kaiser-Meyer-Olkin度量		0.657
Bartlett的球形度检验	近似卡方	241.907
	df	21
	sig.	0.000

图4-2　压力指标KMO与Bartlett球形度检验结果

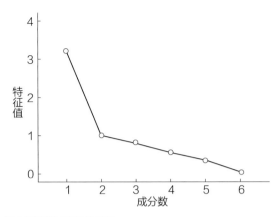

图4-3　引力指标特征值碎石图

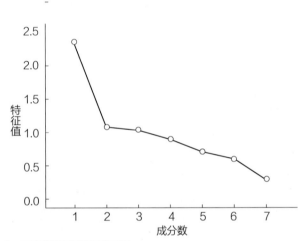

图4-4　压力指标特征值碎石图

2）主成分法因子分析

该方法用于形成原始变量的不相关线性组合，其中第一成分具有最大的方差，后面的成分对方差的解释逐渐缩小，成分之间均不相关。

引力指标中，提取出5个主要因子，经过平方和载入与旋转平方和载入，剩余第一成分和第二成分，并且第一成分的特征值远大于第二成分。

压力指标中，提取出六个主要因子，经过平方和载入与旋转平方和载入，剩余第一成分和第二成分，并且第一成分的特征值远大于第二成分。

因此，引力和压力两组数据存在一定的线性关系，第一因子解释数据的能力较强。

3）特征值碎石图分析

特征值碎石图中大因子的陡峭斜率和剩余因子平缓的尾部之间有明显的拐点，主因子在非常陡峭的斜率上对变异的解释非常大。

如图4-3和图4-4所示，由陡峭幅度和范围可以看出有且仅有第一成分在非常陡峭的斜率上，因此第一成分可以与权重构成联系。

4）提取第一成分得分系数得到各项指标的权重系数

如表4-1，提取引力指标中第一成分的各项得分系数，进而得到引力各项数据的权重比例（表4-2）。其中，生活娱乐、住宅的比重较高，公园景点和公交站点的权重较小。

引力指标主成分得分表		表4-1
	成分	
	1	2
a生活服务及娱乐	0.920	0.008
a公园景点	0.097	0.982
a住宅	0.924	-0.044
a教育设施	0.638	-0.179
a公交站点	0.631	0.050
a医疗设施	0.838	0.025

注：提取方法：主成分。

引力各项指标权重表　　　　　　表4-2

引力指标权重表	
生活娱乐	0.920
公园景点	0.097
住宅	0.924
教育设施	0.638
公交站点	0.631
医疗设施	0.838

同理，如表4-3，提取压力指标中第一成分的各项得分系数，进而得到压力各项数据的权重比例（表4-4）。其中，房价的权重较高，拥堵指数、房租和人均消费的权重较小。

压力指标主成分得分表　　　　　　表4-3

	成分		
	1	2	3
a房租	−0.312	0.547	−0.504
a人均消费	0.362	0.713	0.251
a房价	0.861	−0.074	−0.146
a通勤成本	−0.640	0.128	0.385
a拥堵指数	0.292	−0.280	0.555
a停车位数	0.790	−0.095	−0.303
a职住比	0.515	0.418	0.390

注：提取方法：主成份。

压力各项指标权重表　　　　　　表4-4

压力指标权重表	
房租	0.312
人均消费	0.362
房价	0.861
通勤成本	0.640
拥堵指数	0.292
停车位数	0.790
职住比	0.515

5）计算得到各地铁站引力和压力指标的总分，可视化之后如图4-5和图4-6所示；将引力指标与压力指标相减，得到各个地铁站的综合得分（图4-7）。

（2）对各站点的引力总分和压力总分进行线性回归分析

将加权后的总分导入SPSS，以引力指标为自变量，压力指标为因变量，进行回归分析。

方差分析（表4-5）的显著性值Sig=0.000<0.01<0.05，表明由自变量"引力指数"和因变量"压力指数"建立的线性关系回归模型具有极显著的统计学意义，即线性关系显著。

方差分析结果表　　　　　　表4-5

Anuva[a]

模型		平方和	df	均方	F	Sig.
1	回归	14.778	1	14.778	217.185	0.000[b]
	残差	13.949	205	0.068		
	总计	28.726	206			

注：a. 因变量：压力指数1；
b. 预测变量：（常量），引力指标。

读取未标准化系数（表4-6），模型表达式4-1如下：

$$Y=0.394+0.432X \qquad (4-1)$$

t 检验（表4-6）原假设回归系数没有意义，最后一列回归系数显著性值=0.000<0.01<0.05，表明回归系数b存在，有统计学意义，引力指数与压力指数之间是正比关系，且极显著。

回归分析计算结果表　　　　　　表4-6

系数[a]

模型		非标准化系数		标准系数	t	Sig.
		B	标准误差	试用版		
1	（常量）	0.394	0.032	0.717	12.181	0.000
	引力指标	0.432	0.029		14.737	0.000

注：因变量：压力指数1。

根据回归标准化残差的直方图和标准P-P图，检验数据是否可以作回归分析，有必要就残差进行分析。

从标准化残差直方图（图4-8）来看，左右两侧基本对称，且与曲线基本贴合；从标准化残差的P-P图（图4-9）来看，散点基本靠近斜线。残差正态性结果接近理想状态。

图4-5　引力指标总分

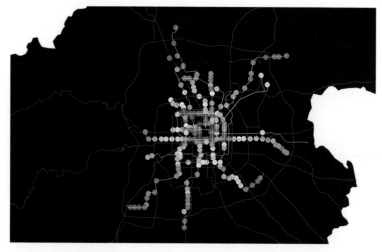

图4-6　压力指标总分

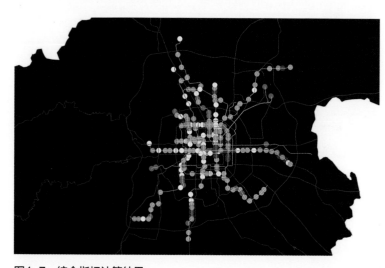

图4-7　综合指标计算结果

2. 相关支撑技术

支撑本研究模型算法实现的相关技术手段包括软件、方法、平台，如下：

（1）软件

八爪鱼采集器，IBM SPSS Statistics，ArcGIS。

（2）方法

1）KMO与Bartlett球形度检验：KMO统计量解释变量间的相关效度，KMO越接近1表示越适合作因子分析；Bartlett球形度检

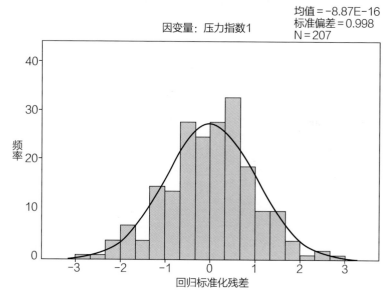

图4-8　标准化残差直方图

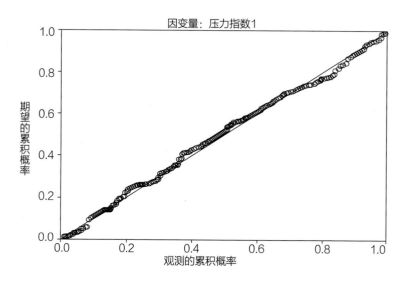

图4-9　标准化残差的P-P图

验，表示变量之间是否是正定矩阵，如果*Sig*值拒绝原假设（等于0），适合作因子分析。

2）主成分法因子分析：将多项指标转化为少数几项综合指标,用综合指标来解释多变量的方差—协方差结构。综合指标即为主成分，所得出的少数几个主成分，要尽可能多地保留原始变量的信息，且彼此不相关。

3）特征值碎石图分析：大因子的陡峭斜率和剩余因子平缓的尾部之间有明显的拐点，主因子在非常陡峭的斜率上对变异的解释非常大。

4）线性回归分析：根据一个或一组自变量的变动情况预测与其相关关系的某随机变量的未来值的一种方法，需要建立描述变量间相关关系的回归方程。

5）标准化残差分析：在回归模型，假定期望值为0，方差相等且服从正态分布的一个随机变量。但是，若关于期待值的假定不成立，此时所做的检验，以及估计和预测未必成立。确定有关期望值的假定是否成立的方法之一是进行残差分析。

6）ArcGIS中的相关技术：核密度分析及数据可视化。

（3）平台

Dydata数据可视化平台、图表秀数据可视化平台和Echarts可视化平台。

五、实践案例

1. 模型应用实证

通过回归分析，绘制各站点"引力—压力"线性回归图（图5-1）。

选取其中18个典型地铁站进行引力、压力指标饼图绘制（图5-2、图5-3）。

选取引力与压力平衡线上的标准站点平安里和平衡线上（即压力远大于引力）的特殊点北新桥进行进一步分析。

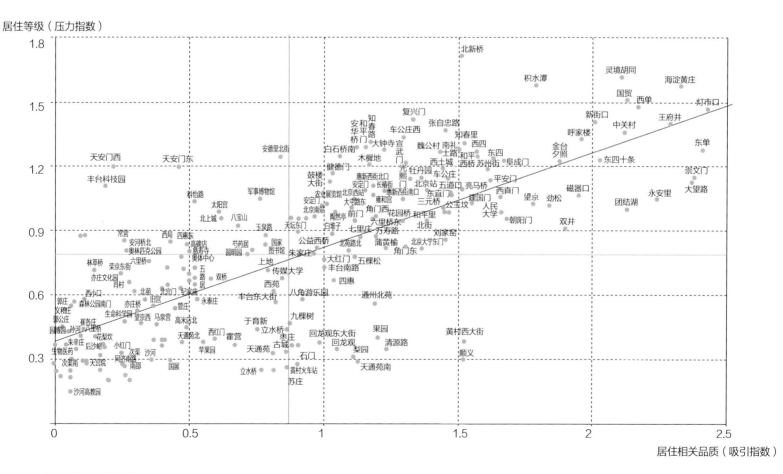

图5-1　标准化残差直方图

指标		平安里
压力指标	人均消费	0.06
	通勤成本	0.01
	拥堵指数	0.00
	停车位数	0.43
	职住比	0.16
引力指标	生活服务及娱乐	0.53
	公园景点	0.07
	住宅	0.37
	教育设施	0.14
	公交站点	0.44
	医疗设施	0.51

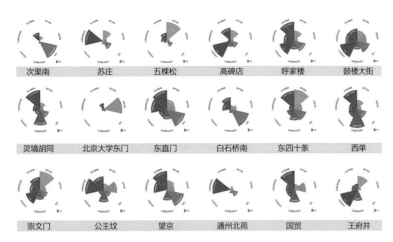

图5-2　18个典型地铁站引力饼图

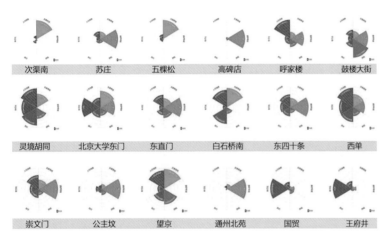

图5-3　18个典型地铁站压力饼图

2. 案例分析

（1）平安里

平安里地铁站位于北京市西城区，是4号线和6号线的换乘站，从其引力指标与压力指标的饼图（图5-4）和数值表格（表5-1）中可以看到，压力指标中房价的分数最高，房租、通勤成本和拥堵指数分数最低；在引力指标中，生活服务及娱乐、医疗设施分数最高。

平安里各项指标表		表5-1
指标		平安里
压力指标	房租	0.01
	房价	0.80

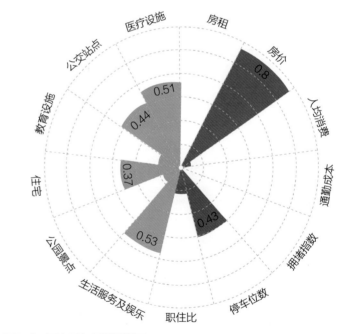

图5-4　平安里各项指标饼图

结合卫星地图（图5-5）和现状用地图（图5-6），可以看出：

1）平安里属于"内外兼修型"站点：站点范围内存在一定数量的景点（如宝禅寺、梅兰芳故居、普安寺等），毗邻北海公园，每年有一定数量的游客；范围内的居住区比例较大，居民基础数量较大。

图5-5　平安里卫星地图

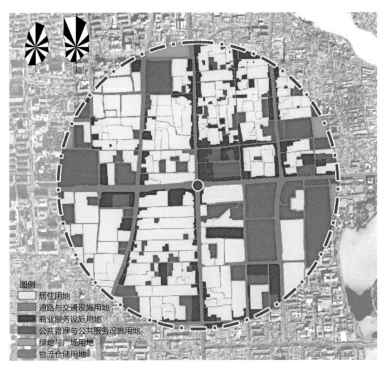

图5-6　平安里用地现状图

2）商业设施以小型服务型商业为主，产业丰富

地区内小商业丰富且集聚活力，生活娱乐设施数量大、分布

合理，大大提高了居民的生活质量和幸福感。

3）公共服务设施配套充足

地区内学校、医院等公共服务设施配套充足，提高地区生活品质的同时，给地区带来一定的社区凝聚感。虽然受学区房的影响，房价较高，但房租价格相对较低，缓解了一定住房压力。

结合现状分析，提出以下建议：

1）游客需求和居民需求要平衡兼顾

居住用地占比比较合理，既满足了游客对于相应设施的需求能吸引一定的消费者，又保证了当地居民生活有序的进行。

2）注重商业产业的丰富性

在商业设施建设时，不仅要满足配置和布局的要求，还要注重产业类型和规模的多样性，以满足各类人群的要求，提高商业的活力。

3）加强公共服务设施建设

医疗、教育等公共服务设施建设有利于增强地区吸引力，提高居民幸福感。

（2）北新桥

北新桥地铁站是位于5号线上的站点，其引力及压力指标的饼状图（图5-7）和数值表（表5-2）如下：

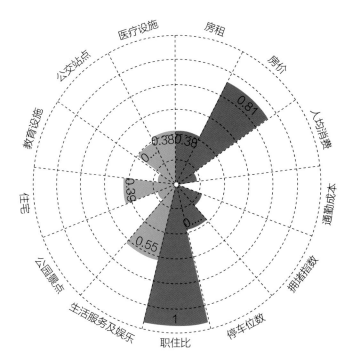

图5-7　北新桥各项指标饼图

北新桥各项指标表		表5-2
指标		北新桥
压力指标	房租	0.38
	房价	0.81
	人均消费	0.15
	通勤成本	0.02
	拥堵指数	0.20
	停车位数	0.33
	职住比	1.00
引力指标	生活服务及娱乐	0.55
	公园景点	0.15
	住宅	0.39
	教育设施	0.14
	公交站点	0.34
	医疗设施	0.38

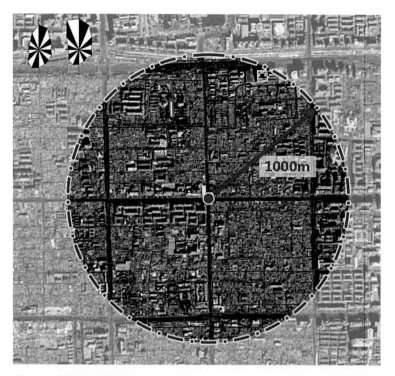

图5-8 北新桥卫星地图

由压力指标可见，房价、职住比非常高；引力指标中生活服务及娱乐比较高。

通过卫星地图（图5-8）和现状用地图（图5-9）的绘制，不难看出：

1）北新桥属于"外向型"站点：周边1 000m范围内，寺院、庙宇众多，历史古迹和景点十分丰富。它东邻CBD，西接著名旅游区南锣鼓巷，北靠雍和宫、孔庙、国子监片区，大量外来游客及就业人口汇聚于此。然而本地居民的生活品质反而易被忽视：医疗设施较少、各等级教育设施分布不均、换乘舒适度较差。

2）商业设施及公共设施用地占比过大：周边1 000m范围内，城市用地性质呈现"商包住"的格局。四个街区以老城区为主，商业沿街分布，并渗入各个街区内部。历史街区更新过程中，过度商业化侵蚀了大量居住用地，各单位机关的入住更使居住片区愈加减少和破碎化，降低了居住活力。

3）房价和房租令人望而却步：高昂的房价和房租使在此经商或工作的外来人口不能在此居住，职住极度不平衡加剧让此地不宜居。

结合现状分析，提出以下建议：

1）关注本地居民的生活质量提升

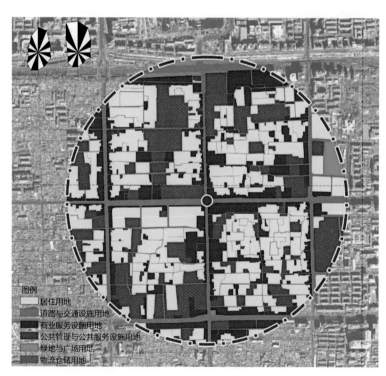

图5-9 北新桥用地现状图

作为传统历史街区，应在吸引外来消费者的同时，更关注本地居民的生活。提升生活基础设施、合理布局教育、医疗等设施，可以提升居住引力指数。

2）完善商业用地占比及布局

适当控制商业的蔓延，更多地保持老城原有的风貌，腾退部分过度发展商业区，还给当地居民较为完整、具有规模、宜人舒适的居住环境。

3）平衡在地人口职住需求

工作与生活的割裂会增加交通和通勤的负担，可以考虑就近解决部分工作人群的居住难题，从而降低居住压力指数。

六、研究总结

1. 模型设计的特点

此次研究构建的指标体系及生成的模型有着诸多创新点。

在基本载体选择上，选择了一线城市乃至二线城市都会拥有的地铁站点作为载体，为将整个评价体系及模型推广至除了北京之外的如上海、广州、深圳等一线城市寻找到了共同的切入点。

在指标选择上，将所有指标分为"压力"及"引力"两方面共14项指标，再通过数据本身的数理规则得到各项指标的权重体系，使得模型计算结果不会因为某一项指标的突变而发生很大变动，模型抗干扰能力得到了提升。

在数据获取上，寻求多种途径，有既有的POI数据，也有来自市民群众日常使用率很高的软件数据，和诸如北京交通广播播稿这样的与市民日常生活相挂钩息息相关的语义数据，这种贴近生活的数据计算出的结果更能贴近广大市民群众这一研究对象，接"地气"的数据也变得更加直观易懂，可以被更多大众所理解和接受。

在研究视角上，尽可能多地站在广大市民角度，自下而上看待问题，规划决策的支持模型不只是"To Government"针对政府角度，很多时候也可以是"To Residents"针对居民的角度，这种研究视角的转换也给研究带来更多的可能。

2. 应用方向或应用前景

通过指标体系的构建及模型的计算，研究成果可用于为市民在居住地点选择上提供更多的指导，能够让他们在北京乃至中国其余的一线城市及有地铁站的二线城市里找到更多的"高引力，低压力"的"房价洼地"，成为市民寻求高性价比居住地的"攻略"。同时，借助VR系统，可更加精确直观地量化整个城市居住点的高性价比选择，为更多的"北漂""上漂""广漂"提供更加合理的选择建议。

这一系列量化好的指标，也可以进行反推，诸如一些极端指标存在的地点则提醒政府需要针对引起指标剧烈变动的问题制定响应疏解政策，为政府制定地块优化提升、整体生活居住品质提高等政策的提供一定的考量参考。

基于街景照片的街道空间品质量化研究[1]

工作单位：南京大学

研究方向：城市设计研究

参 赛 人：宫传佳、杨华武、童滋雨、王坦、刘晨、徐沙、徐亭亭、罗羽

参赛人简介：参赛团队成员由南京大学建筑与城市规划学院师生组成。教师童滋雨为南京大学建筑与城市规划学院副教授，长期从事信息技术在建筑设计和城市设计方面的应用研究，其他成员为南京大学建筑与城市规划学院研究生，学术研究方向包括计算机视觉、城市形态与微气候等城市大数据研究，有大数据模型竞赛、大学生创业训练项目、国际会议等丰富的研究经历。

一、研究问题

1. 研究背景及目的意义

随着城市更新升级的不断加速，以及人们对于美好城市生活的向往，城市公共空间的品质越来越受到重视。街道空间作为城市公共空间的重要组成部分之一，其环境与人的工作和生活休戚相关，影响着人的安全性、舒适度感知等各种体验。其中，以天空、建筑和行道树为主体构造的街道景观，以及透过建筑与行道树之间的间隙洒落到街道上的阳光，构成了街道空间最基本的品质特征，并且对街道的物理环境性能与行人的心理感知都有着极为重要的影响。

目前对街道空间品质的研究大多基于抽象的三维模型，这主要是受到城市环境的极高复杂度限制，从而难以直接进行大规模的实地调研分析。然而真实城市中的街道空间形态复杂多变，抽象的简化城市几何模型对于测量复杂的真实环境中的街道空间的物质形态特征能力不足，很难量化街道空间中重要的组成因素如树木等街道景观要素的影响。在这种情况下，其分析结果也必然存在着很大的误差，难以真实反映街道空间的品质特征。

随着谷歌、百度等公司纷纷上线了城市街景照片的功能，其对城市街道空间有了极其真实且完整的记录，这为研究街道空间品质提供了良好的数据基础。与此同时，云端计算、大数据技术、图像识别的机器学习算法等新兴信息技术手段的出现，也为利用图像识别技术进行街景照片的量化分析提供了有效的方法。

本研究以百度街景照片为基础数据，结合图像识别和空间分析等技术，实现街道景观和日照时数的量化测算与分析。研究结果不但可以为街道空间品质的分析提供有价值的参考，也可以为城市规划与管理提供有效的操作手段，最终优化街道的感知体验和改善其微气候，提升城市外部空间的环境质量。

2. 研究目标及拟解决的问题

本研究尝试综合运用现有的图像识别、云端计算和大数据的技术手段，基于对街景照片批量化的获取和图像识别，测算行人视觉感知中天空、建筑与行道树的面积占比，并结合街道能接受到的平均每天日照时数，建构街道空间品质的量化指标体系，为街道空间日照性能特征的分析和有效利用，以及改善街道环境提供有价值的参考。

---

[1] 相关研究已用于申请硕士学位论文。

本研究拟解决的关键问题为：

（1）如何精准且大批量地识别街景图片中的建筑、天空、树木等元素。

（2）如何基于识别的图像选择合适的投影方式来计算日照时数（Sun Duration，简称SD）。

（3）如何利用相关数据，构建街道空间品质指标体系。

（4）如何应用指标体系进行街道空间品质的量化分析。

二、研究方法

1. 研究方法及理论依据

（1）定量分析

通过定量分析的方式，来对天空面积百分比、行道树面积百分比、建筑面积百分比及日照时数进行测算及分析，包括利用基于深度学习的图像语义识别算法来对街景照片进行语义识别的量化，并把语义分割后的图像简化处理并计算各个数值指标。

（2）空间分析

空间分析是基于地理对象的位置和形态特征的空间数据分析方法。本研究中通过探究各类不同空间要素指标的观测点在南京市主城区的分布情况来量化分析街道的空间品质。

（3）归纳分析

将很多细碎的分析进行归纳总结。在对街景图片进行量化分析方面，研究抽象归纳为三个街道景观要素并进行量化统计；在研究不同指标要素类别的观测点与街道空间品质关系的时候，本研究将很多类型进行归纳和总结，从而得到最终的结论。

2. 技术路线及关键技术

（1）技术路线

本研究的技术路线如图2-1所示。研究尝试综合运用现有的图像识别、云端计算和大数据的技术手段，基于对街景照片批量化的获取和图像识别，测算行人视觉感知中天空、建筑与行道树的面积占比，并结合街道能接受到的平均每天日照时数，建构出一个街道空间品质的指标分类体系，并通过定义基于指标分类体系的打分系统来对街道空间品质进行量化分析。

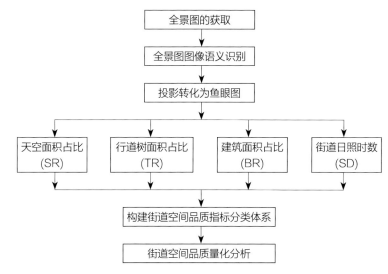

图2-1　技术路线

（2）研究步骤及关键技术

Step1：全景图的获取

本研究通过网络爬虫技术来获取南京市的道路数据信息，并通过GIS软件对研究范围内的道路数据信息进行处理，在道路每隔一定间距的位置生成一个包含经纬度信息的观测点的位置信息。基于获取观测点的经纬度信息，利用百度地图全景静态图API接口获取研究范围内的观测点的百度街景图信息（图2-2），并且删掉高架桥、天桥、隧道等不符合要求的多层级街道空间区域的观测点的全景图。本步骤的关键技术为对全景图的获取及预处理步骤。

Step2：全景图图像语义识别

本研究利用图像识别技术对街道全景图进行识别与分类，基于谷歌的TensorFlow卷积神经网络算法Deeplab V3+，选取与街景数据相关的Cityscapes数据集，利用Python编程平台生成含有各类语义标签的全景图数据。本步骤的关键技术为对街景图片进行识别与分类（图2-3）。

Step3：投影转化为鱼眼图

在将分类识别后的街道全景图转换为鱼眼图的过程中，本研究选取的是正轴等距方位投影作为研究的目标投影方式，通过对正轴等距方位投影后的图进行方位矫正，从而得到正确视角的鱼眼（半球）图。除了街道景观的天空、行道树、建筑三个构成主体外，道路、车辆、行人等语义要素由于处在视角0°附近，位于鱼眼图的边缘位置，受到投影的变形作用而变得几乎可以忽略

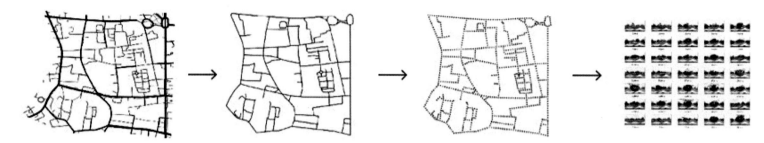

图2-2　全景图获取步骤

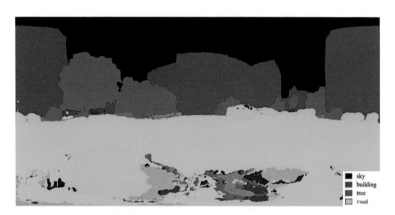

图2-3　全景图语义识别图示

不计，因此对获取的鱼眼图进行要素简化，最终得到只含建筑、树木、天空三个要素（三个要素占比之和为1）的鱼眼图。本步骤的关键技术为选择合适的投影方式对全景图进行投影操作。

Step4：测算出街道空间品质指标分类体系中的4个指标的值［包括天空面积占比（Rate of Sky，简称SR）、行道树面积占比（Rate of Trees，简称TR）、建筑面积占比（Rate of Buildings,简称BR）及街道日照时数（Sun Duration，简称SD）］

为了量化分析街道空间品质指标，分别计算了如下四个指标：

1）测算出观测点的天空面积占比SR、行道树面积占比TR、建筑面积占比BR的值（图2-4）。鱼眼图中的天空像素数量与鱼眼图的总像素数量的比值即为天空面积占比SR；同理，鱼眼图中的行道树像素数目与鱼眼图的总像素数量的比值即为行道树面积占比TR、鱼眼图中的建筑像素数量与鱼眼图总的像素数量的比值即为建筑面积占比TR。

2）测算出观测点的街道日照时数。本研究是根据太阳路径方程，获得太阳路径的轨迹矢量，并将其投影到平面上。投影后的太阳路径与校正后的鱼眼图中天空类要素重叠部分所占太阳路

径总长度的比值即为日照时数占比，日照时数占比与当天的总日照时数的乘积即为当天的日照时数SD。本步骤的关键技术为根据太阳路径的投影与鱼眼图中天空类要素的重叠部分计算日照时数（图2-5）。

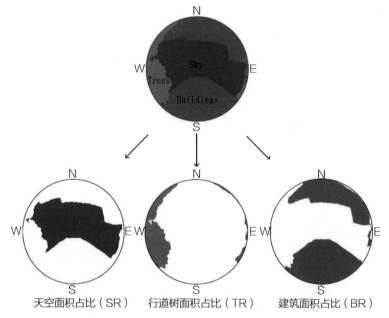

天空面积占比（SR）　　行道树面积占比（TR）　　建筑面积占比（BR）

图2-4　各要素面积占比指标图示

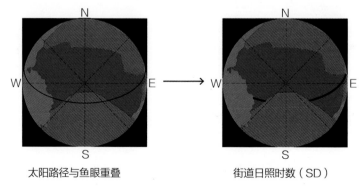

太阳路径与鱼眼重叠　　　　　街道日照时数（SD）

图2-5　日照时数测算

Step5：构建街道空间品质指标分类体系

建筑面积占比（BR）可以来近似表征区域内的建筑容积率情况；街道日照时数（SD）则考虑到了要素面积与街道方向的关系；街道日照时数（SD）与天空面积占比（SR）的关系则反映了街道的方向变化。

因此研究将街道空间品质指标分类体系中的4个指标（SR、TR、BR及SD）按照值的大小按照高、中、低三个等级排序。

依据三个指的等级排序，结合SD指标，最后综合以上四个指标可以得到了若干种类型的组合，利用空间分析方法探究不同类型的数量及空间分布特征。本步骤的关键技术为探究不同类型的观测点的空间分布特征。

Step6：基于分类指标对街道空间品质进行量化

本研究依据上述四个指标体系，分别赋予其不同的权重因子，从而对所有的类别进行排序并分类，最终得到不同品质的观测点的空间分布情况。通过分析不同品质观测点的空间分布情况来为改善街道空间品质提供有价值的参考。本步骤的关键技术为探究不同品质的观测点的空间分布情况。

三、数据说明

1．数据内容及类型

本研究所使用的数据为南京市主城区范围内的相关数据：包括道路路网数据、道路点的街道全景图信息、绿地平面数据、水系平面数据及三维建筑数据（表3-1）。

数据信息			表3-1
数据内容	数据类型	数据来源	获取方式
城市道路网	各端点的经纬度坐标信息（浮点型）	百度地图	网络爬虫
观测点的百度街景图片	观测点的全景图（图片数据）	百度地图	百度地图API
绿地平面数据	各端点的经纬度坐标信息（浮点型）	百度地图	网络爬虫
水系平面数据	各端点的经纬度坐标（浮点型）	百度地图	网路爬虫
三维建筑数据	各端点的经纬度坐标（浮点型）	百度地图	网路爬虫

城市的道路网信息反映了城市的空间结构，利用带有位置信息的城市的道路网信息作为基础数据，每隔一定距离选取一个观测点并获得观测点的经纬度信息，以便后期使用百度街景地图API来获取观测点的街景图。

百度街景数据是本研究最重要的研究基础数据，后期应用图片识别对其进行识别和分类，从而反映观测点处的元素信息并测算出各要素面积占比及根据太阳轨迹测算观测点的日照时数。

绿地、水系及建筑的数据是用来分析观测点在南京市主城区范围内的分布特征。

2．数据预处理技术与成果

在ArcGIS软件内根据路网数据生成一定数量的特定距离观测点，并保存观测点经纬度信息的小文件。

本研究基于所获取的观测点的经纬度信息，利用百度街景地图提供的API接口获取每个观测点所在位置的百度街景图。由于本研究仅讨论基本的街道空间形态要素的面积占比，因此高架桥、天桥、隧道等复杂的多层级街道空间区域的观测点不在本研究的讨论范畴内（图3-1），删掉这些不在本研究讨论范围内的点，生成剩余点的街景图作为本研究图像识别的基础数据。

图3-1　不符合条件的全景照片

四、模型算法

1．模型算法流程及相关数学公式

本研究中的模型算法流程如图4-1所示。本研究在进行全景图投影的操作时，主要有三种投影方式：

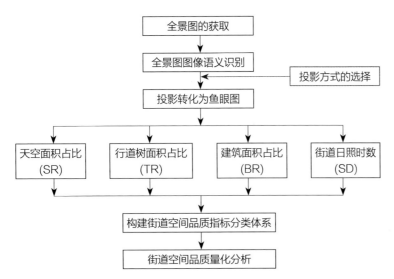

图4-1 模型算法流程中涉及的数学公式

（1）正轴等角方位投影

纬线是以极点为圆心的同心圆，经线是同心圆的半径。在中央经线上纬线间隔自投影中心向外逐渐增大。经线夹角等于相应的经差，其投影中心无变形，离开投影中心越远面积、长度变形增大。其没有角度变形，但面积变形较大。

（2）正轴等积方位投影

纬线是以极点为圆心的同心圆，经线是同心圆的半径。在中央经线上纬线间隔自投影中心向外逐渐减小。投影中心无变形，离开投影中心越远角度、长度变形增大，没有面积变形，但角度变形较大。

（3）正轴等距方位投影

对于前两种投影作了一些修正，其纬线是以极点为圆心的同心圆，经线是同心圆的半径。在中央经线上纬线间隔自投影中心向外不变即相等。投影中心无变形，离开投影中心越远，角度、长度变形增大。面积变形、角度变形都不大。由于本研究后期会涉及面积和角度的计算，正轴等距方位投影的精确性更高，因此选取正轴等距方位投影作为本研究的目标投影方式（图4-2）。

正轴等距方位投影是通过构建鱼眼图像上的像素 (x_f, y_f) 与全景图像上的 (x_p, y_p) 之间的关系来实现的，其中 W_p 和 H_p 分别是全景图像的宽度和高度，$r_0 = W_p/2\pi$，是鱼眼图像的半径，(C_x, C_y) 是鱼眼图像上的中心像素的坐标。

$$x_p = \begin{cases} (\pi/2 + \tan^{-1}[(y_f - C_y)/(x_f - C_x)]) \times W_P/2\pi, x_f < C_x \\ (3\pi/2 + \tan^{-1}[(y_f - C_y)/(x_f - C_x)]) \times W_P/2\pi, x_f > C_x \end{cases} \quad (4-1)$$

$$y_p = \left(\sqrt{(x_f - C_x)^2 + (y_f - C_y)^2}/r_0\right) \times H_p \quad (4-2)$$

$$C_x = C_y = W_p/2\pi \quad (4-3)$$

2. 模型算法相关支撑技术

DeepLab是谷歌公司使用TensorFlow基于CNN开发的语义分割模型。谷歌公司在2018年3月推出了目前其开发的最新的、性能最好的语义图像分割模型DeepLab-V3+，在PASCAL VOC 2012 数据集上取得了目前测试最高的跑分值87.8 mIOU，达到了业内顶

等距圆柱投影　　　　　　　　　　　　　　　　　　半球　　　　　　正轴方位投影

图4-2 投影转换图示

尖识别水准。目前该模型已经开源发布，同时也发布了在Pascal VOC 2012和 Cityscapes语义分割任务上预训练过的模型。

鉴于其语义识别的高精准度和开源性，研究利用Deep Lab-V3+作为图像语义识别模型。而由于DeepLab是使用TensorFlow开发的模型，其拥有多层级结构，可部署于各类服务器、终端和网页并支持GPU和TPU高性能数值计算，被广泛应用于各领域的科学研究，因此研究选择TensorFlow作为图像识别的算法实现框架。实现图像语义识别的任务需要具体方法分为如下三步。

（1）配置环境

先在Python中安装TensorFlow及所需的Numpy库、Pillow库，并配置TensorFlow model（下载 TensorFlow model: https://github.com/ten-sorf-low/models/）。然后添加TensorFlow model中的tf Slim到Python-path中，配置好编程所需环境。

（2）配置环境选取所需要的图像识别模型

登录TensorFlow相关的模型选择网页，里面包含了基于TensorFlow的全卷积神经网络算法DeepLab下的已经训练好的多种

可供选择的模型（表4-1）。同时提供了模型的运行时间、精准度、文件大小等信息。较小的模型运算速度快，精准度较低。而较大的模型运算速度慢，精准度较高。其中挑选的标准主要取决于两个因素：算法及训练好的数据集。

在算法方面可以根据精确率的需求选择DeepLabv—V1～V3等不同版本的算法。前文提到过鉴于其语义识别的高精准度和开源性，最终选取了DeepLab-V3+34。而在数据集方面，本研究选择了与街景数据相关的城市景观数据集（cityscapes dataset）。城市景观数据集是由奔驰主推，用于评测视觉算法在场景语义理解方面的性能，包含50个城市不同场景、不同背景、不同季节的街景，使用19个语义标签（编号0至18，主要为道路、建筑、行道树、天空、人、车等几个要素分类）如表4-2，训练、验证和测试集分别包含2 975 500和1 525图像。

综合考虑算法和数据集两个因素，最终选择由DeepLab-V3+利用城市景观数据集训练出来xception71_dpc_cityscapes_trainfine作为研究街景图识别所需的模型。

相关图像识别可选择模型						表4-1
Checkpoint Name	Eval OS	Eval Scales	Left-right Flip	Multiply-Adds	Runtime (sec)	File Size
mobilenetv2_coco_cityscapes_trainfine	16 8	[1.0] [0.75:0.25:1.25]	No Yes	21.27B 433.24B	0.8 51.12	23MB
xception65_cityscapes_trainfine	16 8	[1.0] [0.75:0.25:1.25]	No Yes	418.64B 8677.92B	5.0 422.8	439MB
xception71_dpc_cityscapes_trainfine	16	[1.0]	No	502.07B	–	445MB
xception71_dpc_cityscapes_trainval	8	[0.75:0.25:2]	Yes	–	–	446MB

资料来源: https://github.com/tensorflow/models/。

图像识别的19个语义标签（七大要素分类）		表4-2
Group	Classes	
Flat	road（0）、sidewalk（1）	
Buildings	building（2）、wall（3）、fence（4）	
Object	pole（5）、pole group、traffic light（6）、traffic sign（7）	
Trees	vegetation（8）、terrain（9）	
Sky	sky（10）	
Human	person（11）、rider（12）	
Vehicle	car（13）、truck（14）、bus（15）、train(16)、motorcycle(17)、bicycle(18)	

（3）利用云端计算对全景照片进行分类识别

首先设置好输入文件和输出文件的地址及模型xception71_dpc_cityscapes_trainfine的地址；然后将抓取的全景街景图放在输入文件地址中，利用python语言编码调用选好的模型xception71_dpc_cityscapes_trainfine遍历每个全景街景图，逐一对文件夹中的全景街景图进行语义分割识别，生成了含有各类语义标签的全景图，存储在输出文件地址中。

然而不可回避的一个问题是，较大的模型运算速度慢，准确率较高。由于图像识别模型xception71_dpc_cityscapes_trainfine识别精确度高，需要耗费大量的时间。因此为了提高识别效率，采取了云端计算的Flex集群系统对全景图进行识别分析。依照云端操作方法，在云端搭建好Python 2.7.15及相应的TensorFlow环境配置，利用同样的思路获得语义识别的结果（图4-3）。

从识别结果可以看到，得到的19个语义标签主要是对道路、建筑、行道树、人、车等几个要素大类的进一步细分。

五、实践案例

1. 模型应用实证及结果解读

（1）研究区域

由于南京主城区具有丰富类型的城市形态肌理，因此其包含了老城区的不规则路网、快速城市化区域的规则路网及郊区的介于规则与不规则之间路网等各类街道形态类型，特别适合作为街道研究对象，因此本文选取南京市的主城区作为研究对象（图5-1）。考虑到获取的街景图主要为树木较为茂盛的春夏季时节，而南京所属的气候区内街景中的树木形态会随着季节变化而变化。为了便于精确识别出日照时数，本文选取南京夏季时段（5月26日至9月15日）作为研究时段（图5-2）。

为了便于本文的研究分析，将南京中心区划分为老城区域、河西区域、雨花台区域、紫金山北区域及紫金山南区域共五个区域。

（2）获得全景图

根据选取研究范围，获得了南京主城区路网，并转成100m间隔的采样点，得到共29 286个采样点（图5-3）。基于所获得的观

图4-3　全景图语义识别图示

测点的经纬度信息，利用街景地图API生成每个观测点所在位置的全景街景图。为了使后面测算更加精确，本研究使用百度API提供最大像素1 024×512的分辨率的照片，获得29 286张全景街景图。通过筛选后，最终获得28 699张全景街景图。

（3）测算观测点的4个要素指标

利用前文所述投影方法，得到了数量共计28 699张的鱼眼图；基于投影获得的鱼眼图，本研究测算出了各观测点的SR、TR、BR的值（图5-4），并利用5月26日至9月15日作为南京的夏季时间段，测算了各观测点在这113天的街道日照时数，取这113天的

平均值作为南京夏季各观测点的平均SD。

SR、TR、BR及SD根据值的大小按照高、中、低三个等级排列。其中SR、TR、BR的值的高、中、低的范围分别为0.667～1、0.333～0.667、0～0.333；SD的值的高、中、低的范围分别为9～13.657、4.5～9、0～4.5。得到四张分布图（如图5-5所示）。

图5-3　研究范围内道路观测点分布图

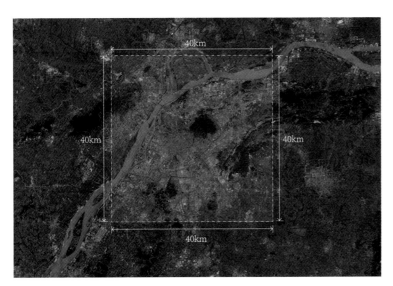

图5-1　选取研究范围

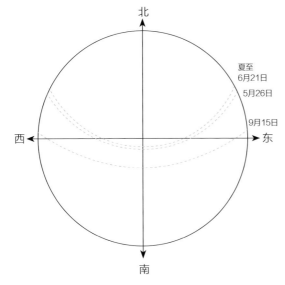

图5-2　选取研究时间范围

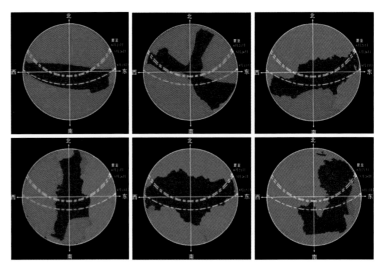

图5-4　各要素的日照时数测算图示

图例

● 高等级

○ 中等级

● 低等级

天空面积百分比（SR）

行道树面积百分比（TR）

建筑面积百分比（BR）

街道观测点日照时数（SD）

图5-5　量化指标要素空间分布图

（4）基于要素指标的观测点的分类特征

本研究根据街道空间品质指标分类体系中的4个指标的组合

得到了26种类型，26种类型的分类特征和观测点的分布特征如表5-1所示，各种类别的点的数量占比情况如图所示（图5-6）。

各类型分布特征 表5-1

分类编号	天空面积占比（SR）	行道树面积占比（TR）	建筑面积占比（BR）	街道日照时数（SD）	全景图及鱼眼图典型代表
类型1	高	低	低	高	
类型2	高	低	低	中	
类型3	低	高	低	高	
类型4	低	高	低	中	
类型5	低	高	低	低	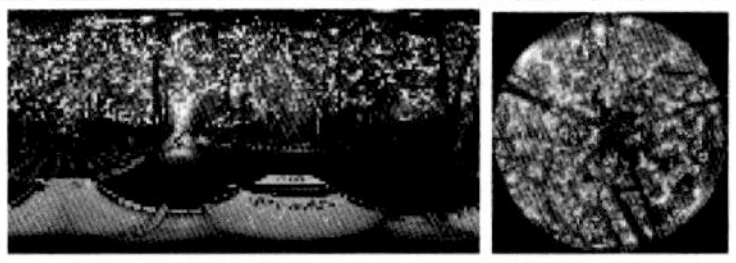
类型6	中	中	低	高	
类型7	中	中	低	中	
类型8	中	中	低	低	
类型9	中	低	低	高	
类型10	中	低	低	中	
类型11	中	低	低	低	

分类编号	天空面积占比（SR）	行道树面积占比（TR）	建筑面积占比（BR）	街道日照时数（SD）	全景图及鱼眼图典型代表
类型12	低	中	低	高	
类型13	低	中	低	中	
类型14	低	中	低	低	
类型15	低	低	中	高	
类型16	低	低	中	中	
类型17	低	低	中	低	
类型18	中	低	中	高	
类型19	中	低	中	中	
类型20	中	低	中	低	
类型21	低	中	中	高	
类型22	低	中	中	中	

续表

分类编号	天空面积占比（SR）	行道树面积占比（TR）	建筑面积占比（BR）	街道日照时数（SD）	全景图及鱼眼图典型代表
类型23	低	中	中	低	
类型24	低	低	高	高	
类型25	低	低	高	中	
类型26	低	低	高	低	

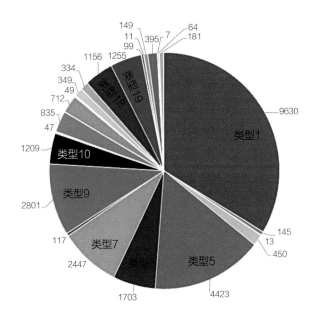

■ 类型1　■ 类型2　■ 类型3　■ 类型4　■ 类型5　■ 类型6　■ 类型7
■ 类型8　■ 类型9　■ 类型10　■ 类型11　■ 类型12　■ 类型13　■ 类型14
■ 类型15　■ 类型16　■ 类型17　■ 类型18　■ 类型19　■ 类型20　■ 类型21
■ 类型22　■ 类型23　■ 类型24　■ 类型25　■ 类型26

图5-6　不同要素指标的观测点类型的数量

（5）街道空间品质的量化分析

本研究为了量化统计各种类型的观测点所在位置的街道空间品质，基于观测点的四个指标要素的数值，分别赋予TR、SD、SR、BR四个指标系数为0.4、0.3、0.2、0.1，高、中、低三类层级分别代表系数为3、2、1（表5-2）。

要素指标权重系数				表5-2
分类层级	行道树面积占比（TR）	街道日照时数（SD）	天空面积占比（SR）	建筑面积占比（BR）
高	1.2	0.3	0.6	0.1
中	0.8	0.6	0.4	0.2
低	0.4	0.9	0.2	0.3

通过要素指标的权重系数分别计算出每种类型的评分情况，并基于评分情况将26个类型分成四种类别，四种类别的空间品质分数分别为4、3、2、1（表5-3），四种类别在南京市主城区的分布如图5-7～图5-10所示。

空间品质分类情况　　　　　　表5-3

分类编号	天空面积占比（SR）	行道树面积占比（TR）	建筑面积占比（BR）	街道日照时数（SD）	分数	空间品质分数
类型5	0.2	1.2	0.3	0.9	2.6	4
类型8	0.4	0.8	0.3	0.9	2.4	
类型4	0.2	1.2	0.3	0.6	2.3	
类型14	0.2	0.8	0.3	0.9	2.2	
类型7	0.4	0.8	0.3	0.6	2.1	
类型23	0.2	0.8	0.2	0.9	2.1	
类型3	0.2	1.2	0.3	0.3	2	3
类型11	0.4	0.4	0.3	0.9	2	
类型2	0.6	0.4	0.3	0.6	1.9	
类型13	0.2	0.8	0.3	0.6	1.9	
类型20	0.4	0.4	0.2	0.9	1.9	
类型6	0.4	0.8	0.3	0.3	1.8	
类型22	0.2	0.8	0.2	0.6	1.8	
类型10	0.4	0.4	0.3	0.6	1.7	2
类型17	0.2	0.4	0.3	0.9	1.7	
类型1	0.6	0.4	0.3	0.3	1.6	
类型12	0.2	0.8	0.3	0.3	1.6	
类型19	0.4	0.4	0.2	0.6	1.6	
类型26	0.2	0.4	0.1	0.9	1.6	
类型21	0.2	0.8	0.2	0.3	1.5	1
类型9	0.4	0.4	0.3	0.3	1.4	
类型16	0.2	0.4	0.2	0.6	1.4	
类型18	0.4	0.4	0.2	0.3	1.3	
类型25	0.2	0.4	0.1	0.6	1.3	
类型15	0.2	0.4	0.2	0.3	1.1	
类型24	0.2	0.4	0.1	0.3	1.0	

　　四种类别在南京市主城区的分布密度图如图5-11～图5-14所示。

图5-7　空间品质分数为4的观测点的分布情况

图5-8　空间品质分数为3的观测点的分布情况

图5-9　空间品质分数为2的观测点的分布情况

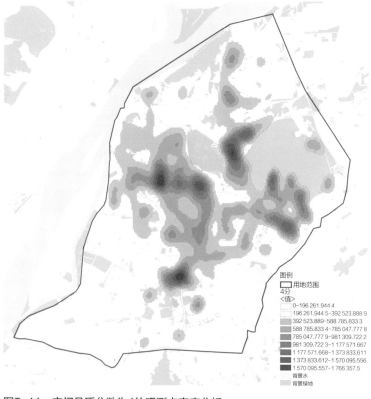

图5-11　空间品质分数为4的观测点密度分析

图5-10　空间品质分数为1的观测点的分布情况

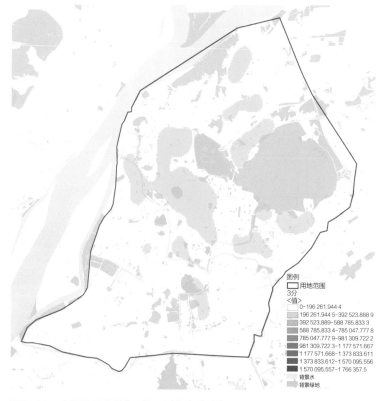

图5-12　空间品质分数为3的观测点密度分析

269

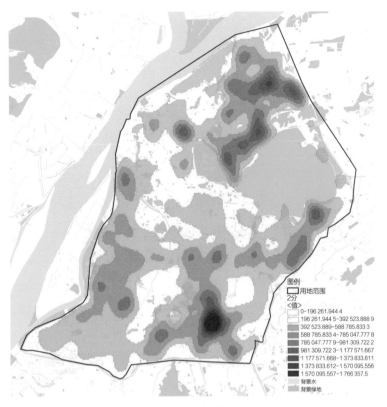

图5-13 空间品质分数为2的观测点密度分析

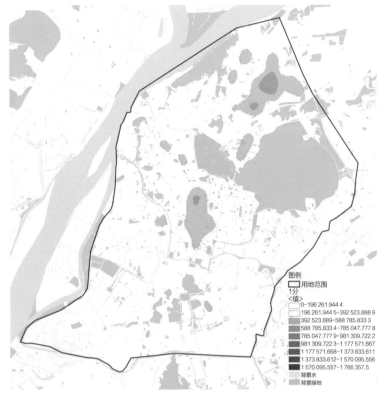

图5-14 空间品质分数为1的观测点密度分析

图5-11可以发现：品质数值为4的集中在老城区域与紫金山区域，集中分布在高校区域（东大、南师、河海等）和自然公园区域（如北极阁公园、雨花台风景区、紫金山内部道路等）；高校与风景区相连的区域则最为密集。

图5-12可以发现：品质数值为3的分布与品质4类似，大多在老城与紫金山区域，只是分布不够聚集。

图5-13可以发现：品质数值为2的分布集中在紫金山北侧与南京南站明发商业广场区域。

图5-14可以发现：品质数值为1的分布同样不够聚集。紫金山北侧的住宅区和老城区的住宅区有一些。

选取四个品质区域的热力值集中区域，随机选取了2个观测点，可以很好地看到空间品质分数4至1的变化情况如表5-4所示。

各空间品质观测点抽样   表5-4

空间品质分数	观测点抽样1		观测点抽样2	
4				
3				

续表

空间品质分数	观测点抽样1		观测点抽样2	
2				
1				

综上，通过这套指标体系，本研究基于街道空间品质指标体系对南京主城区进行了空间品质的量化研究分析，结果表明，这套指标可以较好地表征出街道的空间品质，为精细化、精准地改善街道空间品质提供有价值的参考。同时也可以为城市规划与管理提供有效的操作手段，最终优化街道的感知体验和改善其微气候，提升城市外部空间的环境质量。

2. 模型应用案例可视化表达

本研究利用Processing软件平台来实现这一动态的可视化表达。首先选取了南京典型街道中山路的含45个观测点数据的一段区域作为本研究的可视化区域。利用上述结论可以方便地判定该区域的建筑密度情况及街道方向，也可以进一步分析出对应街道的特征情况。

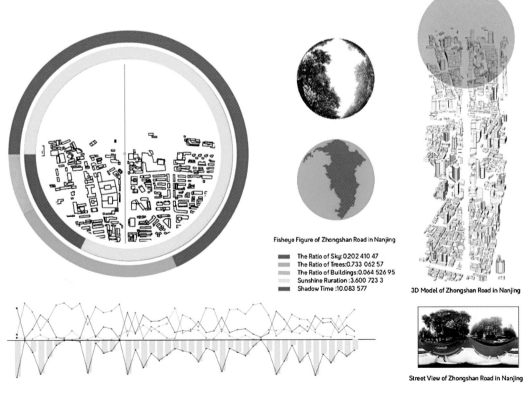

Fisheye Figure of Zhongshan Road in Nanjing

The Ratio of Sky: 0.202 410 47
The Ratio of Trees: 0.733 062 57
The Ratio of Buildings: 0.064 526 95
Sunshine Ruration: 3.600 723 3
Shadow Time: 10.083 577

3D Model of Zhongshan Road in Nanjing

Street View of Zhongshan Road in Nanjing

图5-15 可视化展示示例

图5-15左侧为街道观测点平面位置及测算出的4个指标：SR、TR、BR及SD；图5-15左下角为4个指标测算出的相关统计图表；图中间为投影转化成的鱼眼照片及识别成的天空（蓝色）、树木（绿色）、建筑（黄色）组成的鱼眼图，右侧为观测点的所在位置的轴测状态及全景图场景照片。

六、研究总结

1. 模型设计的特点

本研究应用了当下最新的基于深度学习的图像识别算法和大数据技术、云端计算处理方法，精准且大批量地识别了街景图片中的建筑、天空、树木等元素。

本研究批量测算出了根据SR、TR、BR及SD，并构筑了一个基于这4个指标的街道空间品质指标分类体系。

本研究基于街道空间品质指标体系对南京主城区进行了空间品质的量化研究分析，结果表明，这套指标可以较好地表征出街道的空间品质。

2. 应用前景

本研究将以百度街景照片为基础数据，结合图像识别和空间分析等技术，实现街道景观和日照时数的量化测算与分析。通过这套指标体系，可以方便地判定量化出不同类型的街道的空间状态和特征，同时较好地判别出街道空间的品质特征。

研究结果不但可以为街道空间品质的分析提供有价值的参考，也可以为城市规划与管理提供有效的操作手段，最终优化街道的感知体验并改善其微气候，提升城市外部空间的环境质量。

第四届
获奖作品

个体视角下的新冠疫情时空传播模拟

——以北京市为例

工作单位：北京市城市规划设计研究院、北京城垣数字科技有限责任公司

研究方向：城市卫生健康

参 赛 人：梁弘、张靖宙、吴兰若

参赛人简介：参赛团队来自北京市城市规划设计研究院、北京城垣数字科技有限责任公司，长期从事城市定量研究工作，特别关注基于大数据的城市分析和城市系统模型搭建。团队利用大数据分析多次为政府撰写内参报告，从疫情风险、交通出行、经济影响等方面提供决策支持及对策研究建议。

一、研究问题

1. 研究背景

新型冠状病毒疫情已成为重大的全球公共卫生事件，并对经济、社会、民生产生了深远的影响。全球差异化的应对方式产生了不同的抗疫效果。可以看到，制定合理的防控响应策略，建立完善的医疗系统实时响应和支撑方法，是遏制传染性疾病传播扩散，减少其带来的影响的必要举措。尤其是在高密度的城市空间中，居民日常活动的流动性强，活动密度大，新型冠状病毒这类呼吸道传染疾病更容易传播，因此，遵循传染病传播特点，制定合理有效的防控策略、建立必要的医疗响应备案和资源储备，是城市抵御疫情、保护居民健康和维护社会稳定的必要举措，也是增强城市韧性，促进城市治理现代化水平提升的重要手段。

对传染病传播进行数学模拟研究，能够揭示传染病的传播特征，如传播速度、潜伏时间、治愈率、是否产生抗体等疾病的医学特性，有助于人们了解传染病传播特性，更好地进行防控策略制定及传染病发展情况预测。当前对于新型冠状病毒疫情的研究，大多是从传染逻辑角度开展的宏观模拟分析，关注各项传染参数，不同人群的传染及治愈差别等，或是采用仓室模型，对城市或国家未来疫情发展作出整体预判，分析不同防疫策略对疫情发展的整体影响。这些研究都较少关注微观空间尺度上传染病传播的时空规律与预测模拟，而对于有着多元复杂特性城市系统来说，中宏观尺度模拟，忽视了城市内部的空间互动与空间差异带来的传染风险、医疗资源供需差异等问题，因而并不能很好指导人口高度集中的城市实际防疫工作。

城市系统的模拟研究自20世纪60年代以来，不断发展完善的量化分析技术方法，结合了数学、运筹学、地理学、经济学等多学科的理论方法，对城市内部各要素的联系与运行状态进行分析模拟，是探索城市现实问题、模拟未来发展情景的有效方法。将城市复杂模型与城市疫情模拟结合，能够充分考虑城市内部活动网络交互与设施空间分布构成的复杂系统运行状态，研究城市内部的传染病传播路径和传播风险，更好地揭示城市空间差异化的疫情风险。

当前将城市微观模拟与新冠疫情传播进行结合的模拟研究并不多见，且存在对传染过程模拟简单、未考虑防控策略模拟等缺陷。为此，本研究认为有必要开展结合微观个体模拟方法和传染病逻辑模型的新冠病毒疫情模拟研究，探索城市居民日常活动情景下，疫情传播过程与扩散风险，模拟不同防疫政策带来的效果，为疫情防控与城市治理的精细化、现代化提供新的技术方法和实证案例。

2. 研究目标

本研究将基于经典的传染病模型的思想，结合个体行为模拟方法和实际活动数据，以北京市为例，构建基于复杂系统的城市运转机制，模拟新冠疫情传播过程，分析其空间差异，并对当前不同防疫措施进行情景模拟分析，探究其对疫情防控的作用和影响。并希望依靠模型分析预测，回答以下两个问题：

（1）城市内部空间脆弱性评价

超大城市内部空间因差异化的居住就业密度、年龄结构、内部联系网络等，在疫情的冲击下呈现出不同的脆弱性，如高传染率、高死亡率或较长的传播周期等。本研究将利用大量重复模拟实验，寻找城市中传染病传播的关键节点和薄弱节点，有针对性地辅助疫情防控政策落地实施。

（2）防控措施影响效果评价

当前全球各国各城市在新冠疫情下，采取了不同的应对策略与防控措施。本研究提取了典型的几种防控措施，并将这些防控措施进行组合，模拟欧美、日韩、中国等不同地区典型的防控策略，分析北京在不同策略下疫情的传播及影响情况，包括疫情发展的过程和时间、传染人数和空间分布、对医疗资源的压力等，以评估不同措施在应对疫情时的有效性。

二、研究方法

1. 理论依据

（1）传染病动力学模型回溯

传染病模型的研究是一种基于系统科学角度理解传染病扩散复杂过程的方法，其相关研究已有很长的历史，并形成了多样的模拟理论方法。有学者将常见的传染病模型根据其模拟理论依据，分为基于传染病数学分析的模型和基于网络分析的模型，也有学者以模拟的对象不同，将传染病模型分为单一群体方法、复合群体方法、微观个体方法等。

其中，最为经典的易感染和恢复（Susceptible Infected Recovered，简称SIR）模型是一种纯数学的仓室模型，是由Kermack等人在1927年提出的，其关注的是一个封闭的均匀群体中，将人群分为易感者S、感染者I、移出者R三个仓室，研究其在固定的接触感染率和治愈率的情况下，整个群体的传染病传播进程。这个模型理论简便实用，是传染病模拟中，最为广泛应用和改进的模型基础。仓室模型简单明了且符合传染病传播逻辑，该模型善于在中宏观视角下模拟分析的群体传染过程，但难以分析群体内部联系带来的疾病传播。因此，基于网络的模拟方法也被应用到传染病模拟中。

基于网络动力学的传染病模拟模型是基于复杂网络理论，建立网络连接度与疾病传播率之间的关系，进行传染病模拟的方法。当前研究中，以采用理想网络进行网络结构与疫情传播的相关性、防控策略带来的理论效果为主，在真实模拟中与现实差距较大；而基于现实网络的建模，则需要大量精细的数据输入，保证网络计算的真实性，通常在社区等小范围预测或较为简单的网络中应用，在城市空间中的应用难度较大。

（2）基于微观个体仿真的传染病模拟

由于网络动力学模型存在的不足，已有学者开始基于微观个体的仿真方法开展传染病的模拟。基于Agent的微观个体仿真方法目前已在城市交通仿真中进行了较多应用，其可以克服网络模型中均质性的不足，还可以模拟实际人群活动的随机特性。并且当前手机信令大数据提供的居民活动出行数据，解决了Agnet建模中对个体空间分布与接触情况研究缺失的问题，采用活动出行数据进行城市居民的出行活动仿真，能够更接近真实地模拟个体在城市空间中的时空活动，为疫情传播模拟提供更贴近现实的城市内部联系基础。

2. 技术路线

为从微观个体入手，真实地模拟城市运转机制，本文基于手机信令数据生成多智能体，并将其放入实际地理空间内，以此来模拟疫情在城市内部的传播爆发规律，并根据模型的预测分析为城市的疫情防控提供决策支持。本文的技术路线主要分为以下四个部分（图2-1）：

（1）数据准备

基础数据的清洗处理包括三部分，即联通手机信令的清洗、医院规模和潜在方舱医院资源的爬取筛选，以及研究基础空间单元的划定。三部分数据最终清洗处理为具有年龄属性和出行链的个体样本、医疗资源数据和空间网格作为模型的输入部分。具体情况详见第三章数据说明。

（2）模型搭建

模型搭建包括三个模块，包括运动模块、传播模块和个体感

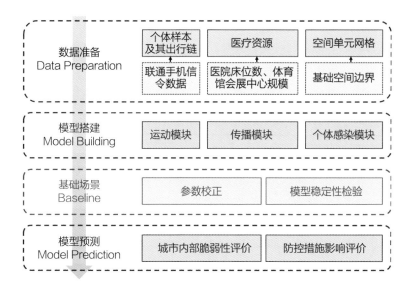

图2-1　研究流程与技术方法

染模块，分别负责控制：①智能体在城市空间中的活动，即城市的基础运转机制；②疫情在个体间的传播过程；③个体感染后的状态变化和就医过程。具体情况详见第四部分模型算法。

（3）基础场景

基础场景的搭建主要用于模型参数的校核（详见第四部分第2节）和模型稳定性检验（详见第五部分第1节（3）模型稳定性校验）。此外基础场景的模拟结果也是其余场景用对比和参照的重要准线。

（4）模型预测

在这一部分，主要应用模型回答两个核心的研究问题，即应对疫情的城市内部脆弱性评价和各类防控措施的影响效果评价。

三、数据说明

1. 数据内容及来源

本研究主要涉及以下四类数据源：

（1）基础空间边界

本研究范围为北京市市域范围，在此基础上将空间划分为2 000m格网作为基础空间研究单元。

（2）政务数据

本文选取了北京市卫生健康委员会公布的22家定点医院作为模型中的医疗资源，其位置、床位规模等信息来自北京市卫生健

康委员会。

为模拟疫情爆发后建立方舱医院的情景，本文筛选了北京市范围内具有一定规模的体育馆和展览馆，并根据面积推断其作为方舱医院所能提供的床位数。其中体育馆数据来自体育局，在此研究选择了非学校、对外开放并具有一定规模的体育馆，用内场面积估算床位数。

（3）网络开源数据

展览馆数据来源于第一展会网，内容包括展览馆的经纬度，以及展览面积，其中展览面积作为估算床位数的依据。

（4）联通手机信令数据

手机信令数据是一种时空轨迹大数据，是手机用户在移动通信网中活动留下的时空轨迹。其重要特点是在时间分辨率上较为连续，由于手机信令数据记录空间位置是以通信基站定位，一个基站覆盖的空间范围远小于一般城镇、街道行政区划范围，满足城镇体系规划中空间单元精度要求，研究基于2019年12月联通手机信令的职住OD数据生成多智能体的个体数据，其中核心居住人口1 100余万人和核心就业人口630余万。其中49岁以下占77%，50～64岁占18%，65岁以上占5%。并且基于12月日均11点至13点以及17点至19点的活动人口作为模型运动模块人口热力扰动参数输入其中。

2. 数据预处理技术与成果

（1）联通手机信令数据处理

联通手机信令人口数据进行清洗，包括检查数据的可用性和一致性，处理数据获取过程中所出现的无效值、缺失值以及错误值。例如需要筛选出OD数据中确实年龄字段的样本，以及工作地缺失的样本作出不同处理。处理后成果如图3-1所示。

清洗后的手机信令数据主要有两部分作用：

1）多智能体的生成

基于联通的职住OD数据和年龄结构，研究将数据结构重新组织，生成带有居住地、工作地和年龄属性的个体信息，并基于此生成每个个体的出行链（图3-2）。

2）基于人口热力的位移扰动概率

在模型的运动模块（MobSim）中，假设人口热力高的位置吸引力更高，并基于此做出了位置的随机扰动使得模型中城市的运行机制与现实更加契合。详见第四部分第1节运动模块的介绍。

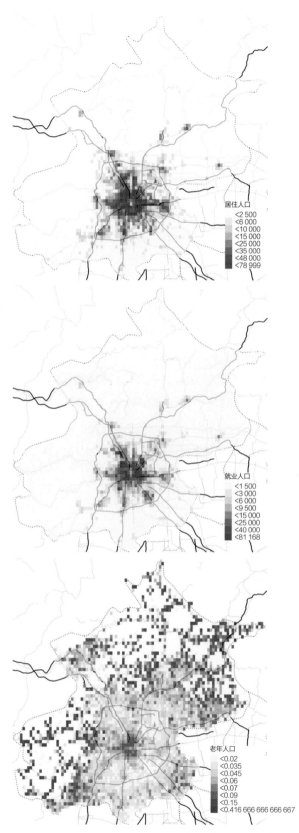

上：居住人口分布　中：工作人口分布　下：65岁以上居住人口比例分布

图3-1　联通手机信令预处理成果

因此，研究使用了特定时间内基于联通手机信令的月均人口热力数据，将其归一化，并与符合正态分布的距离概率相叠加，作为运动模块的重要输入参数。

（2）医疗资源数据处理

医疗资源包括定点医院和方舱医院两部分，将两部分数据统

居住地 ID	工作地 ID	0~49岁	50~64岁	≥65岁
4664	4501	12	1	0
4667	4108	15	3	1
4667	4669	2	3	0

生成个体Generate Agent

Agent ID	居住地 ID	工作地 ID	年龄
106647	4667	4669	0~49
106648	4667	4669	0~49
106649	4667	4669	0~49
106650	4667	4669	50~64
106651	4667	4669	50~64

图3-2　多智能体Agent样本的生成

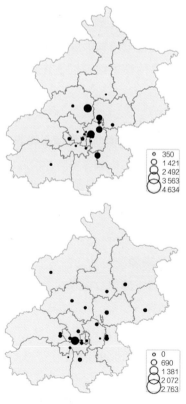

上：体育馆及展览馆　下：新冠定点医院

图3-3　医疗资源分布图

一数据格式,包括位置坐标和床位规模,其分布如图3-3所示。

(3)基础网格处理

采用ArcGIS的Fishnet工具制作北京2 000m边长的空间单元格网,并将包括个体数据和医疗资源在内的所有坐标信息转化为格网编号,用于后续的分析计算。

四、模型算法

1. 模型算法流程及相关数学公式

本模型从个体视角出发,模拟微观个体在城市中的运动轨迹和疾病通过个体的传播情况,自下而上地构建城市运转和疫情传播的复杂系统,并通过对真实情景的模拟,探究疫情的空间传播规律。本模型主要分为三个模块——运动模块(MobSim)、传播模块(TranSim)和个体感染模块(InfecSim)。这三个模块分别负责控制:①智能体在城市空间中的活动,即城市的基础运转功能;②疫情在个体间的传播过程;③个体感染后的状态变化和就医过程(图4-1)。

(1)运动模块(MobSim)

运动模块的核心功能是使得系统中的每一个智能体(Agent)拥有完整的出行链,并且能够依据出行链随着时间的推移在城市内部移动。成千上万运动的智能体就构成了一个复杂城市系统的基本运作模型。

本模型中每个个体一天的出行链共有六个时间切片,主要基于职住地生成(图4-2)。但在现实生活中,个体并不仅仅往返于居住地和工作地,为了更好地模拟除居住和工作以外的其他目的出行(如娱乐、购物等),智能体会在非工作时间产生随机位移,位移的目的地与距离和目的地吸引力有关。具体来说,该时间段内的人口热力反映每一个单元的吸引力,人口热力越高则吸引力越高,随机位移到该网格的概率也越高。同时考虑引力模型,距离当前居住地或工作地越近的地方也拥有越高的概率。

具体来说,t时处于网格i的某一智能体要产生随机位移,则其位移到网格j的概率$P_t(ij)$为:

$$P_t(ij) = \phi(r_{ij}) + F_t(j) \tag{4-1}$$

其中,$\phi(r_{ij})$为基于网格ij距离r_{ij}的正态分布概率;$F_t(j)$为时间t符合人口热力的离散概率。

(2)传播模块(TranSim)

传播模块用以模拟疫情在个体间的传播过程。如图4-3所示,A为病毒携带者,B为易感者。若个体A与个体B在同一时间出现在同一空间单元内,则A与B有一定概率(λ)成为密切接触者。在两者成为密切接触者的条件下,B有一定概率(β_{age})被A传染,概率β_{age}与易感者B的年龄相关。

具体规则为,假设

事件T(Transmission)表示B被A传染,

事件C(Close Contact)表示A与B成为密切接触者,则

$$P(T) = P(T|C) \times P(C) + P(T|\bar{C}) \times P(\bar{C}) \tag{4-2}$$

由于$P(T|\bar{C})$趋近于0,则:

$$P(T) = \lambda \times \beta_{age} \tag{4-3}$$

(3)个体感染模块(InfecSim)

个体感染模块的功能为模拟智能体患病的全过程,包括个体从潜伏期(E)转变为有症状[轻症(I1)或重症(I2)],住院接受治疗而后康复(R)或死亡(D)的过程。(图4-4)在此过程中,作出的假设包括:

1)轻症患者一定会康复。

2)重症率与个体年龄相关。

图4-1 模型总体流程示意图

图4-2 出行链示意图

图4-3 传播模块示意图

3）康复率与个体年龄以及是否住院接受治疗有关。

此过程的长短由三个关键的周期组成（图4-4），潜伏期（T_1）、从有症状起到就医的等待期（T_2）和个体从有症状起的患病期（T_3）。每个个体的周期具有随机性，但是总体上周期T_1和周期T_2符合对数正态分布（lognormal）。

$$T_1 \sim lognormal\,(\mu_1,\ \sigma_1) \qquad (4-4)$$

$$T_2 \sim lognormal\,(\mu_2,\ \sigma_2) \qquad (4-5)$$

周期T_3与症状的轻重有关，并在一定范围内平均分布。

（4）模块整合

运动模块（MobSim）与传播模块（TranSim）协同运转，使得疫情随着智能体的移动在城市内部传播，同时在一天结束后个体感染模块（InfecSim）被调用以更新个体状态。

2. 参数的设置与校验

模型所需的参数如表4-1所示，其中的大部分参数为流行病的特征参数，已有大量文献对此作出研究，并给出了参考值。这其中暂无文献支持，也难以直接从现实中获得参数为"密切接触率"。它直接影响了疾病的传播速度，该速度在流行病学的统计中表示为基本再生数（Basic Reproduction Number，简称R_0）。

基本再生数是指在一个全是易感染态个体构成的群体中，一个易感染态的个体在恢复之前平均能感染的人数。在流行病学中，$R_0>1$ 表示疾病将爆发，$R_0<1$ 则表示疾病走向消亡，故 R_0 是判断流行病是否爆发的重要条件之一。

模型输入参数		0~49岁	49~65岁	65岁以上	表4-1
传播模块	密切接触率	0.05%			
	密切接触的罹患率	7%	9.1%	15.4%	
感染模块	从有症状起到住院的平均天数	Lognormal（1.23，0.97）平均3.42天			
	平均潜伏期	Lognormal（1.57，0.65）平均4.8天			
	平均患病时间（轻症）	Uni（12，25）			
	平均患病时间（重症）	Uni（18，30）			
	无症状比例	6.4%			
	重症率	5%	9%	20%	
	死亡率（在医院）	0.5%	5%	15%	
	死亡率（不在医院）	90%	95%	99.9%	

尽管密切接触率的参数无法从文献或现实中获得，但是从新冠疫情爆发起，有大量研究对新冠疫情的基本再生数R_0作出了分析和预测，这些研究得出的数值虽然有所差异，但普遍的共识为新冠疫情爆发早期R_0大约在2.8~3.3的范围内。基于此，通过大量实验和反馈机制，对密切接触率作出调整，使得模型的R_0稳定在合理的范围内。

3. 模型算法相关支撑技术

Python是一门面向对象的编程语言，建立具有属性和功能的实体是多智能体仿真的基础。同时Numpy、Geopandas、Networkx、Matplotlib等功能强大的工具包，能够有效地处理空间数据、复杂网络运算和可视化等工作，对本研究起到了很好的支撑作用。模型从数据预处理、输入运转到结果分析可视化可以集成在同一平台，为模型的工程化奠定了基础。编译界面如图4-5所示。

五、实践案例

1. 基础情景

（1）前提假设

基础情景模拟是所有后续和分析的准线，在此研究对基础情

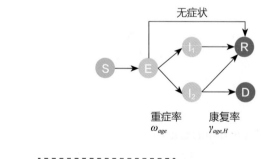
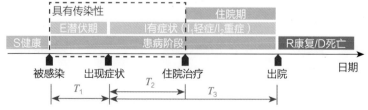

图4-4　个体状态转化过程示意图

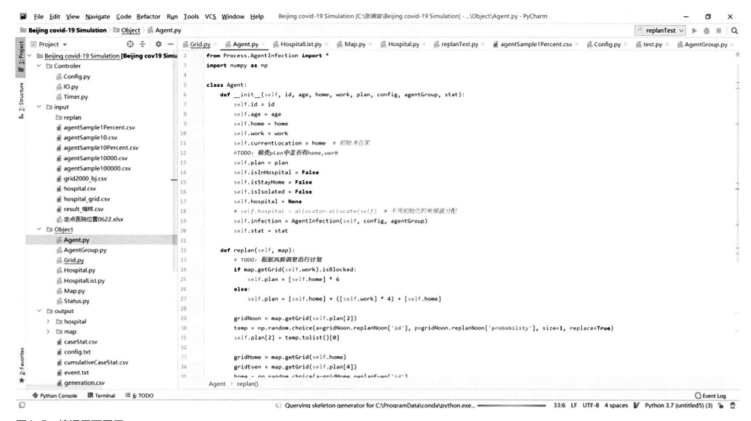

图4-5　编译界面展示

景作出了几下假设：

1）为保证模型运转效率，采用全北京市人口的10%作为实验样本，并保证其居住就业分布和年龄特征与总人口相符。

2）模型中启用22家定点医院作为可用医疗资源，为与人口样本的比例匹配，其床位规模相应调整为实际规模的10%。

3）病例由新发地开始输入，北京市作为封闭系统，疫情仅在城市内部扩散。

4）没有任何管控措施影响人的出行意愿。

5）模拟直至系统中没有任何一病毒携带者（包括潜在和有症状患者）停止。

（2）基础情景运行结果

基于上述假设，模型运行结果所反映出的疫情整体扩散规模与趋势如图5-1所示。在没有任何管控措施的情况下，疫情在20～30天左右进入爆发增长阶段，并于50天后进入稳定期。而后进入较长的反复期，直至100天左右疫情传播完全结束，最终有75%左右的人口被感染，死亡率接近10%。

空间上，疫情由中心城区开始爆发，而后向近郊扩散（图5-2）。值得注意的是，在爆发初期（如图5-2中的Day12）尽管能够确诊的有症状病例还较少，但由于潜伏期所带来的滞后性，包括处于潜伏期患者在内的实际患病者已经远大于确诊者，并且空间分布也更为广泛。

（3）模型稳定性校验

本研究的模型是由微观个体的运动构成复杂系统，由于微观个体的活动具有随机性，因此模型整体的稳定性需要进行验证。本研究进行了10次重复模拟，在完全一致的初始条件下验证其疫情整体传播趋势和空间分布的稳定性。

如表5-1所示，模型的周期天数、感染代际、感染峰值、峰值日期、感染总量、死亡总量和早期R_0基本保持在稳定水平。观察十次模拟的发展趋势可以看出，由于个体的随机性，在疫情进入爆发阶段前的"潜伏期"长度差距较大（图5-3上图）。若将时间轴平移，将各次模拟进入爆发期的日期设为第0天，则疫情发展的趋势曲线几乎完全相同（图5-3下图）。

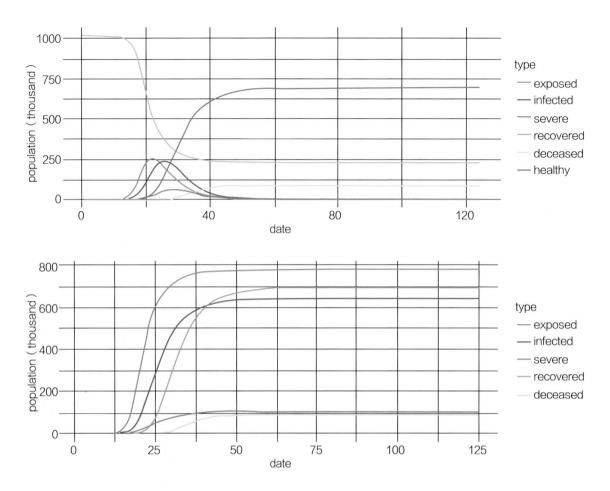

上：现存病例数　　下：累积病例数
图5-1　基础情景模拟结果

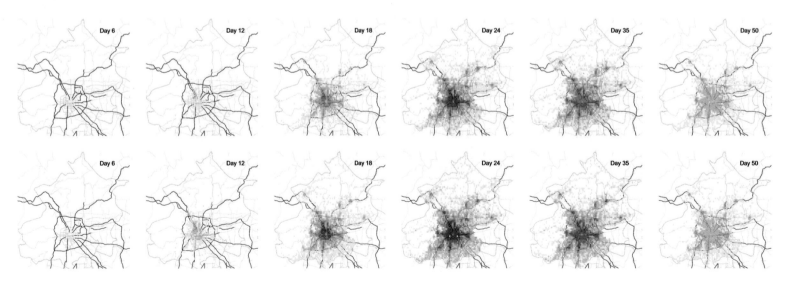

上排：现存有症状病例　　下排：现存实际病例数，包括处于潜伏期患者
图5-2　基础情景模拟结果空间分布

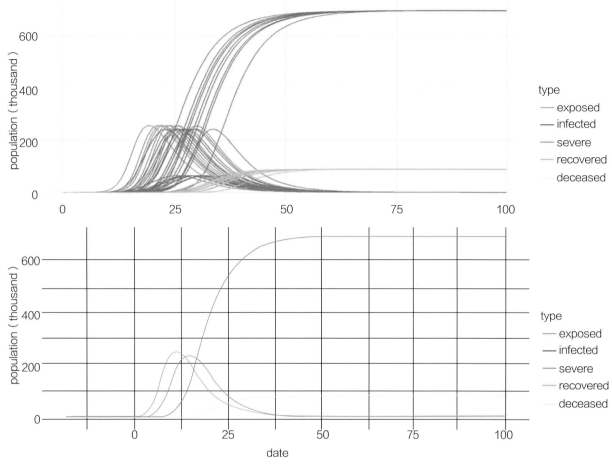

上：原始结果　下：统一起始日期后
图5-3　基础情景下疫情整体发展趋势

模型稳定性校验　　　　　　　　　　　　　　　　　　　　　　　　表5-1

	周期天数	感染代际	感染峰值	峰值日期	感染总量	死亡总量	早期R_0
平均值	144.1	36.0	299 771.2	27.9	782 944.8	88 882.4	2.8
方差	19.0	2.1	712.8	3.2	366.4	213.0	0.2
95% CI	129.5	34.4	299 223.3	25.4	782 663.2	88 718.7	2.6
	158.7	37.6	300 319.1	30.4	783 226.4	89 046.2	3.0
P-Value	1.45E-08	1.95E-11	1.74E-22	5.15E-09	3.92E-28	1.86E-22	2.21E-10

观察模拟的空间分布结果，统计了十次模拟中每个网格的确诊人数，其平均值如图5-4（上）所示，而每一个网格在十次模拟中确诊人数的变异系数基本维持在0.3以内，并且大多数小于0.1（图5-4下图）。

通过从整体感染规模、感染趋势、空间分布三个角度的校验可以证明，尽管个体的运动具有随机性，但模型整体作为一个复杂网络仍然具有较高的稳定性。

2. 城市脆弱性评价

城市，尤其是北京这种特大城市，城市内部人口密度、年龄结构、内部联系网络差异很大。这造成了在疫情的冲击下城市内部表现出了不同的脆弱性，一些局部空间脆弱性高，成为疾病在城市复杂网络中传播的关键节点。找到这些关键节点，做好重点防控措施，对控制疫情的蔓延起着至关重要的作用。

（1）脆弱性评价方法和分层抽样

在传统城市风险评价或脆弱性评价的过程中，通常是将影响城市脆弱性的因素进行叠加。然而，面对新冠疫情，研究还没有足够的样本和经验来定量地表述城市内部空间差异与其在疫情冲击下脆弱性的关系。因此，本研究利用大量重复实验，模拟不同初始条件下（疫情发源位置）疾病在城市中的时空传播路径，以模拟结果为导向，寻找疫情在城市中传播的关键脆弱节点。

为丰富模拟的情景，研究采取了分层抽样的方法来选取疫情的发源位置。分别将居住人口和工作人口按照分位数分类法分类，并分别从低密度、中等密度、高密度3个区间内随机挑选3～4个位置作为疫情的起始位置，总计20个位置尽量在北京市中心城区均匀分布（图5-5）。

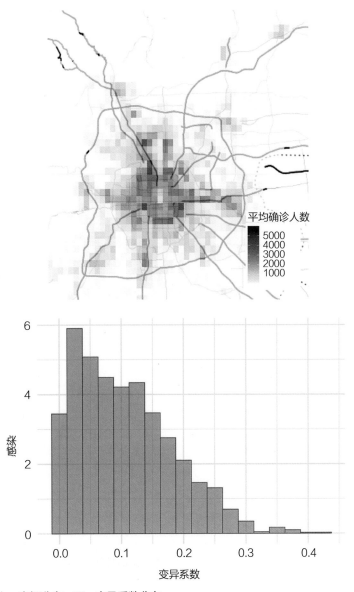

上：空间分布　下：变异系数分布
图5-4　基础情景下确诊人数分布

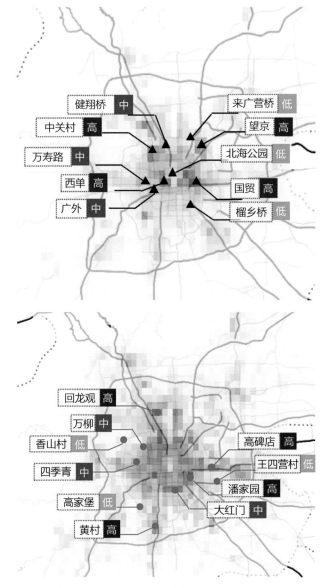

上：以工作人口为基准　下：以居住人口为基准
图5-5　疫情起始位置选择

（2）评价维度

根据模拟结果，本文从五个维度来描述城市内部面对疫情冲击的脆弱性差异，包括爆发周期的长度、死亡率、人均传染量、疫情发生的起始日期和感染率（图5-6）。

从结果看，中心城区有更大概率先爆发疫情，并且感染率和人均传染量都更高。而城市外围比起中心城区爆发周期更长，而死亡率整体差异较小，在远郊地区死亡率更高。

（3）相关性分析

探索城市脆弱性与城市空间结构差异的相关性，对理解

城市脆弱性的成因，和对城市现状快速作出脆弱性评价有着重要作用。因此，研究选取了描述城市内部结构的三个指标（图5-7），分析其与城市脆弱性的五个维度的相关性。

在这三个指标中，网络中介度是复杂网络中的概念，它指的是计算经过一个点的最短路径的数量。经过一个点的最短路径的数量越多，就说明它的中介中心度越高。在这里以职住OD来构建城市的复杂网络，中介度越高，则表示它与城市的其他节点连接越紧密。

研究采用城市脆弱性与城市结构进行多元线性回归（表5-2），并依次校验了其相关性（图5-8）。

（a）疫情起始日期　　　　　　　　　　　（b）感染周期　　　　　　　　　　　　（c）死亡率

（d）感染率　　　　　　　　　　　　　　（e）人均传染量

图5-6　城市面对疫情的脆弱性评价

城市脆弱性与城市结构的多元线性回归　　　　　　　　　　　表5-2

	起始日期			感染率			爆发周期			死亡率			人均传染量		
	Estimate	Std. Error	Pr	Estimate	Std. Error	Pr	Estimate	Std. Error	Pr	Estimate	Std. Error	Pr	Estimate	Std. Error	Pr
中介度	3.37E-07	1.74E-07	0.0532	-1.68E-08	1.68E-08	0.318	1.54E-06	1.12E-06	0.1713	4.60E-09	1.69E-09	0.00673 **	1.42E-03	1.45E-04	<2e-16 ***
人口密度	-1.42E-03	3.84E-05	<2e-16 ***	1.31E-04	3.70E-06	<2e-16 ***	1.54E-06	2.48E-04	<2e-16 ***	-5.02E-06	3.73E-07	< 2e-16 ***	1.19E+00	3.20E-02	<2e-16 ***
老年比例	-8.94E-02	2.01E-01	0.6571	-2.63E-02	1.94E-02	0.176	-3.32E+00	1.30E+00	0.0107 *	6.66E-02	1.96E-03	< 2e-16 ***	-2.40E+01	1.68E+02	0.886

注：***. 相关性在0.001水平上显著（双侧），**. 相关性在0.01水平上显著（双侧），*. 相关性在0.05水平上显著（双侧）。

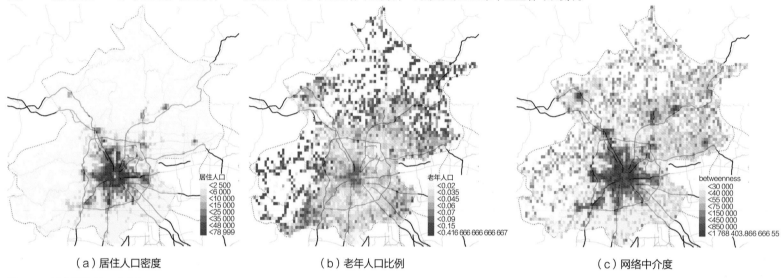

（a）居住人口密度　　　　　　　（b）老年人口比例　　　　　　　（c）网络中介度

图5-7　城市结构的三个指标

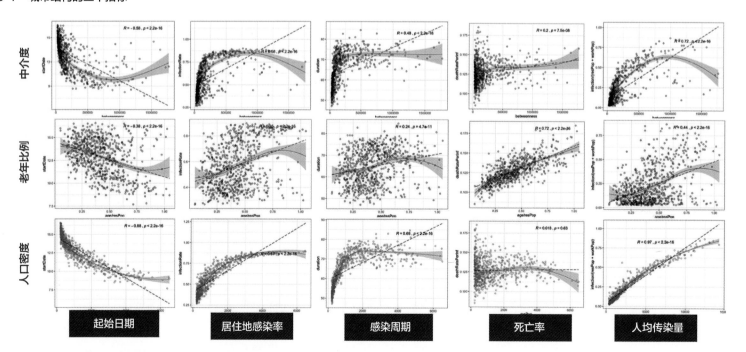

图5-8　城市脆弱性与城市结构相关性分析

对比五个脆弱性维度和人口密度、老年比例、网络中介度的相关性可以看出，疫情爆发的起始日期、居住地的感染率、人均传染量都与人口密度高度相关。感染周期、死亡率、和人均传染量与人口密度、老年比例、和网络中介度也有较高的相关性。值得注意的是，像起始日期、死亡率和人均传染量的线性相关性较为明显，而感染率、感染周期则有分段效应，在人口密度形成一定规模以前呈线性相关，达到一定规模后，则差异不显著。

3. 防控措施影响效果评价

面对新冠疫情，不同的防控措施所带来的防控效果、经济成本、对医疗资源压力都会给社会发展和人民生活带来深远的影响。因此，不同防控措施效果的预测，对决策者起着至关重要的支撑作用。本文选取了全球范围内经典的防控措施，将其排列组合形成不同的模拟场景，通过模拟仿真预测防控措施的有效性。

（1）情景的设置

本文的情景主要考虑了四种防控措施（表5-3）。

并将措施进行排列组合，反映了世界范围内各地区应对新冠疫情的主流方式（表5-4）。

（2）防控效果分析

研究从感染周期、峰值、感染总量、死亡总量、早期R_0等方面检测措施的防控效果，并与基础情景进行对比。以欧美为代表的防控措施（A1和A2）主要是对医疗资源进行优化，而不采取手段限制居民的出行。从结果来看（表5-5），在不限制居民出行的情况下，加大和优化医疗资源的供给，都不能有效抑制疫情的爆发程度，其爆发速度之快远远超过加大医疗资源供给的速度。但可以在一定程度上降低死亡率。

相较于A情景，B和C情景无论是进行大面积的核算排查还是对确诊小区进行隔离，从本质上对居民的出行和活动进行了限制，减少了疫情的传播。从结果来看，疫情的爆发程度得到了很好的抑制。

（3）防控效果时效性分析

除了防控措施的方式以外，实施防控措施的时间节点不同，同样带来了疫情防控的效果和防控成本差异。本文以"确诊小区隔离"（C1）情景为例，设置了不同时间节点实施防控措施的情景模拟，分别为发现5例确诊病例后启动措施和发现50例确诊病例后启动措施。

防控措施的模型实现 表5-3

编号	措施	模型中的实现
1	只收治重症	在InfecSim模块中，只为重症者分配医院
2	启用方舱医院	在医疗资源承压达到80%时，分批启用城市内大容量体育场馆及展览馆作为补充医疗资源
3	进行大规模核酸排查	处于潜伏期的患者，有一定概率被识别，一旦被识别则转换为隔离状态，不具有传播疾病的可能
4	确诊小区隔离	小区（网格）一旦出现确诊者，则该小区（网格）封锁直至7天内没有新增，其中的居住者处于居家状态，其他居民不能到访该地

防控措施的情景设置 表5-4

编号	措施组合	模式
A1	只收治重症	欧美模式
A2	启用方舱医院	欧美模式
B	进行大规模核酸排查	日韩模式
C1	确诊小区隔离	中国模式
C2	启用方舱医院＋小区隔离	中国模式
C3	启用方舱医院＋小区隔离＋大面积排查	中国模式

		周期天数	感染代际	感染峰值	峰值日期	感染总量	死亡总量	早期R_0
Basic	基础情景	144	36	299 771	28	7 829 445	88 882	2.8
A1	只收治重症	143	36.2	300 358	29	782 663	85 143	2.8
A2	启用方舱医院	161	36.2	299 683	27	782 778	83 013	2.7
B	进行大面积排查	40	11.6	87	16	146	0.7	2.2
C1	确诊小区隔离	70	23.8	263	19	774	5	2
C2	小区隔离+启用方舱	71	27	302	25	901	7	2.6
C3	小区隔离+启用方舱+排查	27	6	20	10	34	0.5	1.4

不同情景下的感染规模　　　　　　　　　　　　　　　　　　　　表5-5

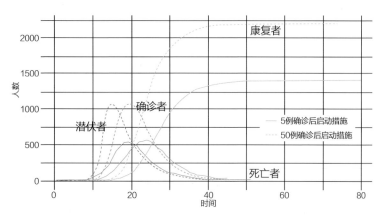

图5-9　疫情防控措施时效性分析

图5-10　封锁网格数量随时间变化

从图5-9可以看出，不同时期的实施防控措施对整体疫情的传播有着很好的抑制作用，同时可以降低和延缓感染峰值的到来。不仅如此，以小区（网格）封闭的数量和天数来评判实施防控措施的成本（表5-6、图5-10）。直至疫情完全被控制，尽早地开展防控工作，可以有效地降低防控成本。

不同情景下的防控成本　　　　　　表5-6

	隔离网格数	平均隔离天数	最长隔离天数
5例确诊后启动	361	11.4	33
50例确诊后启动	451	11.9	46

六、研究总结

1. 模型设计特点及创新性

本研究将传染病机理学模型原理与城市微观仿真模型进行有

机结合，建立了基于真实活动数据的城市内部微观个体疫情时空传播仿真模型。从自下而上的仿真视角，复现了城市复杂系统的运作机制和疫情传播特征下，个体疫情传播的时空规律，较传统的传染病动力学模型而言，更加贴近城市真实传播的情景。本模型通过大量的重复实验和多情景测试，其有效性和稳定性都得到了验证。

本研究所构建的模型，能够对城市内疫情感染规模和扩散速度作出模拟分析，反映城市内部不同区域在疫情来临时所呈现出的差异化特征，并分析了不同城市区域在疫情爆发的起始日期、感染率、人均传染量等面临疫情的脆弱性指标，和其与空间结构、人口结构、活动强度等城市空间特征的关联性，找出城市内部疫情防控重点区域，为常态化疫情防控背景下高效设置疫情防控力量，及时发现控制疫情扩散提供决策依据。

除了开展疫情空间仿真，本研究还对不同的疫情防控政策的效果进行模拟，将当前国际通用的疫情防控政策进行归纳和分组，并将之量化为模型参数调整量，定量化分析防疫政策带来的疫情传播过程、感染总量、传播速度等特征的变化，并分析了收治感染者的医疗资源承压状况，可以为疫情政策制定实施，以及应对疫情的医疗等资源准备作出决策参考。

2. 应用方向与前景

在高密度城市空间中，传染病的传播更具复杂性。如何在平时做好疫情预警，在疫情出现后及时采取有效措施控制疫情爆发，保障城市社会民生与各系统的稳定运行，是当前城市建设与管理所面临的紧迫命题，也是提高城市韧性的重要内容。在城市社会现代化治理的要求下，疫情防控也需要精细化治理手段，精准高效保障城市居民健康与公共安全。本研究所构建的城市内部疫情微观模拟模型，具有良好的扩展性和灵活性，易于开展丰富细致的情景推演。模型的情景不仅能对群体的出行总规模作出设置，同时可以分人群、分时间、分特定区域地预测防控手段所带来的影响，分析疫情防治资源的承压情况，快速响应疫情发生后的情景预测需求，为城市精细化治理提供有效支撑。

基于手机信令数据的轨道交通线网建设时序决策支持模型

工 作 单 位：同济大学

研 究 方 向：基础设施配置

参 赛 人：林诗佳、刘思涵、张竹君

参赛人简介：参赛团队成员均为同济大学建筑与城市规划学院城乡规划系研究生。研究方向为城乡规划方法与技术，研究兴趣为城
市规划空间信息分析、大数据支持城市规划设计等。

一、研究问题

1. 研究背景

（1）轨道交通发展迅猛，多城市进入成网阶段

随着城市人口规模的不断扩大、出行需求的持续增长，多地
开始大力发展公共交通，尤其是大运量轨道交通，来解决交通问
题。2019年，全国共有43个城市正式运营轨道交通，总运营里程
达6 488km。

随着轨道交通建设不断发展，北京、上海、广州、深圳等一
线城市的轨道交通系统早已成网，众多新一线城市如苏州、杭州
等也进入成网阶段（表1-1），轨道交通规划的重点也由传统单线
规划转向网络规划。

部分城市轨道交通线路建设现状   表1-1

北京	上海	广州	深圳
22条线路，689km 	17条线路，705km 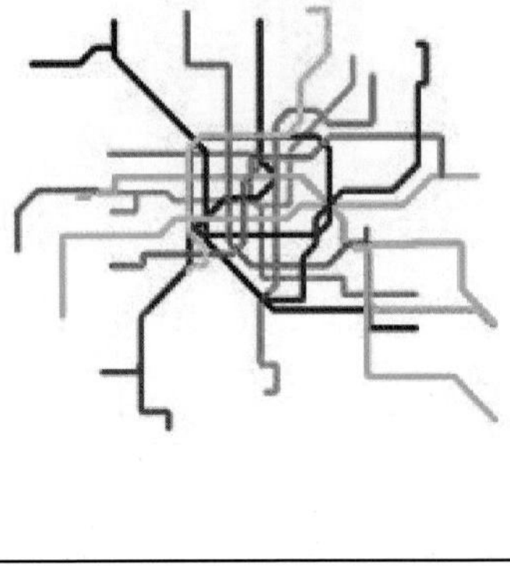	14条线路，491km 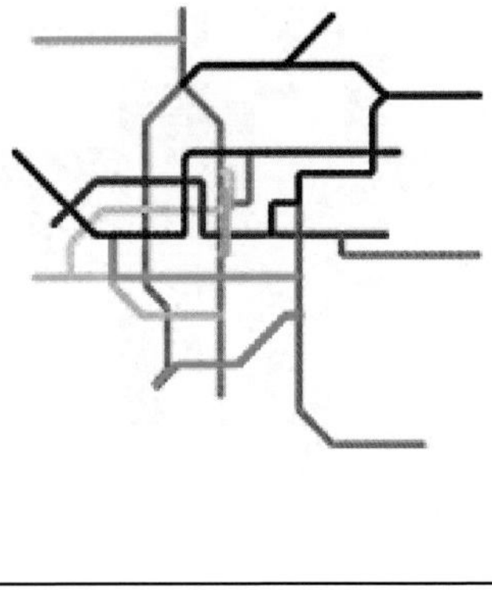	8条线路，304km 

续表

苏州	杭州	西安	青岛
4条线路，166km	4条线路，136km	5条线路，162km	4条线路，174km

（2）线网规划不合理引发现实问题

轨道交通建设是一项长期、高成本的系统工程，线网规划不合理将带来难以调整的影响。许多城市出现了线网建设时序与实际需求不匹配的问题，如济南地铁1号线投入运营时周边用地尚未开发，客流不足、运营效益低，且无法缓解市区交通压力（图1-1）；轨道交通建设滞后于需求，会引发超负荷运载、阻碍发展要素流动等问题，如重庆市近十年重点发展的东西槽谷片区，由于云集了大量新兴功能板块，两大槽谷来往于主城核心区、两江新区等区域的人口增长迅猛，但直至2019年其开通的轨道交通线路却仅有两条（图1-2），远远不能满足快速交通需求和经济社会发展需求。

（3）国家政策要求充分论证

国务院近年出台的《关于进一步加强城市轨道交通规划建设管理的意见》等轨道交通建设意见中，多次强调建设时序的科学合理性，提出"以人为本、统筹协调、因地制宜"等原则，明确要根据城市实际情况，充分论证城市轨道交通建设必要性、合理确定建设时序，旨在避免当前个别城市不从实际出发、盲目建设的现象。

图1-1　济南市1号线区位

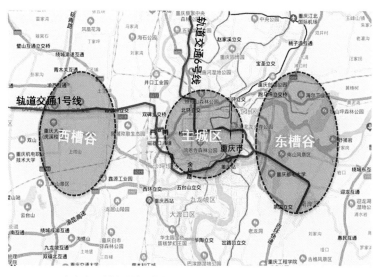

图1-2　重庆市东西槽谷的轨道交通线路

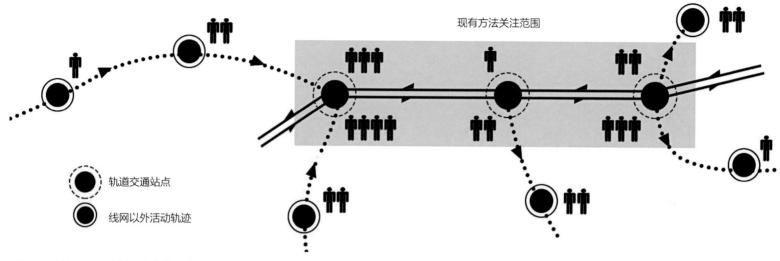

图1-3　现有研究方法侧重考虑线网内部

2. 现有研究及实践方法的局限

目前对于轨道交通建设时序的研究，多关注物质层面要素，如空间区位、线网等级、工程实施、经济效益等客观条件，将城市规划或交通规划的蓝图作为重要依据，却在一定程度上忽视乘客的活动规律和需求。即便考虑到客流因素，也主要停留在已有线网内部、站点之间客流，如各站点客流量、主要流向等（图1-3），使得规划建设结果很难与实际需求相契合，这种局限很大程度上是因为难以获知乘客在轨道交通以外的活动轨迹。

此外，现有分析方法很多采用主观评分法，如依据专家打分、线网等级等进行评估，客观数据主要使用交通部门的客流量和进出站数据，而对客流的来源和去向缺乏分析，从而无法准确地对服务范围、服务对象进行探知，也导致方法推广性较弱。这种局限在一定程度上是由于交通系统内部数据和分析体系难以与其他活动大数据集成应用。

3. 研究问题

从总体规划或专项规划到实际建设运营，线网实施的重要衔接点在于"建设时序"。由于轨道交通建设成本高、周期长、调整难等固有特性，建设时序的科学合理性将直接影响建设效果。

本研究旨在建立一套从实际出行需求出发的轨道交通线网建设时序决策方法，使得轨道交通建设能够满足整体性、动态性、科学性、效率性、适应性等要求。

4. 研究目标

本研究的目标是基于实际客流出行分布，建立轨道交通线网建设时序的评估决策模型。具体可分为：

（1）识别乘客出行轨迹与OD分布，量化测度出行需求。

（2）构建轨道交通线网服务能力评价体系，从供需层面对"溢出"站点或区段进行研判。

（3）对拟建线路服务能力进行评分比较，提供轨道交通线网建设时序的决策支持。

5. 突破重点

（1）识别客流出行轨迹，分析实际出行需求

交通服务首要目的应是更好地满足居民出行需求，本研究以客流出行轨迹为基础，识别轨道交通站点的实际服务范围，分析人们的出行需求，弥补现有方法无法探知完整出行链、偏重静态物质要素的局限。

（2）多源大数据与传统交通分析框架整合

本研究将移动通信网络信令数据、城市公交运行数据等大数据与经典交通模型整合，构建数据集成应用框架，为服务范围、出行需求等关键因素提供量化测度的思路和方法，提高分析决策的科学性和动态性。

（3）基于交通服务供给，构建评估决策模型

本研究借助交通设施服务的"实际"与"理论"差距来反映线网建设迫切程度，相较以往侧重算法研究的方法更能反映交通

服务的实际意义。研究可对建设时序产生实际指引和支撑，可对建设效果进行实证检验及反馈，亦可以减少人为因素对决策评价的影响，具有更广泛的适用性。

6. 研究意义

首先，突破传统方法侧重静态物质要素的局限，从实际出行活动和需求角度评估和预测轨道交通线网建设效果，体现人本规划理念；其次，拓展多源大数据及数据挖掘技术在交通规划领域的应用思路，弥补传统方法在实证和动态性方面的不足；此外，建立可复用、可推广的轨道交通线网建设时序决策支持模型，高效辅助轨道交通线网评估和预测，提高规划决策的科学合理性。

二、研究方法

1. 研究思路（图2-1）

本研究分为两个步骤：

一是识别"溢出客流"，通过观测轨道交通乘客实际出行轨迹来捕捉轨道交通建设供不应求的部分，从市民需求角度为轨道交通建设时序提供决策依据；二是建立量化评价体系，基于轨道

交通乘客溢出程度评估线路建设迫切程度，为精准判读拟建线路的优先级提供直观有效的量化参考。

首先，运用基于手机信令数据的乘客来源地识别算法，测算轨道交通站点的实际服务范围；其次，运用基于时间可达性的等效路阻模型，测算轨道交通站点的理论服务范围。利用实际与理论服务范围的比较来定义"溢出客流"，区域性轨道交通服务的供需失衡程度反映线网建设延伸的迫切程度，从溢出乘客数、溢出距离、溢出方向三个层面构建基于客源溢出的建设时序量化评价体系，对拟建线路的优先级进行判读。

在案例实践中，通过多线路横向比较，计算客流溢出程度来预测下一步宜建线路；通过时间维度上的纵向比较，根据客流溢出的改善程度来验证模型可靠性。

2. 测算轨道交通站点实际服务范围

手机信令数据用于识别轨道交通客流并测算其来源分布的研究方法近年逐渐受到青睐。轨道交通刷卡数据只能用于测度站间流量和站间OD，无法追踪乘客的在轨道交通线路之外轨迹；问卷调研虽可准确测度乘客来源分布，但具有数据量小、覆盖范围小、时效性差、工作重复等局限；相较之下，手机信令数据可以关联乘客轨道交通出行及轨道交通之外出行行为，且具

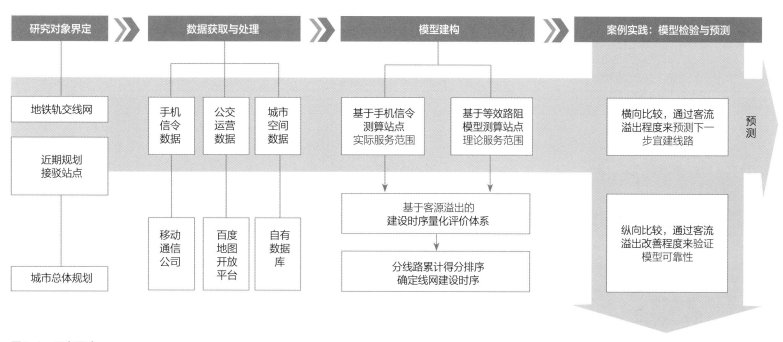

图2-1　研究思路

有数据量大、覆盖范围广等优势，能够在一定程度上弥补上述缺陷。

学术研究方面，王波利用手机信令数据分析了上海轨道交通站点早高峰客流的分布特征；张伟伟等优化了识别方法，得到完整的轨道交通出行链；于泳波等分析了南京地铁客流来源分布特征；周围提供了三种利用手机信令数据实测轨道交通服务范围的方法并加以比较。

本研究通过手机信令数据识别轨道交通乘客进站前地面来源地，作为轨道交通站点的实际服务范围。

3. 测算轨道交通站点理论服务范围

对于轨道交通站点理论服务范围的划定，使用基于时间可达性的等效路阻模型，该模型以时间成本最优为目标，考虑了轨道交通与公交巴士的竞争关系，符合人的出行行为选择特性。该模型认为，在轨道交通站点的影响范围边缘，步行到轨道交通站点后搭乘轨道交通到城市中心的时间与直接搭乘公交巴士出行的时间相同，即在此范围内轨道交通相比于其他公共交通方式具有更强的吸引力。

模型最早由张小松等提出，用于测算轨道交通站点的开发利益影响范围；武倩楠等针对居民出行并非全部都以市中心为目的地的现实情况，划分交通小区并引入轨道交通可达点的概念，用于精细化测算轨道交通站点的接驳范围，即轨道交通站点理论服务范围。

4. 建设时序决策评分

本研究将手机信令数据计算的轨道交通实际服务范围超出传统交通模型计算的理论服务范围定义为轨道交通的溢出需求，构建总溢出距离指标量化分析溢出人数和溢出距离，通过信息熵指标量化分析溢出乘客的方向分布均衡性。利用两个指标形成建设时序决策评分体系，对拟建线路进行评分，线路评分结果表征了轨道交通服务供需失衡程度及建设迫切程度。

总溢出距离指标由站点的溢出乘客数和溢出乘客的出行距离共同决定，表征了站点乘客溢出的强度和广度。信息熵最初由Shannon提出，用以对随机变量不确定度进行度量。信息熵有明确定义，但与随机变量的内容无关，且不随信息的具体表达式的变化而变化，即它是独立于变量内容的抽象统计学概念，故在众多领域都可以得到应用且被证实有意义。在城市规划领域，信息熵被用于衡量土地利用和人口密度分布的均衡性。

本研究借助信息熵统计量，将其用于轨道交通站点的客流来源方向分布均衡性评价中，使用统计学方法以两个指标的中位数作为参照，构建建设时序决策评分坐标系，对拟建线路进行综合评分，并根据得分高低判断建设时序。

三、数据说明

1. 数据内容及类型

本研究所用的数据可分为三类，如表3-1所示。

数据内容与使用目的　　　　　　　　　　表3-1

数据分类	数据内容	数据来源	处理方法	使用目的
时空活动大数据	移动通信网络信令数据	移动通信公司	数据清洗、统计学方法、识别算法	通过一定规则确定乘客出行链；测算出行需求
	轨道交通刷卡数据	杭州地铁公司		对信令数据进行校验
城市公共交通数据	轨道交通线网	自有数据库	ArcGIS拓扑检查	计算轨道交通行程时距；评估交通供给空间
	轨道交通站点		地理编码	
	城市公交开源数据	百度地图开放接口	网络爬取	计算常规公交行程时距
	规划轨道交通接驳线路	城市总体规划	空间标定	分析规划线路空间分布，选取候选站点
城市空间基础数据	行政区划单元	杭州市规划部门	—	底图；反映站点性质
	分级路网		ArcGIS构建网络数据集、拓扑检查	计算接驳时间的空间基础
	土地利用类型		—	城市功能格局与站点性质；评估辅助依据
	总体规划空间结构	城市总体规划	—	
	地上及地下基站	移动通信公司、团队实测	空间标定、地理编码	记录信令数据、识别进出站的空间基础

（1）时空活动大数据

该类数据用于识别出行需求，主要包括移动通信网络信令数据（表3-2）和轨道交通刷卡数据。前者经过数据清洗和统计分析等预处理，再通过一定的算法识别乘客出行链；后者主要运用统计学方法对前者识别结果进行校验，确保数据源及处理结果的可靠性。

移动通信网络信令数据结构 　　　表3-2

字段名称	含义	类型	示例
Msid	用户唯一识别码	varchar	0002a8f239cc57caee-a61d4390b4a5b4
Timestamp	时间戳	timestamp	201704190753
LAC	位置区编号	varchar	5e7d5958a5d4960d
CI	小区编号	varchar	20bce840eb16707a

（2）城市公共交通数据

该类数据用于测算交通供给，主要包括现状及规划的轨道交通线网及站点空间数据、城市公交开源数据。现状轨道交通空间数据（表3-3）作为测算、评估轨道交通行程时距和实际服务需求的空间基础，规划轨道交通线网数据是根据城市总体规划录入的shapefile格式空间数据，用于选取拟建方案和接驳站点。城市公交数据是利用百度地图API接口获取的公交运营线路和行程时距信息等，用于在等效路阻模型中测算常规公交行程时间。

轨道交通空间数据结构　　　表3-3

名称	含义	类型	示例
Stationed	站点编号	int	101
Stationdesc	站点名称	varchar	湘湖
Lineid	站点所属线路	int	1
Lon	经度	float	120.229 815
Lat	纬度	float	30.170 088

（3）城市空间基础数据

该类数据主要提供空间分析基底，包括行政区划单元数据，用作分析底图、框定分析范围；分级路网数据，作为计算接驳时间的空间基础；城市土地利用数据和总体规划空间结构数据，反映城市功能格局和站点性质，作为评估的辅助与验证；基站空间位置数据（表3-4），包括地上和地下基站，其所记录的手机信令是识别进出站和客流时空轨迹的基础。

基站空间位置数据结构　　　表3-4

名称	含义	类型	示例
LAC	位置区编号	varchar	00bd5a95f4dc7312
CI	小区编号	varchar	003f6041d2efb5c0
Is_underground	是否地下基站：1为地下基站，0为地上基站	int	1

2. 手机信令数据预处理

基于手机信令数据产生原理（图3-1），每变化一次位置区码（Location Area Code，简称LAC）就会自动更新一条带有时间戳和位置标记的信令记录，可高频且准确记录手机用户的时空变化，有效还原真实出行轨迹。按照"最大距离、最大时间"的经典出行链算法，可通过手机信令数据测得全日OD出行（图3-2）。

由于LITE移动通信网络中地上与地下LAC不同，乘客从地面进入轨道交通站点地下空间时，手机与通信网络的连接会从地上基站切换到地下基站，即手机用户每次进出（地下）地铁站点都会产生一条手机信令数据。通过建立地下轨道交通周边基站数据库，区分基站所属轨道交通站点及其地下位置，可识别出手机用户的进出站行为（图3-3）。对于部分地上站点导致的搭乘地铁出行链被打断的问题，可以利用站点类型特征、用户进出站时间特征，将被打断的行程串联起来；在此基础上，排除同站进出行为的干扰，可得到手机用户进出地下轨道交通站点的全天记录。

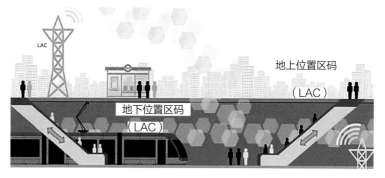

图3-1　手机信令数据识别轨道交通客流原理示意图

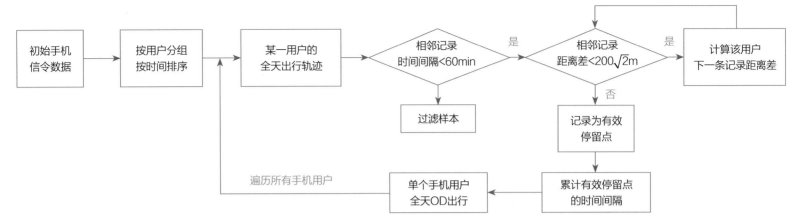

图3-2 手机信令数据计算全天OD算法流程

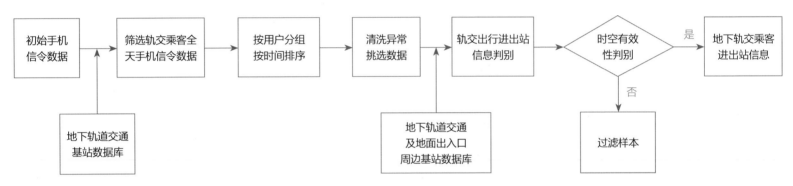

图3-3 手机信令数据计算轨道交通乘客进出站信息算法流程

四、模型算法

1. 基于手机信令测算站点实际服务范围

通过手机信令数据识别轨道交通站点实际服务范围分为以下步骤（图4-1）。

一是串联轨道交通乘客线路内外的轨迹，获得完整出行链。从全天OD中筛选出轨道交通OD，按照时间顺序排序（图4-2），合并得到包含地上、地下出行行为的完整出行链。

二是通过确定合适的时间阈值来识别进站前来源地。通过多组数据比较检验（图4-3），选用"进站前一小时内停止空间移动并连续停留大于半小时"的时间规则作为停留地的判定条件最准确且稳妥。一小时内停止空间移动考虑了轨道交通线末端乘客的使用需求（对照实验中发现，在同样停留时间约束的前提下，半小时内停止空间移动的轨道交通乘客占89%）；连续停留大于半小时的时间约束则排除了地面换乘行为对于停留地判断的干扰。

三是排除数据误差，确定轨道交通站点实际服务范围。为排除非常规出行行为和少量数据误差带来的极值影响，根据相关研究经验并结合实际情况，选取所有来源地按距离远近累计前85%作为各轨道交通站点的实际服务范围（图4-4）。

2. 基于等效路阻模型测算站点理论服务范围

通过等效路阻模型识别轨道交通站点理论服务范围分为以下步骤。

一是根据城市实际情况，划定中心车站和市郊区边界。前者是计算时间可达性的空间参照；后者是考虑到公交巴士行驶速度受路况影响。一般来说，市区较为拥堵，而郊区相对畅通。

二是通过ArcGIS进行空间计算，计算公交巴士和轨道交通分别按照规定线路从各个站点到达城市中心的车程距离（图4-5），其中公交车程分为市区、郊区两段。

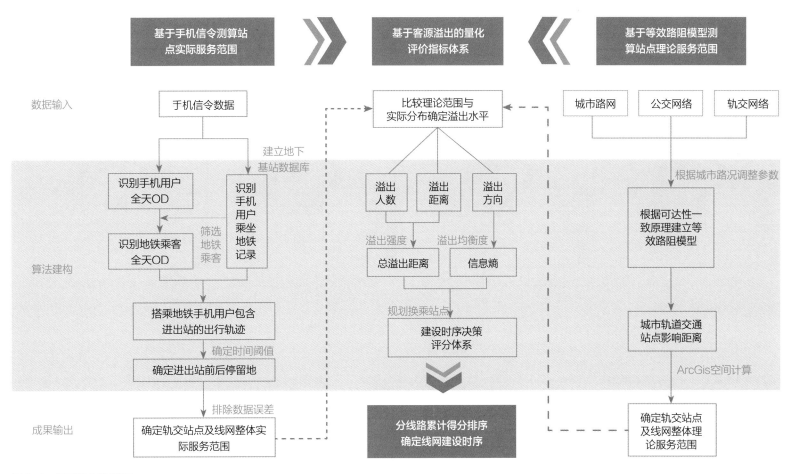

图4-1　模型建构流程图

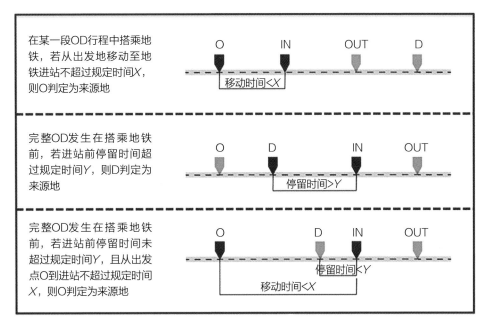

图4-2　基于地铁乘客出行链的进站前来源地识别逻辑

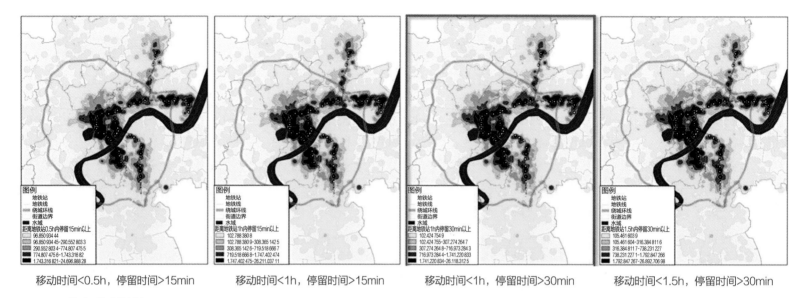

移动时间<0.5h，停留时间>15min　　移动时间<1h，停留时间>15min　　移动时间<1h，停留时间>30min　　移动时间<1.5h，停留时间>30min

图4-3　时间阈值比较选择

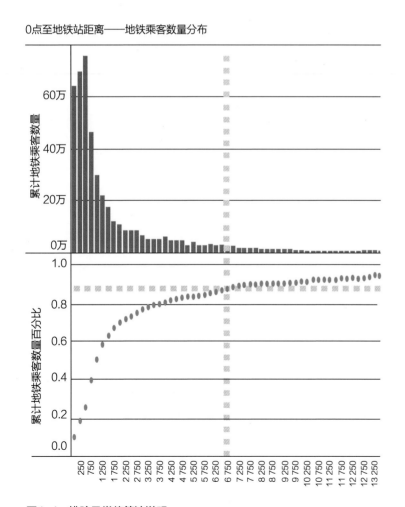

图4-4　排除异常值算法说明

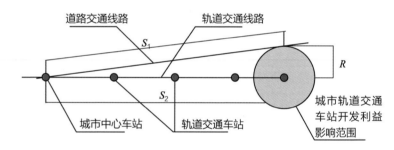

图4-5　轨交站点影响范围算法示意

　　三是根据城市交通实况对不同交通方式旅行速度估值。利用公式4-1，可以得到各个轨道交通站点的影响距离，以轨道交通站点为圆心、相应影响距离为半径做圆，即为轨道交通站点的理论服务范围。

$$R = (s_{sg}/v_{sg} + s_{jg}/v_{jg} - s_d/v_d) \times v_b \qquad (4-1)$$

　　其中，R为轨道交通影响范围边缘点到车站的距离，即城市轨道理论服务范围；

　　s_{sg}为轨道交通影响范围边缘点到市中心间的公共交通线路市区段距离；

　　s_{jg}为轨道交通影响范围边缘点到市中心间的公共交通线路郊区段距离；

　　v_{sg}为公共汽车在市区的平均旅行速度；

v_{jg}为公共汽车在郊区的平均旅行速度；

s_d为轨道交通车站沿线路至市中心的距离；

v_d为轨道交通的平均旅行速度；

v_b为轨道交通影响范围边缘点到车站出行的平均速度。

3. 基于客源溢出的量化评价指标体系

（1）总溢出距离指标

总溢出距离指标可表征轨道交通站点客源的溢出量和溢出距离。该指标的评价对象为拟建线路与已建线路的换乘站及其上下两站。输入数据为站点溢出乘客分布核密度。

该指标使用站点溢出距离与人数的乘积，即总溢出距离表示。

$$D_p = \sum\nolimits_{i=1}^{n} N_{(G_i)} D_{(G_i)} \quad （4-2）$$

其中，D_p为站点总溢出距离，$N_{(G_i)}$为渔网G_i溢出乘客数，$D_{(G_i)}$为渔网G_i与站点的距离。

该指标使用各站点的乘客分布核密度，将栅格数据转换为矢量渔网，使用渔网中心与轨道交通站点的距离作为溢出乘客的来源距离（图4-6），渔网的核密度值乘以渔网面积作为溢出乘客数。计算各渔网溢出乘客数和乘客来源距离的乘积，累加得到站点的总溢出距离，综合反映站点的实际乘客溢出强度。总溢出距离越大，站点实际乘客溢出强度越大。

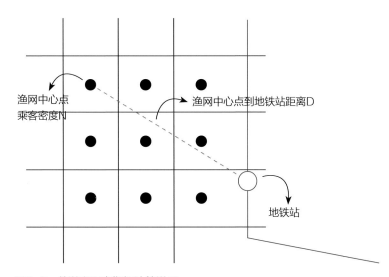

图4-6　总溢出距离指标计算说明

（2）信息熵指标

信息熵指标量化可评价轨道交通站点实际溢出乘客的方向分布均衡性。该指标的评价对象为拟建线路与已建线路的换乘站及其上下两站。输入数据为站点溢出乘客分布核密度。

$$H = -\sum\nolimits_{i=1}^{n} P_{(O_i)} \log_2 \left(P_{(O_i)} \right) \quad （4-3）$$

其中，H为轨道交通站点溢出乘客分布的信息熵，$P_{(O_i)}$为站点O_i方向溢出乘客数占站点总溢出乘客数的比例（图4-7）。

溢出乘客分布信息熵指标将站点周边分为n个方向，统计渔网中心落入每一方向的渔网核密度值乘以渔网面积之和（各方向溢出乘客数）占总渔网的核密度值乘渔网面积之和（总溢出乘客数）的比例。该指标用于表征站点溢出乘客来源在各方向分布的均衡性，信息熵越小，分布越不均衡；信息熵越大，分布越均衡。

当所有溢出乘客均来自同一方向时，信息熵取到最小值为$\log_2（1）=0$；当所有溢出乘客均衡地分布于各个方向时，信息熵取到最大值为$\log_2（n）$。

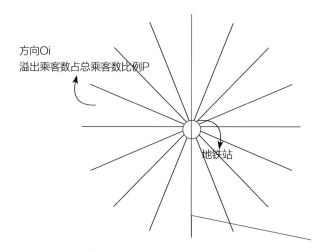

图4-7　信息熵计算说明

4. 建设时序决策评分体系

评价指标体系中的两个指标用于评价轨道交通客源溢出的强度和均衡度，指标表征现有供需情况的失衡，用于构建建设时序决策评分体系，可得到基于真实客源需求的建设时序决策支持方案。

评价对象为拟建线路，输入数据为上述两个指标，分以下步骤完成综合评分：

（1）评价体系构建

将总溢出距离指标作为横轴，信息熵指标作为纵轴，取所有评价站点的两个指标的中位数作为零点，构建评分体系（图4-8）。

（2）制定评分规则

位于第四象限的站点，得分为1，总溢出距离指标大，信息熵小，即溢出乘客强度大，均衡度差，服务溢出程度高；位于第一象限的站点，得分为0.5，总溢出距离指标大，信息熵大，即溢出乘客强度大，但均衡度较好，服务溢出程度较高；位于第二、三象限的站点，得分为0，总溢出距离指标小，即溢出乘客的强度小，由于计算的样本量较小，信息熵的值不具有决定性。将得分赋予各拟建线路与已建线路的换乘站及其上下两站。

（3）结果输出

将一条拟建线路的所有换乘站及其上下两站得分加和，得到线路总得分，作为建设时序决策评分体系的输出结果。模型输出的线路总得分越高，线路对于现状服务溢出改善程度越高，建设时序越靠前。

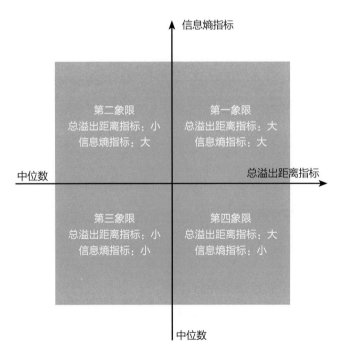

图4-8　建设时序决策评分体系

五、实践案例

1. 概况

本研究以杭州市轨道交通建设时序决策支持作为实践案例。研究对象为杭州市七区（西湖、拱墅、江干、下城、上城、滨江、余杭）的轨道交通线网。

截至2017年7月，杭州市轨道交通共有1、2、4号线三条线路成网运营，共59个地下站点，包括4个两线换乘站点。另还有3个地上站点，由于数据获取的局限，本次不予考虑。

案例使用了两个时段的手机信令数据，分别为2017年4月和7月的连续两天工作日，对应杭州市2号线自钱江路站以西的西北段开通前后的情况。由于西北段为2017年7月3日开通，故4月的数据不涵盖该段的9个地下站点。

拟建线路的候选方案是根据杭州市总体规划中的轨道交通系统规划得出的，选取近期建设且与现状线网联系较紧密的7条拟建线路作为评估对象。将4月数据输入模型运算，得到建设时序预测结果，再利用7月实际建设状况和模型运算结果，验证模型结果可靠性和指标有效性，并证实模型可进行迭代预测。

2. 溢出客流识别

考虑杭州市的实际情况，选取凤起路站点作为市中心站点，选取杭州市机动车限行边界作为路况拥堵与否的参考依据；估计公共汽车市区段平均行驶速度为15km/h，郊区段平均行驶速度为25km/h，轨道交通平均行驶速度为35km/h，平均步行速度为5km/h。

考虑到城市中心区的轨道交通站点受区位局限，通过模型测得影响距离偏小，因此影响距离小于500m的站点，其理论服务范围均以500m计算。

通过ArcGIS作缓冲区将杭州市50个地下轨道交通站点的理论服务范围可视化，横向比较可以发现轨道交通站点服务范围存在端部效应，即轨道交通线网端部的站点影响范围较大、中间的站点影响范围较小。

通过ArcGIS空间融合操作工具，可得到杭州市2017年4月份建成轨道交通线网的理论服务范围（表5-1）。

基于等效路阻模型计算轨道交通站点理论服务范围
表5-1

站点编号	站点名称	所在轨道交通线	公交市区段行驶距离/km	公交郊区段行驶距离/km	轨道交通行驶距离/km	站点影响距离/m	站点理论服务范围/m
101	湘湖	1	5.7	10.5	13.9	2 014.3	2 014.3
102	滨康路	1	5.7	9	12	1 985.7	1 985.7
103	西兴	1	5.7	7.9	10.9	1 922.9	1 922.9
104	滨和路	1	4.8	5.5	9.5	1 342.9	1 342.9
105	江陵路	1	4.8	5	8.4	1 400	1 400
106	近江	1	4.8	1.7	5.4	1 168.6	1 168.6
107	婺江路	1	5.8	0	4.5	1 290.5	1 290.5
108	城站	1	3.5	0	3.2	709.5	709.5
109	定安路	1	2.1	0	1.9	428.6	500
110	龙翔桥	1	0.86	0	0.79	173.8	500
111	凤起路	1	0	0	0	0	500
112	武林广场	1	1.2	0	1.2	228.6	500
113	西湖文化广场	1	2.6	0	2.1	566.7	566.7
114	打铁关	1	4.1	0	3.4	881	881
115	闸弄口	1	5	0	4.9	966.7	966.7
116	火车东站	1	4.8	2.5	7	1 100	1 100
117	彭埠	1	4.8	3.5	8.1	1 142.9	1 142.9
118	七堡	1	4.8	5.7	9.9	1 325.7	1 325.7
119	九和路	1	4.8	7.3	11.2	1 460	1 460
120	九堡	1	4.8	7.8	12.5	1 374.3	1 374.3
121	客运中心	1	4.8	9.3	13.8	1 488.6	1 488.6
125	余杭高铁	1	4.8	18.8	22.9	2 088.6	2 088.6
126	南苑	1	4.8	20.5	24.4	2 214.3	2 214.3
127	临平	1	4.8	21.6	25.6	2 262.9	2 262.9
128	下沙西	1	4.8	13	17	1 771.4	1 771.4
129	金沙湖	1	4.8	13.9	18.3	1 765.7	1 765.7
130	高沙路	1	4.8	17	19.2	2 257.1	2 257.1

续表

站点编号	站点名称	所在轨道交通线	公交市区段行驶距离/km	公交郊区段行驶距离/km	轨道交通行驶距离/km	站点影响距离/m	站点理论服务范围/m
131	文泽路	1	4.8	18.5	20.5	2 371.4	2 371.4
201	钱江路	2	4	1.2	5.2	830.5	830.5
202	盈丰路	2	4	5.5	9.5	1 076.2	1 076.2
203	飞虹路	2	4	6.7	10.7	1 144.8	1 144.8
204	振宁路	2	4	8.8	12.4	1 321.9	1 321.9
205	建设三路	2	4	10	13.9	1 347.6	1 347.6
206	建设一路	2	4	11.1	15.1	1 396.2	1 396.2
207	人民广场	2	4	12.6	16.7	1 467.6	1 467.6
208	杭发厂	2	4	13.7	17.7	1 544.8	1 544.8
209	人民路	2	4	15	19	1 619.1	1 619.1
210	潘水	2	4	16.2	20.1	1 701.9	1 701.9
211	曹家桥	2	4	18	21.7	1 833.3	1 833.3
212	朝阳	2	4	19.4	23.1	1 913.3	1 913.3
401	彭埠	4	4.8	3.5	8.1	1 142.9	1 142.9
402	火车东站	4	4.8	2.5	7	1 100	1 100
403	新风	4	4.8	2.1	7.7	920	920
404	新塘	4	4.8	0.9	7.7	680	680
405	景芳	4	3.7	0.9	6.5	484.8	500
406	钱江路	4	4	1.2	5.2	830.5	830.5
407	江锦路	4	4	2.3	6.2	907.6	907.6
408	市民中心	4	4.8	1.2	6.8	868.6	868.6
409	城星路	4	4.8	1.6	6.8	948.6	948.6
410	钱江世纪城	2	4	4.8	8.6	1 064.8	1 064.8
411	文海南路	1	5.7	20.5	23.2	2 685.7	2 685.7
412	云水	1	5.7	21.9	24.6	2 765.7	2 765.7
413	下沙江滨	1	3.8	21	26.2	1 723.8	1 723.8
415	近江	4	4.9	1.6	5.4	1 181.9	1 181.9

通过2017年4月份手机信令数据识别杭州市轨道交通乘客39.6万，所有乘客进站前来源地与轨道交通站点的人均距离为1.51km；其中有15.5万乘客进站前来源地位于其站点理论服务范围之外，占所有乘客比重为39.1%。分线路比较，轨道交通1号线溢出乘客数量为13.7万，占比为41.31%；2号线溢出乘客数量为1.2万，占比为26.9%；4号线溢出乘客数量为2.6万，占比为37.2%。说明轨道交通1号线沿线存在较为严峻的供不应求现象。

空间分布上，乘客来源高值区在主城区西、北方向呈现出连绵成片溢出的现象，尤其是第一高值区呈现向西的线性延伸趋势（图5-1）。

将轨道交通溢出乘客核密度数据，输入量化评价指标体系中，定义核密度像元大小为100m×100m，使用公式4-2计算总溢出距离指标，渔网面积为10 000m²，最终计算结果为分站点的

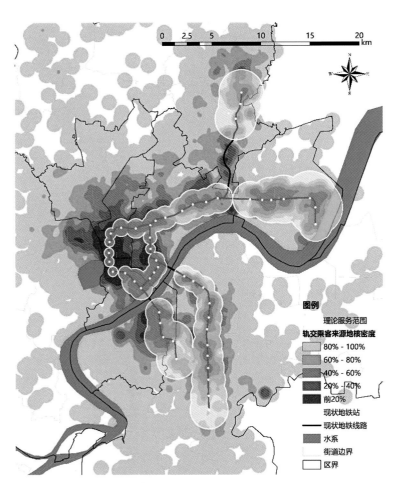

图例

理论服务范围

轨交乘客来源地核密度
- 80%-100%
- 60%-80%
- 40%-60%
- 20%-40%
- 前20%

现状地铁站

现状地铁线路

水系

街道边界

区界

图5-1 轨道交通线网4月溢出客流空间图示

50个总溢出距离指标结果及空间分布。公式4-3计算的信息熵指标，n取值为16，即将每个轨道交通站点周边360°平均划分为16个方向，每个方向为以站点为端点、夹角为22.5°的两条射线所包含的区域，计算各个区域中的溢出乘客占总溢出乘客的占比为$P_{(oi)}$。信息熵指标表征了站点的溢出客流在16个方向分布的均衡性。最终计算结果为分站点的50个信息熵指标结果及空间分布。

3. 模型检验

（1）建设时序评分

将杭州市4月份2号线西段开通前的数据输入模型，根据模型计算的各站点总溢出距离指标和信息熵指标如图5-2所示。杭州市中心西北侧、末端站点均有服务溢出强度高、分布不均衡的特点，这种不均衡的强溢出表示了轨道交通线网在这些区域的服务能力的缺失。

进一步将两个指标输入建设时序决策评分体系，根据站点所在象限赋予站点得分，对案例中的7条拟建线路进行全线路累计得分计算，结果如图5-3所示。得分最高的为5号线，建设时序应最靠前。

然而在实际轨道交通项目的实施中，全段线路由于建设成本大、周期长、用地批复等问题，通常会进一步安排分期建设（图5-4）。

因此按照不同方向对各线路进行分段，该模型还可以用于模拟实际分期建设的时序。分段汇总的评分结果如图5-5所示，模型结果表明建设时序最靠前的应为2号线西段、4号线北向段、5号线江西段和9号线南段。

在杭州市2017年轨道交通建设实践中，2017年7月杭州市实际开通2号线西段，与模型分段预测结果一致。

因此认为模型的结果具有一定的可信度，模型成立。实际在轨道交通建设时序决策中，还受到用地批复、建设成本等多要素影响，本模型从乘客实际需求出发提出轨道交通建设时序决策支持，经过实践验证是有效的。

（2）模型指标检验

将杭州市7月份2号线西段开通后的数据输入模型，观察总溢出距离指标和信息熵指标的变化情况，用以检验指标选取的合理性。根据模型计算的各站点总溢出距离指标和信息熵指标及变化趋势如图5-6、图5-7所示。

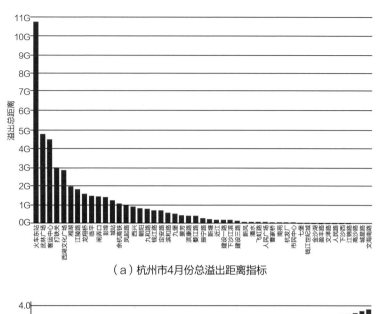

（a）杭州市4月份总溢出距离指标

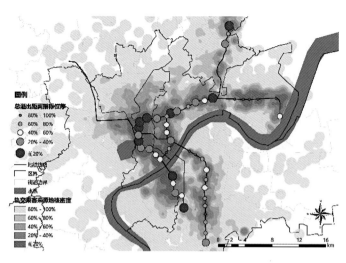

（b）4月份总溢出距离指标空间分布

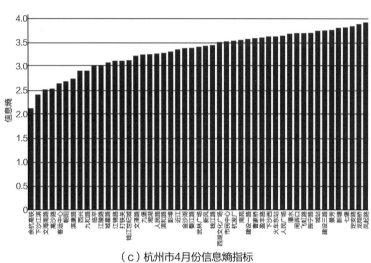

（c）杭州市4月份信息熵指标

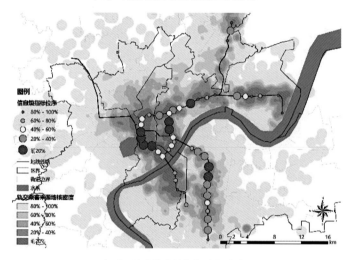

（d）4月份信息熵指标空间分布

图5-2　4月份总溢出距离指标和信息熵指标计算结果

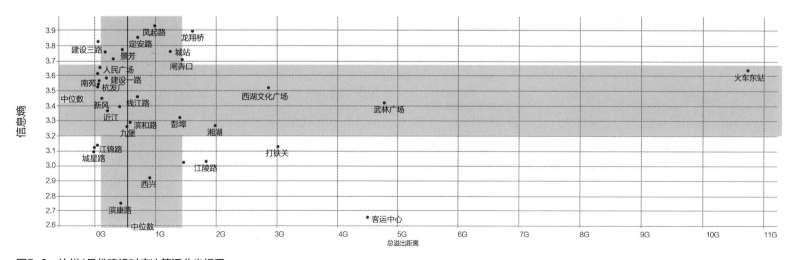

图5-3　杭州4月份建设时序决策评分坐标系

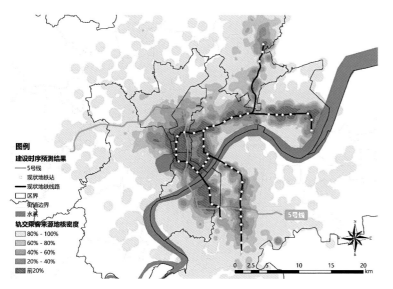

图5-4　4月份建设时序决策模型输出方案

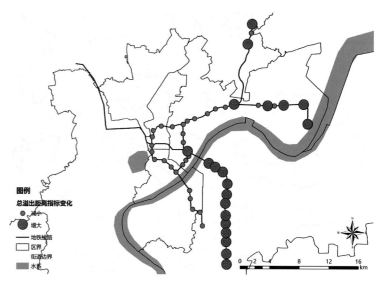

图5-6　4、7月份总溢出距离指标变化空间分布

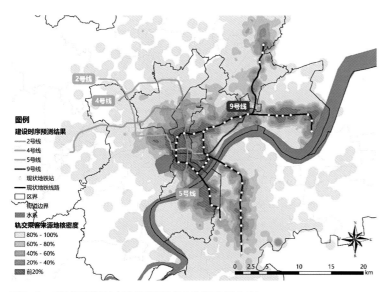

图5-5　4月份建设时序决策模型输出分段建设方案

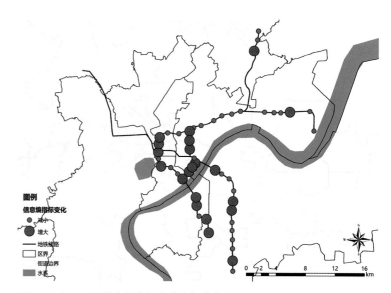

图5-7　4、7月份信息熵指标变化空间分布

与2号线西段建成前相比，线路建成后新线路周边站点的总溢出距离指标均有所减小，信息熵指标均有所增大，即站点的溢出强度—均衡度均得到了一定的改善，说明新线路的建成能够缓解附近原有站点的服务溢出情况，选取总溢出距离指标和信息熵指标能够较好地指标表征征站点的服务溢出情况。

4. 建设时序预测

将杭州市7月份2号线西段开通后的数据输入模型，并将模型计算的各站点总溢出距离指标和信息熵指标输入建设时序决策评分体系，可以对杭州的轨道交通建设时序做进一步的预测。综合评价结果如图5-8所示。按照整条线路计算得分，建设时序最靠前的应为5号线（图5-9）。按照不同方向对各线路进行分段统计得分，建设时序最靠前的应该为9号线（图5-10）。

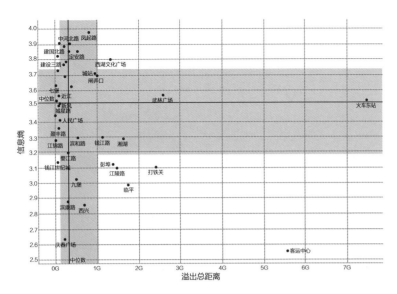

图5-8 杭州市7月份建设时序决策评分坐标系

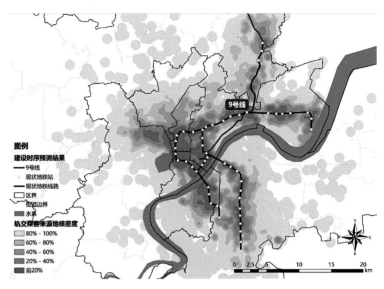

图5-10 7月份建设时序决策模型输出分段建设方案

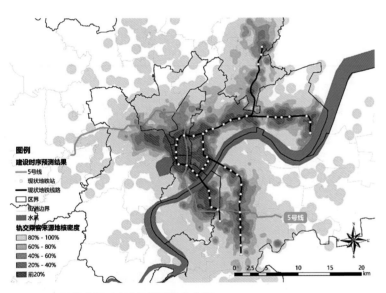

图5-9 7月份建设时序决策模型输出方案

输入杭州市2017年7月份手机信令测算的乘客数据，模型能够成功得到下一步轨道交通的建设时序的决策支持方案，且可以根据实际情况选择整条线路和线路分段的不同方案。当有新线路建成后，改变模型的输入，可再次进行未来的建设时序预测，具有较好的实用性、灵活性和动态性。

六、研究总结

1. 研究总结

本研究建立了基于实际客流活动轨迹的城市轨道交通线网建设时序决策支持模型。针对客流真实时空活动识别的难点，提出基于停留点的客流出行轨迹识别方法，测算出轨道交通站点的实际服务范围，对比改良经典交通模型测算的理论服务范围，构建完整的轨道交通线网评估指标体系，从供需层面提出轨道交通线路建设时序的决策支持方法，扩展了传统交通规划评价和规划决策的思路。

2. 研究创新点

（1）提出大数据与传统交通模型的集成框架

使用客流时空活动大数据对交通领域的服务范围等经典概念进行精准解读，反映客流真实的分布和流动特征；使用城市公交运行数据对传统交通模型进行优化，增强了理论服务范围划定与实际情况的契合程度，扩展了交通评估和规划决策的数据源和相应分析方法，为交通线网建设时序提供了更为客观、科学、精准的数据和方法支撑。

（2）提出客流出行轨迹识别方法

使用基于停留点的客流出行轨迹识别算法，有效解决了测算乘客出行链的难题，为相关活动规律和出行需求的分析提供了有力支撑，实现了客流时空活动与物质空间的有机结合，响应以人为本、精细化的规划理念导向。

（3）构建具有预测性和实证性的决策支持模型

针对现有方法滞后评价、难于实证的局限，构建了可推广、复用的交通规划决策支持模型，以交通服务供需的匹配程度作为评估建设时序的重要参考依据，面向未来做出决策，并能够对预测结果进行检验和迭代，增强了模型的实用性和可靠性。

3. 应用前景

（1）交通线网建设时序规划决策支持

构建了交通线网建设时序决策中人的出行活动规律和需求因素层的评价框架，论证流程清晰完备，具备可迭代性和可拓展性，可以迁移应用于不同城市、不同交通线网的建设时序决策支持，提高交通线网建设的科学合理性。

（2）交通客流时空动态监测、管控与预测

城市大运量交通系统客流量大、流动性强、服务范围广，利用移动通信网络信令数据、基于停留点识别模块，可实现对客流出行路径、来源与去向等进行实时采集、处理与分析，有利于及时、准确掌握人们的实际出行需求和活动规律，为相关部门的客流预测和线网规划布局提供参考，也可满足智能交通建设中客流监测、运营调配、应急管理等模块的广域、全面、动态的要求。

（3）基于人本需求的交通设施服务绩效评估

提升服务质量、满足市民需求是未来公共交通建设的重要发展方向，迫切需要对公共交通服务效果进行评价，且不应仅限于物质建设指标，更应将乘客实际出行状况及潜在需求纳入考量。本研究构建的轨道交通线网评估指标体系，正是基于客流实际出行活动，能有效补充供需层面的交通设施服务评估的空缺，有助于交通资源配置更好地服务于人的需求。

4. 研究展望

（1）模型对交通线网类型的局限较大

由于进出站点识别的原理，该模型和方法目前仅适用于地下交通站点和线网，而对于地上车站和其他交通站点暂时无法覆盖。未来可以考虑融合其他大数据源，利用时间序列构建出完整出行链，拓展本模型的适用范围，进行出行需求分析和线网建设预测。

（2）理论服务范围的划定目前仅考虑了常规公交的竞争

在现实中，人们的出行交通方式选择更为多元，除常规公交与轨道交通外，还存在诸如价格、舒适度、步行距离等影响因素。因此在理论服务范围模块可进一步对多种交通方式竞争、多种出行选择因素给予考虑。

（3）对影响建设时序的其他因素考虑不足

目前主要从客流需求与交通供给的匹配层面进行评估和决策，但实际中轨道交通线网建设时序还受到城市空间扩展导向、经济收益、工程条件等多种因素影响，未来可以考虑在建设时序决策模型中加入其他因素并赋予合适的权重。

"食物—能源—水" 目标耦合约束下的城市未来人居

工作单位：北京师范大学

研究方向：城市综合管理

参　赛　人：薛婧妍、郭丽思、廖丹琦、刘耕源

参赛人简介：薛婧妍，博士生；郭丽思，硕士生；廖丹琦，本科生。研究团队主要从事城市生态精细化管理方面的研究工作，研究领域聚焦在城市食物—能源—水耦合、循环经济、可持续发展方面。已开发的"城市循环经济计算器"获得国际学生循环经济大赛"Wege Prize"提名奖，联合国环境规划署绿色未来奖和钱易环境奖等多个奖项；刘耕源为指导教师，获国际清洁生产杰出青年科学家奖等。

一、研究问题

1. 研究背景及目的意义

能源、水资源和食物资源是人类社会赖以生存和发展的三种基础性资源。如今，城市承载了世界约55%的人口，占据了约70%的能源和高于50%的食物消耗。随着工业化、城市化的迅速发展、人口的不断增加，以及在全球气候变化的影响下，城市食物、能源和水资源的供需矛盾势必越发尖锐，资源环境安全的形势亦将更为严峻。若想实现城市永续健康发展，必须解决制约城市发展的资源短缺、环境恶化等问题。

家庭及产业是城市资源消耗的两个重要部门，也是城市资源管理调控的两个关键部门。随着工业领域产业结构改革的不断深化，以及节水节能措施的实施，工业资源节约潜力的边际效应递减。然而随着城市化的不断深入及人民生活水平的提高，家庭端资源消耗及环境影响问题所占比重将进一步增大。以北京市为例，其生活能源及水资源消耗量一直处于上升态势，2018年北京市家庭端能源及水资源消耗量已分别达到能源及水资源消耗总量的23%及46.8%，若不采取措施，该上升趋势还将继续保持下去。如今，我国对于家庭资源消耗的重视程度不断增加。2011年国家就提出要将节约用水、用能工作贯穿于经济社会发展和群众生产生活全过程。我国的"十三五"规划中更是明确提出实施全民节水、节能行动计划，发展循环经济，大力开发、推广节能节水技术和产品。

食物—能源—水资源（Food-Energy-Water，简称FEW）系统之间存在着错综复杂的互动关系，任何一个子系统的政策实施都会对城市其他子系统产生正面或负面的影响。因此，单一、割裂地考虑各个城市子系统，而忽略彼此之间的联系，不利于实现城市这一复合系统整体的最优配置。在我国家庭节水、节能减排政策制定过程中，尽管对各个子系统有较为明确的工作重点及计划，但在整体上缺乏对这三者之间关联关系的考量，从而弱化了系统间的统筹管理和协作实施。所以，如何从耦合的角度为城市家庭资源的管理和调控提出具体性对策，在保障居民正常生产生活基础上，最大程度地提高资源利用效率，降低环境影响程度，将极大地提高城市管理者的决策水平和管理效率，助力实现我国节能减排、"十三五"规划目标。

2. 研究目标及拟解决的问题

总体目标：实现人本主义下对智慧城市进行科学精细化规划与管理的目标。城市是一个复杂的自适应系统，家庭及居民等是城市活动的主体。作为社会空间的基本单元，家庭、居民等

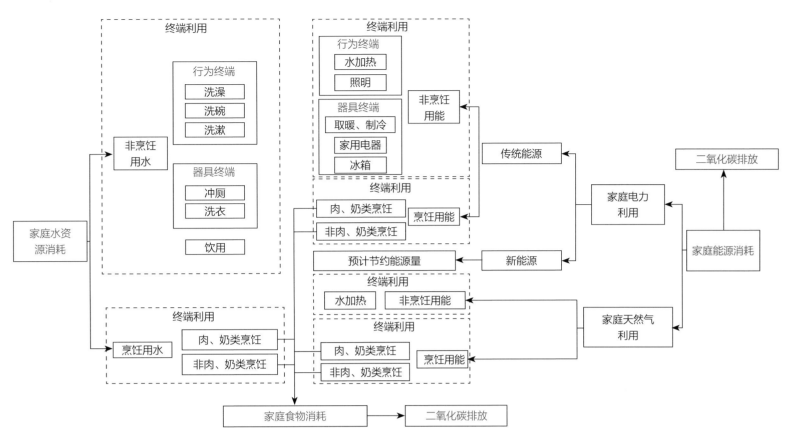

图2-1 城市家庭单元FEW耦合概念框架

每一个微观个体都具有独有的自身特性与丰富的内部认知结构。而智慧城市是具有"集约、智能、绿色、低碳"等诸多特征的新型城市形态的综合体。本项目旨在以服务城市主体——家庭及居民为根本，以缓解城市资源短缺及降低环境影响等问题为导向，综合居民活动的微观模拟等方法，丰富我国的城市政策制定方法与技术，以期科学指导大数据时代中国智慧城市的精细化规划与管理。

瓶颈问题及解决方案：主要问题在于城市家庭单元能源、水资源及食物子系统之间相互作用机理的探寻。城市家庭终端的能源、水资源、食物消耗受用户行为、终端器具效率，以及饮食习惯等众多因素影响，十分复杂。如何进一步细化FEW耦合问题研究的尺度、探寻FEW系统之间的相互作用机理是此研究的瓶颈问题。本项目将基于城市"食物—能源—水"网络分析，通过构建政策耦合动力学模型，模拟城市家庭单元中三个子系统之间的互动表现，进而探寻三个系统之间的相互作用机理。

二、研究方法

1. 研究方法及理论依据

本项目开展的总体思路是首先采用自下而上的终端分析与文献研究相结合的方法对家庭基础用水终端、用能终端的分布、使用情况，以及家庭日常的饮食规律开展详细调研及划分，考察城市家庭的器具终端类别及效率、资源消耗行为特征及模式；同时通过调研报告、政府统计数据、政府规划大纲、正式发表的文献等进行数据挖掘、采集及整理，构建家庭FEW各子系统分类数据库、政策库；其次，在终端分析结果的基础上构建如图2-1所示城市家庭单元FEW耦合概念框架，在此基础上研究各要素间相互联系及各子系统内部及不同子系统之间的反馈机制，绘制各个系统内部因果图，探索不同子系统间的相互联系，搭建城市家庭单元FEW生态流耦合系统动力学模型；然后依据所得到的调查数据确定模型的具体参数，并参照历史数据进行模型的校准及验证；

最后制定不同的政策情景，设定模型政策接口，开展城市家庭端政策耦合模型构建，通过情景分析方法、费效分析方法等实现政策模拟、评估、预测及优化，提出人本主义下对智慧城市进行科学精细化规划与管理的政策方案。

2. 技术路线及关键技术

本项目开展的技术路线（图2-2）主要包括：

（1）基于自下而上的终端分析方法构建城市家庭单元"食物—能源—水资源"耦合分析框架

通过分析国内外权威机构的报告、政府统计数据、正式发表的文献等，进行数据、政策的收集与整理，进行数据分类与政策剖析，明确数据及政策对应的子系统，同时挖掘政策的预期目标、实施手段及影响因素。然后通过相关文献明晰城市家庭的用能终端、用水终端及饮食种类，梳理城市家庭单元能源、水资源及卡路里等生态流在系统内的消耗、联系及转化过程，明晰其在城市家庭单元中的迁移转化路径，搭建城市"食物—能源—水资源"耦合分析框架。

（2）城市家庭单元"食物—能源—水资源"系统动力学模型构建及作用机制研究

在城市家庭单元"食物—能源—水资源"耦合分析框架的基础上，分析系统内部要素之间的反馈回路，建立城市家庭单元"食物—能源—水资源"系统动力学模型，确定模型关键影响因素，模拟城市个人及居民家庭的行为规律、饮食习惯及家庭用水、用电器具效率等对城市家庭能源、水资源、食物消耗及与之相关的二氧化碳排放之间的影响。在模拟分析时，充分利用系统动力学模型在情景模拟和驱动因素反映上的优势，通过研究城市的实测宏观及微观数据确定模型参数，分析其分布的影响及驱动机制，调试模型，并结合历史数据进行模型校验。然后根据未来城市化资源利用类型变化及居民行为意识数据转变状况，模拟预测未来城市经济社会教育发展对家庭单元能源、水、卡路里、碳等生态流消耗与累积格局及动态长期影响。

（3）人本目标下基于情景分析的城市家庭单元"食物—能源—水资源"政策耦合效果动态评估与精细化政策管理与优化

通过主要政策文件的内容分析，设计与食物子系统、能源子系统、水资源子系统相关的器具更换、行为改变及价格调整三大类政策情景，模拟在保障居民生活品质的基础上，城市政策实施

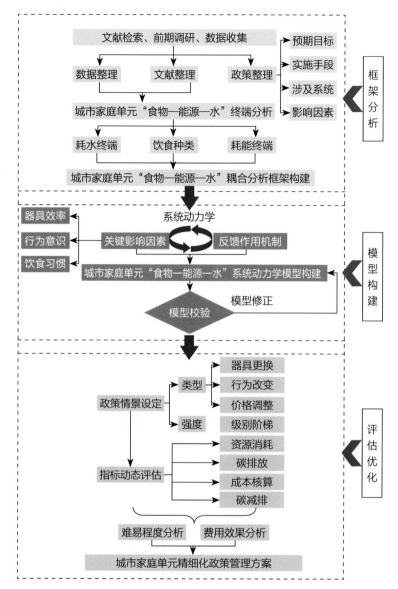

图2-2　技术路线图

不同的配置、强度下，单个家庭及城市总体的资源消耗及环境影响情况。通过提供资源消耗、二氧化碳排放、实施成本核算等指标的动态分析，重点研究在北京这样的大城市家庭单元的能源、水、食物政策会对家庭本身及城市长期的健康程度、发展效率、生态压力等造成的耦合性影响（nexus effects）。通过模型的长期模拟，以缓解城市资源短缺及降低环境影响等问题为目标导向，提出利于城市"食物—能源—水资源"复合生态系统改善的具体到器具终端及具体行为指导的可操作性对策，以期科学指导大数据时代中国智慧城市的精细化规划与管理，为政府提出有关城市规划与管理的可行性建议。

三、数据说明

1. 数据内容及类型

本项目内容的数据主要包括四大类型：①城市社会经济统计数据，主要来源于城市统计年鉴；②家庭器具终端类数据及居民行为类数据，主要来源于调研报告、数据库及相关参考文献等；③居民意识类数据，主要来源于调研报告及相关参考文献；④环境影响类数据，主要来源于调研报告及相关参考文献等。城市家庭单元FEW模型数据内容及类型如表3-1。本项目所涉及的数据内容依据不同子系统列举如下：

（1）食物子系统：本项目主要考虑了家庭日常食物购买量、实际摄入量及浪费量，以及日常饮食中肉奶类及非肉奶类所占的比例等参数衡量家庭端食物子系统特征。

（2）能源子系统：本项目主要考虑了家庭用水器具用能、照明用能、室内制冷用能、家用电器用能、冰箱用能及烹饪用能。本项目主要考虑家庭用水器具的加热能耗，能源利用形式为传统的电力消耗、可再生能源消耗，例如太阳能热水器利用太阳能，以及天然气消耗。家庭照明、家用电器及冰箱只能利用电力，故本模型中只考虑传统电力的消耗。烹饪过程的能源利用较复杂，本项目只考虑燃气灶及电炉的能源利用，所利用的能源类型分别为天然气及电力。而在这些室内制冷用能、用水器具加热用能和烹饪用能过程中，会产生二氧化碳气体排放。

（3）水资源子系统：根据北京市居民家庭用水结构，本项目将居民家庭的终端用水类型分成烹饪用水和非烹饪用水两大类，其中烹饪用水主要是指食物烹饪过程用水，而非烹饪用水主要包括洗漱用水、洗浴用水、冲厕用水、清洗餐具用水、饮用水、家庭卫生用水。其中，食物烹饪用水主要考虑肉、奶类食品烹饪用水及非肉、奶类烹饪用水。

城市家庭单元FEW模型数据内容及类型 表3-1

数据类型	数据内容		获取方式	在模型中的作用
	子系统	数据名称		
城市社会经济统计数据	人口	城市总人口	中国经济与社会发展统计数据库	核算城市资源消耗总量
		城市家庭平均规模		核算单个家庭资源消耗量
	能源子系统	居民用电价格		影响居民对节水、节能等行为的采取
		居民用气价格		
	水资源子系统	居民用水价格		
	食物子系统	肉奶类平均价格	中国知网及Web of Science数据库	
		非肉奶类平均价格	中国知网及Web of Science数据库	
家庭器具终端类数据及居民行为类数据	能源子系统	家用电器拥有率（用水器具、灯具、取暖及通风、影音电器、厨具、制冷器具）	中国知网及Web of Science数据库	家庭初始能源消耗量核算与模拟
		家用电器初始平均功率（用水器具、灯具、取暖及通风、影音电器、厨具、制冷器具）	中国知网及Web of Science数据库	
		家用电器初始平均每日使用时长（用水器具、灯具、取暖及通风、影音电器、厨具、制冷器具）	中国知网及Web of Science数据库	
		可再生能源利用率	中国知网及Web of Science数据库	
		初始节能行为采取率（用水器具、灯具、取暖及通风、影音电器、厨具、制冷器具）	中国知网及Web of Science数据库	居民采取节能行为之后的能源消耗量核算与模拟
		节能行为节能效率（用水器具、灯具、取暖及通风、影音电器、厨具、制冷器具）	中国知网及Web of Science数据库	

续表

数据类型	数据内容		获取方式	在模型中的作用
	子系统	数据名称		
家庭器具终端类数据及居民行为类数据	能源子系统	节能器具节能效率（用水器具、灯具、取暖及通风、影音电器、厨具、制冷器具）	中国知网及Web of Science数据库	居民购买节能器具之后的能源消耗量核算与模拟
		节能器具普及率（用水器具、灯具、取暖及通风、影音电器、厨具、制冷器具）	中国知网及Web of Science数据库	
		单位重量肉奶类食物能源消耗量	中国知网及Web of Science数据库	家庭能源—食物耦合情况核算与模拟
		单位重量非肉奶类食物能源消耗量	中国知网及Web of Science数据库	
	水资源子系统	人均每日用水频率（淋浴、喝水、冲厕、刷碗、洗衣、洗漱）	中国知网及Web of Science数据库	家庭初始水资源消耗量核算与模拟
		人均初始用水时长（淋浴、喝水、冲厕、刷碗、洗衣、洗漱）	中国知网及Web of Science数据库	
		用水器具初始流速	中国知网及Web of Science数据库	
		初始节水行为采用率（淋浴、洗漱）	中国知网及Web of Science数据库	居民采取节水行为之后的水资源消耗量核算与模拟
		节水行为节水效率（淋浴、洗漱）	中国知网及Web of Science数据库	
		节水器具节水效率（节水水龙头及花洒、节水马桶、节水洗衣机）	中国知网及Web of Science数据库	居民购买节水器具之后的水资源消耗量核算与模拟
		节水器具普及率（节水水龙头及花洒、节水马桶、节水洗衣机）	中国知网及Web of Science数据库	
		单位重量肉奶类食物水资源消耗量	中国知网及Web of Science数据库	家庭水资源—食物耦合情况核算与模拟
		单位重量非肉奶类水资源能源消耗量		
	食物子系统	饮食比例（肉奶类、非肉奶类）	中国知网及Web of Science数据库	家庭不同种类食物消耗量核算与模拟
		人均每日食物消耗量		
居民意识类数据	能源子系统	节能行为影响因素（资源价格、习惯心理、环保意识）	中国知网及Web of Science数据库	居民采取节能行为及购买节能器具比例核算与模拟
		节能器具影响因素（资源价格、器具价格、习惯心理、环保意识）		
	水资源子系统	节水行为影响因素（资源价格、习惯心理、环保意识）	中国知网及Web of Science数据库	居民采取节水行为及购买节水器具比例核算与模拟
		节水器具影响因素（资源价格、器具价格、习惯心理、环保意识）		
	食物子系统	饮食种类影响因素（食物价格、习惯心理、环保意识）	中国知网及Web of Science数据库	居民饮食种类选择核算与模拟
环境影响类数据	能源子系统	电力利用碳排放强度	中国知网及Web of Science数据库	家庭单元环境影响核算
		天然气利用碳排放强度		
	水资源子系统	水资源利用碳排放强度		
	食物子系统	肉奶类食物碳排放强度		
		非肉奶类食物碳排放强度		

2. 数据预处理技术与成果

本模型的构建、调试及优化过程数据需求量极大，涵盖城市2010—2020年十年间社会、经济、环境等多方面的大数据，收集的数据虽然存在类型多样化、数据较微观、统计口径不一致特点，但是本团队已经形成一套较为系统的数据获取、采集与处理方法，可实现数据每年更新，使之能够服务于城市规划，为规划工作打开新的视角。本模型中的城市社会经济统计数据可从政府历年统计年鉴及官方网站中获得，且可依据数据列表实现每年更新；环境影响类数据可通过Excel以网页获取数据的高级选项获得，也可以通过刷新的方式实现数据列表的实时更新；对于家庭器具终端类数据及居民行为类数据，该模型需要详尽的家庭用水、用能及饮食信息，数据需要覆盖各类能源使用量、用水、用能的习惯与态度、家用电器、用水器具的拥有情况等多方面的信息，本团队目前的数据是通过已有的家庭调研报告及相应的参考文献获得，本团队将依据已有数据列表设计一套完整的家庭调查问卷，并通过微信、邮件等方式系统化定期开展规模家庭抽样调查，从而进行不同城市数据的历年更新；除此之外，目前物联网的普及也给本研究带来了数据采集的便利性，本团队还将与不同企业开展合作，通过物联网实时感知、互联网在线抓取等方式在线获得城市家庭资源消耗的动态数据，并在原有时间空间数据的基础上进行时空动态积累。在数据处理方面，本团队已经开发出一套完备的包含数据存储、数据集成、数据转换及数据归约等过程的Excel数据处理包，当初始数据更新、导入后，Excel数据处理包将自动实现后续数据转换与归约，得到与模型匹配的最终分类数据库。本模型数据处理的关键技术是城市家庭器具终端类数据及居民行为类数据采集。

四、模型算法

1. 模型算法流程及相关数学公式

模型算法实现的步骤如下：深入挖掘并梳理城市家庭终端结构，以此确定模型结构及其存在的FEW物理性耦合；按照每种物理性耦合确定其相关政策领域并收集该城市相关政策文件，分析家庭单元FEW政策性耦合；依据居民的行为跟踪调查数据、用户器具现状数据及家庭用水、用能、烹饪等实测数据，确定模型参数；对模型进行调试、优化，并且与具体的政策耦合情景进行对

接；观察城市发展指标动态，利用此模型开展长期动态模拟、分析及评估，从而揭示城市家庭终端的特点，评估政策耦合效果并开展政策优化。

具体来讲，本项目分别利用参数：用能时间、用能频率来描述居民行为对家庭用能的影响；而通过参数用能功率、不同电器拥有率等参数描述器具类型及器具效率对家庭用能的影响。该模型利用的用水终端相关参数主要包括不同用途下的用水使用频率、用水持续时间、用水器具流速（水效等级）及不同器具拥有率（即洗衣机、淋浴），利用这些因素来计算每种用途（饮用、淋浴、洗漱、洗衣、洗碗及烹饪）耗水量。而通过家庭日常食物消耗量以及日常饮食中肉奶类及非肉奶类所占的比例等参数衡量家庭端食物消耗。

（1）食物子系统不同种类食物消耗量计算如下：

$$M_m = M \times Frac_m \qquad (4-1)$$

$$M_v = M \times Frac_v \qquad (4-2)$$

其中，M代表平均每人每日食物消耗量（克/人/天），而M_m代表平均每人每日肉奶类食物消耗量（克/人/天），M_v代表平均每人每日非肉奶类食物消耗量（克/人/天），$Frac_m$代表平均每人每日肉奶类食物占食物总量的比例，$Frac_v$代表平均每人每日非肉奶类食物占食物总量的比例。

（2）能源终端算法基本框架见图4-1，单个用能终端能源消耗每日消耗量计算如下：

$$E_i = De_i \times Pe_i \qquad (4-3)$$

其中，E_i代表i终端的能源消耗量（kW·h），De_i代表i终端每次使用的时长（min），Pe_i代表i终端能源消耗的平均功率（次/人/天）。

模型中的家庭用能终端主要包括用水器具、灯具、取暖及通风器具、影音器具、制冷器具及厨具，因此单个家庭每日水资源消耗总量为：

$$E = p \times \sum E_i \qquad (4-4)$$

其中E代表单个家庭平均每日能源消耗总量（kW·h/天），p代表城市平均家庭规模（人/户）。

（3）水资源终端算法基本框架见图4-2，各用水终端水资源每日消耗量计算如下：

$$W_i = Dw_i \times Fr_i \times F_i \qquad (4-5)$$

其中，W_i代表i终端的水资源消耗量（L），Dw_i代表i终端每

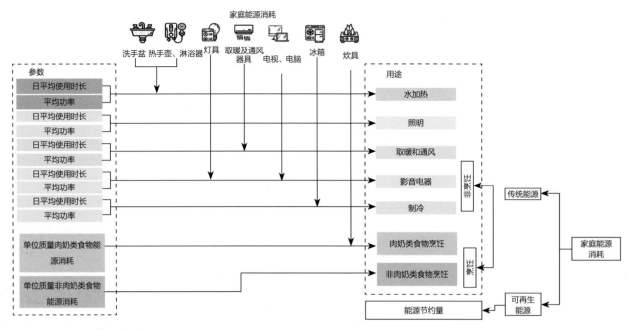

图4-1 能源终端算法基本框架

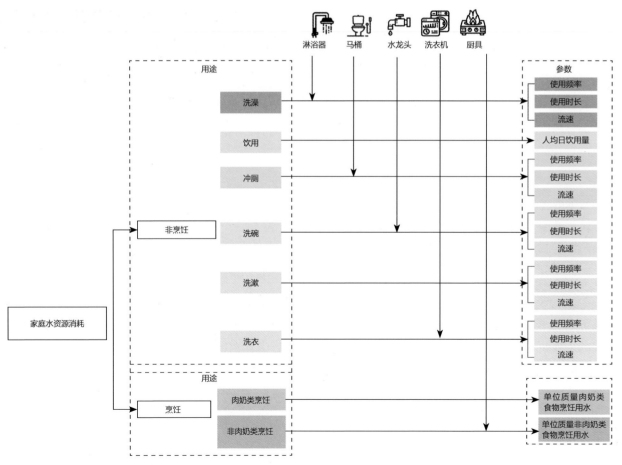

图4-2 水资源终端算法基本框架

次使用的时长（min），Fr_i代表家庭居民每人每日对i终端的使用频率（次/人/天），F代表的是此用水终端的平均流速（L/min）。

模型中的家庭用水终端主要包括淋浴器、马桶、水龙头（厨房龙头、洗漱龙头）及厨具，因此单个家庭每日水资源消耗总量为：

$$W = p \times \sum W_i \qquad (4-6)$$

其中W代表单个家庭平均每日水资源消耗总量（L/天），p代表城市平均家庭规模（人/户）。

（4）居民行为选择公式算法是基于用户偏好的效用函数构建的，如下：

$$U(a) = \sum_{i=1}^{n} W_i(a) \times OV_i(a) \qquad (4-7)$$

$$M(a_y) = \frac{\exp(B \times U(a_y))}{\exp(B \times U(a_x)) + \exp(B \times U(a_y))} \qquad (4-8)$$

$U(a)$：器具（行为）a的效用值；$W_i(a)$：器具（行为）a的标准化偏好权重；$OV_i(a)$：某一器具（行为）a在某一方面的标准化权重；$M(a_y)$：高效器具（节能节水行为）a的采取比例；$U(a_x)$：常规器具（行为）的效用值；$U(a_y)$：高效器具（节能节水行为）的效用值。

（5）节能节水措施采取下的家庭资源消耗速率计算如下：

$$Lnew(x,a) = \frac{AR(a) \times (1-r(x,a)) \times Linit(x) + (1-AR(a)) \times Linit(x)}{ARinit(a) \times (1-r(x,a)) + (1-ARinit(a))} \qquad (4-9)$$

$Lnew(x, a)$：资源x在更换a高效器具或者采取a节能节水行为下的平均消耗速率；$AR(a)$：更换a高效器具或者采取a节能节水行为的比例；$r(x, a)$：资源x在更换a高效器具或者采取a节能节水行为的情况下的资源利用效率；$Linit(x)$：资源x在初始年份的平均消耗速率（尚未更换器具和实施节能节水行为）；$ARinit(a)$：初始年份更换a高效器具或者采取a节能节水行为的比例。

该模型所涉及的主要参数及政策情景参数调整表见表4-1~表4-6。

城市家庭单元水资源子系统—系统动力学模拟参量表　　　　表4-1

参数名称		数值	单位
每次使用的实际用水效率	洗手盆	0.9	—
	淋浴器	0.8	—
每人每天平均用水频率	淋浴	0.37	1/天
	喝水	4.9	1/天
	冲厕	5.3	1/天
	刷碗	2.52	1/天
	洗衣	0.2	1/天
	洗漱	2.02	1/天
单位质量肉奶类食物平均水资源消耗量		0.002 196	L/g
单位质量非肉奶类食物平均水资源消耗量		0.000 584	L/g
水资源消耗碳排放强度		0.121 709	二氧化碳当量g/L
平均水资源价格		0.000 637	欧元/L
进出水温差		50	℃
平均每人初始热水消耗量		50	L/（天·人）
节水器具的初始使用率	节水花洒	0.267	—
	节水马桶	0.3	—
	节水洗衣机	0.4	—

续表

参数名称		数值	单位
节水行为的初始采取率	洗澡	0.3	—
	洗漱	0.6	—
每人每次平均用水时长	洗澡	12	min/人
	冲厕	0.05	min/人
	刷碗	1.58	min/人
	洗衣	45	min/人
	洗漱	1.08	min/人
初始流速	洗澡	7.2	L/min
	冲厕	112	L/min
	刷碗	3.36	L/min
	洗衣	2.75	L/min
	洗漱	3.36	L/min
节水器具反弹效应		0.1	—
节水器具的实际节水率	节水花洒	0.25	—
	节水马桶	0.16	—
	节水洗衣机	0.3	—
用水器具使用寿命		10	年
节水行为的保持时间		1	年
节水行为舒适权重	洗漱	0.47	—
	淋浴	0.29	—
节水行为环保权重	洗漱	0.357	—
	淋浴	0.357	—
节水行为花费权重	洗漱	0.2	—
	淋浴	0.2	—
节水器具花费权重	节水花洒		
	节水马桶	0.2	—
	节水洗衣机	0.22	—
节水器具环保权重	节水花洒	0.247	—
	节水马桶	0.247	—
	节水洗衣机	0.247	—
节水器具价格权重	节水花洒	0.21	—
	节水马桶	0.2	—
	节水洗衣机	0.22	—
遗忘率		0.1	—

城市家庭单元能源子系统-系统动力学模拟参量表

表4-2

参数名称		数值	单位
家庭平均电力消耗碳排放强度		74.900 4	二氧化碳当量g/（kW·h）
家庭平均天然气消耗碳排放强度		98.611 1	二氧化碳当量g/（kW·h）
家庭电器平均拥有率	用水器具	0.63	—
	灯具	8	—
	取暖及通风设备	0.79	—
	影音电器	0.88	—
	冰箱	0.96	—
	可再生能源	0.01	—
节能器具反弹效应		0.46	—
天然气烹饪比例		0.53	—
天然气取暖比例		0.03	—
天然气水加热比例		0.44	—
天然气利用量		127.92	m³/（年·户）
节能器具起始拥有率	用水器具	0.403	—
	灯具	0.98	—
	取暖及通风设备	0.263	—
	影音电器	0.5	—
	冰箱	0.68	—
	炊具	0.25	—
	可再生能源	0.045	—
家用电器初始功率	用水器具	1.417	kW/户
	炊具	0	kW/户
	灯具	0.000 9	kW/户
	取暖及通风设备	0.61	kW/户
	影音电器	0.256	kW/户
	冰箱	0.046	kW/户
	可再生能源	0	kW/户
节能行为初始采用率	用水器具	0.696	—
	灯具	0.85	—
	取暖及通风设备	0.89	—
	影音电器	0.747	—

参数名称		数值	单位
初始单位质量肉奶类食物平均电力消耗		0.000 63	kW·h/（天·g·人）
初始单位质量非肉奶类食物平均电力消耗		0.000 215	kW·h/（天·g·人）
初始单位质量肉奶类食物平均天然气消耗		0.000 5	kW·h/（天·g·人）
初始单位质量非肉奶类食物平均天然气消耗		0.000 177	kW·h/（天·g·人）
家庭能源实际使用效率	用水器具	0.489	—
	灯具	0.2	—
	取暖及通风设备	0.1	—
	影音电器	0.66	—
家用电器平均每日使用时长	用水器具	0.49	h/（天·户）
	灯具	8	h/（天·户）
	取暖及通风设备	1.36	h/（天·户）
	用水器具	4.16	h/（天·户）
	灯具	0.189	—
	取暖及通风设备	0.189	—
	影音电器	0.189	—
	冰箱	0.189	—
	可再生能源	0.189	—
节能行为舒适权重	用水器具	0.31	—
	灯具	0.38	—
	取暖及通风设备	0.6	—
	影音电器	0.439 5	—
节能行为环保权重	用水器具	0.162	—
	灯具	0.117	—
	取暖及通风设备	0.27	—
	影音电器	0.255	—
节能行为花费权重	用水器具	用水器具	—
	灯具	灯具	—
	取暖及通风设备	取暖及通风设备	—
	影音电器	影音电器	—
节能器具花费权重	用水器具	0.758	—
	灯具	0.758	—

续表

参数名称		数值	单位
节能器具花费权重	取暖及通风设备	0.758	—
	影音电器	0.758	—
	冰箱	0.758	—
	炊具	0.758	—
	可再生能源	0.758	—
节能器具价格权重	用水器具	0.52	—
	灯具	0.52	—
	取暖及通风设备	0.52	—
	影音电器	0.52	—
	冰箱	0.52	—
	炊具	0.52	—
	可再生能源	0.52	—
初始电力价格		0.062	欧元/（kW·h）
初始天然气价格		0.035	欧元/（kW·h）
节能行为保持时间		1	年

城市家庭单元食物子系统及其他-系统动力学模拟参量表　　　　　表4-3

参数名称		数值	单位
肉奶类食物碳排放强度		3.213 5	二氧化碳当量/g
非肉奶类食物碳排放强度		0.210 7	二氧化碳当量/g
废物分类比例		0.5	—
肉奶类食物平均价格		0.000 6	欧元/g
非肉奶类食物平均价格		0.000 7	欧元/g
食物价格权重		0.53	—
食物健康权重		0.37	—
平均每人每日食物消耗量		2 320	欧元/g
初始饮食种类	肉奶类	0.17	—
	非肉奶类	0.83	—
过度购买率		0.1	—
家庭规模		2.409	人/户

更换高效器具类政策参数调整 表4-4

政策编号	政策情景描述	参数调整
		节水器具更换
A1	更换一级马桶	initial flow rate of water use[toilet]=74
A2	更换二级马桶	initial flow rate of water use[toilet]=92
A3	更换一级波轮洗衣机	"initial average wattage of non-cooking appliances"[laundry]=1.405; initial flow rate of water use[laundry]=1.86
A4	更换二级波轮洗衣机	"initial average wattage of non-cooking appliances"[laundry]=1.408; initial flow rate of water use[laundry]=2.13
A5	更换一级滚筒洗衣机	"initial average wattage of non-cooking appliances"[laundry]=1.723; initial flow rate of water use[laundry]=0.93
A6	更换二级滚筒洗衣机	"initial average wattage of non-cooking appliances"[laundry]=1.669; initial flow rate of water use[laundry]=1.06
A7	更换一级花洒	initial flow rate of water use[shower]=3.6
		节能器具更换
A8	更换一级电视机	"initial average wattage of non-cooking appliances"[electronic appliances]=0.175
A9	更换二级电视机	"initial average wattage of non-cooking appliances"[electronic appliances]=0.176
A10	更换一级空调	"initial average wattage of non-cooking appliances"[heating and ventilation]=0.437
A11	更换二级空调	"initial average wattage of non-cooking appliances"[heating and ventilation]=0.546
A12	更换一级冰箱	"initial average wattage of non-cooking appliances"[refrigeration]=0.017
A13	更换二级冰箱	"initial average wattage of non-cooking appliances"[refrigeration]=0.027
A14	更换一级波轮洗衣机	"initial average wattage of non-cooking appliances"[laundry]=1.405; initial flow rate of water use[laundry]=1.86
A15	更换二级波轮洗衣机	"initial average wattage of non-cooking appliances"[laundry]=1.408; initial flow rate of water use[laundry]=2.13
A16	更换一级滚筒洗衣机	"initial average wattage of non-cooking appliances"[laundry]=1.723; initial flow rate of water use[laundry]=0.93
A17	更换二级滚筒洗衣机	"initial average wattage of non-cooking appliances"[laundry]=1.669; initial flow rate of water use[laundry]=1.06
A18	宣传教育（购买高效器具）L1	perceived fraction of water saving given water tech adoption=0.8 perceived fraction of energy saving given water tech adoption=0.8
A19	宣传教育（购买高效器具）L2	perceived fraction of water saving given water tech adoption=0.9 perceived fraction of energy saving given water tech adoption=0.9
A20	宣传教育（购买高效器具）L3	perceived fraction of water saving given water tech adoption=1 perceived fraction of energy saving given water tech adoption=1

行为改变类政策情景参数调整 表4-5

政策编号	政策情景描述	参数调整
B1	缩短洗澡时长L1	initial duration of water use per capita[shower]=8.2
B2	缩短洗澡时长 L2	initial duration of water use per capita[shower]=5
B3	降低洗衣频率L1	average frequency of water use per capita per day=（0.37,4.9,5.3,2.52,0.14,2.02）
B4	降低洗衣频率 L2	average frequency of water use per capita per day=（0.37,4.9,5.3,2.52,0.1,2.02）
B5	降低饮食中肉奶类比例L1	initial fraction of food choice adoption in 2010[meat and dairy]=0.15; initial fraction of food choice adoption in 2010[non-meat and non-dairy]=0.85
B6	降低饮食中肉奶类比例 L2	initial fraction of food choice adoption in 2010[meat and dairy]=0.13; initial fraction of food choice adoption in 2010[non-meat and non-dairy]=0.87
B7	降低食物浪费量 L1	degree of over buying=0.08
B8	降低食物浪费量L2	degree of over buying=0.05
B9	宣传教育（可持续性行为保持）L1	perceived fraction of water saving from water behavior adoption=0.8 perceived fraction of energy saving from water behavior adoption=0.8 perceived fraction of non-meat and non-dairy health and environment benefit=0.8
B10	宣传教育（可持续性行为保持）L2	perceived fraction of water saving from water behavior adoption=0.9 perceived fraction of energy saving from water behavior adoption=0.9 perceived fraction of non-meat and non-dairy health and environment benefit=0.9
B11	宣传教育（可持续性行为保持）L3	perceived fraction of water saving from water behavior adoption=1 perceived fraction of energy saving from water behavior adoption=1 perceived fraction of non-meat and non-dairy health and environment benefit=1
B12	宣传教育（采取可持续性行为）L1	maintenance duration of water saving behavior=2 maintenance duration of energy saving behavior=2
B13	宣传教育（采取可持续性行为）L2	maintenance duration of water saving behavior=3 maintenance duration of energy saving behavior=3
B14	宣传教育（采取可持续性行为）L3	maintenance duration of water saving behavior=4 maintenance duration of energy saving behavior=4

资源价格调整类政策情景参数调整 表4-6

政策编号	政策情景描述	参数调整
P1	天然气价格提升40%	average gas price rate=0.035·（1+40%）
P2	天然气价格提升60%	average gas price rate=0.035·（1+60%）
P3	天然气价格提升80%	average gas price rate=0.035·（1+80%）
P4	天然气价格提升100%	average gas price rate=0.035·（1+100%）
P5	电力价格提升40%	average electricity price rate=0.06·（1+40%）
P6	电力价格提升60%	average electricity price rate=0.06·（1+60%）
P7	电力价格提升80%	average electricity price rate=0.06·（1+80%）

续表

政策编号	政策情景描述	参数调整
P8	电力价格提升100%	average electricity price rate=0.06·（1+100%）
P9	水资源价格提升40%	average water price rate=0.000637·（1+40%）
P10	水资源价格提升60%	average water price rate=0.000637·（1+60%）
P11	水资源价格提升 80%	average water price rate=0.000637·（1+80%）
P12	水资源价格提升100%	average water price rate=0.000637·（1+100%）
P13	水资源价格提升40%	average meat and dairy price rate=0.0006·（1+40%）
P14	水资源价格提升60%	average meat and dairy price rate=0.0006·（1+60%）
P15	水资源价格提升80%	average meat and dairy price rate=0.0006·（1+80%）
P16	水资源价格提升100%	average meat and dairy price rate=0.0006·（1+100%）

2. 模型算法相关支撑技术

本模型构建基于系统动力学软件Vensim PLE并进行网页Web前端开发实现城市循环经济计算器的在线可视化。

开发语言：Java；

组件：spring-boot 2.1.6、mybatis-plus 3.0、beetl 3.9.3；

前端框架：easyweb 3.1.5，layui 2.5.5、Echarts；

数据库：MySQL 5.7；

软件系统：可以部署在Windows、CentOS系统上运行。

主要功能和技术特点：①本软件的主要功能：本软件主要用于城市家庭单元食物—能源—水资源实施耦合效果的计算和可视化显示；②本软件的主要技术特点：本软件具有友好的运行界面、方便的功能操作、运行稳定可靠、维护费用低、无平台限制、具有良好的开放性和可扩充性等特点。

五、实践案例

1. 模型应用实证及结果解读

项目团队已基于本研究提出的模型对北京市进行了实证研究，提供了北京家庭单元未来30年食物—能源—水资源相关政策情景下的联动式情景分析。为了测试不同食物—能源—水资源政策对家庭自身及北京市整体资源消耗、二氧化碳排放、经济投入等多方面的影响。模型模拟了北京市采用的20余种食物—能源—水资源政策，每种政策下均含有3~5个情景强度，可描述该种政

策实施强度由弱到强的趋势。该模型可以面向实现针对不同子系统目标下的最优类别、最优政策、最优时间及最低成本政策情景筛选。

（1）该模型可实现多时间维度—多类别政策的动态效果评估

如图5-1所示，模型模拟结果显示出不同类别的政策对不同子系统的效果不同。更换高效器具类政策的家庭节能潜力最大，其次是行为改变类政策，而资源价格调整类政策对于家庭能源节约的作用是最小的，因此，若以北京市家庭单元节能为目标进行政策实施，资源价格调整类政策不应当作为主要政策，而适合作为辅助类政策辅助其他政策的实施。不同于家庭能源子系统，在家庭水资源节约方面，居民行为改变类政策则能实现最大程度的节水效果，更换高效器具类政策次之，最后是资源价格调整类政策。

资源价格调整类政策在能源节约方面是中期性政策，该政策实施的短期内资源节约效果随时间变化逐渐增强，在中期之后其效果逐渐减弱，在政策实施中期效果达到最佳；更换高效器具类政策是短期性政策，政策效果随时间变化逐渐减弱；行为改变类政策在能源节约方面是中长期性政策，其节能效果中期内随时间变化逐渐增强，而后效果不再有较大的变化，在水资源节约方面则表现出短期性政策特点，短期内效果随时间变化增强，之后效果逐渐减弱。

（2）该模型可以实现同类政策情景下的最优政策筛选

除了优势政策类别筛选之外该模型还可实现同类政策下的优

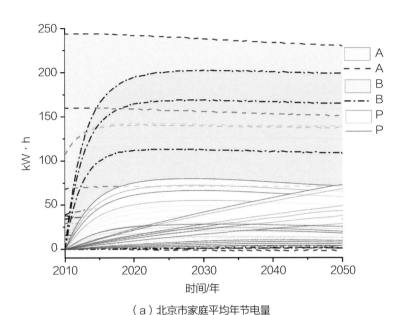

（a）北京市家庭平均年节电量

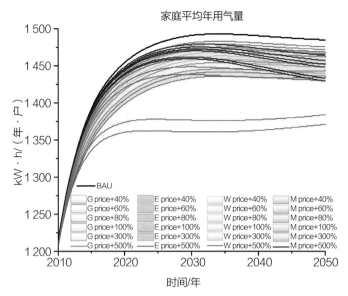

图5-2 同类政策情景下优势政策筛选

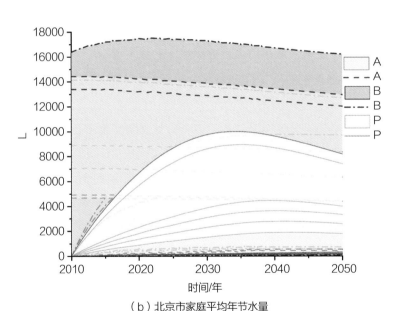

（b）北京市家庭平均年节水量

A: 更换高效器具类政策 B: 行为改变类政策 P: 资源价格调整类政策

图5-1 北京市家庭单元政策资源节约潜力模拟

势政策选择。如图5-2所示，以资源价格调整类政策组别对家庭年均天然气消耗量的影响为例，模拟结果显示出在所有价格调整类政策中，对天然气消耗量影响最大的并非天然气本身价格的调整，而是居民水资源价格调整政策，其次是肉奶类价格调整类政策。模拟结果显示，当水价上涨40%至100%时，家庭年均天然气消耗量相应减少1.63%至3.80%，肉奶类价格上涨40%至100%时，家庭年均天然气消耗量相应减少1.55%到2.59%。出现此结

果的原因之一是天然气的两个主要用途是水加热和烹饪，这两项分别占我国天然气使用总量的44%和53%，因此天然气消耗量对于水资源和食品价格变动较为敏感，这也是城市家庭单元食物—能源—水资源子系统之间的耦合性的体现，即北京市能源子系统的管理亦可通过对其余两个部门的调控实现，同时说明任一部门制定政策时也需咨询其他相关部门。

（3）该模型可基于政策费效评估实现用户权衡友好型的政策方案遴选

除资源节约效果外，该模型还可以实现政策采用的费用效益分析，便于家庭结合多重信息作出选择。如图5-3所示，本报告以更换高效电视机和波轮洗衣机为例，提供了包含年平均投入成本及年平均资源节约在内的双重信息的长期动态模拟。模拟结果表明，更换1级和2级能效的电冰箱多付出的平均成本分别为29.4元/年和8.7元/年，而其最佳节能潜力分别可以达到243.70kW·h/户/年和159.76 kW·h /户/年，故更换1级和2级冰箱的节能成本分别为0.12元/ kW·h和0.05元/ kW·h，均低于北京市居民用电价格0.4883元/ kW·h，所以更换高效电冰箱会缩小家庭用电开支。从环境资源节约角度来看，更换一级电冰箱是较好选择，而从节约家庭成本角度来讲，居民的首选则应是更换2级电冰箱。相较之下，波轮洗衣机的节能效果则稍显逊色，更换1级和2级波轮洗衣机的节能成本分别为3.31元/ kW·h和0.87 元/ kW·h，并且其节能效果均随时间增加而减弱。

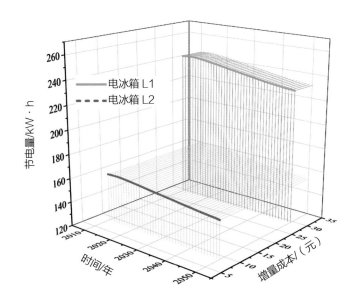

（a）电冰箱效益分析

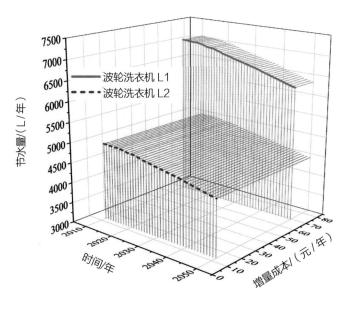

（b）波轮洗衣机效益分析

图5-3　器具更换费用效益分析

2. 模型应用案例可视化表达

该系统建设过程中主要用到数据计算、数据的实时展示。基于以上几点综合考虑，本模型通过以下方式实现应用案例的可视化表达：

（1）本团队使用Echarts来进行图表展示，可以流畅地运行在 PC 和移动设备上，兼容当前绝大部分浏览器（IE8/9/10/11，Chrome，Firefox，Safari等），同时ECharts 提供了对流加载（4.0+）

的支持，可以使用 WebSocket 或者对数据分块后加载，不需要漫长地等待所有数据加载完再进行绘制。

（2）然后本团队利用Beetl模板引擎对前台页面进行封装和拆分，使臃肿的html代码变得简洁，更加易维护，所有页面加载的css和js进行版本控制，当升级项目时，更新对应版本号，可控制浏览器对缓存js和css的刷新。

（3）后台主要的数据读取及计算使用Java。Java可方便集成各类数据处理框架、数据库等，如Redis等，同时Java具有很好的兼容性和跨平台性。

（4）除此之外，采用了MySQL进行数据存储，性能卓越，服务稳定，很少出现异常宕机，并且开放源代码且无版权制约，自主性及使用成本低。

本项目所构建模型的动态可视化效果如图5-4和图5-5所示，该工具可通过对各个指标图像的实时动态呈现，来实现不同政策情景耦合效果下的家庭、城市两个层面的资源消耗、环境影响等方面的直观动态分析。该可视化平台的基本界面由上至下依次为："图像展示区""政策选择区"及"政策分类区"。"图像展示区"可呈现不同指标包括的四十年的长时期实时动态图像，"政策选择区"包含更换器具类政策、行为改变类政策及价格调整类政策的多项政策情景，每项政策又包含有3~5个档位，由A至E政策实施强度依次增大，不同政策、不同档位之间可实现叠加选择，以此描述、模拟和评价家庭成员的器具效率、行为意识及饮食习惯等不同家庭单元政策以不同强度同时实施的耦合效果。界面最底部为"政策分类区"，将"政策选择区"所有政策分为"水资源子系统政策""能源子系统政策""食物子系统政策"，以及"综合政策"四种不同的类型，并且用四种不同的颜色进行标记。

六、研究总结

1. 模型设计的特点

目前国内外关于城市"食物—能源—水资源"（FEW系统）的耦合研究大多局限于各子系统单独的静态描述或者两两关系描述，尚缺乏三系统间联动的长时期定量动态研究；并且目前已有的FEW系统耦合研究多聚焦于国家及城市层面，大多关注于FEW流量存量耦合，而对家庭层面的FEW政策耦合研究则较为匮乏；

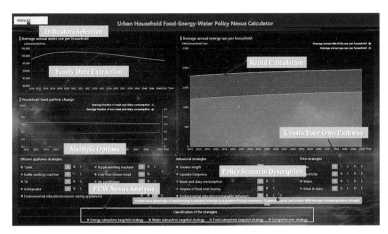

图5-4　城市家庭单元可视化平台基本界面

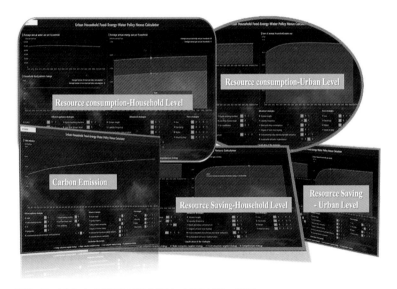

图5-5　城市家庭单元可视化平台主要功能一览图

除此之外,现有政策研究大多落脚于政策评估,对如何辅佐于系统管理与决策,实现政策管控尚处于摸索阶段。

　　本项目弥补以往研究的缺陷,综合自下而上方法、系统动力学方法、情景分析方法等多种方法的优势及特点,以实现城市家庭单元有效管控为目标,以FEW系统为研究对象开展城市家庭单元政策相关性分析。本项目结合不同政策情景,模拟不同的政策配置、政策强度下,城市家庭单元能、水、卡路里、二氧化碳等生态流的输入输出情况,研究城市家庭单元各个子系统资源利用效率、环境影响等相应指标的动态变化,从而实现政策耦合效果动态评估。最后基于模型评估结果,探讨城市家庭单元不同政策间的权衡关系,同时开展政策实施费用效益分析及难易程度分析,基于分析结果确定经济实用性高、可操作性强,且可以有效提升各子系统正面促进效应、规避负面影响的政策优化方案,为政府开展城市家庭单元政策制定及管理提供思路及方法借鉴。

2. 应用方向或应用前景

本项目所建立的城市家庭精细化可视化平台有望实现如下应用:

　　(1)融合网络化、数字化及智能化的特点,加速城市家庭端节点数据的汇聚共享。作为一个所面向用户广泛的开放性平台,该可视化平台通过城市管理者、学术工作者、家庭居民用户的广泛参与及实践可收集大量的数据,实现家庭端节点数据的汇聚和共享。

　　(2)作为一个实时动态的开放性平台,有助于实现群众广泛参与,以实现家庭自我了解、自主分析及自主决策。该平台对于用户的不同选择可实现实时动态展现,便于居民对资源消耗水平、环境影响贡献等指标有较为直观的了解和分析,并通过对不同政策情景的效果观察依据自我情况进行自主决策。

　　(3)作为数据集合、数据挖掘和智慧管理的工具,有助于政府实现精准决策及优化管控。该平台可以为城市管理者提供包括细化到家庭各个终端及居民各项行为的环境、经济等方面长期动态指标评估。它可以为城市规划提供政策或技术实施前的长时期评估预测,便于城市管理者充分了解政策实施的综合性影响,精准把控政策方向性(对应的家庭终端)、力度,并正确选取辅助性政策。

　　(4)结合不同城市特点调整模型对应模块,为像北京这样的大城市家庭端资源消耗及环境影响的精细化管控提供可示范、可复制、可推广的经验模式。

城市空间安全评价与设计决策

——基于犯罪空间数据集成学习

工作单位：清华大学

研究方向：城市安全韧性

参 赛 人：郝奇、冯嘉嘉、梁月冰、许可

参赛人简介：参赛团队关注城市规划学科中的定量研究，并致力于开发及使用新数据、新技术和新算法，对传统城市规划理论及研究方法进行验证、拓展及创新。

一、研究问题

1. 研究背景及目的意义

环境犯罪学理论指出，城市物质空间环境与犯罪有着密不可分的关系，甚至是导致某区域易出现犯罪行为的主要原因。因此，关注犯罪问题、预先发现诱发犯罪事件出现的高发区域，通过模型分析区域中的危险空间要素，提前通过规划、设计、管理手段进行干预，也是保障城市安全韧性的重要一环。

犯罪问题的传统研究，最开始受"犯罪是犯罪人自由意志的选择"的古典主义犯罪学逻辑影响，主要集中于对犯罪人员身份特质的侧写上。近年来，随着深度学习的飞速发展，包括时空核密度、随机森林、决策树在内的很多算法被用于处理大量复杂的城市物质环境因素，筛选重要特征变量，并根据大量历史案件数据训练出预测模型。柳林等（2018年）利用2013—2016年ZG市HT区公共盗窃的犯罪历史数据输入，对比了随机森林与时空核密度方法预测效果，发现前者预测命中率和准确性较后者更高。崔用祥（2018年）通过随机森林筛选提取重要特征集，优化模型，最终各类犯罪类型预测模型的R^2均能达到0.80。

2. 研究目标及拟解决的问题

本研究总体目标为"犯罪行为空间影响机制探究"和"基于犯罪预防的城市空间安全评价与设计决策系统构建"。

研究以中国裁判文书网公开的北京五环范围内的数年犯罪案件信息为基础数据，对影响犯罪的重点空间特征要素进行归纳与筛选，通过集成学习训练和构建城市各类犯罪的空间密度预测模型，并根据要素特征集和预测模型发掘特定区域的"危险或待改进空间要素"；探究以预防犯罪、提高安全韧性为导向的城市空间设计或改造导则，并通过预测模型进行实时反馈与优化，最终指导决策（图1-1）。

研究瓶颈主要有以下几方面：①预测模型准确度的提升；②大量相关的自变量造成的共线性会影响一些算法（随机森林）对机理解释的能力；③一般的预测模型对城市安全属性的解读不够直观，对城市空间设计的指导意义不强。

二、研究方法

1. 研究方法及理论依据

本研究整体研究思路的理论依据，是第一章介绍的环境犯罪学基本观点（即城市生活环境布局对犯罪行为的产生有着本质的

研究目标

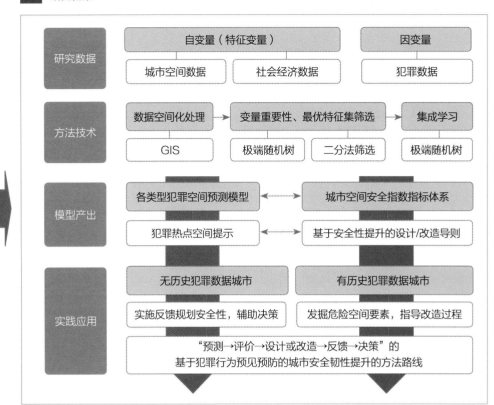

描述性统计与可视化

根据带有空间坐标信息的北京五环范围内数年犯罪案件数据，可视化呈现犯罪行为的空间分布状况

机理探究

计算影响犯罪的重点空间特征要素的重要度数值及其排序，归纳与筛选后得到要素特征集，据此解释空间要素对犯罪行为的影响机理

城市空间安全性评价

构建各类犯罪的空间密度预测模型，并根据要素特征集和预测模型评价城市的空间安全性，发掘特定区域"危险或待改进空间要素"

城市空间安全性评价

对上述结果进行总结，探究以预防犯罪、提高城市安全为导向的城市空间设计或改造导则，并通过模型进行实时反馈优化以指导决策

研究框架

图1-1　研究目标及研究框架

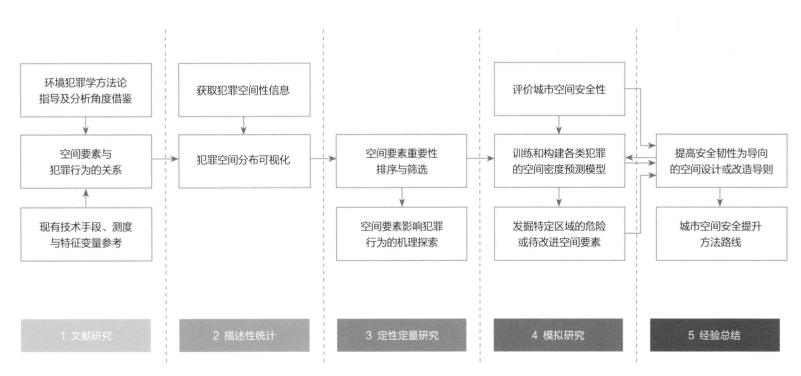

图2-1　研究方法及技术路线

影响）和基本理论（环境设计预防犯罪、可防卫空间理论等）。

本研究模型算法的理论依据是20世纪90年代以后发展的地理信息系统（GIS）和犯罪地理学者在研究中所应用的机器学习算法、回归模型。研究方法及技术路线如图2-1所示。

2. 关键技术

本研究中的犯罪预测模型算法选用了集成学习中的"极限随机树模型"。研究前期对实践中应用较广的四种模型（多元线性回归模型、支持向量回归机、随机森林回归模型、极限随机树模型）进行了尝试。

本研究经过对上述预测模型的模拟比较后，发现极限随机树模型准确率最高，且可以排序特征因素重要性，有利于阐明城市空间环境对犯罪行为的影响机制。同时与随机森林模型相比，其特征变量重要性的数值不受变量之间自相关问题的影响，可信度更强。

三、数据说明

1. 数据内容及类型

（1）犯罪数据

根据犯罪行为的相似性对犯罪活动进行了初步分类，并选取了盗窃、暴力犯罪、不正当生产经营、危害公共安全和社会秩序四种犯罪活动作为本文的研究对象，所用的犯罪数据需包括犯罪行为的空间点位和犯罪类型信息。本文在实践环节以北京市五环以内的区域为研究范围，实验数据来源于中国裁判文书网公开的北京市相关案件的裁判文书，时间周期为2016年初到2016年底，其中包括了各种类型的犯罪点位和犯罪类型信息。

（2）城市特征数据

1）城市社会特征

a. 人口数据：用于刻画城市空间的人口特征和空间分部特征。本实验所用的人口数据来源于全国第六次人口普查数据。

b. 用地性质：用于刻画城市空间在城市规划中的功能定位。本实验所用的用地性质数据来源于北京市规划资料。

c. POI：用于刻画城市空间中的人群活动特征。本实验所用的POI数据来源于高德地图通过爬取获得。

d. 微博数据：用于刻画城市空间中的社会环境活跃程度，

本文实验所用的微博数据由新浪微博爬取，具体包括发微博点位和微博签到热度。

e. 夜间灯光数据：用于刻画夜间城市空间的灯光亮度。本文实验所用的微博数据来源于珞珈一号卫星在北京市范围的影像（2018年7月31号成像）。

2）城市空间特征

a. 交通分布：数据用于刻画城市空间的道路交通便捷程度与公共交通便捷程度。本文实验主要使用了道路数据、公交站和地铁数据来描述交通情况，其中道路矢量数据来源于Open Street Maps，公交站和地铁站数据来源于POI选取。

b. 街道环境：用于刻画城市空间在街道尺度的环境特点。本文实验主要使用了步行指数、功能密度和功能混合度来反映街道环境特征，其中功能密度和功能混合度来源于对POI在街道尺度的处理，步行指数来源于北京城市实验室关于步行指数的研究（中国主要城市街道步行指数的大规模测度）。

c. 建筑环境：用于刻画城市空间中的建成环境。本文实验使用占地面基和容积率来描述建筑环境，由北京市建筑轮廓、面积和楼层数计算得到。

3）城市经济特征

a. 房价数据：可侧面反映区域土地经济价值的市场估值。本文实验使用的房价数据从链家二手房交易网站爬取。

b. 大众点评消费数据：数据可以反映区域人群的消费力。本实验使用的大众点评消费数据从大众点评网站爬取。

2. 数据预处理技术与流程

（1）基于研究区域构建格网体系

基于研究区域构建300m×300m的格网体系，格网单元为后续汇总统计各类特征数据的基本分析单元。以本文实验为例，本文研究区域为北京五环范围内，初次划分得到7574个格网单元。为了增加机器学习的样本规模从而优化机器学习的效果，本研究又将第一套格网体系横向、纵向各平移150m，形成第二套格网体系，五环范围内共7582个单元。最终获得15156个格网单元。

（2）以格网为单元对原始数据进行汇总统计得到自变量与因变量

对于犯罪数据，以犯罪密度（每平方千米的犯罪数量）表征犯罪易发程度作为因变量，在数据处理上，用ArcGIS计算得到原始犯罪点位数据的核密度栅格图，并汇总统计到各个格网单元。对于城市特征数据，笔者依照介绍数据类型时采用的社会特征、空间特征、经济特征三个维度对数据的预处理方式进行介绍：

1）城市社会特征

a．人口数据：原始数据包含北京市五环内不同区域的人口数量与性别、年龄分布特征，数据类型为面状数据。

b．用地性质：表征的自变量为土地利用占比，具体计算方法为将用地性质数据与格网体系进行交集运算，根据不同用地性质与格网的交集面积与格网总体面积的比计算得到不同用地类型的土地利用占比。

c．POI：用于刻画人的活动特征，表征的自变量是不同类型POI的核密度，计算方法为用ArcGIS中的核密度计算工具计算得到各类POI的核密度栅格图，并汇总统计到各个格网单元。

d．微博数据：为点状数据，处理方法同POI数据。

e．夜间灯光数据：栅格数据，处理方法为汇总统计每个格网范围内的灯光强度并计算平均值作为该格网的整体夜间灯光亮度。

2）城市空间特征

a．交通分布：数据包括道路矢量数据和公交站、地铁站数据。表征公共交通情况的自变量为格网内公交站数量和格网距离最近地铁站的距离，处理方法与POI数据类似。

b．建筑环境：建筑特征数据为面状数据，通过类似用地性质的数据处理方法得到格网内的容积率和建筑密度作为自变量。

3）城市经济特征

a．房价数据：通过计算落到每个格网中的房价数据平均值表征格网内整体房价水平。

b．大众点评消费数据：通过计算落到每个格网中的大众点评消费数据平均值表征格网内整体消费水平。

3．数据预处理结果

基于上述数据预处理流程，得到以格网为单位的自变量与因变量，从ArcGIS中将数据导出为Excel表格，再转存为csv格式数据。最终得到的数据规模为15 156行，每行数据包括相应格网单元ID，4个因变量（4类犯罪密度）和40个自变量。

四、模型算法

1．模型算法流程及相关数学公式

将预处理后获取的以格网为单位的数据集分为训练集和测试集，其中70%为训练集（10 609个），30%为测试集（4 547个）。然后使用集成学习算法基于训练集数据构建城市安全指数模型，之后用测试集数据评价模型拟合的准确度，在验证了模型的可用性后将模型推广到其他城市空间进行分析和可视化研究。

（1）特征筛选

特征筛选具体要实现的是从数据预处理得到的40个表征城市空间特征的自变量重筛选出对犯罪易发生程度影响较大的城市空间特征并按其重要性进行排序。特征筛选采用的模型算法是极限随机数回归器，评价指标是$RMSE$和R^2（将在第四部分第2节具体介绍指标含义），模型训练过程中设定的森林中的决策树数量为150。由于每次建模时，每棵决策树均随机选取特征、随机分裂，因此每次训练得到的模型效果略有差异。本研究统计了100次建模中$RMSE$，R^2，调整后R^2，以及各个特征重要性的平均值，结果较稳定。

（2）模型构建

基于特征筛选，得到了相应犯罪类型的最优特征集，在此基础上，再次进行极限随机树参数的训练，在这次训练中将决策树数量由150上调至300，更多的决策树可以使模型效果更稳定。对四种犯罪类型，根据每类犯罪的最优特征集，分别训练模型。

（3）模型检验

用训练好的模型去估计测试集样本的犯罪易发生程度，与样本真实值进行比较，用以反映模型的估算效果，评价估算效果的衡量指标为R^2和$RMSE$。

2．模型算法相关支撑技术

（1）极限随机树算法

本项目对随机森林、极限随机数，以及其他常用的机器学习模型进行了实验，最后发现极限随机树模型的拟合效果相对更好，在增删特征时模型输出的特征重要性也更稳定，可信度更高。因此最后选用极限随机数算法来构建模型。基于极限随机树估计特征重要性。

特征重要性是一个十分重要的指标，反映了该特征对模型预测能力的贡献度。极限随机树实现特征重要性估计的原理是：在通过迭代训练森林中单棵树的过程中，随机置换某个分裂特征，然后比较该特征被置换前后模型的拟合指标的变化，如果该特征被置换后模型精度大为降低，则说明该特征与因变量有较强的关联性，并将该变量置换前后的模型精度的插值作为衡量该特征对所在估计器的重要程度。最后，一个特征的重要性是所有树得到的该特征重要性的平均值。

在特征筛选和模型构建的过程中以 R^2 和 $RMSE$ 作为模型精度的评价指标，公式（4-1）~公式（4-3）如下：

$$VI_i = \frac{1}{ntree} \sum_{t=1}^{ntree} (EP_{ti} - E_{ti}) \qquad (4-1)$$

$$R^2 = 1 - \frac{\sum_{i=1}^{n} (y_i - \hat{y}_i)^2}{\sum_{i=1}^{n} (y_i - \overline{y})^2} \qquad (4-2)$$

$$RMSE = \sqrt{\frac{\sum_{i=1}^{n} (y_i - \hat{y}_i)^2}{n-1}} \qquad (4-3)$$

y_i 为实际观测值，$\hat{y}_i$ 为模型预测值，$\overline{y}_i$ 为样本均值，n 为样本数。

（2）Python与机器学习相关技术

模型构建中使用Python语言进行开发并搭载深度学习平台Sklearn学习框架，并通过Pycharm处理Python脚本。模型中使用到的模组包括pandas，numpy，matplotlib等。

五、实践案例

1. 模型应用实例及结果解读

（1）实证案例背景介绍

选取的实证范围为北京市五环内的城市空间，以2012—2016年的犯罪案件信息为基础信息，重点选择了与建成环境空间关系更为密切的四种犯罪类型，分别为暴力犯罪、盗窃罪、不正当生产经营、危害财物安全或公共秩序：

1）暴力犯罪：绑架罪、爆炸罪、放火罪、故意杀人罪、故意伤害罪、聚众斗殴罪、抢夺罪、抢劫罪、敲诈勒索罪。

2）盗窃罪。

3）不正当生产经营：赌博罪、非法持有毒品罪、非法经营罪、开设赌场罪、生产销售伪劣产品罪、走私罪、容留他人吸毒

罪、组织领导传销活动罪等。

4）危害财物安全或公共秩序：破坏广播电视设施或公用电信设施罪、破坏易燃易爆设备罪、扰乱无线电通信管理秩序罪、故意损坏财物罪、聚众扰乱社会秩序罪等。

（2）变量的归纳与筛选

1）因变量——犯罪密度

首先根据北京五环内犯罪空间数据构建因变量，以300m×300m格网为单位统计犯罪密度用于表征犯罪易发程度，单位为件/km²。每种犯罪类型的空间核密度描述性统计如表5-1所示。

目标变量描述性统计/（件/km²）　表5-1

犯罪易发程度	平均值	方差	最大值	最小值
盗窃	6.34	52.12	30.07	0
暴力犯罪	4.32	23.17	16.13	0.92
不正当生产经营	3.64	18.95	15.84	0.13
危害公共安全和社会秩序	0.31	0.04	0.91	0

2）自变量——城市特征

除了构建因变量外，还需要构建初始自变量的特征集。本研究构建了如表5-2所示的40个自变量，关于各个自变量的描述性统计如表5-2。

（3）特征筛选与模型构建

如前所述，采用二分法初筛加逐个增减细筛的方法来选取每种犯罪类型的最优特征集。下面以暴力犯罪为例展现特征筛选的过程。

1）二分法初筛

通过数据预处理，得到的初始特征集包含40个自变量。首先将40个自变量全部输入，得到的各个自变量特征重要性与模型拟合效果如表5-2所示。

输入40个自变量时特征重要性与模型拟合效果　表5-2

特征	重要性	特征	重要性	模型拟合效果
str_fmix	0.208	pop_65	0.013	
station	0.146	pop_15	0.01	
road_ACCES	0.116	junc	0.007	*RMSE*: 0.734
poi_hotel	0.08	d_subway	0.006	R^2: 0.979
poi_park	0.049	HousePrice	0.006	Adjusted R^2: 0.978
poi_home	0.043	poi_tour	0.005	

续表

特征	重要性	特征	重要性	模型拟合效果
poi_edu	0.033	str_fden	0.005	
poi_social	0.032	light	0.003	
poi_shop	0.028	LU_R	0.003	
poi_govern	0.023	LU_E	0.003	
pop_wl	0.022	wb_ckin	0.002	
pop	0.019	arch_fpt	0.002	
road_2	0.018	arch_ratio	0.002	RMSE: 0.734
wb_hot	0.017	LU_A	0.002	R^2: 0.979
road_3	0.017	LU_B	0.002	Adjusted R^2: 0.978
pop_m	0.016	LU_S	0.002	
road_1	0.016	LU_G	0.002	
poi_medica	0.014	dp_price	0.001	
pop_0	0.014	LU_M	0.001	
poi_financ	0.013	LU_U	0.001	

续表

特征	重要性	特征	重要性	模型拟合效果
poi_shop	0.032	poi_medica	0.017	RMSE: 0.687 R^2: 0.981
pop_wl	0.027	poi_financ	0.016	Adjusted R^2: 0.981

基于20个自变量特征集的训练结果，将特征集包含的自变量数量变为10个，选取在上一次训练中重要性排在前20的自变量组成新的特征集重新训练模型，得到的10个自变量的特征重要性与模型拟合效果如表5-4所示。

输入10个自变量时特征重要性与模型拟合效果　表5-4

特征	重要性	特征	重要性	模型拟合效果
str_fmix	0.233	poi_home	0.063	
station	0.175	pop_wl	0.059	
road_ACCES	0.151	poi_edu	0.033	RMSE: 0.985 R^2: 0.962
poi_hotel	0.099	poi_social	0.048	Adjusted R^2: 0.961
poi_park	0.07	poi_shop	0.047	

基于40个自变量特征集的训练结果，将特征集包含的自变量数量变为20个，选取在上一次训练中重要性排在前20的自变量组成新的特征集重新训练模型，得到的20个自变量的特征重要性与模型拟合效果如表5-3所示。

输入20个自变量时特征重要性与模型拟合效果　表5-3

特征	重要性	特征	重要性	模型拟合效果
str_fmix	0.213	poi_govern	0.025	
station	0.148	pop	0.024	
road_ACCES	0.124	pop_m	0.022	
poi_hotel	0.084	road_3	0.022	RMSE: 0.687
poi_park	0.052	wb_hot	0.021	R^2: 0.981
poi_home	0.046	road_2	0.021	Adjusted R^2: 0.981
poi_edu	0.035	road_1	0.02	
poi_social	0.033	pop_0	0.019	

对比上述输入的模型拟合效果，可得在20个自变量时R^2较高，模型较优。

2）逐个增减细筛

基于由二分法初筛得到的由20个自变量组成的特征集，通过逐个增减自变量比较模型精度的方式来得到最后的最优特征集。本研究先后尝试了20、21、22、23、25个自变量组成的特征集，最后发现对于暴力犯罪而言，由22个特征集组成的自变量模型精度最高。表5-5展现了经过细筛后得到的最优特征集。

暴力犯罪的最优特征集　表5-5

特征	重要性	特征	重要性	模型拟合效果
str_fmix	0.23	road_3	0.022	RMSE: 0.629
station	0.135	pop	0.021	R^2: 0.984
road_ACCES	0.125	road_2	0.021	Adjusted R^2: 0.984

续表

特征	重要性	特征	重要性	模型拟合效果
poi_hotel	0.087	poi_social	0.019	
poi_park	0.052	road_1	0.018	
poi_home	0.043	poi_financ	0.017	
poi_shop	0.036	pop_m	0.017	$RMSE$：0.629
poi_edu	0.029	poi_medica	0.015	R^2：0.984
pop_wl	0.025	pop_0	0.015	Adjusted R^2：0.984
poi_govern	0.024	pop_65	0.015	
wb_hot	0.023	pop_15	0.012	

3）模型构建

基于特征筛选得到的最优特征集，再次用极限随机树算法训练模型，将决策树数量由150上调至300，提高模型的稳定性与准确度。暴力犯罪的最优模型如表5-6所示。

暴力犯罪的最优模型　　　　表5-6

特征	重要性	特征	重要性	模型拟合效果
str_fmix	0.23	road_3	0.022	
station	0.135	pop	0.021	
road_ACCES	0.125	road_2	0.021	
poi_hotel	0.087	poi_social	0.019	
poi_park	0.052	road_1	0.018	
poi_home	0.043	poi_financ	0.017	$RMSE$：0.629
poi_shop	0.036	pop_m	0.017	R^2：0.984
poi_edu	0.029	poi_medica	0.015	Adjusted R^2：0.984
pop_wl	0.025	pop_0	0.015	
poi_govern	0.024	pop_65	0.015	
wb_hot	0.023	pop_15	0.012	

（4）各犯罪类型模型结果分析

1）盗窃罪

经分析，在北京站附近片区、三里屯国贸附近片区、北京南站附近片区、北京西站附近片区与中关村站附近片区，盗窃罪的

易发生程度远高于周边地区，形成明显集聚现象。北京市不同区域盗窃罪的犯罪密度呈偏态分布，犯罪密度的数据范围为0～30件/km²，绝大多数地区的盗窃罪犯罪密度为0～7.5件/km²。

图5-1呈现了拟合盗窃犯罪最优特征集中的特征重要性及排序。由图5-1可以看出，对盗窃犯罪影响较大的前5类城市空间特征依次是功能混合度、公交站核密度、道路通达性、住宿服务POI密度和停车场密度。除此之外，在城市社会特征中，人口特征（包括人口总数、性别占比与各年龄层人口占比）也对盗窃罪易发生程度有影响，在城市空间特征中政府和公安机关、科教文化、休闲购物等功能空间的分布也影响较大。这与图5-1的盗窃罪空间分布情况，北京多个火车站周围都是盗窃罪的高发地是吻合的。

图5-1　盗窃罪的影响因素重要性排序

2）暴力犯罪

经分析，与盗窃罪类似，北京站附近片区、三里屯国贸附近片区、北京南站附近片区、北京西站附近片区与中关村站附近片区同样是暴力犯罪的高发地区。而与盗窃罪不同的地方是，暴力犯罪的集聚现象没有那么明显，呈上述高发点位中心向四周逐渐衰减的分布。暴力犯罪密度为极端值（极大值与极小值）的网格数量相比盗窃罪少许多，大多数网格的暴力犯罪的犯罪密度在2~8件/km²之间，而两端都相对较少，最小值为0件/km²，最大值为16件/km²。

图5-2呈现了拟合暴力犯罪最优特征集中的特征重要性及排序。由此可以看出，对暴力犯罪影响较大的前5类城市空间特征与盗窃罪完全一样，依次是功能混合度、公交站核密度、道路通达性、住宿服务POI密度和停车场密度，只是在重要性上略有不同。

3）不正当生产经营

经分析，不正当生产经营主要发生在三环路从东北侧的三元桥一直到南侧的北京南站这一段路的两侧（东三环和南三环），而在其他地方的集聚效应相对不明显。不正当生产经营犯罪的密度的数据范围为0~16件/km²，多数地区的该类犯罪的犯罪密度在2~6件/km²。

图5-3呈现了拟合不正当生产经营最优特征集中的特征重要性及排序。对不正当生产经营影响较大的前5类城市空间特征为功能混合度、公交站核密度、停车场、外来人口占比、商务住宅。可推测是因为不正当生产经营通常发生在功能混杂而同时人流量大的区域。而与前两类犯罪不同的是，外来人口占比对不正当生产经营影响明显，可推测一方面是因为有较多外来人口是不正当生产经营的从业者，另一方面生活水平较低的外来人口对不正当生产经营的容忍度更高，消费意愿更强。商务住宅的POI密

图5-2　暴力犯罪的影响因素重要性排序

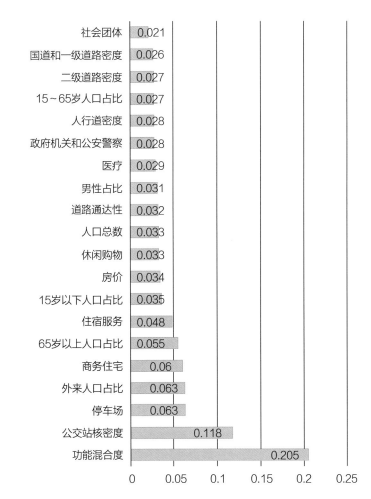

图5-3　不正当生产经营的影响因素重要性排序

度同样对不正当生产经营影响明显,可能的原因是一部分不正当生产经营的服务对象主要是周边的居民。

4)危害公共安全和社会秩序

经分析,危害公共安全和社会秩序罪有两个最为明显的高发区:三里屯国贸片区和北京西站片区,此外中关村附近片区与南三环路东段附近片区也相对周边区域该类型犯罪密度更高。不正当生产经营犯罪的密度的数据范围为0~1件/km²,相比于其他犯罪类型犯罪密度整体较低,在不同区域的分布也相对更均匀。

图5-4呈现了拟合危害公共安全和社会秩序罪最优特征集中的特征重要性及排序。对危害公共安全和社会秩序罪影响较大的前5类城市空间特征为:公交站核密度、道路通达性、功能混合度、人群年龄特征(65岁以上人口占比)和住宿服务。值得注意的是,人口的年龄特征对该类犯罪影响较大,可能的原因是在年轻人较为聚集的地方更容易发生危害公共安全和社会秩序犯罪。住宿服务POI密度同样影响较大,可推测该类犯罪常发生在住宿酒店附近等人口流动性较大、外来人口较多的区域。

(5)各犯罪类型模型对比分析

由图5-5可以直观地看到,对于盗窃罪,各维度对其影响因素从高到低排列依次为人的活动特征、交通因素、街道环境和人口,经济水平则几乎无影响。对于暴力犯罪,交通因素影响因素

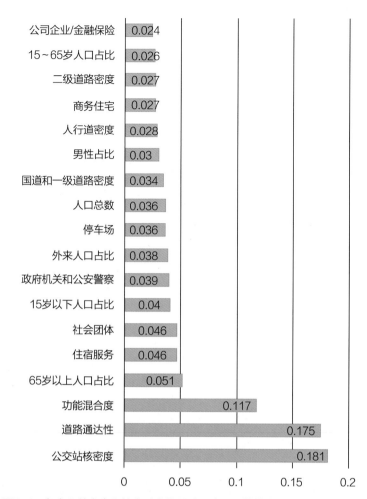

图5-4 危害公共安全和社会秩序的影响因素重要性排序

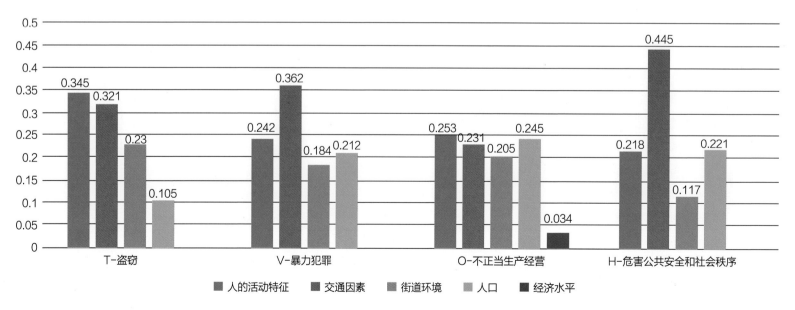

图5-5 不同犯罪类型影响因素对比分析

最大，人的活动特征、街道环境、人口影响因素差不多。对于不正当生产经营，上面提及的四类维度的城市特征都对其犯罪易发程度有权重相近的影响，且经济水平对其也有影响。对于危害公共安全和社会秩序，交通因素影响最大，其次是人的活动特征和人口，最后是街道环境。

交通因素和人的活动特征对所有犯罪的影响因素都较大，这与我们生活中感受到的犯罪行为常发生在交通便利、人流量大的区域这一现象是吻合的。人口特征对除了盗窃犯罪的其他三类犯罪影响较大，街道环境对于除了危害公共安全和社会秩序的其他三类犯罪影响较大，经济水平对除了不正当生产经营的其他三类犯罪几乎无影响。

2. 模型应用案例可视化表达

（1）城市空间安全水平评价

本模型可用于测度城市空间安全水平。输入待评价城市的社会、空间、人的活动等相关特征数据，模型即可输出城市不同空间中各类犯罪指数，并且可以直观地反映为城市安全雷达图。

（2）城市空间犯罪密度预测

基于城市特征数据，在不知道城市空间犯罪信息的情况下，可以用本研究构建的城市犯罪指数模型预测城市空间的犯罪密度。以上海市中心城区为例，在假设完全没有上海犯罪信息的情况下，对上海市中心城区的犯罪密度进行预测，预测结果介绍如下。

根据预测，静安区、徐汇区和黄浦区是犯罪行为的高发地区。从具体区域来看，外滩与南京路附近片区是各类犯罪行为的高发地区。其次，复旦大学、上海财经大学所在的大学城片区各类犯罪密度也相对较高。从整体分布来看，上海市中心各类犯罪易发程度整体呈现以外滩片区或黄浦江两岸为核心向四周衰减的分布。从频率分布来看，根据预测，上海市中心的各类犯罪的频率分布相比北京市集聚现象相对不明显。

（3）犯罪行为的建成环境分析及设计导则

以盗窃罪和暴力犯罪为例进行犯罪行为的建成环境分析及设计导则制定，对于每种犯罪类型，选择两个有相似性但是犯罪行为相差较大的片区进行对比分析，进而提出设计策略。这里以盗窃罪为例，对北京"美林花园小区"和"新科祥园小区"进行对比分析。

由图5-6可知，美林花园小区与新科祥园小区在用地性质上皆为住宅小区，在区位上都紧挨城市主路，但是犯罪密度却有显著差异。基于此前通过极限随机树算法已筛选出的盗窃罪的最优特征集，比较特征集中的各个自变量的数值差异，如图5-7所示。

由图5-7可知，犯罪密度较低的科祥园小区相比美林花园小区，功能混合度明显更低，距离政府及公共机关的距离更近，道路通达性相对更差。提出如下几方面的设计导则：

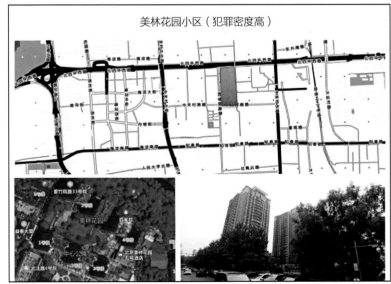
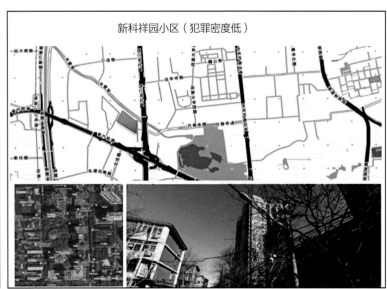

图5-6 北京美林花园小区与新科祥园小区区位

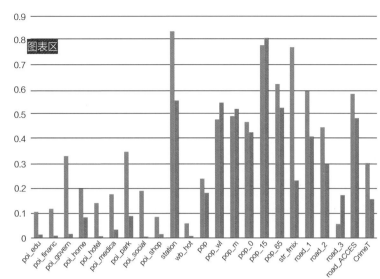

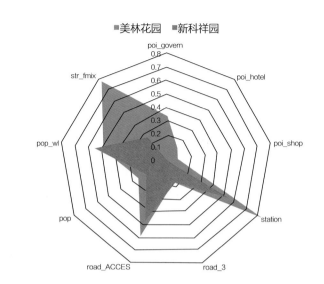

图5-7　北京美林花园小区与科祥园小区建成环境对比分析

1）为减少盗窃罪的发生，可更明确功能分区的划分，降低功能混合程度。此外，可增设人行通道密度，一定程度上减少断头路、无人区的产生。

2）在高犯罪率的区域，建设政府机关及派出所等市政建筑，增加威慑力。另外，可设立流动警车巡逻。

3）通达性高，公交车站密度密集的区域，可合理布置站点和岔口，不要过于密集，并且尽可能靠近政府机关及公安警察所在区域。

六、研究总结

1. 模型设计的特点

本模型的设计目标是发掘城市犯罪易发程度与城市环境特征之间的关系，基于特征筛选构建基于城市环境评价城市安全水平的指标模型，从而有助于犯罪的预测与预防，以及城市安全水平的提升。

研究流程如图6-1所示。

由于城市空间本身的复杂性与自变量之间的复杂相关关系，选用机器学习的方法来进行模型构建，通过实验与比较支持向量机、随机森林、极限随机树等常常用于分类的学习模型，提出基于极限随机树算法构建城市安全指数模型，其相比其他算法的优点是一方面准确度更高（在实践项目中R^2均大于0.95），另一方

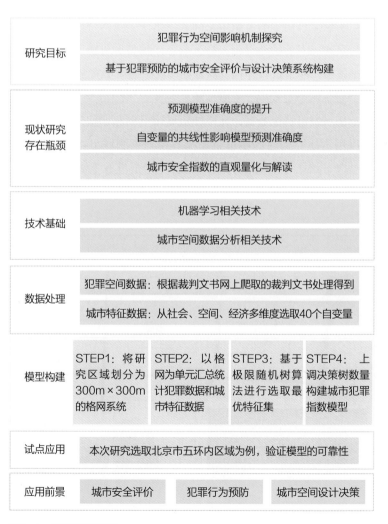

图6-1　研究流程回顾

面受自变量的共线性影响较小，结果较为稳定。基于城市犯罪指数模型的构建，本研究提出了一系列设计导则，用于提升城市环境，有效降低犯罪易发程度，还尝试着将模型运用于其他城市，证明了模型的复用性。

2. 应用前景

本模型基于犯罪数据和城市特征数据，深入地分析了不同类型的犯罪行为和城市经济、社会和空间特征之间的关系，根据城市特征对犯罪行为的影响程度对城市特征进行筛选与排序，进而构建了基于城市特征数据衡量与评价城市空间安全水平的指标模型。具体来讲，本模型的应用前景主要可体现在三个维度：

（1）城市安全评价：本模型通过输入城市特征相关数据，可通过输出的城市空间的犯罪指数评估城市空间的安全水平。另一方面，通过对城市特征数据的对比分析，可以更容易地发现城市环境中存在的问题。

（2）犯罪行为预防：本模型在没有犯罪数据的基础上可以根据城市环境特征预测不同区域的犯罪指数，从而帮助相关部门提早发现潜在的犯罪高发区与相应的犯罪类型，及早采取防治措施。

（3）城市空间设计决策：在城市规划建设的初期，通过该模型可以比对不同设计方案可能带来的城市安全水平的不同，从而及时调整规划设计方案。

基于多源数据的15分钟生活圈划定、评估与配置优化研究

——以长沙市为例

工 作 单 位：长沙市规划信息服务中心

研 究 方 向：公共设施配置

参 赛 人：吴海平、周健、尹长林、陈伟、孙曦亮、欧景雯、汤炼、胡兵、何锡顺、陈炉

参赛人简介：参赛团队聚焦于运用POI数据、手机信令数据等多源数据，从社区、生活圈层面开展现状评估并构建规划建设标准，曾开展《长沙市"15分钟生活圈"规划导则》《2018年15分钟生活圈实施评估》《长沙宜居社区现状评价及建设标准研究》等规划研究。

一、研究问题

1. 研究背景及目的意义

随着时代变革与经济社会转型，对居民生活质量的研究引起了规划编制、管理及研究领域的广泛关注。2018年7月住建部发布的《城市居住区规划设计标准》GB 50180—2018中更是直接将"15分钟生活圈"概念写入居住区规划设计标准，对社区公共设施配置提出了新的要求。

借助近年来大数据技术与平台的不断创新，城乡规划领域也开始尝试将"15分钟生活圈"概念借由规划手段落实，上海、长沙、济南、广州、成都等城市先后开展了社区生活圈主题的规划实践。规划学术领域对"生活圈"的研究，集中在生活圈划定、分类、现状评估、设施配置、规划实施等方向，缺少可操作、易推广、能实施的15分钟生活圈全流程应用框架，尚未打通生活圈的"划定、评估、配置"环节。当前研究领域对"生活圈"研究的细分方向如表1-1所示。

研究领域对"生活圈"研究的细分方向一览表 表1-1

关注点	针对问题	解决思路	技术方法	改进策略
生活圈划定	①社区生活圈与居民真实生活空间的匹配不足；②异质化城市空间，居民生活范围差异化	①运用公交刷卡、手机信令等大数据进行"人群—行为"识别，确定核心区及活动范围；②以容积率、建筑密度等传统数据进行空间辨析	结晶生长活动空间；空间辨析法；位置分配模型；"人群—行为"聚类分析	①融合多源数据区分城市区域、居民构成、居民需求等特征对生活圈分类；②运用如"结晶生长活动空间"等核定方式，对差异化生活圈内人群活动核心、外围空间进行界定
生活圈分类	生活圈空间划分与构建策略均质化	从生活圈人口密度、人口结构、居住形态等差异化生活圈	设施可达性、设施满意度	
现状评估	存量发展前提下，有机更新目标识别难	①运用报建、规划许可、房价、POI、微信等多元数据进行现状评估；②以绩效评定角度核算社区空间绩效	综合评估模型；聚类分析；空间绩效	考虑设施共享、设施质量问题，增添基础生活圈及机会生活圈的综合评定

续表

关注点	针对问题	解决思路	技术方法	改进策略
设施配置	①设施需求难以预测，设施空间配置不均衡；②线上线下服务趋势下，新时期设施配置体系响应滞后	①从人口预测、空间可达性、机会可达性开展配置分析；②运用社会调查，分析各类生活圈对线上线下服务供需信息，确定设施配置标准	空间可达性分析；机会可达性分析；两步搜索法	通过社会调查或手机信令、公交刷卡等大数据，实现生活圈内小区优势人群识别，提出针对性设施配置
规划实施	①设施级配体系、法定规划编制体系不兼容；②社区生活圈与现有城市管理体系衔接难	①分析梳理各层次规划对设施表达的内容与深度；②以控规为抓手，介入具体规划编制与实施中	/	从规划编制、规划管理角度，将生活圈同社区衔接，实现编制单元与管理单元复合

2. 研究目标及拟解决的问题

本研究旨在探讨市县尺度的15分钟生活圈规划实践问题，选取长沙市为研究对象，尝试解决中心城区15分钟生活圈的划定、评估与要素配置优化问题，以期形成可推广、易操作的15分钟生活圈规划工具包，后续条件成熟将集成至系统平台，作为国土空间规划编制子模型之一。

本研究遇到的瓶颈问题主要是难以获得较为准确、可信、高精度的居住人口分布数据。研究团队通过自购方式获得长沙市域范围内2019年10月份整月移动信令数据，尺度为100m×100m，已经过数据清洗整理为网格点txt文件，作为15分钟生活圈研究的分析基础。

同时，本研究提出了如何在没有手机信令数据支撑的前提下近似估计居住人口的三种方法"建筑轮廓估算法、人口栅格估算法、智图人口网格估算法"（详见第六部分"1. 模型设计的特点"内容），可显著提高本研究的成果转化能力，降低模型推广难度，后续条件成熟可集成至国土空间规划平台，可为规划编制、研究、管理提供新的研究视角。

二、研究方法

1. 研究方法及理论依据

（1）研究方法

本研究旨在探索涵盖15分钟生活圈规划中生活圈划定、生活圈质量评估、公共服务设施配置全过程的模型框架。主要采用定性与定量相结合的研究方法：

1）文献分析法：通过知网等学术研究平台，开展现有15分钟生活圈规划的优缺点分析，整理国内学者对15分钟生活圈分类、划定、设施配置、规划实施、现状评估等方面痛点难点的解决思路与技术方法，保障了本研究理论依据充足。

2）系统分析法：将15分钟生活圈规划流程视作一个系统，梳理总结现有生活圈规划各主要步骤的难点及提升空间，分析确定规划过程中存在问题的本质和起因，在生活圈划定、评估、设施配置三方面针对性提出解决方案。

3）地理空间分析法：通过对居民小区、各类公共服务设施、人口分布网络等多源数据进行地理统计、空间连接、类型聚合等空间分析，提取数据在地理空间上的潜在信息，为后续评价研究及设施配置提供参考。

4）计算机数值模拟法：将公共服务设施选址抽象为网络模型，构建非线性方程组形式的数学模型模拟公共服务设施选址适宜程度，运用Matlab模拟并求解结果，验证求解方法的可靠性。

5）大数据分析法：以长沙市"一圈两场三道"设施摸底调查数据为基础底图，首先获取长沙市域范围内的POI设施点作为评估数据的补充，其次利用手机信令数据中居住人口与年龄分段字段，提取各居民小区年龄人口特征，为后续公服设施配置类型选择提供依据。

（2）理论依据

本研究核心算法为粒子群算法（Particle Swarm Optimization，简称PSO）。该算法是通过模拟鸟类群体觅食行为而发展起来的一种基于群体协作的随机搜索算法，属于启发式全局优化算法。

同粒子群算法相类似的优化算法有遗传算法、进化规划等。其中遗传算法是一种全局搜索并进行优化的方法，是模仿自然界生物进化理论机制发展起来的。它能在搜索过程中自动获取并积累有关搜索空间的知识，且自适应的控制搜索过程以达到最优解。进化规划是一种通过进化来达到行为智能化的算法，其主要规则是从一组随机产生的个体开始搜索，通过由适应性函数来评价个体的优劣程度，对个体进行选择，变异等操作，令其逐渐靠近全局最优解。

相比遗传算法与进化规划等进化算法，粒子群算法以其较强的鲁棒性、较快运算速度，以及便于编程实现的特点，已然成为优化领域中重要算法之一，在现有研究中被广泛运用于路径优化与选址规划。

在本次研究中，粒子群算法应用于生活圈评估后各类缺项设施的智能选址计算。算法应用分两个步骤：一是在参考反距离权重算法的基础上，创新性提出基于"居民小区人口""设施稀缺度""距已有设施点距离"三个因子的综合多项适宜值计算函数；二是运用粒子群算法快速检索每个生活圈对应设施位置的全局最优解及次优解，辅助规划设施选址。

2．技术路线及关键技术

（1）技术路线

本研究从流程上分为"生活圈划定、生活圈评估、生活圈配置"三大板块，分别对应"生活圈辅助划定技术、生活圈多维度评估技术、生活圈要素配置优化技术"三大关键技术

（图2-1）。

研究从社区边界、居民小区边界出发，分两条线索推进：

1）以社区边界为基本单元，建立划定模型，给定每个生活圈单元的限定条件（如居住人口上限、面积规模上限等）后进行自动聚类，生成初步结果后再结合修正条件进行手动优化，得到最后确定的生活圈单元。

2）以居民小区为评估对象，从供需平衡的视角出发，分别评估每个居民小区在15分钟步行范围（此处限定为1 250m缓冲区范围）内能覆盖到的各类设施得分情况，并对结果进行多维聚类后通过空间连接挂接汇总至上一步得到的生活圈单元，实现居民小区到生活圈单元的数据降维。

3）筛选出各维度设施缺项的生活圈单元，结合年龄标签确定设施缺项生活圈单元的配置时序，筛选出"老年人口为主+养老院设施稀缺""中年人口为主+幼儿园设施稀缺"等生活圈单元后，再通过粒子群算法对各类设施进行选址适应值计算与单元最优解搜索，得到各单元内的设施选址最优解，并对求解结果进行人工校验，验证其合理性。

（2）生活圈辅助划定技术

参照《城市居住区规划设计标准》GB 50180—2018、《上海

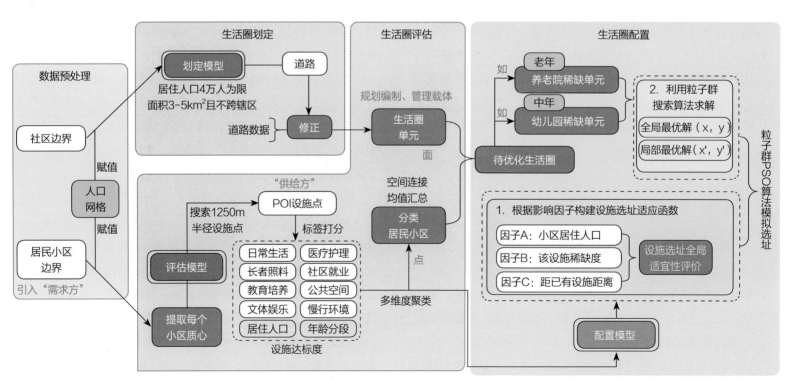

图2-1　技术路线示意图

市15分钟社区生活圈规划导则》《长沙市"15分钟生活圈"规划导则》中对于15分钟生活圈概念、居住人口及范围的界定，最终确定以"居住人口不大于4万人，服务范围3～5km²"为本次生活圈划定标准（表2-1）。

"15分钟生活圈"定义一览表　　　　　　　　　　　　　　表2-1

规范名称	等级	发布	概念	定义
《城市居住区规划设计标准》GB 50180—2018	国家标准	2018.7	15分钟生活圈居住区	以居民步行15分钟可满足其物质与生活文化需求为原则划分的居住区范围，一般由城市干路或用地边界线所围合，居住人口规模为5万～10万人的配套设施完善的地区
《上海市15分钟社区生活圈规划导则》	地方导则	2016.8	15分钟社区生活圈	在15分钟步行可达范围内，配备生活所需的基本服务功能与公共空间，形成安全、友好、舒适的社会基本生活平台。一般范围在3km²左右，常住人口5万～10万人，建议人口密度在1～3万人/km²之间
《长沙市"15分钟生活圈"规划导则》	地方导则	2019.7	步行15分钟生活圈	步行15分钟可达的生活圈，提供常住人口2万～4万人的社区服务，面积1～1.5km²，人口密度1～3万人/km²
			自行车15分钟生活圈	自行车15分钟可达的生活圈，提供常住人口4万～10万人的街道服务，面积3～5km²，人口密度1～3万人/km²
			车行15分钟生活圈	车行15分钟可达的生活圈，提供常住人口25万～35万人的片区服务，面积16km²，人口密度1～3万人/km²

采用空间数据转换处理系统（Feature Manipulate Engine，简称FME）点云密度切分法（Point Cloud Density Tiler），以不跨越行政辖区为基本原则，按每个生活圈单元满足"面积3～5/km²""居住人口不大于4万人"为条件对社区边界进行分组，得到初步划定结果后，再结合道路数据对结果进行修正，使得每个生活圈单元尽量满足"不跨越高等级道路""细化郊区生活圈单元粒度"两个条件。

该技术主要通过FME实现，流程如图2-2：提取社区质心点

后转换为点云，利用点云密度切分工具实现特定条件的分组切分，切分结果验证通过后再挂接至原社区边界，最后进行修正。

其中，点云密度切分法的本质为循环判断函数，流程如下：设定输入要素的分组条件（此处为分组后每个生活圈单元居住人口不大于4万人、面积3～5km²、不跨越行政辖区）后，判断是否满足分组需求，满足则输出，不满足则更换垂直与水平方向切分数值后进行重切分，直至得到最后满足分组条件的输出结果。

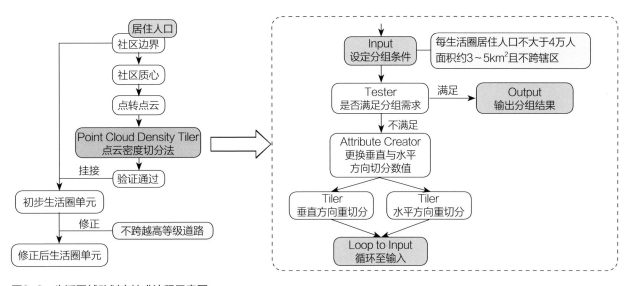

图2-2　生活圈辅助划定技术流程示意图

（3）生活圈多维度评估技术

1）多维度评估各居民小区设施达标情况

以各居民小区质心为起点，以1 250m服务半径模拟居民15分钟步行范围（按正常步行时速5km/h计算），采用FME邻域搜索法（neighbor finder）分别评估各居民小区在"日常生活、长者照料、教育培养、文体娱乐、医疗护理、社区就业、公共空间、慢行环境"八个维度的设施达标度并加权计算得到各居民小区宜居性指数（表2-2）。

$$YJX_{宜居性} = A_{日常生活} \times 0.120 + B_{长者照料} \times 0.101 + C_{教育培养} \times 0.121 + D_{文体娱乐} \times 0.205 + E_{医疗护理} \times 0.116 + F_{社区就业} \times 0.101 + G_{公共空间} \times 0.113 + H_{慢行环境} \times 0.123$$

$$(2-1)$$

居民小区设施维度评估指标体系一览表 　　　　　　　表2-2

维度层	权重	规划要求	要素层	权重	具体指标层	权重
日常生活（A）	0.120	结合市民生活习惯，就近提供充足多元的便民服务，满足生活圈内的买菜、吃饭和维修等日常需求	便民服务	1.000	生活服务设施覆盖度（A1）	0.259
					农贸市场覆盖度（A2）	0.384
					公共厕所覆盖度（A3）	0.216
					垃圾回收站覆盖度（A4）	0.141
长者照料（B）	0.101	构建灵活共享和均衡复合的医疗养老体系，丰富居家养老设施内容	社会福利	1.000	居家养老服务站覆盖度（B1）	0.375
					日间照料中心覆盖度（B2）	0.334
					养老院覆盖度（B3）	0.291
教育培养（C）	0.121	保障基础教育、注重教育延伸，关注未成年各年龄段、各方面的启蒙与培养，关注终身教育	教育就学	1.000	幼儿园覆盖度（C1）	0.393
					小学覆盖度（C2）	0.321
					中学覆盖度（C3）	0.286
文体娱乐（D）	0.205	构建健身娱乐活动体系，提升生活圈的康体娱乐活动品质，通过多样化的设施配置，提升整体社区居民生活面貌	公共文化	0.478	社区文化活动室覆盖度（D1）	0.401
					文化活动中心覆盖度（D2）	0.327
					地区级以上文化场馆覆盖度（D3）	0.272
			公共体育	0.522	社区多功能运动场覆盖度（D4）	0.393
					全民健身活动中心覆盖度（D5）	0.324
					地区级以上体育设施覆盖度（D6）	0.283
医疗护理（E）	0.116	建立高覆盖、高品质、全方位的社区医疗服务网络，满足居民日常小病看诊、取药、滴液等基础性门诊医疗服务需求，以及各类家庭成员的日常保健护理需求	医疗保健	1.000	社区卫生服务站覆盖度（E1）	0.376
					街道卫生服务中心覆盖度（E2）	0.321
					医院覆盖度（E3）	0.303
社区就业（F）	0.101	强化社区自治，保障社区基层办公，培育社会组织的成长，便利居民就业创业	政务服务	1.000	社区公共服务中心覆盖度（F1）	0.354
					街道办事处覆盖度（F2）	0.314
					派出所覆盖度（F3）	0.332
公共空间（G）	0.113	提供多层次、多类型的公共活动场地，结合山水等自然资源，突出本地特色，打造富有人文魅力的公共空间	公园绿地	1.000	街旁绿地覆盖度（G1）	0.357
					社区公园覆盖度（G2）	0.337
					综合公园覆盖度（G3）	0.306
慢行环境（H）	0.123	创建绿色低碳的社区道路系统，打造通达怡人的慢行网络，营造步行友好的社区街道	交通设施	1.000	公交站点覆盖度（H1）	0.387
					地铁站点覆盖度（H2）	0.341
					停车设施点覆盖度（H3）	0.272

注：表内八大维度的选取是在《长沙市"15分钟生活圈"规划导则》提出的"分类配置"设施基础上增加了公共空间、慢行环境两类，形成完整的指标评价体系，具体权重经由AHP层次分析法确定得到。

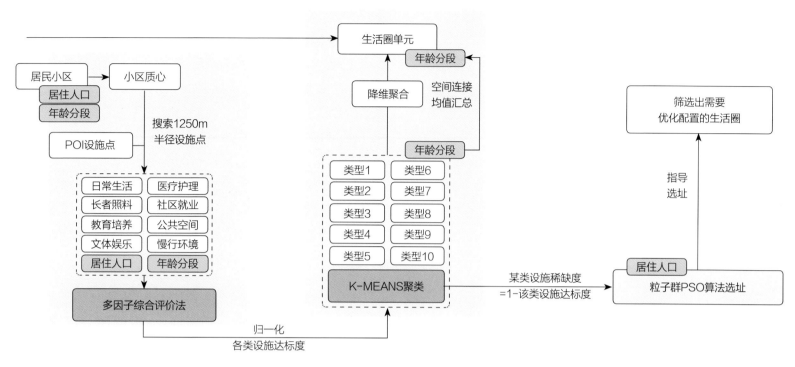

图2-3　生活圈多维度评估技术流程示意图

2）基于评估结果展开K-MEANS分组聚类

利用GIS进行K-MEANS分组聚类后得到10类居民小区，分析各类居民小区各维度设施达标情况及空间分布特征。

3）将聚类结果均值空间挂接至生活圈单元

将居民小区的各维度设施达标情况均值空间挂接至生活圈单元，实现居民小区到生活圈单元的数据降维。根据各维度得分值将生活圈分成"最好、较好、一般、较差、最差"五类。以"教育培养"维度为例，筛选出幼儿园、小学、中学设施缺项生活圈（得分值为"最差"），结合年龄分段信息进行差异化筛选后将结果传导至下一步要素配置优化环节。生活圈多维度评估技术流程如图2-3所示。

（4）生活圈要素配置优化技术

基础设施的选址适宜性是个复杂过程，既要邻近需求中心，尽可能服务更多的居住人口，也要考虑设施布局的均衡性，避免重复布置。如何平衡设施需求与供给的矛盾，是当前基础设施配置优化的主要问题。

本研究所用生活圈要素配置优化主要分两个步骤：第一，建立适宜性函数，根据居民小区多维评价结果，从供需视角计算各单项设施选址的全局适宜性评价结果；第二，基于生活圈多维评价结果，确定需配置设施的生活圈单元，以之作为粒子群算法的搜索边界，得到对应设施选址的最优、次优解。流程如下：

1）建立适宜性函数，计算单项设施选址的全局适宜性评价结果

本研究首先以居民小区为评价单元，抽离出各小区"居住人口规模"属性作为衡量设施需求的评价因子A；其次，以各居民小区周边各类设施的丰度，换算出各小区"各类设施的稀缺程度"，作为衡量设施布局均衡性的评价因子B；最后，为避免设施重复建设，把"距离现有设施远近"作为整体修正因子C。

评价因子确立后，本研究参照反距离权重法[1]建立适宜性函数（含单项适宜性函数、综合适宜性函数两种，函数可简化理解

[1]　反距离权重法基于相近相似的原理：即两个物体离得近，它们的性质就越相似，反之，离得越远则相似性越小。它以插值点与样本点间的距离为权重进行加权平均，离插值点越近的样本点赋予的权重越大，其结果具备一定的平滑性，当指定较小的幂值时，各样本点对插值点影响的衰减程度驱缓，这种特性能反映周边多个居民小区设施需求及现有设施供给对插值点的影响。

为"$Z_{适宜值}=(A+B)\cdot C$",具体算法见第四部分"1.（3）粒子群PSO算法"部分）。

建立适宜性函数后，本研究选取研究范围内全域"居民小区人口规模""幼儿园设施稀缺度""距现有幼儿园设施远近"进行多次试验，结果表明全局适宜性结果在反距离权重法的幂值k为2时拟合程度最好。

因此，运用试验得到的配置参数依次对评价范围内八大维度28类设施开展适宜性评价，得到各类设施的全局适宜性评价结果，导入ArcGIS后得到空间分布可视化总图（图2-4）。

2）指导缺项生活圈单元的单项设施选址

得到单项设施选址的全局适宜性结果后，以上一步评估模型筛

选出的设施缺项生活圈为评价单元，利用粒子群算法在待优化生活圈单元内进行搜索（具体搜索流程见图4-4），求解得到各生活圈内对应设施选址的最优解，将其坐标导入ArcGIS进行可视化展示，并根据《城市居住区规划设计标准》GB 50180—2018中居住区配套设施设置规定的要求，结合控规图层、现状遥感影像等对设施初步选址进行人工校验判读，确保选址结果科学可靠。缺项设施选址人口检验示意图2-5所示。

生活圈要素配置优化的技术路线如图2-6所示，简单来说，粒子群算法作为搜索算法的一种，主要作用于设施选址最优解的搜索上，而适宜性函数则作为各个粒子坐标的设施选址适宜值，用于判断该粒子所处坐标点是否为最优解的条件。

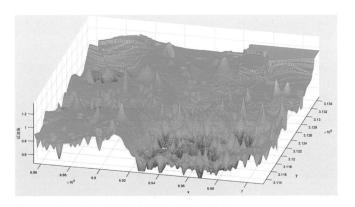

图2-4 单项设施全局适宜性评价结果示意图

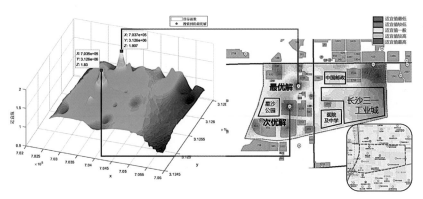

图2-5 缺项设施选址人口检验示意图

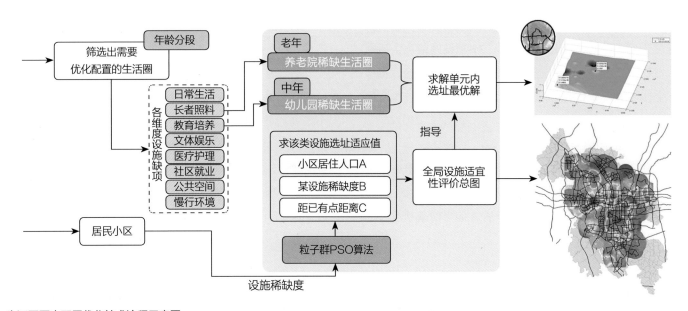

图2-6 生活圈要素配置优化技术流程示意图

三、数据说明

1. 数据内容及类型

研究涉及数据主要有五项，其中前四项"社区边界""居民小区边界""人口网格""POI设施点"为核心数据，是生活圈划定的必须前提，"道路数据"为非必须数据主要用于辅助修正15分钟生活圈结果。数据内容及类型如表3-1所示。

数据内容及类型一览表　　　表3-1

数据内容	数据类型	数据来源与获取方式	数据使用目的和作用
社区边界	shp面数据	数据通过土地利用变更调查数据按QSDWMC聚合获得，或直接获取民政局口径社区边界	用以辅助划定15分钟生活圈
居民小区边界	shp面数据	数据通过编写Python代码从百度地图获取	提取居民小区质心点，作为15分钟步行范围内搜索设施点的起点
人口网格	shp点数据	数据通过项目团队自购长沙移动信令清洗处理获得	反映100m×100m网格尺度的居住人口分布及年龄分段情况
POI设施点	shp点数据、面数据	长沙市"一圈两场三道"设施摸底调查、百度POI、多规合一数据库及长沙市规划区林地、湿地、绿地、水域保护建库项目	作为居民小区附近待搜索的设施点数据
道路数据	shp线数据	数据通过编写Python代码从百度地图获取，或直接获取规划项目现状道路中线数据	用以辅助划定与修正15分钟生活圈

2. 数据预处理技术与成果

数据预处理目标：将人口网格数据赋值予居民小区边界、社区边界图层。

数据预处理流程：

（1）选取长沙市市域范围2019年10月份移动手机信令数据（自购），通过居住人口判定模型，剔除国庆假期后按天将信令数据聚合到100m×100m网格点，生成人口网格数据，各网格点附带"居住人口""年龄分段"两个标签。

（2）将人口网格数据分别与各居民小区边界、各社区边界进行聚合，赋予其"居住人口""年龄分段"两个标签属性，作为

后续生活圈划定的基础图层。

数据处理成果形式：各居民小区边界新增"居住人口""年龄分段"[1]标签，各社区边界新增"居住人口"标签。

四、模型算法

1. 模型算法流程及相关数学公式

本研究涉及的主要模型算法有三种：基于FME的"多因子综合评价法"、基于GIS的"K-MEANS聚类算法"、基于Matlab的"粒子群PSO算法"。

（1）多因子综合评价法

多因子综合评价法实现流程如图4-1所示。

1）数据归一化

将各居民小区的28项指标层数据按越大越优原则归一至[0,1]区间，以去除输入数据的量纲差异的影响。计算公式4-1如下：

$$R = \begin{cases} 1 & X_i \geq M_i \\ \left(M_i - X_i\right) \Big/ \left(M_i - m_i\right) & X_i \in d_i \\ 0 & X_i \leq m_i \end{cases} \quad （4-1）$$

其中，M_i为选择的值域中的最大值，m_i为选择值域中的最小值。

2）评价指标确权

基于层次分析法确定8大维度层、9项要素层、28项指标层权重，其流程为：

a. 建立递阶层次结构，确立维度层、要素层、指标层间的结构关系；

b. 确定判断准则，采用九级标度两两比较评分标准；

c. 构建判断矩阵及层次单排序，确定同一层次指标权重；

d. 层次总排序及一致性检验，确定各层次指标对于总体的权重值。

3）计算评价结果

根据各评价指标权重及其评价值，加权累加得到各要素层、维度层的评价结果值。计算公式4-2如下：

---

[1] 年龄分段具体参照"18岁以下、[18,25)、[25,30)、[30,40)、[40,50)、[50,60)、60岁及以上"分为七段，后续分析中"青年、中年、老年"分别对应"[18,40)、[40,60)、60岁及以上"三个年龄段。

$$V = \sum_{i=1}^{n} w_i v_i \qquad (4\text{-}2)$$

其中，w_i为第i个指标的权重，v_i为第i个指标的测量值，n为评价指标的个数。

4）确定评价等级

评分结果按照自然断点法分为"最好、较好、一般、较差、最差"五类。

（2）K-MEANS聚类算法

K-MEANS聚类算法实现流程如图4-2所示。

1）数据归一化

将输入数据按越大越优原则归一至[0,1]区间，以去除输入数据的量纲差异的影响。计算公式见公式4-1。

2）分组分析

对输入的多维数据按照k均值聚类算法进行聚类，其计算步骤如下：

a. 选取K个点做为初始聚集的簇心；

b. 分别计算每个样本点到K个簇核心的距离，找到离该点最近的簇核心，将它归属到对应的簇；

c. 所有点都归属到簇之后，M个点就分为了K个簇。之后重新计算每个簇的重心，将其定为新的"簇核心"；

d. 反复迭代b～c步骤，直到达到某个中止条件；

e. 输出分组结果。

（3）粒子群PSO算法

粒子群PSD算法实现流程如图4-3所示。

1）适应性函数建立

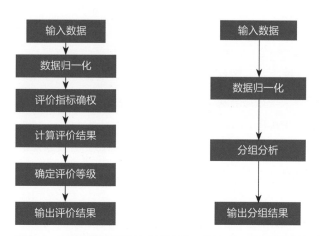

图4-1 多因子综合评价法实现流程　图4-2 K-MEANS聚类算法实现流程

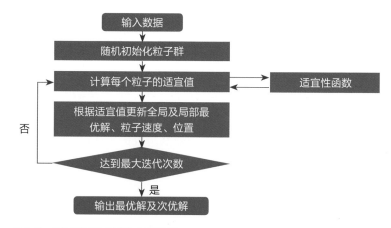

图4-3 粒子群PSO算法实现流程

a. 参考反距离算法，确定单项适宜值公式。选择最邻近12点为可变搜索半径，计算评估范围内各点对应的居民小区人口、设施稀缺度的单项适应值。

$$Z(x,y) = \sum_{i=1}^{n} \left(Z(x_i, y_i) \times \frac{d_i^{-k}}{\sum_{j=1}^{n} d_j^{-k}} \right) \qquad (4\text{-}3)$$

其中，d为距离居民小区距离；k为幂参数，控制已知点对内插值的影响；$Z(x_i, y_i)$为各居民小区人口或设施稀缺度。

b. 综合多项适宜值结果，以$(A+B) \times C$的形式建立综合适应性函数。其中居民小区人口、设施稀缺度作为主要影响因子，现有设施影响作为修正因子，具体公式4-4如下：

$$Z_s = (w_1 \times Z_人 + w_2 \times Z_稀) \times \begin{cases} \dfrac{\dfrac{D}{SA} + 4}{5} & D \leq SA \\ 1 & D > SA \end{cases} \qquad (4\text{-}4)$$

其中，D为距离现有设施点距离，决定现有设施是否对设施适宜情况产生影响；SA为设施点服务半径；W_1、W_2分别为居民小区人口、设施稀缺度权重，决定综合适宜值的准确性。

2）粒子群算法参数设置

选用粒子群算法快速检索每个生活圈对应设施位置的全局最优解及次优解，辅助规划设施选址。粒子群算法公式4-5如下：

$$V_{id} = w V_{id} + C_1 \text{random}(0,1)(P_{id} - X_{id}) +$$
$$C_2 \text{random}(0,1)(P_{gd} - X_{id}) \qquad (4\text{-}5)$$

$$X_{id\_new} = X_{id} + V_{id\_new} \qquad (4\text{-}6)$$

其中，w为惯性因子，决定全局寻优性及局部寻优性；V_{id}为第i个粒子第d维的速度；X_{id}为第i个粒子第d维的位置；P_{id}为第i个粒子第d维的个体极值位置；P_{gd}为全局粒子第d维的最优解位置；C_1、C_2分别为个体学习因子与社会学习因子，分别决定粒子局部及全局搜索能力。

本次运用粒子群算法检索设施位置最优解过程中，各参数设置如下：

a. 最大迭代次数为500；

b. 函数自变量为2；

c. 粒子群规模为100；

d. 个体经验学习因子、社会经验学习因子为2；

e. 惯性因子为0.6；

f. 粒子最大速度为30。

3）粒子群算法计算步骤

本次运用粒子群算法在二维平面上搜索设施选址最优解，粒子自变量为x、y坐标，具体计算步骤（图4-4）如下：

a. 种群初始化：对于每个粒子，在评价区域内随机设置x，y坐标及速度；

b. 单项适宜值计算：将每个粒子x，y坐标值输出至单项适宜值公式，得到居民小区人口、设施稀缺度的单项适宜值；

c. 综合适宜值计算：将每个粒子的单项适宜值输出至适宜性函数，根据粒子坐标距离现有设施距离进行结果修正，得到该坐标点的综合适宜值，其结果作为检索结果返回至对应粒子；

d. 局部位置和全局位置更新：对每个粒子的个体最优解进行判断，如果新检索到的适宜值大于个体局部最优适宜值，则将该适宜值及空间位置更新为个体局部最优解；对所有粒子的全局最优解进行判断，如新增的个体局部最优适宜值大于全局最优适宜值，将该适宜值及空间位置更新为全局最优解；

e. 速度更新：对每个粒子，根据运动惯性、个体局部最优解、全局最优解计算更新后的速度；

f. 位置更新：对每个粒子，根据原有空间位置及更新后的运动速度，计算更新后的空间位置；

g. 迭代设置：更新迭代次数，当前迭代次数为加1；

h. 终止条件判断：判断迭代次数时都达到最大迭代次数，如果满足，输出全局最优解，否则继续进行迭代，跳转至b。

2. 模型算法相关支撑技术

支撑多因子综合评价法的技术手段：①数据清洗及数值统计运用FME2019；②评价权重计算运用层次分析法辅助软件Yaahp；③评价结果分级及可视化运用ArcGIS10.1。

支撑K-MEANS聚类算法的技术手段：①数据整理及归一化运用FME2019；②K-MEANS聚类算法运用ArcGIS10.1内"分组分析"工具。

支撑粒子群PSO算法的技术手段：①适宜性函数及粒子群算法程序编辑均应用Matlab R2018a，程序开发语言为Matlab；②检索结果可视化及出图运用ArcGIS10.1。

所运用模型算法对系统暂无要求。

五、实践案例

1. 研究范围

本研究以长沙市为例，选取了市区（六区一县）范围内日常生活联系较为紧密的630个基本社区，与《长沙市"一圈两场三道"两年行动计划》范围一致，约1 332km²。范围内涉及2 120个居民小区，20 000余条基于生活圈实地调研的POI设施点，涵盖至少390万居住人口（2017年市区常住人口418万人[1]）。基本信息示意如图5-1所示。

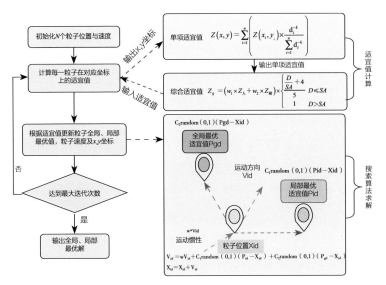

图4-4　粒子群PSO算法计算步骤

---

[1]　长沙市统计局《2018 年长沙市统计年鉴》http://tjj.changsha.gov.cn/tjnj/2019/16.htm。

2. 生活圈单元划定

以不跨越区级辖区为原则，必须满足每个生活圈单元"面积在3~5km²且居住人口不大于4万人"，再尽量满足"不跨越高等级道路""细化郊区生活圈粒度"两个修正条件，得到修正后的400个生活圈单元（图5-2）。

从老城区单元大小来看，原始社区边界切分过细，多为0.5~2km²，初步划定后老城区生活圈单元多为3~5km²且居住人口不大于4万人，依据道路走向修正后得到的生活圈单元基本满足需求（图5-3）。

研究范围基本情况

630个基本社区

1332 km²

2120个居民小区，合计约**90** km²

20000+POI设施点，分八大类28小类

390万+居住人口（人口网格数据统计口径）

图5-1　研究范围及基本信息示意图

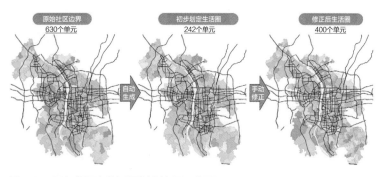

图5-2　研究范围内生活圈划定流程示意图

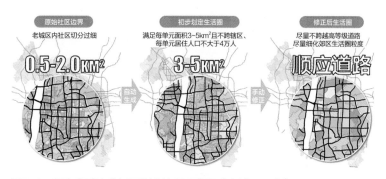

图5-3　研究范围内生活圈划定流程示意图（老城区尺度）

3. 生活圈多维度评估

以居民小区为对象，利用多因子综合评价法分别评估各居民小区在1 250m服务半径内在"日常生活、长者照料、教育培养、文体娱乐、医疗护理、社区就业、公共空间、慢行环境"八个维度的设施达标度。

基于评估结果，利用K-MEANS聚类算法对所有居民小区按非空间聚类方式聚合成十类，结果如下：①所有居民小区的公共空间维度评分均较低；②从各维度设施达标度的百分比来看，公共空间维度比例波动最大；③从其绝对值来看，配套最好的小区与最差的小区差距很大，从均值偏离程度分析，高于均值和低于均值的小区各占一半，其中八个维度均高于均值的仅有两类，数量占比5%，七个维度低于均值的有五类，占比77%。

所有居民小区K-MEANS聚类后各设施达标情况如图5-4所示。基于聚类结果，从空间分布特征上可将小区分为三种类型（图5-5）：一是配套最完善但公共空间待提升型（主要集中在河东老城区核心地带，为Group2、3、8、9），二是配套最不完善型（多分散于建成区边缘地带，为Group1），三是整体配套一般但单项维度有优势型（Group5的日常生活维度、Group10的长者照料维度得分较高，多分布于老城区核心地带扩散的第二圈层，Group4、6、7的公共空间维度得分较高，多分布于公园绿地等核心景观资源周边）。

下一步，将居民小区的多维度评价结果通过空间连接（spatial relator）的方式均值汇总至生活圈单元（图5-6），实现数据降维，降维后仍可以反映出现状"核心—组团中心—边缘"的空间扩散结果，与现状认知相符合，说明该方法具备可操作性与解释性。

进一步，分别将所有居民小区"日常生活、长者照料、教育培养、文体娱乐、医疗护理、社区就业、公共空间、慢行环境"八个维度的设施达标度汇总至生活圈单元后可以发现（图5-7）：除公共空间与景观资源高度相关外，其余维度基本符合"市—区县—街道—社区"的公共服务设施级配体系。

取"教育培养"维度为例，从幼儿园、小学、中学配置情况来看（图5-8），幼儿园整体配套较好，已形成老城区、梅溪湖、望城、金星北等多处组团中心，其次为小学、中学，后两者仍以老城区为核心往外辐射，目前在河西均为形成明显的组团中心。研究认为造成该结果的原因是幼儿园市场化程度较高，相较于小学、中学等政府配套设施，市场有更高的效率去完成居民小区附近的幼儿园配套。

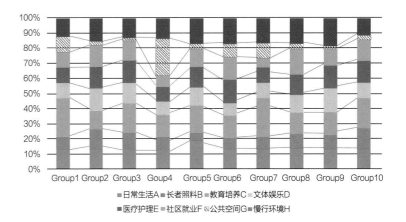

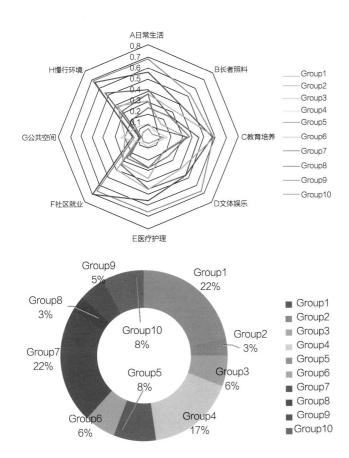

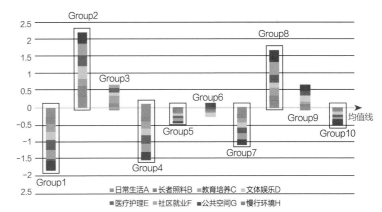

图5-4 所有居民小区K-MEANS聚类后各设施达标情况示意图

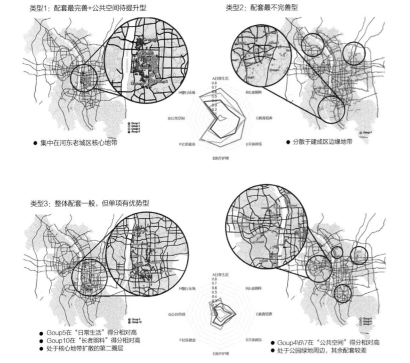

图5-5 聚类后对居民小区的类型划分示意图及雷达图

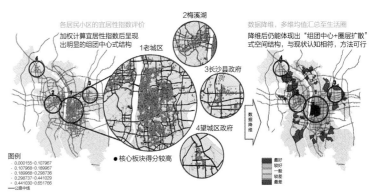

图5-6 将所有居民小区评价结果数据降维至生活圈单元示意图

以幼儿园设施为例，筛选出上述评价结果中配套最差类别的生活圈单元（图5-9），通过各生活圈内年龄分段情况辅助判断幼儿园缺项生活圈的配套时序，其中优势人群为"中年人口"的生活圈单元比"老年人口"单元对幼儿园设施的需求更紧迫。

此处提取出CSX-XS-2、CSX-XS-5、FR-DH-1、YL-YH-5四个生活圈单元，作为下一步幼儿园设施配置单元。

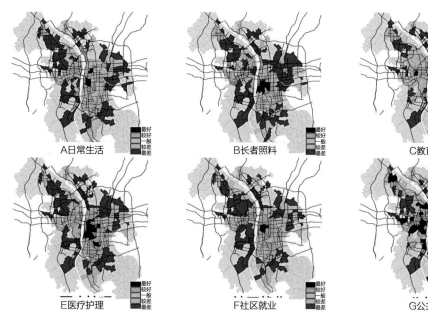
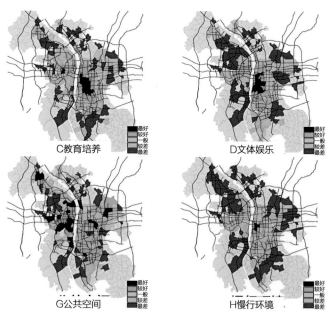

图5-7 生活圈单元八大维度设施评价结果示意图

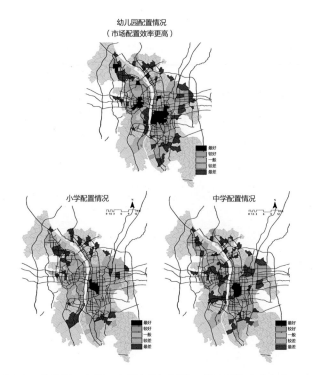
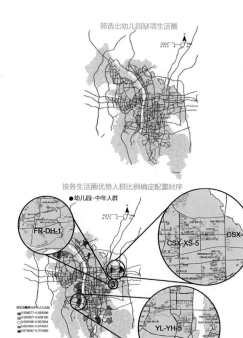

图5-8 幼儿园、小学、中学在生活圈单元的配置情况分布图

图5-9 筛选出优势人群为"中年人口"的幼儿园缺项生活圈单元

4. 生活圈要素配置优化

粒子群算法分两步，第一步是基于居民小区人口、设施稀缺度及现有设施影响三个因子建立该项设施的全局适宜性评价函数，得到幼儿园设施在研究范围内的全局选址适宜性评价结果，

将Matlab运算结果导入ArcGIS作可视化渲染后得到图5-11结果，红色地带为选址适宜性低地区，蓝色为选址适宜性高地区。

第二步是基于粒子群算法，分别模拟在四个生活圈单元中，幼儿园设施如何选址与配置能实现服务效率最大化。

以CSX-XS-5生活圈单元为示范，该单元为长沙三一工业城所在地，单元内分布有长沙县实验中学、长沙市中医医院、星沙公园、长沙经济技术开发区及长沙三一工业城。现状仅有的一处幼儿园位于单元东侧，单元外最近的幼儿园位于南侧。通过粒子群算法模拟选址后，得到的最优解为星沙公园东北侧，结合CSX-XS-5生活圈单元的全局适宜性评价结果（图5-11、图5-12）相互校验可得，该处最优解选址与适宜性评价结果的符合性程度较高。

设施选址人工检验结果：①该生活圈单元内东侧居民小区设施配置较为完善，故推荐选址点位于生活圈西侧居住用地，符合建设要求；②两处推荐选址点周边小区人口密度大，且周边未配置幼儿园设施，服务范围内覆盖多个小区，满足设施服务门槛。

同理，可分别计算出在CSX-XS-2、FR-DH-1、YL-YH-5其他三个生活圈单元的智能选址结果，更进一步，可推广到除教育培养维度外的其他七个维度，分别得出各项选址建议，举一反三，具备较好的普及推广能力。

以CSX-XS-2生活圈单元为例，基于粒子群算法求得最优解与次优解如图5-14所示，经设施选址人工检验：①该生活圈单元范围内东、南侧以荒地、厂房、公园为主，推荐选址点位于西侧集中分布的居住用地内，满足建设要求；②两处推荐选址点均位于人口较多的居民小区内，服务范围覆盖度高，满足生活圈内居民使用需求。

以FR-DH-1生活圈单元为例，基于粒子群算法仅求得最优解，经设施选址人工检验（图5-15）：①该生活圈单元内北侧学院、研究所众多，已有居民小区设施配置完善，故北侧未求得次优解；②该生活圈单元内南侧众多居民小区空间集聚性较低且人口较少，呈L形围绕湖南农业大学分布，因此推荐设施点位于L形交点处，其服务范围可覆盖多数小区，合理性较强，符合幼儿园选址原则。

以YL-YH-5生活圈单元为例，基于粒子群算法仅求得最优解，经设施选址人工检验（图5-16）：①选址推荐点位于生活圈北侧居住人口较多的小区内，该位置能有效服务周边多个小区，选址具备合理性；②生活圈南侧居民小区人口较少，尚未达到设施服务门槛。

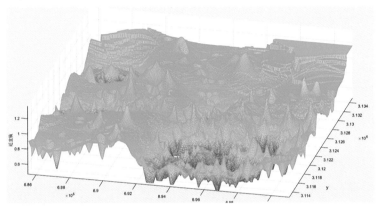

图5-10　全局适宜性评价结果示意图（Matlab）

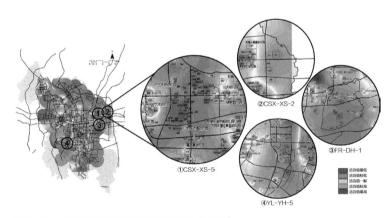

图5-11　全局适宜性评价结果示意图（GIS）

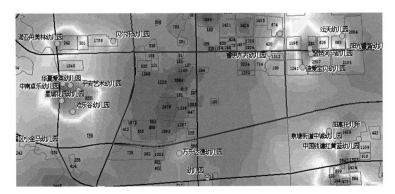

图5-12　基于全局适宜性评价的CSX-XS-5生活圈单元结果示意图

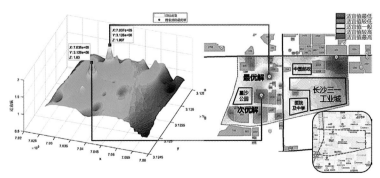

图5-13　基于粒子群算法的CSX-XS-5生活圈单元选址示意图

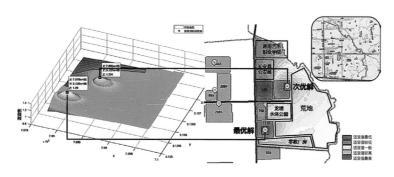

图5-14　基于粒子群算法的CSX-XS-2生活圈单元选址示意图

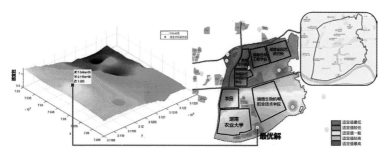

图5-15　基于粒子群算法的FR-DH-1生活圈单元选址示意图

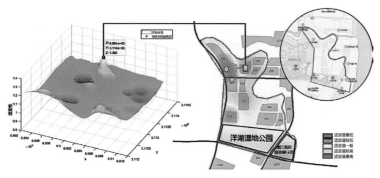

图5-16　基于粒子群算法的YL-YH-5生活圈单元选址示意图

六、研究总结

1. 模型设计的特点

（1）从"以人为本"的角度评估生活圈

传统生活圈评估往往采用"一刀切"式评估设施数量的方式，难以反映设施供需双方的使用关系。本模型引入"需求方"的概念，从小区内居民日常的使用需求出发，以设施点与居民的供需双方关系来评估生活圈设施配置的好坏，更贴合生活圈实际使用情况，也体现了"以人为本"的设计理念与价值观。

（2）模型模块化程度高

全套模型基于模块化理念设计，模板可复用性高，方便后续产品深化与模型集成，能显著减少规划一线人员的重复性劳动：其中，数据处理主要借助FME实现，如数据预处理、居民小区与社区的人口网格数据挂接、居民小区多维度评价等；数据可视化主要基于GIS实现，如K-MEANS聚类等；粒子群PSO算法主要基于Matlab实现。

（3）核心数据可获得性高

模型整体所需获取的核心数据较少，除手机信令数据外其余数据均较易获得。此外，从研究推广角度考虑，在缺少信令数据前提下，可由以下方式近似估算：

1）建筑轮廓估算法：可经由百度、高德地图的建筑轮廓矢量数据，提取出各居民小区、各社区建筑量化后计算两者占比，结合当地统计年鉴常住人口口径进行百分比换算，得到近似估计的各居民小区、各社区居住人口数值。

2）人口栅格估算法：可经由"中国科学院资源环境科学数据中心"官网下载"中国人口空间分布公里网格数据集"[1]，该栅格尺度为1000m×1000m，最新年份为2015年，可空间插值后赋值至社区，再结合统计年鉴进行百分比换算。

3）智图人口网格估算法：可采用网络分享的智图人口网格数据，该网格尺度为500m×500m，各网格点带估算后的常住人口标签，尚不清楚其数据生成方式，但以城市尺度校验后基本接近统计年鉴常住人口口径，可空间插值后赋值到各社区、各居民小区边界，作为近似估计的居住人口数值。

2. 应用方向或应用前景

本模型在后续应用上可转化为可推广、易操作的专项规划辅助编制、评估的特色化产品，专门解决规划评估与选址预测问题，后续条件成熟可进一步集成至系统平台，作为国土空间规划平台模型之一，辅助规划编制、研究及管理等领域。

［1］　中国科学院资源环境科学数据中心 http://www.resdc.cn/DOI/DOI.aspx?DOIid=32.
　　　徐新良.中国人口空间分布公里网格数据集.中国科学院资源环境科学数据中心数据注册与出版系统（http://www.resdc.cn/DOI）,2017.
　　　DOI:10.12078/2017121101.

基于Agent仿真模拟行人友好的地铁周边建成环境设计

工 作 单 位：荷兰埃因霍芬理工大学、天津大学

研 究 方 向：城市设计

参 赛 人：刘亚南、张宇程

参赛人简介：刘亚南，在读博士研究生，埃因霍芬理工大学建成环境学院，设计决策支持与信息技术课题组，致力于研究行人行为与建成环境量化关系；张宇程，城乡规划学在读硕士研究生，天津大学建筑学院，空间人文与场所计算实验室（SHAPC Lab）成员。

一、研究问题

1. 研究背景及目的意义

作为当前促进城市再发展的主要议题，城市更新可以促进城市建成环境改善，以便更适应人们的新需求。在城市更新过程中，地铁作为以公共交通为导向的开发（Transit-Oriented Development，简称TOD）发展方式中的重要组成部分，在快速发展的中国主要城市得到大规模建设使用。地铁可以极大地缓解日益增长的交通需求，并产生大量的行人流量，从而对周边城市区域街道发展起到促进作用。由于建成环境对行人路径选择有显著影响，因而地铁周边各个街道不同的建成环境对行人产生不同等级的吸引力，影响往返地铁站的行人的路径选择。

在实际城市建设过程中，地铁的建设通常在城市街区建设完成之后，这造成了以适应机动车出行为目的的建成环境设计与地铁出行的大量行人偏好之间的错位，从而形成了很多步行使用问题，例如较低的土地利用混合度增加出行距离，行人相关的交通设施缺失即设计上的不便利性，过宽的道路，过大的街区尺度增加到达地铁站的距离，行人道上的大部分空间被绿化、路灯、垃圾桶等设施占据。而现有的规划指导文件及各类规范中也没有针对地铁周边行人友好的建成环境设计导则和标准。在城市更新过程中，地铁周边街道建成环境亟须改善。然而由于用地资源、街道空间，以及政府资金的限制，不可能所有街道都建成行人友好的环境。在城市更新中，政府通常选择一些具有发展基础及潜力并且可能对整个区域产生积极影响的街道进行改造。但在行人友好的街区改造中缺少定量方法来衡量街道改造后可能产生的对行人的影响。

在以往学术研究中，行人友好的建成环境设计主要是依据街道环境的可步行性的测量。但是这些研究得出的大部分结果是定性结论。比如，更高的土地利用密度可以促进可步行性，但并不能定量地得出可以多大程度上促进可步行性，具体可以吸引多少人。缺乏用定量方法得出建成环境因子与特定步行行为的关系，也就无法定量得出街道上的行人流量，为规划设计师提供更明确的评价结果。

也有一些研究运用数学建模方法得到建成环境对行人路径选择的定量影响。这些结果展示了行人个体对各个建成环境因子的偏好。但这些偏好结果并不能直接得出具有不同建成环境特性的空间分布的各个街道上的人流量。且研究证明在不同的步行目的和语境下，行人对建成环境因子的偏好具有不同程度的变化。目前对往返地铁的行人路径偏好的研究还十分缺乏。所以本研究需要针对中国大型城市的地铁站行人往来的路径选择偏好进行数学

建模分析。

为了研究街道建成环境与行人流量的关系，智能体仿真模拟（Agent-Based Simulation）方法曾经被相关研究用于商业街和文化活动区域的行人移动及街道人流量预测。以往相关研究同样多集中于与被研究的步行目的和语境相关的建成环境因子，比如商店分布和类型、步行街宽度、文化设施分布和道路连接度等。街道行人流量可以辅助反馈街道建成环境规划设计的行人友好程度。以行人流量作为观察指标来在一定程度上评价街道建成环境规划设计的优劣和合理性。

2. 研究目标及拟解决的问题

为了得出地铁周边行人友好的建成环境设计，本研究采用Agent-based Simulation 方法研究街道建成环境对往返地铁的行人在地铁周边各街道的人流量分配的影响。在本Agent-based Simulation模型中首先研究行人路径选择的决策规则，然后在空间分布的各街道建成环境中仿真模拟合理数量和不同特性的行人在地铁周边街道的最终路径选择和各街道行人通过数量。模拟结果可以反映建成环境在各街道上的空间规划设计对总体行人分布的综合影响。为了展现不同建成环境空间分布对行人流量分布的影响，本研究拟得到3种规划设计场景分别对行人流量分布影响的模拟结果。

本研究的瓶颈问题是行人路径选择规则的研究需要兼顾多种因素，且要选择具有代表性及对行人路径选择有显著影响的因子。但在有限的样本量前提下，数学模型的运算中不能添加过多的因子，否则会导致较大的计算误差。所以最终因子的选择要兼顾模型运算的能力，以及要考虑到具有代表性的建成环境因子，行人自身社会经济属性，还要考虑到一些潜在的且不可观测的因素的影响。

解决方法是，全面总结以往相关文献，找出被普遍研究过的并且显著的建成环境因子及个人属性因子。还需要结合本研究区域的自身特性，适当添加以往没有被研究过的但是在本区域具有显著特点的建成环境因子和个人属性因子。这样以往被研究过的显著的因子作为模型的基本控制变量对模型结果有基本的保障，又可以探索新因子对行人路径选择的影响，凸显本研究的贡献。一些潜在的且不可观测的因子可以应用复杂模型解决。Latent Class Logit Model可以依据潜在分类理论对行人、对建成环境的偏好进行分类，更细致地展现不同行人对建成环境的不同偏好，从而得出更为精确的路径选择结果。

二、研究方法

1. 研究方法及理论依据

本研究采用的主要方法是路径选择模型和Agent-based Simulation方法。

路径选择模型可以定量分析建成环境因子及个人属性因子对每个步行个体作出最终路径选择的影响。得出的各因子对最终路径选择决策的影响系数可以直接用于Agent-based Simulation中模拟每个行人个体在建成环境中的路径选择。Agent-based Simulation Model模拟行人往返地铁口与周边地点的路径选择，将多个行人路径进行集计生成行人流量，得出地铁周边人流量分布情况与建成环境之间的关系。

路径选择模型是基于离散选择模型（Discrete Choice Model）针对行人在不同路径语境下作出选择的模型。离散选择模型是社会学、生物统计学、数量心理学、市场营销等统计实证分析的常用方法。例如，消费者在购买汽车的时候通常会比较几个不同的品牌。在研究消费者选择何种汽车品牌的时候，由于因变量（汽车品牌的种类）不是一个连续的变量，传统的线性回归模型就有一定的局限。交通出行方式也是一个典型的离散选择问题。公交、地铁、打车、合乘、自驾、自行车等出行方式之间没有必然的线性关系，是完全独立的选项。出行金钱花费、出行时间、出行距离、个人属性等可能影响出行方式选择的因素和各个出行方式选择之间不是线性关系。而本研究中的各条路径也是互相独立的存在，与以上例子中的情况类似，故适用于离散选择模型。

Agent-based Simulation Model 是基于Agent的复杂系统建模与仿真，是当前计算机仿真领域最重要的技术之一。它可以依据一定规则来模拟预测每个Agent的行为，建立不同Agent之间的复杂的交互影响关系。从微观到宏观、从下而上的对整个复杂系统进行模拟和预测。Agent代表参与到模型中的每个要素，比如在本研究中可以是每个行人、每条街道路段及每个建成环境要素。行人Agent可以和它所遇到的建成环境Agent及街道路段Agent进行交互作用，并最终呈现群体智能性。

2. 技术路线及关键技术

本模型主要以Agent-based Simulation为主，用于仿真模拟行人在地铁周边具有一定建成环境属性的街道上的路径选择行为。要实现此仿真模拟，首先需要规定行人选择路径时的行为规则，建立如图2-1所示的路径选择模型。此行人路径选择模型包含两大部分，第一部分是由田野问卷调查收集的受访者的实际行走路径以及他们的社会经济属性组成，第二部分是由田野调查和在线地图得到的各条街道建成环境数据组成。

根据路径选择模型的一般步骤，在得到行人的起始位置点后需要生成路径选择集，即起始位置点之间行人有可能行走的所有路径。生成路径选择集的方法众多，本模型选择最基础、最广泛应用的K-shortest path算法，即选取起始点之间前K条距离最短的路径。本模型根据被观察的路径的一般长度及研究区域街道的一般长度，取K＝10。后期根据计算结果还会对选择集进行调整，删除路段重叠较多的或者总体过长的路径，最终确定每个选择集中剩余7条可选路径，细节将在模型算法部分进行说明。最终每对起始点之间都会得到属于自己的一组可选路径选择集。选择集

再与上述第二部分的建成环境数据结合，各路径将各自经过的每个路段的建成环境数据依据各因子属性进行叠加或取平均数，每条可选路径得到各自经过街道的建成环境数据。

根据路径选择集的起始点，与上述第一部分中受访者的实际观察路径数据的起始点匹配，这样每个实际观察路径具有自己的受访者经济社会属性、路径选择集及附带建成环境数据。之后将这些匹配的数据输入相应模型软件进行运算。考虑到路径重叠对模型运算的影响，以及行人对建成环境的不均质偏好，本模型采用Path Size Correction Logit Model和Latent Class Model结合的方法。Path Size Correction Logit Model将路径重叠路段的长度和比例考虑到模型内。Latent Class Model将行人的社会经济属性考虑到模型内，并对他们的偏好进行潜在的分类。具体运算方法见第四部分模型算法所述。模型结果中的不同类型行人对建成环境的偏好系数被用于建立下一步骤仿真模拟中的行人行为准则。这些系数输入相应行为学方程中得到每个行人Agent最终的路径选择轨迹。

仿真模拟过程可以将路径选择模型得出的行人对建成环境的偏好系数进行个性化输入进仿真模型中。再根据一定情景需要，输入建成环境及个人属性参数。在本模型中，行人Agent的数量、社会经济属性及目的地点的设置会根据调研数据而来。根据调研观察数据，本模型将把行人分成3种在不同时间段的情景。早晨8:00—9:00，往返地铁的行人数量较少，并且大部分出行目的是去工作或学校，较少是逛街、回家或其他；中午12:00—13:00，往返地铁的行人数量明显增加，大部分出行目的是逛街及其他；傍晚17:00—18:00，往返地铁的行人数量最多，大部分是回家、逛街及其他。因为在路径选择模型部分，出行目的会影响最终路径选择，且不同时间段行人量差异明显，所以在仿真模拟阶段会设置行人及其属性在不同时间段的情景，这样使模拟结果更为精确。

为了更明确地呈现建成环境的不同空间分布对街道行人流量分布的影响，本模型依据研究区域政府对区域内街道的改造方案进行3种情景模拟。如图2-1中建成环境部分的3个模拟情景，赤峰道改造项目、哈尔滨道改造项目、山西路和陕西路改造项目。每个改造项目中对建成环境的改造细节呈现在第三节数据说明中。

得到行人和建成环境的情景后，如图2-1所示进行结合形成9

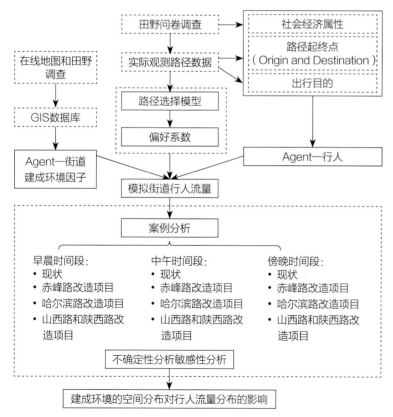

图2-1 模型技术路线图

种最终情景，然后进行模拟计算。最终得到行人在不同街道改造情景中的不同时间段的不同的路径选择。得到所有行人的路径选择结果后，分路段统计每条路段的行人通过量。然后，进行不确定性分析（即变异系数，Coefficients of Variation），以确定本模型的稳定性。敏感度分析可以得出哪些建成环境因素对行人流量分布影响最大，以便提供规划设计调整方向。按时间段对3种街道改造情景进行行人通过量变化率的对比，阐述每种改造项目对行人流量分布的影响。最终展示建成环境与往返地铁的行人在附近街道上的分布关系，并从行人流量角度评价街道改造方案，予以规划设计师反馈与辅助。

三、数据说明

1. 数据内容及类型

考虑数据需求及工作可行性，选取天津市营口道地铁站800m半径区域为数据收集调研点。营口道地铁站位于天津市最大的商业和办公中心，是全天津市地铁乘客量最大的车站之一。周边区域拥有多样化的用地和建筑功能，吸引大量行人。但同时也有一些步行环境问题，比如过宽的马路和街区尺度，过窄的人行道，市政设施占用人行道，用地混合度低，过街设施缺乏等。此区域可以作为中国北方主要城市步行问题和城市建设的典型代表来进行研究分析。

由第二部分"研究方法"中可知，本模型所需数据主要由两大部分组成，一是行人经济社会属性及实际观察路径选择数据，二是街道建成环境数据。

第一部分数据采用现场纸质问卷和地图方式进行收集，采访近期有往返地铁的步行行为的受访者。收集受访者的经济社会属性，例如年龄、性别、工作或居住年限（如果有工作或居住在附近地区）和出行特征。而其路线则在纸质地图上由调查员根据受访者所述进行标注记录。更具体地说，要求受访者回忆他们往返地铁站的步行路程。出行特征信息包括每次出行的出行起点、目的地、开始时间、结束时间和旅行目的（上班或上学、回家、逛街及其他等）。收集的路径数据的发生时间基本平均分配到每周7天中，避免周中和周末可能产生不同的路径选择结果影响模型结果。问卷访谈调研于2018年9月由天津大学11名经过访谈技巧训练过的学生调研员完成。调研员在营口道地铁站周边对往来地

铁站的行人进行随机访问。最终，402位受访者完成全部访谈内容，收集515条完整可用于建模的路径。表3-1显示了收集的受访者样本的社会经济属性。根据数据分析结果，发现受访者的出行目的分布在一天时间内有明显变化，相应的工作和居住年限也有一定程度的分布变化。年龄和性别比例在一天时间内没有明显变化。表3-2显示了具有不同出行目的的受访者在早晨、中午、傍晚三个时间段的分布情况。在仿真模拟阶段，可以按照出行目的不同时间分布特征进行分时间模拟，更加详细地展示一天之内建成环境对行人分布的不同影响。

受访者社会经济属性分布特征 　　　　表3-1

	分类	个数（百分比）
年龄	15~19岁	35（11.6%）
	20~29岁	151（50.0%）
	30~39岁	58（19.2%）
	40~73岁	58（19.2%）
性别	女	182（60.3%）
	男	120（39.7%）
在本区域居住年限	0年	215（71.2%）
	0~1年	13（4.3%）
	1年以上	74（24.5%）
在本区域工作年限	0年	219（72.5%）
	0~1年	21（7.0%）
	1年以上	62（20.5%）
出行目的	工作或上学	107（20.8%）
	回家	165（32.0%）
	逛街或其他	243（47.2%）

出行目的在全天时间的具体分布情况 　　表3-2

时间 ＼ 出行目的	工作、上学	回家	逛街和其他
早晨	73%	10%	17%
中午	11%	20%	69%
傍晚	6%	54%	40%

第二部分建成环境数据以每个路段为单位进行收集。通过田野调查和在线地图收集每条路段上的11个建成环境因子的情况。这11个因子分别是道路长度、有无人行道与自行车道或机动车道的隔离栅栏、人行道宽度、土地混合度（包括竖向上的建筑功能）、建筑物基底面积、容积率、街道绿化面积、交通信号灯数量、路灯密度、道路总宽度。

街道绿化面积是根据百度卫星地图上的绿化面积而来。采用2019年夏季拍摄卫星图数据，比例尺为1∶1 500，分辨率为0.54m，可满足本研究对街道尺度绿化面积采集的需求。只计算卫星图上街道两侧的绿化面积，建筑顶部、公园和广场内的绿化不计入统计。土地混合度计算采取最基础、广泛使用的方法，见公式3-1。用地类型根据相关城市用地分类标准分为10类，分别是大型商场、服务类（政府机构、邮政、通信等）、办公、居住、餐饮、娱乐（游乐场、KTV、剧院、电影院）、零售商店、各类学校、广场和公园和其他。

$$土地混合度 = -\left[\sum_{j=1}^{J}\left(\frac{p_j}{p}\right)\times\ln\left(\frac{p_j}{p}\right)\right]\Big/\ln J \quad j=1,2,3,\cdots,10$$

（3-1）

其中：j代表某类用地类型；J代表总体用地类型数；p_j表示用地类型j的占地面积，单位是km²；P表示所有用地类型的总体占地面积，单位是km²。

2. 数据预处理技术与成果

问卷数据收集后进行电子录入并整理成Excel表格数据。按收集的路径数据进行分行整理。每一行数据包括此条路径的出行特征信息、所属的受访者的个人社会经济属性。建成环境数据如上所述按路段录入GIS数据库。给每个路段进行编码。由第二部分"研究方法"可知，个人属性数据、路径选择集、建成环境需要进行匹配。路径选择集是通过算法计算得出。每一对起始点对应7条路径，每条路径由若干条路段组成。选择集中的路段编码与路段的GIS建成环境数据库对应，得出选择集中每条路径的各个建成环境因子属性值。

由问卷数据整理而成的Excel数据可知每条路径的起点，然后与具有相同起始点的选择集对应。则每条路径数据除包括此条路径的出行特征信息、所属的受访者的个人社会经济属性外，还包括7条路径各自的建成环境因子属性值。最终这些数据存储成

csv格式，原来的每一条收集的路径数据拓变成7行。7行数据为一组，即这一组数据具有相同的路径的出行特征信息、所属的受访者的个人社会经济属性，但具有不同的建成环境因子属性值。给每组选择集数据中的7条路径进行编码，从1到7。新增一列数据用来表示此条路径是不是在调研中实际行走的路径，并标识为1，其他6条由路径选择集算法得到的没有被实际行走的路径标识为0。

四、模型算法

1. 模型算法流程及相关数学公式

本节将按照第二部分"研究方法"的流程一一介绍各步骤用到的模型算法。首先是路径选择模型（Path Size Correction Latent Class）。离散选择模型中最基本的模型为多项逻辑斯蒂模型（Multinomial Logit Model），此模型并不适用于一般路径选择行为。因为一般路径选择集中的各条路径都会有多多少少的重叠路段部分，重叠的这部分会额外地造成模型运算结果的偏差。在Multinomial Logit Model模型中并没有考虑如何消除这种偏差。针对路径选择模型的特殊性，本研究选用模型路径尺寸修正逻辑模型（Path Size Correction Logit model，简称PSCL）模型考虑路段重叠部分的影响，即用路径尺寸修正（Path Size Correction，简称PSC）因子表示。通过公式4-2可知PSC_k表示路径k和选择集中其他路径的相似度。当路径k和选择集中其他路径重叠的部分越多，δ_{al}值会增高，PSC_k则会降低，最终导致路径k被选择的概率降低。则β_{PSC}运算后的结果应该永远是正数。方程式4-1和方程式4-2：

$$P_{nk} = \frac{\exp\left(V_{nk} + \beta_{psc}\times PSC_k\right)}{\sum_{l\in C}\exp\left(V_{nl} + \beta_{psc}\times PSC_l\right)}$$

（4-1）

P_{nk}是样本n在路径选择集C中某个路径k的概率。V_{nk}是样本n选择某个路径k的效用值。此效用值包括模型中所有个人属性因素和建成环境因素对路径选择影响的总效用。V_{nl}是样本n选择选择集C中任一路径l的效用值。k代表某个要计算概率值的路径，l代表选择集内任一路径，k相当于每次计算概率时选择集中C中某一个特定的路径l。β_{PSC}是path size correction因子的系数。PSC_k是路径k的path size correction计算值，此值的计算方法见公式4-2。PSC_l是路径l的path size correction计算值。

$$PSC_k = -\sum_{a\in\Gamma_k}\left[\frac{L_a}{L_k}\times\ln\sum_{l\in C}\delta_{al}\right]$$

（4-2）

其中，a路径k上的一个路段；Γ_k是路径k中的所有路段；L_a是路段a的实际长度；L_k是路径k的总长度；δ_{al}是路段a在选择集C中任一路径l出现或不出现，出现标记1，不出现则标记0。

PSCL模型得出的各因子系数是针对所有受访者样本的。然而在实际中，受访者可能会对建成环境因子有不同偏好，表现出不均质性。Latent Class Model是捕捉这个不均质性的常用模型。依据理论原理即受访者的偏好可能存在潜在的分类。将受访者的个人属性作为class membership，对模型样本进行潜在分类计算模型结果。在此模型中，每个样本所属类型为未知，只在最后模型结果中通过class membership可知。class membership公式4-3中考虑受访者样本的个人属性特性，在本模型中个人属性因子包括年龄、性别、工作或居住年限、出行目的。

$$P_{ns} = \frac{e^{X_n \beta_s}}{\sum_{s=1}^{S} e^{X_n \beta_s}} \quad (4\text{-}3)$$

其中，P_{ns}代表样本n属于某个分类s的概率；X_n代表class membership中的个人属性因子；β_s是个人属性因子的系数。

所以，在某分类s中的样本n选择某条路径k的概率为公式4-4。

$$P_{nk|s} = \frac{\exp\left(V_{nk|s} + \beta_{PSC} \cdot PSC_k\right)}{\sum_{l \in C} \exp\left(V_{l|s} + \beta_{PSC} \cdot PSC_l\right)} \quad (4\text{-}4)$$
$$s = 1, \cdots, S \quad n = 1, \cdots, N$$

其中，$P_{ns|s}$是在某分类s中样本n在路径选择集C中某个路径k的概率；$V_{nk|s}$是在某分类s中样本n选择某个路径k的效用值；此效用值包括在某分类s中所有个人属性因素和建成环境因素对路径选择影响的总效用；$V_{l|s}$是在某分类s中样本n选择选择集C中任一路径l的效用值。

综上所述，将在某分类s中样本n选择某个路径k的概率和样本n属于某分类s的概率相乘，得到最终样本n选择某个路径k的概率为公式4-5。

$$P_{nk} = \sum_{s=1}^{S} P_{nk|s} \ P_{ns} \quad (4\text{-}5)$$

分类s的值不是人为设定，是通过相关计算得到最佳值而来，见公式4-6和公式4-7。取AIC和CAIC值最小时的s的值，此时s代表的分类数为最佳。

$$AIC = -2\left[LL\left(\beta'\right) - S \times Q_s - (S-1)Q_c\right] \quad (4\text{-}6)$$

$$CAIC = -2LL\left(\beta'\right) - \left[S \times Q_s + (S-1)Q_c - 1\right]\left[\ln\left(2N\right) + 1\right] \quad (4\text{-}7)$$

其中，$LL\left(\beta'\right)$是公式4-3中对数似然函数值Log—likelihood的结果；N总体观测样本量；Q_s是公式4-4中所有因子的个数；Q_c是公式4-3中class membership中因子的个数。

以上为整个路径选择模型Path Size Correction Latent Class Model的完整方程表达。本模型中所有变量参数的定义均在第三节数据说明中有详细解释。在模型算法中没有对其进行任何改变，可完全参照第三节所述。本研究中的其余部分，K-shortest Path算法和Agent-based Simulation没有直接方程式表达，均在相应软件中通过计算机语言编程完成，在后续部分有详细介绍。

2. 模型算法相关支撑技术

上述路径选择模型Path Size Correction Latent Class Model在软件Nlogit5.0里实现。Nlogit5.0是最常用的专门计算离散选择模型的软件（http://www.limdep.com/products/nlogit/）。在软件中输入第三节数据说明部分所述的最终数据csv格式，采用Nlogit5.0自带语言进行简单编程即可输出计算结果。K-shortest Path算法源自Yen's Algorithm（https://en.wikipedia.org/wiki/Yen%27s_algorithm），在Matlab里实现计算。Agent-based Simulation在Netlogo软件（https://ccl.northwestern.edu/netlogo/）中完成，此部分没有模型原理方程式，完全由研究人员自行学习软件专用语言并进行较为复杂的计算机编程完成模拟计算过程。Netlogo是一款可视化模拟仿真软件，将每个行人主体定义为Turtle。可以定义Turtle的自身属性，如性别、年龄等。然后定义Turtle所在的环境特性，本模型中定义的环境即源自GIS数据库的Shapefile道路网文件。在程序中写入每种Turtle在特定的环境下会做出的反应，即行人路径选择的规则。这些规则来自路径选择模型的系数结果。每类行人对每个环境因子有自己的偏好值，这些偏好值在遇见特定环境后，套入对应的路径选择模型得出最后选择具有特点环境道路的概率。由之前章节可知每个行人Turtle会有7条可选路径，得到每条路径的被选概率后，因为行人最终做出的选择还带有随机性，并不是每次都选择概率最大的那条路，所以还需要进行蒙特卡洛模拟。蒙特卡洛也是在Netlogo中完成，一种用来模拟随机现象的数学方法。因为每次模拟结果具有随机性，所以还需要进行不确定性分析Uncertainty Analysis。不确定性分析是通过计算多次结果的变异系数得来。

五、实践案例

1. 模型应用实证及结果解读

按上述章节所述，将数据说明中收集的个人属性、实际观测路径选择、建成环境数据输入到路径选择模型Path Size Correction

Latent Class Model中得到行人对建成环境因子的偏好系数，见表5-1。这些偏好系数应用到一定情景中，可以得出各情景中建成环境对行人路径选择行为的影响，呈现出建成环境空间分布与行人通过量之间的空间关系。

选取研究区域内的街道为实践对象，进行情景假设。根据政

路径选择模型结果 表5-1

	分类 1			分类 2		
	系数	误差值	t值	系数	误差值	t值
1. 路段长度	−0.065***	0.014	−4.630	0.008**	0.004	2.130
2. 有无栅栏等隔离设施	12.105**	5.174	2.340	5.805**	2.785	2.080
3. 人行道宽度	−1.277***	0.442	−2.890	0.315	0.207	1.520
4. 土地利用混合度	5.470	5.870	0.930	−0.093	4.133	−0.020
5. 临街底层建筑长度与街面长度比率	5.614	3.623	1.550	12.927***	7.983	3.240
6. 容积率	−4.860***	1.868	−2.600	−3.010**	1.454	−2.070
7. 街道绿化面积	−0.947***	0.297	−3.190	−0.116	0.125	−0.930
8. 路口红绿灯有无	−7.762***	2.765	−2.810	1.480	1.025	1.440
9. 路灯数量	0.073	0.076	0.950	0.050	0.046	1.090
10. 道路总宽度	−0.251***	0.080	−3.140	0.139***	0.035	4.020
PSC	1.555***	0.501	3.110	1.555***	0.501	3.110
Class Membership						
常数项	0.549**	0.273	2.010	0.000		
女性	0.069	0.180	0.380	0.000		
男性	−0.069			0.000		
小于等于23岁	0.038	0.204	0.180	0.000		
大于23岁	−0.038			0.000		
在本区域工作	0.868***	0.304	2.860	0.000		
不在本区域工作	−0.868			0.000		
在本区域居住	0.060	0.153	0.390	0.000		
不在本区域居住	−0.060			0.000		
出行目的: 工作或上学	0.131	0.276	0.470	0.000		
出行目的: 回家	−0.030	0.237	−0.130	0.000		
出行目的: 逛街或其他	−0.101			0.000		

注：***表示在1%的显著水平，**表示在5%的显著水平。

府相关规划设计改造方案，本研究抽取其中和本模型内容匹配的项目。最终选择赤峰道、哈尔滨道、山西路和陕西路三块街区的改造项目，见图5-1。赤峰道改造情景包括C-1，C-2，和C-3，哈尔滨道改造情景包括H-1，H-2，和H-3，山西路和陕西路改造情景包括Sa-1，Sa-2，S-1，和S-2。被选取3个项目的街道段位置靠近，距离营口道地铁站200～500m范围内，且选取的3个项目中被改造街道总长度相近，避免尺度差别过大对模拟结果造成误差。哈尔滨道和山西路和陕西路改造项目主要增加人行道和机动车道之间的隔离栅栏，增加行人过街红绿灯设施，适当拓宽人行道宽度。赤峰道改造项目除了对以上3种设施进行改造外，还将增加特色商店、娱乐、餐饮等提升用地混合度。在这3种情景中，除赤峰道改造情景中用地混合度的提升外，其他3个建成环境因子在各个情景中提升的程度尽量保持相近，以便使模拟结果具有可比性。

除建成环境外，还需要对行人特性进行设定。第三部分中，根据调研数据可知行人出行目的在早中晚时间段的不同分布情况。除此之外，还需要对模拟的行人总体数量进行合理设定。根据调研团队对营口道所有地铁口行人总通过量的统计得出在早晨8:00—9:00共有4 210人次进出营口道地铁站，在中午12:00—13:00共有6 040人次，在傍晚17:00—18:00共有9 560人次。此数据由天津大学调研团队在2016年3月对营口道地铁站所有出入口进行实地现场计数得到。调研日期选取任意2个工作日及2个周末共4天，对4天中同一时间段的调研数据取平均数得到最终结果。

通过上述步骤可知在不同建成环境和时间段情景中行人Agent总量，以及每个行人Agent的个人属性和目的地点。将各部分数据输入Agent-based Simulation模型中，在Netlogo通过编程语言实现模型运算过程。在Netlogo中将得到每个行人Agent在各个建成环境情景中的移动轨迹，以及具体经过的各个路段。将所有人经过的路段进行统计，得出各个路段在各情景中被经过的次数，即各个路段的行人流量。为了对比各个建成环境改造情景对行人流量分布的影响，还需要对原建成环境下行人流量分布进行模拟，得出原建成环境下各个路段的行人流量。将同一时间段内，新建成环境情景下行人流量在各个路段上的分布与原建成环境下行人流量在各个路段上的分布进行对比得出变化率，结果可能为增长或减少，以百分比为单位。为了突出建成环境变化对行人流量分布的影响，结果只展示有建成环境变化的路段。表5-2、表5-3、表5-4是分别在早中晚三个时间段同样行人Agent在原有环境和3种新

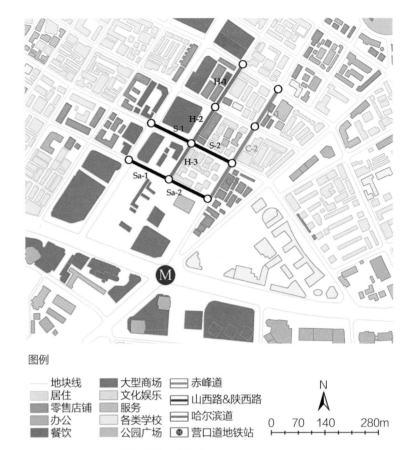

图例

地块线	大型商场	赤峰道	N
居住	文化娱乐	山西路&陕西路	
零售店铺	服务	哈尔滨道	0 70 140 280m
办公	各类学校		
餐饮	公园广场	Ⓜ 营口道地铁站	

图5-1　3种建成环境改造情景中的路段

环境情景中各街道的行人通过量模拟结果。图5-2、图5-3和图5-4是3种新环境情景中行人通过量与原有环境中行人通过量的变化率。

图5-2、图5-3、图5-4分别是早晨、中午、傍晚时间段各个建成环境改造项目中对各个路段中行人流量分布的影响。蓝色柱状图代表赤峰道改造项目中C-1、C-2、C-3路段改造后对自身及附近共10个路段上行人流量的影响。橙色柱状图代表哈尔滨道改造项目对10条路段行人流量的影响。灰色柱状图代表山西路和陕西路改造项目对10条路段行人流量的影响。即一个区域内，某些路段的建成环境改造后会对整个区域内路段上的行人流量分布产生影响。不同路段的改造会对整个区域产生不同影响。模拟结果应该对每个改造情景对整个区域的影响进行对比。

可以看出，赤峰道改造项目在全天3个时间段都对路段C-1、C-2、C-3、S-1有比较大的积极影响，对部分街道有较小的消极影响。哈尔滨道改造项目在早晨和中午都对大部分路段没有明显影响，但如图5-4所示在傍晚时对部分街道有明显的积极影响。山西路和陕西路在全天3个时间段对其他路段的影响都非常小。

早晨时间段原有环境与3种新环境下各街道行人通过量　　　　　　表5-2

路段	原有环境	赤峰道	哈尔滨道	山西路和陕西路
C-1	34	94	34	34
C-2	31	94	33	32
C-3	29	128	33	32
Sa-1	48	38	46	49
Sa-2	1	1	0	0
S-1	52	82	53	57
S-2	0	0	0	0
H-1	43	11	43	44
H-2	113	80	113	112
H-3	170	168	172	174

中午时间段原有环境与3种新环境下各街道行人通过量　　　　　　表5-3

路段	原有环境	赤峰道	哈尔滨道	山西路和陕西路
C-1	58	223	59	59
C-2	55	223	56	56
C-3	79	337	77	77
Sa-1	123	92	120	131
Sa-2	1	1	1	0
S-1	154	240	154	171
S-2	0	1	0	0
H-1	123	30	123	124
H-2	333	240	334	331
H-3	497	490	497	512

傍晚时间段原有环境与3种新环境下各街道行人通过量　　　　　　表5-4

路段	原有环境	赤峰道	哈尔滨道	山西路和陕西路
C-1	121	382	160	121
C-2	116	384	160	119
C-3	123	535	261	123
Sa-1	197	146	265	215
Sa-2	1	1	0	2
S-1	224	371	228	249
S-2	0	1	0	0
H-1	191	39	212	192
H-2	542	388	811	540
H-3	776	772	1052	798

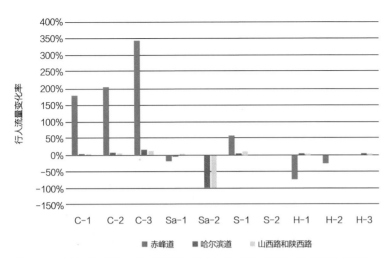

图5-2　早晨时间段各建成环境改造项目中对各路段中行人流量分布的影响

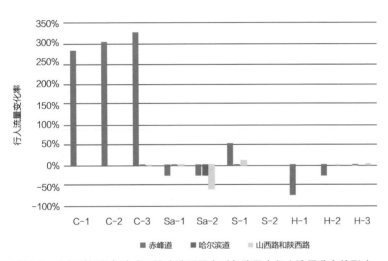

图5-3　中午时间段各建成环境改造项目中对各路段中行人流量分布的影响

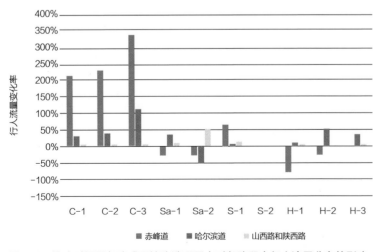

图5-4　傍晚时间段各建成环境改造项目中对各路段中行人流量分布的影响

由此可以得出，哈尔滨道和山西路和陕西路改造项目内容一样，但产生了不同的结果。说明对不同建成环境的空间模拟确实可以提供更多、更直观的规划方案可能产生的影响。且赤峰道改造项目中对土地利用混合度的提升明显提升了部分街道的行人流量。3个改造项目结果的对比为规划师提供评估参考。在以地铁行人为主要行人产生源的区域，此模型可以一定程度上提供规划方案评估参考。在考虑行人偏好方面的投资回报率、经济性、行人友好性时，通过本模拟过程可知，赤峰道改造项目更为合理，哈尔滨道改造项目其次，山西路和陕西路改造项目产生的积极影响最小。从往返地铁的行人在区域内的通行情况来看，赤峰道的改造可能会产生更大范围的积极影响，符合促进本区域整体发展的规划意图。本仿真模型可以进行个性化输入，展示出具体对比结果，为规划设计师提供规划设计的决策依据。

进行不确定性分析，分别测试模型运行50次、100次、150次、200次、250次、300次的行人流量分布结果。本模型得出结果总体比较稳定，且在运行150次时完全稳定，因此本模型结果最终采用运算150次的平均结果。

敏感性分析采用各因子增长10%的方法计算，得出在早晨时间段对行人流量变化影响最大的因子是土地利用混合度、容积率、临街底层建筑长度与街面长度比率，中午时间段影响最大的因子是人行道宽度、路径长度和土地利用混合度；傍晚时间段影响最大的因子是路灯数量、道路宽度和容积率。

2. 模型应用案例可视化表达

模型运算过程中，每个行人Agent都会有自己的移动轨迹，Netlogo软件自身动态可视化动画辅助研究人员查看每个行人Agent的移动过程。本模型主要可视化结果为图5-2、图5-3、图5-4中的各条路段行人流量变化率。

六、研究总结

1. 模型设计的特点

本模型通过改造项目为载体，应用行人行为学仿真模拟的方法，通过行人流量的变化展示各种改造项目对区域内行人的影响。其中行人agent的属性可以个性化定义，建成环境具体改造因子及属性也可以个性化定义，可以提供多情景结合情况下的模拟结果。不仅可以为规划设计师提供改造优化的方向，还可以提供改造方案产生的定量化结果。

以往行人行为学研究多集中在对行人行为本身，较少针对建成环境因子。有限的研究只是对行人对某个建成环境因子偏好的研究，可以为单一环境因子的改造提供支持，但缺乏对建成环境空间分布对行人行为影响的研究。目前城市规划中Agent仿真模拟的应用缺乏对行人行为的精细化研究。本模型将行人路径选择行为学模型和Agent仿真模拟的方法结合，可以为城市规划中的行人行为学模型提供更为直接有力的理论支撑。且本模型针对地铁站周边区域的行人行为与建成环境关系的研究，为TOD（Transit-Oriented Development）区域的步行友好的环境设计提供更多的理论支撑。

2. 应用方向或应用前景

以地铁站为中心的TOD区域建设在中国各大中城市得到广泛应用，但目前城市规划规范和条例中并没有针对地铁站周边TOD区域建设的具体指导和定量化模型和工具。且往返地铁的行人行为对建成环境的需求与周边现有的适应机动车的建成环境存在较大偏差。如何用定量化模型工具为TOD区域的规划设计提供支撑成为新时期城市规划设计师的迫切需求。且本模型可以和ArcGIS等软件联合开发，形成一个完整平台。只需要输入城市建成环境规划设计方案图，设定适合本区域的行人总量和特性，就可以通过可视化的按钮完成模拟过程。此过程可以由专业计算机软件开发人员完成。完成后的平台可以为规划设计师提供简便明了的操作界面，并可以个性化改变行为偏好参数及建成环境因子参数，具有极高的便捷性和灵活性。

虽然不能从行人流量这一单一角度评判城市规划设计方案的合理与否，但在目前城市规划设计研究中确实非常缺乏精细化的行人行为研究。从个人尺度出发的精细化行人行为学模型为小尺度的精细化的以人为本的城市设计提供有力支撑工具。

城市功能设计与形态结构交互演进及对环境影响的模型研究

工作单位：北京城垣数字科技有限责任公司、北京数城未来科技有限公司、北京市城市规划设计研究院

报名方向：城市系统模拟

参 赛 人：高娜、辜培钦、孙子云、杨琦、曹娜

参赛人简介：高娜，城乡规划师；辜培钦，软件工程师；孙子云，数据分析师；杨琦，GIS工程师；曹娜，城乡规划师。团队成员在城市空间监测、城市体检评估和国土空间规划等领域的空间分析、数据挖掘、数学建模和规划方案设计方面具有较强研究能力和工作经验。

一、研究问题

1. 研究背景及目的意义

城市形态结构是长时序制定和执行城市功能设计（城市规划）的结果，人类因社会和政治需求而进行的城市功能设计也受到城市形态结构的影响，二者是互相结合、互相作用的复杂、动态过程。同时，城市是一个由于人的聚居而对自然环境加以改造形成的人工环境，这也就决定了其改造过程（城市规划，或城市功能设计）也是一个对自然环境加以影响，与自然环境不断交互的演进过程，特定的城市形态结构会产生与之对应的生态与环境效应。因此，城市是功能设计、形态结构和生态环境三者彼此交互作用、逐步演化的空间系统，其逻辑关系如图1-1所示。

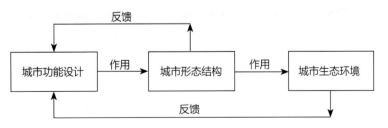

图1-1 城市"功能设计-形态结构-生态环境"逻辑关系示意图

《国家新型城镇化规划（2014—2020年）》中指出我国城镇化发展由速度型向质量型转型势在必行，提出对特大城市要严格限制规模、控制建设用地的"顶棚"，以及要划定城市增长边界、城市生态红线等要求。对于首都北京而言，《北京城市总体规划（2016—2035年）》提出"坚持以资源环境承载能力为刚性约束条件，确定人口总量上限、生态控制线、城市开发边界，实现由扩张性规划转向优化空间结构的规划"。可以预见，未来北京国土空间将更多以减量发展和微小更新为主要成长形式，以疏解非首都功能、治理"大城市病"为切入点，通过完善分散集团式空间布局，严格控制城市规模，推进城市修补和生态修复等手段，提升城市品质和生态水平。

因此，面向新的城镇化转型发展形势，以及新版北京城市总体规划确立的目标，建立面向"功能设计—形态结构—空气质量"的整体分析模型，在探究历史上三者在时间、空间和土地使用功能维度交互演进的基础上，对未来发展进行预测和评估。还可以对形态结构与空气质量进行监测分析，并通过功能设计加以影响，在三者之间形成正向作用和反馈，对于北京注重城市发展质量内涵，促进城市功能优化调整，推动集约、智能、绿色发展有重要意义。

2. 研究目标及拟解决的问题

结合北京市自身发展历程和未来发展目标，建立城市"功能设计—形态结构—空气质量"组成的一体化城市系统分析模型，为促进三者之间形成正向循环提供分析手段，为推动北京城市规划制定、实施和体检评估的科学性提供支撑。

本研究解决的问题包括：

（1）面对当前新的数据环境，结合规划制定和规划管理传统数据与能够反映城市社会经济现状的大数据，帮助形成更加全面的影响城市形态结构和空气质量的特征因子，提高城市系统模型的可信度和解释能力。

（2）面对当前新的技术发展，应用人工智能神经网络、空间误差、空间回归等算法对城市"功能设计—形态结构—空气质量"的交互关系进行建模，形成组合式的城市系统模型分析体系。

（3）面对减量提质的发展要求，探索在时间、空间两个维度基础上增加土地使用类型维度，在模型中考虑土地使用类型间的转换规则，力求提高模型的建模和预测精度，提高模型在城市规划和管理中的可用性和适应性。

（4）面对北京未来城市发展，预测多规划情景下城市形态结构和空气质量可能的变化趋势，多层面、多角度评价规划方案和政策的影响，为北京市进一步优化空间结构，提高环境质量提供科学支撑。

二、研究方法

1. 研究方法及理论依据

目前，在城市空间发展和空气质量建模分析和预测评价方面的常用基础分析模型主要有逻辑回归、神经网络、随机森林、空间回归、元胞自动机、多智能体模型等。这些模型基于系统动力学微分方程（组）、微观主体作用演变机制、因果关系的城市空间发展理论等不同原理，有些是静态模型，有些是动态模型，因此既有各自的优点和适应性，也有各自的缺陷。逻辑回归、元胞自动机、多智能体模型在城市空间演变中的研究成果相当丰富，但由于城市发展的复杂性、动态性和不确定性，其中涉及模型参数和转换规则的选择与确定时，往往具有较强的主观性，模型的精度和置信度受到影响。神经网络和随机森林模型而言，尽管在城市扩展模拟、空气质量评价和预测方面体现出相对较高的精

度，但也存在着"黑箱"理论的原理不明、解释性弱问题。近年来随着研究和实践的深入，越来越多学者倾向于将上述不同建模技术进行耦合，以提高城市模拟的精度。以应用较为广泛的CA模型为例，将GIS、回归模型、神经网络、遗传算法、多智能体系统等方法与CA模型进行集成，作为CA模型的扩展，在城市研究方面得到较好效果。值得注意的是，一些学者提出在城市空间发展的建模过程中，将规划要素作为约束性条件加入CA建模环节，可以一定程度上提高模拟结果的准确性。

因此，本研究基于以上城市系统模拟技术发展和应用实践的探索趋势，通过对不同模型的使用和评估，一方面在城市时空演化元胞自动机模型的基础上，构建"功能设计—形态结构"子模型，使用神经网络训练城市土地使用类型转换规则；另一方面构建"形态结构—环境质量"子模型，使用空间误差模型拟合空气质量与城市土地使用类型关系，最终实现由两部模型组成的城市"功能设计—形态结构—环境质量"一体化分析模型的目标。由于本研究总体上属于宏观层面的城市系统分析建模，因此没有采用对城市微观个体进行精细刻画的多智能体模型技术。

2. 技术路线及关键技术

本研究主要包括：数据预处理和特征提取、探索性数据分析、两部模型训练、情景预测四个内容。

（1）数据预处理和特征提取

首先对模型系统的输入数据进行预处理，在北京市城乡规划用地分类标准的基础上进行组合和归并，定义了一类工业用地、二类工业用地、三类工业用地、交通运输用地、公共设施用地、村镇用地、居住用地、其他建设用地及非建设用地九类用地类型。然后使用100m×100m的格网将不同空间或非空间数据（需空间落位）统一在一起，构成元胞自动机模拟的基础。

（2）探索性数据分析

使用汇总统计、空间计量、数据可视化等方法分析和理解数据，探索发现多源异构数据中潜藏的规律，辅助确定模型的自变量，并对模型的分析结果进行总体判断。

（3）两部模型训练

训练神经网络形成用地类型转换规则，训练得到多类用地类型间的映射关系，更加精细地反映现实的土地类型转换情景。然后以$PM_{2.5}$浓度为主要空气质量刻画指标，基于空间误差模型建立

用地与空气质量的拟合回归。

（4）情景预测

分别制定三种未来情景，即基于新总规前规划用地汇总，基于新总规下的分区规划，以及基于轨道交通一体化发展战略。针对不同情景，通过两部模型，实现不同情景下的城市空间形态和空气质量预测。对预测结果进行分析和评价，为后续规划实施和编制提供反馈和建议。

三、数据说明

1. 数据内容及类型

本研究在两部模型构建过程中使用数据（表3-1）主要包括：

"功能设计—形态结构"子模型，某一时间节点描述城市功能设计的规划用地数据，描述城市形态结构的现状用地、现状人口、交通路网、POI、功能区等数据，作为模型的自变量；下一时间节点的用地现状数据作为模型因变量。

"形态结构—空气质量"子模型，在前一子模型自变量涉及数据的基础上，补充天气数据作为自变量，PM$_{2.5}$浓度数据作为模型因变量。

研究数据一览表　　　　表3-1

数据名称	类型	获取方法	数据时间
规划用地	面，shp	由总规，中心城控规，新城地区深化方案和地块控规制作而成的规划汇总图	2004年、2010年、2016年
现状用地	面，shp	由遥感影像、地形图、规划审批数据制作而成	2004年、2010年、2016年
功能区	面，shp	于相关规划项目中获取	2004—2016年
城市道路	面，shp	由现状用地和规划用地中提取而来	2004—2016年
轨道交通	点，shp	来源于轨道交通规划	2004—2016年
城市开发边界	面，shp	分区规划数据中提取而来	2019年
常住人口	面，shp	由人口普查数据、统计年鉴、地形图、地理国情普查和现状地块数据加工而来	2004年、2010年、2016年
环路	面，shp	由民政局提供	2016年
行政区划界	面，shp	由民政局提供	2016年

续表

数据名称	类型	获取方法	数据时间
POI	点，shp	互联网抓取	2010年、2016年
政府办公地点	点，shp	根据百度地图矢量得到	2016年
气象要素	表格，带经纬度	开源数据网站	2004—2016年
PM$_{2.5}$浓度	表格，带经纬度	购买	2004—2016年

2. 数据预处理技术与成果

（1）分析单元及范围处理

经过对比分析发现，100m边长的正方形格网可以与中心城区用地的空间尺度保持较高一致性，因此创建边长为100m的正方形格网作为分析单元，市域共有1 647 506个正方形格网。另外考虑到总体格网数量较大，并且北京市外围山区地带的用地状态不会轻易变化的实际情况，因此使用山区地带的掩膜去掉了一部分格网，留下共计739 118个格网，以此为基础构建用地模型训练集。

（2）用地类型重新归并

北京市使用的《城乡用地分类与规划建设用地标准》GB 50137-2011中将城市用地按照土地使用的主要性质划分为居住用地、公共设施用地、工业用地、仓储用地、对外交通用地、道路广场用地、市政公用设施用地、绿地、特殊用地、水域和其他用地、多功能用地、待深入研究用地。聚焦于城市形态结构的宏观尺度研究时，用地分类归并至大类可基本满足需求。结合空气质量分析，考虑到工业生产、村庄建设等与空气污染相关性较大，尤其不同的工业类型对空气质量影响大不相同，本文将城市用地进行重新提取与归并，分为一类工业用地、二类工业用地、三类工业用地、交通用地、公共设施用地、村镇用地、居住用地、其他建设用地及非建设用地九类，如图3-1所示。

（3）针对功能设计—形态结构子模型变量

将多元数据进行统合，以同一格网最大面积的地块视为该格网的用地属性，将现状用地和规划用地特征提取至格网；计算格网中心点到城市绿地、水体、地铁站点、功能区等数据的最短距离，赋予格网以上变量属性；将区县内部单独的居住面积占全部居住面积的比例视作人口比例分配人口数量，以2010年人口普查街道粒度的数据为人口下沉标准，构建区县—街道—地块的人口

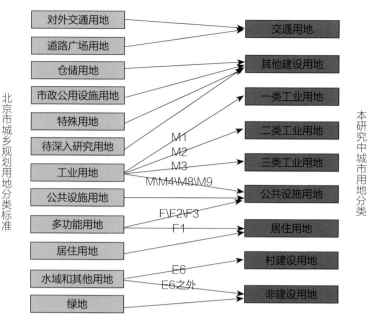

图3-1　用地类型分类图

分配比例，计算得到格网的常住人口数量；将POI数据进行核密度分析，生成密度栅格数据，取落在格网内部的平均像元值作为格网的POI密度值；同时考虑到邻域元胞对于元胞自身的影响及效应，通过构建百米格网的一阶Queen型空间权重矩阵，计算每个元胞周围元胞中（最多八个）同期现状用地中属于建设用地的个数，赋予格网邻域特征属性；对于类别型自变量，将开发边界、区县等类别属性字段按照空间位置连接到格网上，并存成表格形式。

（4）形态结构—空气质量子模型变量

对于该模型所用的气象和PM$_{2.5}$数据进行了年平均，并使用空间插值的方法将两类数据合并到1 000m边长的格网上，再基于空间位置连接100m与1 000m的格网，形成用地加气象数据预测PM$_{2.5}$浓度的模型训练集。为了丰富数据维度，本研究计算了公里格网内各类用地类型的个数，将出现次数最多的用地类型作为"占比最大用地类型"自变量；将出现的用地类型种类数作为"用地混合度"自变量；同时，计算道路面积总数、平均POI核密度，以及常住人口总数一并作为模型自变量。

预处理成果数据的结构是基于空间格网ID编号的csv表格数据，分为随时间变化的时间序列数据和不随时间变化的基线数据两类。不同类别的数据都带有格网编号，可以组成模型训练集。

四、模型算法

1. 模型算法流程及相关数学公式

（1）数据预处理相关

1）皮尔森相关系数

皮尔森相关系数用于度量两个变量X和Y之间的相关程度（线性相关）。在自然科学领域中，该系数广泛用于度量两个变量之间的线性相关程度。

两个连续变量（X，Y）的皮尔森相关性系数（P_x，y）等于它们之间的协方差$cov（X，Y）$除以它们各自标准差的乘积（σX，σY）。系数的取值总是在-1.0到1.0之间，接近0的变量被成为无相关性，接近1或者-1被称为具有强相关性。

2）方差膨胀系数（VIF）

方差膨胀系数是在多元线性回归问题上衡量模型自变量之间的共线性与多重共线性的严重程度的一个度量。其计算公式4-1为：

$$VIF = \frac{1}{1-R_i^2} \qquad (4-1)$$

其中，Ri为自变量x对其余自变量作回归分析的负相关系数。方差膨胀系数VIF越大，说明自变量之间存在共线性的可能性越大。一般来讲，如果VIF超过10，则回归模型存在严重的多重共线性。

（2）模型相关

1）逻辑回归

在多类别逻辑回归中，因变量是根据一系列自变量，即特征来预测得到的。具体来说，就是通过将自变量和相应参数进行线性组合之后，使用某种概率模型来计算预测因变量中得到某个结果的概率，而自变量对应的参数是通过训练数据计算得到的，有时将这些参数成为回归系数。

解决方式是直接根据每个类别，都建立一个二分类器，带有这个类别的样本标记为1，带有其他类别的样本标记为0。假如有k个类别，最后就得到了k个针对不同标记的普通逻辑分类器。对于二分类问题，只需要一个分类器即可，但是对于多分类问题，研究需要多个分类器才行。假如给定数据集$X \in \Re^{m \times n}$，它们的标记$Y \in \Re^k$，即这些样本有k个不同的类别。

挑选出标记为c（c≤k）的样本，将挑选出来的带有标记c的样本的标记置为1，将剩下的不带有标记c的样本的标记置为0。然后就用这些数据训练出一个分类器，研究得到$h_c(x)$（表示针对标记c逻辑分类函数）。

在多项逻辑回归和线性判别分析中，函数的输入是从k个不同的线性函数得到的结果，而样本向量x属于第c个分类的概率为：

$$P(Y=c|x)=\frac{e^{\beta_c x}}{\sum_{j=1}^{K}e^{\beta_k x}} \tag{4-2}$$

按照上面的步骤，可以得到k个不同的分类器。针对一个测试样本，需要找到这k个分类函数输出值最大的那一个，即为测试样本的标记：

$$argmax_c h_c(x) \quad c=1,2,3...k \tag{4-3}$$

2）随机森林

随机森林训练算法把装袋算法的一般技术应用到树学习中。给定训练集$X=x_1, ..., x_n$和目标$Y=y_1, ..., y_n$，M表示特征数目。装袋算法重复（B次）从训练集中有放回地采样，然后在这些样本上训练树模型：

$$For \ b=1, ..., B: \tag{4-4}$$

输入特征数目m，用于确定决策数上一个节点的决策结果；其中m应远小于M。

从n个训练用例（样本）中以有放回抽样的方式，取样n次，形成一个训练集（即bootstrap取样），并用未抽到的用例（样本）作预测，评估其误差。

对于每一个节点，随机选择m个特征，决策树上每个节点的决定都是基于这些特征确定的。根据这m个特征，计算其最佳的分裂方式。

在训练结束之后，对于回归分析，对未知样本x的预测可以通过对x上所有单个回归树的预测求平均来实现，或者在分类任务中选择多数投票的类别。

3）空间误差模型

空间误差模型考虑了线性模型残差的空间自相关。首先利用拉格朗日乘子检验空间自相关性发生在误差项还是因变量项，并借此决定使用空间误差模型或空间滞后模型，本次研究仅使用了空间误差模型。它的公式（4-5）~公式（4-7）如下：

$$y=X\beta+\mu \tag{4-5}$$

$$\mu=\lambda W\mu+\varepsilon \tag{4-6}$$

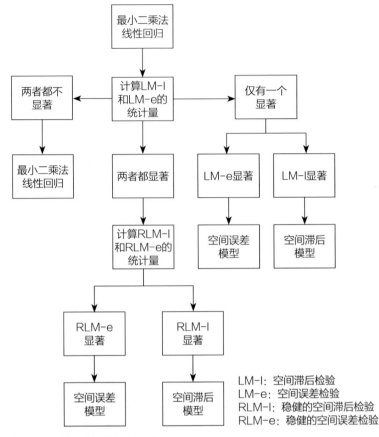

图4-1 空间回归模型选择图

$$\varepsilon \sim N(0, \sigma^2 I) \tag{4-7}$$

其中λ是空间回归系数，W是空间权重矩阵。图4-1为利用拉格朗日乘子检验空间自相关并选择对应模型的流程图。

4）神经网络

一个经典的神经网络是包含三个层次的神经网络，输入层，输出层和中间层（也叫隐藏层）。

输入层：输入层由已知的数据$X_1, X_2, ... X_p$，p个神经元组成。

中间层：中间层Z_m，$m=1, 2, ... M$是由输入层的线性组合并通过激活层添加激活函数产生的M个神经元组成：

$$Z_m=\sigma(\alpha_{0m}+\alpha_m^T X) \quad m=1, 2, ... M \tag{4-8}$$

这里激活函数可以有多种选择，主要的激活函数如：

Sigmoid函数： $$\sigma(v)=\frac{1}{1+e^{-v}} \tag{4-9}$$

tanh函数： $$\sigma(v)=\frac{e^v-e^{-v}}{e^v+e^{-v}} \tag{4-10}$$

Relu函数：$\quad\quad\quad \sigma(v)=\max(0, v)\quad$（4-11）

输出层Y_k：是由最后一层中间层的线性组合而产生的，共有K个神经元，其结果通过函数$g_k(Y)$输入到最后的目标向量：

$$Y_k=\beta_{0k}+\beta_k^T X \quad k=1, 2, ... K \quad（4-12）$$

$$f_k(X)=g_k(Y)\ k=1, 2, ... K \quad（4-13）$$

在神经网络用于k类分类问题中，想让最终的输出为概率，这样做不仅可以找到最大概率的分类，而且可以知道各个分类计算的概率值。一般使用Softmax函数获得属于每个类别的概率：

$$g_k(Y)=\frac{e^{Y_k}}{\sum_{l=1}^{K}e^{Y_l}} \quad（4-14）$$

因此训练神经网络就是训练以下几个模型并学习模型中的权值：

$$Z_m=\sigma\left(\alpha_{0m}+\alpha_m^T X\right)m=1, 2, ... M \quad（4-15）$$

$$Y_k=\beta_{0k}+\beta_k^T X \quad k=1, 2, ... K \quad（4-16）$$

这两个模型需要学习的权值为：

$$\{\alpha_{0m}, \alpha_m; \ m=1, 2, 3... M\}, \{\beta_{0k}, \alpha_k; \ k=1, 2, 3... K\} \quad（4-17）$$

对于分类问题一般使用Cross-entropy损失函数并通过梯度下降和反向传播算法来学习该神经网络：

$$R(\theta)=-\sum_{i=1}^{n}\sum_{k=1}^{n}y_{ik}\log f_k(x_i) \quad（4-18）$$

最后获得分类器公式为：$G(x)=argmax_k f_k(x)$，需要找到这输出值最大的那一个函数k，即为测试样本的标记类别。

2. 模型算法相关支撑技术

已列举的关键算法或软件功能，均在Windows 10操作系统下完成，关键算法与说明见表4-1。

关键算法与软件功能　　　　表4-1

所属步骤	算法或功能	工具集	开发语言或软件平台
数据预处理	相交分析	arcpy	ArcGIS 10.5
	生成近邻表	arcpy	ArcGIS 10.5
	生成渔网	arcpy	ArcGIS 10.5
	核密度分析	arcpy	ArcGIS 10.5

续表

所属步骤	算法或功能	工具集	开发语言或软件平台
数据预处理	以表格显示分区统计	arcpy	ArcGIS 10.5
	值提取至点	arcpy	ArcGIS 10.5
	Groupby+Apply Function	pandas, geopandas	64位 Python 3.7
	Merge	pandas	64位 Python 3.7
	制作空间权重矩阵	GeoDa	
模型训练及预测	皮尔森相关系数	numpy	64位 Python 3.7
	逻辑回归	scikit-learn	64位 Python 3.7
	随机森林	scikit-learn	64位 Python 3.7
	空间误差模型	pysal	64位 Python 3.7
	神经网络	scikit-learn	64位 Python 3.7
结果可视化	用地平衡表、图	出图功能	Excel
	各用地类型年代图	出图功能	ArcGIS 10.5
	相关性系数矩阵图	seaborn	64位 Python 3.7
	土地流转桑基图	pyecharts	64位 Python 3.7
	学习曲线、自变量贡献	matplotlib	64位 Python 3.7
	情景预测图	出图功能	ArcGIS 10.5

本研究在上述经典模型框架下进行了应用层面上的针对数据含义的适应性调整，体现在使用One-Hot Encoder对逻辑回归模型的类别型自变量进行修改，使得逻辑回归模型可以返回类型自变量中各类别分别对于未来现状用地的权重，并加以解读。而针对神经网络模型，在计算模型自变量贡献度时需要另外使用Label Encoder，不对类别类自变量进行拆分，从而计算某类别型自变量的整体贡献度，这符合计算神经网络贡献度的算法本身的特性。另一方面，考虑到用地的百米格网与$PM_{2.5}$数据的公里格网的空间关系，选择将百米格网的数据进行归并处理（Groupby+Apply），构建了与现状用地类型相关的11个变量。同时，重新处理常住人口数、POI核密度与道路面积这三个模型自变量，使其满足于公里格网的分析尺度。

重要模型参数：

对于逻辑回归模型，其对应的scikit-learn参数设置为：

LogisticRegression（solver='saga', multi_class='multinomial',

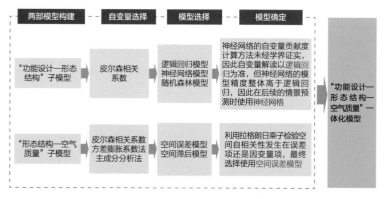

图4-2　一体化模型构建

C=0.2, max_iter=300, verbose=True, n_jobs=-1）

可以看到使用了Multinomial方式的多类别逻辑回归方法，同时对于正则化项，以及最大迭代次数都进行了设置。

神经网络的对应Scikit-learn参数设置为：

MLPClassifier（hidden_layer_sizes=（40,5），max_iter=300, alpha=2e-4, solver="adam", verbose=True, random_state=5）

空间误差模型的对应Pysal参数设置为：

GM_Error（y, X, w=w, name_y=pred_col, name_x=name_x_list, name_ds="PM$_{2.5}$ training dataset", name_w="1 order Queen weight matrix"）

Pysal没有过多可以调整模型参数的设置，本文仅输入了必要的模型自变量矩阵、模型因变量向量、空间权重矩阵，以及一些

命名设置。其他的参数选择了默认设置。

3．模型构建

由于城市模型的研究建设是一个不断与数据进行交互探索、对模型参数进行选择调优、对模型算法进行试验分析、对结果评定解释的过程，同时也通过不断学习和实践的过程，来保障模型的可解释性、精度和置信度。为此本研究按照图4-2的流程基于两部子模型最终构建了城市"功能设计—形态结构—空气质量"一体化模型。

五、实践案例

1．情景预测与分析解读

（1）情景设计

基于城市"功能设计—形态结构—空气质量"一体化城市系统模型进行三种未来规划情景2016年至2022年的形态结构和空气质量的变化预测。其中情景1使用分区规划编制前的用地规划汇总作为规划引导，反映了新版总规确定之前的功能设计发展目标；情景2是将新版总规进行空间落位的分区规划制定成果作为规划引导，反映了新版总规确立的功能设计发展目标；情景3在情景2基础上，融入了轨道交通一体化发展战略规划的成果，反映了用地与交通整合发展、城市功能与轨道站点一体化的规划目标。不同情景的模型自变量进行不同的设置，具体见表5-1。

不同情景设计自变量对比设置表　　　　　表5-1

	情景1：基于新总规前规划用地汇总	情景2：基于新总规下的分区规划	情景3：基于轨道交通一体化规划发展战略
规划用地	基于新总规前规划用地汇总	基于新总规下的分区规划	基于新总规下的分区规划
现状用地	2016年现状用地为起点	同左侧	同左侧
功能区	按照年代发展的功能区	按照年代发展的功能区	按照年代发展的功能区以及轨道微中心和轨道站点周围300m缓冲区
城市道路	2016年提取自2016年现状用地，2022年提取自规划汇总	2016年提取自2016年现状用地，2022年提取自分区规划	2016年提取自2016年现状用地，2022年提取自分区规划
轨道站点	2022年轨道站点规划	同左侧	同左侧
轨道微中心	无	无	提取自2019年轨道微中心规划
开发边界	提取自分区规划	同左侧	同左侧
常住人口	2016年人口为起点，2022年使用规划预测人口	2016年人口为起点，2022年使用规划预测人口	2016年人口为起点，2022年使用规划预测人口，并在此基础上调整了轨道微中心内部的人口

续表

	情景1：基于新总规前规划用地汇总	情景2：基于新总规下的分区规划	情景3：基于轨道交通一体化规划发展战略
现状绿地	提取自2016年现状用地	同左侧	同左侧
规划绿地	提取自规划汇总	提取自分区规划	提取自分区规划
现状水体	提取自2016年用地	同左侧	同左侧
POI	2016年使用当年POI，2022年及以后使用2020年POI	2016年使用当年POI，2022年及以后使用2020年POI	2016年使用当年POI，2022年及以后使用2020年POI，并在轨道站点和微中心处增大一倍POI数量
政府行政办公地点	2016年没变，2022年后更新通州副中心位置	同左侧	同左侧

（2）情景预测

三种情景的预测结果从市域大尺度空间上来看大体保持一致，大部分用地变化发生在中心城区的外围，并且东部的变化比西部更为集中。用地变化从规模上看并不大，主要的变化是不同用地类型之间的转换。这也与北京城市未来以减量和提质为发展目标，更注重用地结构的调整优化相一致。

为了进一步比较不同情景下的预测结果，本研究聚焦新总规前的用地汇总，以及新总规下的分区规划这两种情景在"三城一区"和"多点地区"两个特定区域下的用地变化情况，发现两个重点发展地区中情景二预测得到的未来现状用地在这两个区域的变化用地总量均高于情景一预测得到的未来现状用地变化总量，体现出这些功能区将是未来科技创新等城市建设活动的重点地区。

通过设置上述三种不同情景为不同的现状用地类型输入，同时保持其他模型自变量不变，进行对应的空气质量预测并统计市域内PM$_{2.5}$平均浓度（图5-1）。与2016年市域PM$_{2.5}$平均浓度相比较，三种规划情景发展形成的城市形态结构对空气质量均有正面影响。

2. 规划工作意见反馈

预测结果反映出不同规划场景对形态结构、空气质量的引导作用，也体现了模型具备的分析能力，给规划工作带来两点反馈。一是，应深入贯彻落实新版北京城市总体规划和分区规划，加强分区规划对下位规划的指导作用，确保将总规和分区规划确定的目标、指标和任务传导到下位规划，保证各区国土空间开发保护和利用严格依据分区规划的具体安排，并对分区规划实施

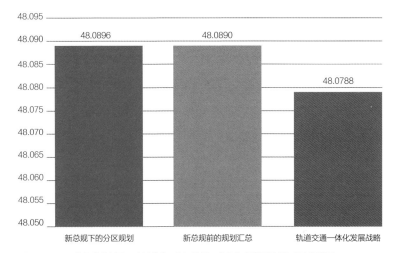

图5-1 三种规划情景下的城市形态结构对空气质量的影响预测图

过程中加强评估和监督检查，切实维护分区规划的权威性和严肃性，保证国土空间规划"一张蓝图干到底"。二是，充分发挥轨道交通对城市发展的引领作用，促进轨道交通与城市的协调融合发展。目前北京正进行详细规划编制工作，即在总规和分区规划的基础上做进一步小尺度的功能设计，在编制中应考虑轨道交通一体化的发展战略，纳入相关的规划内容和管控要求，实现城市用地与交通的整合发展，实现国土空间规划与轨道交通规划的有效融合、衔接和互动，不仅使得城市功能与轨道站点一体化结合，市民生活和出行便利，塑造精细化和高品质的城市空间环境，而且对于提高土地集约化利用程度，通过城市微小更新和升级改造形成高品质的国土空间整体格局，进而推动城市生态环境施的提升，为将北京建设成为国际一流的和谐宜居之都提供保障。

六、研究总结

1. 研究特点

本研究紧跟信息技术尤其是城市系统仿真建模技术的进展，以及在城市规划和城市研究中的应用状况，并在一个较长时间跨度下对北京城市空间物理结构、社会功能设计和空气环境质量之间的转换、演进历程进行了建模和定量分析，探讨了三者的动态交互作用和因果关系。同时，在对模型进行校验具有较好精度和可解释能力的基础上，进行了不同规划方案情景的未来预测，为规划方案评估、规划实施调整和规划管理策略的建立等提供参考依据。

本研究具有以下特点：理论上，建立了对城市功能设计、形态结构和空气质量间交互作用和演进过程整体研究的工作思路，同时也是城市规划学、空间形态学、城市环境科学等学科内容的交叉和融合，对于提高复杂城市系统完整、科学的认识和精细建模仿真分析具有重要意义。技术上，整合了多元数据，更全面刻画了城市的规划和现状特征；增加了土地使用功能维度自变量，适应了国土空间规划新形势下的城市精细建模分析；综合了多种技术和模型算法构建一体化分析模型，具备较好精度和可解释性。这些技术方法的运用提高了城市系统定量分析的可解释性、精度和置信度，推动了信息技术和模型分析技术在规划设计和城市研究中的深层次应用。应用分析了北京空间形态演化、用地结构转换、空气质量变化的过程和分布，探究了三者之间的动态性、因果性、交互性和反馈机制，可为城市动态监测、规划实施评估和城市体检评估等提供支撑。

2. 应用方向及前景

鉴于城市系统自身的复杂性和不确定性，以及城市规划、建设和管理的系统性和综合性，本研究建立的一体化分析模型还应在体系构建、技术探索、应用实践方面继续深化，以适应技术和规划事业的发展。

（1）整合多元数据和集成城市模型

进一步整合多元数据，以更好地对城市运行管理和社会经济活动状态，以及人的属性进行刻画，并集成多智能体等基于微观个体行为的仿真模型，以更加适应对城市这一复杂、动态的巨型系统建模。

（2）丰富模型在规划领域的应用场景

随着国土空间规划体系和实施监督工作机制的建立和不断完善，积极探索模型在国土空间规划业务和管理体系中的应用可能，一方面丰富模型应用场景，另一方面在实践中优化模型。

（3）发挥模型在智慧规划决策支持中的作用

本研究建立的一体化分析模型，是对新的历史时期要求规划领域信息化进行新的顶层设计和建立新的技术支撑能力的响应和初步探索。未来该模型体系应在模型内容、技术方法、软件系统、应用实践等方面不断发展完善，以更好地支撑国土空间规划成为"可感知、能学习、善治理、自适应的智慧型生态规划"。

疫情防控下的城市公共空间呼吸暴露风险评价模型[1]

工 作 单 位：沈阳建筑大学

研 究 方 向：城市卫生健康

参 赛 人：李绥、石铁矛、周诗文、陈雨萌、吴尚遇、徐开臣、张天禹、周雪轲

参赛人简介：参赛团队成员来自沈阳建筑大学，长期从事城市风险评价与预警、多尺度城市空间动态监测和城市空间格局优化等研究。

一、研究问题

1. 研究背景及目的意义

2020年伊始的新型冠状病毒疫情爆发，严重威胁了国家社会经济发展和公民身心健康，应对以大气为传播途径的防疫工作已经成为世界公共安全的突出问题。如何根据城市环境要素精准确定暴露参数，对人群在公共空间的呼吸暴露风险进行科学评价，是当前国际环境暴露风险研究中亟待解决的关键性问题，也是加强城市风险预警与提高大气防疫能力的基础。

（1）研究背景

1）城市公共安全背景下的科学防疫对策

城市的发展源于人类对于健康美好生活的向往，传染病作为典型公共卫生事件对人类健康造成巨大威胁，因此提高城市韧性和应激能力一直贯穿于城市发展的进程。1838年伦敦爆发第2次霍乱使人类开始意识到城市公共安全的重要性，1848年出台了规划史上首部卫生法案《公共卫生法》，2003年席卷东南亚的"非典"，以及2020年的新型冠状病毒，无疑都给城市公共安全带来了挑战。城市规划作为地方政府确保城市公共健康、减少传染性疾病的重要方式，肩负着稳定社会民生的责任。

2）大数据背景下的城市风险预警与防控

暴露风险评价起源于流行病学中环境污染对人体健康影响的研究，研究视角从早期的室内环境视角逐渐呈现出向多尺度城市外环境转移的趋势。随着大数据时代的到来，已有学者将多源数据引入呼吸暴露评价体系，龙瀛等结合乡镇街道办事处尺度人口数据评价了全国190个城市的$PM_{2.5}$污染人口暴露风险；基于多源大数据的呼吸暴露风险评价，能有效弥补传统研究问卷调查、环境监测等方法效率低、操作困难的缺点，更具有广泛应用的价值。

（2）研究意义

在大数据与空间信息技术的支撑下，开展多时间尺度、多空间维度、多传播途径下人群的呼吸暴露风险评价，精准定位感染高风险空间分布，识别感染风险关键要素，能够为加强区域人群集聚管控提供科学依据，对常态化疫情防控工作具有重要示范作用。

---

[1] 李绥，陈雨萌，石铁矛，周诗文，吴尚遇. 面向大气防疫的城市公共空间呼吸暴露风险评价 J/OL]. 城市规划.

2. 研究目标

（1）研究目标

1）通过建立公共空间呼吸暴露风险评价模型，形成城市公共空间疾病感染概率可视化分布图，表征人群在城市公共空间呼吸传染风险程度，进一步建立公共空间呼吸暴露风险动态监测平台，对城市集聚性公共活动进行风险预警，从而更加有效地落实防疫管控措施。

2）对影响感染概率的各因素及其影响程度的相关性进行分析，提出针对多种风险要素的规划防疫策略，为中国城市当前常态化疫情防控阶段的公共活动安全提供重要科学依据。

（2）主要研究内容

本项目提出了城市公共空间呼吸传染病的暴露风险评价研究框架，通过人口空间分布和气象数据监测，耦合局地环境的大气效应模拟，对多尺度城市公共空间的呼吸暴露风险进行量化评价。研究核心内容包括：

1）公共空间呼吸感染暴露风险模型构建

该部分主要是耦合呼吸感染概率模型与城市通风环境评估模型，建立综合评价模型，模型的主要变量为感染人数I与局地通风量Q，核心内容包括呼吸感染概率计算模型、城市通风环境评估模型、人口呼吸暴露强度评价模型。

2）空间信息提取与人口流动数据监测

该部分拟通过人口热力数据，掌握城市公共空间的人口活动规律，作为病患风险源的估算依据；通过获取城市三维空间信息与气象数据，利用风速廓线对数律公式，根据粗糙度长度确定风速，推算不同空间环境的通风量。

3）风险空间等级划分与规划防控策略

利用GIS将城市空间划分为栅格，将主要参数与变量代入模型进行计算。再根据评价结果，对高风险区域进行空间布局优化，改善局地微环境及通风效应，并提出高峰时段的人流量控制阈值。

二、研究方法

1. 研究方法及理论依据

（1）理论基础

暴露风险评价起源于流行病学中环境污染对人体健康影响的研究，一般以特定场所环境下典型行为方式的人群为对象。人体暴露环境污染物质的主要途径包括呼吸暴露、膳食摄入、皮肤接触和误食尘土等。由于污染物质类型，以及暴露环境的差异，不同的暴露途径对人体健康暴露风险的影响不尽相同，其中以呼吸暴露最难控制，因此可以有效指示人体暴露环境污染物质的健康风险。

结合环境要素的呼吸暴露风险研究主要在室内环境、城市外环境、城市局地微环境等方面。呼吸暴露风险早期研究较多关注典型室内环境对人体呼吸健康的影响，随着大气质量对人体呼吸健康的影响日益严峻，呼吸暴露风险的研究视角呈现出向多尺度城市外环境转移的趋势。SAMET J M等采用时间序列分析了美国最大的20个城市心血管疾病死亡率与PM_{10}暴露浓度的关系，发现大气PM_{10}每增加$10\mu g/m^3$，心血管疾病死亡率增加0.68%。

城市公共空间是大气污染重点区域，人群的高度密集给呼吸传染疾病的传播带来极大风险，且城市公共空间环境复杂多变，微气候对大气传播方式的影响使得呼吸传染风险过程具在局部空间存在显著差异。因此开展城市公共空间的呼吸暴露风险相关研究，将对常态化新冠疫情防控工作有重要价值。

（2）研究方法

本研究参考现有研究成果提出了公共空间呼吸暴露风险评价方法，利用GIS技术这一优势，基于客户机/服务器（Client/Server，简称C/S）技术构架，采用相关开发工具，建立城市公共空间呼吸暴露风险地图动态监测平台。

1）基于空间形态参数的局地微气候评价方法

把城市形态参数、微气候指标之间的函数关系空间化和可视化，在城市空间和建筑形态与其产生的环境影响之间建立直观联系。对城市三维空间数据进行解译，获取建筑高度、密度、容积率等建筑形态参数并进行推演，综合评价出城市各区域通风能力情况。

2）基于网格分区的关联性回归分析方法

本研究依据GIS的分析模型和功能组件，进行单位网格划分和单元内空间参数与风险空间分布的关联动态分析，从而剖析不同参数对风险过程的动态关联，并建立回归分析数学模型以确定不同参数的风险传递影响系数。

3）基于GIS平台的呼吸暴露风险可视化方法

呼吸传染概率模型参数主要变量中的人口分布来源于大数据监测，局地通风量采用城市通风环境评估模型计算获得，通过耦合以上两个模型获得呼吸风险的主要暴露参数，将关键参数落入统一划分的GIS栅格中，使用Matlab编程将模型中若干个数学公式进行衔接。通过GIS平台实现风险分布空间可视化表达。

（3）研究步骤

本研究主要包括"建立城市多源信息数据库""耦合呼吸暴露风险评价模型""开发呼吸暴露风险动态监测平台""提出基于风险评价的城市规划防疫策略"4个研究步骤（图2-1），具体内容如下：

1）建立城市多源信息数据库

根据城市测绘图和卫星遥感影像图等提取城市建筑形态参数等数据，建立空间信息数据；基于城市多日多时段手机基站数据，掌握城市公共空间的人口活动规律，通过GIS栅格处理获得城市户外人口数量及分布，建立人口信息数据库，从而构建计算城市公共空间感染概率的多源信息数据库。

2）耦合呼吸暴露风险评价模型

对空间信息数据进行处理，通过城市通风评估模块运算得到城市局地通风量，并通过呼吸感染概率计算模块与人口信息数据进行耦合，形成公共空间呼吸暴露风险评价模型，对城市公共空间暴露风险进行评价。

3）开发呼吸暴露风险动态监测平台

基于GIS平台的信息处理和可视化技术，将城市空间三维数据结合地图数据，利用开发工具架构城市呼吸暴露风险地图动态监测平台，通过输入不同城市气象数据和人口数据，形成可满足不同城市风险评估、信息发布、监控预警的公共服务可视化平台。

4）提出基于风险评价的城市规划防疫策略

对各变量与风险区面积变化的相关性进行分析，探讨各变量对感染概率的相关性程度，并设计对比案例进行分析，验证实验结果的广泛应用性，并提出科学有效的防疫管控策略。

2. 技术路线及关键技术

（1）技术路线

本研究技术路线如图2-1所示。

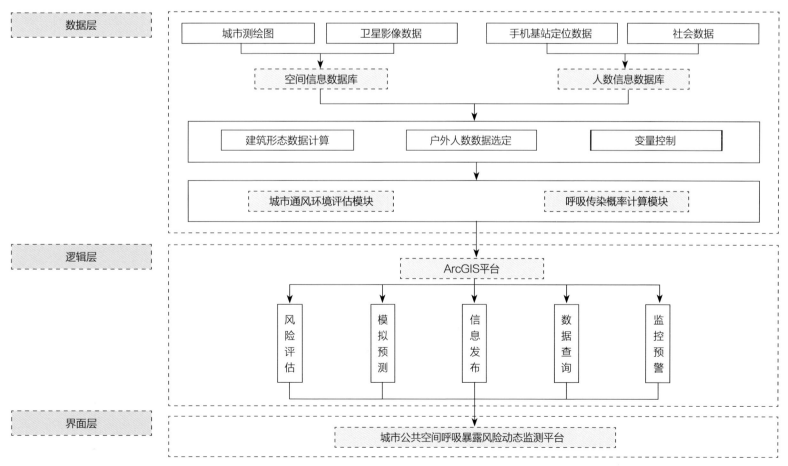

图2-1　城市公共空间呼吸暴露风险评价模型构建路线

（2）关键技术

1）多系统模型耦合技术

本研究涉及多个复杂的数学模型公式，且数据量较大，项目团队利用Matlab数学编程软件，将相关公式汇总编程，联合GIS栅格数据，实现大规模数据批量化操作。

2）大数据分析与可视化技术

本研究以城市空间信息数据，以及人群分布数据，利用ArcGIS平台，对数据进行汇总、聚类、分级，将计算结果转化为地理空间信息，从多个层面对城市公共空间呼吸暴露风险进行可视化表达。

3）动态监测平台架构技术

研究模型采用C/S技术构架，联合GIS操作平台，内嵌计算公式，建立城市呼吸暴露风险地图动态监测平台，最终实现对基础数据层输入数据的处理运算，并通过输入不同变量，形成多情形计算结果。

三、数据说明

1. 数据内容及类型

研究选择沈阳市三环内公共空间为研究对象，主要采用以城市道路、建筑形态为主的城市空间三维数据，并结合沈阳基础GIS数据、沈阳三环内人群分布热力数据、城市气象信息等多源数据。

（1）沈阳市数据

研究选取沈阳市为核心案例城市。基础资料包括城市的卫星遥感影像资料、城市空间信息数据、气象数据，以及人口分布数据。从2017年Landsat8卫星遥感资料、《沈阳市城市总体规划（2011—2020年）》，以及沈阳市建筑及道路现状测绘图中提取建筑高度、密度、街道宽度；沈阳市2016—2019年气象资料数据，获取城市风速、风向条件；从全国第六次城市人口普查结果获取的沈阳三环内总人口数据；从2020年5月11—5月25日典型工作日和休息日人口热力分布数据获取中心区人口数量数据。

（2）大石桥市数据

本研究选大石桥市作为对比。主要数据有：2017年10m空间分辨率Landsat8卫星遥感数据；《大石桥市城市总体规划（2017—2035年）》，大石桥市建筑及道路现状1：2000测绘图；大石桥市

气象局2016—2019年气象资料数据；大石桥市第六次全国人口普查结果；2020年3月8—3月25日多时段手机基站数据，用于获取户外人数。大石桥中心城区范围较小，将其分为50m×50m栅格。

2. 数据预处理技术与成果

数据预处理需要将得到原始数据进行清洗和解译，利用Python及其数据分析软件包，对原始数据进行筛选、清洗，选取符合要求、有效的数据子集。本研究关于呼吸暴露风险的讨论基于ArcGIS分析平台，将得到的有效空间信息数据赋予到单元栅格内，通过编程计算复杂的数学模型公式，得到计算呼吸暴露风险的关键参数。利用ArcGIS的空间数据分析，将计算结果汇总到城市要素上，以实现城市尺度上的呼吸暴露风险等级评价的可视化表达。最后计算出各地块暴露强度，并与城市规划用地类型对应，分析不同用地类型的暴露强度风险情况。

四、模型算法

1. 模型算法流程及相关数学公式

（1）模型算法流程

本次研究最终建立城市公共空间呼吸暴露风险评价模型，作为城市防疫管理支持系统。该系统采用C/S技术构架，建立数据层、逻辑层、界面层三层结构体系。

1）数据层

数据层包括城市空间三维数据及手机基站定位数据构成的基础数据，以及呼吸传染概率计算模型和城市通风环境评估模型。采用地理信息系统平台ArcGIS工具，通过Matlab进行数据编程运算。

对城市空间测绘数据进行清洗及解译，建立城市建筑空间形态数据库。通过获取不同时段手机基站定位的用户数量及位置坐标数据提取出户外人口的点位。利用人数数据与单位栅格面积作比值，得到研究区域单位面积内人口密集程度。根据各时段统计相应户外活动人数，建立户外活动人数数据库。

2）逻辑层

逻辑层包括GIS平台ArcGIS，使用应用逻辑层开发工具MapObject等应用服务器、开发组件等，提供网络和数据处理的应用工具。逻辑层运算采用数据层输入的人口密度、建筑形态参数

等主要变量，通过呼吸传染概率计算模块、城市通风环境评估模块，获取呼吸暴露风险评价的关键参数，进行城市公共空间暴露风险的空间栅格计算，通过界面层形成可视化结果。

3）界面层

界面层分为数据视图和专题视图，数据视图展示区域呼吸暴露风险预测指标结果等数据，专题视图则将数据结合地图数据，通过形成不同城市呼吸暴露风险地图动态监测平台，可视化表达信息数据。

（2）内置功能模块

功能模块由呼吸传染概率模块、城市通风环境评估模块与专题评价模块构成。

1）呼吸传染概率计算模块

人群的呼吸传染概率的计算采用Wells-Riley 模型，Wells在

1955年发展的"quanta"概念，即一个人达到致病量的最小病原体数目，并指出吸入一个quanta量的人平均感染概率服从Poisson分布，也就是有63.2%（即$1-e^{-1}$）的概率会感染上空气传染病。根据这个理论，Riley等发展了空气传染病感染概率Wells-Riley模型，感染率P计算公式4-1为：

$$P = \frac{C}{S} = 1 - exp\left(\frac{-Iqpt}{Q}\right) \qquad （4-1）$$

其中，C为一次爆发中新产生的被感染人数，S为总的易感人数；I为感染人数，q为一个感染者的quanta产生率，p为呼吸通风量（m^3/h），t为暴露时间（h），Q为空间的通风量（m^3/h）。表4-1展示了现有研究分析记录的肺结核、风疹、流感及SARS的quanta产生率。

肺结核、风疹、流感及SARS的quanta产生率　　　　　　　　　　　　　　　　　　表4-1

疾病名称	描述	呼吸通风量/（L·min⁻¹）	暴露时间	产生率/（quanta·h⁻¹）
肺结核	办公室爆发	10	4周	12.6
风疹	墨西哥学校的爆发	约7	900min	60
风疹	纽约州一市郊学校爆发2个阶段	5.6	300min	480～5 580
流感	飞机上爆发	8	270min	78～126
流感	台湾省CDC，2003—2004年的调查	6.3	360min	67.2
SARS	台北Municipal Ho-Ping医院爆发	22.9	360min	28.8
SARS	香港威尔士亲王医院8A病房爆发	6	160min	4680

本文参考张毅等人估算的quanta值，取122quanta/h进行传染概率估算。呼吸通风量p参考其他呼吸类传染病取0.6m^3/h，暴露时间t将作为变量，在多情形设置中讨论。空间通风量Q由城市通风环境评估模型计算确定。

2）城市通风环境评估模块

a. 空气动力粗糙度长度计算

空气动力粗糙度长度（Roughness Length，简称RL）是指空气中的气流受到地表粗糙元素的阻力作用，风速廓线上风速为零时的高度，常用计算方法分为气象观测法和形态学方法两类，本项目根据Grimmond建立的形态学模型，采用以下公式对其进行估算：

$$\frac{Z_d}{Z_h} = 1.0 - \frac{1.0 - exp\left[-\left(7.5 \times 2 \times \lambda_F\right)^{0.5}\right]}{\left(7.5 \times 2 \times \lambda_F\right)^{0.5}} \qquad （4-2）$$

$$\frac{Z_0}{Z_h} = \left(1.0 - \frac{Z_d}{Z_h}\right) exp\left(-0.4 \times \frac{U_h}{u_*} + 0.193\right) \qquad （4-3）$$

$$\frac{u_*}{U_h} = min\left[\left(0.003 + 0.3 \times \lambda_F\right)^{0.5}, 0.3\right] \qquad （4-4）$$

其中，Z_d为零平面位移高度（m），Z_0为粗糙度长度（m），Z_h为粗糙元高度（m），Z_d/Z_h为归一化的零平面位移高度，Z_0/Z_h为归一化的粗糙度长度，U_h为风速，u_*为摩阻速度，λ_F为单位地表面积上城市建筑迎风面积密度（Frontal Area Density，简称FAD）。

迎风面积密度λ_F可用以下公式求得：

$$\lambda_{f(z,\theta)} = \frac{A_{(\theta)proj(\Delta z)}}{A_T} \qquad (4-5)$$

其中，$A_{(\theta)proj(\Delta z)}$表示在一定高度增量（$\Delta z$）、一定风向（$\theta$）下，建筑迎风面的投影面积；$A_T$表示建筑底下标准单位网格面积。$\lambda_{F(\theta)}$越高，表示风在单位内被建筑遮挡的面积越大，即建筑对风的阻碍越大，那么该区域的通风能力将越低。

b．局地风速计算

城市微环境中的局地风速随高度产生变化，并受局部环境的粗糙度长度影响，本项目根据形态学粗糙度长度推算结果，采用普朗特对数律公式（4-6）推算局地风速：

$$U_{(z)} = \frac{u_*}{K}\ln\left(\frac{z}{z_0}\right) \qquad (4-6)$$

其中，$U_{(z)}$为离地面高度z处的平均风速，本文取人行高度1.5m，u_*为摩擦速度，K为卡门常数，一般近似取0.4，Z_0为空气动力粗糙度长度。

3）专题评价模块

本文对城市通风环境与人口呼吸暴露强度也进行相关评价研究。其中城市通风环境可以通过计算地表通风潜力系数进行评估。

a．地表通风潜力评价

地表通风环境评估可根据下垫面动力粗糙度长度（RL）和天空开阔度（SVF）进行估算，其中粗糙度长度已由上文公式4-2～

公式4-5求得。本文采用Oke提出的几何排列计算天空开阔度，在方位角间距α将搜索半径R组成的半球平均分割成若干块，在每个"扇形体S"中寻找最大建筑高度角β，此时角间距α对应的扇形块S视角系数为$VF_{slice} = \sin^2\beta \cdot \left(\frac{\alpha}{360}\right)$，$SVF$则为1减去所有扇形体的$VF_{slice}$值，即：

$$SVF = 1 - \sum_{i=0}^{n}\sin^2\beta \cdot \left(\frac{\alpha}{360}\right) \qquad (4-7)$$

其中，$n = 360/\alpha$。方位角数取值不应小于36，即α不应大于10°，半径R取值不应小于20。

城市地表通风潜力与空气动力学粗糙度长度及天空开阔度的关系可用公式4-8表示：

$$VPC = \frac{Z_0}{SVF} \qquad (4-8)$$

VPC为通风潜力系数（m），该值越大，反映城市地表通风潜力越低；Z_0为粗糙度长度（m）；SVF为天空开阔度。根据二者的比值，可将城市通风潜力划分为多个等级，对城市不同区域的通风情况进行评估。

一般来说，粗糙度长度RL>1对城市通风不利，天空开阔度取值为0~1，一般值越接近于0，代表建筑物遮蔽度高，通风易受阻。图4-1所示通风潜力系数的空间分布与粗糙度长度分布区间基本一致，城市主要通风障碍点也基本拟合，呈现中心城区整

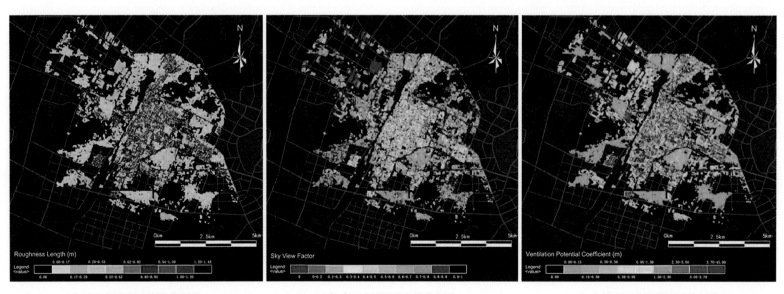

（a）粗糙度长度空间分布图　　　　　（b）天空开阔度空间分布图　　　　　（c）通风潜力系数空间分布图

图4-1　大石桥市中心城区地表通风能力评估主要参数空间分布图

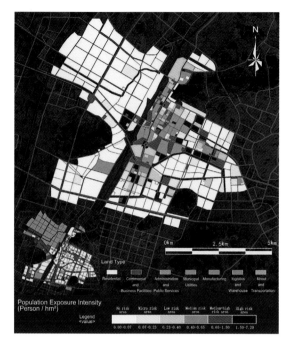

图4-2　大石桥市人口呼吸暴露强度空间分布

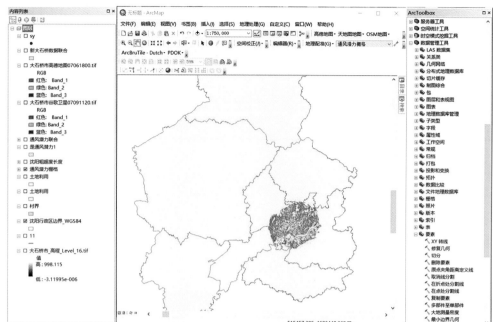

图4-3　GIS分析平台

体通风水平低于外围，而新老城区交界处区域通风能力最低的分布趋势。说明粗糙度长度大致能反映出城市整体通风能力水平。

b. 城市人口呼吸暴露强度评价

由以上两个模块得到呼吸感染风险评价的主要参数，根据公式4-1计算求得空间映城市常住人口在不同类型地块的暴露强度，本文还建立了城市人口呼吸暴露强度评价模型，公式4-9如下：

$$E_L = \frac{\sum_{i=1}^{n}(P_i \times N_i)}{A_L} \qquad (4-9)$$

其中，E_L为城市各用地人口呼吸暴露强度（人/hm²），P_i为栅格i的呼吸感染概率，N_i为栅格i内的人口数，n为地块内栅格数量，A_L为各地块的面积，L为城市不同地块。通过以上公式计算出各地块暴露强度，并与城市规划用地类型对应，以分析不同用地类型的暴露强度风险情况，以大石桥市为例，得到城市各类用地的呼吸暴露风险分布图（图4-2）。

2. 模型算法相关支撑技术

（1）GIS技术平台

地理信息系统（Geographic Information System，简称GIS）是一门综合性学科，是用于输入、存储、查询、分析和显示地理数据的计算机系统。本研究利用GIS平台完成城市空间要素可视化、人口分布可视化及公共空间呼吸暴露风险等级分布可视化等工作（图4-3）。

（2）Matlab程序语言

Matlab是用于数据分析、无线通信、深度学习、图像处理与计算机视觉等领域的商业数学软件。主要面对科学计算、可视化，以及交互式程序设计的高科技计算环境，为科学研究、工程设计，以及必须进行有效数值计算的众多科学领域提供了一种全面的解决方案。本研究利用Matlab语言编辑数学模型，并与GIS栅格数据联合，完成多情形设置的感染概率计算。

五、实践案例

1. 以沈阳市为例——沈阳市三环内主城区公共空间呼吸暴露风险评价

（1）基于多情形的主要变量设置

为探讨人的活动模式与气象条件对呼吸暴露风险的影响，本项目考虑了栅格人口数量、人体间距、暴露时间以及背景平均风速发生变化的多种情形（表5-1），设置相应变量对呼吸暴露风险进行模拟计算。

沈阳市多情形风险评价的变量设置

表5-1

不同情形	呼吸通风量p / (m^3/h)	产生率q / (quanta/h)	潜在感染人数I /人	暴露时间t /min	人体间距D /m	背景平均风速$\bar{U}$ / (m/s)
初始情形	0.6	122	$w \times N$	20	1	3
情形1	0.6	122	$w \times 0.5N$	20	1	3
情形2	0.6	122	$w \times 1.5N$	20	1	3
情形3	0.6	122	$w \times N$	15	1	3
情形4	0.6	122	$w \times N$	25	1	3
情形5	0.6	122	$w \times N$	20	1.5	3
情形6	0.6	122	$w \times N$	20	2	3
情形7	0.6	122	$w \times N$	20	1	2
情形8	0.6	122	$w \times N$	20	1	4

注：w为估算潜在感染人数所乘的权重系数

1）人口数量N的权重设置。将栅格单元潜在感染人数I的初始值设为1，为了便于对比分析，以沈阳市典型工作日的户外各时段人数平均值为依据，统计各栅格内人口数量，取其对数函数作为人口数量权重。研究分别计算了典型工作日户外各时段人数平均值，以及户外各时段人数平均值的0.5倍和1.5倍的感染概率。

2）暴露时间t的设置。人在公共空间停留时间分别取10分钟、15分钟、25分钟，分析感染概率与人在公共空间中停留时间长短的关系。

3）人体间距D设置。分别以1m、1.5m、2m为人的间隔距离，探讨人体间距对呼吸暴露风险的影响。

4）背景平均风速$\bar{U}$的设置。统计沈阳市全年平均风速及第二季度高频次风力等级，以2m/s、3m/s、4m/s作为城市背景平均风速计算局地风速。

5）潜在感染者影响范围的通风量Q确定。以潜在感染者为风险源，其呼出气体使周边一定范围存在感染风险，以潜在感染者为中心，其呼吸影响范围的通风量（Q）=有效呼吸截面面积（S）×局地风速（U_i）。人体有效呼吸截面积（S）=人体间距（D）×人体呼吸气流辐射范围高度（H），H取值为1m。

（2）结果与分析

1）人口空间变化分析

图5-1为典型工作日和休息日研究区人口流动变化统计结果，将户外人口点位与GIS栅格进行叠加，对点位进行密度分析，确定由高热力度到低热力度六个等级划分。

由热力区域面积随时间变化的趋势来看，工作日休息日均呈现红色高热力区面积由8:00 ~ 10:00逐渐增加，10:00高热力区面积达到峰值，继而有下降趋势，而从12:00 ~ 16:00热力区域范围变化不明显，18:00人数略有上升。由此可以推断，沈阳市人群外出活动多集中开始于上午10:00左右，10:00 ~ 12:00部分活动人群进入室内空间活动，户外人数基本达到稳定状态。

2）城市公共空间通风能力分析

图5-2为沈阳市三环以内主城区通风环境评估结果，揭示了空间形态对局部微环境通风效应的影响。由图可见粗糙度长度与建筑高度分布的拟合度较高，一环以内老城区基本被高值区覆盖（$RL>2$），浑河以南的浑南新区，由于高层建筑集中，粗糙度长度达到三环以内峰值，产生了大面积通风障碍区域。

图5-2（e）为天空开阔度（SVF）的空间分布，呈现中心向四周SVF值增大的趋势，这表明了中心城区受建筑物遮蔽程度较高，空间较为密闭和狭小，其中浑南长白岛区域是三环以内天空开阔程度最低的区域，SVF值基本处于0 ~ 0.42区间范围。由以上分析可见，城市地表通风能力受空间形态影响显著，局部微环境风速差异很大，在城市背景风速较小的气象条件下，局部地块的通风效应会更加不利，导致呼吸感染风险概率增加。

3）多种变量对城市空间呼吸暴露风险的影响

考虑栅格人口数量、人体间距、暴露时间，以及背景平均风

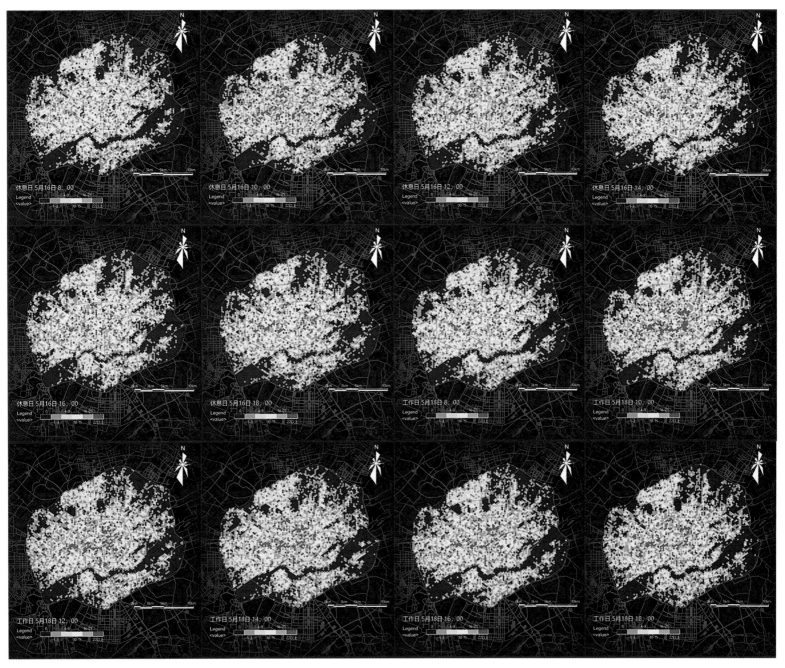

图5-1　典型工作日和休息日不同时间段户外人口空间分布

速变化的多种情形得到的城市公共空间感染概率分布如图5-3所示，将风险区分为高风险区（2%～7%）、较高风险区（1.65%～2%）、中风险区（1.2%～1.65%）、低风险区（0.7%～1.2%）、微风险区（0.2%～1.7%）和无风险区（0%～0.2%）六个风险等级。由图可见，不同情形下各风险区面积存在较大差异，基本呈现感染概率风险区等级从中心向四周递减的趋势，其中人口数量增加

及暴露时间延长，即感染概率高值区面积增加；人体间距加大及背景风速提高低风险区域面积增大，公共空间感染概率值有所下降。进而本文利用统计分析软件SPSS对户外人口数量N、暴露时间t、人体间距D、背景平均风速$\bar{U}$与各风险区面积变化进行了相关性分析，分析结果如表5-2所示，四个变量与各风险区面积均通过显著性验证。其中人口数量和暴露时间与感染概率的增加呈

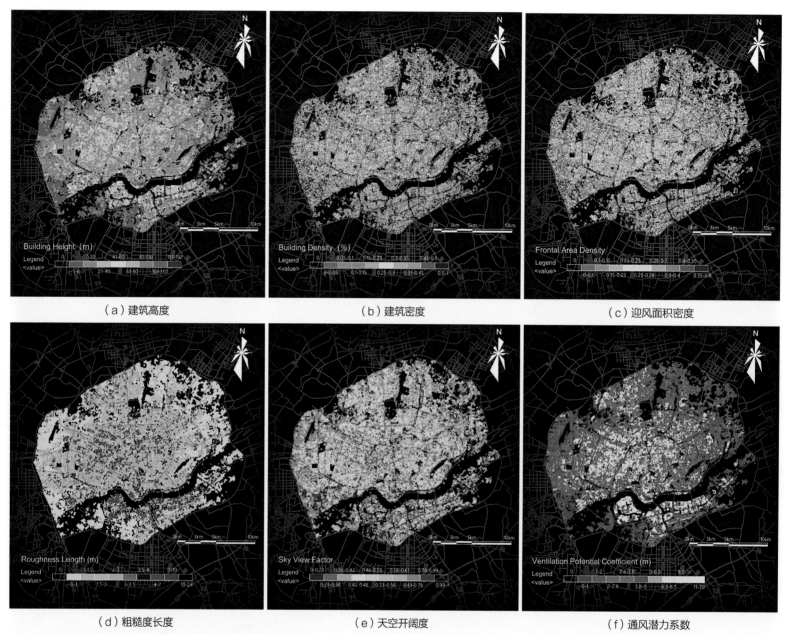

图5-2 沈阳市主城区地表通风能力评估主要参数空间分布图

沈阳市不同变量与感染概率风险区面积变化的相关性系数

表5-2

不同变量	高风险区 （2%~7%）	中高风险区 （1.65%~2%）	中风险区 （1.2%~1.65%）	低风险区 （0.7%~1.2%）	微风险区 （0.2%~0.7%）	无风险区 （0%~-0.2%）
人口数量N	0.996**	0.922**	-0.961**	-0.975**	-0.980**	-0.584**
暴露时间t	0.919**	0.955**	0.766**	0.364*	-0.969**	-0.805**
人体间距D	-0.470*	-0.628**	-0.667**	-0.794**	0.802**	0.991**
背景平均风速$\bar{U}$	-0.561**	-0.690**	-0.757**	-0.792**	0.774**	0.978**

注：**. 在0.01水平（双侧）上显著相关；*. 在0.05水平上（双侧）上显著相关。

（a）人口数量0.5倍、1.5倍　　　　　　　　　　（b）暴露时间15分钟、25分钟

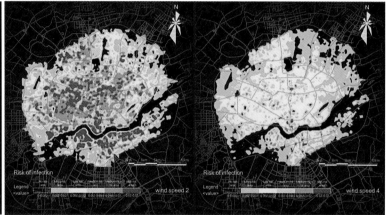

（c）人体间距1.5m、2m　　　　　　　　　　（d）背景平均风速2m/s、4m/s

图5-3　多变量设置的沈阳市主城区典型工作日感染概率风险等级分布图

正相关，而人体间距和背景平均风速与感染概率的增加则为负相关。另外，从相关性系数值可以推断与感染风险区面积变化的相关程度为暴露时间＞人口数量＞背景平均风速＞人体间距。

将四个变量与高风险区面积变化建立一元线性方程如图5-4所示，N、t、D、$\bar{U}$与高风险区域面积的R^2分别为0.993、0.953、0.221、0.561。其中人口数量和暴露时间与高风险区面积变化有显著的正向线性关系，均能解释95%以上的高风险区面积变化。因此在呼吸传染疫情的防控中，合理控制人数密集程度和减少在公共空间的暴露时间是最为有效地降低感染风险的措施。

4）城市公共空间人口暴露强度与用地类型分析

将根据三环内人口数量和沈阳规划现状地块划分得到的人口暴露强度分布图（图5-5）划分为六个强度等级。由图可见老城区暴露强度普遍较高，而与不考虑区域人口总数的感染概率相

比暴露风险强度最高地块有所变化，由于建设发展起步较晚，开发强度较低，人口基数较小，因此基本处于微风险或无风险状态。

对各风险区内各类建设用地类型的面积占比情况进行分析如图5-6（a）所示，由于主城区居住用地比例较大，因此在各风险等级占比均较高；另外由于沈阳市核心商业圈如中街和太原街等集中在一环内，人口活动较为密集，因此在高风险区中，商业服务业设施用地也占有很高的比例。将沈阳市主要五类用地面积进行归一化处理，从图5-6（b）可见，商业服务业设施用地是城市暴露风险最高的一类用地，在高风险区占比近80%，在较高风险区也占将近一半的比例；居住用地作为城市人口活动最集中的区域，老旧居住区普遍密度较高而新城区住宅高度增长明显，都会导致局地风环境较差，增大呼吸感染风险。因此商业用地和居住用地应是城市防疫工作开展的重点区域。

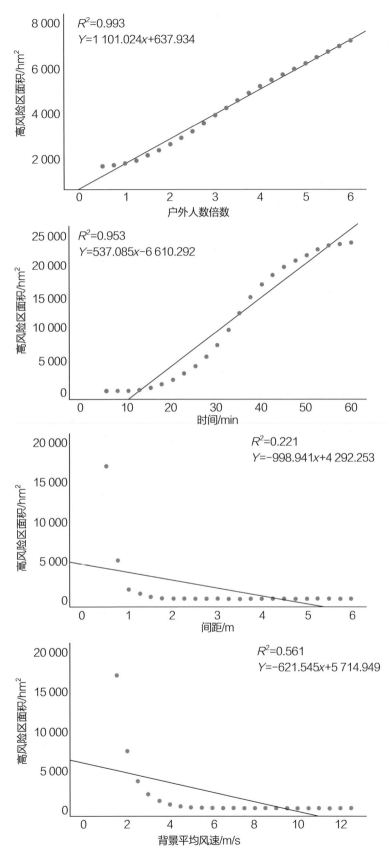

图5-4　沈阳市不同变量与感染概率高风险区面积变化的散点图及线性方程

图5-5　沈阳市主城区人口呼吸暴露风险空间分布图

2. 案例对比——大石桥市中心城区公共空间呼吸暴露风险评价

为验证该研究方法的广泛适用性，将本团队前期已完成的大石桥市相关研究成果与沈阳市进行对比，该市发展水平和城市等级均与沈阳不同，二者对比对研究方法的验证有一定的说服力。

图5-7为大石桥市研究区多种情形得到的城市公共空间感染概率分布，可以看出中心区域感染风险明显高于外围，且人口数量的增加以及暴露时间的延长，感染概率高值区有所增加，而人体间距的加大以及风速的提高，感染概率有下降趋势。

对户外人口数量N、暴露时间t、人体间距D、背景平均风速$\bar{U}$与各风险区面积变化进行相关性分析（表5-4），四个变量与各风险区面积均呈显著性相关。根据相关性系数值及正负可以看出，人口数量和暴露时间与感染概率的增加呈显著正相关，而人体间距和背景平均风速与感染概率的增加呈显著负相关，各变量

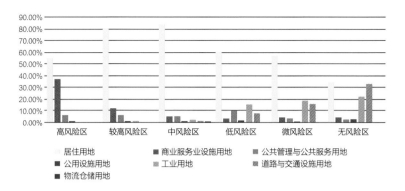

（a）不同用地类型在各风险区的面积占比　　　　　　　　　　　　　　（b）主要用地类型面积归一化后在各风险区的占比

图5-6　沈阳市主城区不同用地类型在各风险区的占比

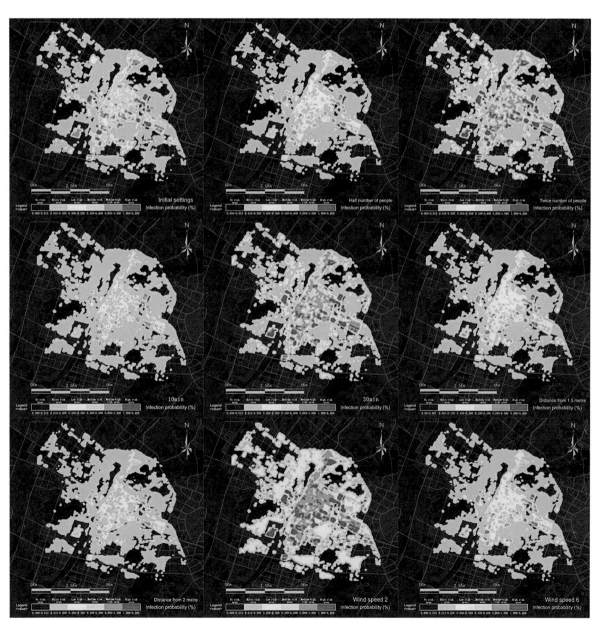

图5-7　多情形变量设置的大石桥市
呼吸感染概率风险空间分布

大石桥市多情形风险评价的变量设置　　表5-3

不同情形	呼吸通风量p /（m³/h）	产生率q /（quanta/h）	潜在感染人数I /人	暴露时间t /min	人体间距D /m	背景平均风速$\bar{U}$ /（m/s）
初始情形	0.6	122	$w \times N$	20	1	3.9
情形1	0.6	122	$w \times 0.5N$	20	1	3.9
情形2	0.6	122	$w \times 2N$	20	1	3.9
情形3	0.6	122	$w \times N$	10	1	3.9
情形4	0.6	122	$w \times N$	30	1	3.9
情形5	0.6	122	$w \times N$	20	1.5	3.9
情形6	0.6	122	$w \times N$	20	2	3.9
情形7	0.6	122	$w \times N$	20	1	2
情形8	0.6	122	$w \times N$	20	1	6

注：w为估算潜在感染人数所乘的权重系数。

大石桥市不同变量与感染概率风险区面积变化的相关性系数　　表5-4

不同变量	高风险区 （1%~5.5%）	中高风险区 （0.6%~1%）	中风险区 （0.35%~0.6%）	低风险区 （0.2%~0.35%）	微风险区 （0.015%~0.2%）	无风险区 （0%~0.015%）
人口数量N	0.966**	0.648**	0.961**	0.857**	-0.933**	-0.858**
暴露时间t	0.992**	0.886**	0.960**	0.537**	-0.959**	-0.935**
人体间距D	-0.617**	-0.782**	-0.829**	-0.782**	0.783**	0.507*
背景平均风速$\bar{U}$	-0.762**	-0.879**	-0.794**	-0.767**	0.852**	/

注：**. 在0.01水平（双侧）上显著相关；*. 在0.05水平上（双侧）上显著相关。

与感染风险区面积变化的相关程度为暴露时间>人口数量>背景平均风速>人体间距，研究结果与沈阳市一致。

四个变量与高风险区面积变化的一元线性方程如图5-8所示，N、t、D、$\bar{U}$与高风险区域面积的R^2分别为0.934、0.983、0.381、0.580。其中人口数量和暴露时间与高风险区面积变化线性拟合度良好，线性方程能解释90%以上的高风险区面积变化。人体间距与背景平均风速线性关系较弱，从散点图可以看出人体间距大于2m时，高风险区域面积变化平缓，而平均风速小于3m/s时，高风险区面积增加明显。

3. 结果对比与分析

（1）城市化程度更高的沈阳市感染概率风险值明显大于大石桥市，然而从各自的风险值划分的风险区等级可以看出，感染概率高值区均分布在建筑高度较高，人群集中区域，中心区域普遍高于外围区域。而两市向外延伸发展的城市新区均有暴露风险水平较高的区域，这主要是由于两市新区部分区域开发强度较高，形成高层建筑密集区，局地微环境受城市形态影响导致局地通风不利，增加了感染风险。

（2）通过多变量与高风险区面积变化相关性分析可知，各变量对感染风险的相关程度为暴露时间>人口数量>背景平均风速>人体间距，因此城市管理部门在开展疫情防控工作时首先应注意控制户外人群集聚行为和人群在公共空间的暴露时间。根据人体间距散点图可推断公共活动中人体安全距离阈值约为1~2m，市民出行应注意保持社交距离。

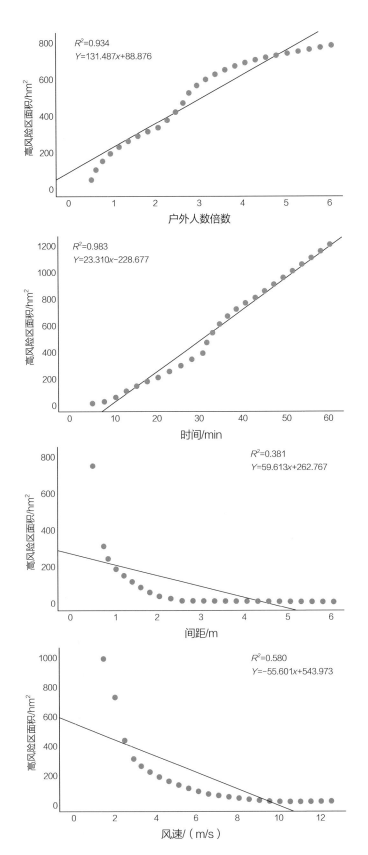

图5-8　大石桥市不同变量与感染概率高风险区面积变化的散点图及线性方程

六、研究总结

1. 模型设计的特点

（1）多学科理论与方法结合，为大气防疫提供理论依据与科学指导

研究采用了城乡规划学关于区域通风潜力评价的理论和方法，以及流行病学的感染概率数学模型、地理空间信息技术、Matlab数字编程等分析技术，多学科交叉方法研究大气疫情应急条件下的城市公共空间呼吸暴露风险这一复杂问题，是一种具有创新性的前沿探索。

（2）实现了传染概率模型在城市外环境呼吸暴露风险评价中的应用

现已有很多学者采用呼吸传染概率模型评价了呼吸类传染病在室内的传播概率，但该模型在室外环境的相关应用还较为罕见，本项目对呼吸传染概率模型在特定条件下城市公共空间的适应性进行探讨，是对现有暴露风险评价方法的补充和对呼吸传染概率模型应用领域的拓展。

2. 应用方向或应用前景

本研究通过数学模型和地理信息系统模拟了沈阳和大石桥市的风险等级分布，并提出了针对多种风险要素的规划防疫策略，未来可应用于以下领域：

（1）健康城市建设的理论指导

呼吸暴露风险分布可视化地图有利于城市规划和设计者通过分析高风险区域成因进一步探求城市各要素最优配置，提出健康城市建设的相关策略与设计方案，通过空间布局优化和城市要素合理配置等手段，改善局地微环境，提高城市韧性和可持续性。

（2）高风险场所的管控依据

对高风险区域进行大数据监测，对人流频繁的公共空间加强管控，限制人口密度，是有效降低人群集聚性活动的感染风险的主要措施。社区管控仍然是常态化防疫工作的重点，也是研究目前的重要成功经验。

（3）市民个体行为模式引导

研究表明，人体间距与暴露时间的控制，感染概率会有明显降低，因此对市民个人行为的规范引导是这场全民防疫战役中的一项重要工作，对公共空间多种环境暴露风险进行精细化的科学评估，为市民在多种场所的活动提供安全模式的参考数据，尤其对于老年人、青少年等特殊群体具有积极作用。

基于多源大数据的城市贫困空间测度研究

——以广州市为例

工作单位：华南理工大学

报名方向：城市综合管理

参　赛　人：陈桂宇、林宇栋、芦嘉慧、黄培倬、李佳悦、吴玥玥、李星、李贝欣、刘懿漩

参赛人简介：参赛团队由华南理工大学建筑学院九位本科生组成，由华南理工大学建筑学院魏宗财副教授与王成芳副教授进行指导。团队关注城市贫困空间测度，成员曾参与《网络在线消费对城市商业空间的影响》项目，积累多种多源数据处理的基本原理和基础方法，在调研过程中对广州的贫困空间情况也已经有了一定的涉猎。

一、研究问题

1. 研究背景及目的意义

（1）背景

改革开放以来，虽然住房市场化改革在很大程度上改善了居民的居住条件，但越来越多的家庭难以承担购买住房的费用，产生了大量的城市贫困空间，这包括聚焦了大量低收入外来人口的城中村、日渐衰落的单位大院、逐渐增多的保障房住区等。扶贫目光聚焦于偏远乡村时，城市中的这些相对贫困空间（城中村、老旧单位大院等）却没有受到重视。一些外来务工人员不得不忍受恶劣的居住环境，无法获得便捷的教育、医疗、交通、文娱服务，而落入空间贫困陷阱。这是城市不充分不平衡发展的重要表现，也是国家在乡村地区精准扶贫后亟须在城市脱贫攻坚战要解决的一块"硬骨头"。

（2）意义

过去城市贫困空间的相关研究多采用传统的统计年鉴数据，主要关注收入与消费这一维度而对其他非经济维度的关注度不够，且多数贫困空间研究是基于贫困人口分布的。而从地理学视角分析贫困现象时空分布和发展趋势既有助于理解区域贫困，又有利于针对性地实施贫困治理。在大数据时代，本研究能够更直接地刻画和测度贫困的空间属性，深入理解人与空间的双向互动关系。同时利用多维度、更新快、易获取、精度高的指标测度城市贫困空间分布，可以打破行政边界的束缚，实现网格化管理和动态监测。研究城市贫困人口的分布特征，贫困空间的聚类特点，对促进社会公平，优化城市公共资源配置具有重要意义。

（3）贫困空间测度研究现状

在贫困空间测度方法上，已经从单一维度研究发展为多维指标测度；在测度计算方面，有学者基于A–F（多维贫困测度模型）方法形成了多维贫困测度方法，但现有研究在维度选取、权重赋予、计算方法等方面仍有待改善；在数理统计与地理信息结合方面，近年来发展出基于空间尺度的数理统计和分析方法；在研究数据来源上，从初期通过人口普查、家庭调查等获得相关数据来构建指标体系发展为运用多源大数据和传统数据相辅相成共同构建贫困测度体系；在数据精度上，国内现有研究主要利用卫星影像等单一类型数据分析研究广大区域或城乡地带，而在城市贫困测度上测算精度不高。且仍有依赖传统统计数据而导致的数据获取成本高，数据更新周期长等问题。

2. 研究目标及拟解决的问题

（1）总体目标

用易获取、更新快的大数据对城市内部贫困空间分布进行实时监测、预测，并及时优化空间资源配置，如完善基础和公共服务设施等，从而满足弱势群体的需要，为精准扶贫助力，促进社会公平，优化城市公共资源配置。

（2）瓶颈问题

1）评价指标及分析数据匹配问题

如何将手机信令数据与POI及其他多源大数据结合并转化为能反映贫困程度的指标是个难题。经过文献查阅与多次讨论，本团队对部分因子层分析做了如表1-1的解释。

因子层解释   表1-1

因子层	数据来源	解释
人口消费能力	联通智慧足迹+大众点评	通过联通智慧足迹确定该地区内部人群频繁消费场所，再通过大众点评人均消费衡量其人口的消费能力
受教育程度	联通智慧足迹	通过筛选与学习有关的阅读兴趣衡量该地区内部人群对获取知识的渴望水平
街区活力	联通智慧足迹	衡量该地区吸引周边人群的能力
通勤距离	联通智慧足迹	衡量该地区内部人群职住分离情况

2）贫困成因分析

测度每个地区的贫困深度后无法了解贫困地区在各个维度上贫困状况，难以给出针对性脱贫策略。

本团队在阅读了大量文献后，发现A-F多维贫困模型能够有效地描述对象在各个维度上的贫困状况，与用相同的指标体系，根据相对贫困的概念，为每个指标设置贫困剥夺线，构建多维贫困模型。在随机森林模型预测结果中找出贫困程度较高的地块并在A-F贫困模型找到对应地块在各个维度上的贫困状况，进而分析贫困成因，提出针对性的改善措施。

二、研究方法与理论依据

对于模型的构建，本团队采取了前期调研与数据获取和后期模型构建相结合的方法。

1. 前期调研与数据获取

（1）城市贫困空间指标分析

通过文献调研和现场对广州贫困空间的具体分析，本团队意识到现有测度模型的及时性不足与数据获取方式困难等缺点，通过分维度的方式，将手机信令与其他大数据结合，确定出各维度指标的具体内容。

（2）数据获取

除了主办方提供的手机信令的相关数据和广州主城区的POI数据，本团队还利用Python编写爬虫程序，对广州市内的商品房租金、居民消费水平等数据进行爬取，并利用Excel和Python等软件对收集来的多源数据进行整理。

2. 后期模型构建

（1）多维城市贫困空间测度模型构建

在前期的纬度指标确定和数据基础上，根据相对贫困的概念，设立贫困线，并按照A-F方法测算各地块、各维度的贫困发生率和多维贫困指数。利用ArcGIS工具，对各指标和总体贫困指数进行可视化分析，得到广州市各地块一系列的贫困维度地图。

（2）随机森林分类模型构建

利用Python工具对前面多维城市贫困空间测度模型的数据进行特征重要性分析，在使用置换检验（permutation test）方法估计重新分配权重后，进行自助法（bootstrap）抽样。同时，将多重贫困剥夺指数（Index of Multiple Deprivation，简称IMD）分为五个层级，借助RF算法（随机森林算法），构建随机森林分类模型。

（3）传统城市贫困空间测度模型构建

利用2010第六次人口普查数据构建传统城市贫困测度指标体系，用于对比验证城市空间贫困测度结果。采用经验加权法来确定个维度的比例权重，指标权重源于已有城市贫困测度文献，来构建IMD测度城市贫困的指标体系。

（4）索引分析

将预测模型与传统城市贫困测度所得出的结果进行标准化处理后进行对比分析，计算两者的一致率，并将典型不一致地段进行重点分析，以求找到空间贫困与人贫困之间的联系。之后根据A-F方法各个维度进行索引，分析出贫困空间出现的真正原因，并提出相应策略。

3. 理论依据

（1）贫困理论基础

多维贫困理论的创始人阿玛蒂亚·森认为贫困是对人基本可行能力的剥夺，而不仅仅是收入低下。城市空间则会在不同程度上剥夺人们享有良好交通设施、医疗设施、受教育、消费、娱乐和工作的权利。Alkire and Foster提出了"贫困双重识别"的A-F方法，提出了多维贫困的识别、加总和分解方法。

（2）机器学习理论基础

机器学习基于已有知识或信息，通过计算机算法不断组织和优化模拟性能，来进行预测分析。基于分类树原理的随机森林模型，具有高效而准确的模拟和预测能力。

4. 技术路线与关键技术

对于城市贫困空间的测度，本团队在技术层面制定出如图2-1的路线：

（1）地图预处理

为了能更好地利用POI数据的精度，将联通智慧足迹数据所提供的2km×2km网格进一步划分成500m×500m网格，以500m×500m的网格为单元进行城市贫困测度。在处理人口普查数据时，将人口普查数据的最小尺度街道级数据与网格进行匹配，街道边界的网格取相邻两个街道的均值。

（2）构建多维贫困空间测度模型

从经济、健康、教育、文娱、交通五个纬度，将手机信令与其他多源大数据结合，构建多维贫困体系。利用多维贫困模型即A-F模型（多维贫困测度模型）来衡量每个栅格在13个层次，五个维度上的被剥夺情况。

（3）构建传统城市贫困测度指数

利用2010第六次人口普查数据构建传统城市贫困测度指标体系，用于对比验证城市空间贫困测度结果。采用经验加权法来确定个维度的比例权重，指标权重源于已有城市贫困测度文献，来构建多重贫困指数测度城市贫困的指标体系。

（4）建立数理预测模型

利用自然断裂点法将IMD值分为五个层级，在所有样本（栅格）中通过Bootstrap抽样，有放回地选取70%的样本作为模型的训练集，训练出多棵决策树并构建随机森林分类器，调整相关参数使模型预测效果达到最优，并利用随机森林Permutation Test方法（自助法）估计，结合信息熵，对13个指标进行重要性估计。

（5）数理预测模型预测效果检验

输出随机森林预测结果，并检验结果准确性和模型实用性，并与多重贫困指数进行对比，选取不匹配地块进行分析。

（6）贫困成因分析

将预测模型与传统城市贫困测度（IMD）所得出的结果进

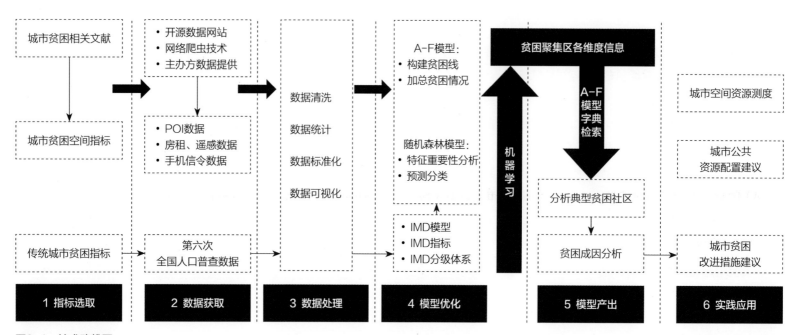

图2-1 技术路线图

行对比分析，计算两者的一致率，并将贫困程度较大和典型不一致地段进行重点分析。将重点地区对照A-F模型和实地调研的情况进行进一步分析。由于多维贫困指标是则添加了空间设施分布而构建的贫困指数，而多重贫困指数（IMD）是基于人属性所构建的指标，分析两者的异同重点地段可以探究空间贫困与人贫困之间联系，同时由于研究单元为500m×500m网格，所以可以更为精准地识别行政边界地带相互渗透的真实贫困状况。

三、数据说明

1. 数据内容及类型

（1）社会经济统计数据

本模型采用广州市主城区的第六次全国人口普查数据（2010年11月1日0时为标准时点进行），空间尺度为街道层面，数据指标包括教育水平、婚姻状况、收入水平和居住条件等。普查数据从广州市统计局（http://tjj.gz.gov.cn/pchb/dlcrkpc/）获取。

收入消费层面属于城市贫困测度最基本的维度，但人口普查数据缺乏对经济方面的直接统计数据，所以对人口普查数据进行处理，选用与收入消费联系紧密的指标，间接推测居民经济物质基础：

1）选取主要生活来源为离退休金养老金、失业保障金、最低生活保障金的人口比例，作为"低收入人口比例"。

2）教育水平低的人群因职业门槛低、缺乏职业技能，一般只能获得收入低、强度大的工作，因而选取初中及以下教育程度的人口比例，作为"低教育人口比例"。

3）对离婚或丧偶的人口来说，家庭劳动能力不足，缺乏收入来源，家庭负担沉重，因此选取"离婚或丧偶人口比例"，从特殊家庭视角充实城市贫困的特征。

4）随着房地产市场的扩张，住房支出占据城市人口最大部分的负担。选取以住房来源划分出的租赁廉租住房户数比例，作为"低租赁住房费用户数比例"。

5）根据家庭户按人均住房面积分的户数，选取"无自有住房人口比例"反映城市居民在居住方面的不动产拥有情况。

6）住房条件体现了城市居民的生活水准。贫困群体通常寄居在狭窄的住房空间中，因缺乏住房设施，日常生活有诸多不便。通过对比广州市人均住房建筑面积，选取户均住宅面积在50㎡以下的户数比例，即"低住房面积的户数比例"。

7）同时，采取无厨房户数比例、无清洁能源（燃气和电）户数比例、无管道自来水户数比例、无洗澡设施户数比例、无厕所户数比例等5个基础设施相关的指标（指标体系参考刘颖《基于街景数据的城市贫困空间测度研究》有所改动）。

本模型采用传统人口普查数据用于对比研究综合贫困指数测度的空间分布模式及差异。由于人口普查数据的空间单元在街道层面，为了方便两种测度方法的对比，本文统一将贫困空间测度的空间单元转化到500m×500m网格。

（2）手机信令数据

本模型采用的手机信令数据由联通智慧足迹科技有限公司提供，时间跨度为2019年6月1日至2019年6月30日，以500m×500m网格作为最小研究单元（将所提供的2km×2km精度数据匹配进16个500m×500m网格）。数据指标包括人口消费能力、受教育程度、街区活力和通勤距离。

本模型采用手机信令数据以空间为主体，从人口消费能力、受教育程度、通勤距离、街区活力四个角度充实城市贫困的特征，是贫困空间测度模型构建的重要组成部分：

1）人口消费能力。人口消费能力与区域贫困程度紧密相关。本模型结合手机信令数据和在线消费数据，通过公式3-1得到网格居住人口的消费能力：

$$C_i = \frac{a_1 + a_2... + a_n}{n \cdot p_i} \qquad (3-1)$$

其中，C_i是网格居住人口消费能力，a_n是娱乐地的消费水平，P_i是网格居住人口。

2）受教育程度。采用网格内频繁使用学习类功能的用户数（筛选出的学习类功能包括教育学习、手机阅读、商务办公、文化教育、网络电台等），来衡量区域内人群对知识的渴望程度，从而间接反映区域人群的受教育程度。

3）通勤距离。即网格中心点到居住人口工作地分布地的直线距离。

4）街区活力。即以某网格为娱乐地的人口总和，体现该网格的街区活力。

（3）其他开放数据

1）在线房租数据：从国内具有相当影响力的房地产平

台——安居客（http://guangzhou.anjuke.com/）收集了31 769条广州市主城区在线房源的"租房价格"数据。房租水平可以综合反映住房条件、公共设施配置（教育、医疗、休闲等）和交通条件等建成环境质量，也能够区域内反映居住主体的经济状况。

2）POI数据：包括人均医疗设施数量、人均小学覆盖数量、人均中学覆盖数量、人均文娱设施数量、人均公共交通设施站点数量。其中，小学的服务半径是500m，中学的服务半径是1 000m，选取网格被小学或中学服务范围覆盖的次数。以上数据用来衡量区域获得医疗机会、小学或中学教育机会、娱乐机会、交通便利性被剥夺的程度。

3）在线消费数据：从大众点评（http://www.dianping.com/guangzhou）收集了12 034条（去噪后）商铺"人均消费"数据，用以衡量区域消费水平。以上3项数据主要使用网络爬虫软件和Python编程语言，调用开放网页的应用程序编程接口（API）进行数据爬取。

4）遥感影像数据：从地理国情监测云（http://www.dsac.cn/）下载广州市主城区所在区域的landsat8遥感影像，空间分辨率为30m，具有红、绿、蓝三个波段，时间截面为2019年。遥感数据主要用于提取出山体、水体和城市建成区，衡量由自然因素导致的贫困水平。

5）道路数据：从OSM开源wiki地图（https://www.openstreetmap.org/）获取道路线要素数据，将每个网格内的道路长度与网格面积的比值记为道路密度，用来衡量区域获得便利交通机会的被剥夺程度。

6）基础行政数据：从国家地理信息公共服务平台（http://www.ngcc.cn/ngcc/）获取，主要包括广州市行政区、街道的行政边界。

2. 数据预处理技术与成果

（1）数据预处理

1）缺失值处理

运用反距离加权插值法处理消费水平数据和租金数据中的空白值。

2）数据清理

在Excel中将爬取得到的租金数据，以及人均消费数据中的无效数据删去。

3）随机值处理

由于数据安全规定，手机信令数据单个网格人口数如果小于5，统一用"<5"表示。本模型对该部分数据进行随机赋值处理，令值等于0,1,2,3,4间的任意一个整数。

4）贫困识别

按照相对贫困概念与对数据的分析，设立贫困线。依据贫困线识别每一个指标的贫困。

（2）预处理成果数据结构

模型构建示意如图3-1所示。在对数据进行预处理后，构建多维贫困剥夺矩阵（表3-1），并进行贫困维度加总，得到多维综合指数。

多维贫困剥夺矩阵表　　　　　　　　表3-1

维度	经济			健康		教育			文娱		交通			
网格号	人口消费能力	消费水平	商品房租金	人均医疗设施数量	人均自然资源占有率	受教育水平	人均小学覆盖数量	人均中学覆盖数量	街区活力	人均文娱设施数量	人均公共交通设施站点数量	道路密度	通勤距离	多维综合指数
0	0	0	0	1	1	0	1	0	0	1	1	1	0	6
1	0	0	0	1	1	0	1	0	0	0	0	0	0	3
2	0	0	0	0	1	0	1	1	1	1	1	0	0	6
3	0	0	0	0	0	0	0	0	0	1	0	0	0	1
4	1	0	1	0	1	0	0	0	1	1	1	1	0	8
5	0	0	0	0	0	0	1	1	1	1	1	1	1	7

续表

维度	经济			健康		教育			文娱		交通			
网格号	人口消费能力	消费水平	商品房租金	人均医疗设施数量	人均自然资源占有率	受教育水平	人均小学覆盖数量	人均中学覆盖数量	街区活力	人均文娱设施数量	人均公共交通设施站点数量	道路密度	通勤距离	多维综合指数
6	0	0	0	1	0	0	1	1	1	1	1	0	0	6
7	0	0	0	0	0	0	1	0	1	1	0	0	1	4
8	0	0	0	1	1	0	1	0	0	1	0	0	0	4
9	0	0	0	0	0	0	0	0	0	1	0	0	0	1
10	0	0	0	1	1	0	1	0	0	1	0	0	1	5
11	0	0	0	1	0	0	1	1	0	1	1	1	0	6
12	1	1	1	1	0	0	0	1	1	1	1	1	1	9
13	0	1	1	0	0	0	1	0	0	0	1	1	0	5
14	0	0	0	0	0	0	0	0	0	0	0	0	0	0
15	0	0	0	0	1	0	0	0	0	0	0	1	0	2
16	0	0	0	0	0	0	0	0	0	1	0	0	1	2
17	0	0	0	1	0	0	1	1	1	1	1	1	0	7
18	0	0	0	1	0	0	1	1	1	1	1	1	0	7
19	1	0	0	1	1	0	1	0	1	1	0	0	0	6
20	0	0	0	1	0	0	1	1	1	1	1	0	0	6
21	0	0	0	0	1	0	1	0	1	1	1	0	0	5
22	1	1	1	1	0	0	1	0	1	1	1	0	1	9
23	0	1	1	0	0	0	1	1	0	1	1	0	0	6
24	0	0	0	1	0	0	1	1	0	0	0	0	0	3
25	0	1	1	1	0	0	1	1	1	1	1	1	1	10
26	0	0	0	0	0	0	1	1	0	1	0	0	0	3
27	0	1	1	1	0	0	1	1	1	1	1	0	0	9
28	0	0	0	1	0	0	1	0	0	1	1	1	0	5
29	0	1	0	1	1	0	0	0	0	0	0	0	1	4
30	0	0	0	1	0	0	1	1	0	1	1	0	0	5

注：网格总数为6 501个，此处仅列出30个以作示例。

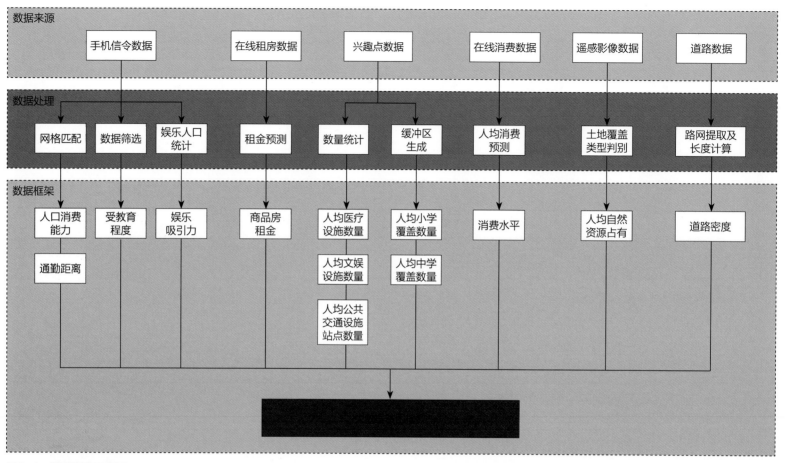

图3-1 模型构建示意图

四、模型算法

1. 模型算法流程及相关数学公式

本模型使用了机器学习中的经典算法——随机森林模型作为分类器，用以手机信令为代表的多源大数据对基于街道级人口普查数据建立的广州市贫困空间IMD模型进行了拟合。建立了多源大数据对传统IMD贫困深度的预测模型。具体步骤如下：

（1）栅格化城市空间并赋值

将广州市中心城区分为6 501个500m×500m的栅格并编号。将13个基于多源大数据获取的指标赋予对应栅格。13个指标分别为人口消费能力、消费水平、商品房租金、人均医疗设施数量、人均自然资源占有、受教育程度、人均小学覆盖数量、人均中学覆盖数量、截取活力、人均文娱设施数量、人均公共交通设施站点数量、道路密度、通勤距离。

（2）IMD分数赋值

利用2010第六次人口普查数据构建传统城市贫困测度指标体系，用于对比验证城市空间贫困测度结果。采用经验加权法来确定个维度的比例权重，指标权重源于已有城市贫困测度文献，来构建IMD测度城市贫困的指标体系，指标如表4-1所示。

指标体系表		表4-1
维度	**权重**	**指标**
收入j_1	30.3	低住房租赁费用户数比例（%）j_{11}
		无自有住房比例（%）j_{12}
		离婚或丧偶人口比例（%）j_{13}
		低住房面积的户数比例（%）j_{14}
住房j_2	30.3	无厨房户数比例（%）j_{21}
		无清洁能源（燃气和电）户数比例（%）j_{22}
		无管道自来水户数比例（%）j_{23}
		无洗澡设施户数比例（%）j_{24}
		无厕所户数比例（%）j_{25}

续表

维度	权重	指标
教育j_3	21.2	低教育水平人口比例（%）j_{31}
就业j_4	18.2	低收入人口比例（%）j_{41}

通过指标体系计算广州市各街道的IMD值，再将街道IMD值按照最高数据精度进行划分：

$$J_{xi} = \frac{x_{xi} - x_{min}}{x_{max} - x_{min}} \quad (4-1)$$

$$IMD = \sum_1^4 j_{1x} \times 0.303 + \sum_1^5 j_{1x} \times 0.303 + j_{31} \times 0.212 + j_{41} \times 0.182 \quad (4-2)$$

基于前文介绍IMD（多重贫困剥夺指数）模型，基于广州市的街道级人口普查数据计算每个街道的IMD分数，并将IMD分数赋予街道对应的栅格。

（3）用自然断裂点法依据IMD分数将贫困深度分为5级

使用Python语言中的Jenkspy工具包中的jenkspy.jenks_breaks（list_of_values, nb_class＝5）函数对6 501个栅格的IMD分数进行自然断裂点分割。其中jenkspy.jenks_breaks是计算自然断裂点的函数，参数list_of_values是6 501个栅格的IMD分数，nb_class＝5代表用自然断裂点法将数据分为5级。用Python语言将用自然断裂点法分5级之后的IMD分数进行贫困深度的赋值，贫困深度最低为1，最高为5。

（4）贫困深度赋值

将第（3）步中计算出的贫困深度数据赋值给第（1）步中的栅格，此时6 501个栅格均有13个基于多源大数据获取的属性和 1个贫困深度属性。

（5）自变量、因变量设置

以（1）（3）个基于多源大数据的指标作为自变量x，以贫困深度作为因变量y。

（6）样本划分

使用train_test_split函数进行样本划分。train_test_split（x, y, test_size＝0.7, random_state＝0）将6 501个栅格中的70%作为训练集，30%作为测试集。

（7）参数调整

随机森林中的树木棵数会对预测的效果产生影响，理论上来

图4-1　0~1 000棵决策树模型预测效果可视化图

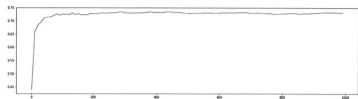

图4-2　435~445棵决策树模型预测效果可视化图

说数量越高拟合效果越好，但存在边际效用，树木的棵数过多也会导致模型出现过度拟合的情况。因此使用cross_val_score 函数作交叉验证，步数为10，在0~1 000之间粗略寻找最合适的随机森林中的决策树棵数。

由图4-1可知在0~1 000棵决策树中，441棵决策树的拟合效果是最好的。进一步细化参数，步数为1，在435~445之间精细寻找最合适的随机森林中的决策树棵数。

由图4-2可知在435~445棵决策树中，438棵决策树的拟合效果是最好的。同理，通过比较确定随机森林的其他重要参数。

（8）参数确定

随机森林分类器的参数设置如下：RandomForestClassifier（n_estimators＝438, random_state＝90, n_jobs＝-1,oob_score＝'TRUE', bootstrap＝'TRUE', criterion＝'entropy'）。其中n_estimators＝438代表随机森林中共有438棵决策树，random_state＝90代表伪随机数种子，n_jobs＝-1代表机器学习过程中并行的线程数为CPU核心数，oob_score＝'TRUE'代表使用袋外样本来估计泛化精度。

bootstrap＝'TRUE'代表建立决策树时有放回取样，criterion＝'entropy'代表决策树分裂使用信息增益的"entropy"。

（9）运行调试好的随机森林模型，进行机器学习

使用基于Python语言的随机森林分类器核心算法RandomForestClassifier进行机器学习。

（10）预测贫困度

使用随机森林的forest.predict函数，用自变量对因变量进行预测。输出预测准确率并保存预测值。

（11）根据栅格建立A-F模型用作查询贫困网格在各维度上的贫困情况

构建相对贫困线，运用双重识别的方法，对各纬度的贫困情况进行加总，获得各地块的贫困维度。

1）从经济、健康、教育、文娱、交通五个纬度，将手机信令与其他大数据结合，构建多维贫困体系。各级指标如表4-2。

测度多维贫困空间指标体系表   表4-2

维度	指标	被剥夺临界值	备注
经济	人口消费能力	指标数据<233.930 206，赋值为1	贫困线源于自然断裂点法
	消费水平	指标数据<48.560 815 43，赋值为1	贫困线是该指标数据的中位数的60%
	商品房租金	指标数据<24.835 248 25，赋值为1	
健康	人均医疗设施数量	指标数据<0.002 010 53，赋值为1	贫困线是该指标数据的平均数的60%
	人均自然资源占有率	指标数据<1 335.815 413，赋值为1	
教育	受教育程度	指标数据<0.145 452，赋值为1	贫困线源于自然断裂点法
	人均小学覆盖数量	指标数据<0.000 024 4，赋值为1	贫困线是该指标数据的平均数的60%
	人均中学覆盖数量	指标数据<0.000 033，赋值为1	
文娱	街区活力	指标数据<32 602.775 45，赋值为1	贫困线源于自然断裂点法
	人均文娱设施数量	指标数据<0，赋值为1	
交通	人均公共交通设施站点数量	指标数据<0.001 299 408，赋值为1	贫困线是该指标数据的平均数的60%
	道路密度	指标数据<0.171 973 479，赋值为1	贫困线是该指标数据的中位数的60%
	通勤距离	指标数据＞15.764 390 95，赋值为1	该数据集降序排列的20%分位线

2）按照相对贫困概念与对数据的分析，设立贫困线，并按照A-F方法测算各地块各维度的贫困发生情况。贫困线设定方式如下：

a. 中位数或平均数的60%的数值均是参考经合组织提出的国际贫困标准线，即以一个国家或地区的中位收入或平均收入的50%或60%为贫困线。

b. 某些指标的贫困线源于自然断裂点法，基于数据中固有的自然分组。将对分类间隔加以识别，可对相似值进行最恰当的分组，并可使各个类之间的差异最大化。要素将被划分为多个类，对于这些类，会在数据值的差异相对较大的位置处设置其边界。

c. 在以往贫困空间的研究中，通勤距离指标较少被纳入贫困指数计算中，且该数据和贫困程度是正相关关系，不同于其他12个指标是负相关关系，因此按照五分法以20%分位线将通勤距离数值较大前20%的网格在此指标赋值为1。

（12）可视化对比分析

依据各网格的贫困维度数目，通过ArcGIS可视化表达得出广州市多维贫困地图。选取随机森林预测模型所预测的贫困网格，在多维贫困地图中查询其在各个维度上的贫困状况，分析其贫困成因，提出改善措施。

2．模型算法相关支撑技术

模型开发基于windows10系统及以Jupyter Notebook为编译器的Python语言进行开发。主要用到如下软件和代码包的支持：

（1）综合运用Excel、ArcGIS等软件进行数据处理。

（2）在数据爬取中使用Requests库进行网页的访问和下载，用户代理（UserAgent）库进行爬取的伪装，BeautifulSoup库作为下载网页的抓取和识别，TTFont库作为反爬虫的密码破解。

（3）贫困深度赋值时使用Jenkspy库作为自然断裂点计算的核心算法。

（4）机器学习模块中使用随机森林分类器Random Forest Classifier作为机器学习的核心算法。

（5）采用ArcGIS软件进行模型预测值与真实值的可视化处理和对比分析。

五、实践案例

1．广州市主城区综合贫困测度结果

选取广东省广州市为个案研究对象，改革开放以来广州市一直是中国经济改革和转型的"排头兵"。本研究范围包括广州市主城区，即荔湾、越秀、天河、海珠四区，白云区北二环高速公路以南地区、黄埔区九龙镇以南地区及番禺区广明高速以北地区。将研究范围划分成500m×500m的最小空间单元进行进一步研究分析。

（1）测度结果

测度结果（图5-1）显示，贫困较为严重的区域主要分布在老城区和主城区外围，并呈现出成片蔓延的现象。在老城区，贫困程度较深的区域位于越秀、荔湾、海珠三区的交界处以及荔湾区的西南部。而主城区外围的贫困聚集在城区北部，即白云区的江高镇、太和镇、人和镇，黄浦区的九龙镇、萝岗街道、永和街道，以及番禺区石壁街道、大石街道和新造镇。

比较综合贫困测度结果和基于人口普查数据的测度结果可以发现，机器学习预测失败的点大都位于街道的行政分界线上，这说明相比于以街道为单位的人口普查数据，本模型棵粒度更细、精确度更高，不受行政边界的局限，能更准确地把握到城市空间相互渗透的关系。

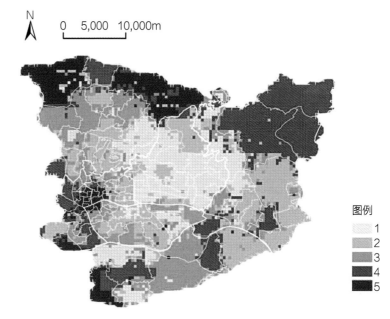

图5-1　综合贫困测度结果

（2）贫困成因

扶贫攻坚，不仅要关注贫困人口，也要关注贫困背后的复杂成因。基于"双重识别法"生成的等权重多维贫困指标模型根据13个指标将贫困分为了13个维度（图5-2）。本团队以A-F模型作为索引贫困成因的"字典"，探究测度结果中贫困区域的贫困成因。

本研究在随机森林模型的基础上，运用A-F模型对城市不同维度的空间资源进行测度，并对空间在各维度的资源缺失情况进行分析，从而做到更为清晰地了解贫困空间的资源分配问题。例如，贫困程度深的白云区江高镇、太和镇、人和镇距离城市中心较远、各类配套设施缺乏，且人口消费能力不高。番禺区石壁街道和新造镇的贫困区域是城中村地区，存在中小学、医院、道路等基础设施缺乏和环境质量较差（人均绿地面积少）的问题。

总的来说，两个模型能够相互补充完善。通过随机森林模型可以找到贫困聚集区，再通过A-F模型可以了解各地块在各维度上的贫困状况，分析其贫困成因。也就是说，在随机森林模型的基础上，A-F模型对具体空间不同维度指标的贫困做了具体的分类指引。但是，由于随机森林模型和A-F模型衡量贫困的方式不同，这两个模型得出的贫困分布结果有一定的差别，并不是完全的一一对应关系。

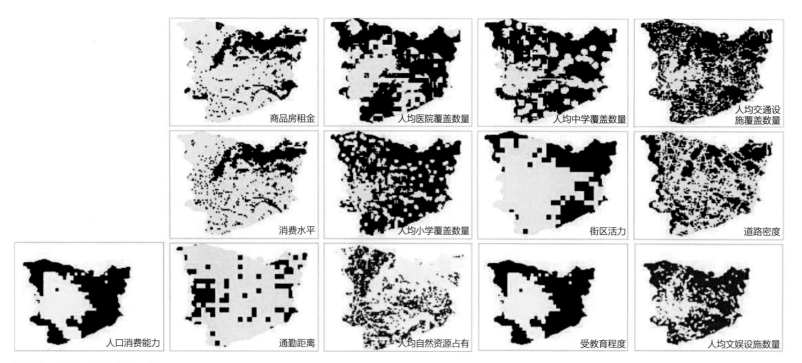

图5-2　13个维度的贫困分布

其中值得注意的是，越秀、海珠、荔湾三区交界区域主要分布了大面积破旧的老城衰败区，在随机森林模型中属于贫困地区。但在A-F模型中该区域属于在各个维度都不贫困的地区，出现了"空间不贫困但人贫困"的情况。联系实际分析，广州市老城区的教育、交通和多种服务设施配套完备，这导致其在多维度权重一致的A-F模型中得到较好的结果。但老城区存在居民生活舒适度较差，且人均消费水平不如天河、白云等新城的中心区域等的问题，存在大量较低收入的户籍贫困人口，这使得其在随机森林模型中被认定为贫困地区。

2. 典型贫困社区分析

（1）传统企业职工宿舍区

2753号网格处于芳村大道中以北（图5-3）。该处有20世纪60年代先后成立的食品厂等工厂及其职工宿舍。由于下岗失业带来的极低收入，大部分职工购得单位分配的住房后无法自由择居，从而形成了贫困固化。该网格内存在用地性质难以变化、工厂占地面积大、职工宿舍人口固化等空间贫困现象。

（2）老城衰败区

3424号网格地处荔湾、越秀、海珠三区交界处的岭南街道（图5-4）。由于早期的城市社会空间格局演变，原来的"西富区"已经

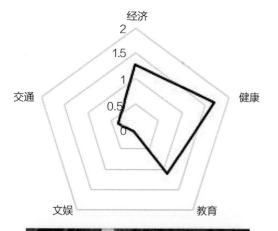

图5-3　2753号网格

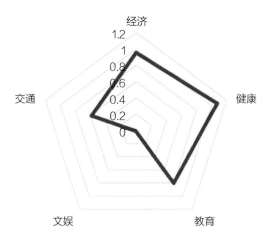

图5-4　3424号网格

变成广州市贫困聚集程度最高的街道之一。该网格内居住品质较恶劣，竹筒屋和骑楼为主要商住建筑。该网格由于人口高度密集、开发成本高昂、历史文化遗产保护要求高等原因，贫困一直没有得到改善。

六、研究创新与意义

1. 模型设计特点

（1）理论层面

相较于以往对城市贫困空间的研究，本研究模型基于空间资源分配来识别贫困空间，在研究切入点、数据选取、分析方面取得了较大的突破。过去有关城市贫困空间研究多采用人口普查和传统年鉴数据，通过识别贫困人口的分布来研究贫困空间。本模型选择采用更新及时的大数据，能够更直接地刻画和测度贫困的空间属性，深入理解人与空间的双向互动关系。同时本研究将贫困深度与贫困维度联系起来，对城市空间能够有更全面的认知。

（2）数据层面

本模型将手机信令数据与网络开源大数据结合，数据颗粒度细，精确度高，测度结果与传统数据IMD测度模型拟合效果好，能够更精准地刻画空间的贫困程度。相较于以街道为单位的传统数据，本模型所划分的500m×500m栅格数据颗粒度更细，而能不受行政区划的干扰，实现边界处相互渗透、融合的结果，提高结果的连续性、科学性，为城市实现网格化管理提供了可能。此外，手机信令数据和网络开源大数据具有更新周期短、获取渠道多、与实际情况匹配度高等优点，有效提升了测度模型的精确度和合理性，有助于实现贫困空间的动态监测。

（3）结论层面

本研究基于空间资源分配识别城市贫困空间，发现公共资源在城市空间存在的错配问题；同时在识别城市贫困空间的基础上，将该空间与所缺失的公共资源相对应，为公共资源分配及空间发展提供数据模型和理论支持。通过将城市空间栅格化并引入机器学习模型进行测度后，发现行政边界处的基础设施、公共服务配套设施等资源与传统数据拟合度较低，由此可以推断不受行政边界局限的测度结果能更全面地识别城市贫困空间，从而与传统测度模型互为补充。本研究还将模型测度结果与A-F模型相结合，即将城市贫困空间与该空间所缺资源相对应，为空间后续发展提供依据。同时本研究对以往研究受到行政边界的局限进行了改进，模型能够更真实地反映边界处的相互渗透的贫困状况。

2. 模型设计意义

现阶段乡村扶贫虽然已经进入尾声，但城市中存在的贫困空间（城中村、单位大院、保障房住区等）却未得到应有的重视。现有贫困空间测度大多采用人口普查数据识别贫困人口，进而通过贫困人口分布来研究贫困空间。伴随着城市研究可获取的新数据在时空覆盖和精确度方面的巨大提升，客观测度城市贫困空间成为可能。本模型采用更新快、易获取的多源大数据与手机信令数据，可以精准、及时地对城市内部贫困空间进行监测、预测，一定程度上能替代人口普查数据的空窗期，对城市贫困空间进行动态化管理和实时监测。此外，本模型选用网格为研究单元，打破行政边界的局限性，从而得到更加精确的测度结果，为公共资源配置提供科学、合理的建议，促进社会公平。

3. 应用前景

（1）城市公共资源配置建议

本模型能对城市内部贫困空间分布进行实时监测、预测，从而能为政府及有关部门在公共资源配置方面的相关决策提供科学依据，满足弱势群体的需要，为精准扶贫助力。

（2）智慧城市模型开发软件

将整个模型开发需要用到的工具加以整合制作成软件（图6-1），降低规划师的学习成本，通过简单操作即可辅助规划师进行决策。

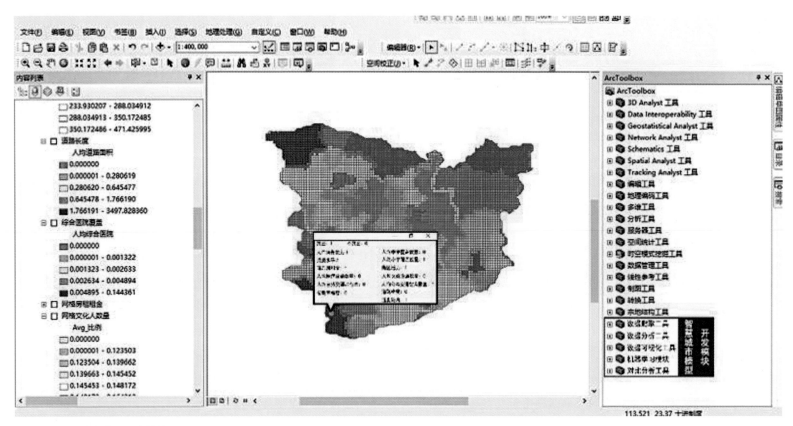

图6-1 智慧城市模型开发软件

治愈之城——基于城市街景与面部情绪识别的"城市场景—情绪"研究

工作单位：加泰罗尼亚高等建筑研究院（IAAC）

报名方向：智能城市感知

参　赛　人：张陆洋

参赛人简介：张陆洋，加泰罗尼亚高等建筑研究院（IAAC）研究生，主要研究方向为数据分析、人工智能和计算机辅助设计等。

一、研究问题

1. 研究背景及目的意义

随着世界的发展与繁荣，人们自己越来越注重身体健康，时常健身并且参加一些养生活动。同样，城市规划师、设计师也从城市的角度在帮助着人们，规划建设了很多用于健身的设施，如社区中、公园里的健身设备和健身步道等。这些无不体现着人们对身体健康的重视。然而健康不光是身体的健康，心理的健康也很重要。

可不论是人们自己还是城市规划师似乎都没有对心理健康给予足够的重视。有研究表明城市生活使人们有更高的概率患上一些心理健康问题，比如情绪障碍的发生率会提高39%，焦虑症发生率会提高21%，还有两倍患有精神分裂的风险。这些心理健康问题虽与城市中的社会环境有很大关系，但是城市物理环境也同样影响着人们的心理健康。所以通过改善城市环境来改变人们在城市中的体验，从而潜移默化地影响、改善人们的心理健康是很有必要的。

2. 研究目标及拟解决的问题

现代的科技发展给这一课题带来了便利。城市中越来越多的监控设备是当今城市快速发展的一个体现，并且其中的大部分内置了人工智能、图像识别等功能。这些监控设备保证着人们的安全，监控着城市的交通，帮助着警务工作人员抓捕罪犯等，无不便利着人们的生活。这些监控摄像头势必会在城市中出现得越来越多，寻求更多的积极用途是十分重要和必要的。

该项目旨在探索城市监控设备的积极用途，希望可以通过人脸情绪识别技术获取情感信息，作为城市环境的评测指标，建立人与城市环境的联系，以此作为城市环境设计、改善的依据，从而潜移默化地改善城市居民的心理健康状况。通过对城市街景的全景分割，获取多个特征进行聚类，分析出城市环境类型，并通过心理学实验原理，将不同类型的街景图片用作视觉刺激，通过电脑前置摄像头收集面部情绪，分析各个情绪与不同类型的城市环境间的相关性。通过获得的城市环境—情绪数据，检验城市闭路电视（CCTV）情绪检测作为城市环境测评指标的可行性，寻求不同城市环境类型的改善策略，以此使城市居民获得更好的城市体验。该项目可初步探究运用城市监控摄像设备进行的人脸情绪识别数据是否可以作为城市环境测度的指标和改善依据。

二、研究方法

1. 研究方法及理论依据

该研究意在结合两种数据，第一种是通过对街景进行全景分割、聚类分析所获的城市场景类型，第二种是根据不同城市场景类型探测的面部情绪数据。将两种数据结合，进行多元线性回归，获取回归系数，以及多元线性回归模型，以此预测整个城市的城市场景—情绪状况，可用来发现城市问题，并可结合其他相关数据，根据不同城市类型制定相应的改善策略。

2. 技术路线及关键技术

本研究技术概览如图2-1所示。

（1）城市场景类型分析

1）通过地图应用程序接口（Mapillary Applications Programming Interface，简称Mapillary API）下载所需区域的街景图片（图2-2）

需要根据所需区域的四点（左上，左下，右上，右下）坐标进行下载。

获取的文件：街景图片，以及包含各个街景图片位置信息的Geojson文件。

2）对街景图片进行全景分割

全景分割分为两部分（图2-3）：一部分是实例分割，可以对不同类型物体进行数量的检测（如街景图片中人、车的数量）；另一部分是语义分割，可以对不同类型的物理空间要素进行面积百分比的检测（如天空面积占整张街景图片的比例）。

3）城市环境特征选择

由于全景分割对图片进行非常细致的分割，所以对全景分割后所获得的要素进行筛选、合并。最终获得9种城市环境特征（图2-4），包含4种数量特征（人、机动车、自行车和城市家具），和5种面积比例特征（机动车道路、人行路、建筑、绿化和天空）。

4）城市特征聚类分析获得城市场景类型

对基于全景分割和特征选择后的9种城市特征进行归一化和聚类分析。首先使用K-MEANS聚类分析将大数据集分为40（可根据情况改变数量）聚类，获得这40聚类的聚类中心。之后将这40个聚类中心进行层次聚类，获得各个聚类之间的关系。（由于K-MEANS聚类擅长处理大数据集，所以使用K-MEANS首先进行初步聚类，而层次聚类善于处理数量较少的数据集，但易于观察各个聚类之间的关系，所以将层次聚类用于第二步聚类，发掘聚类关系）。

通过对聚类好的各类别的主要特征分析和对各类别的街景图片的查看，分别命名各个城市场景类型。城市场景类别分析如图2-5所示。

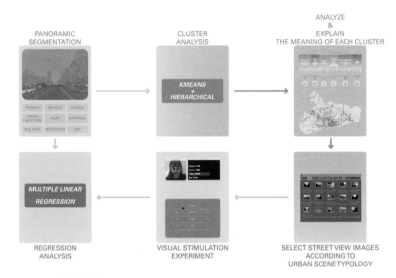

图2-1 技术概览

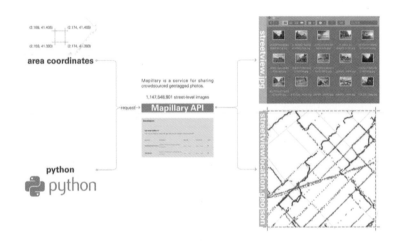

图2-2 街景图片下载

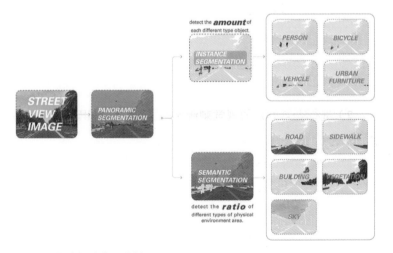

图2-3 街景图片全景分割

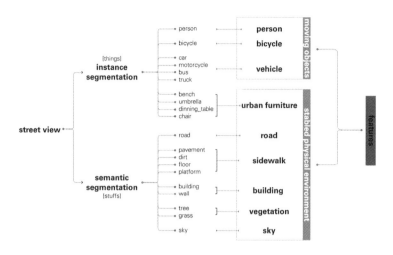

图2-4 城市环境特征选择

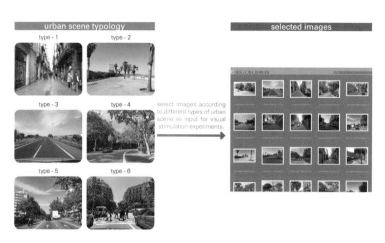

图2-6 视觉刺激实验街景图片选择

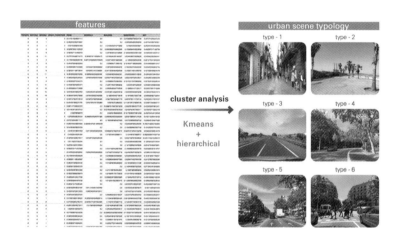

图2-5 城市场景类别分析

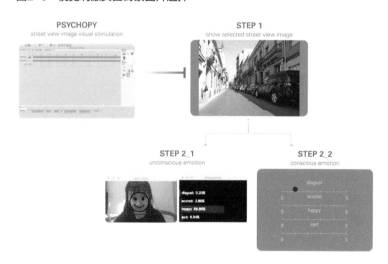

图2-7 视觉刺激实验

（2）城市场景类型—情绪分析

1）根据城市场景类型选择街景图片

根据上一步获得的城市场景类型选择街景图片，用作下 步的视觉刺激实验。每种城市场景类型选取8（可选取更多）张街景图片（图2-6）。

2）进行街景图片的视觉刺激实验，获取有意识和无意识的情绪数据

使用Psychopy心理学实验软件进行街景图片的视觉刺激试验（图2-7）。向被试者展示街景图片，在被试者观察街景图片期间使用电脑前置摄像头检测被试者的4种基本面部情绪（厌恶、害怕、高兴、悲伤），获得无意识情绪，被试者观察完该街景图片后，要求被试者为该街景的这4种基本情绪进行打分，获得有意识情绪。

3）街景图片情绪分析

每张街景图片无意识情绪为观察该街景期间的面部情绪数据的平均值，有意识的情绪为该街景图片的打分分数。将两种情绪数据分别归一化，并且取这两种情绪的平均值作为该街景的情绪值。每张街景均有4种情绪值（厌恶、害怕、高兴、悲伤）。街景图片情绪分析如图2-8所示。

4）情绪—城市特征多元线性回归分析

将街景图片的城市的9种城市特征和4种情绪进行多元线性回归分析（图2-9）。获得多元线性回归模型，可对全部街景图片根据9种城市特征值预测4种情绪值。并可获得每种情绪对应的9种城市特征的回归系数，了解各个城市特征对不同情绪的影响情况。

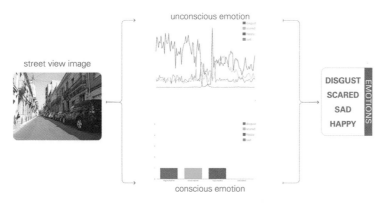

图2-8　街景图片情绪分析

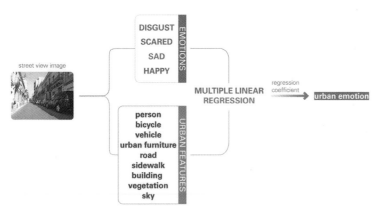

图2-9　情绪—城市特征多元线性回归分析

三、数据说明

1. 数据内容及类型

街景图片：

来源：https://www.mapillary.com/developer。

内容：街景图片和与街景图片对应的带有位置信息的Geojson
文件。

类型：Jpg + Geojson。

数据选择和使用目的：该网站街景图片和数据为开源数据，
开发者可以免费下载所需的街景数据。街景图片及其带有位置信
息的数据是该研究最为基础的数据。

作用：街景图片既是第一大部分城市场景类型分析的基础数
据，也是第二大部分城市场景类型—情绪分析的基础数据。

2. 数据预处理技术与成果

（1）全景分割街景（https://github.com/facebookresearch/detec-

tron2），获得进行下一步聚类分析所使用的城市特征（图3-1），包
含4种数量特征（人、机动车、自行车、城市家具），和5种面积
比例特征（机动车道路、人行路、建筑、绿化、天空）。

（2）将获得全部城市特征数据进行归一化处理，使其都压缩
在0到1之间（图3-2）。

（3）在进行视觉刺激实验时，使用（https://github.com/
omar178/Emotion-recognition）预训练的模型进行面部情绪识别（图
3-3），获得6种基本情绪中的4种（厌恶、害怕、高兴、悲伤）。

图3-1　全景分割城市特征

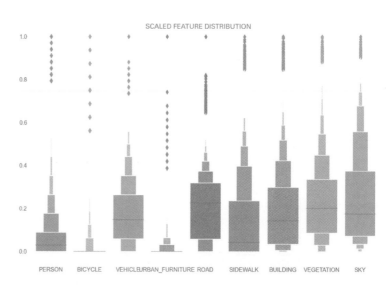

图3-2　城市特征归一化

图3-3　面部情绪识别

四、模型算法

1. 模型算法流程及相关数学公式

（1）街景图片全景分割

全景分割分为两部分：一部分是实例分割，可以对不同类型物体进行数量的检测（如街景图片中人、车的数量）；另一部分是语义分割，可以对不同类型的物理空间要素进行面积百分比的检测（如天空面积占整张街景图片的比例）。

（2）城市特征聚类分析

1）K-MEANS聚类分析获取初步聚类的各个类别质心

a. 随机选取 k 个点，作为聚类中心；

b. 计算每个点分别到 k 个聚类中心的聚类，然后将该点分到最近的聚类中心，这样就行成了 k 个簇；

c. 再重新计算每个簇的质心（均值）；

d. 重复以上 b～c 步，直到质心的位置不再发生变化或者达到设定的迭代次数。

2）将第1）步K-MEANS聚类分析后获得的质心再进行层次聚类，获得最终的聚类结果

a. 将每个对象看作一类，计算两两之间的最小距离；

b. 将距离最小的两个类合并成一个新类；

c. 重新计算新类与所有类之间的距离；

d. 重复 b、c，直到所有类最后合并成一类。

（3）情绪—城市特征多元线性回归分析

在回归分析中，如果有两个或两个以上的自变量，就称为多元回归。事实上，一种现象常常是与多个因素相联系的，由多个自变量的最优组合共同来预测或估计因变量。

2. 模型算法相关支撑技术

（1）街景图片全景分割（Python）（https://github.com/facebookresearch/detectron2）

（2）城市特征聚类分析（Python）

1）K-MEANS聚类（http://scikit-learn.org/stable/modules/generated/sklearn.cluster.K-MEANS.html）

2）层次聚类（https://scikit-learn.org/stable/modules/generated/sklearn.cluster.AgglomerativeClustering.html#sklearn.cluster.AgglomerativeClustering）

（3）视觉刺激实验（Psychopy）（https://www.psychopy.org/）

（4）面部情绪分析（Python）（https://github.com/omar178/Emotion-recognition）

（5）情绪—城市特征多元线性回归分析（Python）（https://scikit-learn.org/stable/modules/generated/sklearn.linear_model.LinearRegression.html）

五、实践案例

1. 模型应用实证及结果解读

（1）巴塞罗那城市场景类型分析

根据以上方法和技术，对巴塞罗那进行了分析。首先通过Mapillary API下载了98 673张巴塞罗那市区的街景图片，并对每张街景图片进行了全景分割分析得到每张街景中包含的9种城市特征值。其中数量特征有4种，分别为人（0～34）、自行车（0～16）、机动车（0～34）、城市家具（0～31），5种物理面积比例特征为机动车道路（0～0.903）、人行路（0～0.770）、建筑（0～0.973）、绿化（0～0.988）、天空（0～0.773）。

在获得这9种城市特征后，由于特征的单位和取值范围不同，会对下一步的聚类分析造成影响，所以在聚类分析之前要对特征进行归一化处理。将所有数据压缩到0和1之间，消除由于单位和取值范围的不同对后续造成的影响。

对这98 673张街景图片的9种城市特征进行聚类分析，观察各个聚类的街景图片和主导城市特征，分析获得了6种（窄巷或路旁人行区域、广场或宽阔步行街、高速路或主干路、高绿化率的人行区域或道路、交通主导的道路或有停车区域的道路、混合街道）主要城市场景类型和19种［窄巷或路旁人行区域（4种子类型）、广场或宽阔步行街（4种子类型）、高速路或主干路（2种子类型）、高绿化率的人行区域或道路（3种子类型），交通主导的道路或有停车区域的道路（3种子类型）、混合街道（3种子类型）］子城市场景类型。

（2）巴塞罗那城市场景类型—情绪分析

根据上一步所获的19种子城市场景类型选取了152张（每个类型8张）街景图片，进行视觉刺激实验。

基于4种基本情绪（厌恶、害怕、悲伤、开心）分别获取每张街景图片的无意识情绪（在被试者观察该街景的同时通过人脸

面部情绪识别检测的情绪）和有意识情绪（被试在观察完开街景
后根据这4种情绪对该街景进行打分）。取两者平均值作为每张街
景图片的情绪值（每张街景图片有4种情绪值）。

将街景图片的城市9特征分别与4种情绪值进行多元线性回
归分析，获得4种（情绪—城市特征）多元线性归回模型，和各
个城市城市特征的回归系数。（D-厌恶、SC-害怕、SA-悲伤、
H-开心、Pe-人、Bi-自行车、Ve-机动车、UF-城市家具、
Ro-机动车道路、Si-人行路、Bu-建筑、Veg-绿化、Sk-天空）

$D = 1.031 + 0.131Pe - 0.006Bi - 0.093Ve - 0.422UF - 0.855Ro -$
$\quad 0.777Si - 0.733Bu - 0.875Veg - 0.746Sk$

$SC = 0.783 + -0.104Pe - 0.121Bi - 0.084Ve + 0.328UF - 0.459Ro -$
$\quad 0.355Si - 0.361Bu - 0.409Veg - 0.359Sk$

$SA = 0.741 + 0.041Pe - 1.229Bi - 0.0429Ve + 0.317UF - 0.350Ro -$
$\quad 0.208Si - 0.351Bu - 0.491Veg - 0.403Sk$

$H = 0.156 - 0.096Pe - 0.013Bi - 0.170Ve + 0.600UF + 0.297Ro + 0.044$
$\quad Si + 0.131Bu + 0.215Veg + 0.353Sk$

通过获得的4种（情绪—城市特征）多元线性回归模型对整个
城市的4中情绪值进行预测，绘制城市情绪热图发现城市问题区域。

2. 模型应用案例可视化表达

6种主要城市场景+19种子类别如图5-1所示。

6种主要城市场景类别地理分布如图5-2所示。

城市场景类型主导特征+街景图片如图5-3所示。

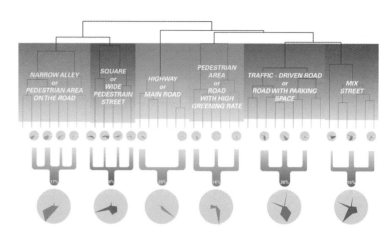

图5-1　6种主要城市场景类别+19种子类别

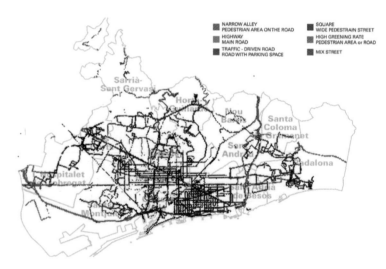

图5-2　6种主要城市场景类别地理分布

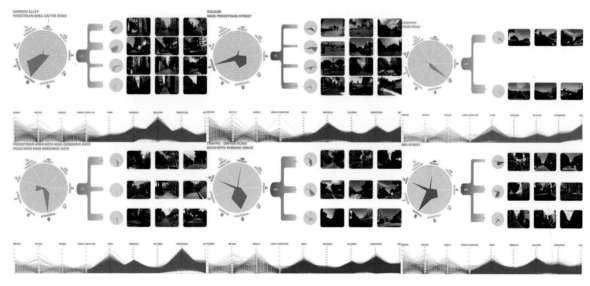

图5-3　城市场景类型主导特征+街景图片

情绪热图如图5-4所示。

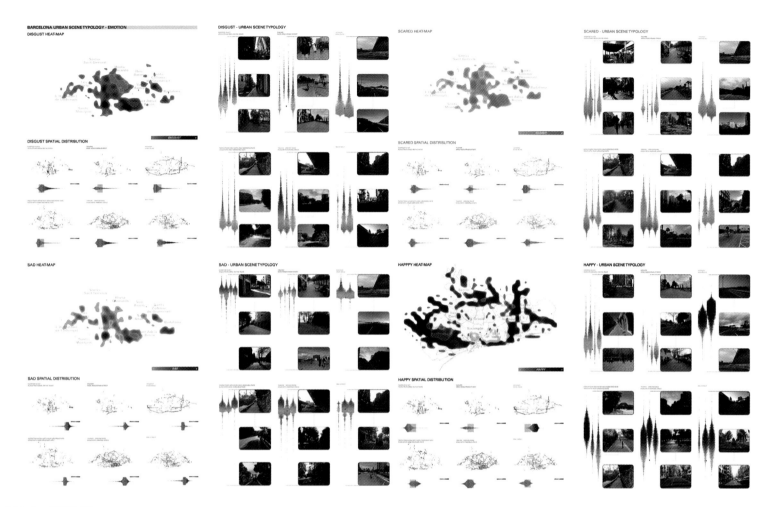

图5-4　情绪热图

厌恶6种主场景类别地理分布如图5-5所示。　　　　害怕6种主场景类别地理分布如图5-6所示

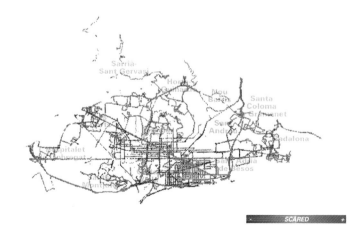

图5-5　厌恶场景类别地理分布　　　　　　　　　　**图5-6　害怕场景类别地理分布**

悲伤6种主场景类别地理分布如图5-7所示。

高兴6种主场景类别地理分布如图5-8所示。

图5-7　悲伤场景类别地理分布

图5-8　高兴场景类别地理分布

六、研究总结

1. 模型设计的特点

（1）全景分割

该模型通过对街景图片的全景分割同时获取了街景图片中不同种类物体的数量特征和不同种类城市物理环境的面积比例特征。

（2）K-MEANS聚类+层次聚类

在获得城市特征后进行聚类分析获得城市场景类型。该步骤结合两种聚类分析方法，K-MEANS聚类和层次聚类，通过结合这两种聚类方法，可以对大数据集进行有效聚类分析并且可以更直观地研究各个聚类之间的关系。

（3）与心理学结合

通过结合心理学中图片视觉刺激实验原理，将街景图片作为被观察图片，收集被试者在观察不同街景图片时的情绪变化，寻求不同情绪与不同街景图片之间的关系。通过这种跨学科的结合将城市场景（城市环境）与被试（居民）建立联系，可以从人的角度对城市环境进行评测。

（4）街景图片情绪

在通过多元线性回归模型预测每张街景的情绪值后，可将街景图片按照情绪值的高低进行排序，从而非常直观地查看或者比较对人的情绪有积极影响或有消极影响的城市环境样式。

（5）以人的视角发现城市问题区域

通过聚类分析全景分割街景图片所获得的城市特征，得到城市场景类型，以人的视角研究分析出城市环境的类别。结合不同类型的情绪数据，可以确定不同城市特征对不同城市场景类型是有积极影响或是有消极影响，以及影响的程度如何。便于发现城市的问题区域，并为城市环境的改善提供依据。

2. 应用方向或应用前景

由于人脸识别技术日渐成熟，可根据人脸不同特征检测人的年龄、性别和情绪。可使用现有的城市CCTV进行人脸识别，获得年龄、性别和情绪等数据，作为该地区的城市环境评价标准之一。并可根据不同性别和年龄阶段的情绪分析，获得更为细致的情绪数据，制定更为针对性的城市环境改善策略。以此改善人们在城市中的体验，潜移默化地缓解人们的心理压力或紧张的情绪，逐步地使用城市环境改善城市居民的心理健康状况。

面向全域同城化的广州—佛山城际客流预测模型研究

工 作 单 位：佛山市城市规划设计研究院

报 名 方 向：时空行为分析

参 赛 人：罗典、陆虎、卢火平、黄雪莲、叶凝蕊、潘哲、阎泳楠、孔爱婷

参赛人简介：参赛团队来自佛山市城市规划设计研究院，长期对广州佛山都市圈出行联系及特征进行研究，对广州与佛山两地交通建设规划工作有持续开展和深入理解，近年来聚焦基于大数据的出行特征分析及交通模型构建的研究，成果已取得良好应用。

一、研究问题

1. 研究背景及目的意义

都市圈和城市群是中国新型城镇化的重要发展战略。2019年《粤港澳大湾区发展规划纲要》提出将"广州—佛山"作为湾区的三大强核极点之一，2020年《广东省政府工作报告》也将深入推进广、佛全域同城化发展作为重要内容。

广州—佛山同城发展由来已久，两市主城区相距仅为20km，是中国城市群中同城化程度最高的区域，目前两市已形成城区连绵化、通勤一体化的格局，交通设施已经形成良好的相互对接，"广、佛同城化"成为国内城市群发展的典型范例。

对广、佛两市进行同城化的规划谋略，需要对两市的交互客流进行科学合理的预测，目前客流预测模型主要基于居民出行调查数据，仅局限于单个城市内部，在城际客流的预测方面则缺乏较为成熟和细致的模型。本研究引入覆盖广、佛两市全域的人群流动大数据，构建面向全域同城化的城际客流预测模型，在国土空间规划背景下科学合理预测两市城际客流，为在编的国土空间规划提供交通协同引导，并为两市的交通设施一体化规划提供定量分析手段。

2. 研究目标及拟解决的问题

（1）研究目标

本研究引入跨市人群流动大数据作为模型数据基础，突破传统城际客流预测模型中基础数据不足、技术方法不成熟的瓶颈，构建覆盖两市全域的"土地利用—人口就业—交通设施—城际客流"一体化预测模型体系，对全域同城化发展趋势下的广、佛两市城际客流进行预测，为两市的交通衔接规划提供定量支撑。

（2）拟解决问题及解决办法

1）缺乏跨市出行样本

以往，客流预测需要依赖居民出行调查数据，但由于居民出行调查数据中跨市出行样本较为缺乏，难以为广、佛两地城际间客流预测提供基础数据支撑。本研究引入大样本量的跨市人群流动大数据作为模型数据基础，建立人群流动大数据基础数据库。手机信令数据、百度慧眼等大数据具有样本量大、粒度较为精细、能减少主观意识对调查结果影响等优点，可为城际客流预测模型提供有效的数据支撑。

2）一般城际客流预测模式较为粗略

一般城际客流预测模式多采用点—点增长率预测，难以反映城市未来用地和设施的变化。本研究通过构建覆盖两市全域的交

通小区分析单元体系、两市一体化交通设施模型，以及土地利用—人口就业关联模型，将城际客流的生成与交通小区及小区内部的交通设施配置、用地布局建立关联，实现以更精细的网格粒度对广佛之间城际客流进行预测。

3）传统技术方法多适用于城市内部客流预测

"四步骤"模型依然是国内交通需求预测主流的预测方法。"四步骤"模型依托标准化的居民出行问询调查数据，多适用于城市内部的客流预测。在对城际间客流的预测扩展应用上，还存在基础数据不足，以及相应的技术方法不成熟的问题。本研究建立面向全域同城化的"土地利用—人口就业—交通设施—城际客流"一体化的预测方法体系，弥补国内城际客流精细化预测技术方法的空白。

二、研究方法

1. 研究目的及理论依据

（1）研究目的

1）理论与实践相互结合。在既有理论基础上，统筹考虑广、佛同城化背景下两地人群流动的特征，以及未来广、佛同城化发展模式，建立科学可靠的广、佛城际客流预测模型。

2）建立模型与规划方案动态反馈机制。模型预测结果直接指导规划方案，规划方案调整动态反馈至模型中，及时调整交通可达性指标及用地布局情况，从而对客流预测结果进行动态更新。

（2）理论依据

1）"四步骤"方法

四步骤预测方法理论框架体系的理论依据如下：

a. 出行生成：根据交通小区中不同分组居民的一日出行活动链计算出各个交通小区一日的出行产生和吸引量。

b. 出行分布：利用重力模型将出行量分布至各个交通小区内，两个交通小区间的出行量同两区的出行产生吸引量成正比，同两区间的交通阻抗（或阻抗函数）成反比。

c. 方式划分：根据多项Logit模型将OD划分至多个交通方式，交通方式划分的权重为各自的综合费用函数。

d. 交通分配：根据方式划分得到的各方式的交通矩阵，进行相应的机动车交通分配和公交客流分配，计算得到各方式的网络服务指标，可用于交通网络的评价分析。

2）基于大数据的人口出行OD获取

a. 手机信令数据

利用手机用户在日常出行时产生的海量位置更新信息，结合移动通信基站信息，获取用户出行轨迹；经过对一人多卡率、运营商市场占有率扩样等参数的数学处理，推导出行OD矩阵等交通信息；依据用户在区域驻留时间、时长等特征，识别用户居住地、工作地和通勤OD。

b. 百度慧眼迁徙数据

基于GPS、基站、WiFi实时获取用户海量时空定位大数据，通过建立城市区域与用户停留点的匹配关系，有效识别人口流动来源地及目的地，获取城市区域间出行OD；结合聚簇、职住特征提取分类等手段，识别用户居住地、工作地和通勤OD。

2. 技术路线及关键技术

（1）技术路线

模型由现状模型和规划模型两部分组成。现状模型主要实现现状数据的输入、模型参数的标定和模型精度的校验；规划模型主要实现规划数据的输入、输出客流预测数据，以及对规划方案的进行指标评价等。模型技术路线如图2-1所示。

（2）关键技术

1）多源数据相互校核技术：将各类交通动态数据进行交叉检验，尽量确保基础输入数据的准确性。

2）互联网拓扑数据与模型转换技术：从互联网数据直接生成两市的交通系统网络（含道路网和公交网），转换标准的模型矢量格式数据。

3）融入交通可达性的城际客流生成模型：城际客流产生吸引计算引入交通设施可达性指标，合理反映交通网络对城际客流的培育效果。

4）基于吸引力的目的地选择模型：计算城际客流分布过程中提出交通小区吸引力的指标，构建目的地选择模型，克服传统重力模型的缺陷。

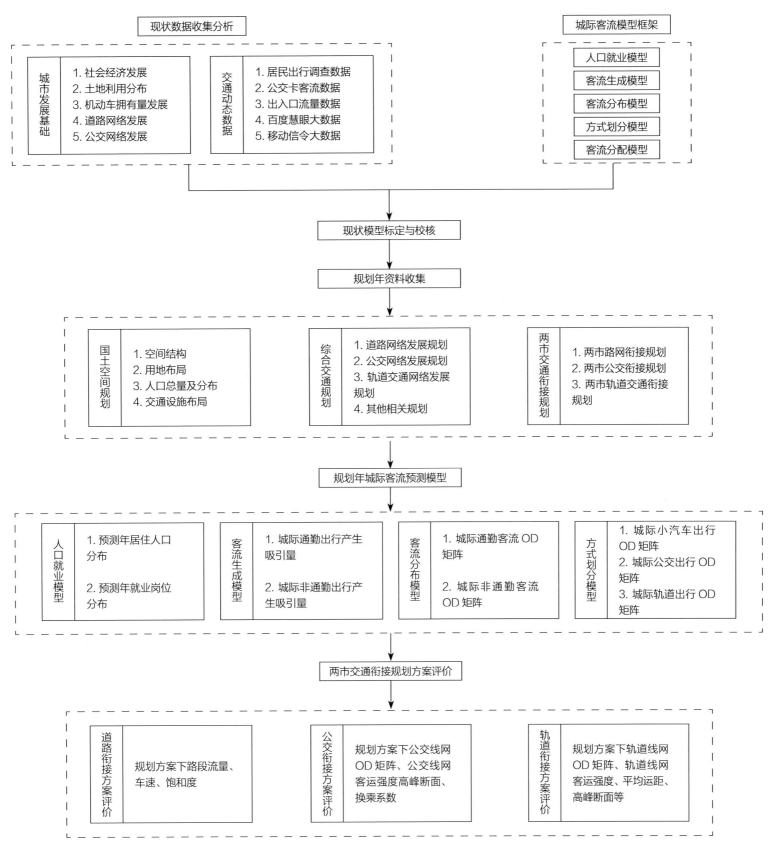

图2-1　总体技术路线

三、数据说明

1. 数据内容及类型

（1）两市社会经济数据

统计部门提供的国民经济数据，交管部门提供的机动车拥有量数据等，作为现状模型的基础输入，用于交通分配模型中道路车流分配。

（2）土地利用分布数据

包括广、佛两市现状用地数据及规划用地数据两部分内容。

1）两市现状用地数据：由当地规划部门提供，包括全市用地地块性质和建筑规模等信息，作为现状模型的基础输入，用于用地与人口就业模型中的参数标定。

2）两市规划用地数据：由当地规划部门提供，包含规划地块的用地性质和建筑面积指标，作为规划模型的输入数据，用于预测规划人口岗位的分布。

（3）道路及公共交通网络数据

包括现状道路及公共交通网络数据、规划道路和公共交通网络数据两部分内容。

1）现状道路及公共交通网络数据：由最新的互联网地图数据得到，可转换成shape文件，用于构建模型的现状交通设施网络。

2）规划道路和公共交通网络数据：由当地规划部门和交通部门提供，用于构建模型的规划交通设施网络。

（4）交通动态数据：通过人工调查、交通系统采集和大数据技术手段获得，包括居民出行调查数据、道路断面采集数据、公交卡采集数据、百度慧眼和移动信令大数据，利用多元交通数据相互校核得到城际客流数据，用作模型参数的标定和模型验证。

（5）人口岗位分布：通过百度慧眼获取200m×200m居住人口及工作人口，用于用地与人口就业模型中的参数标定。

2. 数据预处理技术与成果

（1）全域同城化的交通分区体系

通过行政边界、道路网络，水系分割等因素综合对两市的交通小区进行划分。

两市共划分为3 370个交通小区、233个中区、98个大区，交通小区为模型交通分析的基本单元，中区和大区主要作为计算和展示的作用。

（2）两市一体化的道路和公交网络数据

基于互联网数据生成两市一体化的道路和公交网络，处理成标准的模型矢量数据，并设置相关参数将其转换为模型所要求的数据格式（图3-1、图3-2）。

（3）多源大数据校核的OD成果

以人群移动大数据（含百度慧眼数据和移动手机信令数据）

图3-1 广佛一体化交通路网体系

图3-2 广佛一体化公交线网体系

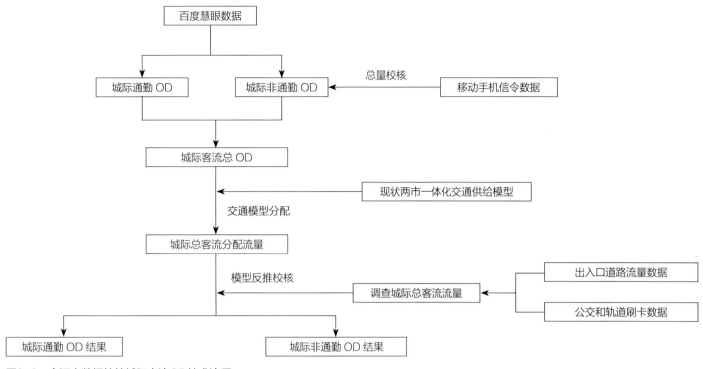

图3-3 多源大数据校核城际客流OD技术流程

为基础获得广、佛两市的城际OD。百度慧眼数据在职住判别上方法相对成熟，因此通过百度慧眼数据得到通勤出行数据。在非通勤出行上，百度慧眼数据受到扩样的方法的限制，在OD量级上存在误差，因此引入移动信令数据作为总量的校核（分片区OD总量）。

将上述方法获得的大数据OD输入现状两市交通模型进行分配，然后与实际的道路监测数据和公交刷卡数据进行对比，采用模型OD反推的校核方法，对城际客流OD作进一步的校核验证，从而得到两市城际客流OD结果。技术流程如图3-3所示。

（4）现状及规划用地数据

利用GIS相交分析功能，将交通小区与用地地块进行关联匹配，对交通小区内地块的用地性质、用地面积及容积率进行统计分析，得到交通小区各类用地的建筑面积，作为人口岗位计算的基础。

（5）现状人口岗位分布数据

利用百度慧眼成熟的职住人口提取算法，获取200m×200m网格人口，通过将网格人口与交通小区边界、交通中区、交通大区等边界进行关联，汇总得到相应区域的人口，用于标定人口岗位与用地关系模型系数。

四、模型算法

1. 模型算法流程及相关数学公式

模型以两市一体化的土地利用数据和交通系统网络矢量数据为基础输入，结合大数据分析得到的现状人口就业分布和城际客流OD数据进行模型标定，通过5大模块进行逐步拟合，最终得到两市的城际客流量分配结果（图4-1）。

其中交通小区阻抗和道路交通方式综合交通费用的计算都要以广州和佛山两市内部出行生成的道路交通流量作为基础，该部分交通需求由两市各自的居民出行调查数据综合建模得到，在此不再赘述。

（1）人口就业与用地模型

1）人口和就业岗位初始数量

a. 交通小区人口：

$$POP_0 = a_1 \times R_1 + a_2 \times R_2 + a_3 \times R_3 + a_4 \times B_1 + a_5 \times B_2 + a_6 \times M \quad (4-1)$$

其中，R_1、R_2、R_3为一类、二类、三类居住用地建筑面积；

B_1为商业用地建筑面积；

B_2为商务用地建筑面积；

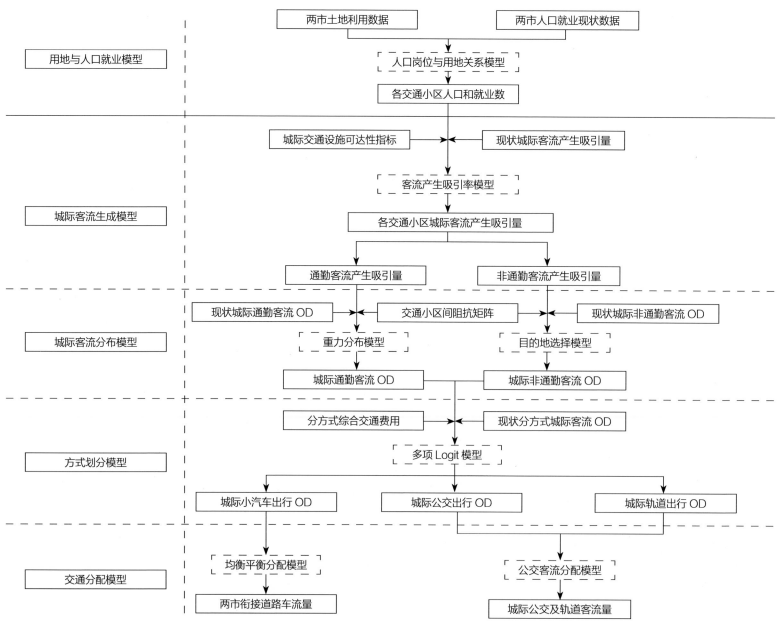

图4-1 模型算法流程

M为工业用地建筑面积。

b. 交通小区就业岗位：

$$EMP_0 = b_1 \times A_1 + b_2 \times A_3 + b_3 \times A_5 + b_4 \times B_1 + b_5 \times B_2 + \\ b_6 \times M_1 + b_7 \times M_2 + b_8 \times M_3 \qquad (4\text{-}2)$$

其中，A_1为行政办公用地建筑面积；

A_3为教育科研用地建筑面积；

A_5为医疗卫生用地建筑面积；

B_1为商业用地建筑面积；

B_2为商务用地建筑面积；

M_1、M_2、M_3为一类、二类、三类工业用地建筑面积；

b_1、b_2、b_3、b_4、b_5、b_6、b_7、b_8为标定系数。

2）地铁可达性调整后人口岗位数量

a. 地铁600m半径范围内的交通小区的人口：

$$POP_1 = \theta_1 \times POP_0 \qquad (4\text{-}3)$$

b. 非地铁600m半径范围内的交通小区的人口：

$$POP_2 = \theta_2 \times POP_0 \qquad (4\text{-}4)$$

其中，θ_1 为地铁可达人口调整系数；θ_2 为非地铁可达人口调整系数。

c. 地铁600m半径范围内的交通小区的就业岗位数量：

$$EMP_1 = \mu_1 \times EMP_0 \qquad (4\text{-}5)$$

d. 非地铁600m半径范围内的交通小区的就业岗位数量：

$$EMP_2 = \mu_2 \times EMP_0 \qquad (4\text{-}6)$$

其中，μ_1 地铁可达就业岗位调整系数；μ_2 非地铁可达就业岗位调整系数。

（2）城际客流生成模型

1）城际通勤出行

$$G_i = POP_i \times a \times (R_i^E)^{\mu_1} \qquad (4\text{-}7)$$

$$A_i = EMP_i \times b \times (R_i^P)^{\mu_2} \qquad (4\text{-}8)$$

2）城际非通勤出行

a. 基家出行：

$$G_i = POP_i \times c \times (R_i^H)^{\mu_3} \qquad (4\text{-}9)$$

b. 非基家出行：

$$G_i = EMP_i \times d \times (R_i^H)^{\mu_4} \qquad (4\text{-}10)$$

其中，G_i 为交通小区 i 的城际出行产生量；A_i 为交通小区 i 的城际出行吸引量。

c. R_i^E 为75分钟可达邻市岗位数量占邻市全部岗位数量的比例：

$$R_i^E = \sum_j EMP_j(t_{ij} \ll 75) / \sum_j EMP_j \qquad (4\text{-}11)$$

d. R_i^P 为75分钟可达邻市居住人口占邻市全部居住人口的比例：

$$R_i^P = \sum_j POP_j(t_{ij} \ll 75) / \sum_j POP_j \qquad (4\text{-}12)$$

e. R_i^H 为75分钟可达邻市综合人口指标占邻市全部综合人口指标的比例：

$$R_i^H = \sum_j H_j(t_{ij} \ll 75) / \sum_j H_j \qquad (4\text{-}13)$$

f. 综合人口指标：

$$H_i = \theta_1 \times POP_i + \theta_2 \times EMP_i \qquad (4\text{-}14)$$

a、b、c、d、f、μ_1、μ_2、μ_3、μ_4、θ_1、θ_2 为标定参数。

（3）城际客流分布模型

1）城际通勤出行

采用双约束的重力模型，以交通小区间的阻抗函数作为基本输入，公式4-15为

$$T_{ij} = G_i \frac{A_j \times F(t_{ij})}{\sum_j (A_i \times F(t_{ij}))} \qquad (4\text{-}15)$$

其中，T_{ij} 是起点小区 i 至终点小区 j 的出行量；

G_i 是起点小区 i 的出行产生量；A_j 是终点小区 j 的出行吸引量；

t_{ij} 是起点小区 i 至终点小区 j 的出行阻抗，采用综合出行成本。

$F(t_{ij})$ 是阻抗函数，采用组合型函数：

$$F(t_{ij}) = a \times t_{ij}^b \times e^{ct_{ij}} \qquad (4\text{-}16)$$

a、b、c 为标定参数。

2）城际非通勤出行：

采用目的地选择模型，公式4-17为

$$T_{ij} = G_i \frac{eU_{ij}}{\sum_j eU_{ij}} \qquad (4\text{-}17)$$

其中，T_{ij} 为起点小区 i 至终点小区 j 的出行量；

G_i 为起点小区 i 的出行产生量。

U_{ij} 为起点小区 i 至终点小区 j 的综合效用，采用组合型函数：

$$U_{ij} = a + b \times t_{ij}^b + \log(c \times Atr_j) \qquad (4\text{-}18)$$

t_{ij} 为起点小区 i 至终点小区 j 的出行阻抗，a、b、c为标定参数。

3）目的地小区吸引力指标：

$$Atr_j = \theta_1 \times R + \theta_2 \times A + \theta_3 \times B + \theta_4 \times M \qquad (4\text{-}19)$$

其中，R、A、B、M 分别为居住、公共服务、商业商务和工业四类用地的建筑面积；θ_1、θ_2、θ_3、θ_4 为标定参数。

（4）方式划分模型

方式划分模型是根据各交通小区之间不同交通方式的综合出行费用，将出行分布模型所输出的每个OD出行量划分为不同的出行方式，采用多项Logit模型，公式如下：

$$P_{ij}^m = \frac{C_{ij}^m}{\sum_m C_{ij}^m} \qquad (4\text{-}20)$$

其中，P_{ij}^m 为 i 小区和 j 小区之间选择第 m 种方式出行的概率；

C_{ij}^m 为 i 小区和 j 小区之间选择第 m 种方式出行的费用函数；

m 为 i 小区和 j 小区之间可供选择的出行方式。

$$C_{ij}^m = e^{t_{ij}^m} \qquad (4\text{-}21)$$

其中，C_{ij}^m 为 i 小区和 j 小区之间选择第 m 种方式出行的费用函数；t_{ij}^m 为 i 小区和 j 小区之间第 m 种方式的出行成本（表4-1）；a_m、b_m 为标定系数。

注：方式划分共分为4种出行方式：小汽车、出租车、常规公交和轨道交通。

各种城际交通方式出行成本函数			表4-1
名称	出行成本函数		常数项
出租车	车内时间（TaxiIVT）	车外时间（TaxiOVT）	车票（TaxiFare）	常数项
地面公交	车内时间（BusIVT）	车外时间（BusOVT）	车票（BusFare）	常数项
小汽车	时间（CarTime）		燃油费（CarTime）停车费（CarStop）	常数项
轨道交通	车内时间（RailIVT）	车外时间（RailOVT）	车票（RailFare）	常数项

注：出行时间和各项费用通过交通模型计算得到。

（5）交通分配模型

1）道路机动车流量分配

道路机动车分配采用均衡分配的方法（图4-2），遵循Wardrop第一原则（用户均衡），即在道路网的使用者都知道网络的状态并试图选择最短路径时，网络会达到一种均衡状态，此时，每对OD间被使用的路径具有相等且最小的行驶时间；路径的行驶时间的计算以广、佛两市内部机动车OD分配后的路网（加载路网）作为基础。

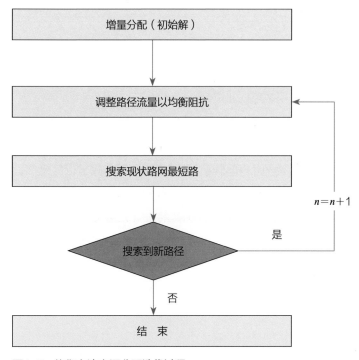

图4-2 均衡车流交通分配迭代过程

流程：增量分配（初始解）→ 调整路径流量以均衡阻抗 → 搜索现状路网最短路 → 搜索到新路径（是：n=n+1，返回调整路径流量；否：结束）

2）公交客流分配

公交路径选择基于Logit模型：分配到某条线上的流量比例等于选择这条线路的概率P_i[具体计算公式4-22～公式4-24]。L_i为某一公交线路的Logit值，T_i为车内行驶时间、到站离站时间、步行时间、候车时间、换乘候车时间，以及换乘次数，μ为换乘惩罚系数取5.0。

$$P_i = L_i / \sum L_i \quad (4-22)$$

$$L_i = e^{-T_i} \quad (4-23)$$

$$T_i = invehicle\ time + access\ time + egress\ time + walk\ time + origin$$
$$wait\ time + transfer\ wait\ time + number\ of\ transfers \times \mu \quad (4-24)$$

2. 模型算法相关支撑技术

采用PTV公司开发的Visum软件作为建模平台。Visum是一款用于交通规划决策支撑的软件，适用于交通需求预测与评价，不仅能模拟大范围的城市路网和公交网络，在交通节点细致处理上也具有强大的编辑功能，同时数据开放性方面能与ArcGIS进行无缝衔接，并能与Python等工具进行良好的联合开发。

五、实践案例

1. 模型应用实证及结果解读

（1）人口就业与用地模型

从人口就业与用地拟合的效果来看（表5-1），人口的拟合效果较好，R_2好达到0.93，F检验为1 021；就业岗位拟合的效果稍差，R_2好为0.78，F检验为412，考虑到轨道可达性的调整，总体拟合效果较为满意。

人口就业与用地模型参数标定结果		表5-1	
指标类型	模型参数	R^2	F检验
居住人口	$POP_0 = 0.018 \times R_1 + 0.024 \times R_2 + 0.027R_3 + 0.008 \times B_1 + 0.006 \times B_2 + 0.011 \times M$	0.93	1021
就业岗位	$EMP_0 = 0.012 \times A_1 + 0.006 \times A_3 + 0.008 \times A_5 + 0.044 \times B_1 + 0.022 \times B_2 + 0.011 \times M_1 + 0.015 \times M_2 + 0.012 \times M_3$	0.78	412
轨道可达性调整后人口和岗位	$POP_1 = 1.198 \times POP_0$，$POP_2 = 0.884 \times POP_0$ $EMP_1 = 1.256 \times EMP_0$，$POP_2 = 0.823 \times EMP_0$	—	—

（2）城际客流生成模型

通过模型标定，出行产生和吸引受到不同地区经济水平等其

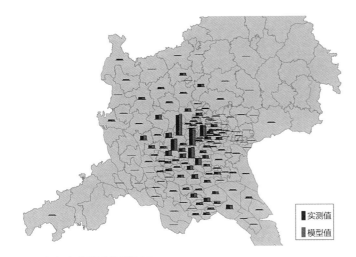

图5-1　出行生成总量模拟结果

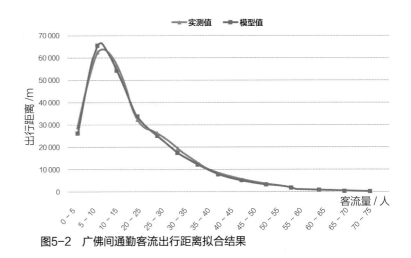

图5-2　广佛间通勤客流出行距离拟合结果

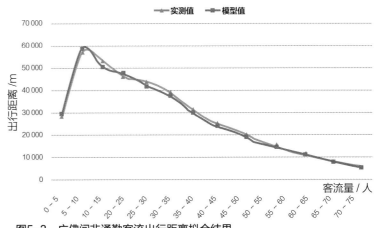

图5-3　广佛间非通勤客流出行距离拟合结果

他因素的影响，模拟值与调查值仍然存在一定的误差，中区层面的出行产生模拟值与调查值平均误差在6%左右，出行吸引误差范围在-10%~8%之间（图5-1、表5-2）。

城际客流生成模型参数标定结果　表5-2

出行类型		产生量	吸引量
城际通勤出行	基家	$POP \times 0.156 \times (R^E)^{0.142}$	$EMP \times 0.183 \times (R^P)^{0.175}$
城际非通勤出行	基家	$POP \times 0.035 \times (R^H)^{0.117}$	—
	非基家	$EMP \times 0.013 \times (R^H)^{0.105}$	—

注：R^E、R^P、R^H为城际交通可达性指标。

（3）城际客流分布模型

利用大数据校验得到的城际客流OD结果，分别对重力模型和目的地选择模型进行了标定（表5-3）。出行距离是验证客流分布模型的重要指标，城际通勤出行距离拟合误差7.1%，城际非通勤出行距离拟合误差9.3%。非通勤出行基于交通小区的用地面积为吸引力变量，误差相对较大，总体误差处于10%以内可接受范围（图5-2和图5-3）。

城际客流分布模型参数标定结果　表5-3

出行类型	模型参数						
	a	b	c	θ_1	θ_2	θ_3	θ_4
城际通勤出行（重力模型）	5.556	-1.112	-0.085	—	—	—	—
城际非通勤出行（目的地选择模型）	3.578	-2.123	-0.147	0.015	0.007	0.026	0.008

（4）方式划分模型

方式划分参数标定和验证主要基于实测道路流量和公交卡得到的分方式OD结果，对多项Logit模型中各类交通方式的出行成本系数（含常数项）进行了标定（表5-4），通过与实测值对比，城际交通方式的误差均在10%以内（图5-4）。

城际客流方式划分模型参数标定结果　表5-4

交通方式	出行成本函数系数			
	车内时间	车外时间	费用	常数项
出租车	-0.022	-0.019	-1.925	-4.85
小汽车	-0.011	-0.029	-0.021	-0.84
地面公交	-0.025	-0.032	-0.035	-0.62
轨道交通	-0.021	-0.027	-0.038	-0.57

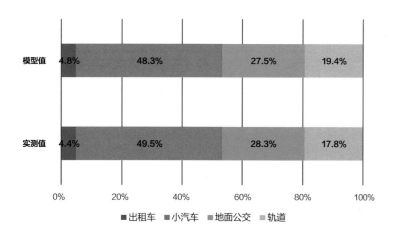

图5-4　出行方式比例拟合结果

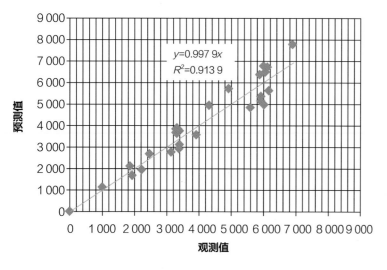

图5-5　高峰小时道路核查线流量校核

（5）交通分配模型

1）道路机动车流量分配

根据道路交通分配模型运行结果，主要核查线观测流量与模型分配流量的误差如图5-5所示：核查线观测流量校核，整体误差8.1%，最大断面误差16.4%，模型基本达到合理误差范围。

2）公交客流分配

公交分配模型校核结果如表5-5所示，无论是城际常规公交，还是城际地铁流量拟合精度都控制在5%以下，说明城际公交模型具有较高的拟合水平。

公交分配模型校核分析			表5-5
模式	观察值	模拟值	差异	差异的比率
常规公交	187 000	178 500	-8 500	-4.55%
地铁	150 800	155 200	4 400	2.92%

2．模型应用案例可视化表达

（1）预测结果输出

模型案例的可视化表达主要依托Visum软件的出图功能，可视化内容主要包括：两市的人口和就业岗位的分布、城际交通可达性、城际客流生成量分布、城际客流OD期望线、城际客流蛛网图，以及道路分配流量（含饱和度）、轨道分配流量等，以城际客流生成量分布图（图5-6）为例进行展示。

（2）交通一体化规划方案评价

广佛城际客流预测模型能够为面向全域同城化的交通规划提供决策支撑。

在广佛两市交通一体化规划案例中，模型通过预测城际客流蛛网分布（图5-7），识别出主要的城际客流走廊，指导重要的城际交通设施布局。规划方案又作为未来模型的输入，在叠加城际客流与广佛两市各自内部客流后（图5-8、图5-9），得到两市一

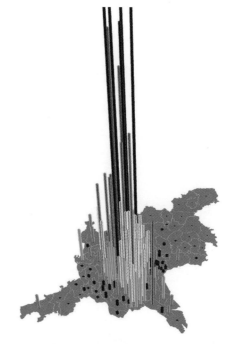

图5-6　城际客流产生吸引量分布

体化的交通系统分配结果，如图5-10所示（道路机动车流量和公共交通客流量）。

模型可进一步输出道路饱和度、公交满载度等评价指标，用于评价一体化交通规划方案的适应性。在最新的广、佛两市交通一体化规划案例成果（含两市道路网衔接规划和轨道衔接规划）中，共规划了80条城际道路和18条城际轨道，可承载未来380万人次/日的城际客流量。

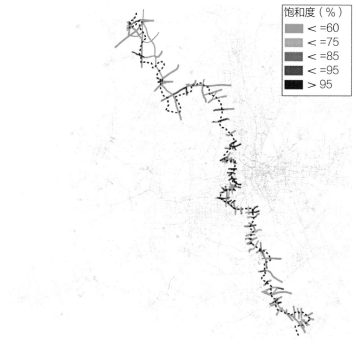

图5-9　两市衔接道路拥挤度图

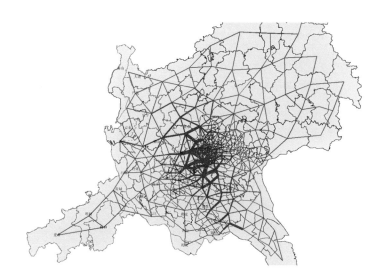

图5-7　城际客流蛛网图

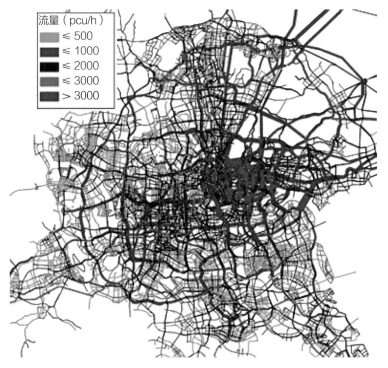

图5-8　两市道路流量分配结果

图5-10　两市轨道客流分配结果

六、研究总结

1. 模型设计的特点

（1）面向全域的城际客流预测模型方法

建立了全域同城化的城际客流预测模型，突破了以往点对点的城际客流预测模式，适应城市群发展战略下的交通规划决策支持研究。

（2）多源大数据对模型的支撑

利用高样本率的大数据作为支撑，克服传统居民出行调查数据的局限，采用多源大数据相互校核的方法，保证模型输入数据的精度。

（3）模型与互联网数据的联动

交通设施模型直接从互联网地图上数据转换生成，大大节省了模型的建立时间并提高维护的工作效率。

（4）全面融合交通可达性指标

在人口就业模型中加入轨道可达性因子，在客流生成模型中引入城际交通可达性指标，充分反映了交通设施通达性对职住选择和出行行为的影响。

（5）开发基于吸引力的目的地选择模型

大数据难以满足传统重力模型对就业岗位细分的要求，基于吸引力的目的地选择模型为利用大数据进行交通建模提供了新的思路。

（6）与规划方案的紧密互动

客流预测结果直接指导交通设施的布设方案，规划方案又反馈给客流指标的变化，对国土空间和交通系统相互演化作用具有良好评估能力。

2. 应用方向或应用前景

（1）城市群一体化的综合交通模型

中国城市群正处于快速成型阶段，以广州佛山两市案例为基础，建立更大范围的城市群域综合交通模型体系，科学合理预测城市群发展带来的客流的变化，为城际交通一体化的规划提供决策支持。新的预测体系将在模型的层次多样性和网络的复杂性等方面提出更高的要求。

（2）大数据与小数据的互相结合

高样本覆盖度的大数据在人群整体流动特征分析上具有较大的优势，而传统的小样本抽样调查数据在具体的出行行为特征上更具有针对性，将来需要在这两类数据的应用上各取所长，宏微观相互结合地描绘出行画像及特征，为规划决策模型的建立提供更全面和详实的数据基础。

北京市心肌梗死患者医疗可达性评价模型

工 作 单 位：清华大学、武汉大学

报 名 方 向：城市卫生健康

参 赛 人：苏昱玮、张雨洋、龙瀛

参赛人简介：参赛团队专注于运用跨学科方法量化城市发展动态，为城市规划与管理提供可靠依据，为可持续城市发展建立方法
学基础。主要研究领域为城市空间量化研究及其规划设计响应，研究课题涵盖数字增强设计、城市空间品质、健康
城市等。

一、研究问题

1. 研究背景及目的意义

（1）研究背景

城市人口的增多和城市规模的扩张，导致城市建筑密度增
加、机动车保有量增加，造成了城市拥堵现象频发，尤其是在大
城市，交通拥堵已成为"家常便饭"。拥堵造成的送医不及时从
而导致延误最佳治疗时机的情况屡有发生，如何科学地测度就医
的公正性，公平合理地对医疗资源进行配置，成为了一个亟待解
决的研究议题。

大数据时代，有关位置大数据的技术研究快速发展。互联网
地图可以更加精准地计算可达性。互联网地图在进行路线规划
时，通过对堵车状况的分析，车辆行进速度的实时计算，以及借
助相关算法进行拟合后，可以对通勤时间进行更加精确的预测，
图1-1为百度地图显示的北京五环某天实时路况示意图。

（2）研究问题与目的

一天中的不同时段，北京小区中急性心肌梗死患者到最近医
院的急救可达时长如何分布；北京市居住小区尺度下的急性心肌
梗死患者就医可达性特征是怎样的。

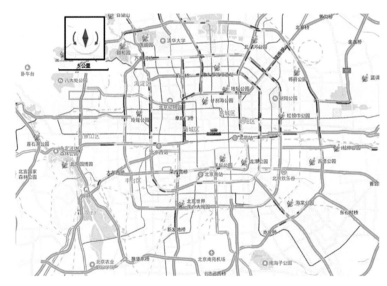

图1-1 北京五环某天实时路况示意图
资料来源：百度地图

（3）研究综述

2007年，刘钊等基于地理信息系统，采用两步移动搜索法研
究了北京市的就医可达性。2008年吴建军等从农村医疗设施空间
分布公平性的角度，提出了利用地理信息技术和空间可达性相关
指标来衡量医疗设施布局的方法，从而对农村居民的医疗可达性

进行评价。2009年，宋正娜、陈雯等在总结国外潜能模型就医可达性研究经验的基础上，对潜能模型进行改进，提出在就医可达性测度时应当考虑居民医疗需求能力的大小，并用该方法进行了实证研究，研究表明在地理信息技术的辅助下，基于潜能模型的就医可达性方法可以客观地表征研究区域内部医疗设施可达性程度的强弱，可较为准确地为判断缺医地区提供决策。宋正娜、陈雯等在就医可达性的研究当中加入了医院等级规模这一影响因子，进一步优化了潜能模型，并用实例验证了改进的潜能模型可以有效判别缺医地区，更加精确地测度居民就医可达性。之后的2011—2017年的六年时间中，郑朝洪、王伟、胡瑞山、廖唐洪、赵文花、张纯、孟田田和赵晶等国内学者，利用地理信息系统等技术，采用地理信息技术网络分析方法、两步移动搜索模型、最近就医距离模型、潜能模型及改进的潜能模型、最邻近点指数、核密度估计法和网络分析法及缓冲区模型等多种分析方法和模型对我国的许多地区进行了深入的就医可达性研究。

2. 研究目标及拟解决的问题

本研究从跨学科的视角出发，将心血管流行病学和城市规划中的可达性测度相结合，在总结已有研究对于可达性测度方法的探索的基础上，开发出一套可以大规模精细化测度就医可达性的方法，并能够复制应用得到其他城市和领域。

二、研究方法

1. 研究方法及理论依据

（1）健康城市

健康的城市规划理念由来已久，早在20世纪初期，政府就通过城市规划对公共卫生进行干预，促进城市居民身体健康。1984年，世界卫生组织（World Health Organization，简称WHO）在加拿大召开了名为"超级卫生保健—多伦多2000年"的大会，并在大会上正式提出了"健康城市"（healthy city）的概念。世界卫生组织对健康城市的定义为："健康城市是一种可以通过不断创造和改善物质和社会环境、扩大社区资源，使人们能够相互支持，履行生活的所有职能，并发挥其最大潜能的城市理念"。为号召人们对健康城市的关注，1996年4月7日，世界卫生组织宣布"城市与健康"成为该年度世界卫生日的主题。

健康城市理念强调公共卫生和城市规划设计政策对人类健康的影响。认为合理的城市规划设计及城市政策可以促进公众健康。

（2）就医可达性

1959年，Hansen首次提出可达性，认为可达性本质上讲就是从一点到另一点的便利度。Ingram、Baxter & Lenzi等认为可达性是对空间组合程度的度量，并以空间距离指标和时间花费来反映两点之间空间组合的程度。这一观点是到目前为止大家最为认同的可达性的定义。

可达性自从提出以后，广泛应用于城市规划研究的各个方面。近几年来，亦大量应用于衡量就医的均等性和公平性当中。

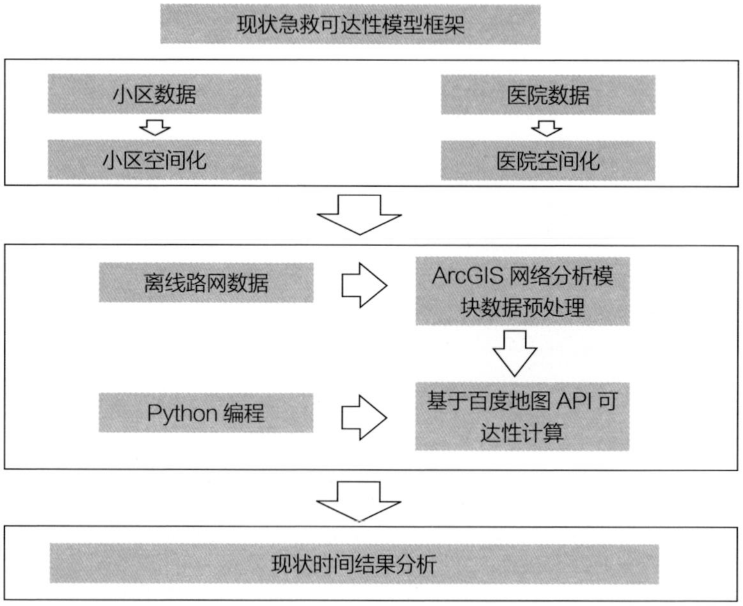

图2-1 技术路线

2. 技术路线及关键技术

技术路线、关键技术及模型框架如图2-1所示。

三、数据说明

1. 数据内容及类型

本研究以北京市早晚高峰为界限，将研究时段分为六个，分别为0：00～6：00、7：00～9：00、10：00～12：00、13：00～16：00、17：00～19：00、20：00～24：00，分别计算每个时段下每个小区到其最近的冠状动脉支架手术（Percutaneous Coronary Intervention，简称PCI）医院（冠状动脉支架手术）在乘车模式下的时间。数据包括小区位置数据和医院数据的位置数据。

2. 数据预处理技术

本研究用到的数据预处理技术主要是医疗设施数据的地址信息处理，以及对于所构建的位置大数据的可靠性验证。

通过地理编码的方法，分别可以得到医院的空间坐标。利用GIS软件进行空间落地，可将医院空间化到对应的地址，从而方便后期进行可视化分析。

四、模型算法

1. 模型算法流程及相关数学公式

（1）获取小区经纬度

将小区点位数据，导入ArcGIS中，在属性表中新建经度、纬度两个字段，选择计算几何，点X、Y的坐标，计算在WGS1984坐标系下的经纬度（图4-1）。之后将所得到的WGS1984类型经纬度通过坐标转换软件转换为BD-09类型坐标。

（2）获取医院经纬度

利用百度坐标拾取系统手动获得医院经纬度（图4-2）。

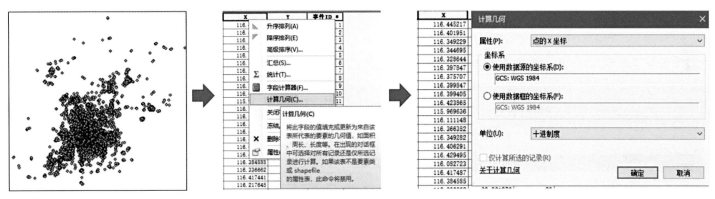

图4-1 获取小区经纬度

图4-2 获取医院经纬度

（3）计算在线可达性时间

通过Web地图API批量计算每个小区到最近三个医院的可达性时间，最后通过比较获得小区到最近一个医院的就医时间。

2. 模型算法相关支撑技术

（1）Web地图API平台

目前很多互联网地图服务商都提供了自身的地图应用程序接口（Application Programming Interface，简称API），这种由网络地图服务商所提供的接口叫作互联网地图API（图4-3）。互联网地图的API封装了底层的大多数技术细节，用户只需以在线的方式调用其所提供的程序接口，就可以实现所需功能。

（2）Python编程语言

利用Python 脚本语言实现与Web地图的丰富交互。交通线路和时耗获取是通过构造爬虫，利用百度地图路线规划功能来批量获取两点间的交通时距。同时地址解析中的交叉验证亦是通过Python语言编程借助Web地图API进行批量地址解析。

（3）ArcGIS地理信息系统软件平台

图4-3　Web地图API

ArcGIS是一款地理信息处理软件，基于此软件平台及其相关模块，可进行地理信息数据的处理和分析以及可视化。

五、实践案例

1. 模型应用实证及结果解读

北京市各小区到最近PCI医院的可达性整体较好（图5-1），超过90%的小区，如果其居民患病后立即就医，可在30分钟之内

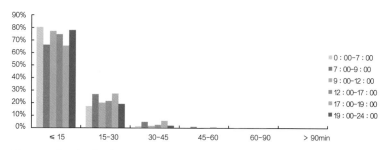

图5-1　当下各时段各小区AMI急救可达性

到达最近的PCI医院。超过95%的小区，可在40分钟之内到达最近的PCI医院。

交通因素对可达性有影响，早高峰与晚高峰的可达性最差。早晚高峰可达性在15分钟之内的占比明显低于其他时段，既可达性在早、晚高峰较差，但由于整体可达性时间较短，因此，交通拥堵对可达性有影响，但不是造成各小区就医延迟的主要因素。

2. 应用案例总结

由研究结果可知，对于北京市而言，其就医可达性较好。然而现实情况远比理想条件复杂。患者发病后往往不能够立即就医，存在就医犹豫期，因此，所有政府和各社会机构医疗机构，要在日常中加大对于急性心肌梗死类急性病的宣传教育，让公众形成良好的就医习惯，才能最大限度地使得病的患者得到及时救治。

六、研究总结

急性心肌梗死作为一类发病急、病死率高和时间敏感性强的疾病。大多数研究集中于发病后的诊断与救治阶段，少有研究从可达性角度进行研究。本研究作为心血管病流行病学和城市空间领域的交叉研究，将有针对性地促进城市空间分析中对医疗设施可达性测度方法的研发以及研究成果在城市规划和相关疾病防治中的应用。

城市应急设施防灾韧性评估模型[1]

工 作 单 位：北京工业大学

报 名 方 向：城市安全韧性

参 赛 人：费智涛、武佳佳、刘子艺

参赛人简介：参赛团队来自北京工业大学建筑与城市规划学院、北京工业大学城市工程与安全减灾中心，研究方向包括城市安全
与防灾减灾、韧性城市和防灾规划等方面。

一、研究问题

1. 研究背景

城市是一个巨系统，内部和外部要素之间的作用关系十分复杂，加之韧性概念本身的宽泛性和规划人员掌握的技术与方法存在不足，单从城市所处的某一时间节点出发构建城市韧性的评估框架与指标，往往存在评估结果"静态化"的问题，难以全面地反映城市的韧性过程。本研究在整理韧性和城市韧性相关的文献基础上，提出构建"城市应急设施防灾韧性评估"模型。本模型基于城市防灾韧性的时间维度构建，选取地震灾害影响下的城市应急保障基础设施和城市应急服务设施系统中的供水系统（应急保障基础设施）和应急医院系统（应急服务设施）为研究对象。

2. 研究目的及意义

评估城市应急设施的防灾韧性。"UFDRA"基于韧性的过程属性，基于正常和灾后2个场景，将评估分为3个阶段，即灾前、灾后和恢复阶段并计算分析整个过程的防灾韧性。绘制城市应急设施防灾韧性曲线。为防灾韧性城市的规划与建设提出建议。

3. 研究目标

构建城市应急服务设施防灾韧性评估框架，完成地震灾害影响下城市供水系统和城市应急医院系统的防灾韧性评估，并进行系统灾后恢复时间模拟与测度，绘制城市应急设施系统防灾韧性曲线。

4. 拟解决问题

（1）开发城市防灾韧性评估模型工具，形成基于Mediator-Wrapper数据库管理的韧性评估工作流。

（2）基于韧性的时间维度构建城市应急设施系统"2场景、3阶段"的防灾韧性评估框架，依托系统分解、韧性特征选取韧性指标，并基于数据的可获取性筛选选取指标。

（3）根据评估结果给出系统防灾韧性的曲线进行对比分析。

---

[1]　本研究基于中国地震局地震工程与工程振动重点实验室重点专项（2019EEEVL0501）资助，城市医疗系统抗震韧性评估与提升策略研究。

二、研究方法

1. 基于时序性过程的"2场景、3阶段"韧性评估方法

防灾韧性评估框架如图2-1所示。

（1）灾前场景阶段

在明确研究对象的前提下，通过可用数据，构建灾前城市场景，利用可量化的空间指标构建评估框架，体现韧性的特征，并将空间韧性的计算结果反映在研究区内的街道单元。

（2）灾后场景阶段

基于灾前场景，考虑灾害影响构建灾后遭到破坏的城市场景，利用灾前的评估框架与指标为基准，计算灾后剩余韧性能力并反映在街道单元。

（3）灾后恢复阶段

灾后恢复阶段是以遭到破坏的城市场景为基础，通过各类统计规律、模型算法，进行灾后恢复的预测，并得到相应场景下研究对象系统的恢复时间。

2. 基于Mediator-Wrapper的数据转化与管理方法

Mediator-Wrapper是一种信息集成技术方法，由包装器（Wrapper）和中介器（Mediator）构成，是一种简单的数据交互方法。本研究使用的数据为多源城市数据，其格式涉及矢量、栅格和表格等异构数据，采用Mediator-Wrapper信息集成的方法将各类数据进行格式统一，再输入开发模型较为合适，也减少了大量空间数据在模型中运行的荷载。

3. 技术路线及关键技术

城市应急设施防灾韧性评估模型技术路线如图2-2，包括城市应急设施系统确定与指标选取、城市应急设施系统防灾韧性场景构建、城市应急设施系统防灾韧性能力评估、城市应急设施系统防灾韧性恢复评估和城市应急设施系统防灾韧性综合评估5个

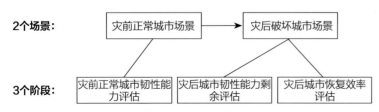

图2-1 "2场景、3阶段"防灾韧性评估框架

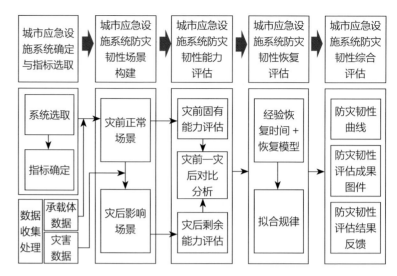

图2-2 技术路线示意图

部分。

按照操作过程来看，可细分为以下几个步骤：

（1）数据获取与清洗。

（2）研究系统分解与指标构建：本研究选取应急医院、应急供水管网系统2个防灾设施系统为研究对象，选取2个系统的韧性指标，并构建评估指标体系（表2-1、表2-2）。

城市应急医疗系统（应急医院）韧性评估指标　表2-1

评估目标	量化方式
医疗建筑功能	结构抗震性能
	配套系统抗震性能
医疗救治能力	床位数供需比
	医护人员供需比
空间联系指标	合作医院数
	平均转运时间
	最近转运距离

城市应急供水管网系统韧性评估指标　表2-2

评估目标	量化方式
管网健壮性	管道长度
	管道管径
管网恢复性	维修队伍修复

（3）场景模拟构建：基于ArcGIS平台网络分析功能，使用处

理好的交通网络数据构建城市正常状态下的交通网络；使用灾后道路筛选模型计算可通行系数，构建城市灾后状态下的场景。

（4）城市应急设施防灾韧性能力评估：针对应急医院系统和应急供水网络系统各自的特点，进行应急设施防灾韧性能力评估，包含灾前正常状态下的系统韧性能力和灾后影响状态下的系统韧性剩余能力。

（5）城市应急设施防灾韧性恢复评估：恢复过程基于灾后损失程度，其中应急医疗系统的恢复时间采用曲线恢复模型基于历史地震恢复数据进行拟合（表2-3），应急供水管网恢复时间则通过相应数据及经验公式进行模拟。

城市应急医疗系统恢复曲线模型　　　　　　　　表2-3

类型	使用场景	特点	图形表达
线性恢复类型	灾后没有关于准备、可用资源和社会反应的信息时使用	最简单的形式	
表达式	$f_{rec}(t) = a\left(\dfrac{t-t_{oE}}{T_{RE}}\right) + b$		
指数恢复类型	灾后社会响应由最初的资源流入驱动时使用	依托外来资源流入驱动，随着过程接近尾声，恢复速度呈下降趋势	
表达式	$f_{rec}(t) = a\,exp\left[-b(t-t_{OE})/T_{RE}\right]$		
三角函数恢复类型	灾后反应和恢复是由缺乏组织或有限资源驱动时使用	依托社区自组织与社区间互助，初始恢复的速度快，随后速度下降	
表达式	$f_{rec}(t) = a/2\{1+\cos\left[\pi b(t-t_{OE})/T_{RE}\right]\}$		

（6）结果分析与综合评估：给出韧性评估的结果分析与综合性评判。

三、数据说明

1. 数据内容及类型

本次研究数据主要涉及交通网络数据、建筑轮廓数据、城市用地边界、POI兴趣点数据，以及其他相关数据（表3-1）。

数据类型信息统计表　　　　　　　　　　表3-1

数据名称	格式、类型	信息	来源
城市交通网络矢量数据	Shapefile、线数据	长度、等级、速度、位置	Bigemap
城市建筑轮廓矢量数据	Shapefile、面数据	面积、层数、位置	Bigemap
城市用地边界数据	Cad&Shapefile、面数据	位置	规划部门、Bigemap
城市二级及二级以上医院数据	Shapefile、点数据	位置、床位数、医护人员数量等	规划部门、Bigemap
城市供水管网数据	Shapefile、线数据	长度、节点、管径、管材、位置	规划部门
其他数据	Excel	其他	其他

2. 数据预处理技术与成果

将直接获取的原始数据处理为模型可用的数据。对投影后的空间数据进行初始属性的赋值。数据处理时基于ArcGIS系统、Excel工具，将数据分为两类：一类为非空间数据的空间矢量化，主要处理对象为表格数据、栅格数据和JS数据；另一类为数据清理与基础属性添加，处理对象为道路网数据、建筑数据、医院点数据和供水管网数据等。

3. 数据计算基础

（1）数据标准化方法

基于指标和数据特点，选取离差标准化方法对指标数据进行标准化。其中对正相关、负相关指标的标准化公式3-1和公式3-2，正相关指标表明指标值越高越好，反之，负向指标表明指标值越小越好。

正相关指标标准化方法：

$$x_{ij}' = \frac{x_{ij} - \min\{x_{1j}, x_{2j}, \ldots, x_{nj}\}}{\max\{x_{1j}, x_{2j}, \ldots, x_{nj}\} - \min\{x_{1j}, x_{2j}, \ldots, x_{nj}\}} \tag{3-1}$$

负相关指标标准化方法：

$$x_{ij}' = \frac{\max\{x_{1j}, x_{2j}, \ldots, x_{nj}\} - x_{ij}}{\max\{x_{1j}, x_{2j}, \ldots, x_{nj}\} - \min\{x_{1j}, x_{2j}, \ldots, x_{nj}\}} \tag{3-2}$$

其中，x_{ij}为指标的原始值，x_{ij}'为标准化后的指标。

（2）指标权重确定方法

本文使用Python3.6相关的编写代码，实现熵权法计算。根据熵权法求取信息熵的定义，一组样本数据的信息熵由公式3-3给出：

$$E_j = -\ln(n)^{-1} \sum_{i=1}^{n} p_{ij} \ln p_{ij} \tag{3-3}$$

其中，p_{ij}为第j项指标在第i个样本值的比重；其中，$p_{ij} = Y_{ij} / \sum_{i=1}^{n} Y_{ij}$，倘若$p_{ij} = 0$，则$\lim_{p_{ij} \to 0} p_{ij} \ln p_{ij} = 0$。其次，根据计算出来的各个指标的信息熵确定每个指标的权重，使用公式3-4进行计算：

$$W_i = \frac{1 - E_i}{\sum_{i=1}^{m}(1 - E_i)} \tag{3-4}$$

其中，W_i为第i个指标的权重，$1 - E_i$为指标的信息熵冗余度。

四、模型算法

1. 空间阻隔模型

计算医院空间指标中使用可达性测度，在交通网络中，每个设施点的可达性等于设施点到达其他每个节点的最短路径之和/$(n-1)$：

$$H_i = 1/(n-1) \sum_{j=1(j \neq i)}^{n}(d_{ij}) \tag{4-1}$$

其中，H_i为某个设施点的可达性，n为设施点个数，i为起始点编号，j为终点编号，d_{ij}为第i个设施点到第j个终点的最短路径距离。

n个设施点的节点可达性等于该节点到其他每一节点整个路网的交通可达性，即每个节点交通可达性的平均值等于每个节点可达性之和/n，在救援活动中，除考虑医院与需求点间的空间可达性外，医院与医院之间的伤员转运、医护力量的支援同样需要空间运作：

$$H = 1/n \sum_{i=1}^{n}(H_i) \qquad (4-2)$$

其中，H_i为某个设施点的可达性，n为设施点个数，i为起始点编号，j为终点编号，d_{ij}为第i个设施点到第j个终点的最短路径距离。

2. 城市灾害场景构建模型

重点考虑地震建筑倒塌掩埋的建筑倒塌阻碍因素作为灾后阻抗因子计算路段可通行系数，将灾后损毁率小于20%的道路视为可用道路，道路筛选流程见如图4-1。

建筑倒塌指数：灾害作用下，很多因素造成路段通行受阻，导致可通行能力下降甚至失效，本研究中考虑建筑物破坏的坠落物阻碍城市道路的影响，阻碍越严重，路段通行性能损失越大。

$$g_n = \left[1 - \left(\frac{S_{1n}}{S_{2n}}\right)\right] \qquad (4-3)$$

其中，g_n为n路段的可通行系数，S_{1n}为影响n路段的建筑物倒塌面积（m^2），S_{2n}为n路段路幅面积（m^2）。考虑到灾后路段可通行系数是一个面积比例，未考虑到路段受到坠落物覆盖整个路幅宽度的最不利情况，附加可通行宽度指数n，表征建筑倒塌距离与路段宽度的关系：

$$W_n = W_{n0} - b_{ni1} \qquad (4-4)$$

其中，W_n为n路段可通行宽度（m），W_{n0}为n路段路幅宽度（m），b_{ni1}为n路段第i栋建筑物倒塌距离（m）。

在城市的实际建设中，建筑物一般后退道路红线建设。将建筑物退线距离b_{ni2}（m）嵌入可通行面积计算公式，修正为：

$$W_n = W_{n0} - (b_{ni1} - b_{ni2}) \qquad (4-5)$$

其中，W_n为n路段可通行宽度（m），W_{n0}为n路段路幅宽度（m），b_{ni1}为n路段第i栋建筑物倒塌距离（m），b_{ni2}为建筑物后退红线距离。

3. 医疗系统恢复模型

医疗系统恢复测度方面，由于恢复阶段数据的限制，本文选择线性恢复模型作为恢复阶段的恢复曲线模型，根据文献中确定的串联恢复模式，即医院恢复顺序为：门诊急诊—临床科室—医技科室—医疗管理—预防保健的恢复次序，其中门诊急诊是恢复最为重要的，其恢复的期望时间为2.1小时。根据表4-1中的恢复时间为样本确定医院门诊急诊的恢复时间区间为［2.1，284.6］

灾后道路筛选模型

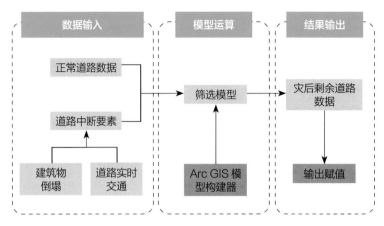

图4-1 计算场景构建流程与方法

小时，考虑到医院功能恢复受到灾害影响下降的不同，灾后条件较好的医院恢复速度相对较好，使用灾后功能剩余（即灾后韧性值）为标准，测算灾后恢复时间区间，则恢复模型为：

$$T_{re} = Random(T_{rangeN}) \qquad (4-6)$$

其中，T_{re}为某医院的恢复时间，由相应恢复时间子区间中随机产生；N为恢复子区间序号，由灾后剩余韧性值计算取整而来：$N = Int(1 - R_{AF})$；R_{AF}为灾后的韧性值。

城市应急医院关键配套功能恢复时间数据 　　表4-1

恢复项目	时间（h）		平均时间（h）
	中国台湾省	土耳其	
医院主要设备	284.6	13.3	149.0
医疗用品	247.3	10.2	128.7
医疗或手术服务	408.9	15.0	211.9
通信服务	244.4	38.8	141.6
电力	119.1	60.0	89.6
供水	215.0	114.7	164.8
解决安全问题的时间	NA	48.0	48.0

4. 供水管网模拟模型

（1）管道平均震害率模型

管道平均震害率RR是震后管道单位长度产生破坏点的数量，单位为处/km，本文采用1994年Northridge地震的管道震害统计经验公式进行计算，如表4-2所示：

不同管材的震害率经验公式　　　　表4-2

管材		经验公式
球墨铸铁管		$\ln(RR)=1.84 \cdot \ln(PGV)-9.40$
灰口铸铁管		$\ln(RR)=1.21 \cdot \ln(PGV)-6.81$
石棉水泥管		$\ln(RR)=2.26 \cdot \ln(PGV)-11.10$
钢管	铆接接头，D≥600mm	$\ln(RR)=1.41 \cdot \ln(PGV)-8.19$
	焊接接头，D≥600mm	$\ln(RR)=2.59 \cdot \ln(PGV)-14.16$
	焊接接头，D<600mm	$\ln(RR)=0.75 \cdot \ln(PGV)-4.80$

注：PGV为地面峰值速度（cm/s）

假设地震发生后，管道沿管道长度L产生破坏点的概率服从泊松分布，如公式4-7所示：

$$P_f=1-\exp(-RR \times L) \qquad (4-7)$$

其中，P_f为地震后管道发生破坏的概率；RR为管道平均震害率（处/km）；RR为管道平均震害率；L为管道长度（km）。

管道破坏点的生成通过产生服从均值为$1/RR$的随机数L_k来实现，如式4-8所示：

$$L_k=\frac{1}{RR}\ln(1-\mu_a) \qquad (4-8)$$

其中，L_k为第k次破坏点与第k-1次破坏点之间的管道长度（km），L_1为破坏点1与管道起点的距离；μ_a为服从在0～1之间均匀分布的随机数。一条管道上破坏点停止生成的标志位，$\sum \ln L_k > L$。管道破坏点示意图如图4-2所示。

本文采用Monte Carlo模拟抽样，通过产生随机数确定管道破坏状态，大于0.8认为破坏点为渗漏破坏，否则为断开破坏。

（2）管道修复时间模拟

本研究将震后输水管道修复分为三种类型：巡视、隔离和维修。工人在进行三种类型的修复时，执行每项修复任务的所需时间服从三角分布（表4-3）。

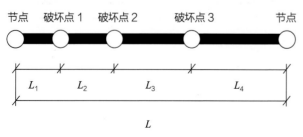

图4-2　管道破坏点示意图

每项修复任务所需时间的三角分布　　　　表4-3

事件		最小值/h	众数/h	最大值/h
巡视	输水干路	0.5	0.5	1
	输水支路	0.5	0.5	1
隔离	变更输水干路管道	3	4	8
	隔离输水支路管道	1	2	4
维修	输水干路渗漏点	96	96	144
	输水干路断开点	144	192	240
	输水支路渗漏点	3	4	6
	输水支路断开点	4	6	12

（3）供水管网震后韧性曲线

一般来说，破坏点越多，管网受损程度越大，修复时间越长。本文定义的城市供水管网韧性指标为供水管网管道总数n_{sum}减去管道破坏点数量n_d与供水管网管道总数n_{sum}的比值，如式4-9所示：

$$R=\frac{n_{sum}-n_d}{n_{sum}} \qquad (4-9)$$

其中，R为城市供水管网韧性指标；n_{sum}为供水管网管道总数；n_d为管道破坏点数量。

五、实践案例

1. 研究区概况

以我国东部某地级市市区为研究对象，市域面积345km²，城市建设用地7 500hm²，2020年规划人口68万人，居住用地约2 500hm²，本次研究区面积约7 500hm²。

2. 基础数据处理及场景构建

通过公式4-3、公式4-4、公式4-5使用可通行系数g_n与筛选灾后可通行宽度W_n双重指标筛选灾后可通行路段，分别构建灾前正常情况与灾后情况两个场景（图5-1）。

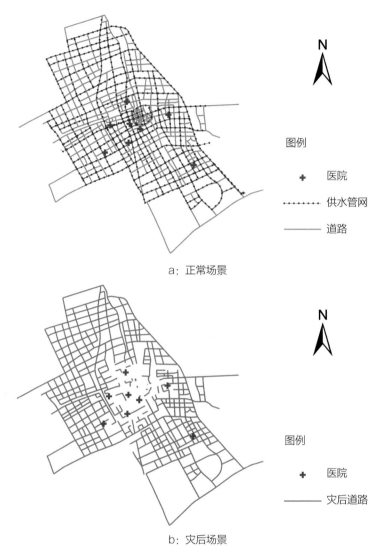

图例

＋　医院

········　供水管网

────　道路

a：正常场景

图例

＋　医院

────　灾后道路

b：灾后场景

图5-1　2个场景模型构建

注：灾后供水管网将由概率模型进行测算。

3. 医疗设施韧性能力分析

（1）医疗设施指标描述与计算

1）医疗建筑结构抗震性能：本研究使用建筑结构类型与建筑物年代表征建筑结构抗震性能。

2）医疗建筑配套系统抗震性能：医院的配套系统包括给排水、暖通、电气、围护、医疗设施、交通系统组成，配套系统的建设年代在一定程度上决定了其抗震性能的高低。

3）床位数：灾前城市医疗设施点的床位数量通过数据调研得到，灾后城市医疗床位存有量 $S_{床}$ 按公式5-1确定：

$$S_{床}=a \cdot A（1-b）\qquad(5-1)$$

其中，$S_{床}$：震后城市二级及二级以上医院床位存有量；A：日常（非震）情况下，城市区域内医院床位总量；a：震灾后，城市区域内二级及二级以上医院完好率；b：非震情况下，城市二级及二级医院床位使用率（该市为76.86%）；对于震后完好率 a 的确定参考其震害矩阵如表5-1。

基本烈度为Ⅷ度地区二级及二级以上医院的震害矩阵　　表5-1

烈度	完好	轻微破坏	中等破坏	严重破坏	毁坏
Ⅵ	90	10	0	0	0
Ⅶ	85	14	1	0	0
Ⅷ	70	25	5	0	0
Ⅸ	50	31.5	14.5	3.5	0.5
Ⅹ	20	30	35	10.5	4.5

4）医护人员数：在面对重大灾害时，医护人员数量同样能够反映医院的救治能力，灾前医护人员数量通过数据调研得到，根据《建筑工程抗震设防分类标准》GB 50223-2008，二级和二级以上医院的抗震设防类别相同，都为乙类建筑设防，抗震性能良好，属于建筑物易损性分类中A级建筑，灾后医护人员数量的确定结合建筑受伤率矩阵（表5-2）得到。

易损性分类A级建筑受伤率（%）　　表5-2

地震烈度	设防情况				
	未设防	Ⅵ	Ⅶ	Ⅷ	Ⅸ
Ⅵ	0.002 5	0	0.001 2	0.001	0.006 5
Ⅶ	0.010 5	0.008 5	0.004 3	0.002 4	0.001
Ⅷ	0.164	0.100 1	0.046 1	0.007 5	0.006 5
Ⅸ	0.737 9	0.407 2	0.253 1	0.097 7	0.017 1

5）相关医院数：使用GIS服务区网络分析工具模拟8分钟内医疗设施点的覆盖范围，根据模拟结果分析覆盖的医疗点数目，以此反映医疗点之间的空间联系（图5-2）。

6）最近转运距离：医院的最近转运距离反映了医院之间的空间联系的紧密度（图5-3）。

7）平均转运时间：平均转运时间反映了救护车到达最近医院的时间多少，在空间联系上具有重要作用。

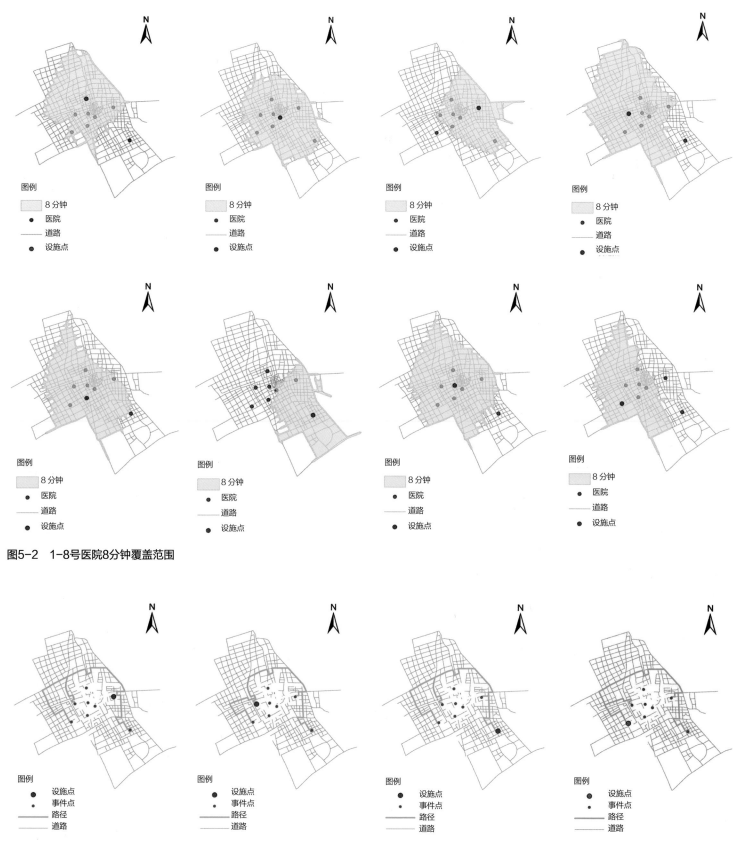

图5-2 1-8号医院8分钟覆盖范围

图5-3 医院最近设施点路径模拟

（2）灾前城市应急医疗系统韧性能力计算

分别计算灾前城市医疗系统韧性7个指标，灾前医疗指标如表5-4。在建筑功能上（图5-4），6号、8号医院的结构抗震性能和配套系统的抗震性能较好，3号、4号医院次之，2号、1号、7号较差。

续表

编号	结构抗震性能	配套系统抗震性能	床位数/个	医护人员数量/个	相关医院数/个	最近转运距离/m	平均转运时间/min
3	0.72	0.9	200	200	6	2537	6.9
4	0.72	0.9	80	80	6	1685	5.2
5	0.64	0.8	218	218	6	2178	5.3
6	0.8	1	1000	1000	2	4681	9.4
7	0.54	0.6	511	654	6	1104	4.4
8	0.8	1	500	500	5	2228	6.8

灾前城市应急医疗系统（应急医院）韧性评估指标计算　表5-3

编号	结构抗震性能	配套系统抗震性能	床位数/个	医护人员数量/个	相关医院数/个	最近转运距离/m	平均转运时间/min
1	0.54	0.6	550	600	6	2244	6.4
2	0.54	0.6	1248	1161	7	1104	4.9

在医疗救治能力上（图5-5），2号、6号、1号、7号的床位数与医护人员数较多，3号、4号、5号医院较少。

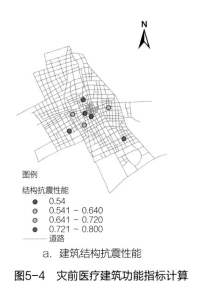

图例
结构抗震性能
● 0.54
● 0.541 ~ 0.640
● 0.641 ~ 0.720
● 0.721 ~ 0.800
—— 道路

a. 建筑结构抗震性能

图例
配套系统抗震性能
● 0.600
● 0.601 ~ 0.800
● 0.801 ~ 0.900
● 0.901 ~ 1.000
—— 道路

b. 配套系统抗震性能

图5-4　灾前医疗建筑功能指标计算

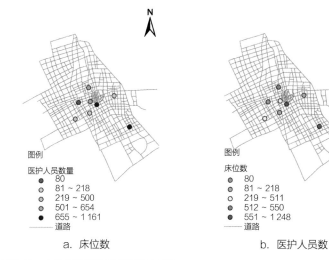

图例
医护人员数量
● 80
● 81 ~ 218
● 219 ~ 500
● 501 ~ 654
● 655 ~ 1 161
—— 道路

a. 床位数

图例
床位数
● 80
● 81 ~ 218
● 219 ~ 511
● 512 ~ 550
● 551 ~ 1 248
—— 道路

b. 医护人员数

图5-5　灾前医疗救治功能指标计算

图例
平均转运时间
● 4.4
● 4.41 ~ 4.9
● 4.91 ~ 5.3
● 5.31 ~ 6.9
● 6.91 ~ 9.4
—— 道路

a. 相关医院数

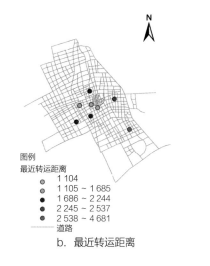

图例
最近转运距离
● 1 104
● 1 105 ~ 1 685
● 1 686 ~ 2 244
● 2 245 ~ 2 537
● 2 538 ~ 4 681
—— 道路

b. 最近转运距离

图例
合作医院数
● 2
● 5
● 6
● 7
—— 道路

c. 平均转运时间

图5-6　灾前空间联系指标计算

在空间联系上（图5-6），综合来看，2号、7号医院距离其他医院较近且交通较为便利，联系较为方便，3号、6号医院距中心城区较远，联系较为不便。灾前城市应急医疗系统（应急医院）韧性评估指标如表5-3所示，使用熵权法计算各个指标的权重见表5-4。基于指标和数据特点，选取离差标准化方法对指标数据进行标准化得到表5-5。

（3）灾后城市应急医疗系统韧性能力计算

假设发生8度烈度情景下的地震，分别计算7个指标值，计算得到灾后城市应急医疗系统韧性评估指标，选取离差标准化方法对指标数据进行标准化（表5-6）。

对比分析灾后的结果可以看出，灾后建筑功能下降50%（图5-7），床位数受到建筑功能损失与使用率的影响，减少38%，医护人员受伤率为0.097 7%，4名医护人员受伤（图5-8）。由于道路损毁，所有医院的相关医院数降为0，其中，1、2、5、7号医院失去与其他医院的道路联系（图5-9），成为"孤岛"。

灾前城市应急医疗系统（应急医院）韧性评估指标权重　　　　　　表5-4

指标	建筑结构抗震性能	配套设施抗震性能	床位数	医护人员数量	合作医院数	最近转运距离	平均转运时间
权重	0.192 138 0	0.184 243 9	0.136 584 8	0.126 568 8	0.052 675 0	0.171 138	0.136 651 1

城市应急医疗系统（应急医院）韧性评估指标计算表（标准化）　　　　　　表5-5

编号	结构抗震性能	配套系统抗震性能	床位数	医护人员	相关医院数	最近转运距离	平均转运时间
1	0	0	0.40	0.48	0.80	0.68	0.60
2	0	0	1	1	1	1	0.90
3	0.69	0.75	0.10	0.11	0.80	0.60	0.50
4	0.69	0.75	0	0	0.80	0.84	0.84
5	0.38	0.50	0.12	0.13	0.80	0.70	0.82
6	1	1	0.79	0.85	0	0	0
7	0	0	0.37	0.53	0.80	1	1
8	1	1	0.36	0.39	0.60	0.69	0.52

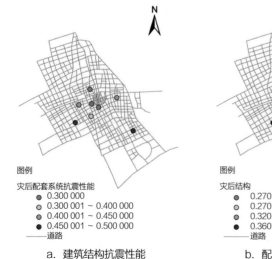

图例

灾后配套系统抗震性能
- ● 0.300 000
- ● 0.300 001 ~ 0.400 000
- ● 0.400 001 ~ 0.450 000
- ● 0.450 001 ~ 0.500 000
—— 道路

a. 建筑结构抗震性能

图例

灾后结构
- ● 0.270 000
- ● 0.270 001 ~ 0.320 000
- ● 0.320 001 ~ 0.360 000
- ● 0.360 001 ~ 0.400 000
—— 道路

b. 配套系统抗震性能

图5-7　灾后医疗建筑功能指标计算

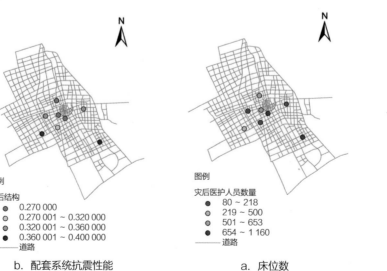

图例

灾后医护人员数量
- ● 80 ~ 218
- ● 219 ~ 500
- ● 501 ~ 653
- ● 654 ~ 1 160
—— 道路

a. 床位数

图例

灾后床位数
- ● 9 ~ 25
- ● 26 ~ 59
- ● 60 ~ 64
- ● 65 ~ 144
—— 道路

b. 医护人员数

图5-8　灾后医疗救治功能指标计算

（a）相关医院数　　　　　　　　（b）最近转运距离　　　　　　　　（c）平均转运时间

图5-9　灾前空间联系指标计算

灾后城市应急医疗系统（应急医院）韧性评估指标计算表（标准化）　　　表5-6

医院编号	结构抗震性能	配套系统抗震性能	床位数	医护人员数	相关医院数	最近转运距离	平均转运时间	标注
1	0	0	0.04	0.48	0	1	1	
2	0	0	0.11	1	0	1	1	
3	0.17	0.21	0.01	0.11	0	0.23	0.29	1、2、5、7号医院的"最近转运距离"与"平均转运时间"为"1"的值等于"0"
4	0.17	0.21	0	0	0	0	0.25	
5	0.09	0.14	0.01	0.13	0	1	1	
6	0.25	0.29	0.09	0.85	0	0.23	0.08	
7	0	0	0.04	0.53	0	1	1	
8	0.25	0.29	0.04	0.39	0	0	0	

（4）灾前—灾后韧性能力变化分析

通过加权求和得到每个医院灾前的韧性能力（表5-6），通过自然间断点分级法给出灾前、灾后能力对比情况（图5-10）：

通过图5-11～图5-13的指标对比分析可以看出，城市医疗系统的空间联系能力明显下降。通过分析，灾前8号医院的韧性能力最好，2、4、6号医院较好，3、5、7号医院次之，1号医院的韧性能力最差。灾后由于建筑功能损失，救治能力下降，空间联系能力减弱，导致灾后医疗系统的韧性能力变化较大，其中6医院的韧性能力最好，2、3、8医院的韧性能力较好，4号医院次之，1、5、7号医院的韧性能力较差。

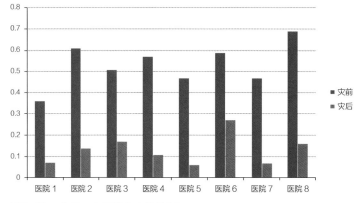

图5-10　灾前—灾后能力变化情况

（5）城市应急医疗系统灾后恢复测度

根据上述计算过程，得到研究区应急医院的灾前、灾后应急医院韧性值，根据第四章医疗韧性评估模型和表4-2进行医院恢复时间测算（表5-7）。

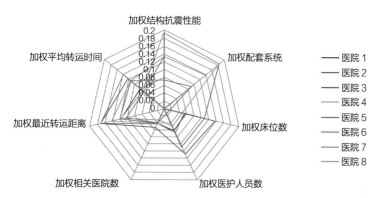

图5-11　城市应急医疗系统（医院）灾前韧性分项指标（标准化后）

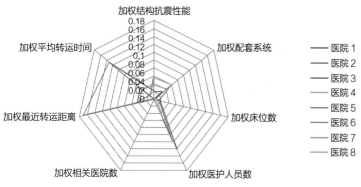

图5-12　城市应急医疗系统（医院）灾前韧性分项指标（标准化后）

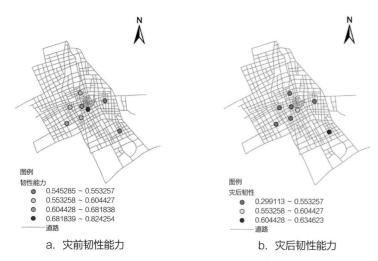

a. 灾前韧性能力　　　b. 灾后韧性能力

图5-13　城市应急医疗系统（医院）灾前-灾后韧性能力

应急医院韧性与其恢复时间区间/h				表5-7
医院编号	灾前韧性	灾后韧性	N值	恢复区间
1	1	0.12	9	[219, 245]
2	1	0.26	8	[192, 218]
3	1	0.37	7	[165, 191]
4	1	0.30	7	[165, 191]
5	1	0.20	8	[192, 218]
6	1	0.63	4	[84, 110]
7	1	0.12	9	[219, 245]
8	1	0.48	6	[138, 164]

应急医院恢复曲线		表5-8
医院编号	N	恢复曲线
1	9	$T_{re}=Random(T_{range9})$
2	8	$T_{re}=Random(T_{range8})$
3	7	$T_{re}=Random(T_{range7})$
4	7	$T_{re}=Random(T_{range7})$
5	8	$T_{re}=Random(T_{range8})$
6	4	$T_{re}=Random(T_{range4})$
7	9	$T_{re}=Random(T_{range9})$
8	6	$T_{re}=Random(T_{range6})$

使用模型计算应急医疗系统韧性恢复曲线（表5-8），得到每个医院的恢复时间，根据每个医院的恢复时间，对比应急医院的各自情况（图5-14）。不难发现，医院6恢复速度最快，其门诊急诊经过106.53小时恢复，可以满足一定的救灾功能；医院8用时170.22小时，医院1、医院7需要恢复的时间相对最长，分别为240.18小时、241.24小时。

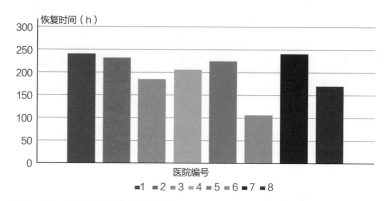

图5-14　应急医院恢复时间统计

4. 供水设施韧性能力分析

（1）管道平均震害率

本研究中灾前的供水设施的韧性指标为1。本研究地区的供水管网，共189个节点，319条管道。该地区的供水管网模型简化后如图5-15所示，管道长度与直径如图5-16所示。管段数据详情见图5-16。

（2）管道破坏点生成

经过Matlab语言编程，通过产生随机数得到了城市供水管网在发生7度、8度，以及9度地震后的管道破坏点的生成情况，单次模拟下管网破坏点的生成如图5-17、图5-18和图5-19所示，其中图例在图5-19。

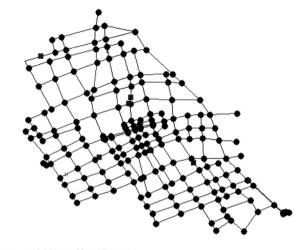

图5-17 7度地震下管网模型图

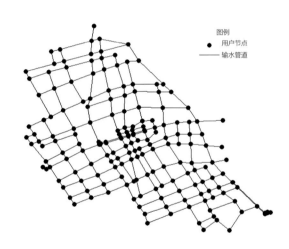

图5-15 某地级市供水管网模型图

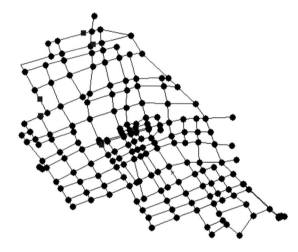

图5-18 8度地震下管网模型图

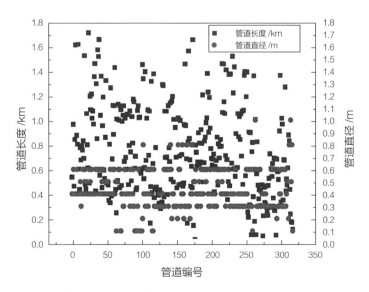

图5-16 管道长度与管道直径

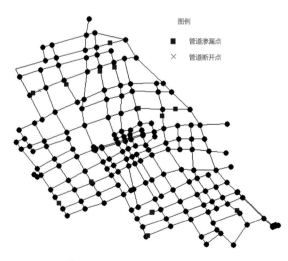

图5-19 9度地震下管网模型图

其中管道的破坏信息如表5-9、表5-10，以及表5-11所示。

7度地震下管道破坏点信息				表5-9
破坏管道序号	管道编号	破坏点比例		破坏点破坏类型
		L_1	L_2	
1	16	0.394	0.606	断开
2	25	0.549	0.451	渗漏
3	76	0.633	0.367	断开
4	96	0.264	0.736	渗漏
5	133	0.083	0.917	渗漏
6	192	0.393	0.607	渗漏
7	242	0.646	0.354	渗漏
8	245	0.868	0.132	渗漏

8度地震下管道破坏点信息				表5-10
破坏管道序号	管道编号	破坏点比例		破坏点破坏类型
		L_1	L_2	
1	2	0.769	0.231	渗漏
2	11	0.706	0.294	渗漏
3	38	0.421	0.579	渗漏
4	44	0.855	0.145	渗漏
5	137	0.414	0.586	断开
6	261	0.789	0.211	渗漏

9度地震下管道破坏点信息					表5-11
破坏管道序号	管道编号	破坏点比例			破坏点破坏类型
		L_1	L_2	L_3	
1	6	0.508	0.492		渗漏	
2	30	0.254	0.372	0.374	渗漏	断开
3	34	0.192	0.808		渗漏	
4	84	0.557	0.443		渗漏	
5	89	0.117	0.883		渗漏	
6	103	0.908	0.092		渗漏	
7	107	0.645	0.027	0.328	渗漏	渗漏
8	156	0.317	0.683		断开	
9	170	0.794	0.206		渗漏	
10	219	0.490	0.510		渗漏	
11	220	0.374	0.626		渗漏	
12	235	0.214	0.786		渗漏	
13	253	0.178	0.822		渗漏	
14	273	0.812	0.188		断开	
15	301	0.091	0.909		渗漏	

（3）管道修复时间计算

根据每个破坏点所在管道的管径，以及破坏点的类型，采用蒙特卡洛模拟生成1 000次服从三角分布的巡视时间的平均值、隔离时间的平均值，以及维修时间的平均值，将三者加和得到单个破坏点所需的修复时间，如图5-20～图5-23所示。

3次模拟得到7度下总修复时间为175.07h。绘制单次模拟的城市供水管网韧性修复曲线，如图5-24～图5-26所示。

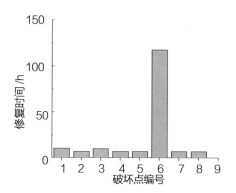

图5-20　7度地震下管网所需修复时间

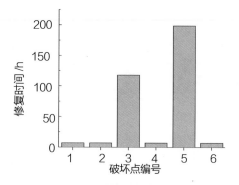

图5-21　8度地震下管网所需修复时间

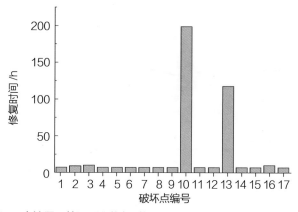

图5-22　9度地震下管网所需修复时间

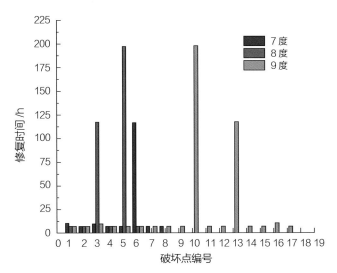

图5-23　7度、8度、9度地震下管网修复时间对比图

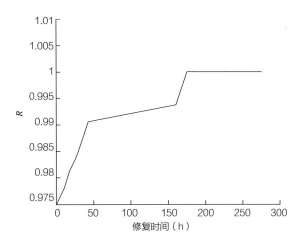

图5-24　7度地震下城市供水管网韧性修复曲线

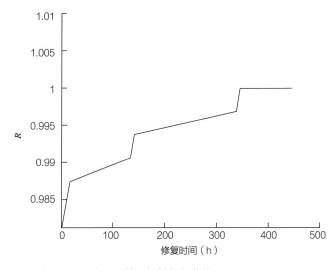

图5-25　8度地震下城市供水管网韧性修复曲线

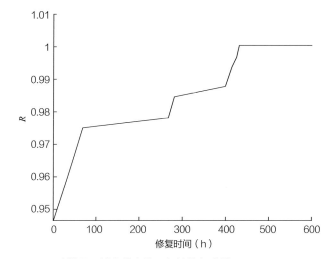

图5-26　9度地震下城市供水管网韧性修复曲线

5. 规划响应案例：应急医疗设施系统

（1）韧性指标与恢复的相关性分析

构建灾前应急设施状态与灾后预测恢复时间的联系，可得到不同灾前因素的"短板"，规划则可根据这些"短板"制定提升策略。以应急医疗系统为例，使用自动化统计产品和服务软件（Statistical Product and Service Software Automatically，简称SPSSAU）计算8所医院的7项韧性指标与恢复时间的Pearson系数（表5-12）。

配套系统抗震性能，床位数，医护人员，平均转运时间，最近转运距离，相关医院数共7项之间的相关关系呈现不同结果。

应急医疗系统韧性指标Pearson系数		表5-12
Pearson相关		
		恢复时间
结构抗震性能	相关系数	−0.874**
	p 值	0.005
配套系统抗震性能	相关系数	−0.844**
	p 值	0.008
床位数	相关系数	−0.199
	p 值	0.637
医护人员	相关系数	−0.166
	p 值	0.694
平均转运时间	相关系数	0.899**
	p 值	0.002
最近转运距离	相关系数	0.878**
	p 值	0.004
相关医院数	相关系数	0.900**
	p 值	0.002

注：* $p<0.05$；** $p<0.01$。

（2）规划韧性提升策略

选取影响灾后恢复的主要相关性因子进行规改进，涉及医院建筑的抗震能力提升和空间相应等方面。应急医院作为重要应急服务设施其建筑采取建筑加固、防震抗震等技术手段，提升其应对突发灾害的适应性能力。由于Pearson指数反映出床位数与医护人员数量指标对灾后恢复影响不大，考虑到灾后恢复重建的经济性原因，医院服务（床位数、医护人员数量）不作太大调整。根据韧性指标与恢复的相关性分析，研究区灾后医疗服务的空间效率影响着灾后的救援与恢复的时间，其中在韧性评估中，1、2、5、7号医院失去与其他医院的道路联系，成为"孤岛"。在这种情况下，需要对医院的空间布局进行一定的调整来满足救援的需求，以实现医疗系统的及时、有序、合理有效的救援。

6. UFDRA：城市应急设施防灾韧性评估模型系统

（1）5.6.1系统logo（图5-27）

图5-27　UFDRA logo与快捷方式

（2）5.6.2安装界面（图5-28）

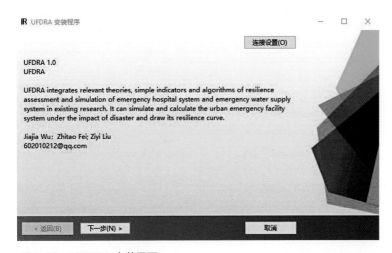

图5-28　UFDRA 安装界面

（3）5.6.3系统界面（图5-29）

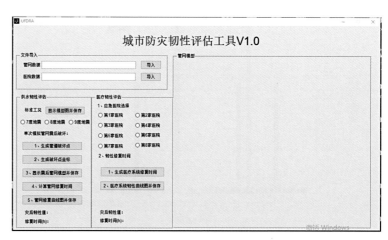

图5-29　UFDRA 系统界面

六、研究总结

1. 模型设计特点

（1）在情景模拟分析的基础上，构建了基于"2场景、3阶段"的防灾韧性评估框架与指标，体现了韧性这一概念的过程性、时序性、动态性特点。

（2）基于Mediator-Wrapper数据管理方法，构建以Excel数据为桥梁的多源异构数据交互，并实现数据的计算、分析与管理。

（3）基于Matlab平台开发了城市应急设施防灾韧性评估产品软件"UFDRA"，可用于设施系统韧性指标计算，并绘制韧性曲线。

2. 创新点

（1）提出"2场景、3阶段"韧性评估框架。

（2）提出多源异构城市数据的Mediator-Wrapper式集成方法。

（3）基于恢复模型开发韧性评估软件"UFDRA"，并绘制韧性曲线，并进行措施后评估。

3. 应用前景

（1）可面向多元用户，提供多元韧性评估服务。

（2）扩充灾害类别与研究对象子系统，根据其不同特点构建全面的韧性评估工作流。

（3）为规划、政策制定提供韧性评估方面的依据，为多种规划诉求提供防灾韧性评估的模式化框架与方法，提升效率与可靠性。

基于多源数据与机器学习的城市用地布局生成方法研究

工 作 单 位：南京大学

报 名 方 向：城市用地布局

参 赛 人：夏心雨、童滋雨、周珏伦

参赛人简介：参赛团队来自南京大学建筑与城市规划学院，指导教师为计算机辅助建筑设计与数字建构实验室主任童滋雨副教授，长期从事数字技术在建筑与城市领域的研究；其他成员均为数字建筑方向硕士研究生，研究方向包括计算化城市设计、城市形态与微气候等领域。

一、研究问题

1. 研究背景及目的意义

城市用地布局在城市规划与设计的整个流程中占据重要地位，构成了城市物质层面的基本框架，承载着人以及人的活动。随着数字技术的发展，城市领域涌现了许多用地相关的数字化研究。

在计算化城市设计中，用地布局的确定只是整个复杂流程的一部分，往往在设计开始前便已直接给定，又或者是在过程中依据设定好的目标，从一个预设值开始进行模拟优化。但不论哪种情况，都只是对地块内小尺度的功能组织进行调整，对于设计用地的大方向定位总是事先确定的。此外，林博团队在2019年进行了基于人工智能（Artificial Intelligence，简称AI）的城市空间设计生成研究，使用处理过的地图图像作为输入数据进行机器学习和深度学习，并生成图像输出。研究中也包含了建筑功能布局的生成，但精度较低。

而城市规划则更关注宏观层面的土地利用/覆被变化（Land Use / Cover Change，简称LUCC），这是一个多年来研究成果丰硕的课题，规划师们使用各种模型来模拟和预测土地利用在时间层面的动态演变，如计量经济模型、元胞自动机（CA）—Markov模型、多智能体系统等。机器学习中的神经网络（Neural Network，

简称NN）在LUCC中也有两方面的应用：一是将NN用于对高清卫星地图进行用地性质的精细分类和模式识别；二是使用人工神经网络（Artificial Neural Network，简称ANN）寻找合适的模型参数并导入CA进行模拟。这些研究对土地利用的分类往往较为粗略，城市建成区被统一概括为其一类。

本研究想探讨的问题则介于两者之间，既非小尺度的功能组织问题，也非大尺度的土地利用演变模拟问题，而是在中等尺度上，针对"某片设计用地的前期定位"问题进行研究。

过去，这类问题往往凭借规划设计者的经验，加上对优秀相似案例的参考来解决，例如确定某片区域将建成一个绿地公园，又或是一个商业中心。然而，如今的城市是个极为复杂的系统，用地布局趋于复合化，这种基于经验的决策有时便显得过于局限，很难对各种因素有足够详尽全面的考虑。身处一个数字化的时代，让拥有强大算力的计算机参与进城市用地布局的决策不失为一个好思路。

根据地理学第一定律（"任何事物都是与其他事物相关的，只不过相近的事物关联更紧密"），在对一块城市用地进行布局设计时，周边环境显然是其重要影响因素之一。就如同人类能够从案例中学习总结经验规律并应用至设计中一样，机器学习作为一类能够在大量数据间挖掘出关联性的AI技术，在把城市用地的各种属性量化为数据的前提下，同样有希望挖掘出周边地块数据与

441

目标地块数据间的联系，从而为城市用地布局决策提供参考。

2. 研究目标及拟解决的问题

本研究旨在使用人工神经网络等机器学习方法，建立一个基于周边地块的相关数据生成设计地块内用地布局的模型。模型使用城市内发展成熟区域的多源数据作为输入，训练生成用地布局模型，以学习到某座城市特有的规划与设计的内在逻辑。实际应用时，当输入一块未知城市用地周边地块的指定数据后，机器将基于学习到的已知逻辑为未知地块生成用地布局的参考方案。

本研究拟解决的问题：

（1）要想较全面地描述城市用地布局这一概念，需要考虑哪些角度。

（2）数据应以怎样的形式输入模型。

（3）机器学习模型该如何训练与优化。

（4）机器学习模型该如何投入实际应用，是否有局限，局限该如何解决。

二、研究方法

1. 研究方法及理论依据

（1）研究方法

1）空间分析

空间分析指从空间数据中获取有关地理对象的空间位置、分布、形态、形成和演变等信息并进行分析。本研究使用的数据对象均为地理信息数据，处理分析这些数据的操作大多在地理信息系统（GIS）软件中完成，使用了如叠置分析、密度分析、距离分析等工具。

2）定性与定量分析结合

对于描述城市用地布局的各维度数据，根据能否量化采取不同的处理策略。如后文提到的用地性质比例、交通等级数据等可以直接量化，而某片区域的主要用地性质类别、局地气候分区（Local Climate Zones，简称LCZ）类型等则无法量化，需要定性分析。

（2）理论依据

地理学第一定律阐述了空间相关性的概念，表明地物之间的相关性与距离有关，距离越近则地物间相关性越大，为本研究对周边地块与中部地块之间关联性的探讨提供了理论基础。

2. 技术路线及关键技术

本研究主要包括数据定义与获取、数据处理、用地布局逻辑模型的建立和多网格应用模型的建立四个步骤，技术路线如图2-1所示。

（1）数据定义与获取

为更全面地描述城市用地布局这一概念，从与之相关的各个要素中筛选出了三个关联紧密且有较强影响的要素：用地性质、城市形态和交通联系。本步骤将从这三方面采集所需数据。

1）用地性质

传统意义上的用地性质可以通过城市土地利用现状图来获取，但这些图的绘制有较大时延，不完全符合现状，且分类不够精细，无法表现出区域的混杂状况。与之相比，POI的每个点都包含了名称、经纬度坐标、功能分类等信息，分类详细且更新较快。然而，POI也存在一个大问题：对学校、工业区等性质单一但占地面积较大的功能而言，一个点显然无法覆盖实际范围，误差较大。因此，本研究将结合土地利用现状数据和爬取的各类实时POI两方面，以得到较精确的用地性质数据。

土地利用现状数据和POI数据均可利用百度地图等地图API获取。

2）城市形态

LCZ是一种气象学分类理论，通过对下垫面的物理特征建立

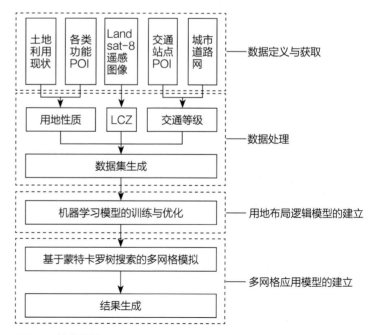

图2-1 技术路线

定性和定量的描述指标，为城市形态的描述提供了方法基础。LCZ理论将城市形态分为17类（表2-1），由于部分分类方式不适用于中国城市，本研究对原有类别进行了删减整合，最终得到11类：高密度高层、高密度中层、高密度低层、低密度高层、低密度中层、低密度低层、大体量低层、植被、硬质铺地、裸露土地和水面。

LCZ分类体系 表2-1

LCZ1密集高层建筑	密集混合的高层建筑（10层以上）：几乎无树木；不透水路面：建筑材质为混凝土、钢材、石头和玻璃	LCZ A茂密树木	茂密的落叶林和（或）常绿林：地表覆盖大量可透水面（低矮的植被）；区域功能为天然林、苗圃林或城市公园
LCZ2密集中层建筑	密集混合的中层建筑（3~9层）；几乎无树木；不透水路面；建筑材质为石头、砖、瓦片和混凝土	LCZ B稀疏树木	稀疏的落叶林和（或）常绿林；地表覆盖大量可透水面（低矮的植被）；区域功能为天然林、苗圃林或城市公园
LCZ3密集低层建筑	密集混合的低层建筑（1~3层）；几乎无树木：不透水路面；建筑材质为石头、砖、瓦片和混凝土	LCZ C灌木和矮树	开阔分布的灌木、矮树丛和矮小的树木；地表覆盖大量可透水面（裸土或沙）；区域功能为天然灌木林地或农用地
LCZ 4开阔高层建筑	开阔分布的高层建筑（10层以上）；地表覆盖大量可透水面（低矮的植被和稀疏的树木）：建筑材质为混凝土、钢材、石头和玻璃	LCZ D低矮植被	草地或草本植物/作物；几乎无树木；区域功能为草地、农用地或城市公园
LCZ5开阔中层建筑	开阔分布的中层建筑（3~9层）；地表覆盖大量可透水面（低矮的植被和稀疏的树木）；建筑材质为混凝土、钢材、石头和玻璃	LCZ E 裸露的岩石或道路	岩石或不透水路面：几乎无植被；区域功能为天然荒漠（岩石）或城市交通运输干道
LCZ6开阔低层建筑	开阔分布的低层建筑（1~3层）；地表覆盖大量可透水面（低矮的植被和稀疏的树木）；建筑材质为木头、砖、石头、瓦片和混凝土	LCZ F 裸土或沙	土或沙；几乎无植被；区域功能为天然沙漠或农用地
LCZ7轻质低层建筑	密集混合的单层建筑；几乎无树木；夯实的土质路面；轻质建筑材质（木头，茅草和波纹状板材）	LCZ G水体	大面积开阔的水体，如海和湖：或小面积水体，如河、水库和池塘
LCZ8大型低层建筑	开阔分布的低层大型建筑（1~3层）；几乎无树木；不透水路面；建筑材质为钢材、混凝土、金属和石头		
LCZ9零散建筑	自然环境中零散的中、小型建筑；地表覆盖大量可透水面（低矮的植被和稀疏的树木）		
LCZ10工业厂房	中低层工业建筑（塔、贮水池、堆积物）；几乎无树木；不透水路面或夯实的土质路面：建筑材质为金属、钢材和混凝土		

LCZ数据一般由Landsat-8等卫星遥感图像数据处理生成，遥感图像可在美国地质勘探局官网（USGS）下载得到。

3）交通联系

影响城市用地间交通联系的要素有许多，本研究选择基于公交、地铁等站点数据，以及道路等级、道路整合度等路网相关数据对其进行描述。站点数据可通过POI爬取获得，路网数据可以在OSM开源地图网站上下载。

综上，Landsat-8卫星图像和路网数据可从相应网站下载，其余地理数据需使用网络爬虫技术从开放地图API获取。

本步骤的关键技术为地理数据的爬取。

（2）数据处理

为匹配LCZ数据的生成形式，同时便于后续操作，本研究将研究区域以100m × 100m的尺度划分为网格，并将各维度数据使用GIS的叠置分析工具附加在相应位置的网格内。

1）用地性质

本研究将用地性质分为五个基本类别：商业、工业、公共、居住、景观，具体描述和文中使用的代号简称见表2-2，参考自《土地利用现状分类》GB/T 21010-2017。

用地性质分类   表2-2

编号	简称	用地性质	描述
0	B	商业	娱乐、餐饮、购物、酒店、商业等
1	M	工业	园区、工厂等
2	A	公共	医疗、教育、文化、体育等
3	R	居住	居住区等
4	G	景观	公园、景点、城市广场等

将爬取的各类功能POI整合为以上五类并叠置到网格中，为每个网格计算生成一组五类用地的比例数据。针对POI未覆盖的空白区域，使用土地利用现状数据作为补充，尽可能减少空白网格的数量。需要说明的是，考虑到功能的混杂性，为了不丢失太多信息，选择在网格内保留五类用地的比例数据，而不是仅仅取其中的最大值得到单一的主导类别来代表整个网格内区域的用地性质。

2）城市形态

获取卫星遥感图像数据后，其波段值可以作为水体、植被、

非植被等大类的分类依据，而进一步的分类需要人工取样后基于该训练样本，使用随机森林算法对整个研究区域内的每个网格进行分类判别。

3）交通联系

本研究定义了"交通等级"这一概念，综合地铁站点距离、公交站点距离、道路等级、道路整合度四项因素对某个网格的交通情况进行描述。其中站点距离数据由对应的POI通过GIS中的欧氏距离工具计算生成；道路等级由OSM路网数据中的道路性质标识分类得到，整合度使用DepthmapX工具基于路网计算生成，后两者通过核密度加权计算，即可从线数据转变为栅格数据。对这四项数据加权求和，得到每个网格的交通等级数据。

合并以上三个维度的数据，便可生成后续逻辑模型训练所需的数据集。

本步骤的关键技术为各项数据的处理与整合。

（3）用地布局逻辑模型的建立

机器学习涵盖的算法多种多样，其中神经网络可以基于大量已知数据使计算机学习到其间存在的规律。而关于神经网络的选择，城市领域常用模型有CNN、生成对抗网络（Generative Adversarial Networks，简称GAN）和ANN，前两种用于处理图像输入，ANN用于处理数值输入。本研究将所采集的各维度数据作为数值而非图像输入，选择ANN这一最基础的神经网络之一作为主要框架。

基于TensorFlow这一开源的机器学习平台，本研究使用Python语言进行ANN模型的编程实现，并将数据集以7:3的比例随机划分为训练集和测试集，输入搭建好的ANN进行一定epoch次数的训练，通过评估函数评估网络在数据集上的实际表现，以此为依据对网络的参数设置进行反复调整与优化，最终得到一个能够体现数据集对应区域的用地布局内在逻辑的模型。

本步骤的关键技术为ANN模型的编程实现。

（4）多网格应用模型的建立

训练好的逻辑模型只适用于单个网格的用地布局生成，需要已知周边8个网格才可生成中部1个网格的数据。而在实际应用中，目标用地可能占据多个100m × 100m的网格，作为输入的周边数据也并不完整，无法通过逻辑模型直接生成结果，需要对部分未知网格的用地布局状态先进行假设。在不考虑暴力遍历多网格对应的巨大规模的解空间的前提下，本研究基于蒙特卡罗树搜

索（Monte Carlo Tree Search，简称MCTS）算法建立了一个多网格模拟模型，将上一步得到的逻辑模型作为其中一环，载入后对模拟采样的假设状态进行评估反馈，从而实现将逻辑模型的应用范围从单网格推广至多网格。

MCTS是一类树搜索算法的统称，可以有效地解决一些探索空间巨大的问题，例如AlphaGo的训练算法中便包括了MCTS。本研究使用上限置信区间算法（Upper Confidence Bound Applied to Trees，简称UCT）作为搜索策略，在有限时间内尽可能全面地搜索解空间，以得到一个相对优化的模拟结果。此外，组员们编写了模拟结果存储和读取机制，可将模拟分布在多个时间段内完成，减轻了一次性长时间模拟可能带来的负担。

本步骤的关键技术是MCTS算法的编写。

三、数据说明

1. 数据内容及类型

本研究使用的数据包括各类功能POI、土地利用现状、Landsat-8卫星遥感图、交通站点POI和城市道路网五类，对应数据集的用地性质、LCZ和交通等级三个维度（表3-1）。

数据说明				表3-1
	数据内容	数据类型	数据来源	获取方式
用地性质	各类功能POI	点的经纬度坐标数据	腾讯地图	网络爬虫
	土地利用现状	面各端点的经纬度坐标数据	百度地图	网络爬虫
LCZ	Landsat-8卫星遥感图	栅格图像数据	美国地质勘探局官网（USGS）	直接下载
交通等级	交通站点POI	点的经纬度坐标数据	腾讯地图	网络爬虫
	城市道路网	线各端点的经纬度坐标数据	OSM	直接下载

各类功能POI和土地利用现状数据结合，以较准确地描述城市用地性质。

Landsat-8卫星遥感图像经处理后得到LCZ数据，以描述城市形态。

交通站点POI和城市道路网经处理可生成四项指标，综合描述用地的交通联系情况。

2. 数据预处理技术与成果

获取原始数据后，经以下预处理步骤生成数据集成果。

（1）网格生成

在GIS中将研究区域划分为100m×100m的网格。

（2）数据处理

1）用地性质

计算五类POI在各个网格内的相对比例，将连续的比例数据离散化为0、0.2、0.4、0.6、0.8和1共6个等级，确保和为1，并使用土地利用现状数据作为空白网格的补充。最终为每个网格生成长度为5的一维数组，数值类型为浮点型。

2）LCZ类型

基于已下载的卫星图，在谷歌地球中对每个类别进行人工取样，将样本边界位置输入GIS软件与卫星图对照，得到基于卫星影像的每类样本。基于这些训练样本，使用随机森林算法对整个研究区域内的每个网格进行分类判别，并辅以适当的人工矫正误差操作，得到最终分类结果。LCZ栅格尺寸为100m×100m，与用地网格相同。

本研究使用独热编码（One-Hot）形式表示11种LCZ类型，即每个网格初始化一个长度为11的一维全0数组，并将相应LCZ类型位置的数值改为1，数值类型为整型。

3）交通等级

本研究定义了四项指标并加权求和，来代表每个网格的交通等级，具体方法见表3-2。

交通等级计算方法				表3-2	
原始数据	地铁POI	公交POI	城市道路网		
量化方式	欧式距离分析	欧式距离分析		道路等级	道路整合度
			3	主干道、高速路等	depthmapX计算
			2	次干道	
			1	支路	
			0	人行小路等	
			核密度加权分析	核密度加权分析	

续表

原始数据		地铁POI	公交POI	城市道路网	
分级标准	3	500m内	300m内	natural breaks(Jenks) 分级	natural breaks(Jenks) 分级
	2	500~800m	300~500m		
	1	800~1200m	500~800m		
	0	1200m外	800m外		
权重		0.3	0.2	0.3	0.2

设x为交通等级，则有：

$$x = x_{地铁} \cdot 0.3 + x_{公交} \cdot 0.2 + x_{道路等级} \cdot 0.3 + x_{道路整合度} \cdot 0.2 \quad (3-1)$$

将计算结果继续重分为4级，标准化至0-1区间内（表3-3），得到最终的交通等级数据，以长度为1的一维数组表示，数值类型为浮点型。

计算结果标准化方法　　　　　表3-3

计算值x	重分级
$2.25 < x \leqslant 3$	1
$1.5 < x \leqslant 2.25$	0.67
$0.75 < x \leqslant 1.5$	0.33
$0 \leqslant x \leqslant 0.75$	0

4）整合

合并三项数据，以长度为17的一维数组表达每个网格的用地布局属性。

（3）切片

将矩阵网格数据使用Python按照3×3的大小切片，去除包含空白无数据网格的切片，得到可用于训练的九宫格切片集。提取切片中周边8个网格的数据，连接为1个一维数组，作为学习数据；提取中部1个网格的数据作为标签数据，用于与学习结果进行比照以评估训练精度（图3-1）。每个切片被转化为一个长度为17×9=153的一维数组，前136个数值为学习数据，后17个为标签，依次处理，基于切片集得到最终的数据集成果。

√	√	√
√	?	√
√	√	√

图3-1　切片图示

四、模型算法

1. 模型算法流程及相关数学公式

（1）ANN

神经网络一般由输入层、隐藏层和输出层构成，每一层包含若干神经元节点，各节点间使用有向加权弧连接（图4-1）。

训练集用于作为已知数据输入神经网络进行学习，测试集用于评估模型在未知数据集上的性能表现。网络通过对已知数据的反复训练，逐步调整优化节点间连接的权重值，学习到输入与输出间的联系。除权重参数外，还有隐藏层层数、各层神经元节点数等需要人工定义的超参数。

往往不太可能在最初搭建网络时就立刻找到能使网络发挥最佳性能的参数设置，需后续基于评估函数的表现不断调整。

评估函数一般指模型的损失函数Loss和精度函数Accuracy。

Loss函数用于计算神经网络对监督数据的不拟合程度，数值越大，表示性能越差。网络将以此为指标在反复训练中自动寻找最优权重参数。本研究中使用均方误差（MSE）函数作为Loss函数。

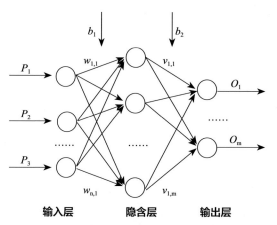

图4-1　神经网络基本结构图示（图源自网络）

$$MSE = \frac{1}{m}\sum_{i=1}^{m}\left(yi - \hat{y}_i\right)^2 \qquad (4-1)$$

Accuracy的计算能更为直观地展示网络性能的好坏，不同任务会定义不同函数。对一些简单的问题，可以通过判断生成结果是否等于标签来直接计算。本研究采用定性与定量分析结合的方式，定义了一个Validity Score函数，对数据的三个维度进行综合评估。

1）用地性质评分Score1：定性与定量结合

$$Score1_a = \frac{Count_a \times 1 + Count_b \times 0.7}{N} \times 100 \qquad (4-2)$$

$$Dev = mean(Prediction1 - Label1)^2 \times 2.5 \qquad (4-3)$$

$$Score1_b = 100 - Dev \times 100 \qquad (4-4)$$

$$Score1 = Score1_a \times 0.3 + Score1_b \times 0.7 \qquad (4-5)$$

其中，N表示总样本数，$Count_a$表示用地性质生成结果中的主类别与标签相符的样本数，$Count_b$表示结果中的次类别与标签相符的样本数。

2）LCZ评分Score2：定性

$$Score2 = \frac{Count2}{N} \times 100 \qquad (4-6)$$

其中，$Count2$表示LCZ类别的生成结果中与标签相符的样本数。

3）交通等级评分Score3：定量

$$Dev = mean|Prediction3 - Label3| \qquad (4-7)$$

$$Score3 = 100 - Dev \times 100 \qquad (4-8)$$

4）综合评分Score：

$$Score = Score1 \times 0.5 + Score2 \times 0.3 + Score3 \times 0.2 \qquad (4-9)$$

定性评估方式直接判断样本与标签是否等同，定量评估方式则通过计算生成结果和标签数据的差值，判断生成结果的偏离程度。将三项评分加权求和，得到综合的Validity Score。

本研究基于控制变量法，对每项可能影响网络表现的超参数进行调整尝试，对比后确定相对最优的选择。当Validity Score和Loss达到较为理想的数值后，便终止训练，获得一个学习到了该城市特有的用地布局内在逻辑的模型。

（2）基于MCTS的多网格模拟算法

单个网格的用地布局状态（state）可以用一个长度为17的一维数组描述。该数组包含三个维度的数据，其中用地性质分为5

类，每类比例的值都取自［0，0.2，0.4，0.6，0.8，1］，且和为1，对应126种不同的排列组合；LCZ有11种可能性；交通等级有4种可能性。相乘可得每个网格的状态共有5 544种可能性，即对于任意一个未知网格，其状态有T种可选动作（action），本研究中构成一个规模T=5 544的动作集（action set）。

N个未知网格对应T_N种动作（构成动作全集A），考虑到模型的可持续性和可拓展性，这样一个指数级爆炸增长的解空间显然不适合通过暴力搜索所有可能性来作出最优状态的选择。本研究使用MCTS算法进行优化搜索，对N个未知网格的状态S在A中进行K次模拟采样。这样采样到的动作只是A的一部分，可能会错过更优的选择，但同时也大大降低了采样数和计算规模，是算法设计上的折衷。

基于MCTS，使用树结构来描述未知网格（图4-2）：根节点→未知网格1→未知网格2→未知网格3→……→未知网格N。根节点无实际含义，用于标识模拟的开始；除根节点外，树的每一层代表一个未知网格，同一层的所有节点即为该未知网格已搜索到的所有动作，一次状态模拟即从根节点到叶节点的一条路径。每个节点记录其动作编号（即动作集下标）、父节点、子节点、总访问次数P和总模拟评分Q等数据。

算法共分四步：

1）选择（selection）

第1次模拟时，随机选择N个网格的动作分支，初始化搜索树。

一般模拟中，基于父节点选择最佳的下一步。随机选择一个

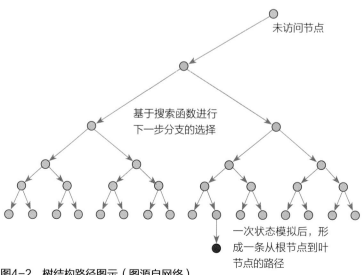

未访问节点

基于搜索函数进行
下一步分支的选择

一次状态模拟后，形成一条从根节点到叶节点的路径

图4-2　树结构路径图示（图源自网络）

动作分支，判断是否访问过（是否存在于子树中），若未访问过，则选择该分支，并扩展子树；若已访问过，则使用UCT函数在子树中选择最值得搜索的子节点。

如果仅选择访问次数少的节点，则搜索很难收敛；如果仅选择模拟收益高的节点，又会导致收敛过快，可能陷入局部最优，错过其他可能性，因此需要一个能平衡节点的探索程度和模拟收益的搜索策略。UCT作为MCTS的核心，便是一个这样的函数，其常用公式如下：

$$UCT = \frac{Q_i}{P_i} + c\sqrt{\frac{\ln N_i}{P_i}} \qquad (4\text{-}10)$$

其中，Q_i是第i个节点的模拟收益，P_i是该节点的模拟次数，N_i是该节点父节点的总模拟次数，c是探索常数，理论值为$\sqrt{2}$，可根据经验调整，c越大越偏向于广度搜索，c越小越偏向于深度搜索。计算后选择分数最高的动作节点作为下一步。

2）扩展（expansion）

若一个子节点为新增，则其子树未扩展，后续通过随机选择生成至最后一层的路径。

3）模拟（simulation）

根据本次模拟路径对应的状态S数据，覆盖未知网格并切片，生成输入数据集和对应标签，载入逻辑模型计算预测值并评估得分。N个未知网格对应N个切片的分数，采用平均值作为该状态的整体评分。

4）回溯（backpropagation）

将上一步得到的模拟评分反向更新到状态序列上所有节点的Q值中，且访问次数P+1。

模拟全部结束后，从根节点开始，基于UCT依次选择最佳的子节点，生成最优路径。在搜索空间巨大且计算能力有限的情况下，这种启发式搜索能更集中地、更大概率地找到更优的节点。

图4-3展示了以上两个模型的具体应用方式。

2. 模型算法相关支撑技术

本研究使用Python语言完成模型算法的编写，其中最主要的ANN模型基于TensorFlow实现。TensorFlow是一个采用数据流图（data flow graphs），用于数值计算的开源软件库。节点（nodes）在图中表示数学操作，图中的线（edges）则表示在节点间相互联系的多维数据数组，即张量（tensor）。它架构灵活，允许用户在

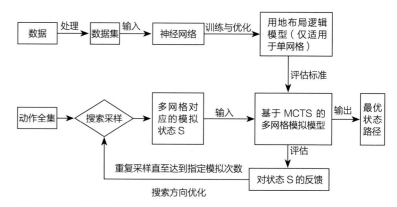

图4-3　两个模型的应用方法图示

多种平台上展开计算，例如台式计算机中的一个或多个CPU（或GPU），服务器，移动设备，等等。TensorFlow 最初由Google大脑小组（隶属于Google机器智能研究机构）的研究员和工程师们开发出来，用于机器学习和深度神经网络方面的研究，但这个系统的通用性使其也可广泛用于其他计算领域（http://www.tensorfly.cn/）。

五、实践案例

1. 模型应用实证及结果解读

本研究以中国江苏省南京市为实践案例，选择其老城区作为研究区域。南京位于中国东部，老城区由城墙围合，面积约43km²，历史悠久，用地布局经过多年演变得到了充分混杂，有应用机器学习以寻找规律的价值。

（1）数据获取

1）用地性质

分别爬取源自百度地图的南京市土地利用现状图数据如图5-1（a）所示，以及源自腾讯地图的各类POI数据如图5-1（b）所示。将POI重新分类后，得到五类数量分别为36 398，795，20 218，8 402，693。

2）LCZ

从USGS网站下载南京地区的Landsat-8卫星遥感图像，如图5-1（c）。

3）交通联系

爬取南京地区的地铁与公交站点POI［图5-1（d）（e）］，其中老城区范围内地铁站点数为16，公交站点数为306。

此外，利用开源的OSM网站，获取城市道路网数据［图5-1（f）］。

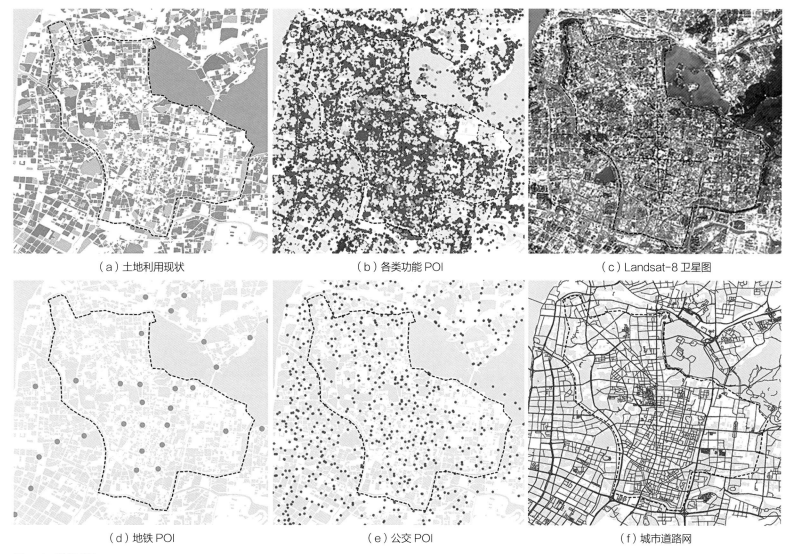

（a）土地利用现状　　　　　　　（b）各类功能 POI　　　　　　（c）Landsat-8 卫星图

（d）地铁 POI　　　　　　　　（e）公交 POI　　　　　　　　（f）城市道路网

图5-1　数据获取

（2）数据预处理与数据集生成

1）网格划分

将矩形城市区域基于100m×100m尺度划分为102行×109列共11 118个网格，其中老城区占据4 373个网格（图5-2）。

2）数据处理

a. 用地性质

结合五类功能POI的核密度分布，以及土地利用现状数据，与网格进行叠加计算，得到用地性质网格图（图5-3），并按商业、工业、公共、居住、景观的排序存储每个网格的功能比例数据。道路、河流等的存在使区域未被完全覆盖，老城区范围内共有324个网格无数据。

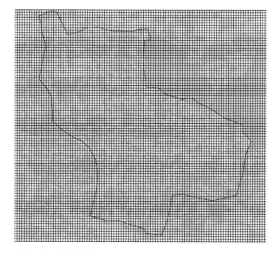

图5-2　网格划分

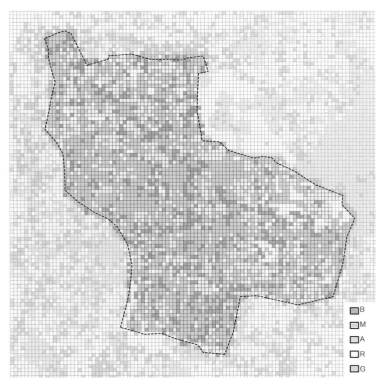

图5-3　用地性质网格图

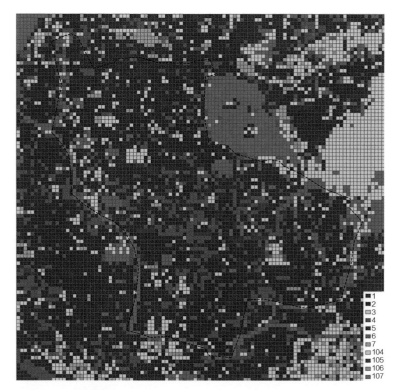

图5-4　LCZ网格图

b. LCZ类型

基于随机森林算法计算整片区域的LCZ类型，并叠加至网格中（图5-4）。

c. 交通等级

计算地铁和公交POI的欧氏距离、道路等级和整合度的核密度加权分布共四项指标，并基于自定义的4级分级标准对结果进行重分级（图5-5）。

对四项指标加权求和并再次重分级，得到每个网格的交通等级（图5-6）。老城区范围内从低到高4级网格的数量分别为114、1 148、1 945、1 166，占比分别为2.6%、26.2%、44.4%、26.8%。

3）切片

将研究区域之外的网格用地性质数据置为0，整合三个数据维度，得到一个大小为102×109×17的原始数据集。对数据集按3×3切片，筛选保留9个网格均有用地性质数据且总和为1的切片样本，最终得到2 902个符合要求的样本。提取周边网格和中部网格的数据并重组为长度为153的一维数组，生成最终可用于训练的数据集。

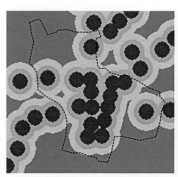
（a）地铁－欧氏距离

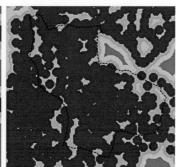
（b）公交－欧氏距离

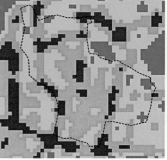
（c）道路等级－核密度

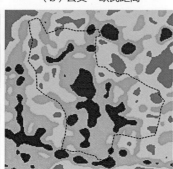
（d）道路整合度－核密度

图5-5　各项指标的重分级结果

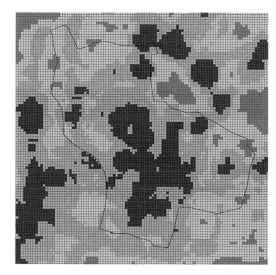

图5-6 交通等级网格图

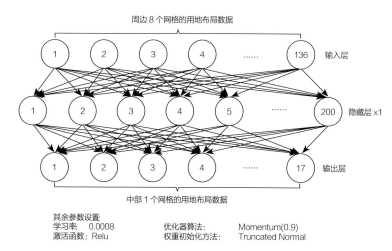

图5-7 ANN结构和设置

（3）用地布局逻辑模型的建立

初始ANN框架编写完成后，将大小为2 902的数据集以7∶3的比例随机划分为训练集与测试集并输入网络训练，根据Validity Score和Loss的表现对参数设置进行反复调整。图5-7展示了最终模型的ANN结构和具体使用的参数设置。本次网络仅包含一个隐藏层，三层的神经元节点数分别为136、200和17。

最终一次训练的epoch数为1 200，模型在训练集和测试集上的评分趋于稳定后，分别达到了61.52分和57.34分，Loss值为0.97（图5-8），这种表现在一定程度上说明模型合理有效。

（4）多网格应用模型的测试

多网络模型编写完成后，从研究范围内选取一块5km×5km矩形区域进行测试（图5-9）。本研究使用flag标识每个网格的属性，其中2表示需要进行模拟的未知网格，1表示输入模型的已知网格，0表示数据无用、仅用于填充矩形区域以便操作的网格。本次测试包含7个未知网格。

周边网格的用地布局现状可视化如图5-10。

读取测试数据，生成输入数据集，尝试设定单次模拟次数$K=2\,000$，分5次运行多网格模拟算法，完成共计1万次的模拟采样，基于UCT函数选择并生成最终方案（图5-11）。

观察模拟生成的相对最优方案，可总结出如下几点：

1）基于状态选择生成的模拟结果倾向于混杂化，用地布局更加丰富多元，符合未来的城市发展趋势。

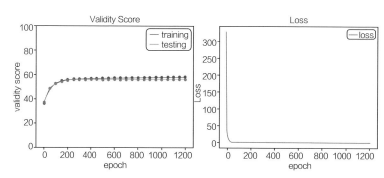

图5-8 最终一次训练的表现评估

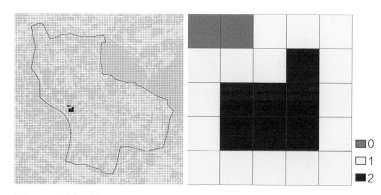

图5-9 测试区域

2）模型能够识别出商业功能、高密度高层的聚集性和工业用地与绿地的关联性等特征，具有一定的参考价值。

3）模型以客观的评分作为方案优劣的判断标准，得到的结果不掺杂任何主观因素，不可否认会缺乏一定审美和创意，这是应用计算机技术必然要面对的问题，使用者要做的便是扬长避

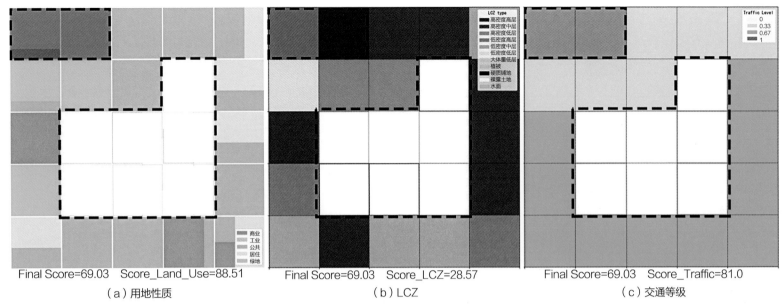

Final Score=69.03   Score_Land_Use=88.51

（a）用地性质

Final Score=69.03   Score_LCZ=28.57

（b）LCZ

Final Score=69.03   Score_Traffic=81.0

（c）交通等级

图5-10   测试区域的用地布局现状

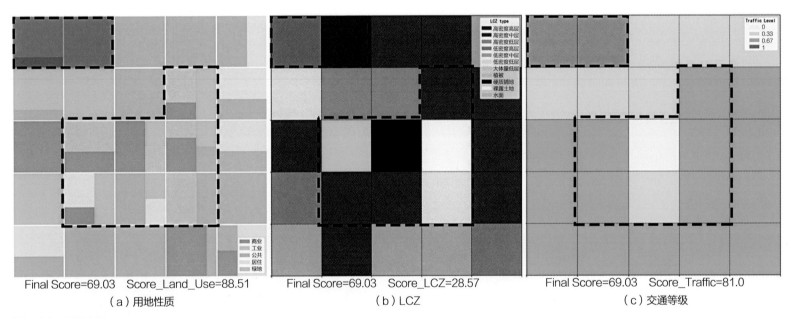

Final Score=69.03   Score_Land_Use=88.51

（a）用地性质

Final Score=69.03   Score_LCZ=28.57

（b）LCZ

Final Score=69.03   Score_Traffic=81.0

（c）交通等级

图5-11   最终方案

短，应用模型作为决策的辅助参考而非决策本身，以发挥大数据时代的信息量优势。

图5-12展示了1万次模拟的评分的均分变化情况。可以明显看出，除去模拟刚开始时由于样本量过小导致均分较为随机外，随着模拟次数的增多，平均模拟评分趋向稳定且持续上升，说明MCTS确实在对搜索方向不断优化，印证了最终结果的有效性。

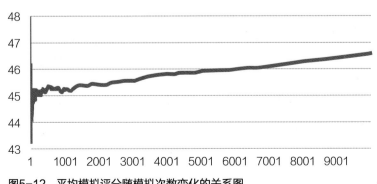

图5-12   平均模拟评分随模拟次数变化的关系图

2. 模型应用案例可视化表达

本研究基于Python的Matplotlib库对模拟过程进行可视化表达，并将多次模拟的结果图合成连续的动画，以动态地观察其间可能存在的规律。为使结果更加清晰，研究选择将三个维度的数据分开展示，从左至右分别为用地性质、LCZ类型和交通等级。

LCZ和交通等级数据类别简单，使用不同颜色填充网格即可清晰表达；而用地性质包括五小类，使用矩形树图（Treemap）进行可视化，其中矩形面积表示数值大小，可以直观地展示每类用地性质所占的比例。

示例动画展示了1万次模拟的过程，每隔50次更新一张结果图，并附上平均模拟评分随模拟次数变化的关系图（图5-13）。

六、研究总结

1. 模型设计的特点

本研究基于城市中观尺度的独特视角进行，针对在规划与设计正式开始前，用地如何定位、决策前提是否有新思路来提出问题。

本研究融合了多源数据，从用地性质、城市形态和交通联系三个角度对城市用地布局进行了全面的描述与概括，使生成结果相对较为完善，提升了实用价值。

本研究以当下热门的机器学习模型为主体，尝试打破人类决策者的局限性，从机器的视角对用地布局问题进行探究，寻找用地数据间的关联性，并能够生成具有一定参考价值的布局结果，以辅助决策。

2. 应用方向或应用前景

本研究建立了一个能够基于周边用地数据生成设计用地布局的模型，为未知地块生成的参考方案遵循输入数据所属城市特有的布局逻辑。

团队将在世界范围内建立多个范本级城市的模型，研究比对不同城市的布局逻辑，并将其提炼、融合，以应用在实际中，辅助解决不同周边环境下目标用地的规划与设计问题。

此外，随着城市信息系统（CIM）的不断发展，未来可将模型接入CIM，获取更精确、更完善的数据作为模型输入，并将生成方案可视化为三维模型，打造城市规划与设计的新平台。

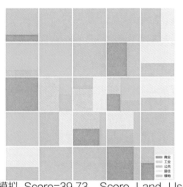 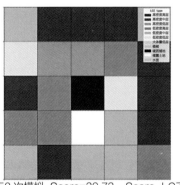 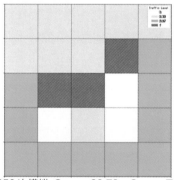

第950次模拟 Score=39.73　Score_Land_Use=58.49　　第950次模拟 Score=39.73　Score_LCZ=0.0　　第950次模拟 Score=39.73　Score_Traffic=52.43

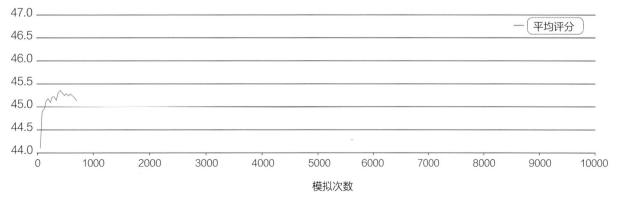

图5-13　可视化表达示例动画截图

基于国土空间韧性的"三区三线"多层级划定技术研究

工作单位：湖南省建筑设计院有限公司

报名方向：城市空间布局

参 赛 人：李松平、王柱、毛磊、姜沛辰、段献、陈垚霖、游想、方立波、周红燕

参赛人简介：参赛团队来自湖南省建筑设计院有限公司大数据中心，主要从事大数据技术在国土空间规划中的应用研究，先后主持或参与多个国土空间规划、专项规划、数据建库、省级课题研究等项目。

一、研究问题

1. 研究背景

国土空间规划是生态文明体制建设的重要内容，是各类开发保护建设活动的基本依据。自党的十九大指出要"完成生态保护红线、永久基本农田、城市开发边界三条控制线的划定工作"以来，"三区三线"的智能划定已成为国土空间规划领域的重要研究内容。

"三区三线"是空间规划中对城镇空间进行管控的重要政策工具，但在空间规划编制的探索阶段缺乏统一的概念、划定方法和管制措施。且在具体实践过程中，出现了对各类空间概念理解不同，标准不一，管控要求有差异等问题，迫切需要结合规划编制实践对现有的相关概念和实践应用进行梳理和评价，探索出一套较为科学、合理，可操作、可实施的"三区三线"空间规划技术方法。

2. 研究综述

目前国内外主要有系统动力学、元胞自动机、多智能体和神经网络等方法用于土地利用动态监测、土地利用演化和城市扩张模拟。元胞自动机、多智能体技术成为广泛使用的场景分析模拟技术，为城市扩展的动态分析和模拟预测提供了新的手段。从对于城市增长形态和规律的描述看，CA作为一种复杂系统时空动态模拟的工具，已经在城市空间增长模拟中得到了较为普遍的应用。元胞自动机空间动态模拟的关键在于确定元胞转换规则，转换规则的确定方法主要有人工神经网络法、逻辑回归法、多因素评价法和多智能体模型法。元胞自动机仅基于土地单元本身的相互作用，在具体应用过程中逐渐凸显不足，大量改进型模型被提出，比如 SLEUTH模型[1]、土地利用变化及其空间效应（Conversion of Land Use and its Effects，简称CLUE-S）模型、CA-Markov 模型和约束性元胞自动机模型等，且尚未形成完善的"三区三线"元胞自动机智能化划定技术路线。为科学指导国土空间格局划定工作，本研究在梳理现有方法的基础上，拟结合国土专业和城规专业知识提出一种新技术方法来赋予国土空间规划智慧化的新动能和解决新问题，进一步挖掘"三区三线"之间的关系因子，构架科学的"三区三线"智能划定技术路线，以期能有效指导国土空间规划编制工作开展。

---

[1] SLEUTH 是由模型所需的 6 种输入图层的首字母缩写而成，为地形坡度 Slope、土地利用 anduse、排除图层 exclusion、城市空间范围 Urben extent、交通网络 transportation、地形阴影 hill shade，简称 SLEUTH。

3. 研究意义

研究具有韧性的"三区三线"智能划定技术，优化国土空间资源配置，增强国土空间时空演变过程中应对不利因素的恢复和适应能力，实现空间要素对抗与融合过程从被动反应向主动引导的模式转变，协调国土空间资源的保护与开发。

4. 研究目标

以面向多源风险识别和空间适宜性的国土空间"双评价"为基础，围绕统筹协调生态、农业、城镇，构建高效、协同的多中心复杂城乡网络体系，开展多层级国土空间要素的可靠性指标评估模式研究。在此基础上，结合地理时空大数据空间要素分布特征，在梳理现有方法的基础上，进一步挖掘"三区三线"之间的关系因子，构架科学的"三区三线"智能划定技术路线，明确国土空间管控边界。结合目前国土空间治理的多层级管控要求，以衡南县为例，尝试形成面向省、市、县、乡镇、村不同层级的三区三线划定方法，进行上下联动，指标校核，尝试形成统一的多层级国土空间三区三线划定方案。

二、研究方法

1. 基础研究

本研究以基于"双评价"的"三区三线"技术方法为基础，对各地块进行用地建设适宜性评价，利用元胞自动机模型智能化模拟了未来建设用地演变方向，为协调国土空间资源的保护与开发提供决策支持。整个研究工作各部分研究方法介绍如下。

（1）通过国土空间规划"双评价"方法确定适宜性评价因子。围绕资源承载力评价和国土空间适宜性评价，通过对以往文献进行研究，选取出用地建设适宜性评价相关的因子。

（2）通过AHP层次分析法与定量分析法确定评价得分。层次分析法是种经典的决策分析方法，在对复杂决策问题的本质、影响因素及其内在关系等进行深入分析的基础上，利用较少的定量信息使决策的思维过程数学化，从而将复杂的决策过程简单化。本研究使用层次分析法来分析各评价因子对综合适宜性的影响权重。接着用定量分析法对各评价因子进行量化得分，最终得到每块用地建设适应性综合得分。

（3）将开发约束性元胞自动机模型用于实地模拟。以衡南县

为例，基于衡南县多种大数据和地理空间条件，构建了多约束的城市建设用地边界演化模型，且通过调整参数，实现了多情景下的城市建设用地边界的演化比较与优化。

2. 方法设计流程

研究的技术路线如图2-1所示，具体步骤如下。

STEP1：数据库构建

将调研收集到的基础地理、国土、规划、环保、林业、交通和水系等数据，以及城市运营数据进行坐标系统一，并以100m×100m的尺度将规划范围划分为若干个栅格，以此形成数据库和工作底图。

STEP2：禁止建设用地分析

将基本农田控制线、生态红线、公益林、水系和地形坡度（>25%）等视为禁止开发建设要素（表2-1），标识到所有的栅格中。统计每个栅格的禁止建设面积，当禁止建设面积大于30%的总面积时，即视为该栅格为禁止开发建设用地。

禁止建设类用地影响要素梳理					表2-1
指标类别	序号	字段	指标说明	数据值形式	说明
禁止建设	1	JBNT	是否基本农田	0、1	保护范围100m×100m网格阈值达到30%以上，属性值为0，否则为1
	2	STHX	是否生态红线	0、1	
	3	GYL	是否公益林	0、1	
	4	ST	是否保护水系	0、1	
	5	PD	是否坡度>25%	0、1	

STEP3：可建设用地分析

可建设类用地影响要素梳理见表2-2所示，通过以下5个阶段完成该步骤的分析：①用地性质类要素分析；②空间状态类要素分析；③交通影响类要素分析；④三种影响因素的分析；⑤适宜性综合分析。

可建设类用地影响要素梳理					表2-2
指标类别	序号	字段	指标说明	数据值形式	说明
用地性质	1	XZJSYD	是否现状建设用地	0、1	要素标识至栅格后，设定阈值为50%，超过该值该指标赋值为1，否则为0
	2	CSJSYD	是否城市总体规划建设用地	0、1	
	3	TDJSYD	是否土地利用总体规划建设用地	0、1	

续表

指标类别	序号	字段	指标说明	数据值形式	说明
空间状态	4	GHYX	距离规划意向节点距离，反映新区重点区域建设需求	浮点值	网格点至规划意向节点的最短距离
	5	POI	POI密度	浮点值	基于POI核密度分析后提取值至网格点
	6	SJRL	人群活力评价	浮点值	基于一周热力信令处理数据结果，进行核密度分析后提取值至网格点

续表

指标类别	序号	字段	指标说明	数据值形式	说明
空间状态	7	RKSB	服务人口密度	浮点值	基于凌晨人口热力信令数据结果，进行核密度分析后提取值至网格点
交通影响	8	DLJL1	距高等级路网距离	浮点值	网格点至规划意向节点的最短距离
	9	DLJL2	距低等级路网距离	浮点值	
	10	SNJL	距交通枢纽距离	浮点值	

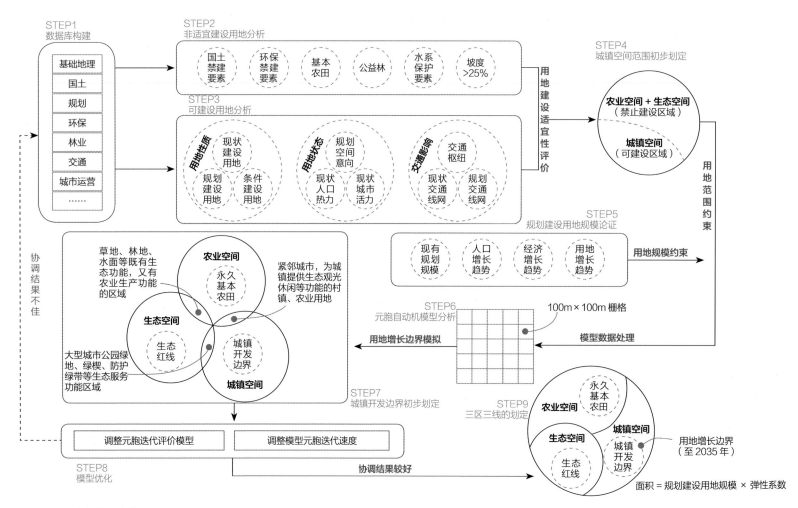

图2-1　研究的技术路线

STEP4：城镇空间的初步划定

将用地建设适宜性评价较高的栅格视为城镇空间范围。

STEP5：建设用地规模论证

通过现有规划规模、人口规模趋势、经济发展趋势、用地增长趋势等数据，确定规划期限（2035年）的建设用地规模。

STEP6：元胞自动机模型分析

通过STEP4的结论约束新增建设用地的范围和STEP5的结论约束新增建设用地的总量，构建元胞自动机模型。以现状建设用地覆盖的栅格为初始状态，进行若干轮的元胞状态变化迭代（由非建设用地到建设用地的状态变化），直至总建设用地量达到规划建设规模（为遵循弹性规划的原则，取1.2的系数与规划建设规模相乘，作为最终的城镇开发范围）。

STEP7：城镇开发边界初步划定

将STEP6的模拟结果，融入STEP1的数据库中，形成初步的城镇开发边界的矢量数据格式。

STEP8：模型优化

调节元胞自动机模型中的参数，通过多参数的模型试验优化结果。

STEP9：三区三线的划定

划定规划范围内的城镇空间和城镇开发边界，并形成相应的矢量数据格式。

三、数据说明

1. 数据内容及类型

数据说明如表3-1所示。

（1）现状基础数据

基于第三次国土调查数据提取现状建成区范围，基于行政界线确定研究范围。

（2）空间保护要素清单数据

主要包含永久基本农田保护区、生态红线、生态公益林和水体保护区等国家法律法规明令禁止建设区域范围，以及基于数字高程DEM分析确定的不适宜建设区范围。

（3）法定规划数据

主要包含县、乡镇两级的土地利用总体规划和城市总体规划数据，提取规划城镇建设用地范围。

（4）发展意向数据

根据"十三五"发展规划、区域规划、概念规划等判定未来发展重要的规划意向区域范围。

（5）城市运营数据

包含POI、道路等网络开源数据，以及联通智慧足迹提供的省域手机信令数据。

数据说明一览表　　　　　　　　　表3-1

序号	数据名称	主要内容	数据格式
1	行政界线数据	县、乡镇行政界线	shp
2	数字高程模型（DEM）数据	GDEMV2的30M 分辨率数字高程数据	tif
3	第三次国土调查数据	现状城镇村土地利用现状	shp
4	永久基本农田保护区数据	基本农田保护区范围界线	shp
5	生态红线数据	包含自然保护地（国家公园、自然保护区、自然公园）	shp
6	公益林数据	包含国家级、省级公益林保护范围界线	shp
7	水体保护数据	水域及水利设施、湿地、饮用水源保护区等	shp
8	土地利用规划数据	城市、镇土地利用总体规划数据	shp
9	城市总体规划数据	城市、镇总体规划数据	dwg
10	重点发展区域数据	基于发展规划、区域规划、概念规划等判定未来发展的重点区域位置	shp
11	兴趣点（POI）数据	2019年高德POI兴趣点分类数据	shp
12	手机信令数据	2019年湖南省联通手机信令数据	csv
13	现状路网数据	2019年高德道路网分级数据	shp
14	交通枢纽	火车站、汽车站、高速收费站位置数据	shp

2. 数据预处理技术

（1）数据处理录入

收集整理数据处理录入主要包括图像纠正、坐标转换、格式转换、数据拼接与裁切、坡度和高程分级和手机信令数据处理等技术工作。将数据处理后，建立数据库统一录入。

其中手机信令数据为2019年6月连续7天的联通手机信令数据。该数据经过脱敏处理，形成反映手机用户数量的网格化数据（网格大小为250m×250m）。将区域内人口驻留时间进行切割，按照网格统计，如用户在网格A有两段驻留，驻留时间为15∶01-15∶30和15∶50-16∶20，则在网格A该用户在15点被统计一次，16点被统计一次。

本研究所指一周人口热力则是指统计区域内每个网格7天×24小时段停留的全部人数总和，凌晨人口热力则是指连续7天的凌晨4点停留的全部人数总和。

（2）生成网格及邻域关系表

根据行政区范围，生成100m×100m的渔网将规划范围划分为265 151个栅格，作为基础评价单元，确定网格id。

通过gis生成近邻表功能，将网格id构建如下的一对多关系，生成网格id与周边8个网格id的对应关系表，用作元胞计算判断依据。

（3）计算及赋值

1）依据面积阈值判定赋值

通过gis中交集制表功能，根据面积占比判定用地属性状态。对于基本农田、生态红线、公益林、水系等限制性因子，通过设定的阈值，当因子面积占100m×100m网格达到阈值以上，属性值为0，否则为1，对于现状用地、规划用地等建设因子判定用地属性，面积占比达到阈值以上，属性值为1，否则为0。

2）依据距离判定赋值

通过gis中近邻分析功能，对网格单元中心点与现状道路距离、交通枢纽距离等因子的最短距离进行计算。

3）提取分析结果赋值

通过gis中提取值至点功能，对POI、手机信令等分析结果提取值100m×100m网格点上。

3. 数据处理成果

基于渔网网格，构建属性表用于下一步元胞模型的数据准备。数据处理的结果如表3-2所示，其中id是指渔网网格的序号，rid是相邻的元胞序号，value是指该元胞的用地适宜性评价值，type是指该元胞当前状态下是否为建设用地。

数据处理成果形式（部分）			表3-2
id	rid	value	type
……	……	……	……
1056	1153	0.271	0
1059	966，1060，965，967	0.284	0
1060	1061，967，1059，968，966	0.286	0
1061	1060，968，1062，969，967	0.495	1
1062	1063，969，1061，968	0.300	0
1063	1062，971，969	0.305	0
1066	1067，974	0.326	0
1067	974，1066	0.332	0
1071	1170	0.340	0
……	……	……	……

四、模型算法

1. 模型算法流程及相关数学公式

元胞自动机模型模拟城镇开发边界的增长为本研究的主要模型，使用数据处理成果（表3-2）与Python脚本实现，具体过程如图4-1。

STEP1

采用3×3的摩尔（Moore）模型作为元胞领域模型，得到带有五个属性值的所有非禁建栅格属性表如图4-1所示，作为用地边界的T_0状态。

STEP2

将T_0状态输入元胞自动机模型的递归函数，基于转换规则计算得到每个非建设用地栅格新的评价值（新的value值），替代T_0状态中原有的评价值。

提出了两种转换规则：

$$value_{new} = \sum_{rid} value_{rid} \times type_{rid} \qquad （4-1）$$

$$value_{new} = 0.4 \times \sum_{rid} value_{rid} \times type_{rid} + 0.6 \times value_{before} \qquad （4-2）$$

其中，规则1中的中心栅格新的适宜性评价值由其周围邻近栅格的value值与type的乘积之和计算而得，而规则2中的中心栅格新的适宜性评价值由其周围邻近栅格的value值与type的乘积之和及其自身原有的适宜性评价值共同计算而得。

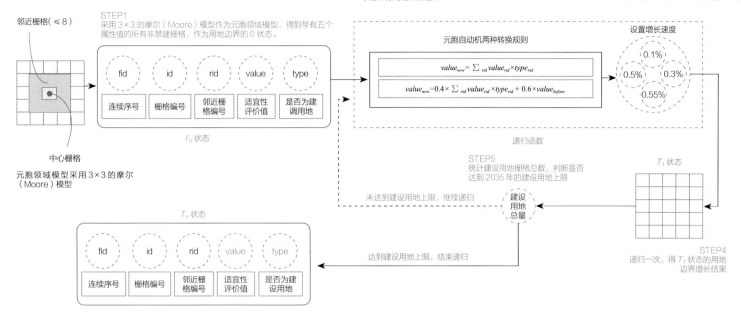

图4-1　元胞自动机模型流程图

STEP3

调整元胞自动机内参数，选取不同速率增长（将非建设用地栅格按照其新的评价值从大到小排序，设置百分比，选取评价值较大的一部分栅格变为建设用地，即将T_0状态中的type值由0变为1）。

STEP4

递归一次，得T_1状态的用地边界增长结果。

STEP5

统计建设用地栅格总数，判断是否达到2035年的建设用地上限，如已达到，则跳到STEP6，否则返回STEP2输入T_1继续递归。

STEP6

输出用地边界增长结果T_n，n为递归次数，其中value值和type值都发生了变化（基于递归函数中的两种公式和四种增长速率，最终得到了8种用地增长结果）。

2. 模型算法相关支撑技术

研究的模型算法主要依据ArcGIS、Python、SPSS等工具支撑。

五、实践案例——衡南县的三区三线划定

1. 构建数据库

将调研收集到的地形、影像、国土、规划、环保、林业、交通和水系等数据，以及网络获取的人群热力、城市建设POI等数据进行坐标系统一，并以100m×100m的尺度将规划范围划分为若干个栅格，以此形成数据库和工作底图。

2. 用地分析

（1）非适宜建设用地分析

将基本农田控制线、生态红线、公益林、水系和地形坡度（>25%）等视为禁止开发建设要素，标识到所有的栅格中。统计每个栅格的禁止建设面积，当禁止建设面积大于30%的总面积时，即视为该栅格为非适宜性开发建设用地。

（2）可建设用地分析（包括以下5个部分）

用地性质类要素分析，统计每个栅格的下列指标属性：是否现状建设用地（国土）、是否规划用地（国土）、是否规划用地

（城规）。

空间状态类要素分析：统计每个栅格的下列指标属性：至规划建设中心的最小距离（CBD、产业新区和新城）、现状的POI密度热力值、手机定位的一周人口热力值和手机定位的夜间人口密度值。

交通影响类要素分析，统计每个栅格的下列指标属性：距高等级道路最短距离（国省道）、距低等级道路最短距离（国省道以下）和距交通枢纽最短距离。

三种影响因素的分析，统计每个栅格的上述指标属性：将这些指标标准化、赋权值后，利用三类影响要素对在可建设范围内的所有栅格进行用地建设适宜性评价。

适宜性综合分析，统计每个栅格的上述指标属性：依据用地性质、空间状态、交通影响等三类影响要素的评价值，对可建设范围内的所有栅格进行用地建设适宜性综合评价。

（3）城镇空间的初步划定

在以上结果的基础上进行城镇空间的初步划定，即将用地建设适宜性评价较高的栅格视为城镇空间范围。

```python
def cell(id_rid,num,g):
    num+=1
    l = id_rid['value']
    tp=id_rid['type']
    data = {}
    for index, row in id_rid.iterrows():
        # print(index)
        if row['type'] == 1:
            continue
        else:
            c = [int(i) for i in row['rid'].split(',')]
            # c1= list(filter(None, c))
            # print(c)
            n = 0
            for j in c:
                # print(j)
                row_hang= dict[j]  ## 获取对应的fid
                n += l[row_hang-1]*tp[row_hang-1] ## 获取对应fid行的value和type值
                # print(n)
            data[int(row['fid'])-1] = n
    a1 = sorted(data.items(), key=lambda x: x[1], reverse=True)
    # print("a1:", a1)
    r = int(len(a1) * 0.005+0.5) ## 四舍五入取整
    print('r:',r)
    ## 判断是否达到建设用地上限
    if g+r>8327:
        id_rid.to_excel("F:\城垣杯参赛\Tn_0.005.xlsx")
        print("已达建设用地面积上限")
    else:
        for i in range(r):
            id_rid.iloc[a1[i][0],3] = a1[i][1]
            id_rid.iloc[a1[i][0],4] = 1
        g = sum(id_rid['type'])
        print('g:',g)
        dd = "迭代%s次：" % str(num)
        # print(id_rid)
        print(dd, "建设用地格子数：", g)
        cell(id_rid, num, g)
```

图5-1　元胞自动机模拟衡南县城镇开发边界的代码实现

3. 元胞自动机模型分析

（1）模型模拟

元胞自动机模型（代码如图5-1）分析是本研究的重点。本研究通过城镇空间的初步划定结果约束新增建设用地的范围，通过现有规划规模、人口规模趋势、经济发展趋势、用地增长趋势等数据，确定规划期限（2035年）的建设用地规模。研究采用课题组前期项目《湖南省国土空间总体规划城镇体系专题》中的研究成果，确定衡南县2035年的用地规模指标。构建元胞自动机模型。以现状建设用地覆盖的栅格为初始状态，进行若干轮的元胞状态变化迭代（由非建设用地到建设用地的状态变化），直至总建设用地量达到规划建设规模（为遵循弹性规划的原则，取1.2的系数与规划建设规模相乘，作为最终的城镇开发范围）。

将元胞自动机模型的模拟结果，融入之前建立的数据库中，形成初步的城镇开发边界的矢量数据格式。

（2）模型优化

调节元胞自动机模型中的参数，得到多组模型试验结果。在不同参数的模型下，元胞由非建设用地状态转变为建设用地状态的次数与具有相同变化次数的元胞集用地适宜性评价值的平均值有着较强的正相关性关系。如图5–2所示，采用4组参数的实验数据的效果会明显低于6组参数和8组参数。最终，模型优化为在8组不同参数的模型中，元胞在至少有4组模型中状态发生了变化才记为最终的用地边界增长范围。

4. 三区三线划定

最后根据上述步骤的结论，划定规划范围内的城镇空间和城镇开发边界，并形成相应的矢量数据格式。

至2035年，各乡镇建设用地在现状建设用地基础上有不同程度的增长，通过归纳总结，主要呈现以下三个特征：

（1）云集镇作为县城所在地，用地增长数量最多，主要沿湘江东侧发展，新增用地主要靠近机场两侧邻空经济区等重点发展区域。

（2）三塘镇、咸塘镇、泉溪镇，茶市镇四镇邻近衡阳市区，其新增用地主要沿交通主干道向衡阳市区拓展。

（3）其他乡镇用地增长总体较少，用地扩张主要沿交通干线布局。

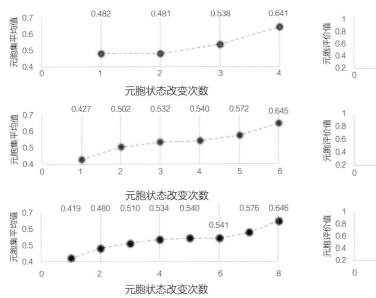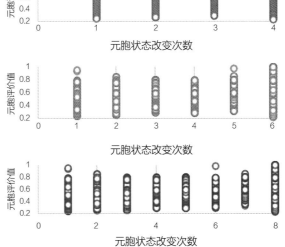

图5-2 不同参数下的模型对比

六、研究总结

1. 模型设计的特点

伴随着移动网络、区块链、大数据和人工智能等新技术和新数据的高速发展，城市的发展方式、人们的生活方式，以及环境的治理方式都发生了转变。规划行业的知识和数据也得到了快速膨胀与汇集，新兴的各种技术和方法赋予了国土空间规划智慧化的新动能。为了适应时代发展需求，本研究采用多维、理性、定量的智慧国土空间规划治理手段，加强了智能技术在国土空间全流程规划中的辅助编制作用，将"双评价"及"三区三线"政策要点、技术要求与网络兴趣点（POI）数据、手机信令数据、现状路网数据等多种大数据的应用和智能手段进行了有机结合，这是空间规划智能编制的重点，也是难点。

研究的系统设计遵循地理空间大数据库建立、元胞自动机模型参数设置、智能化成果应用及灵活化评价调整的思路，以"双评价"的国土空间"三区三线"技术方法为基础，利用多种数据（如发展意向数据和城市运营大数据）构建了多层级国土空间要素的可靠性指标评估模式，计算出了各地块栅格（100m×100m）的用地建设适宜性评价值；以此作为元胞自动机模型输入参数之一，还进一步地提出了两种元胞自动机的转换规则，利用该规则实现了智能化模拟预测未来土地利用类型面积及演变方向，排除

了人的主观判断偏差；且通过调整元胞自动机模型的内参数，得到了不同增长速率演变而成的建设用地增长边界结果，智能化、快速化地解决了城市建设开发边界划定时的规模指标和禁止建设指标的双指标约束问题。

2. 应用方向或应用前景

本研究利用元胞自动机模型模拟预测了城市开发边界增长，在未来，可以同样地将元胞自动机模型应用在模拟生态区域和农业区域边界的增长上，这样将会得到连续的"三区三线"划定结果。且目前只有元胞自动机模型部分实现了全代码自动化，后续会将前期的地理空间大数据处理及适宜性评价值计算部分也实现代码自动化，脱离或减少人工操作，加快"三区三线"划定速度、提高划定精度。

研究以衡南县为例，在地理空间大数据基础上，将CA模型与用地建设适宜性、规划指标约束和用地范围约束等相结合，开发建立了约束性CA模型工具，在当前的国土空间规划中，可为不同层级的规划提供一种新的"三区三线"划定的思路和实现手段。与传统"三区三线"划分方法相比，本文的方法具有更强的普适性和可操作性，划分结果更加科学，时间效率也大幅提升，在将来可用来为各层级城镇发展转型提供保障，丰富空间规划编制的实践研究。

基于人口迁徙网络的新型传染病扩散风险预测模型[1]

工作单位：南京林业大学

报名方向：城市卫生健康

参 赛 人：盖振宇、吴越榕、范晨璟、殷洁、申世广

参赛人简介：盖振宇，南京林业大学城乡规划学硕士研究生；吴越榕，南京林业大学城乡规划专业本科生；范晨璟、殷洁、申世广为南京林业大学城乡规划专业教师。

一、研究背景及目的意义

1. 研究背景

新型传染病通常是指新出现或以前曾出现但近期发病率提高的传染病，具有研究不足、认识不足和多发生于发展中国家等特点。在防疫技术研发和认识不足的地区，疫情的爆发对疫区的卫生防疫制度和城市公共健康卫生体系会有较大的冲击和影响，且在短时间内难以迅速给出针对性的治疗措施，所以只能通过隔离来保护易感人群的手段来进行应对。目前人类发现的新型传染病有埃博拉病毒、寨卡病毒、尼帕病毒和新型冠状病毒肺炎（Corona Virus Disease 2019，简称COVID-19）等。

传统方法普遍认为新型传染病传播风险与城市规模和人口数量及密度呈正相关，即大城市风险高、小城市风险小。这些传统方法脱离了实证研究，并且忽视了人口迁徙的客观规律，因此预测出的结果精度较差。鉴于新型传染病疫情初期传染源未知，传播途径复杂，因此人类的移动是导致新型传染病扩散的重要因素之一，有关人口迁徙形成的网络传播与传统的传染病学均质扩散研究有着根本的区别。所谓的网络可以用来表示人群的连通性模式，其可与新型传染病传播的过程高度相关，这与传统平均场模型背离。通过人口旅行和流动迁徙而进行的定向网络传播使政治边界和地理距离在传播过程中变得无关紧要，这为新型传染病扩散创造了更多的可能性，这也导致网络传播模型通常在传播的早期具有极高的准确性。

现有的新型传染病传播网络研究中，已有实证研究通过小规模人口调查和交通量预测了新型传染病的传播，当前对新型传染病（如"非典"、COVID-19）的研究的一部分也包括运用交通量模拟人类的网络进行传播的预测。但是，对于我国而言，一方面，春运是我国的人口流动规模最大的迁徙活动，极易发生新型传染病扩散；另一方面，期间会涉及公共和私人交通方式，因此，不能通过单一的运输方法来预测新型传染病的传播。此外，现在使用非常多的百度迁徙数据仅提供了省级与迁徙量前一百位的城市，其迁徙指数的定义也未被公开。因此，我国有关人口迁徙造成的新型传染病网络化传播的研究迫在眉睫。

[1] 本项目依托国家自然科学基金建成环境对流动人口健康影响与规划干预路径研究（51908309）展开，部分成果发表在 SSCI /SCI 期刊论文 Chenjing Fan , Tianmin Cai , Zhenyu Gai & Yuerong Wu.The Relationship between the Migrant Population's Migration Network and the Risk of COVID-19 Transmission in China—Empirical Analysis and Prediction in Prefecture-Level Cities.International Journal of Environmental Research and Public Health，2020，17（8）.

2．研究目的

通过人口迁徙网络的研究，对于预测风险，防止未来新型传染病传播到新地区来说至关重要。本研究在构建模型之初提出了一个重要的问题——能否基于网络传播理论构建一个模型，预测在中国的某个城市出现新型传染病且经历大规模人口迁徙后，其他城市会有多少风险？基于该问题，本研究使用了2017年中国流动人口监测数据［集中式信息数据系统（Centralized Message Data System，简称CMDS）2017］（样本数＝ 432 907），构建了一个人口迁徙网络概率矩阵，以预测某城市人口的迁入和迁出地；之后以2020年2月初百度迁徙数据与COVID-19传播确诊人数进行了模型的校验研究，并使用该模型比较了百度迁徙指数、传统人口数和人口密度模型预测新型传染病传播的优势；最后研究以中国地级市为尺度，模拟了由迁徙造成的新型传染病传播的情景，并据此提出了在未来传染病爆发之后的一些风险防范措施。

二、研究方法

1．研究方法的理论依据

（1）新型传染病的网络扩散理论

来自网络科学领域的学者们将人与人、人与动物和城市与城市等连接模式抽象成网络，用节点表示个体，连边表示个体之间的连接关系。某个节点一旦被流行病感染，就能使得周边相关节点也被感染，从而形成能维系整个系统长存流行病的小团体。通过实证数据分析发现，传染病的网络传播特征如下：

1）网络中不同节点所占权重不同。在新型传染病传播过程中，不同节点所起到的作用不同，例如我国地区中心城市、省会城市等作为一定地域范围内的中心节点，所占权重相对较高，因此在疫情爆发时的新型传染病传播风险相对较高；而地区边缘城市、小城市等所占权重相对较小，因此新型传染病传播的风险也相对较小。

2）网络中的节点具有多分枝的特征。网络中节点与节点的联系复杂多样，网状结构的多分枝的特征极大拓宽了新型传染病传播的方向和途径，新型传染病往往可以在短时间内迅速传播，这是由于其传播方式和途径多种多样，可以将社会当作有多个节点连接成的网络结构，当一个节点突发新型传染病时，可以迅速通过多个紧密相连的枝干传播到其他节点，传播速度和规模迅速扩大。

3）网络中节点之间的联系密切复杂。在新型传染病的网状结构中，网状结构极大便利了节点之间的联系，节点之间的交流联系有多种路径，再加上现代社会人群交流和地区联系日益密切，新型传染病传播的方式和途径也随之变得更加多元和便捷，一旦某个节点出现新型传染病，倘若节点之间的联系不进行人为阻隔，则传染病将以爆炸式、复杂多样的传播方式迅速遍及网络的各个节点。因此寻找出与爆发地联系紧密的高权重、高风险的节点进行阻断有助于降低传播速度。

（2）我国人口迁徙网络

我国人口迁徙与我国的城市化进程息息相关，我国人口迁徙活动主要以务工、学习、交流合作等目的为主，我国城市化进程的加快导致了人口迁徙规模的扩大。从地理空间来说，越来越多的人口流向城市化较高的地区，出现了从城镇化率低向高流动，从城市等级低向高流动，从内陆城市向沿海城市流动的现象，形成了一个较大范围内的人口迁徙网络，由多个大小城市以及城市群组成，信息、交通等相关产业的发展极大地促进了城市之间的交流合作，使迁徙网络上的各个城市节点之间联系日益密切。

而从时间上来说，我国人口迁徙具有一定的周期性，特别是在某些特定时期（如春节、国庆等）人口迁徙流量大幅增加，此时期容易成为新型传染病传播的高风险时期。而平时的人口迁徙活动对新型传染病传播的影响并不显著，交通流量较小，也不存在大规模人口迁徙活动，因此我国人口迁徙周期性这一特点十分鲜明，人口迁徙高峰时期便成为了新型传染病传播的高风险时期。

所以，无论是时间还是空间来看，春节期间人口大范围迁徙对于新型传染病传播都具有极大的推进作用，使新型传染病的防控难度大大提高。人口迁徙造成了两个方面的问题：第一，当疫区的人口外流时，可能将疫区的新型传染病传播到大范围未受灾的地区；第二，更重要的是，当疫区开始复工，人口陆续还乡时，又会将各地的地方性传染病带回灾区，如果受灾地区具备新型传染病流行的条件，甚至可能产生新的病区。

不难看出，我国的春节期间往往是全国范围的人口迁徙活动的高峰期。春节之前的人口迁徙活动大多是从户籍所在地返回出生地的返乡探亲活动，而春节过后则大多为出生地回到户籍地进行工作、生活等返程活动。我国春节前后人口迁徙的迁入与迁出活动所占比例大不相同，春节前的迁徙人口绝大多数以返乡人口为主，而春节后的迁徙人口大多以返程务工、生活等人员为主，春节前后两段时期内人口迁徙方向大不相同，在新型传染病传播时容易造成交叉感染和二次感染，为春节期间的疫情防控工作增加了极大的难度。

因此，在疫情期间，大量的迁徙人口将会成为新型传染病防控的重点对象，一般对于新型传染病网络传播来说，隔离是高风险节点控制的有效手段，能够切断高风险节点与其他节点之间的联系，从而达到新型传染病防控的目的。而在疫情爆发之前，进行早期的预测十分重要，通过对人口迁徙网络的分析，来预测新型传染病的未来传播风险，能够及时限制和防范新型传染病的扩散，减少新型传染病带来的负面影响。

2. 研究方法与技术路线

鉴于新型传染病变异性强，人类的认知缺乏、研究缺乏等特点，我们无法得知下一次疫情爆发的地点和规模等信息，也无法得知疫情爆发后哪些地区受到威胁最大，种种未知性导致了应对的复杂性。但是研究可以通过将新型传染病复杂的传播过程进行剖析，找到其传播特点及规律，化繁为简进行针对性应对。

本文通过收集人口迁徙数据，来构建人口迁徙网络概率矩阵，通过对不同城市迁徙人口的迁入迁出信息进行整合，得到不同城市人口迁入迁出地概率分布情况，以此来进行情景模拟，预测假如某个城市疫情爆发后，哪些城市权重较高，受影响较大，并据此来制定相关防疫政策。因此，本文研究路线分为以下四个部分：数据收集——模型构建——模型验证——模型预测（图2-1）。

第一部分，进行人口迁徙数据的收集。主要收集迁徙人口居住地、出生地、人口密度等相关信息。并且包含了地级市行政区划名称代码、人口数量、人口密度等基本信息。

第二部分，利用所收集数据构建人口迁徙网络矩阵。将人口迁徙数据进行分类统计，通过求和得到数量矩阵，并将数量矩阵通过公式计算为概率矩阵，以迁入概率和迁出概率分别作为研究对象，形成迁入概率矩阵和迁出概率矩阵。

第三部分，进行模型验证。首先利用百度人口迁徙数据与本模型数据进行相关性验证，验证所用数据的准确性，再利用武汉市确诊病例人数与所构建的模型进行对照，利用具体病例数进行相关性验证。将模型相关参数和计算公式利用Python进行编程处理，以便将模型计算参数化。

第四部分，利用该模型进行情景预测。对人口迁徙活动密集的城市，如北京、上海、广州等进行模拟预测，并给出迁入迁出城市风险排名，以预测得到的城市风险水平排名为标准，为相关防疫工作提供数据参考。

三、数据说明

1. 数据内容及类型

（1）模型构建相关数据

1）2017年中国流动人口动态调查（CMDS 2017）

2017年，中国国家卫生和计划生育委员会（National Health and Family Planning Commision of the People's Republic of China，简称NHFPC）在全国进行了流动人口动态调查，样本点分布在31个省的356个地级市和地区。受访者是在流入居住地居住了一个月以上，没有在该城市进行户口登记且到2017年年龄在15岁以上的流动人口居民，当前居住地与户籍注册地相同的人口不包括在内。根据计划，调查170 000个住所，实际访问169 989个，涉及667 122名居民，其中575 288名居民住在人口流入地。调查包括获得有关流动人口家庭、住房、基本公共卫生和户口所在地等的基本信息。这项调查数据于2018年底公开，是目前有关中国人口流动的最新和最全的数据。

2）新型传染病传播的辅助因子

除了CMDS数据外，本研究还结合了传统传染病网络研究中

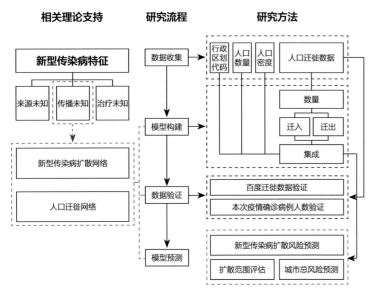

图2-1 研究理论、流程与技术方法

常用的地级市人口数据和人口密度作为辅助因子，以指示传染病宿主密度和总宿主人口，这些数据摘自《2019年中国城市建设统计年鉴》。

（2）模型检验数据

1）百度迁徙数据

百度迁徙数据利用百度地图LBS开放平台、百度天眼，对其拥有的LBS（基于地理位置的服务）大数据进行计算分析，并采用创新的可视化呈现方式，实现了全程、动态、即时、直观地展现人口迁徙的轨迹与特征。团队搜集了2020年2月1日—2月20日的人口迁徙数据，数据包括人口的现居住地点和户籍所在地等信息，由于百度迁徙数据只提供了全国前100个城市数据，数据尚不全面，因此本文采用了百度迁徙数据所提供的100个城市的人口迁徙信息对本模型进行检验。

2）COVID-19感染确诊病例地级市的数据

地级市的确诊病例数据来自中国国家卫生委员会和省卫生委员会。团队统计了爆发期2020年2月1日—15日在356个城市中确诊病例的数量（不包括香港、澳门与台湾省）。这些城市逐日确诊病例数数据和CMDS 2017的调查数据中的城市名称在ArcGIS中通过地级市名称与代码进行了匹配。

2. 模型数据预处理技术与成果

按照图2-1的流程，将用于构建迁徙网络矩阵的数据进行了一系列处理。

首先对收集到的流动人口调查问卷数据利用SPSS软件进行统计，根据被访问者的居住地和户籍地的行政代码来提取对应的地级市，并将其他相关调查内容指标进行代码赋值——将文本内容转变为代码以方便分类汇总统计，并依据同一家庭成员、同一居住城市等标准进行分组汇总，并赋予相应的代码编号，以方便统计处理。

之后，将各个代码以及相对应的数据内容导入Python中，进行批量分类求和统计，将统计结果形成n阶矩阵，行和列分别代表居住地（调查地）和户籍地（出生地），以形成人口迁徙数量矩阵。

在构建矩阵时，删除了以下人口样本：①获得当地户口的人口；②居住在外地的人口，目的是排除居住地与出生地相同的人口样本，以确保迁入和迁出矩阵计算时均为有效的迁徙人口样本，以便进行矩阵计算时，矩阵对角线均为0，即模型中不存在居住地与户籍地相同的人口样本。

最后，通过这种方法，流动人口样本可以很好地反映某些流动人口的出生地，经过统计样本总数为432 933个。所形成的人口迁徙网络数量矩阵如公式（3-1）所示：

$$N = \begin{bmatrix} n_{1,1} & \cdots & n_{1,j} & \cdots & n_{1,m} \\ \vdots & \ddots & \vdots & & \vdots \\ n_{i,1} & \cdots & n_{i,j} & \cdots & n_{i,m} \\ \vdots & & \vdots & \ddots & \vdots \\ n_{m,1} & \cdots & n_{m,j} & \cdots & n_{m,m} \end{bmatrix} \quad （3-1）$$

其中$n_{i,j}$代表调查数据中在节点城市i中出生并在节点城市j中居住的居民数量；m表示城市数量，本研究中总共有356个城市或地区。因为排除了获得户籍的流动人口样本，所以矩阵对角线上的n_{ab}为0。

四、模型算法

1. 模型算法流程及相关计算公式

（1）模型构建算法

1）人口迁徙网络概率矩阵的构建

基于传染病网络理论，首先使用流动人口的居住地及其调查数据中的户籍数据来构建流动人口迁徙网络矩阵，以构建人口迁徙网络模型。居住地数据是从调查时每个调查对象的居住地得出的，出生地数据是从受访者的户口数据的地方得出的，即户籍所在地（出生时进行登记的城市）。

在构建数量矩阵后，对每个居住地的概率进行标准化，将每一列或每一行的概率加起来，以形成称为人口迁徙网络概率矩阵，该矩阵类似地理加权空间矩阵公式（4-1）、公式（4-2）。

$$P = \begin{bmatrix} p_{1,1} & \cdots & p_{1,j} & \cdots & p_{1,m} \\ \vdots & \ddots & \vdots & & \vdots \\ p_{i,1} & \cdots & p_{i,j} & \cdots & p_{i,m} \\ \vdots & & \vdots & \ddots & \vdots \\ p_{m,1} & \cdots & p_{m,j} & \cdots & p_{m,m} \end{bmatrix} \quad （4-1）$$

$$p_{i,j} = \begin{cases} p_{\overrightarrow{i,j}} = n_{i,j} / \sum_{i=0}^{m} n_{m,j} \\ p_{\overrightarrow{i,j}} = n_{i,j} / \sum_{i=0}^{m} n_{i,m} \end{cases} \quad （4-2）$$

其中，$p_{\overleftarrow{i,j}}$ 代表出生地是城市 j 流动到城市 i 的流动人口居住概率；$p_{\overrightarrow{i,j}}$ 代表了出生地是城市 i 的流动人口中流动到节点城市 j 的居住的概率。总之，p 值越高，表明对应的两个节点城市人口迁徙概率越高，即节点在网络中所占权重越高。

2）新型传染病扩散风险模型的构建

利用人口迁徙数据来构建新型传染病扩散风险模型，并将迁入和迁出两个矩阵（$p_{\overleftarrow{i,j}}$、$p_{\overrightarrow{i,j}}$）与一些辅助因子将形成一个网络模型，用于预测人口的迁徙与新型传染病传播的关系见公式（4-3）。

$$I_{a,t,j} = f\left(PopD_j, Pop_j, p_{\overleftarrow{a,J}}, p_{\overrightarrow{a,j}}\right) \qquad (4-3)$$

其中，$I_{a,t,i}$ 是在城市 a 中发生疫情后第 t 时间在 j 城市中可能存在的风险。$PopD_j$ 是 j 城市的人口密度，用于指示感染人口密度，Pop_j 是 j 城市人口用来代表感染人口数量，$p_{\overleftarrow{a,J}}$ 和 $p_{\overrightarrow{a,j}}$ 分别表示城市 a 和 j 之间流动方向的概率。基于实证相关性分析（如百度、COVID-19传播）后，将在式4-3的基础上使用人口密度、数量、迁入迁出概率等有重大或显著影响的指标来构建回归模型并进行风险预测公式（4-4）。

$$I_{a,t,j} = \beta_{1,t} \times PopD_j + \beta_{2,t} \times Pop_j + \beta_{3,t} \times p_{\overleftarrow{a,J}} + \beta_{4,t} \times p_{\overrightarrow{a,j}} \quad (4-4)$$

（2）模型校验算法

完成模型构建后，本团队使用两种方法验证该模型是否可以预测地级市的新型传染病传播，首先使用百度迁徙数据进行模型验证，鉴于百度迁徙数据只提供了全国1/3的城市数据，所以再次利用武汉市本次COVID-19疫情确诊人数来进行相关性的校正，以校准模型中的估计值 β。

1）通过百度迁徙数据进行模型检验

以2月15日—2月20日之间逐日的百度迁徙数据为例，来构建人口迁徙网络概率矩阵，并计算得到武汉市迁入迁出概率，利用公式4-4进行相关性验证，将百度迁徙数据计算所得的迁入概率、迁出概率，以及地级市的人口数量和人口密度与本模型所用数据进行逐日相关性验证，以此来判断本模型的准确性。

利用皮尔逊相关系数（r）将百度迁徙数据计算所得的迁入和迁出概率，以及人口数量、密度等辅助因子同本模型所用数据进行相关性验证。通过计算迁入迁出概率与平均迁入迁出概率的差值，可以直观地反映出模型计算所得结果与平均迁入迁出概率分布的离散程度，从而更加精确地验证模型计算的相关性。

$$r_t = \frac{\sum_{i=1}^n (X_i - \overline{X})(Y_{i,t} - \overline{Y_t})}{\sqrt{\sum_{i=1}^n (X_i - \overline{X})^2}\sqrt{\sum_{i=1}^n (Y_{i,t} - \overline{Y_t})^2}} \qquad (4-5)$$

其中，X 为城市相关数据（如 $PopD_j$、Pop_j、$P_{\overleftarrow{a,J}}$、$P_{\overrightarrow{a,j}}$），Y 为百度迁徙数据（在本文中为武汉市人口迁出数据）。

2）通过地级市病例数进行模型验证

鉴于百度迁徙数据只提供了全国不到1/3城市的数据，因此百度迁徙数据的验证并不全面，存在一定的片面性，以疫情爆发 t 天后中国地级市的确诊数为例，在一定时间范围内，利用公式4-5对地级市的 $PopD_j$、Pop_j、$P_{\overleftarrow{a,J}}$、$P_{\overrightarrow{a,j}}$ 与 $I_{a,t}$ 同样进行双变量相关性分析，式中 X 为城市相关数据（如 $PopD_j$、Pop_j、$P_{\overleftarrow{a,J}}$、$P_{\overrightarrow{a,j}}$），$Y_{i,t}$ 为2月1日—15日确诊病例数（在本文中为武汉市数据）。

同样的，将疫情确诊病例数进行统计汇总，将所得的病例分布统计与模型计算所得的迁入迁出概率分布进行对照，并辅之以人口数量、密度等对疫情有一定影响的因子，利用SPSS软件进行双变量分析验证，以具体的疫情传播情况与模型计算进行验证。在此基础上，利用武汉市确诊人数进行模型估计值的参数校准。

（3）情景预测算法

1）流动人口聚集城市新型传染病扩散风险预测

对于我国来说，人口迁徙活动具有鲜明周期性——春节期间人口迁徙流量达到年度峰值，同时春节期间也成为传染病传播的高发时期，例如"非典"时期，北京作为我国首都，迁徙人口活动大规模聚集在北京，极大地加快了新型传染病传播的速率，导致了"非典"的大规模传播，因此春节期间的人口迁徙活动聚集城市是本研究预测的首要目标。

在本次研究中，假设该新型传染病将在中国流动人口数量最大的22个城市中发生（200万以上流动人口城市，即北京、长沙、成都、东莞、佛山、广州、杭州、合肥、嘉兴、济南、金华、昆明、南京、宁波、泉州、上海、深圳、苏州、天津、郑州、温州、厦门），在进行风险值计算时，由于假定了疫情传播情况与武汉市相同，因此公式（4-4）中的估计值 β 与武汉市疫情实测确诊人数的估计值相同，由此可以预测在相同疫情爆发情况下传染给其他地级市的风险。之后，根据计算所得风险水平可以绘制风险变化图，该图可利用人口迁徙数据，将其导入Python中进行批量处理，输入相关影响因子及参数，得到流动人口聚集城市的风险动态变化。

2）流动人口聚集城市新型传染病扩散范围评估

运用上述的新型传染病扩散情景风险预测，计算不同城市风险值的标准差，能够表明不同地级市爆发情景下扩散范围大小。由于人口迁徙网络中不同城市节点所占权重不同，因此对于迁徙网络中所占权重较高的节点城市，计算所得的标准差值较大，表明新型传染病传播范围相对集中；而对于迁徙网络中所占权重相对平均的节点城市来说，计算所得的标准差值较小，表明新型传染病传播范围更加广泛。

3）迁徙导致新型传染病扩散城市总风险预测

研究还对全国城市总风险进行了预测，根据地级市的扩散风险预测结果，将地级市的风险利用公式（4-4）进行叠加计算，在进行风险值计算时，由于同一时期内迁入迁出概率所占权重相同，因此利用武汉市风险值计算时公式（4-4）的估计值来确定其他城市迁入概率和迁出概率的估计值，计算所得城市的风险值进行可视化汇总，得到全国范围内城市总风险分布图，较为直观地看出新型传染病传播网络中各个节点的所占权重，对便于全国的新型传染病传播风险进行预测。

矩阵中所占总权重较高的节点城市是人口迁出或迁入比例较高的城市，在疫情扩散时，不论是迁入和迁出都容易造成疫情的扩散，因此应优先进行防疫管理和制定相关的防疫政策，并且在疫情缓和后也要注意防范人口迁入造成疫情的第二次爆发。

2. 相关支持技术

除上述的数学模型外，利用现有数据对模型进行了进一步的开发，将该模型进行编程，利用上述模型的计算方法，预测新的疫情爆发情境下，哪些城市需要及时地制定出对应政策。

在软件中，利用ArcPy进一步开发，实现批量处理计算，当输入某个城市出现疫情后，模型根据人口迁徙数据计算出该城市的迁入迁出人口迁徙动态分布图，以便进一步防疫工作安排。在进一步进行风险值计算时，软件将自动计算得到其他城市在一定时间内的新型传染病传播风险变化，默认将武汉市情景预测所用公式的相关参考系数进行输入（当然也可以自行设定），以此为标准对其他城市进行风险计算，并对人口密度、人口数量、迁入概率和迁出概率等相关因子进行加权计算，根据不同网络节点所占权重不同进行风险值计算。同时，软件中也可以利用自然间断法将概率进行分类，取最大风险值进行综合叠加处理，利用最大

风险值对不同爆发情景的全国地级城市进行风险评估。

由此计算出定量化的疫情传播风险水平，有助于制定不同程度的防疫措施，例如：全面封锁、停工停产、半停工停产、局部隔离和交通管制等措施。针对不同风险的城市来采取不同的防疫措施，这样既可以有效地进行新型传染病防治，又可以保障疫情防治期间医疗物资和医护人员的合理调配。以数据为支撑，能够提高防疫水平，提高决策的科学性和针对性，降低盲目性。

五、实践案例

1. 模型实证检验

（1）基础数据处理结果

传统预测方法主要以人口数量和密度进行预测，而本文采用了更加科学精确的人口迁徙网络进行预测，因此本团队搜集了传统预测方法所用的人口数量、人口密度，以及确诊病例数等基础数据，并以武汉市为例，计算了武汉市迁入概率和迁出概率。

（2）通过百度迁徙数据进行模型检验

利用2月10日—2月15日的百度迁徙数据进行模型检验，来对模型中的数据信息进行相关性核对，利用百度迁徙数据来构建人口迁徙网络概率矩阵，并结合地级市人口数量、人口密度等其他影响因素进行验证，验证结果如表5-1、表5-2所示。

武汉市百度迁出数据与本模型各参数双变量相关性分析结果　表5-1

	百度迁徙数据验证（N = 100, t = 2月10日—2月15日）					
	$t1$	$t2$	$t3$	$t4$	$t5$	$t6$
$PopD_j$	−0.096	−0.096	−0.096	−0.096	−0.096	−0.096
Pop_j	−0.045	−0.045	−0.045	−0.045	−0.045	−0.045
p迁入	0.854 **	0.871 **	0.853 **	0.866 **	0.870 **	0.863 **
p迁出	0.376 **	0.408 **	0.403 **	0.397 **	0.401 **	0.398 **
N	100					

注：**相关性在0.01水平上显著（双侧）。

可以从结果中看出，百度迁徙数据与本模型中重点研究的人口迁入概率数据相关系数均大于0.85（这是由于迁入武汉市的流动人口在春节期间大概率会迁出武汉市返回出生地），而与迁出概率数据也具有显著的相关性，则表明本模型使用的数据相对准确，能够较为精确且全面地进行新型传染病的传播风险预测。而

从人口数量和人口密度的验证结果来看，人口数量和密度与人口迁徙概率并不相关。综上所述，验证结果可以用来证明本模型当中的人口迁徙概率与百度迁徙数据高度相关。

（3）通过COVID-19扩散数据进行模型检验

将使用人口迁徙网络概率矩阵，以及统计的武汉市确诊病例数进行模型检验。利用$PopD_j$、Pop_j、$P_{\overleftarrow{wuhan,J}}$和$P_{\overrightarrow{wuhan,J}}$的Pearson相关系数（$r$）通过双变量相关分析获得表5-2，这四个因素与$I_{wuhan,t,j}$（COVID-19在中国地级市爆发后15天确诊的感染数为$I_{wuhan,t,j}$）显著相关。其中，$P_{\overleftarrow{wuhan,J}}$的相关系数$r$最高，达到0.918，可以证明武

汉人口迁入概率与中国地级市的确诊人口数量高度相关。简而言之，从人口迁徙网络概率矩阵重点研究的$P_{\overleftarrow{wuhan,J}}$和$P_{\overrightarrow{wuhan,J}}$可用作预测场景中的风险预测因子。

之后，构造了15个包含$PopD_j$、Pop_j、$P_{\overleftarrow{wuhan,J}}$和$P_{\overrightarrow{wuhan,J}}$的回归模型来拟合$I_{wuhan,t,j}$（表5-3），经过共线性检验，研究发现所有回归模型内的多重共线性很低，方差膨胀因子（VIF）小于1.5。同时可以看出，在不同的模型中，$P_{\overleftarrow{wuhan,J}}$和$P_{\overrightarrow{wuhan,J}}$影响程度更明显，$R^2$在0.826～0.887之间，这表明模型具有极强的预测能力，能解释武汉爆发疫情后其他地级城市82%以上的风险差异。

武汉市风险值皮尔逊相关系数检验结果 表5-2

	$I_{wuhan,t,j}$皮尔逊相关系数检验结果（r）（$N=329$，$t=$2月1日—2月15日）														
	$t1$	$t2$	$t3$	$t4$	$t5$	$t6$	$t7$	$t8$	$t9$	$t10$	$t11$	$t12$	$t13$	$t14$	$t15$
$PopD_j$	0.157 **	0.146 **	0.142 *	0.136 *	0.129 *	0.128 *	0.128 *	0.127 *	0.126 *	0.125 *	0.125 *	0.120 *	0.117 *	0.117 *	0.117 *
Pop_j	0.232 **	0.220 **	0.212 **	0.200 **	0.187 **	0.182 **	0.177 **	0.175 **	0.173 **	0.172 **	0.170 **	0.162 **	0.158 **	0.155 **	0.154 **
$P_{\overleftarrow{wuhan,J}}$	0.836 **	0.849 **	0.857 **	0.883 **	0.907 **	0.915 **	0.917 **	0.915 **	0.915 **	0.915 **	0.916 **	0.913 **	0.915 **	0.916 **	0.918 **
$P_{\overrightarrow{wuhan,J}}$	0.543 **	0.534 **	0.514 **	0.500 **	0.477 **	0.466 **	0.463 **	0.461 **	0.458 **	0.456 **	0.453 **	0.447 **	0.445 **	0.439 **	0.436 **

注：**相关性在0.01水平上显著（双侧），*.相关性在0.05水平上显著（双侧）。

武汉市风险值回归模型检验结果 表5-3

	武汉市风险模型（$N=329$，$t=$2月1日—2月15日）														
	$t1$	$t2$	$t3$	$t4$	$t5$	$t6$	$t7$	$t8$	$t9$	$t10$	$t11$	$t12$	$t13$	$t14$	$t15$
	Beta	Beta	Beta	Beta	Beta	Beta	Beta	Beta	Beta	Beta	Beta	Beta	Beta	Beta	Beta
$PopD_j$	0.003	−0.003	0.003	0.008	0.017	0.024	0.029	0.030	0.031	0.031	0.034	0.034	0.034	0.038	0.040
Pop_j	0.119 **	0.108 **	0.102 *	0.082 *	0.063	0.056	0.049	0.048	0.047	0.046	0.044	0.036	0.032	0.029	0.027
$P_{\overleftarrow{wuhan,J}}$	0.715 ***	0.734 ***	0.751 ***	0.786 ***	0.823 ***	0.834 ***	0.837 ***	0.836 ***	0.836 ***	0.837 ***	0.838 ***	0.839 ***	0.842 ***	0.846 ***	0.849 ***
$P_{\overrightarrow{wuhan,J}}$	0.303 ***	0.295 ***	0.270 ***	0.250 ***	0.221 ***	0.206 ***	0.204 ***	0.202 ***	0.200 ***	0.198 ***	0.195 ***	0.191 ***	0.190 ***	0.183 ***	0.179 ***
R^2	0.826	0.835	0.836	0.865	0.881	0.887	0.887	0.883	0.882	0.880	0.880	0.883	0.885	0.885	0.887
N	329														

注：***相关性在0.001水平上显著（双侧），**.相关性在0.01水平上显著（双侧），*.相关性在0.05水平上显著（双侧）。

2. 模型预测应用案例——春节期间流动人口聚集城市新型传染病扩散模拟

（1）春节期间流动人口聚集城市新型传染病扩散风险预测

可以看出，表5-3中的模型具有良好的解释能力（$R^2=$

0.826～0.887），因此，根据$I_{a,t,j}$将这些模型进一步用于风险水平预测。在计算时，假定了其他城市疫情爆发情况与武汉市相同，因此在进行风险值计算时，公式4-4中估计值β与武汉市风险计算估计值相同，即各影响因素所占权重与武汉市情况相同。研究预测

了在中国人口最多的22个流动人口城市爆发新型传染病后，其他地级市的风险大小。

本研究对春节期间22个流动人口聚集城市进行了逐日风险动态分析计算，将相关城市的人口迁徙数据导入ArcPy开发的平台中进行批量计算处理，将新型传染病网络扩散的动态变化汇总制成动态变化图及全国城市风险分布图，并且预测了在中国人口最多的22个流动人口城市爆发新型传染病以后，其他地级市的风险大小，最终将计算结果用作防疫政策制定的参考。

（2）春节期间流动人口聚集城市新型传染病扩散范围预测

基于上述分析结果，可以得出不同城市发生新型传染病扩散范围不同，设防范围自然也不同。对迁徙网络中所占权重不同的节点城市进行扩散范围的评价，按照情境预测的方法，利用不同的爆发城市预测的结果进行风险值大小的标准差计算，对于爆发后所占权重相对平均的节点城市来说，标准差相对较小，表明新型传染病扩散范围相对较大；反之标准差相对较大，表明新型传染病扩散范围相对小。

根据图5-1所示的标准差指数可以看出，当在温州、广州、东莞和深圳发生类似的传染病爆发时，由于标准差值较小，因此其他城市节点在疾病扩散网络中所占权重相对平均，因此受影响城市的范围将更为广泛；而昆明、合肥、天津和长沙标准差较大，在网络中城市权重较大的节点多，因此影响范围将更为集中，控制疫情难度较低。

（3）春节期间新型传染病全国城市总风险预测

以全国尺度而言，将地级市的风险利用公式4-4进行叠加计算，得到全国范围内城市总风险值的分布，所占总权重较高的节

点风险较大——如北京、上海等人口迁徙活动大量聚集的城市，在新型传染病传播网络中更容易成为新型传染病扩散的焦点，因此新型传染病传播风险较大。而对于节点总权重较小的城市来说，人口迁徙活动相对较少，因此在人口迁徙网络中所占权重较小，故新型传染病传播风险相对较小。

按照情境预测的方法，计算得出流动人口城市中新型传染病爆发后风险最高的地级市，其中河南、安徽和直辖市（例如北京、上海、广州、深圳、重庆）等城市风险最高，这些城市是重要的人口流入流出地，因此应优先进行防疫政策方面的考虑。相比之下，西藏、青海和新疆的人口流动最少，传染病扩散风险最低。

3. 实践案例小结

对于新型传染病的预防和防治来说，风险的预测是重要一环。中国是一个快速城市化的国家，在此过程中有大量的迁徙人口，且我国人口迁徙活动具有较高的周期性，本模型对于不同时期的人口迁徙活动的预测十分符合我国的国情。在本模型中，利用春运中的重要流动特征，即有一个明确的方向——返回出生地，提出在流动人口问卷调查中收集居住地和出生地信息的想法，以此来建立人口迁徙网络概率矩阵。经过表5-2和表5-3的双变量相关分析和回归表明，该方法可以精确地解释空间网络范围内新型传染病的传播方式，并且预测结果与传统预测方法不同，新型传染病不一定与城市的人口密度和数量直接相关，而是与人口迁徙活动高度相关，因此本文预测结果对于我国春节、国庆等人口迁徙活动高峰期的风险预测来说意义重大。

经过百度迁徙数据检验可以得知，模型与百度迁徙数据相关性较高，可以比较精准地进行新型传染病风险的预测，但由于百度迁徙数据只提供了100个城市的人口迁徙数据，因此研究无法进行全国范围内更全面的验证和预测结果。而本模型所用的数据相对全面，覆盖范围相对更加广泛，并且以实际的武汉市确诊病例数为例进行了验证，验证结果高达80%～90%，数据的科学性和准确性较高，能够合理地预测大规模人口迁徙造成的新型传染病的传播风险。

本研究不同于传统使用人口密度、数量（甚至使用经济发展、基础设施等指标）指标的传染病风险预测方法。传统方法普遍认为新型传染病传播风险与城市规模和人口数量及密度呈正相关，即大城市风险高、小城市风险小。这些传统方法脱离了实

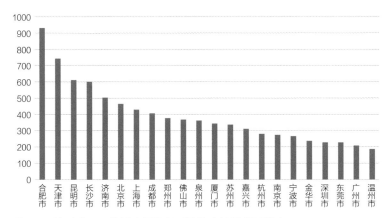

图5-1 流动人口聚集城市爆发新型传染病扩散范围排序
（排名越靠前，管控难度越低）

证研究，并且忽视了人口迁徙的客观规律，因此预测出的风险精度较差（尤其新疆、西藏的人口迁徙较少，疾病传播概率较低，而温州、东莞等城市人口迁徙活动相对频繁，疾病传播风险较高）。而本文中所提出的通过人口迁徙网络矩阵来进行春运期间的新型传染病扩散预测的方法更为精准，所采用预测方法以传染病网络扩散理论为指导，更加强调人口的流动性，以迁入迁出的方向和流量进行预测，能够实时地预测新型传染病传播的方向和规模，与传统的预测方法相比更具有动态性和科学性。

六、研究总结

1. 模型设计特点

在本文中，团队使用2017年中国流动人口调查数据构建了基于人口迁徙网络概率矩阵地级市尺度新型传染病扩散风险预测模型。研究使用模型与百度迁徙指数、实际COVID-19确诊人数进行了校验，研究进行了以下工作并取得了一定的发现：①预测了中国22个流动人口城市的春节期间新型传染病发生后的风险大小；②研究发现春运期间，在温州、广州、东莞或深圳等城市，如果发生新型传染病，其传播范围会更广；③使用该模型确定了河南、安徽和部分大城市（北京、上海、广州、深圳、重庆）由于迁徙量大，具有新型传染病高风险水平。研究可以利用该模型制定相应政策，以确保在发生类似的传染病爆发情景后启动应急计划，以检查、控制和隔离相应的人员。

总体来看，本模型有以下三个特点：

（1）本新型传染病预测模型构建的理论更加注重人口迁徙产生的网络化传播。现有的研究中，对新型传染病风险预测手段大多以城市人口密度和城市规模作为预测指标，忽视了城市规模较小而人口迁徙活动较频繁的城市。本模型基于传染病网络扩散特征理论，以人口迁徙网络为基础进行可视化风险预测，可以有足够的精度为新型传染病的跨区域联防工作提供政策指导和数据参考。

（2）本模型的预测与新型传染病传播后果具有极高的一致性与可信度。通过百度迁徙数据与COVID-19肺炎疫情确诊人数进行验证，结果证明本模型能够以80%以上的精确度预测人口迁徙的方向和规模（参见第五部分模型验证内容），来判断新型传染病的传播方向和途径，由此可避免主观思维和传统传染病防治观

念对决策的影响，以便较为精确地分配医疗物资，针对性地进行防疫物资调配和政策制定。对于不同时期的传染病的爆发，可通过修改模型中迁入和迁出的相关参数，即可实现不同阶段的预测，与我国目前精准化公共卫生安全防控的研究趋势相符合。

（3）本新型传染病预测模型的分析结果能够有针对性地为城市公共卫生政策提出分级建议。本模型不仅能够预测新型传染病传播方向，而且能够根据人口迁徙规模来进行分等级防控预警，针对不同的人口迁徙规模程度来制定不同的防疫指标。例如温州、东莞、佛山等城市人口迁徙范围较广，遍及中国大范围地区省市，此类城市一旦爆发疫情，则应采取较大范围内的严格防控；而例如济南、合肥等人口迁徙基本局限于本省内部的城市，一旦爆发疫情则不需要采取全国范围内大规模防疫工作，更多的是省内及周边范围内的防疫措施。以数据为支撑，制定不同指标的防疫措施，做到有的放矢，合理利用现有医护资源进行疫情防控，并尽可能减少疫情带来的经济和产业损失。

2. 应用方向与前景

本模型以人口迁徙网络为角度，进行新型传染病传播的风险预测，并提出分等级的预警方案。对于新型传染病疫情防控来说，分等级预警十分有必要，既可以进行针对性的疫情预防与防治，又可以大大减少隔离、交通管制等政策对低风险地区的限制，以减少不必要的经济和产业损失，更加集中和针对性地将防疫物资和人员集中到疫情高风险地区，进行资源的合理配置。

本模型相比于传统预测方法更加切合实际，将有助于我国政府今后对新型传染病的管理，尤其是春节期间的人口迁徙造成的传染病的控制。但是本模型也存在一定的局限性，例如旅游出行、途径疫区等造成的疾病传播；同时本文更多的是对春节前期期间人口迁徙活动进行研究，这部分人群以春节返乡人口为主，而在疫区复工时，返程的人口容易造成疫情的第二次爆发，因此也应在进一步的研究中得到重视。

总之，本研究通过提出人口迁徙网络，为检验传染病学和行为数据提供了新的视角。本研究并没有分析交通数据（例如航班数或火车频率），而是分析了产生交通流动的迁徙的网络，这将更具有预测性，也表明即使在新型传染病复杂的传播的情况下，也可以设计简单的模型来提供一种预测传播和衡量风险的方法。本文希望该方法可以继续帮助我国新型传染病的防控。

基于图神经网络的城市产业集群发展路径预测模型

工 作 单 位：南京大学

报 名 方 向：社会经济发展

参 赛 人：崔喆、刘梦雨

参赛人简介：参赛者来自于南京大学智慧城市团队。崔喆研究方向为大数据与经济地理，刘梦雨研究方向为大数据与区域交通。

一、研究问题

1. 研究背景及目的意义

城市是产业发展最重要的空间载体，产业发展情况也决定了城市发展情况。在产业发展过程中，由政府、园区通过产业规划等政策工具进行适当的引导至关重要。产业规划是一种实践性较强的城市经济发展工具，在城市发展战略研究、城市规划、产业园区规划等各类规划项目中，都是极其关键的一个环节。

但是目前的城市、园区产业引导决策方式仍存在着大量经验主义的掣肘，在招商实践中犹如无头苍蝇，或盲目自大，或妄自菲薄，或路径依赖，尚未形成科学合理、有数据支撑、可实践的产业引导。主要体现在：对将来的产业发展路径缺乏科学清晰的预估；园区新引入的企业与已有产业的耦合度差；产业区内未形成集聚正效应等方面。在实践中，已有的产业规划由于本身缺乏数据支撑，空想成分多，导致脱离实际，落地性差，起不到引导作用，往往被束之高阁，继而影响了许多产业园区的发展。

产业集群是产业区发展所要研究的核心理论概念。产业间基于横、纵向联系和产业链之间的联系在空间内形成了产业集群。波特认为产业集群是"一组在地理上邻近且相互联系的企业和机构，他们同处或相关于一个特定的产业领域，由于共性和互补性而联系在

一起"。产业的集群化会对产业发展产生重要的积极作用，集群内产生的集聚效应是产业发展的重要动力。集聚和联系是集群形成的两个重要条件，企业间存在着广泛的联系，既包括显性联系，如投资联系、分支机构联系和合作专利联系等，也包括产品关联等无法从公开资料中获取的"隐含联系"。如有人发现化工油漆业与金属制品业两个看似不相干的行业常常集聚在一起。原因是油漆需要大量的金属油漆桶配套。除上下游产品联系外，企业间的隐含联系通常还包括企业间的历史渊源，企业主营业务之间的技术联系，同类企业集聚带来的园区氛围，以及共享劳动力池等。

产业区的发展本身存在一定的发展规律。在研究范式上，从历史路径中挖掘规律是研究集群发展的重要方向。在大数据时代，产业活动产生的海量历史发展路径数据对产业的规划和决策具有一定的借鉴意义。通过剖析历史发展路径与共生关系，揭示企业间的"隐含联系"对产业引导起着至关重要的作用。

2. 研究目标及拟解决的问题

针对目前城市或园区产业规划的问题和困境，本研究以海量城市和园区产业历史发展路径及产业发展情况等建立网络模型，从集聚与联系这两个产业集群成长的核心要素出发，以工商企业注册数据、工业企业数据库等包含各企业具体信息的数据库

为核心数据，辅以专利数据、产业区统计数据和海关进出口数据等，利用图神经网络（GNN）等人工智能技术建立城市或园区产业规划推荐和发展模型，力求为城市产业规划方案提供科学合理的评价和决策方式，为产业园发挥集聚实现1+1＞2正效应提供指导。

二、研究方法

1. 技术路线

本研究设计主要分三部分进行，其技术示意图如图2-1所示：

（1）数据获取与预处理。对获取的原始数据进行清洗、字段整理和行业分类、地址转坐标等操作，得到可以进行分析的基础数据信息。

（2）模型构建与分析预测。本研究的主体部分，分为三个子模块：①利用企业空间分布的点数据，通过点聚合算法对产业集群进行识别；②基于会话序列构建产业关联网络，并进行网络模式与重要节点的分析；③通过会话推荐-图神经网络（Session-based Recommendation with Graph Neural Networks，简称SR-GNN）算法训练推荐系统模型，基于发展路径进行产业推荐和预测。

（3）案例实践、总结与展望。使用不同来源的数据，将训练模型在实际案例中进行应用，并进行总结和展望。

2. 研究方法及关键技术

（1）朴素贝叶斯算法

本研究的主体部分使用两套核心数据：一是工商企业信息数据库，二是中国工业企业数据库。其中，工商企业注册登记数据的数量大且比较全面，但缺少重要的行业分类信息。因此本模型在数据预处理模块设置了基于朴素贝叶斯的行业分类系统。朴素贝叶斯算法基于贝叶斯定理，是机器学习领域的一种统计学习方法，有计算快速、不需要迭代和适用性广等特点。已有学者证明了可使用该算法对企业的经济行业进行分类，且准确率较高。因此，本模型使用基于多项式模型的朴素贝叶斯算法，根据企业的名称及经营范围信息，对其所处行业进行分类。主要方法是分别计算分词后的公司名称训练集、经营范围训练集词频-逆文本频率指数（Term Frequency-Inverse Document Frequency，简称TF-IDF）值并构建关键词矩阵；将待分类公司的公司名称与经营范围分词后在矩阵中进行比较，输出候选行业名称及其概率值；最后基于各候选行业概率，综合确定公司所属行业。在包含1 000条企业信息的测试集上对本模型使用的自动分类系统进行测试，最终正确率为87.8%（包含因企业备案信息不全或无意义带来的分类错误）。

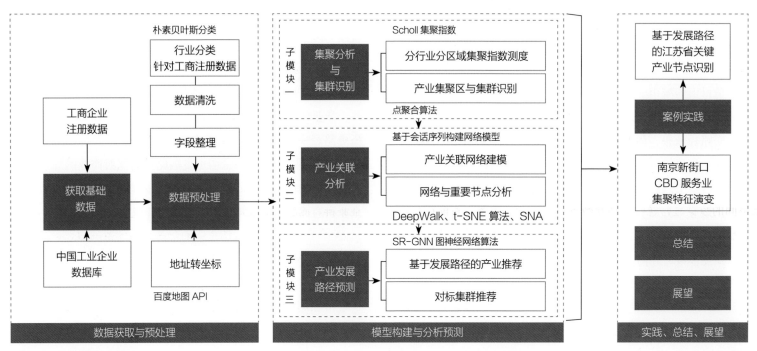

图2-1　技术路线示意图

（2）Scholl密度积累函数与点聚合算法

本文使用经坐标查询后的各个企业的地址数据对产业的空间集聚程度进行分析。使用聚合算法中的网格法+直接距离法对产业的空间分布进行聚合，得到数个空间产业集群，用以识别产业的空间集聚格局。

Scholl密度积累函数使用反距离权重函替代距离，使较大距离值的权重较小，通过计算可使较离散的公司获得较小的权重，相较其他产业集聚测度函数来说更适用于产业连绵区的产业集聚研究。通过计算测度分行业分区域的产业集聚指数揭示不同的产业集聚强度。

（3）图与复杂网络

本模型构建的产业发展路径模型是图网络模型。图网络模型基于图论，现实生活中许多数据都不具备规则的空间结构，而是以拓扑图的形式呈现的，如生活中的社交网络、互联网、已连接的物联网（Internet of Things，简称IOT）设备、铁路网络或电信网络等。在图论中，这种具有连接关系的互连节点的集合网络称为图。节点和边是图的两种核心元素。节点表示实体，它们之间的连接（即边）是某种关系。图又分为无向图与有向图。无向图的边是没有方向的，即两个相连的顶点可以互相抵达；有向图的边是有方向的，即两个相连的顶点，根据边的方向，只能由一个顶点通向另一个顶点。相较于传统的数据表格形式，图可以轻松捕获节点之间的关系、分析不同节点的作用和连接度。

复杂网络是呈现高度复杂性的网络，是复杂系统的抽象，具有自组织、自相似、吸引子、小世界、无标度等特征。网络数据在许多方面都有较强的应用。在本模型中，以各行业为节点（node），行业之间的发展时序即会话关系为边（edge），构建产业发展路径的有向网络。

（4）GNN图神经网络与会话推荐系统

GNN是一种直接在图结构上运行的神经网络，它可以对非欧氏空间的数据进行建模，捕获数据的内部依赖关系。目前在工业方面已有较多应用，包括社交网络、知识图谱、推荐系统、科学研究等多个领域。

基于会话的推荐（Session-based Recommendation，简称SR）已大量应用于商品推荐、电影推荐、音乐推荐等领域。该方法依据用户连续的行为进行推荐，把每个会话的点击信息按照时间做成一个连续序列进行表示，把序列组合进行网络建模。例如，用户A在豆瓣上的一段时间内先后点击了n部电影，这n部电影就构成了序列。将A的点击历史抽象为图模型，就可以使用图神经网络训练推荐系统，并根据训练结果进行推荐；如A与B用户的属性、点击历史相同，得到的推荐也相似。

产业间基于纵向联系构成了产业链，产业链内企业在空间内按照一定的入驻时序形成产业集群，从而产生基于发展时序的复杂图网络。本研究试图根据这一网络模型，基于网络数据分析网络模型的特征，并通过神经网络算法学习训练推荐系统模型，解决产业引入无从下手，产业发展无迹可寻的问题。

三、数据说明

1. 数据内容及类型

为探究产业及产业集群的发展过程和规律，需要大量的企业相关数据，特别是地理位置、行业信息，以及经济情况等信息。本研究所用的核心原始数据来自于中国工业企业数据库和工商企业注册登记数据库。中国工业企业数据库包含了自有记录始至2013年的全部规模以上工业企业，主要字段包括所属行业（精确到种类）、具体地址、经营状态等企业基本信息，以及资金流量、生产总值和盈亏数额等企业经营成果信息，工商企业注册数据库包含了全行业企业的工商登记信息，主要字段包括公司名称、企业地址、经营范围。

2. 数据预处理

（1）编写程序，通过Pandas等模块对原始数据进行清洗和筛选，保留对网络分析和训练模型有关键作用的字段，然后在工业企业数据库中合并历年调查得到的重复数据；

（2）编写程序，利用地图API接口进行地址转坐标，获取所有企业的具体坐标信息，得到企业空间分布情况，以便于识别产业集群、测度产业集聚程度；

（3）编写程序，根据企业的产品和经营范围信息，利用朴素贝叶斯算法对企业进行所属行业分类，得到企业所属行业信息；

（4）对上述企业关键信息进行筛选和排序，最后得到构建产业关联网络和训练推荐模型的数据，数据类型如表3-1所示，包括行业类型（item_id）、所在地址（user_id）和企业成立时间（eventdate），以及会话（session_id）。

数据集的数据类型			表3-1
session_id	user_id	item_id	eventdate
2	214044	1721	1920/7/1
2	214044	1742	1932/4/1
2	214044	1722	1935/10/1
……	……	……	……
2515	221631	2311	2004/9/1
2516	215045	2614	2005/9/1
2517	226501	2319	2006/11/1

四、模型算法

1. 集群分析与集群识别

（1）分行业分区域集聚指数测度

为分析不同产业的集聚程度区别和研究区域的集聚特征，以及为后续集群识别提供数据支持，首先利用Scholl集聚指数进行分行业分区域的集聚指数测度。

本模型使用的数据都是精确到每家企业的微观点状数据。传统的按行政区划分的面状统计数据，一般采用产业基尼系数、赫芬达尔指数和EG指数等对产业集聚进行分析，其缺点在于面状统计数据可能会掩盖企业的微观信息，且会产生分析结果随行政单元定义的不同而变化，即可变面积单元问题（Modifiable Areal Unit Problem，简称MAUP）。相对于宏观统计数据，微观企业数据更加精确，可有力识别密集区的集群，有助于细致刻画产业要素集聚并且不存在MAUP问题。

常用的通过微观点数据测度不同距离尺度下产业集聚强度的方法主要有Ripley提出的K函数、Duranton和Overman提出的D&O指数，以及Marcon提出的M函数。近年来D&O指数得到较多应用，但D&O指数的计算过程有简单加和，直接导入核函数等特点。经验证，该算法不适用于较均质的类空间泊松分布。而Scholl集聚指数则更适用于企业发展较为成熟的地区。如图4-1所示，Scholl指数图像在较均质分布的测试数据中表现更优秀。

相比于D&O指数，Scholl指数使用双曲线反距离权重函数，分组导入核函数，具体计算过程如下：

1）首先计算各样本组企业间的平均距离D_i，由于使用了双曲线的反距离权重函数，设距离门槛值为200m。

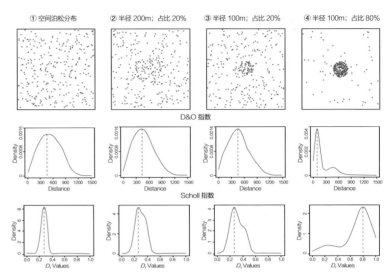

图4-1　Scholl指数与D&O指数数据测试对比示意图

$$D_i = \left(\frac{1}{J-1} \sum_{j=1, j \neq i}^{J} \frac{200}{max\{200m, d_{ij}\}} \right)^{-1} \quad (4-1)$$

2）将包括n个企业D_i值的数组导入核函数，计算这一数组的概率密度函数曲线。

$$g_i(D) = \frac{1}{nh} \sum_{i=1}^{n} f\left(\frac{D-D_i}{h} \right) \quad (4-2)$$

3）通过集聚概率与分散概率的差值计算"净集聚概率"，集聚概率和分散概率即为概率密度曲线上通过定积分计算得到的$g_i(D)$高于$g_b(D)$的面积。

$$\theta = \int_0^m max\{0, g_i(D) - g_b(D)\} dD - \int_m^\infty max\{0, g(D) - g_b(D)\} dD \quad (4-3)$$

（2）产业集聚区与集群识别

根据研究区域的不同，本项目使用的点聚合算法包括直接距离法与网格法与直接距离法结合两种方法。

研究区域较小时，直接使用直接距离法。对于待测的n个点，循环计算每个点至其他点的距离，在距离阈值内的点记录集群，并标记。计算至有标记点时跳过，直至完成循环。对此步得出的集群，再根据邻接状态与行政区划判定最终集群。

当研究距离较大时，先使用网格法，再使用直接距离法。在待测区域中划出网格，网格距离由待测区域大小决定。首先根据阈值计算待测网格的密度是否符合要求，再将符合要求的小矩形网格通过直接距离法进一步聚合为集聚区，最后根据邻接状态与行政区划判定最终集群。

2. 产业关联分析

（1）产业关联网络建模

基于会话将集群内产业的引入序列构建复杂网络，对其进行网络模式分析以发现产业发展"隐含关系"的规律，并通过该网络进行后续的模型训练。本研究中复杂网络的节点为不同的产业，其引入顺序构成有向的会话关系，从而生成产业发展路径网络；而集群内的网络和集群之间的网络共同构成了整体的复杂网络（图4-2）。编写程序对表3-1的数据进一步处理，使会话表格转换为边表格（表4-1），然后通过边表格构建网络。

Cluster	Source	Target	Eventdate
225527	3020	3411	2003/4/1
225527	3411	3615	2003/6/1
225527	3615	3411	2003/8/1
......	......	......	......
225527	3921	3530	2004/5/1
225527	3530	3615	2004/6/1
225527	3615	3411	2004/9/1

边表格示意　　　　　　　　表4-1

（2）网络与重要节点分析

目前，社会网络分析（Social Network Analysis，简称SNA）系列方法发展较为成熟，已大量应用于流动空间和城市网络研究。

集群A：　　　　产业1→产业2→产业4→产业3

集群B：　　　　产业2→产业5→产业6→产业7

集群C：　　　　产业5→产业→产业3→产业6

......

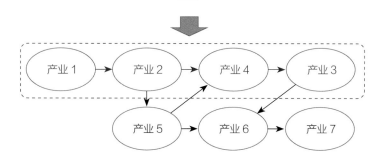

图4-2　网络构建方法

主要方法包括凝聚子群分析、度分析等。根据历史路径数据建立网络模型之后，就可以使用众多网络分析方法对研究网络进行分析。本研究中对整体网络分析主要使用SNA方法。

为发现重要的产业节点，除了使用常规的度分析外，还使用了DeepWalk与T-SNE算法对网络中的产业节点进行聚类。常规的社会网络分析方法凝聚子群是社群识别算法，仅考虑网络中的亲近疏远关系；而DeepWalk是聚类算法，关注的是节点有哪些特征可以与其他节点区别开，从而聚为一类。

图数据与文本、图像等不同，结构多变。Embedding嵌入将节点映射成固定维度的特征向量，以便后续地深度学习算法使用；DeepWalk算法利用图结构中的随机游走的序列的信息，用于学习图中顶点的潜在表示。T-SNE则适用于将高维数据降维到2维或者3维，便于进行可视化。

3. 产业发展路径预测

（1）模型算法流程及相关数学公式

本模块在前两个模块的基础之上，利用前两个功能模块生成的产业集群划分结果与产业发展网络模型，使用神经网络算法对集群的产业发展路径，以及对标集群进行预测。

多种图神经网络均可用于推荐系统。如基于注意力更新的图网络（GAT）、图卷积网络（GCN）、基于门控更新的图网络和具有跳边的图网络等。本项目选择了SR-GNN模型。该模型不仅在一些常规数据集（如电影观影数据集、商品点击数据集）上表现优秀，其具备的长序列、超参数循环等特征也显然更适用于基于产业路径的推荐系统。与推荐系统常用的典型模型——GRU4REC对比，SR-GNN在下列四个方面均具有较大优势：①SR-GNN可考虑更复杂的过渡关系，包括若干出点和入点与当前节点的关系，而GRU4REC只考虑上一节点到当前节点的过渡关系；②SR-GNN使用attention机制，通盘考虑当前兴趣与整体兴趣，而GRU4REC只考虑当前兴趣；③SR-GNN的循环次数是超参数，而GRU4REC的循环次数由序列长度决定；④SR-GNN的实现较简单。

算法流程分为四个阶段：数据准备、模型训练、模型评估和预测。

数据准备阶段使用上一子模块建立网络模型时所生成的session表数据。数据预处理过程主要使用SR-GNN模型配套提供的数据预处理工具，主要工作包括时间戳转换、去单要素session，转换为二进制等。处理后的数据按照6：2：2的比例划分为训练集、验证集、测试集。

模型训练阶段同一班神经网络模型的训练过程，通过多轮训练过程中反馈loss值函数来调整模型参数，从而训练出拟合度最优的模型，并避免过拟合。

模型评估阶段使用判断推荐系统有效性的主流指标——Recall@20（召回值）。该指标的含义是模型在900多个细分行业中推荐的前20个行业中，存在所测试对象下一个真实引进行业的概率。

（2）模型算法相关支撑技术

在百度研发的开源深度学习框架PaddlePaddle（飞桨）上进行预测模型的训练与验证。PaddlePaddle的算法实现较容易，支持也较丰富，对于SR-GNN网络的实现也较容易。训练平台为GTX960，CUDA10.0。综合考虑模型表现与耗费时间，模型训练所需要的超参数调整为：epoch=20，batch_size=100，l2=1e-5，hidden_size=100，lr=0.001。其他超参数为模型默认值。

五、实践案例

1. 基于微观企业数据的南京新街口CBD服务业集聚特征演变

子模块一"集聚分析与集群识别"中提出的集聚指数测度方法不仅可以应用于区域层面的产业集聚研究并识别区域内的产业集聚区。还可将这一方法拓展至城市乃至城市内部层面。本实践案例即将Scholl集聚指数测度方法应用于南京新街口CBD服务业集聚特征演变的研究之中。

这一实践案例基于南京新街口CBD的工商企业注册数据，对其进行行业分类后筛选服务业企业，然后使用Scholl集聚指数测度方法对其进行集聚特征分析。产业集聚是城市研究的永恒话题，它与创新、经济增长的关系紧密，也是塑造空间结构的重要因子。西方经典CBD理论认为CBD最初是商业与商务功能混合的商业—商务中心区。随着CBD的发展，原有的商业中心功能被商务功能所置换，出现了CBD与商业中心分化的状态。且生产性服务业具有集聚趋向而生活性服务业具有分散倾向。然而在新街口CBD的案例中，通过对集聚指数变化的测度，研究发现这一传统

论断并不完全正确。

通过对南京新街口CBD的研究，发现行业组内不同细分行业具有不同甚至相反的集聚特征。由图5-1可见，流通性服务业在20年间保持分散态势，不仅服务公司的批发、运输代理、仓储等行业分散，面向消费者的零售业的集聚程度也始终较低。

社会性服务业和消费性服务业总体呈聚集趋势。但各分行业的情况有所不同。餐饮业、娱乐业和居民服务业的集聚程度明显高于其他行业。一方面这类行业的选址条件最苛刻，靠近交通枢纽对吸引消费者有决定性意义，另一方面这类服务业的集聚呈外部性明显。卫生、修理、体育等行业的集聚程度呈逐年降低趋势。这是出于面积需求、日常服务等导致选址策略转变。可以发现，零售业的分散趋势与餐饮业、娱乐业始终保持高度集中的趋势形成了明显的倒挂。这与西方城市零售业、餐饮业同步趋向分散的趋势明显不同。

生产性服务业两极分化趋势形成。金融行业（包括保险、货币金融服务、资本市场服务）的集聚指数在各时间段均处前列，且部分行业呈现集聚程度递增趋势。研发设计类（包括商务服务、专业技术服务、研究和试验发展、科技推广和应用服务等）与IT产业（软件、互联网）的集聚指数明显偏低，部分行业还有下降趋势。原因：研发设计类生产性服务业多依托学校、科研院所等的外溢资源；交通依赖小；且部分行业面积需求大，而CBD核心区的地价昂贵，多数企业无法负担。

2. 江苏省产业集群与重点产业识别研判

"江苏省产业集群与重点产业识别研判"实践案例综合应用了模块一、二和三中提到的各类方法。

（1）产业集群识别

在中国工业企业数据库（1997-2013年）中筛选江苏省工业企业数据，经过数据清洗，合并历年追踪重复数据，地址转坐标等预处理步骤后得到原始数据。由于研究区尺度较大，使用网格法与直接距离法相结合的方法对产业集群进行识别。由于苏南、苏中和苏北发展水平不均，对集群的认定标准也有不同，具体的搜索距离由各地全产业集聚指数曲线图分别设定，集群连绵区根据行政区划切分。

（2）产业网络建模与分析

在识别出产业集群之后，将各个集群的产业发展路径按照模

分组	行业代码	行业名称	2000-2004 年	2005-2009 年	2010-2014 年	2015-2018 年	累计值
流通性服务业	51	批发业	0.038	-0.064	0.049	0.047	0.070
	58	多式联运和运输代理业	-0.060	-0.022	-0.053	-0.045	-0.181
	52	零售业	-0.063	-0.006	-0.111	-0.057	-0.237
	59	装卸搬运和仓储业	-0.235	0.104	-0.041	-0.092	-0.264
	60	邮政业	-0.007	-0.072	-0.068	-0.124	-0.270
		全组集聚指数	-0.070	-0.076	0.032	0.023	-0.091
社会性服务业	83	教育	0.157	0.180	0.171	0.039	0.547
	84	卫生	0.172	0.201	-0.003	-0.015	0.355
		全组集聚指数	0.018	0.171	0.123	-0.032	0.280
生产者服务业	68	保险业	0.018	0.353	0.471	0.422	1.264
	66	货币金融服务	0.514	0.364	0.116	0.165	1.159
	69	其他金融业	0.476	-0.032	0.223	0.221	0.888
	67	资本市场服务	0.241	0.073	0.158	0.226	0.698
	70	房地产业	0.151	0.173	-0.040	-0.041	0.243
	72	商务服务业	0.010	0.076	-0.022	0.041	0.105
	74	专业技术服务业	-0.048	0.010	-0.030	0.053	-0.015
	73	研究和试验发展	-0.001	-0.006	-0.037	0.020	-0.023
	71	租赁业	-0.042	-0.045	-0.076	0.001	-0.161
	75	科技推广和应用服务业	-0.043	-0.154	0.028	-0.033	-0.202
		全组集聚指数	0.012	0.048	0.020	0.019	0.100
消费性服务业	62	餐饮业	0.324	0.359	0.339	0.222	1.244
	90	娱乐业	0.288	0.173	0.325	0.138	0.924
	80	居民服务业	0.218	0.151	0.138	0.391	0.898
	81	机动车、电子产品和日用产品修理业	0.200	0.071	0.035	0.047	0.353
	61	住宿业	0.241	-0.038	-0.039	0.153	0.317
	82	其他服务业	0.163	0.037	0.046	0.063	0.308
	88	文化艺术业	0.057	-0.034	0.047	0.074	0.145
	89	体育	0.113	0.159	-0.190	-0.114	-0.032
		全组集聚指数	0.170	0.063	0.077	0.084	0.394
信息服务业	86	新闻和出版业	0.374	-0.002	-0.041	0.424	0.754
	63	电信、广播电视和卫星传输服务	0.258	0.025	0.054	0.261	0.547
	87	广播、电视、电影和录音制作业	0.121	0.288	-0.072	0.120	0.456
	65	软件和信息技术服务业	0.177	0.092	0.004	0.083	0.356
	64	互联网和相关服务	-0.095	-0.025	0.153	-0.004	0.028
		全组集聚指数	0.061	0.044	0.034	0.063	0.202

图5-1 新街口CBD各服务业行业集聚指数变动（2000—2018年）

块二中提到的方法连接组合成产业网络，使用Gephi将构建的产业网络可视化，进行凝聚子群、出度分析，结果如图5-2。

由图5-2可见，江苏省平均出度靠前的产业组团有：1810（机织服装）、1711（棉纺加工）所在的纺织服装组团；4061（电子元件制造）所在的电子信息组团；3411（金属结构制造）、3725（汽车零部件及配件）、3230（钢压延加工）所在的机械加工组团。

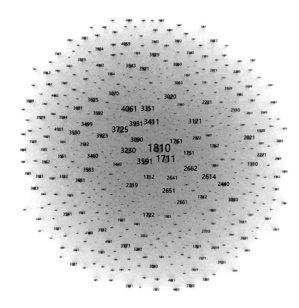

图5-2　江苏省发展路径产业网络

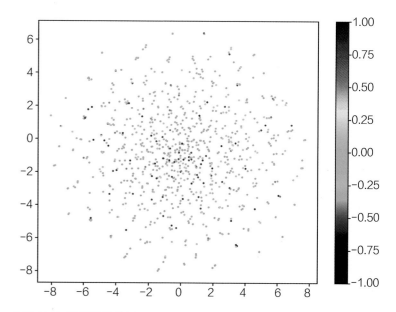

图5-3　t-SNE降维结果

这三类行业孕育出其他行业的联系更强，是其他行业发展的基础母体行业。还应注意到，《中国工业企业数据库》中收录的仅有规模以上的企业，因此并不支持这些行业企业是小作坊类企业，分析结果只展示了数量特征等说法。

这一结果启示，对于一个省的产业发展路径而言，看似低端的服装、金属类行业同样有其存在的必要。一方面这些产业是出口、就业、创造产值的大户，另一方面，这些产业作为母体行业，其外溢的各种资源很容易被后续的各类企业所吸收，新产业与这类基础型产业共生的效益也是最大的。此外，应格外关注汽车等产业的布局。汽车等行业生产链条极长，可以对相当多数的行业相关企业产生带动作用。

最后使用DeepWalk与t-SNE算法对江苏省的产业节点进行embedding及聚类过程。

色带标注代表依据Scholl集聚算法计算得到的江苏省产业的不同集聚程度，1为最集聚，-1为最分散。t-SNE降维后的结果如图5-3所示，江苏省整体层面不存在在网络中具有特殊连接地位的主导型行业，且产业的集聚程度与产业的网络地位不存在相关关系。这反映出江苏省全省范围内不具有节点地位较为特殊的关键节点，且行业的集聚效益有待加强。

（3）预测模型训练与验证

将上一步构建的session表格传入SR-GNN模型。适当调整参

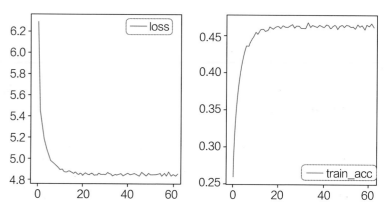

图5-4　预测模型训练过程

数，训练20轮。训练结果如图5-4所示，loss与acc指标均收敛。

最后是模型验证阶段。在总数据库中选择20%作为测试集。收敛后的epoch的测试结果为：Recall@20: 0.4550（图5-5）。作为对比，SR-GNN论文中给出的Diginetica数据集的recall@20为0.707 0，Yoochoose 1/64数据集的recall@20是0.512 7。这两个数据集均为用户在在线购物网站点击、购买行为的数据集。

这一测试结果显示出，本研究训练的预测模型具备在900余种待选行业中，筛选出真实引入行业的能力。另外，这一结果也提示我们，只有产业集群的历史发展路径存在一定规律，深度学习算法才有可能通过学习历史路径从而进行推荐。也就是说产业

```
2020-06-29 23:01:21,773-INFO: TEST --> loss: 5.3907, Recall@20: 0.3575
2020-06-29 23:01:23,242-INFO: TEST --> loss: 5.2668, Recall@20: 0.4250
2020-06-29 23:01:24,668-INFO: TEST --> loss: 5.1790, Recall@20: 0.4300
2020-06-29 23:01:26,138-INFO: TEST --> loss: 5.1632, Recall@20: 0.4375
2020-06-29 23:01:27,587-INFO: TEST --> loss: 5.1243, Recall@20: 0.4500
2020-06-29 23:01:29,096-INFO: TEST --> loss: 5.1234, Recall@20: 0.4450
2020-06-29 23:01:30,581-INFO: TEST --> loss: 5.1249, Recall@20: 0.4550
2020-06-29 23:01:32,101-INFO: TEST --> loss: 5.1299, Recall@20: 0.4525
2020-06-29 23:01:33,571-INFO: TEST --> loss: 5.1281, Recall@20: 0.4550
2020-06-29 23:01:35,062-INFO: TEST --> loss: 5.1276, Recall@20: 0.4550
2020-06-29 23:01:36,494-INFO: TEST --> loss: 5.1277, Recall@20: 0.4550
2020-06-29 23:01:37,987-INFO: TEST --> loss: 5.1277, Recall@20: 0.4550
2020-06-29 23:01:39,487-INFO: TEST --> loss: 5.1277, Recall@20: 0.4550
2020-06-29 23:01:40,955-INFO: TEST --> loss: 5.1277, Recall@20: 0.4550
2020-06-29 23:01:42,453-INFO: TEST --> loss: 5.1277, Recall@20: 0.4550
2020-06-29 23:01:43,900-INFO: TEST --> loss: 5.1277, Recall@20: 0.4550
2020-06-29 23:01:45,395-INFO: TEST --> loss: 5.1277, Recall@20: 0.4550
2020-06-29 23:01:46,863-INFO: TEST --> loss: 5.1277, Recall@20: 0.4550
2020-06-29 23:01:48,340-INFO: TEST --> loss: 5.1277, Recall@20: 0.4550
2020-06-29 23:01:49,828-INFO: TEST --> loss: 5.1277, Recall@20: 0.4550
```

图5-5　部分轮次的测试结果

的发展路径存在规律，并非纯粹随机的系统。未来，针对网络的演化规律还可以做更多研究。

六、研究总结

1. 模型设计的特点

本研究以海量城市和园区产业招商历史及产业发展情况作为学习数据，通过产业集群识别、产业关联网络构建，利用图神经网络（GNN）等算法建立城市或园区产业规划推荐和发展模型。该模型提出了：①精确化、规范化、可复用的区域产业集聚程度评判方法；②从区域产业发展路径入手的产业发展网络系统分析方法；③可挖掘产业隐含联系和数据支撑下的前景产业推荐方法；④为解决"引入什么产业"的问题提出了新的思路、方案与数据支撑。

2. 应用与展望

本模型可为城市或产业园区进行产业招商、产业规划时提供一定的数据指导，规划工作者和决策者在制定产业发展策略时将更加具有经验数据支撑和明确的方向。

将来本模型可以从以下方面进行改进：

（1）对于产业发展网络模型构建，需在单纯企业发展路径之上增加模型复杂度，引入包括企业专利数据、企业投资联系数据、企业分支机构数据在内的多种显性联系数据，以提高模型对现状发展态势的感知能力。

（2）在产业决策推荐模型的未来发展上，应着力提升模型的可解释性，决策是人来做的，模型只是提供了可能性，即要求模型需具有更好的解释能力。

（3）对算法本身可根据产业建模的特征进一步调整优化神经网络算法，提出专用的产业图神经网络，替代本模型使用的通用图神经网络算法。目前，物理学的粒子研究，生物学的蛋白质结构研究，公共医学的传染病研究等领域均已有学者研发出专用的图神经网络算法。

另外，由于时间和算力限制，本研究在提高模型的训练集规模，对集群进行聚类分析、对网络进行链路预测，以及对产业关联网络的分析等方面还存在继续深入完善的空间。

基于多元需求的城市商业设施评价和优化模型

工作单位：南京大学、中国科学院地理科学与资源研究所、浙江大学

报名方向：公共设施配置

参　赛　人：傅行行、赵潇、高若男、李逸超

参赛人简介：参赛团队主要研究方向包括时空行为、遥感和地理信息系统、人口地理学、人口与经济发展、数理人口学等，已在核心期刊上发表城市生活空间、城市人口发展等相关的多项成果，且参与过多项发展规划和公共服务设施规划项目。

一、研究问题

1. 研究背景及目的意义

传统商业设施与公共服务设施规划方式表现为控制性详细规划与专项规划（卢银桃等，2018年），其规模与空间特征的分离会导致商业设施存在空间供需失衡的问题（申立，2019年）。为此，现代规划理念强调将人的需求与商业设施服务半径相结合，以"生活圈"概念引导城市设施规划与布局优化。《中共中央国务院关于进一步加强城市规划建设管理工作的若干意见》与《城市居住区规划设计标准》强调要在我国城市规划中加强生活圈建设。2016年，《上海市15分钟社区生活圈规划导则》表达了上海市建设生活圈的规划设想。

基于生活圈的商业设施规划理论将"以人为本"的理念引入城市公共服务与商业设施规划中，充分体现不同城市区内异质性人群需求的多样性、差异性与便利性。然而基于数据与技术限制，现有城市规划研究与实践主要关注城市居民的居住空间这类城市区的静态需求，这会使得基于此需求配置的城市商业设施布局存在偏误。居民的工作空间、娱乐等其他活动空间也是重要的城市区组成部分，对其需求的大数据识别有助于纠正对城市商业设施需求的固有认识偏误。此外，受城内人口活动强度的影响，只关注规划单元内居民的静态需求会忽略研究单元内其他活动群体的动态需求。综上考虑，本文将通过对于2019年6月上海市不同城市区内异质性人群动态需求的精准评估，实现多元需求下上海市商业设施布局的优化设计。

2. 研究目标及拟解决的问题

本文旨在通过精准识别不同时段内，上海市边长500m的格网空间单元内居住人口的静态分布与工作人口、其他人口的动态分布，实现上海市常住人口对多种类型商业设施的基本需求、实际需求与潜在需求，并分析500m的格网空间单元内多种类型商业设施实际供给布局现状，基于经典区位理论和生活圈的相关理论和方法，从设施数量、可达性等角度评价各类设施的供给，并与需求进行比较，分析空间单元内的设施供给匹配情况，从而对商业设施进行优化配置。

研究拟解决的关键问题在于识别多时段内上海市不同区内城市商业设施的多元需求。由于常住人口的商业设施需求存在相对固定的时间模式，在一天中存在着相对活跃的商业设施需求时段，而常住人口同样存在着因工作、娱乐等原因产生的市内区域间活动的时间模式，所以本文综合考虑人口在市内区域间活动时段与不同区域商业设施需求时段的关系，从而准确识别上海市

常住人口商业设施需求。本文将基于中国联通智慧足迹数据构建模型，通过将上海市的常住人口分成具有较低活动性的居住人口（静态人口），以及具有较高活动性的工作活动人口与其他活动人口，分别评估居住人口的静态分布与工作人口、其他人口的动态分布，并考虑不同类型的人口的主要商业设施需求与经济活动，判断多时段、分网格区域和多样性人口的多元化需求，并通过POI数据与路网数据评估现有商业设施布局与需求的空间匹配程度，对上海市商业设施进行优化配置，构建合理的商业设施体系，从完善供给、匹配需求、规划引导三个方面提出上海市商业设施优化策略。

二、研究方法

1. 研究方法及理论依据

城市公共设施规划是城市规划的重要内容，公共设施的供需研究也是城市规划等领域的研究重点，目前已有研究通过建立指标体系、空间分析等各类方法分析城市公共设施的服务特征。

目前，大多数研究从设施供给的角度出发，分析城市公共设施的集聚特征、服务范围等。卢银桃等以公共服务设施为主要研究对象，以圆形邻近分配为基础，利用密度分析方法构建了15分钟公共服务水平评价方法，研究了杭州市江干区布局规划特征并提出了邻里中心布局优化建议。湛东升等基于北京市公共服务设施空间点要素数据，结合不同类型和等级公共服务设施的服务半径与质量特征，采用加权核密度与等值线分析等方法对北京市公共服务设施集聚中心进行了识别。李阳和陈晓红基于哈尔滨市中心城区城市商业设施兴趣点（POI）数据，采用标准差椭圆分析、核密度分析和平均最邻近距离等方法，探究哈尔滨市商业中心时空演变规律与空间集聚特征。

随着规划的人本转向，更多的研究从需求的角度出发，分析城市居民对公共设施的可获取性特征。魏伟等以武汉市为例，辨析典型人居空间，划定了15分钟生活圈的空间边界，并基于可达性评价与满意度分析，提出供需匹配的15分钟生活圈布局模式与空间优化策略。闫晴等基于手机信令数据，利用核密度分析和聚类方法研究长春市活动空间及其社区分异，轮廓性地揭示居住空间、就业空间和消费休闲空间的分布规律，从人地互动的过程与格局的视角认识城市空间。韩增林等基于高德地图获取的地图数

据，使用城市网络分析工具对大连市沙河口区内的6类公共服务设施分布进行空间分异分析，并对区内90个社区的居民出行可达设施的数量及类别进行测度，最后对各个社区进行总体评价。

但目前供需视角的研究多从"居民"的角度出发，考虑居住地附近的设施布局，却较少考虑工作地和其他类型活动地点的公共设施布局。本研究将统筹考虑城市居民不同类型活动，通过分析不同类型活动对各类商业设施的需求，以及不同类型商业设施的可达性、密度等供给特征，对城市商业设施的供需进行评价和比较，发现其中存在的短板，从而提出设施优化方案。

2. 技术路线及关键技术

下面将以项目实施步骤的形式表达研究项目的技术路线，并予以文字说明，指出其中的关键技术和研究步骤（图2-1）。

本模型主要包含四部分内容，分别是：

（1）需求评价

需求评价主要基于手机信令数据。

首先，利用SQL语句建模，对手机信令数据进行筛选和预处理，判断活动点的类型，将活动点划分为居住活动点、工作活动点和其他活动点。

其次，用规则空间格网统计静态人口分布（居住人口），分时段统计动态活动分布（工作活动、其他活动）。

最后，将设施需求分为基础保障需求、便利性需求和社交休闲需求三类，用AHP（层次分析法）计算在不同类型需求中各类活动所占的权重，利用所得权重计算格网单元内基础保障、便利性和社交休闲三类需求的评分。

（2）供给评价

供给评价主要基于POI数据和城市空间基础数据。

首先，利用Python程序语言编写程序获取某在线地图平台POI数据，对POI数据进行筛选和重分类，得到8个小类，再将其分为基础保障设施、便利性设施和社交休闲设施三个中类。

其次，用空间分析方法分析设施的空间分布特征。用核密度分析法计算基数较大的设施的分布密度，用网络分析法计算基数较小的设施的可达性。利用空间统计方法将分析得到的8类设施的密度或可达性值提取到格网。

最后，将设施供给分为基础保障供给、便利性供给和社交休闲供给三类，用AHP（层次分析法）计算在不同类型供给中各类

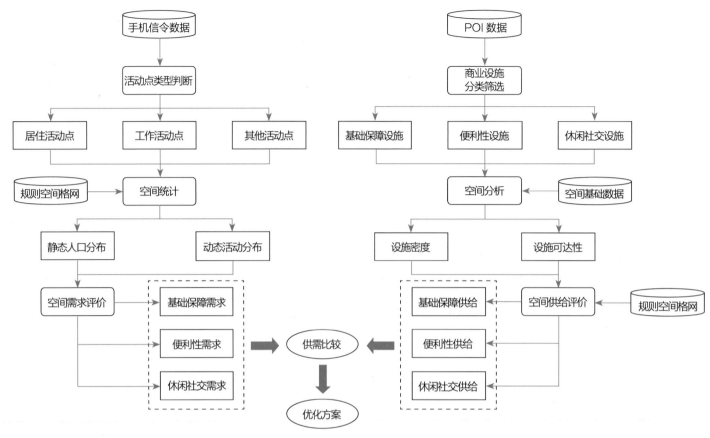

图2-1　模型技术路线

设施所占的比重，利用所得权重计算格网单元内基础保障、便利性和社交休闲三类供给的评分。

（3）供需比较

基于供给评价和需求评价的结果，对三类供给和需求两两比较，分析供需特征。首先，对格网单元的三种类型供给得分和需求得分分别做差值，得到三种类型设施的供需差异。其次，利用空间热点分析方法，统计识别基础保障、便利性和社交休闲三种类型供需差异的低值空间和高值空间。

（4）优化方案

基于热点分析的结果，对具有统计显著性的低值空间和高值空间进一步分析，并提出设施配置的优化方案。

三、数据说明

1. 数据内容及类型

模型采用的数据主要包括三类（表3-1）：

数据类型及相关信息				表3-1
	数据来源	数据内容	数据格式	采集时间
规则空间格网	自建渔网	上海市市域范围 500m×500m规则格网	shp	2020年5月
手机信令数据	智慧足迹大数据有限公司	静态人口分布数据	csv	2019年6月
		动态人口活动数据	csv	
POI数据	某在线地图平台	商业设施点数据	csv	2020年5月
基础空间数据	OSM	城市道路网	shp	2020年5月
		地铁线路	shp	

（1）手机信令数据

手机信令数据由联通智慧足迹大数据有限公司提供，包含2019年6月联通手机用户在上海市产生的所有驻留和移动数据，主要应用于对设施需求的分析。

在智慧足迹Dass平台利用SQL语句进行数据建模，对研究所需数据进行查询和统计。将上海市市域范围划分为规则的格网，上传至Dass平台，以格网为空间单元，统计每一个空间单元内的静态人口分布数量和动态人口活动数量，从平台导出数据并存储于自建空间数据库。

（2）POI数据

POI数据来源于某在线地图网站，包含城市各种类型的商业设施数据，数据时间为2020年5月，主要应用于对设施供给的分析，原始POI数据格式示意如表3-2所示。

原始POI数据格式示意					表3-2
POI编号	大类	中类	小类	经度	纬度
PID	First Category	Mid Category	Sub Category	Longitude	Latitude

利用Python程序语言编写代码，从在线地图平台获取商业设施数据，原始数据包含POI的大类、中类及细分小类信息及经纬度信息，根据研究需要对POI进行筛选和重分类，将数据存储在自建空间数据库。

（3）城市基础空间数据

城市基础空间数据来源于开放地图（Open Street MaP，简称OSM）平台，包括各级道路网及地铁线路等城市交通数据，主要应用于对城市商业设施可达性的分析。

在OSM平台划定选区，提交数据申请，将获取的原始数据在ArcGIS进行筛选，根据《城市道路交通组织设计规范》和《上海市道路交通管理条例》对路网进行重分类，并根据相关研究及上海市道路交通相关规定确定各级各类道路的"速度"属性。

2. 数据预处理技术与成果

（1）需求分析所需数据预处理

根据研究需求建立数据模型，在DassBI平台利用SQL语言对数据进行筛选和处理（图3-1），向平台导入自建的上海市市域范围500m×500m规则格网，以格网为基本空间单元，统计居住人数，分类型分时段统计活动人次。

1）活动地点类型判断

首先根据数据库中相关表格及字段判断活动点的类型。将用户在一个月内夜晚时段停留时间最长的点判定为该用户的居住地；在居住地以外的活动点中，将用户在一个月内白天停留时长最长的点判定为该用户的工作地；居住地和工作地以外的其他活动地点，即判定为其他活动地点。

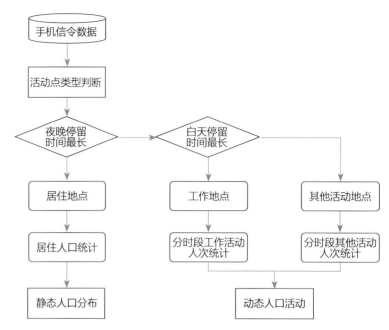

图3-1　手机信令数据筛选和处理逻辑

2）静态人口分布数量统计

在DassBI平台中，以格网为基本空间单元，统计每个单元内的居住人口数量，得到居住分布数据集。静态人口分布数量导出表格格式示意见表3-3所示。

静态人口分布数量导出表格格式示意		表3-3
格网编号	类型	人数
ID	Resident	Population

3）动态人口活动数量统计

以格网为基本空间单元，区分工作日和休息日，分时段统计格网单元内工作和其他类型的活动人次。以2小时为时间间隔，统计一个月内所有工作日不同时段格网单元内的工作活动和其他活动总人次，以及一个月内所有休息日不同时段格网单元内的工作活动和其他活动总人次。动态人口活动数量导出表格格式示意见表3-4所示。

动态人口活动数量导出表格格式示意				表3-4
格网编号	活动类型	活动日期	活动时段	活动人次
ID	Work/Other	Workday/Weekend	Day/Night	Participants

将工作日和休息日6:00-20:00间所有时段的格网单元内工作活动人次加总，得到白天工作活动分布格网数据集；将工作日和休息日20:00-次日6:00格网单元工作活动人次加总，得到夜晚工作活动分布格网数据集；将休息日6:00-20:00格网单元其他活动人次加总，得到白天其他活动分布格网数据集；将工作日和休息日20:00-次日6:00格网单元其他活动人次加总，得到夜晚其他活动分布格网数据集。

将静态人口分布数据集和动态人口活动数据集存储至自建空间数据库。手机信令数据预处理结果数据集如表3-5所示。

手机信令数据预处理结果数据集　　　　表3-5

活动类型	日期		时段	数据集名称
静态人口分布 居住	居住	—	—	居住分布数据集
动态人口活动	工作	工作日	白天时段 6:00-20:00	白天工作活动分布数据集
	工作	休息日		
	其他	休息日		白天其他活动分布数据集
	工作	工作日	夜晚时段 20:00-次日 6:00	夜晚工作活动分布数据集
	工作	休息日		
	其他	工作日		夜晚其他活动分布数据集
	其他	休息日		

（2）供给分析所需数据预处理

1）POI数据筛选和重分类

POI数据在高德原始分类的基础上进行整合优化，用Python编写脚本进行处理。根据研究需要将POI数据进行重分类，经过筛选和合并，得到8种类型的商业设施，将设施根据其开放时间、经营商品类型等属性，分为基础保障设施、便利性设施和社交休闲设施三大类（表3-6）。

商业设施分类表　　　　表3-6

类别	商业设施类型	简要说明	设施数量
基础保障	综合市场	标准化农贸市场	2 083
	便民商店	小超市、小卖部	11 082
	连锁超市	大型（品牌）连锁超市	2 680
便利	便利店	24小时便利商店	5 397
	快餐店	速食餐厅	20 431
社交休闲	餐厅	快餐店以外其他餐厅	34 539
	咖啡厅/茶馆	有座位的商铺	5 115
	商场	购物中心、百货公司等	1 385

2）道路交通数据筛选和重分类

对OSM中的道路网线性数据建立拓扑结构（共计2 127 319条），根据道路实际情况对悬挂类道路线、独立类道路线进行拓扑检查和处理，使道路数据集的拓扑结构更加拟合道路实际情况。

城市各级道路通行速度　　　　表3-7

道路等级	机动车出行速度km/h	骑行速度km/h	步行速度km/h
快速路	60	—	—
主干路	40	15	—
次干路	30	15	5
支路	20	15	5
其他小路	—	—	5

将路网数据按照城市道路等级标准重新分类为快速路、主干路、次干路、支路其他小路，根据道路设计标准和城市道路交通管理条例的中的相关规定，确定不同交通方式在各级道路的通行速度（表3-7）。将道路在相交处打断，计算各段道路在不同出行方式下的通行时长。将地铁线路在地铁站点处打断，将地铁出行的速度确定为50km/h，计算各站点之间的通行时长。

四、模型算法

1. 核密度分析

核密度分析用于计算点、线要素测量值在指定邻域范围内的单位密度。它能直观地反映出离散测量值在连续区域内的分布情况。核密度分析可用于计算人口密度、建筑密度、获取犯罪情况报告、旅游区人口密度监测、连锁店经营情况分析等。在本研究中，首先对POI数据建立概率密度空间分布模型，借助非参数估计进行概率密度估计，再利用核函数根据POI点计算每单位面积的量值，以将每单位面积中的点的密度值进行连续化模拟。

核密度分析使用的核函数为：

$$f(s) = \sum_{t-1}^{n} k \frac{1}{h^2}\left(\frac{s-c_i}{h}\right) \qquad (4-1)$$

其中，$f(s)$为空间位置点s处的核密度估计值，h为带宽（核密度函数的搜索半径）；k函数表示距离的权重；n为POI的总数；$s-c_i$为两个POI之间的空间距离。研究表明，影响核密度分析结果的关键因素之一是带宽h的选择。在进行空间数据核密度分析时，需要根据实际研究尺度进行合理的带宽选择。本研究通过对POI密度的初步实验与估算，选择结果具有较好的稳定性和平滑度的默认带宽进行分析。

2. 网络分析与服务区分析

网络分析是指依据网络拓扑关系，通过考察网络元素的空间及属性数据，以运筹学和图论为基础，对网络的性能特征进行多方面研究的一种分析计算。通过研究网络的状态，以及模拟和分析资源在网络上的流动和分配情况，实现资源在网络结构中的优化配置，其基本思想在于人类活动总是趋于按一定目标选择达到最佳效果的空间位置。在城市规划的公共设施配置中，利用ArcGIS提供的网络分析工具，确定最佳服务区范围和可达性水平，可以有效评估公共设施的服务能力，为空间优化提供模型和决策支持。

网络分析步骤如下：

（1）道路交通网络数据集的构建

为了更进一步模拟公共服务设施在1分钟、3分钟、5分钟、7分钟、10分钟、15分钟、20分钟、30分钟、40分钟、45分钟和60分钟可以服务的范围，首先对上海市域范围内（除崇明岛外）进行道路交通网络数据集的构建。导入预处理后的路网，并对导入的道路要素进行相关的设置。在道路数据集的构建中，本研究不考虑单行线、路口禁转等情况。在为道路网络指定通行成本时，添加路程（length）和时间（time）成本，以m作为路程单位，以min作为时间单位。按照设置建成上海市域范围内的道路网络数据集。

（2）基于ArcGIS网络分析的可达性计算方法

本研究的可达性采用的是基于最小阻抗的服务区域分析方法。用从各类设施点出发到分级服务范围的平均最小阻抗（出行时间）作为各类设施点的可达性评价指标。平均阻抗越小，则说明该点的可达性越好。表示为：

$$A_i = \sum_{i=1}^{n} (t_i \times \beta_i) \tag{4-2}$$

其中：A_i表示设施点的可达性；t_i表示A_i到每一个分级服务范围所需要花费的最小时间阻抗。考虑到出行方式的不同，β_i为每一个分级服务范围的权重，由设施点到该分级服务范围的出行方式决定。

3. ArcGIS格网统计

为研究商业设施供给需求现状，需要确定研究尺度，即划分

研究区域的空间单元的网格大小，本研究以边长500m的格网为空间单元。基于网格单元对供给和需求侧空间数据进行匹配。利用ArcMap中fishnet工具生成覆盖上海市全域的格网，并利用掩膜图层裁切研究区域的空间范围。

（1）核密度格网统计方法

利用ArcGIS中的Zonal Statistics as Table工具将核密度的平均值（X）提取到对应的格网中，此时格网的核密度值服从幂律分布，通过对数转换将其转换为正态分布后，采用标准化方法将其转换为标准值（T）。

$$T = \frac{\log(X+1)}{\log[\max(X)+1]} \tag{4-3}$$

（2）对可达性结果进行格网统计

利用ArcGIS的Create Fishnet工具创建500m×500m的格网，利用Zonal Statistics as Table工具将可达性指标统计的平均值提取到格网中，为了便于比较，对设施点的时间可达性值进行标准化处理。

$$A_{ii} = 60 - \frac{A_i}{\max(A_i) - A_i} \tag{4-4}$$

其中：A_{ii}为每一个格网的时间可达性指数，A_i为网络分析方法计算出来的设置点的时间可达性，$\max(A_i)$为时间可达性的最大值。对标准化的可达性指数是区间[0，60]的数值，指数越大，每一个格网的可达性越好。

（3）对手机信令数据进行格网统计

基于网格单元对SQL数据库手机信令的空间点位数据进行空间匹配，利用Join Data工具分别建立居住人口的静态分布与工作人口、其他人口的动态分布空间格网图层。

经过处理可得到供给侧的基础保障（综合市场、便民商店和连锁超市）、便利设施（便利店和快餐店）和社交休闲（餐厅、咖啡厅/茶馆和商场）场所，以及需求侧的居住和活动人口格网数据。

4. AHP分析

为综合分析空间单元内的设施供给需求情况，需要对各项指标分别赋予不同的权重。研究采用的层次分析法（Analytic Hierarchy Process，简称AHP）是美国运筹学家T. L. Saaty教授于20世纪70年代提出的一种实用的多方案或多目标的决策方法，是一种定性与定量相结合的决策分析方法，常被运用于多目标、多准则、多要素、多层次的非结构化的复杂决策问题，特别是战略决

策问题，具有十分广泛的实用性。

分析步骤如下：

（1）通过对商业设施供给的系统性认识，分别构建供给侧和需求侧的多层次递阶结构（图4-1、图4-2）。

（2）通过构造两两比较判断矩阵及矩阵运算的数学方法，确定对于上一层次的某个元素而言，本层次中与其相关元素的重要性权值。根据层次分析模型示意图所示，对各指标之间进行两两对比之后，然后按9分位比率排定各评价指标的相对优劣顺序，依次构造出评价指标的判断矩阵（表4-1～表4-8）。

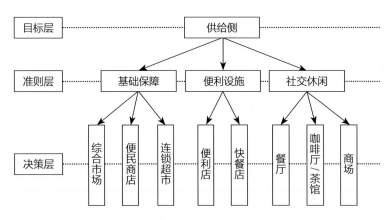

图4-1　模型技术路线供给侧多层次递阶结构

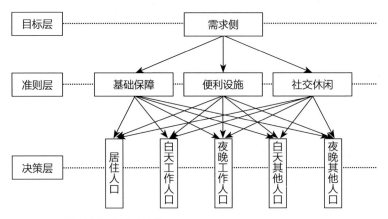

图4-2　需求侧多层次递阶结构

供给侧准则层判断矩阵　　　　　表4-1

供给侧	基础保障	便利	社交休闲
基础保障	1	3	3
便利	1/3	1	1
社交休闲	1/3	1	1

基础保障决策层判断矩阵　　　　表4-2

基础保障	综合市场	便民商店	连锁超市
综合市场	1	3	5
便民商店	1/3	1	3
连锁超市	1/5	1/3	1

便利设施决策层判断矩阵　　　　表4-3

便利设施	便利店	快餐店
便利店	1	3
快餐店	1/3	1

社交休闲决策层判断矩阵　　　　表4-4

社交休闲	餐厅	咖啡厅/茶馆	商场
餐厅	1	5	3
咖啡厅/茶馆	1/5	1	1/3
商场	1/3	3	1

需求侧准则层判断矩阵　　　　表4-5

需求侧	基础保障	便利	社交休闲
基础保障	1	3	3
便利	1/3	1	1
社交休闲	1/3	1	1

基础保障决策层判断矩阵　　　　表4-6

基础保障	居住人口	白天工作	夜晚工作	白天其他	夜晚其他
居住人口	1	5	9	7	7
白天工作	1/5	1	3	1/3	1/3
夜晚工作	1/9	1/3	1	1/3	1/5
白天其他	1/7	3	3	1	1
夜晚其他	1/7	3	5	1	1

便利设施决策层判断矩阵　　　　表4-7

便利设施	居住人口	白天工作	夜晚工作	白天其他	夜晚其他
居住人口	1	1/5	1/9	1/5	1/7
白天工作	5	1	1/5	5	1
夜晚工作	9	5	1	5	5
白天其他	5	1/5	1/5	1	1/5
夜晚其他	7	1	1/5	5	1

社交休闲决策层判断矩阵　　　　　　　　表4-8

社交休闲	居住人口	白天工作	夜晚工作	白天其他	夜晚其他
居住人口	1	1	3	1/7	1/7
白天工作	1	1	5	1/5	1/7
夜晚工作	1/3	1/5	1	1/7	1/9
白天其他	7	5	7	1	1
夜晚其他	7	7	9	1	1

（3）计算各层元素对系统目标的合成权重，进行总排序（表4-9、表4-10），以确定递阶结构图中底层各个元素的总目标中的重要权值，并通过一致性检验。

供给侧层次总排序　　　　　　　　表4-9

供给侧	综合市场	便民商店	连锁超市	便利店	快餐店	餐厅	咖啡厅/茶馆	商场
总排序	0.382 2	0.155	0.062 8	0.15	0.05	0.127 4	0.020 9	0.051 7

需求侧层次总排序　　　　　　　　表4-10

需求侧	居住人口	白天工作	夜晚工作	白天其他	夜晚其他
总排序	0.386 1	0.098 2	0.136 7	0.169 1	0.209 9

5. ArcGIS热点分析

热点分析可以反映指标的高值、低值要素在空间上发生聚类的位置。本文通过对于城市商业设施供给与需求差异状况的热点分析，可以得出城市商业设施供给与需求匹配程度的空间分布状况。本文通过计算Getis-Ord G_i^*局部统计量实现城市商业设施供需匹配程度空间分布特征计算，Getis-Ord G_i^*局部统计量如公式4-5所示。

$$G_i^* = \frac{\sum_{j=1}^{n} w_{i,j} x_j - \overline{X} \sum_{j=1}^{n} w_{i,j}}{S\sqrt{\frac{\left[n \sum_{j=1}^{n} w_{i,j}^2 - \left(\sum_{j=1}^{n} w_{i,j}\right)^2\right]}{n-1}}} \qquad （4-5）$$

其中，其中x_i是要素j的属性值，$w_{i,j}$是要素i和j之间的空间权重，n为要素总数。另外，要素属性值的算术平均值$\overline{X}$与要素属性值的标准差S如公式4-6、公式4-7所示。

$$\overline{X} = \frac{\sum_{j=1}^{n} x_j}{n} \qquad （4-6）$$

$$S = \sqrt{\frac{\sum_{j=1}^{n} x_j^2}{n} - \left(\overline{X}\right)^2} \qquad （4-7）$$

针对城市商业设施供需匹配程度的热点分析分为一下三个步骤：

第一部分：根据层次分析法计算得到的指标权重计算每个格网单元的基础保障类、便利性与社交休闲类三类商业设施的供给评价得分和三类需求评价得分，并对三类商业涉及的供给得分与需求得分作差值比较。

第二部分：以差值比较结果为权重，对数据集中的每一个要素计算Getis-Ord Gi*统计量，查找高值或低值要素在空间上发生聚类的位置。

第三部分：叠加行政区划等特定空间类型的图层，通过计算每一个空间单元内格网z得分的平均值，将热点分析的结果提取到空间单元。

五、实践案例

1. 商业设施需求分析和评价

（1）人口—活动空间分布特征

对手机信令数据进行格网统计，可得到居住人口的静态分布与工作人口、其他人口的动态分布空间格网图层。

静态人口和动态活动分布都基本呈现出市区集聚，郊区分散的特征。静态人口主要表现为居住人口，居住人口分布较为广泛，但居住人口的人口分布重心聚集在外环线以内，居住人口峰值在内环线以内，居住人口分布格局与2010年第六次人口普查一致，在第六次全国人口普查中，上海市内环内的面积是114km²，但聚集了上海市14%的总人口。

工作活动是动态活动中的主要类型，工作活动的分布一般与产业分布一致，人口峰值主要分布在内环线以内的CBD，或者分布在外环线以内和近郊区的一些产业园区。夜晚工作活动较白天工作活动分布更为广泛，趋向于分布在远郊区。

白天其他活动和夜间其他活动是动态活动中容易被忽略的类型，其空间分布趋势是从内环线以内向外扩散，主要集聚在外环线以内区域。其中，白天和夜间其他活动数量相较于居住人口数量较少，但也分布非常广泛，这也说明动态活动需求是在设施配给中不能被忽略的部分。

（2）三类需求评价

对于需求侧的居住和活动人口格网数据，运用AHP分析分别赋予不同的权重，综合分析空间单元尺度下人口对基础保障、便利性和社交休闲的需求情况。

1）基础保障需求

基础保障需求的空间分布呈现明显的集聚特征，高值区域集中在中心城区范围内，外围的高值区域与上海市几个郊区新城的位置也较吻合。基础保障需求中权重最高的是居住人口数量，因此其分值的分布与上海市的居住人口分布相似。

2）便利性需求

便利性需求的空间分布与基础保障相比呈现大分散、小集中的特征。便利型需求中权重较高的是工作人口和夜间活动人口。与基础保障需求相比，便利性需求的分值在中心城区更为集中，黄浦、静安等核心区分值极高。从核心区向外围逐渐扩散，宝山区、闵行区等外围区域的分值也较高。而郊区的分值差异较大，小部分区域如松江新城、奉贤南桥等分值较高，而其他区域的分值相对较低。

3）社交休闲需求

社交休闲需求的空间分布相对均衡，从中心城区的核心区域向外围逐渐扩散，但区域之间差异较小。社交休闲需求中权重较高的是其他活动，相比居住和工作，其他活动分布相对更为分散。

2. 商业设施供给分析和评价

（1）商业设施空间分布特征

对便民商店、便利店、餐馆、快餐店和咖啡/茶馆进行核密度分析，计算其邻域范围内的单位密度分布并将其提取至空间格网单元；对商场、综合市场和连锁超市进行可达性分析并将其提取至空间格网单元，从密度和可达性度分析商业设施的分布特征。

综合市场、连锁超市和便民商店的分布特征均体现为：外环线以内可达性密度较高，外环以外除少数分散的次中心和郊区新城以外可达性的密度均处于较低水平。其中，连锁超市的可达性较综合市场的可达性较高。总体来看，虽然综合市场、连锁超市和便民商店的分布特征体现出市区集聚，郊区分散的特征，但是基础保障设施供给基本能够覆盖上海全域。

快餐店和便利店的分布特征总体表现为市区较为集聚，而外

环线以外较为分散，其中快餐店分布更为分散，便利店分布更连续。总体来看，快餐店和便利店供给外环以内覆盖范围较大，但郊区的部分区域没有实现完全覆盖。

咖啡/茶馆的分布更加集中在内环线以内，郊区的大部分区域没有被覆盖。商场在外环以内的可达性均处于较高水平，而郊区的商场可达性较低。总体来看，咖啡/茶馆的分布主要集中内环线以内，其余区域几乎没有较高密度的分布。商场的分布主要集中在外环线以内和部分郊区新城，而在一些地区基本没有覆盖，如郊区的高教园区等。

（2）三类供给评价

对于供给侧的各类商业设施分布格网数据，运用AHP分析对各项指标分别赋予不同的权重，综合分析空间单元尺度下设施在基础保障、便利性和社交休闲方面的供给情况。

1）基础保障供给

基础保障类供给的空间差异最为显著，中心城区和郊区的供给呈现明显的差异。外环线以内区域，基础保障供给分值普遍较高，区域内部差异小。而外环线以外的郊区，基础保障供给的分值差异较大，在郊区新城及一些核心镇分值较高，而其他区域的分值明显低于这些核心区域。

2）便利性供给

便利性供给的分布相对均衡，从核心的黄浦区、静安区等区域向外围逐级降低。中心城区范围内，徐汇区的南部和普陀区的西部便利性供给的分值较低。在郊区范围内，松江区、闵行区和嘉定区的分值相对较高，而金山区和奉贤区的大多数区域分值较低，值得注意的是，奉贤的南桥地区和金山的滨海地区分值较高。

3）社交休闲供给

社交休闲供给的分布也呈现出由中心向外围递减的特征，但是在中心城区递减的速度较慢，而达到外环线之后，分值明显降低。外环线以内的多数区域社交休闲供给的分值普遍较高，高值区域向西南和南部延伸至松江新城、闵行紫竹高新区和奉贤南桥等区域。嘉定新城、金山滨海等区域的分值也较高，而青浦区和浦东新区的东部分值较低。

3. 商业设施供需比较

基于需求评价和供给评价的结果，对基础保障、便利性和社交休闲三类需求和供给两两对应比较，分析商业设施供需的空间

特征。首先，将格网单元的各类供给得分和对应的需求得分作差值运算，得到供需得分差值。其次，利用空间热点分析方法，统计识别三种类型设施供给不足、供需平衡、需求不足的空间，将具有统计显著性的低值集聚区判定为供给不足的区域，具有统计显著性的高值区域为需求不足的区域，不具有统计显著性的区域则为供需相对平衡的区域，从而在空间整体上分析供需分布特征。

（1）基础保障类设施供需特征研判

基础保障类设施的供需总体上呈现较为明显的空间分异，在中心城区、郊区新城和郊区其他区域分别呈现三种截然不同的特征。中心城区范围内，基础保障类设施的供需匹配度较高，存在部分具有一定统计显著性的热点区域。中心城区以外的郊区，供需匹配分化明显，统计显著性极高的高值区域外围环绕着统计显著性极高的低值区域。从行政区划的角度看，宝山区、嘉定区、闵行区的高值区域范围较大，而只在边缘地区存在极少数低值区域；松江区、青浦区、奉贤区、金山区区域内两极分化明显，部分郊区新城、核心镇是统计显著性极高的高值区域，而高值区域的外围则是连片的低值区域。

（2）便利性设施供需特征研判

与其他两类设施相比，便利性设施在大多数区域的供需较为匹配，尤其是中心城区，以及嘉定区、宝山区等北部地区。但在南部的金山区、奉贤区及浦东的邻港地区存在连片的低值集聚区，并且统计显著性极高。在青浦区的南部的练塘镇和金泽镇地区，则存在小范围统计显著性较高的高值集聚区。

（3）社交休闲类设施供需特征研判

社交休闲类设施的供需特征存在明显的空间差异，中心城区有大范围统计显著性中等的高值集聚区，外围分布着团块状统计显著性极高的高值集聚区，以及带状的显著性极高的低值集聚区。外围的团块状高值集聚区包括松江新城、金山新城等几个郊区新城。社交休闲的主要短板区域集中在南部的金山区、奉贤区，且主要分布在郊区新城的外围。

4. 基于供需评价的商业设施空间优化方案

将热点分析的结果图层与街道行政边界图层叠加，将落到街道边界内的空间单元分析结果的中位数提取到街道单元，作为街道单元的供需评价结果，从而有针对性地对特定空间提出优化配置方案。

（1）基础保障类设施优化配置

中心城区的杨浦区、黄浦区、徐汇区是基础保障类设施供给较为丰富的区域，郊区的松江新城、青浦新城、嘉定新城、金山新城则是供给过剩的区域，而郊区新城外围的乡镇，尤其是金山区的亭林镇、朱泾镇，奉贤区的柘林镇、金汇镇等基础保障类设施的供给明显不足。

郊区居住空间分布呈现小集中大分散的特征，且居住密度低，住区的面积较大，而标准综合市场、连锁超市等通常集中分布在某个区域级中心，例如新城中心或镇中心，因此郊区基础保障设施的配置存在较为明显的分化。

基础保障设施的配置需要重点考虑和居住空间的匹配，未来商业设施布点需要结合社区布局，根据居民的日常出行和活动特征，在步行可达范围内配置满足日常生活需求的社区菜店，以及商品更为多样化的社区超市等。尤其是郊区的乡镇，需要充分考虑郊区居民的日常生活需求，构建城镇社区生活圈。

（2）便利性设施优化配置

便利性设施在街道层面供需分布较为均衡，市中心的控江路街道、延吉新村街道等少数几个街道供给较为丰富，市中心外围的七宝镇、莘庄镇供给也较为丰富，而松江区的岳阳街道则供给过剩。松江区的泖港镇、叶榭镇，奉贤区的廊下镇、漕泾镇、柘林镇等便利性设施的供给则严重不足。

便利性设施的主要特点是具有很强的时间和空间可获取性，通常是24小时营业。上海中心城区的便利性设施供需相对较为匹配，但是仍有改善的空间，未来可以更多地考虑便利性设施与夜间活动结合，在一些夜间经济较发达的休闲或商业空间及夜间活动较为活跃的办公楼等区域复合配置便利性设施。

而在外围的郊区便利性设施的欠缺较为严重，尤其是在一些工业园区、产业园区（例如金山工业园）等较为活跃的区域，需要配置更多的时空可达性较好的便利性设施。

（3）社交休闲类设施优化配置

中心城区的街道，社交休闲类设施的供给普遍超过需求，而郊区的乡镇街道，社交休闲类设施的供给则普遍不足。

社交休闲设施倾向于分布在中心城区，但随着郊区化的发展，郊区的居住人口不断增加，且居民的活动日益多样化，需求也更加多元化，因此需要在郊区增加社交休闲类设施。在一些高新技术区、产业园区，设置社交休闲空间对于提升空间品质，吸引就业人口也有一定的作用。社交休闲类设施作为"第三空间"也有助于产生思想交流，打造创新氛围。

六、研究总结

1. 模型设计的特点

（1）关注多元需求

当前公共设施配置的相关研究主要关注城市居民的居住空间，而对居民的工作、娱乐等其他活动有所忽视，在设施规划中，也通常只关注规划单元内居民的需求，很少考虑单元内其他活动群体的需求。基于此，本研究借鉴生活圈的相关理论和方法，考虑空间单元内的居住人群、工作人群和其他活动人群等不同群体，通过不同群体的活动特征推测空间单元内相关群体对各类商业设施的需求，同时本研究引入时间维度，考虑空间单元内相关群体在不同时间段对商业设施的需求。

（2）统筹考虑供需

目前，大多研究从设施供给的角度出发，分析城市公共设施的集聚特征、服务范围等，而本研究从供需视角出发，统筹考虑了人的需求和设施的供给特征，并建立模型定量比较供需。研究首先基于城市静态人口分布和动态活动分布，评估了不同空间单元对各类设施的需求；其次根据设施规模、商品种类、营业时间等对商业设施进行分类，从设施数量、可达性等角度评价各类设施的供给，并与需求进行比较，分析空间单元内的设施供给匹配情况，从而对商业设施进行优化配置。

（3）评估方法的优化

本模型对需求的评估采用了联通智慧足迹手机信令数据，覆盖样本较大，且时间和空间精度较高，因此较为精确地推断活动的类型和空间分布，且以500m×500m的格网为分析单元，较以往基于手机信令数据的研究空间分辨率有较大提升。

模型对供给的评估基于设施的数量、类型和开放时间等特征，考虑了时间和空间两个维度的可获取性，而以往研究通常仅考虑设施的空间可获取性。

同时，研究针对不同特征的设施采用了密度和可达性分析两种分析方法，在可达性分析中，并非简单采用缓冲区分析等传统方法，而是结合了城市的道路交通特征，以及居民的出行特征进行网络分析，使结果更具准确性且体现了"以人为本"的理念。

2. 应用方向或应用前景

本研究通过手机信令大数据，商业设施POI大数据与路网数据，评估了上海市商业设施多元需求的满足程度与供给状况，对上海市优化城市商业设施布局提供了优化空间，准确了解城市商业设施供需时空矛盾并在未来规划中予以纠正，这对城市经济与社会发展具有重要意义。从经济建设层面上，本研究构建的一系列商业设施供需评价模型有利于挖掘城市中存在着潜在消费空间，在新的城市规划中实现商业设施规划有效供给，促进城市局部便利与社交休闲消费行为，提升城市整体经济活力；从社会发展层面上，本研究构建的模型将通过在未来规划中促进日常基础保障设施的有效供应，保证空间尺度上城市居民获取保障性商业服务的便利性，并从"以人为本"的视角实现商业设施规划的公平性。

本研究通过对多元数据的应用，有效利用了大数据所包含的时空属性，为未来研究充分挖掘大数据所具备的动态性、时效性、全局性特点提供了一些参考，具有一定的可行性与政策意义。随着城市点数据、社交网络信息和商业网站评价信息等挖掘及采集技术的进步，研究可以获取更大规模、更具时效性的商业设施数据，为高效地规划与调控商业布局提供了现时的依据。手机信令数据为人口时空活动识别提供了可能，可以全面动态地揭示城市居住空间、就业空间和消费休闲空间状况，通过人们时空行为与活动空间的互动关系，明确各类空间的位置与功能，并与城市规划和居民传统认知作对比，从而认识城市真正在发生的空间关系，而不是规划构想的空间关系（闫晴等，2018年）。本研究构建的一系列模型通过实现上述两类大数据的结合，对城市商业设施空间分布进行极小尺度空间优化，具有很强的时效性、精确性与现实意义。

此外，本文研究模型具有一定的可推广性。除了商业设施，本文构建的多类模型的研究对象也可以进行拓展，其也适用于城市基本公共服务等设施的空间布局优化，例如促进城市健身器材、休闲广场、社区医院和社区养老服务中心等"适老性"设施及幼儿园、游乐场等"适幼性"设施空间布局优化，实现"智慧城市"建设中的"智慧规划"。

城市居住区绿地"健康品质体检"

工作单位：天津大学、济南市中医医院、汉嘉设计集团股份有限公司

报名方向：城市环境优化

参赛人：卢杉、孟雨、徐敏、孙强

参赛人简介：卢杉，博士研究生（天津大学、东京大学联合培养博士研究生），研究方向为城市住区绿色空间对老年健康的影响研究，曾参编《城市既有住区公共空间适老化更新策略》。孟雨，硕士研究生，研究方向为设计认知研究。徐敏，主治医师，研究方向为急危重症。孙强，工程师，研究方向为风景园林新技术方法、城市住区公共空间量化研究、健康住区等方面。

一、研究问题

1. 研究背景及目的意义

（1）研究背景

城市绿地（Urban Green Space，简称UGS）是对"城市开放空间"和"城市开放绿色空间"概念的简明化，是城市里唯一的自然或半自然的土地利用状态。城市绿色空间通过提供生态产品和服务、促进有益健康行为等途径提升居民福祉。一方面，它通过吸收空气有害污染物、降低噪声、缓解城市热岛效应来减少居民健康暴露风险；另一方面，它为居民提供了户外活动场所，通过居民体育锻炼、社交，以及园艺活动间接产生健康效益。此外，城市绿色空间环境与居民的感知交互过程也潜在地改善焦虑、抑郁等心理健康方面的效益。

此外，COVID-19的流行改变了一部分人的生活方式，在隔离和保持社交距离期间，窗前景观成为大部分人接触自然的主要途径。相比之前，居民更加希望前往绿色公共空间呼吸新鲜空气、进行体育锻炼和接触大自然来排解居家隔离期间的压抑情绪，研究表明，绿化暴露时间、访问绿地频率对居民心理健康都存在显著相关性，但是较少研究基于环境和个体交互角度进行日常出行绿化暴露对心理健康的影响。

基于此，本研究旨在从个体和环境交互的视角结合客观环境和个体行为，从居民15分钟生活圈出行范围内的绿色暴露水平视角对城市居住区绿地健康水平进行"体检"。综合窗前绿地、集中绿地和街道绿地三种与居民日常生活息息相关的绿地空间特征指标，构建居住区绿地健康品质量化指标体系；结合主客观评价结果，识别心理健康效益与空间要素的关系；通过德尔菲法赋值建立城市居住区绿地对居民心理健康影响的评价模型。

（2）研究意义

本研究从个体与环境动态交互视角将传统的静态绿色环境暴露测度扩展到了动态环境暴露层面，进一步将人群实际活动时长纳入"空间—健康"研究考量，未来可搭建微观尺度下城市住区绿地健康品质体检平台，这将为今后居住区生活圈绿地配置、改造提供理论依据和技术支撑。

2. 研究目标及拟解决的问题

（1）构建居住区绿地"健康品质"量化指标体系：通过梳理国内外城市居住区绿地与公共健康的研究文献，并结合问卷调查获取的居民绿地需求，构建城市住区绿地健康品质量化指标

体系。

（2）居民"日常绿化暴露"计算与评价模型构建：结合居民15分钟出行路径的各项指标平均值与不同绿地的暴露时长，计算居民"日常绿化暴露"总量，构建影响评价模型。

（3）模型验证：采用逐步回归的方法，将窗前绿地暴露强度、街道绿地暴露强度、公园绿地暴露强度、窗前绿地暴露总量、街道绿地暴露总量、公园绿地暴露总量、个人属性、身体活动纳入回归模型进行检验。

（4）"健康风险"识别与未来干预手段：对"绿地健康水平"空间特征进行识别；对不同居住区绿地进行评价，并提出相应的空间干预手段，如优化提升策略。

二、研究方法

1. 研究方法及理论依据

（1）研究方法

1）文献查阅方法：通过梳理国内外既有相关文献，从多维度筛选与居民心理健康的相关城市居住区绿地空间特征、评价方法与途径。

2）实地调查方法：开展"后疫情时代下城市居住区绿地对居民心理健康影响"的调查，从而获取后疫情时代中城市居民对绿地的使用现状、行为需求、现状绿地满意度评价、使用绿地后身心改善以及积极心理健康的测评；对济南市制锦市街道所有居住区进行现场调研，对街景不能获取的封闭小区内部景观进行拍照；对制锦市街道内部和毗邻的五龙潭公园、大明湖公园进行现场调研。

3）统计分析法：本研究采用AHP层次分析法，基于Yaahp软件对评价指标体系中各因子进行权重赋值；因为本研究不确定每一项变量是否显著，以及变量间是否存在共线性等问题，故采用逐步回归的方法，将新变量和老变量逐个进行检验，将经检验认为不显著的变量删除，过程不断重复，以保证最终回归模型中所有变量对因变量都是显著的。

4）人工智能与深度学习方法：采用TensorFlow人工智能学习系统和Deeplab基于深度学习卷积神经网络的图像语义分割识别与统计技术进行街景图像分析。

5）空间句法：本研究选取在城市规划及相关领域中应用较多的线段模型在depthmap软件中进行街道整合度、选择度的研究工作。

6）基于街景图片的人工审计：本研究提取了百度街景图像作为街道、公园空间感知特征指标的审计；研究甄选4位具有建筑或城市规划专业背景的审计员对街景两个方向（各180°）进行识别，对空间特征进行二分法打分，以尽可能减少由于审计员认知背景差异而造成的测量误差。

7）GIS空间分析与统计和"极海云"平台可视化表达：利用ArcGIS强大空间分析与统计技术，实现绿视率、安全度和界面围合度等指标的分析与统计，同时利用"极海云"平台对指标分析与统计结果进行可视化表达。

（2）理论依据

环境心理学认为人的行为和环境相互影响相互作用，现有研究认为：品质较好的居住区绿地环境增加居民访问频次与停留时间，通过满足其社交活动和体育锻炼从而提升居民心理健康水平。

恢复性环境理论为远离度、魅力度、延展性和兼容性是恢复性环境的四大特征，在绿色空间中的"安静""庇护""自然""社交"等感知属性可直接作用于老年人的情绪和心理，从而缓解不良情绪，达到提升幸福感和社区融合的目的。

2. 技术路线及关键技术

本研究技术路线如图2-1所示，其中关键技术分为以下四部分：①构建"健康品质"量化指标体系；②"日常绿色暴露"计算与评价模型构建；③评价模型检验；④居住区绿地的"健康水平"识别与未来干预手段。

三、数据说明

1. 数据内容及类型

（1）问卷调查数据

问卷调查数据有助于本研究在前期了解关于疫情前后居民对于绿地态度的变化、了解不同类型绿地居民的每日停留时长和使用频率、前往绿地的目的和健康需求三部分，为后续指标选取和

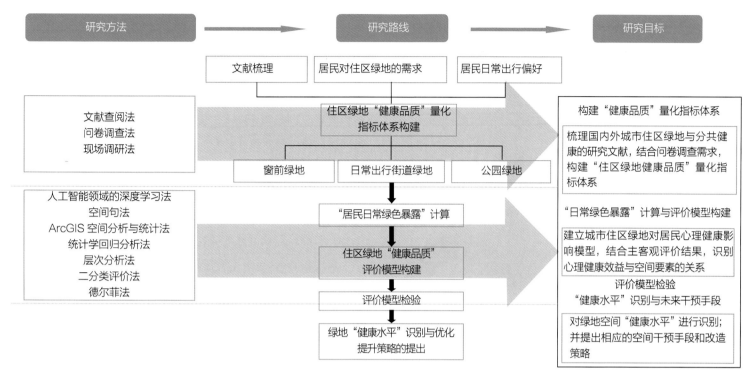

图2-1　研究技术路线示意图

建立提供依据。

（2）居民心理健康数据

鉴于疫情期间特殊情况，本研究采用网上发放问卷的方式对济南市制锦市街道受访者的心理健康状况（The Short Warwick-Edinburgh Mental Wellbeing Scale，简称SWEM-WBS）采用中文版进行调查。该量表从"感到乐观、感到有价值、心情轻松、能处理好问题、思考问题清晰、和别人关系亲近、能自己做决定"7个方面对受访者进行评估，每道题均采用1～5分形式进行打分，最后总分越高代表受访者心理健康状况越好。

（3）绿地可获得性数据

此部分数据包含绿视率、绿化覆盖率、界面围合度客观特征指标。主要依据百度街景照片、人工现场调研照片在TensorFlow人工智能学习系统和Deeplab基于深度学习卷积神经网络的图像语义分割识别与统计技术量化上述指标因子。

（4）绿地可达性数据

此部分数据利用开源（Open Street Map，OSM）获取所需城市道路网分级数据结合人工描绘城市道路网，数据类型为shp线数据；再基于depthmap软件进行道路数据整合度和选择度的分析。

（5）绿地感知特征数据

本研究提取了百度街景照片作为街道空间感知特征指标的虚拟审计基础数据；研究甄选4位具有人居环境科学专业背景的审计员对于街景照片进行评判，对空间特征进行二分法评价，在前期通过实验统一评价标准的基础上，再尽可能地减小由于审计员认知背景差异而造成的测量误差。

2. 数据预处理技术与成果

（1）问卷调查数据处理

参与本次问卷调查基本信息（图3-1）如下：男性110人（51.64%），女性103人（48.36%），46～55岁年龄段的参与者最多，占35.21%；大部分调查对象在目前所在小区居住超过5年以上，对小区熟悉程度很高；超过70%的调查对象认为自己目前身体状况健康；经过本次疫情"身体锻炼""饮食调理""控制体重""增加睡眠""放松心情"的健康需求占前五位。

从图3-2可以看出，经过本次疫情，居民"更加向往公园进行体育锻炼"，除了"希望增加社区绿地"之外，值得注意的是居民增加了"窗外远眺次数"，可见在今后的研究中应增加对窗前绿地景观的关注与重视。

从图3-3可以看出，无论在哪一类绿地类型，居民前往目的以"放松减压"为主；住区公园、滨河绿地、小区内部集中绿地和广场承担了大部分居民的运动健身和享受天气、放松心情的需求；城市生活型街道也成为居民放松减压的好去处，另外也承担了居民部分社会交往、运动健身的健康需求。

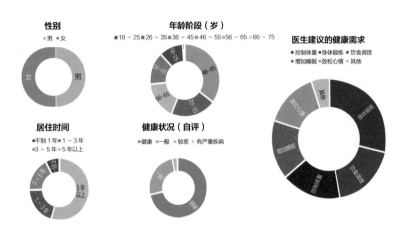

图3-1　参与问卷调查者基本情况

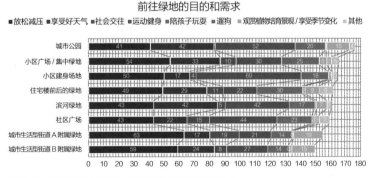

图3-2　疫情前后居民对于绿地的态度变化

图3-3　后疫情时代居民前往绿地的目的和需求

（2）居民15分钟出行路线数据处理

本研究只考虑居民日间步行出行活动，在地理信息系统ArcGIS Desktop中实现居民可达范围可视化处理。第一步，基础数据：在CAD中人工描绘制锦市街道办行政范围向外30分钟人行可达范围导入GIS；第二步，数据处理：在GIS中合并道路并打断道路相交线，进行拓扑检查，设置道路基本属性；第三步，道路交通网络构建：设置路口转弯，连通性策略，设置高程建模，为道路网指定通行成本、等级、限制等属性；第四步，采用基于出行范围的可达性方法，以图3-4中所展示4个采样点（问卷调查居民居住位置）的15分钟人行出行范围，分别生成可达性分布图。

（3）绿地可获得性数据处理

采用TensorFlow人工智能学习系统和Deeplab基于深度学习卷积神经网络的图像语义分割识别与统计技术量化上述指标因子。主要步骤如下，如图3-5所示。

第一步：各研究范围坐标导入GIS空间化显示并计算各缓冲区范围；城市道路网数据导入GIS中，得到公园缓冲区范围内道路网；对道路网进行"交叉口打断""增密""折点转点""添加XY坐标"，得到道路视点。

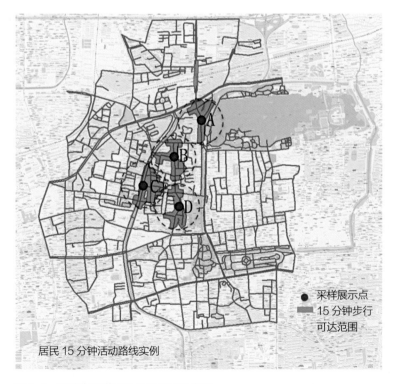

图3-4　制锦市街道居民15分钟出行范围

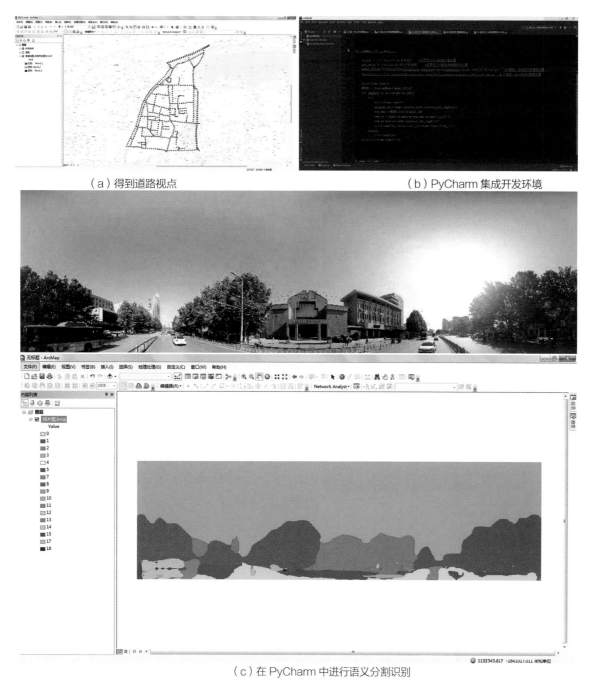

（a）得到道路视点　　　　　　　　（b）PyCharm 集成开发环境

（c）在 PyCharm 中进行语义分割识别

图3-5　绿地可获得性数据成果

　　第二步：将道路视点导出csv文件，转为百度坐标，目的是通过百度坐标的视点，获取相应的街景照片；在PyCharm（集成开发环境）中，获取街景照片；在PyCharm（集成开发环境）中，对街景照片进行语义分割识别。

　　第三步：在PyCharm（集成开发环境）中，对街景照片进行语义分割识别。

　　（4）绿地可达性数据处理

　　将修正好的轴线线段在Depthmap进行整合度和选择度分析，见图3-6。

　　（5）绿地感知特征数据处理

　　本研究提取了百度街景图像作为街道、公园空间感知特征指标的审计；研究甄选4位具有建筑或城市规划专业背景的审计员对于街景两个方向（各180°）进行识别，对空间特征进行二分法打分，以尽可能减少由于审计员认知背景差异而造成的测量误差。最后将指标因子导入"极海云"平台进行可视化表达，如图3-7。

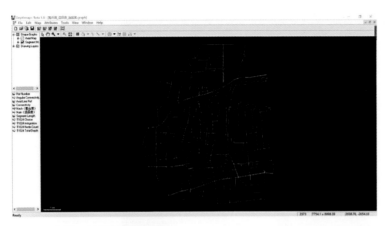

图3-6　绿地可达性数据成果展示

（a）

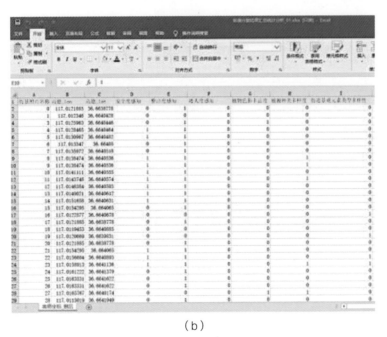

（b）

图3-7　人工审计街道、公园绿地感知特征示意

（6）居民心理健康数据处理

济南市制锦市街道受访者的心理健康状况采用中文版SWEM-WBS进行调查。该量表从"感到乐观、感到有价值、心情轻松、能处理好问题、思考问题清晰、和别人关系亲近、能自己做决定"7个方面对受访者进行评估，每道题均采用1-5分形式进行打分，最后总分越高代表受访者心理健康状况越好。

四、模型算法

1. 模型算法流程及相关数学公式

（1）模型的实施流程

本研究构建的"居住区绿地对居民心理健康影响评价模型"主要分5个阶段进行：第一阶段为基础数据收集；第二阶段通过国内外文献梳理与通过问卷调查获取居民健康需求的调查建立的居住区绿地健康品质量化指标体系；第三阶段通过AHP层次分析法赋予指标权重，建立评价模型；第四阶段通过分层回归模型，进行窗前、街道和公园三个层次的绿地日常暴露空间指标的相关性分析；最后以济南市制锦市街道为例，进行评价模型检验，并识别居住区中绿地健康水平，提出改造提升策略（图4-1）。

（2）相关数学计算公式

"居民15分钟生活圈绿色暴露总量"计算公式如下：

$$R = \sum_{i=1}^{n} \overline{S_{ni}} t_{si} x + W_i t_{wi} \alpha + \sum_{i=1}^{n} \overline{P_{ni}} t_{pi} \beta \qquad (4-1)$$

其中，$\overline{S_{ni}}$ 表示居民单次出行道路绿地绿色暴露强度得分；t_{si} 表示居民本次出行在道路行走时间；n表示居民每日出行次数；x 表示修正系数，与居民步行速度相关；W_i表示居民窗前景观绿色暴露强度得分；t_{wi}表示居民本次出行在道路行走时间；α表示修正系数，与居民所住楼层数相关；$\overline{P_{ni}}$表示公园、广场绿地绿色暴露

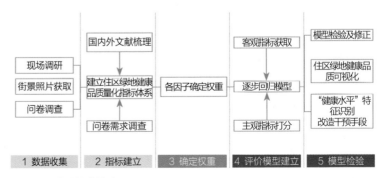

图4-1　模型的实施流程

强度得分，t_{pi}表示居民本次在公园、广场停留时间；β表示修正系数。

$$\overline{S_{n^i}} = \gamma_1 \times S_{availibility} + \gamma_2 \times S_{accessibility} + \gamma_3 \times S_{feature} \\ + \gamma_4 \times S_{perceptions} \quad (4-2)$$

其中，γ_1、γ_2、γ_3、γ_4分别为街道绿地可获得性、可达性、内部特征、感知环境的权重系数；$S_{availibility}$、$S_{accessibility}$、$S_{feature}$、$S_{perceptions}$分别为街道绿地可获得性、可达性、内部特征、感知环境的品质得分。

$$W_i = \beta_1 \times W_{availibility} + \beta_2 \times W_{accessibility} + \beta_3 \times W_{feature} + \beta_4 \times W_{perceptions} \quad (4-3)$$

其中，β_1、β_2、β_3、β_4分别为街道绿地可获得性、可达性、内部特征、感知环境的权重系数；$W_{availibility}$、$W_{accessibility}$、$W_{feature}$、$W_{perceptions}$分别为街道绿地可获得性、可达性、内部特征、感知环境的品质得分。

$$\overline{P_{n^i}} = \delta_1 \times P_{availibility} + \delta_2 \times P_{accessibility} + \delta_3 \times P_{feature} \\ + \delta_4 \times P_{perceptions} \quad (4-4)$$

其中，δ_1、δ_2、δ_3、δ_4分别为居民前往公园/广场等块状绿地可获得性、可达性、内部特征、感知环境的权重系数；$P_{availibility}$、$P_{accessibility}$、$P_{features}$、$P_{perceptions}$分别为公园/广场等块状绿地可获得性、可达性、内部特征、感知环境的品质得分。

2. 模型算法相关支撑技术

模型基于风景园林、城乡规划和计算机科学等相关学科知识；主要是用地理信息系统ArcGIS Desktop 10.2软件、空间句法Depthmap Beta 1.0软件、JetBrains Python Community Edition 2018 2.3×64（基于Python、TensorFlow、Deeplab、Citespaces共同搭建批量百度街景照片获取和图像语义分割识别与汇总统计环境）、AHP层次分析法确定指标因子权重Yaahp V11.2软件、指标因子回归分析IBM SPSS Statistics 26软件、批量获取百度街景图片所基于的百度地图开放平台、基于GIS数据可视化的"极海云"平台。

五、实践案例

1. 模型应用实证及结果解读

本模型选取济南市制锦市街道进行模型实证研究。制锦市社区规划总图如图5-1所示，制锦市街道位于济南古城西北隅，大明湖西侧，隶属天桥区，面积0.72km²，辖5个社区居委会。街道

内有五龙潭公园和市青少年宫，以单位宿舍、老旧公房为主，人口密度较高、公共服务缺乏、空间资源有限、环境品质有待优化。制锦市街道2016年常住人口2.16万，其中户籍人口2.07万，男女比例较为均衡。

本研究只考虑居民日间步行活动，图5-2示意了4个小区进行研究。从居民的活动路线目的地来看，B/C住区居民15分钟步行圈内不包含社区公园，而对于A/B住区居民来说，五龙潭公园、大明湖公园分别在其15分钟生活圈内；从街道绿地暴露层面来看，表5-1中列举了部分不同活动路线的指标平均值和出行时长；从窗前景观来看，将结合居民主观感知评价和对百度卫星图获取的绿色覆盖率分别进行迷人度、景观元素类型、植被种类、景观元素色彩丰富度、绿视率和绿色覆盖率的计算。

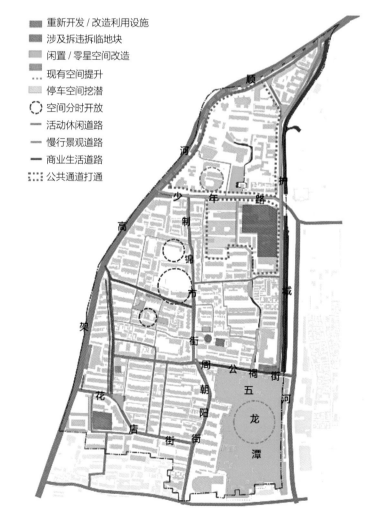

图5-1 制锦市社区规划总图
图片来源：http://nrp.jinan.gov.cn/art/2018/6/22/art_43830_3509974.html

497

居民活动路线	街道整合度	街道选择度	绿化覆盖率	绿视率	界面围合度	安全度（人工审计）	整洁度（人工审计）	迷人度（人工审计）	色彩丰富度（人工审计）	植被种类（人工审计）	街道景观元素类型（人工审计）
A1	1.2	1.13	0.94	0.6	0.47	1	1	1	1	1	1
B1	1.05	1.01	0.83	0.55	0.45	1	1	0	0	0	0
C1	1.02	1	0.8	0.5	0.41	0	0	0	0	0	0
D1	1.15	1.13	0.86	0.6	0.47	1	0	1	1	1	1

图5-2 居民15分钟生活圈内绿地暴露计算数据示意

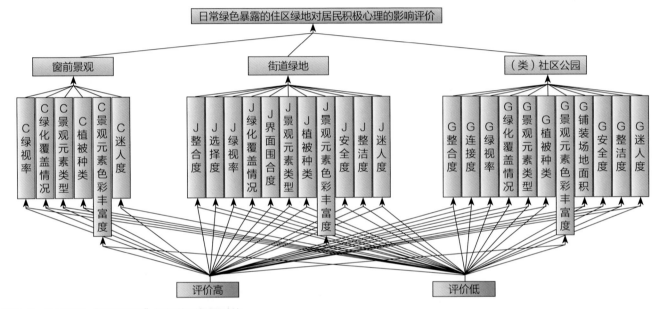

图5-3 住区绿地"健康品质"指标体系权重赋值

因子权重赋值如表5-1所示，其中，C表示窗前景观指标，J代表街道景观指标，G代表公园景观指标。住区绿地"健康品质"指标体系权重赋值如图5-3所示。

第2个准则层中要素对策略目标的排序权重　表5-1

准则层要素	权重
C迷人度	0.167 8
C景观元素色彩丰富度	0.108 2
C绿视率	0.088 0
G迷人度	0.065 0
C植被种类	0.048 3
C景观元素类型	0.048 3
G景观元素色彩丰富度	0.040 8
J迷人度	0.040 7
G绿视率	0.035 9
G安全度	0.035 7
C绿化覆盖情况	0.032 8

续表

准则层要素	权重
G整洁度	0.031 6
J景观元素色彩丰富度	0.025 2
J安全度	0.022 3
G植被种类	0.021 7
G景观元素类型	0.021 7
J绿视率	0.020 7
J整洁度	0.019 7
G绿化覆盖情况	0.018 3
G整合度	0.016 2
G连接度	0.014 3
J景观元素类型	0.013 9
J植被种类	0.013 9
J绿化覆盖情况	0.012 4
J界面围合度	0.010 3
G铺装场地面积	0.009 8
J整合度	0.009 2
J选择度	0.007 1

研究采用分层回归，分析逐步增加窗前绿地暴露品质得分、街道绿地暴露品质得分和公园绿地暴露品质得分是否可以提高居民心理健康的模型预测水平。最终模型（模型3）纳入居民体力活动水平2个变量，但不具有统计学意义调整R^2=0.000。仅增加住区绿地暴露品质得分（模型2）后，R^2值增加0.805，$F = 1\,062.481$（$P<0.001$），具有统计学意义，也因此验证了评价指标体系的有效性，具体结果见表5-2。

回归结果分析　　　　表5-2

变量	模型1		模型2		模型3	
	回归系数	标准误	回归系数	标准误	回归系数	标准误
年龄	0.200**	0.523	-0.030	0.127	-0.030	0.126
性别	-0.084	1.310	0.017	0.309	0.016	0.307
居住年限	0.047	0.671	0.015	0.158	0.008	0.159
自评健康	-0.307***	1.183	-0.010	0.294	-0.009	0.291
窗前绿色暴露			0.260***	1.110	0.260***	1.113
街道绿色暴露			0.801***	0.764	0.763***	1.203
公园绿色暴露			0.019	26.409	-0.013	37.149

续表

变量	模型1		模型2		模型3	
	回归系数	标准误	回归系数	标准误	回归系数	标准误
窗前绿色暴露总量					-0.002	0.012
街道绿色暴露总量					0.003	0.013
公园绿色暴露总量					0.067**	0.014
散步时长					-0.265	0.123
跑步时长					-0.174	0.123
R^2	0.169		0.955		0.957	
F	10.528***		623.082***		445.226***	
ΔR^2	0.153		0.954		0.955	

注：*$p<0.05$；**$p<0.01$；***$p<0.001$。

2. 模型应用案例可视化表达

（1）街道绿化暴露可视化表达

街道绿地选择度、整合度、绿视率、安全度、界面围合度可视化如图5-4、图5-5所示：

（a）选择度

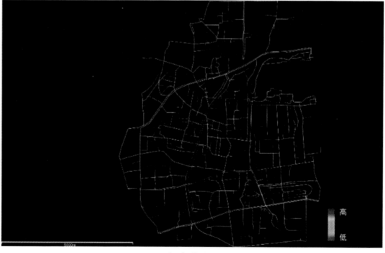

（b）整合度

图5-4　街道绿地景观选择度、整合度可视化示意

（a）绿视率　　　　　　　（b）安全度　　　　　　　（c）界面围合度

（d）元素多样性　　　　　（e）迷人度　　　　　　　（f）整洁度

图5-5　街道绿地绿视率、安全度、围合度、元素多样性、迷人度、整洁度可视化

（2）公园绿化暴露可视化表达

公园绿视率、铺装场地面积、绿地安全度、绿地迷人度可视化如图5-6所示。

（a）绿视率

（b）铺装场地面积

（c）绿地安全度

（d）绿地迷人度

图5-6　五龙潭公园绿视率、铺装场地面积、安全度、迷人度可视化

（3）制锦市街道住区绿地健康品质及健康水平识别可视化表达

研究以济南市制锦市街道为例进行居住区绿地"健康品质"体检，并按自然断点分级法，按绿地健康程度高低分为五大级别：差、较差、一般、良好和健康。将四处居住区居民心理健康水平与绿地健康品质进行关联性分析发现：居住在绿地品质健康型的居民各方面心理健康指标水平得分最高；居住在绿地品质良好型居住区的居民呈现出乐观的趋势；但是居住在绿地品质一般和较差品质的居民心理健康总体得分较低，且回答者在"感到乐观""和别人关系亲近""心情轻松"三道题得分较低（图5-7）。

（4）基于居民日常行为暴露的住区绿地更新策略

针对以上居住区绿地健康品质体检结果，研究组从窗前景观、街道绿地、社区公园绿地三个层面分别提出如下更新策略，见表5-3。

此外，研究组成员通过在东京大学联合培养期间，对东京都内镶嵌在居住区中的小微绿地尺寸、植被分布类型、场地活动人数做了详细的现场调研。通过整理绘制小微绿地的情绪健康+空间类型图，认为今后住区绿地在精细化改造中，应考虑植被围合形态所营造出的空间氛围对使用者心理健康塑造和恢复的影响。

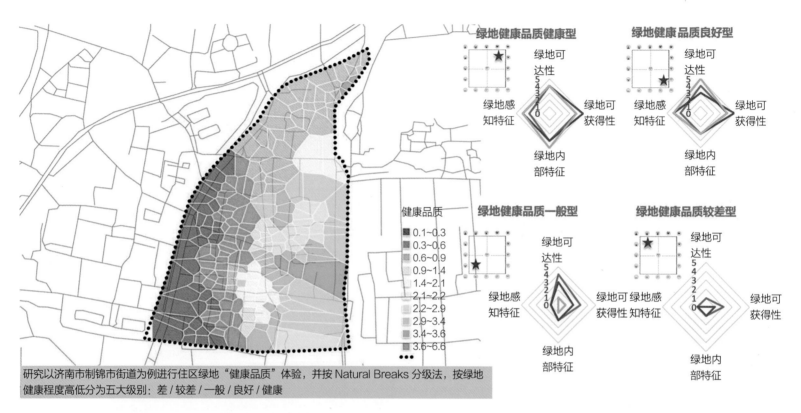

研究以济南市制锦市街道为例进行住区绿地"健康品质"体验，并按 Natural Breaks 分级法，按绿地健康程度高低分为五大级别：差 / 较差 / 一般 / 良好 / 健康

图5-7 济南市制锦市街道四处住区绿地体检结果

基于居民日常行为暴露的住区绿地更新策略		表5-3
（a）窗前景观绿地更新策略		

（1）增加植被配置种类丰富度，乔木、灌木混合种植，满足不同楼层观景需求，增加窗前景观绿视率	

续表

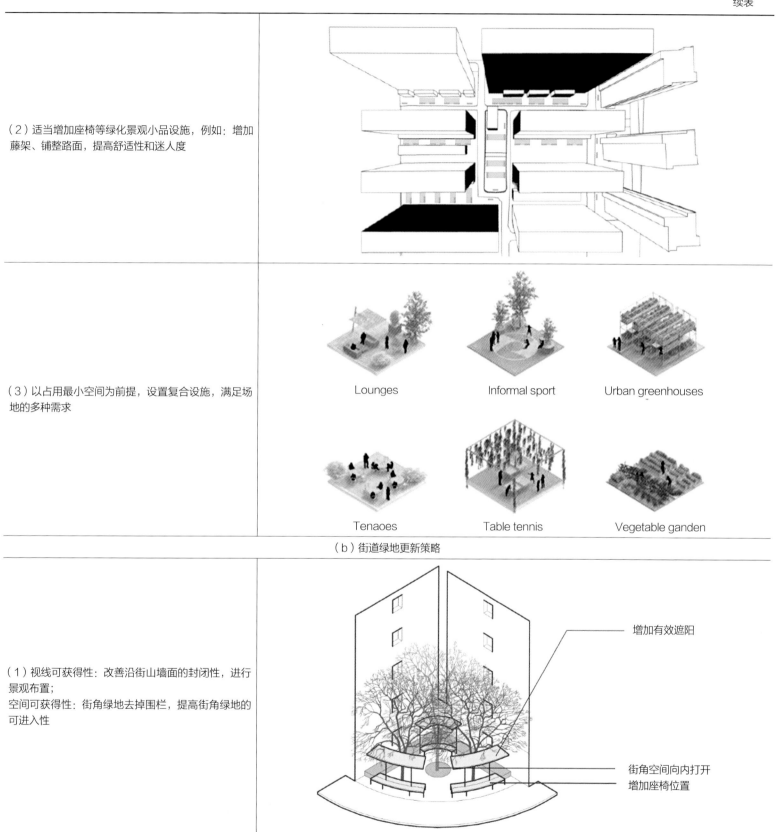

（2）适当增加座椅等绿化景观小品设施，例如：增加藤架、铺整路面，提高舒适性和迷人度	
（3）以占用最小空间为前提，设置复合设施，满足场地的多种需求	Lounges　Informal sport　Urban greenhouses Tenaoes　Table tennis　Vegetable ganden

（b）街道绿地更新策略

（1）视线可获得性：改善沿街山墙面的封闭性，进行景观布置； 空间可获得性：街角绿地去掉围栏，提高街角绿地的可进入性	增加有效遮阳 街角空间向内打开 增加座椅位置

续表

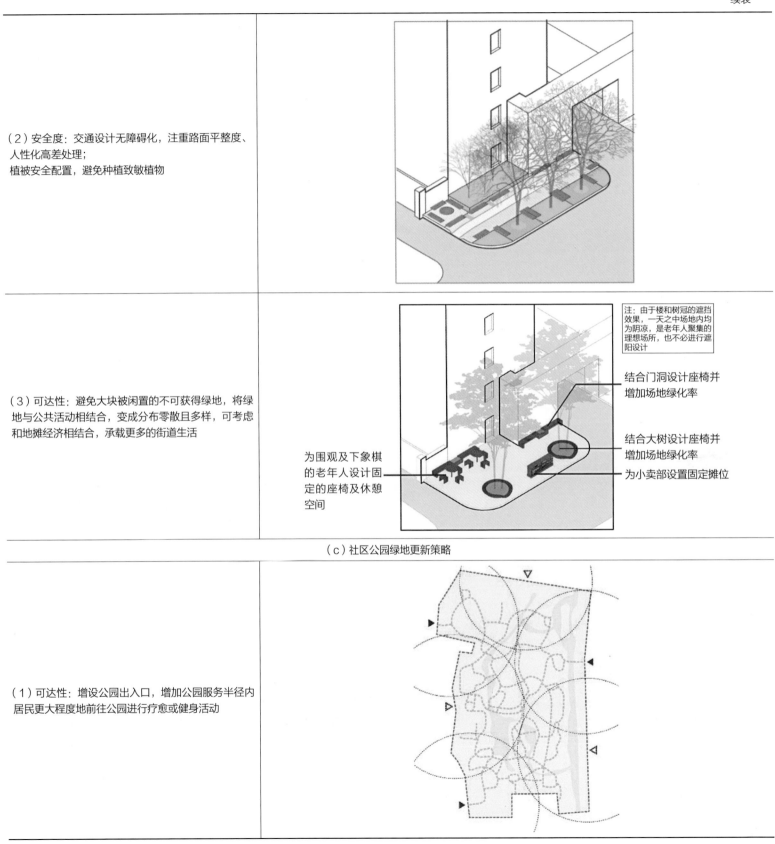

（2）安全度：交通设计无障碍化，注重路面平整度、
人性化高差处理；
植被安全配置，避免种植致敏植物

注：由于楼和树冠的遮挡
效果，一天之中场地内均
为阴凉，是老年人聚集的
理想场所，也不必进行遮
阳设计

结合门洞设计座椅并
增加场地绿化率

结合大树设计座椅并
增加场地绿化率

为小卖部设置固定摊位

（3）可达性：避免大块被闲置的不可获得绿地，将绿
地与公共活动相结合，变成分布零散且多样，可考虑
和地摊经济相结合，承载更多的街道生活

为围观及下象棋
的老年人设计固
定的座椅及休憩
空间

（c）社区公园绿地更新策略

（1）可达性：增设公园出入口，增加公园服务半径内
居民更大程度地前往公园进行疗愈或健身活动

（2）安全性：设施距离适度化；评估公园服务半径内居民的活动需求，合理设置活动场地面积，使有效建成环境资源得到最充分的利用	
（3）增加公园的景观元素合理配比，增加地形变化、颜色丰富、安静迷人的疗愈环境	

六、研究总结

1. 模型设计的特点

（1）从个体与环境动态交互视角将传统的静态绿色环境暴露测度扩展到了动态环境暴露层面，进一步将人群实际活动时长纳入"空间–健康"研究考量。研究聚焦城市居住区绿地空间特征和居民心理健康，基于既有研究提出了15分钟生活圈居民出行绿色暴露对其心理健康影响的量化指标体系，相比于既有研究单一

环境视角基础上进行扩展，关注了个体与环境交互关系，将传统的静态绿色环境暴露测度扩展到了动态层面。

（2）传统技术与新数据和新技术相结合，构建城市居住区绿地"健康品质"评价模型。研究借助问卷调查、现场调研、百度街景照片与深度学习技术相结合的城市环境特征测度方法，以济南市制锦市街道办事处所在的居住单元为例进行研究，选取绿地可达性、绿地可获得性、绿地内部特征和绿地感知特征下属29个二级指标、与居住者积极心理得分、个人特征一起纳入分层回归

模型，分析绿色环境暴露对居民心理健康的影响。

（3）未来可搭建微观尺度下城市居住区绿地"健康品质"体检平台。最后进一步从窗前、街道和公园三个层面提出绿地空间更新策略与未来搭建住区绿地"健康品质"体检平台设想。在注重"精细化""有温度"与城市空间健康品质提升的城市发展背景下，为未来的城市绿地规划、建设、管理提供重要依据。

研究局限与不足：对特征指标阈值范围，以及完整因果链条关注不足：本研究得出的结论是居住区绿地特征与心理健康之间的相关性，而非因果关系，不同空间特征对居民的心理健康效益的影响大小，以及各个空间特征指标发挥健康促进作用的阈值范围均未得到充分探索。对于住区绿色空间对居民心理健康的完整作用路径，居住区绿地具体停留时长，以及哪条途径起主要作用等问题在未来应进一步明确。

2. 应用方向或应用前景

本模型致力于研究个体与环境交互关系，将传统的静态绿色环境暴露测度扩展到了动态层面，进一步将人群实际活动纳入考量，具有一定推广性。未来可广泛应用于更大范围城市居住区研究，基于大规模的客观测度城市绿地，基于学习模型对大规模数据进行快速计算，搭建城市绿地健康品质体检线上平台（图6-1）。

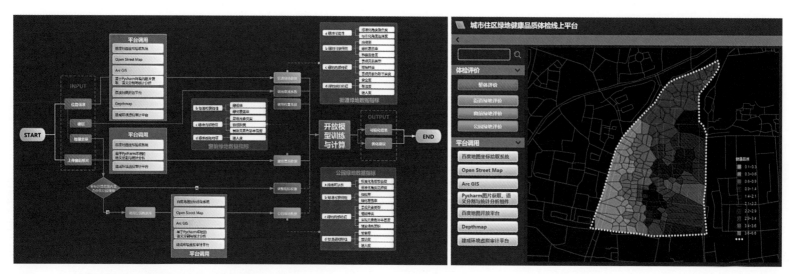

图6-1 未来城市住区绿地健康品质体检线上平台

专家
采访

王引：
规划新技术的发展，既是机遇也是挑战

王引
教授级高级工程师
北京市城市规划设计研究院总规划师

专访王引总规划师，聊聊：

北京市城市规划设计研究院（以下简称"北规院"）举办大赛的目的和意义是什么？

北规院信息化工作整体发展取得了哪些成绩？

北规院决策支持发展历程是怎样的？

北规院大平台建设促进规划管理与决策进步成效如何？

对空间规划改革的认识是什么？

如何把握规划方法论与规划发展方向？

采访内容

记者：北规院已经成功举办两届"城垣杯·规划决策支持模型设计大赛"，作为主办方之一，当初是在什么背景下策划这个大赛？两届大赛的举办对于推动城市量化研究在规划行业中的作用体现在哪些方面？

王引：新技术的运用在近20年来有了突飞猛进的发展，但在这个过程中，新技术于各专业中的运用并不完全均衡。当科学技术蓬勃发展，而传统的城乡规划编制或管理无法与其相匹配的时候，我们需要探索一种更科学合理的、共同协调的发展模式以应对这种情况，这也是城乡规划具有复合性特征的一个体现。城市

量化研究突飞猛进式的发展改变了传统规划的模式，转变了规划原有的观念。我们举办竞赛也是希望大家共同出谋划策，促进新时期规划工作的科学发展。希望我们的大赛可以动员更多从事城市量化研究的学者与从业人员，为新时代的城乡规划作点滴的贡献。

记者：大赛正在试图将一个新的定量化思维方式带入到规划的编制和决策中，这两届大赛带来了一些非常好的影响，北规院现已将两届获奖作品汇编成册并正式出版发行，我们希望更多的同仁参加大赛，在这个领域实现更大的突破。

王引：规划模型就是一种量化的计量分析方法，以前编制规

划大部分依靠人脑作评判，用图纸和统计计算的方式得出推测的结论。随着现代信息化技术的发展，尤其是引入各种大数据的支撑，以及多种数据分析方法的同时，糅合国内外先进的发展经验，城乡规划已不局限于人脑评判，而是趋向于内容越发丰富的情景分析，这也有利于从问题出发，以目标为导向开展综合分析。

记者：您负责北规院的信息化建设工作，北规院在基础数据库建设、规划决策支持研究、遥感研究、大数据研究和知识管理探索等方面均取得很好的成绩，算是行业的领跑者，请您以北规院为例谈谈如何构建规划行业的信息化发展？

王引：北规院信息化建设最早可以追溯到1984年成立的北京市城乡规划建设数据所，算上同期开展的"北京市航空遥感综合调查"等多项基础科研工作，至今已有三十余年的发展历程。

以2000年作为一个分水岭，2000年之前是探索阶段，2000年之后是起步阶段。大概在20世纪80年代中期，建筑设计和建筑结构等行业已经开始使用计算机辅助设计，但是城乡规划中计算机的实际使用尤其是推广使用大约在2000年以后。

我们院作为城乡规划的编制部门，在信息化的运用方面，也就是计算机辅助城乡规划编制方面，是走在行业前列的。2000年以后有一个飞速发展，从那时候开始基础数据库建设、遥感技术应用研究、大数据研究，以及后来的知识管理系统建设，都有比较大的飞跃，同时构建了我院的规划决策支持平台。

记者：北规院30年的历程，内容很丰富，是几代人一步一步探索出来的结果。北规院的规划决策支持模型的研究起步很早，不仅建立了一套国内比较完整的框架体系，并且基于这个框架体系开发了一套规划决策支持系统平台，能够让规划人员可以简便地使用定量模型，那您觉得规划决策支持这么发展过来之后，有什么样的成绩或者问题吗？

王引：我们院的确花了比较大的"力气"来做这件事，有失败也有成功，客观的评价是现在还不是十分完美，这个规划决策支持体系的建设由"一张白纸"逐步走到今天，也是一个"投石问路"的过程。

在最初建立规划基础数据库的时候，很多技术人员习惯了传统的工作模式，无法适应新的技术，也不愿意去尝试新的东西。

不过随着我们规划信息化内容的不断完善，新鲜血液不断增加，大家对新鲜事物也在慢慢认同，同时整个社会大背景的发展也对规划信息技术提出了更高的要求。这些年，我们所建立的规划决策支持框架体系、决策支持系统平台也日渐完善，也为规划工作提供了有力的支撑。

从数据库和模型框架的建立、系统平台的统筹到各类量化模型的应用，这些年取得了一些可喜的成绩。2006年我们研发了静态交通支撑系统和交通承载模型，也在同步研究市政方面的量化模型，到了2010年以后，其他专业方向例如消防设施和公共服务设施选址等工作都基于决策模型做了很多尝试。

值得高兴的是，我们的这些尝试是与我们实际工作紧密衔接的，由原来的人工计算到现在可以运用量化模型，实现了更加高效、准确的规划支撑工作。当然，计算机运算与人工决策之间也需要相互校核，"投石问路"这段过程虽然艰辛，但希望还是非常大的，而且很有前景。

记者：北规院"大平台"建设理念由您首先提出，基于此理念，整合了各类信息系统及数据库资源，为城市规划管理与决策提供了坚实的保障，请您谈谈当时提出大平台概念的初衷，目前这个理念实现成效如何？在之后的探索过程当中有哪些感触？

王引："大平台"建设大概花费了十年的时间，最初提出这一概念是基于院内工作管理的需求。2010年左右，院里开始升级全院办公系统，因为之前我们实际工作中大部分都是人工作业的模式，各部门各干各的，统筹比较差，所以我跟信息中心沟通建立一个"大平台"，将各个部门的相关要素集中到平台里。

信息中心在我提出的"大平台"思想的基础上将其系统化、理论化，这些年经过不懈的努力，效果还是不错的。当然需要注意的是，"大平台"在统筹全院规划编制的技术层面走得稍微快一些，但是在管理层面还需要进一步努力。所谓技术层面，指的是比如交通、市政和用地方面的数据共享已颇有成效。为什么要把相关的基础数据作共享？就是为了保证数据源的准确性和可靠性，大家在同一个平台下工作，使用同一套标准的数据源去作分析，可靠度就能提高很多。从管理层面来讲，由于我院职能部门较多，各自的需求和特征也不完全一样，所以"大平台"在辅助管理方面还在逐渐完善。

我们花费了将近十年的时间初步建立起自己的综合办公系

统，"大平台"把院内的各种数据统筹起来，将各部门的管理衔接起来，这对新老职工了解业务进展、对各部门高效管理等都是极其有价值的。

记者：2018年3月，国务院机构改革方案确定组建自然资源部。空间规划体系及规划协调成为业界热议的焦点问题，此次大赛我们也增设了"空间发展战略"与"自然资源保护"两个系列专题，请您谈谈在新形势下规划工作该如何去适应这个大环境？

王引：这是当前一个很热门的话题，但面对它，我觉得需要冷静看待。所谓的国土空间规划的内容，从实际来讲其实就是原有的土规和原有的城规之间的融合。融合，并不是简单的叠加，而是将城乡规划和土地利用规划统筹起来，变为真真实实的全域空间管理。以前城乡规划重点放在城市，土地利用规划重点放在山、水、林、田、湖和草，并不是说两个规划互不交圈，只不过工作的侧重点不一样。现在它们都归属自然资源部管理，以后两方面工作都是重点，尤其从生态环境保护、人的可持续发展和社会以及国家的可持续发展来说，山、水、林、田、湖和草的非建设用地管控将越来越重要。

我建议从城市设计到控规，需全面覆盖非建设用地的相关内容，就是城市设计要全覆盖，既要覆盖城市建设用地中的房屋管控，也要覆盖到非建设用地的管控，只有这样才能把全域空间管控做好。我们现在叫空间规划管理，这是一个综合部门，需要规划人员必须站在一个公平、公正的立场上统筹各部门的诉求，去平衡各方的利益才有可能把城乡规划做好。

现在做城乡规划，我个人的观点要强调实施主体。大家都知道，北京市现在实行"街乡吹哨、部门报到"，这个侧重点是立足于城市治理而不是简单的城市管理，强调的是城乡规划的实施性。一个规划的"落地"恰恰需要的一个环节，就是在社会治理层面去落实，而我们以前开展规划工作，对这个"干"（规划实施）的过程比较忽略。现在，我们的规划要落实于社区和街道，责任规划师就要深入基层，帮助解决实际的问题，这是规划方式的一种转变。所谓的国土空间规划不是简简单单地把不同的空间"画"好，是要跟踪到底。

记者：您在多次会议中讲到"规划方法论"，面临当前国土空间规划改革，请您谈谈如何把握规划的发展方向，规划信息化建设该如何开展？

王引：要强调两个内容，第一个是基准，第二个是因地制宜。强调基准是因为信息技术发展，有一些纯技术的内容需要大家遵循。在不同的地区，社会发展阶段不一样，我们所说的科学方法就不一定能发挥作用，比如很多"高精尖"的东西在经济欠发达的地区可能就不适用，按照唯物主义的思路就需要具体问题具体分析。我们要有一个基准的、普适性的方法，但不同的地区要有自己的判断，用适合自己的方法去和对象打交道，才能找到能够解决实际问题的有效方法。

记者："第三届城垣杯·规划决策支持模型设计大赛"已经进入成果提交阶段，您对第三届参赛者有哪些建议与期许？

王引：希望参赛的队伍越来越壮大，参赛人员的构成越来越多元。我们的参赛队伍可以有从事纯技术研究的，可以有从事规划编制的，还要有从事规划管理的，这样模型的构建和适用度才能不断地得到完善和提升，实用价值和可操作性就会突显出来，模型的前景也会越来越光明。

访谈时间：2019年5月

汤海：
地理信息技术为城市应用研究提供支撑

专访汤海副会长，聊聊：

对"城垣杯"大赛的总体评价是什么？

地理信息技术在城市应用和研究中的发展如何？

地理信息技术如何推动规划模型的研发？

机构改革给城市模型应用的拓展带来了哪些机遇？

地理信息协会对城市模型研究的支撑是什么？

对本届参赛选手有哪些建议？

……

汤海
教授级高级工程师
中国地理信息产业协会副会长

采访内容

记者：汤会长作为两届"城垣杯·规划决策支持模型设计大赛"的评委，给予大赛很多帮助和支持，5月25日第三届"城垣杯·规划决策支持模型设计大赛"将开展最终评审。能否请您谈下对两届大赛的整体感受？有哪些方面让您留下深刻的印象？

汤海："城垣杯"大赛给我的直观感受是创新，而且大赛已经逐步在行业内有了一定的影响力。大赛为广大城市量化研究的从业者们提供了一个很好的学习和交流的平台，尤其是对青年工作者来说，更加需要在新技术运用方面获得一些提高及展示的机会。

从两届大赛可以看出参赛的规划人员在量化研究方面的水平较高，而且提高很快，第一届大赛的参赛选手技术分析水平比较基础也略显生涩，到了第二届就明显游刃有余了。

记者：汤会长是地理信息领域的专家，对航空遥感、摄影测量、地理信息系统建设方面有很专业的研究，您能否为我们做个科普，介绍下地理信息技术的发展历程及当今前沿地理信息技术发展的趋势？能否结合您的从业经验，谈谈地理信息何时引入城市应用和研究领域中？之后有什么样的发展？

汤海：地理信息简单地说是把地面空间的位置信息进行集中展示，为大家服务，这应该已经有上千年的历史了。以前主要是因为战争比较多，军方和部队需要地面空间信息，我们把它叫地形图；中华人民共和国成立以后，城市建设也非常需要将交通网络、公交线路等给予直观展示的地理信息图；发展到现在，地理信息的应用就更加多元化，比如导航应用等，现在每个人的手机里都会用到。当然还有其他与空间位置相关的信息都能通过地理信息系统建立起来，将这些数据和影像在计算机里展示出来，方便各行各业应用。现在地理信息和城乡规划的联系比较多，原来地理信息属于国家测绘局管理，中华人民共和国成立以后最初属于发展和改革委员会，后来改为住房和城乡建设部，再后来改为国土资源部，现在是自然资源部，地理信息实际上对国民经济建设的支撑愈加重要。

记者："城垣杯·规划决策支持模型设计大赛"设立的初衷是希望启发大家用科学化的方式解决城乡规划建设的复杂问题，为我国城乡规划量化研究工作的深入探索提供平台。从两届大赛的作品成果来看，地理信息技术在模型设计中发挥了重要作用，我们应如何发挥地理信息的技术优势，更好地推动规划决策支持模型研发？

汤海：地理信息和城乡规划是密不可分的。虽然我不是规划专业的，但我们都知道，规划重要的一点是空间规划，空间首先要确定位置，而地理信息就能够提供空间信息。城市规划、乡村规划都是有一定的区域范围并且与空间位置有关，这些空间位置相关的信息就是由地理信息来提供。规划师通过地理信息技术为城乡规划提供应用场景，传统的规划可能是在图纸上完成的，后来随着计算机技术的发展，通过地理信息技术将实际场景，以及模拟的多个场景展示在计算机中，优化规划展示的效果。

从模型大赛的成果来看，地理信息恰恰是为定量规划提供了应用场景，将规划相关的数据和信息通过地理信息技术在城市模型中计算和分析，并且提供一个历史和实时的记录。地理信息相当于为我们提供了一个处理空间数据的技术平台，而建立城市模型的重要因素就是空间信息的分析，通过地理信息技术使得城市模型研究得到更好的推进和应用，能够科学合理地开展智能规划，这应该也是模型大赛的重要目的之一。

记者：随着自然资源部的成立，"规划既不是城乡规划也不是土地利用规划，而应该是国土空间规划"，这一定位较为明确

地界定了国土空间规划的范畴，向从事城乡规划、土地利用规划及相关学科的研究人员提出了新的要求，在这一新的发展背景下，您认为规划决策支持模型研究与应用有什么样的新的发展机遇或新的挑战呢？

汤海：随着自然资源部的成立，城市规划部门和国土部门必然要整合信息，模型的应用领域会越来越多，原来我们更多关注城市建设方面的模型，现在需要加入山、水、林、田、湖和草等其他方面的模型。另外模型研究的深度也会增加，因为考虑问题需要更加全面。当然空间规划对我们量化的研究提出了挑战，不仅模型数量随之增加、考虑问题需要更加全面，而且各种模型之间的联系更需要严谨的分析，在这方面地理信息系统相关技术将会发挥更大的作用。

记者：中国地理信息产业协会是一个促进行业产、学、研、用一体化发展的社会组织，它不仅关注行业科研动态，促进学术交流，制定管理规则，更是促进地理信息数据生产与共享，推动行业应用与相关产业的发展。作为地理信息协会的副会长，在当前智慧城市建设如火如荼的背景下，您认为协会应该如何更好地发挥对城市量化研究的支撑？

汤海：协会是政府和企业之间联系的桥梁，协会应该在促进地理信息企业，以及规划的编制和管理单位在相关领域的发展多做一些工作。一方面，协会要坚持自身的工作，促进地理信息在规划领域发挥作用，例如，每年地理信息科技进步奖获奖成果中均有奖励地理信息在规划行业中应用较好的案例。我们期望向社会及业界宣传新技术发展，促进地理信息技术与规划应用的结合。另一方面是推动交流，协会也正在与中国规划学会、中国规划协会一起探讨如何促进地理信息与规划应用的结合，比如中国规划学会城市规划新技术应用学术委员会就是一个很好的交流平台，我们也有想法创立一个城市规划地理信息应用方面的工作委员会，努力为大家创造交流、学习的机会。

记者：马上是"第三届城垣杯·规划决策支持模型设计大赛"成果的评选阶段了，根据您参与前两届大赛的评审经验，您觉得什么样的模型是一个"好"的模型？您对这一届的参赛者有什么具体建议？

汤海：当前无论是城市建设还是城市管理，都强调数字化、

智慧化，这也对模型的应用提出了更高的要求，模型研究也是对现实问题的客观反映。再者模型的应用要考虑规划的发展变化，在反映实际问题的基础上加入动态发展的考量，这样的模型生命力会更强一些。

规划行业涉及的领域很多，不能只简单地考虑某一方面，规划人员涉猎的范围应该更广一些。我建议从事城市量化研究的规划人员，应该多掌握一些地理信息的知识，因为地理信息是模型的重要技术支撑。自然资源部今年提出来要构建实景三维中国，拟将现实中建筑、交通、人流等实际情况通过计算机模拟出来，如果能将这类系统或模型研究透彻，在此基础上配入相关的模型，相信规划研究能取得更好的成绩。

访谈时间：2019年5月

龙瀛：
从城市模型到大数据，再到两者结合的未来规划新技术运用

龙瀛
清华大学建筑学院研究员，博士生导师
中国城市规划学会城市规划新技术应用学术委员会副主任委员
北京城市实验室（Beijing City Lab）创建人与执行主任
住房和城乡建设部智慧城市专业委员会委员

专访龙瀛研究员，聊聊：

举办本次大赛的目的和意义是什么？
规划决策支持对规划工作的支撑作用？
理论与实践的关系？
城市设计与量化研究的关系？
收缩城市与量化研究的关系？
大数据的应用？
新思想新技术新方法？
对大赛选手的建议与期许？
……

采访内容

记者："城垣杯·规划决策支持模型设计大赛"已经成功举办三届，北京城市实验室作为大赛协办方与北京市城市规划设计研究院，以及中国城市规划学会城市规划新技术应用学术委员会一同推动了历届大赛的成功举办，首先请您谈谈大赛对我国规划行业量化研究的发展发挥了怎样的重要作用？

龙瀛：规划设计行业的设计竞赛多，而量化方面的竞赛则很少，因此本次大赛是对中国城市规划领域的重要补充，也是开创性的探索，发挥了示范性的作用。以中国城市规划学会的名义举办这次大赛，对于在中国城市规划学界、业界和决策界推广利用

技术方法来支持城市研究、规划、设计和管理，具有很好的促进作用。本次大赛的创立，刚好在城市大数据被引入中国城市规划并得到广泛关注的背景下，因此也有其产生影响的土壤。我很难想象，十五年前在中国城市规划领域举办这样的竞赛，会得到多少参赛者的关注。

记者：您是较早参与我国城乡规划量化研究的学者之一，曾在2007年撰写《规划支持系统原理与应用》一书，为我国城乡规划量化研究的探索提供了理论支撑，请您谈谈城乡规划量化研究与我国当前规划实际工作要求的重要关系。

龙瀛：2002—2004年我在清华大学环境系攻读硕士学位期

间，参与了导师与佛山环保局的合作项目，让我接触了环保系统如何利用量化研究。例如，对于环保系统，很多场景下没有模型的支持，决策者是很难有初步判断的。而规划系统则在多数决策场景，没有模型规划师也能做出自己根据经验的"判断"，规划管理者也能做出相应的决策，为此我的观点是，在五年前，在城市规划领域开展量化研究的土壤，基本是不肥沃的。

为此我也经常自我批判，城市模型等规划支持系统之前在规划实践中的应用是有限的，不仅仅是中国如此，国际上很多同行也在反思上一代规划支持系统的实际应用情况。原因是多方面的，一是对于城市科学本身，其发展还处于初级阶段，模型开发者可以使用的靠谱的城市理论就比较有限，为此所开发的模型或系统科学性和真实性值得商榷；二是我们开发的模型和系统，多是对城市的过度简化，距离实际需求比较远；三是规划师多数是设计出身，本身大学里受到的教育在技术方面就比较有限，为此经常对模型持有排斥态度；四是之前我们的城市化进程太快了，规划师的工作量太饱和了，没有时间来应用那些新技术，毕竟有的学习成本还不低。

2014年左右城市大数据的出现，如我在第一个问题中所说，让我们的土壤发生了很多变化，规划师也自费去上网络上的大数据辅导班，城市大数据方面的研究者们也很努力，教育规划市场也在一定程度上教育了规划方面的管理者，让他们提高了对量化方法方面的应用意识，也逐渐看到一些国家级别的项目和大城市的总规、总体城市设计中，都有量化方法支持的影子。此外，目前的规划需求，也日益人本化，这也是量化方法所擅长的。

记者：您曾在北规院作为一名规划师参与了北京重大规划编制与研究工作，之后在清华大学作为教师，教授与城市量化研究相关的前沿技术发展，通过不同角色的转换，您认为城乡规划量化理论研究与实践应用关系怎样？

龙瀛：我们对城市的认识还是比较有限，例如，什么是合适的城市密度？最优的城市规划是多少？我们城市科学的发展还是比较初步的，这也制约着用理论来支持实践，即我们的理论还是太少太初级了。很多时候我们搞量化的一些人，包括我自己，经常抱怨一线规划师对技术有偏见，不开放，我到了高校，恶补了很多城市理论、城市规划和城市设计基础，才发现我们所谓的理论还是太薄弱，为此我认为强化理论研究太重要了。

此外，我非常佩服业内实践的从业者，在城市科学发展、城市理论、城市规划理论比较薄弱的当下，支持了中国大规模的开发建设，大幅度地提升了人居环境质量。这也让我自己有了不少困惑，理论研究和实践研究到底是什么关系？

记者：您对规划决策支持的研究领域较为广泛，早前您曾提出并建立了针对城市扩张的BUDEM模型，近几年您对量化方法支撑城市设计的研究也较为深入，尤其对于街道空间的研究较为领先，请您谈谈在微观层面应用量化方法支撑规划研究存在哪些问题？

龙瀛：我在北规院工作期间，很荣幸地参与了一些规划实践项目和技术方法方面的研究项目，总体上多是城市规划层面上的。来清华大学后，结合了大数据对应的空间尺度和我对理论上研究空白的甄别，以及我个人的研究兴趣，最终选择城市设计尺度作为主要的城市空间量化研究的尺度，对应城市公共空间中的街道、广场、绿地、公园等。不同空间尺度存在的城市空间问题是不同的，是对已有城市空间量化研究的重要补充。

我们实验室主要致力于城市空间量化研究及其规划设计响应，当然研究尺度是上面提的人本尺度的城市公共空间，这匹配了我们追求城镇化高品质发展的需求。特别的，这一尺度的城市微观研究，并不是限定于某个小的地段，多数实验室的研究覆盖整个城市或者全国的城市系统（我们正在做全球尺度的精细化空间研究工作），为此对于支持城市规划或所谓的空间规划没有问题。大覆盖精细化尺度的研究，相对比较容易从设计尺度概括到规划尺度，反之则很难，为此，我非常看好从精细化尺度入手，开展城市空间量化研究工作，支持城市规划与设计实践。实际上我们实验室的这个方向，已经在一些城市的总体规划和总体城市设计中应用。

记者：近几年您开始关注我国收缩城市的问题，发起并组织了我国首届"中国收缩城市规划设计工作坊"活动，引起学界广泛关注与参与，在研究收缩城市这一复杂城市与社会问题时，您认为城市量化技术对于支撑复杂城市问题研究发挥了怎样的作用？

龙瀛：收缩城市，往往对应着更多的空间、社会、经济等问题，也有很多新的但是微观层面上的问题，如较高的空置率、不容忽视的建筑物、比较低下的公共空间品质。此外，规划应对很多也不是传统的空间手法。所以我的观点是，研究收缩城市、作收缩城市的规划与设计实践，更需要新技术的应用支持，这也是为什么我们的中国收缩城市规划设计工作坊同样得到了中国城市规划学会城市规划新技术应用学术委员会的支持，我看到了其中新技术应用无限的空间。

在工作坊中，我们能够看到大量的多元数据的空间分析、统计与可视化方法的应用，不同团队也采用了非常有趣的方法来采集数据。特别的，对于我们大赛主题城市模型，我认为以往的城市模型多是模拟增长、扩张、繁荣等，如何针对收缩城市建模，是一个很有趣的话题，也是国际城市模型领域新兴的研究方向，为此我也非常鼓励参赛者把城市模型的研究视野，往收缩城市、模拟收缩、模拟衰退方面拓展。

记者：大数据作为当前研究热点之一已在各个领域得以验证，您也是规划领域大数据研究的倡导者之一，并且将大数据研究撰写为《城市规划大数据理论与方法》教材在各大院校进行传授，您认为大数据与量化研究（特别是城市模型）关系怎样？

龙瀛：我个人之前做过一些城市模型的工作，如在北规院历时多年开发了北京城市空间发展分析模型BUDEM和BUDEM2、节约用水终端分析模型、规划师仿真模拟模型等。2014年以后，随着大数据的出现和广为讨论、使用，我目光所及的很多城市模型方面的国际研究团队，都出现了数据转向。即之前的城市模型，多是带有相对复杂的算法，属于方法驱动的模型，一般利用的数据多是小数据。而当下我们看到的很多城市模型，多是基于大规模的数据驱动，利用简单直观的方法来支持。为此，我的观点是，大数据的出现和理性，让城市模型发生了数据转向，当然也出现了越来越多的城市模型方面的研究和实践应用。

当然，我们也看到，目前的数据驱动的城市模型，多是针对现状的评估，而少有对未来的模拟。大数据的历史多是仅仅过去的几年，当然也很难用两三年的历史来预测二三十年之后的未来。为此，基于大数据的城市模型，难以支持中长期未来的城市发展预测。为此我的学术观点是，数据驱动和方法驱动应该结合，共同支持城市模型的构建，进而突破各自的短板。

记者：您对新技术发展趋势与判断具有较强的敏锐性，您认为基于信息化发展，面对当前国土空间规划的新要求，我国城乡规划与设计将会面临怎样的问题与挑战，应该如何利用新技术新方法予以应对？

龙瀛：国土空间规划中，非常强调基础数据的作用，为此我非常支持国土空间规划中做好基础数据的搜集、整理和规范化，一是方便作为规划成果提交，二是便于指导后续日常的研究和规划编制管理工作的开展。至于国土空间规划的双评价等类似工作，国家都已经出台了专门的指导意见和技术指南，为此类似这样的工作，不建议再单独开发相应的城市模型，特别是开展这方面的学术层面的研究（短时间内难以有突破）。

我们实验室的研究，有三分之二致力于利用数据、量化方法、城市模型和先锋技术手段的城市空间认知，有三分之一的努力在针对现状研究的规划设计应对。为此我对这个问题的发言权是有限的。我理解的挑战，例如，收缩城市带来的规划范式改变，颠覆性技术带来的新生活、新工作、新休闲和新空间，让我们规划设计的客体都发生了变化，以及我们对生活品质和空间品质提升这样的"新"需求，这一系列的变化都为规划设计提供了新的需求，如何来应对这样的新需求，我相信新技术新方法有广阔的发挥空间。

当然我非常愿意借这个机会呼吁大家关注大数据和技术方法等，除了关注其带给我们的规划设计研究方法支持的层面外，建议大家也认识到我们大数据背后多是对应"新"城市的产生，认识到颠覆性技术对我们城市带来的深刻影响，这种"认识论""本体论"层面的认识是更为重要的。为此我也鼓励参赛选手更多地关注我们的"新"城市、"新"空间、"新"市民，一是我们的城市存在实实在在的根本变化，二是"老"城市的城市模型太多了。我们实验室目前在全面拥抱这种"新"城市的研究工作（客观认知和规划设计支持）。

记者：根据您参与前四届大赛的评审经验，您觉得什么样的模型是一个"好"的模型？您对正在报名阶段的第四届的参赛者，有什么具体建议？

龙瀛：首先，是关注真问题，像人一样思考，看看我们的城市到底有什么问题，值得我们大力气地去开发城市模型来研究，不要做着模型，把什么是我们的城市、我们的城市空间、我们的市民给忘记了；其次，绝大多数的"好"模型，都是很大工作量的，很少有偷懒的工作在以往的大赛中获奖；再次，选取一个好的新颖的视角，往往就成功了一半，非常鼓励大家能够在模拟对象、模拟角度方面有新的视角，如关注原来很少关注过的城市像收缩城市，关注原来很少模拟过的城市现象如城市收缩、空间衰退等，关注所在上一点所提及的新的城市现象如共享经济、数字生存、未来城市等。

访谈时间：2020年3月

钮心毅：
规划信息化与城乡规划学科发展

钮心毅
同济大学建筑与城市规划学院教授、博士生导师、建成环境技术中心副主任
中国城市规划学会城市规划新技术应用学术委员会副主任委员
中国城市科学研究会城市大数据专业委员会委员

专访钮心毅教授，聊聊：

举办本次大赛的目的和意义是什么？
信息技术对规划工作的支撑作用？
机构改革对于城市模型应用的拓展？
大数据与量化研究的关系？
城市群与量化研究的关系？
量化研究与学科教育的关系？
……

采访内容

记者："城垣杯·规划决策支持模型设计大赛"已经成功举办三届，作为第三届大赛的评审委员，以及中国城市规划学会城市规划新技术应用学术委员会副主任委员，您亲历了大赛的举办过程，您认为大赛对我国规划行业量化研究的发展发挥了怎样的作用？

钮心毅："城垣杯"大赛举办以来，在规划行业，尤其在高校规划学科科研教学产生了积极推动作用。第一个显而易见的推动是在高校，参赛队伍的高校来源不断扩大，还从规划学科扩展到了交通等相关学科。相当部分参赛作品选题是科研项目、研究

生学位论文组成部分。这说明了大赛对规划科研的推动作用。第二个推动是提高规划信息化在业内的关注度。长期以来，规划信息化在行业内受关注程度较低。部分原因是规划信息化参与者门槛相对较高，与规划设计业务结合相对较低。大赛采用类似于开放设计竞赛参赛方式，使得广大规划专业人员能有机会介入规划信息化，广泛发挥了青年学生、科技人员的积极性。降低参与门槛，提高规划信息化的参与度，这是大赛带来的重要作用。

记者：您是较早参与我国城乡规划信息化研究的学者之一，2008年与2010年分别参与出版《城市规划中的计算机辅助设计》《地理信息系统及其在城市规划与管理中的应用》等教材，您认

为规划信息化在我国城乡规划工作中应该发挥怎样的作用？

钮心毅：在当前信息化时代，信息技术规划行业、规划工作的重要支撑技术之一。在规划编制、规划管理和规划研究中早已离不开信息技术支持。我们通常说的规划信息化的含义其实有两类：第一类是各个专业普遍使用的信息技术，比如办公自动化、数据库，等等，我国城乡规划行业长期以来在这个方面做出了很大成绩；第二类是城乡规划专业工作中特有信息技术应用，例如信息技术辅助规划编制、信息技术支持规划实施监测等。第二类领域将是今后规划信息化需要发挥重要作用的场合。规划信息化工作重点要从第一类为主转移到两类工作并重。规划信息化是国土空间规划体系的重要组成部分，国土空间规划的编制、实施、监测、评估都将离不开信息化支持。"城垣杯"大赛也是推动这个支撑作用的举措之一，尤其是第二类信息化应用。

记者：随着自然资源部的成立，我国国土空间规划体系逐步建立起来，向从事城乡规划、土地利用规划及相关学科的研究人员提出了新的要求，在这一新的发展背景下，您认为规划决策支持研究与应用有什么新的发展机遇与挑战？

钮心毅：行业机构改革对行业本身是一个重大变革。如果我们把"规划决策支持"的"规划"定义为"国土空间规划"，这就是一个新的议题，多学科、多专业融合下的决策支持。新面临的机遇和挑战至少有两点：第一是多学科融合，规划决策支持需要在规划、土地、资源等多学科融合进行；第二是规划全过程，规划决策支持需要国土空间规划的编制、实施、监测、评估全过程发挥作用。这两点是挑战，也是机遇。以模型为代表的规划决策支持应用会拓展到规划全过程，也会与其他学科模型结合、融合。

记者：大数据作为当前研究热点之一已在各个领域得以验证，您也是规划领域大数据研究的倡导者之一，并且在大数据支持城市人口规模估算和检测、手机信令数据支持城市总体规划实施评价分析等方面有较为深入的研究，您认为大数据与量化研究关系怎样？

钮心毅：大数据是规划量化研究一种手段，是信息技术发展带来的新的手段，已经给规划量化研究带来很大变化。例如，时空大数据为全面认知城市活动提供了新的基础数据和方法。传统数据认知的城市是静态的，例如使用土地、建筑、道路等基础数据量化认知城市。然而，从现代城市规划学科起源开始，早就意识到城市活动是动态的，流动本就是城市特征之一。传统手段难以有效测度城市功能的流动，制约了定量化规划研究。随着ICT技术发展而出现的时空大数据使得我们有了有效手段能量化认知城市、区域、乡村动态活动。大数据能从个体行为出发，通过对个体移动轨迹时空特征测算，能量化测度城市、区域、乡村的功能流动分析，从而能支持量化规划研究和规划实践。

记者：您作为吴志强院士建立的长三角城市群智能规划协同创新中心的重要成员，长期开展了利用人工智能技术辅助开展规划研究的探索，您认为在区域研究层面，人工智能技术与城市量化研究技术的结合如何为规划研究提供科学支撑？

钮心毅：人工智能用于城乡规划学科已经有出色的研究成果。例如，吴院士团队的"城市树"研究就是使用人工智能方法对全世界城市形态变化进行研究总结出演变规律。总体上，人工智能用于城乡规划还处于探索期，也就是还处于实验室阶段。在区域层面，我们需要认识到中国城镇化下一阶段重点将在城市群层面。对城市群本身演变规律探索、对城市群规划预测都是值得探索的课题。展望未来，人工智能技术会改变量化研究中的预测、模拟方式，也将改变城市空间演变影响因素、演变规律获知方式。

记者：近三届大赛参赛选手中，大专院校的教师与学生团队占总参赛团队的70%，大赛对于青年学生积极参与规划模型研究产生了一定影响，从目前各院校所开设规划信息化类课程来看，您认为是否符合当前规划学科的发展要求？

钮心毅：信息技术课程是城乡规划学科必修课程之一。从规划学科学发展趋势来看，信息技术类课程的重要性在不断增强。信息技术发展不仅推动规划学科变化，也对规划教育提出了新的要求。在国际上，去年麻省理工学院（MIT）城市规划学科和计算机学科联合开出了城市科学的本科专业，也表明学科发展的趋势，说明规划教育需要有新的思路。目前国内各个学校的信息技术课程设置虽有一些差异，但是总体上还是比较接近的。规划学科各个方向上都能与信息技术结合中受益，信息技术在城乡规划教育中需要加强。这种加强可以探索不同形式。MIT创办新专业方式可能是一种探索，增加相关课程，或者分方向培养专业化都是可行手段。规划院校要作出相应的探索。

记者：您对新技术发展进行了长期跟踪研究，您认为基于信息化发展，我国城乡规划将会面临怎样的问题与挑战，应该如何利用新技术新方法予以应对？

钮心毅：城乡规划是一门应用学科，一直面临着城镇化、社会经济等变化带来的问题和挑战。从历史上来看，我们需要认识到，规划学科出现、规划学科变化在很大程度上也是技术推动的。当年汽车交通出现改变了城市形态，也给规划学科带来了问题和挑战。因此，我们对于新技术认识要从两个方面去看待。一方面，新技术会改变城市，也会要求规划学科作出改变和应对。另一方面，解决规划学科面临的问题和挑战也需要有新技术。例如，从长远一点说，我们已经看到信息化技术给城市带来了变化，智能交通、无人驾驶技术会在多大程度上改变城市、改变城市规划，就是规划学科要面临的问题。从小的方面讲，例如，规划实施评估、规划实施监测中相当部分内容是可以用信息技术支持解决的。信息技术等新技术是应对城乡规划面临问题与挑战的手段之一。

记者：作为第三届大赛的评审专家，您觉得什么样的模型是一个"好"的模型？您对正在报名阶段的第四届的参赛者，有什么具体建议？

钮心毅："好"的模型首先应该遵循模型基本要求。模型是采用虚拟方式描述客观事物行为和特征。数学模型、仿真模型都遵循了这个道理。量化研究本身不等于是模型，模型是量化研究的技术手段。"好"的规划模型必然是针对现实规划议题，解决现实客观问题的。作为量化、信息技术支持的模型，模型所针对的议题应该是传统方法，或者非模型方法无法解决，或难以解决的。另外，"好"的模型应该有一定复用性，能够有一定通用性，能够解决通用性某类问题。当然，从历年报名的题目上，也很难要求每个作品都能在上述三点上同时做到优秀，但我给各位参赛者的建议是不要去追过于复杂算法，规划模型大赛是技术大赛，但是也是应用大赛。应用和通用的意义是很值得重视的衡量标准。

访谈时间：2020年3月

选手
采访

王良：
《基于大数据的城市就业中心识别及其分类模型研究》获特等奖

王良，第二届"城垣杯·规划决策支持模型设计大赛"特等奖作品《基于大数据的城市就业中心识别及其分类模型研究》团队代表，目前就职于北京市城市规划设计研究院规划信息中心，毕业于北京师范大学数学科学学院。主要研究的是基于数据支持的城市规划，包括大数据、数据挖掘、城市生长和地理信息相关方向。

记者：作为第二届"城垣杯·规划决策支持模型设计大赛"的特等奖获得者，您觉得团队的模型为什么会脱颖而出？获奖模型的最大特色是什么？

王良：首先，感谢组委会和评审专家组的认可，我觉得我们团队的模型最大的特色在于以下几个方面：一是多源数据的集成应用，模型将常规的数据及手机定位、公交IC卡刷卡数据等新兴的大数据进行集成，用以解决城市就业中心识别及其分类的问题；二是多种模型的集成应用，由于模型研究的就业是城市中一个非常重要的行为，是城市发展的重要驱动力，针对就业中心的识别及其分类等实际问题，我们利用了聚类、分类等多种模型；三是多学科方法的借鉴，就业中心分类不局限于常规的技术方法，我们还借鉴生态学香农指数，度量就业中心内部产业多样性等。

记者：以前的传统套路是如何识别城市就业中心的？该模型对于传统套路而言，创新之处是什么？例如借鉴了跨领域的概念，即生物物种多样性概念来计算，类似的借鉴很有趣，为什么会用到生物物种多样性的概念？

王良：受限于数据来源和尺度，传统方法识别城市就业中心主要利用统计年鉴数据，借助空间相关性等分析方法，识别出以

街乡办为最小尺度的就业中心，并利用Clark、Smeed等单中心或者多中心模型验证城市就业中心的空间分布形态。我们团队的模型从就业中心的定义，利用手机定位数据、企业工商注册数据对区域内部就业中心进行识别，识别结果比传统统计数据尺度更精细。关于借鉴生物多样性的概念，主要基于城市就业中心和生物群体之间具有相似性考虑，例如竞争、依赖和"遗传"等，生物多样性是衡量一定地区生物资源丰富程度的一个客观指标，它包括两个方面：其一是指一定区域内的物种丰富程度；其二是指生态学方面的物种分布的均匀程度。因此，我们借鉴用以表达生物多样性的香农指数，度量就业中心内部产业多样性。

记者：你本科、硕士都是数学专业，也曾经获得美国数学建模竞赛二等奖，请问数学专业的知识与技能对模型研究有什么支撑作用呢？模型设计一般需要具备哪些数据的基础知识与技能呢？

王良：在读书期间，数学模型是一类系统评估方法，它是数学专业的重要内容，充分利用数学模型资源，增强对数学模型的理解，培养用数学模型的思维来解决实际问题的能力，这些在模型研究过程中，专业训练给了我很大的支撑。我认为模型设计一般需要三方面的技能：其一是数学基础（微积分、线性代数、数理统计和概率等）；其二是数据理论知识，例如常用的算法和

525

数据结构；其三是良好的编程基础，掌握一些高级语言，例如Python等，帮助你实现算法逻辑。

记者：您在不同阶段的模型中使用了不同的算法，请问目前有哪些算法是规划师常用的？

王良：我们团队在模型中主要用到了聚类和分类算法，具体来说是，DBSCAN空间聚类算法和K-MEANS分类算法，K-MEANS算法规划师比较常用。

记者：不同的模型是如何选择最佳的算法的？选择的主要标准有哪些？

王良：算法选择是个技巧性很强的工作，需要你对模型和数据的特征有了充分的了解后才能选择最适合的算法。我这里举一个研究过程中使用的DBSCAN聚类算法为例，聚类简单地说就是把相似的东西分到一组，聚类的时候，我们并不关心某一类是什么，我们需要实现的目标只是把相似的东西聚到一起。结合手机定位数据的特征，数据主要集中在使用者最常出现的区域，我们最终选择了DBSCAN聚类算法，主要是因为其对噪声不敏感，而且能发现任意形状的聚类。

记者：根据这个研究规划成果，您对研究范围的城市就业空间组织的优化有哪些意见？

王良：模型研究过程中，我们共识别出了13个就业中心，分类结果：包括CBD、中关村、朝阳门、金融街和望京的一级就业中心，上地、六里桥等五个二级就业中心，清源、黄村等三个三级就业中心。随着北京就业的"多中心化"，北京市的通勤状况并没有得到改善，反而过度通气状况有所恶化，职住分离现象日趋严重，从研究的结果建议北京严控就业中心规模，同时更应关注职住结构优化，强化各就业中心功能体系联动发展。

记者：您觉得这个模型在实际应用中，需要注意哪些方面呢？目前这个研究适用于什么尺度的范围呢？

王良：模型在实际应用中，应该注意在计算居民个体的职住地时用到的DBSCAN聚类算法中参数的选择，最小领域点数MinPts和领域半径Eps，需要根据数据量和精度来选择。由于数据是描述城市个体的位置信息，目前这个模型适用于研究城市个体的微观研究领域。

记者：在北规院的规划项目业务中，有哪些项目是应用了此模型的成果？应用的效果如何？

王良：模型的主要方法和部分结论在新版北京城市总体规划及实施过程中得以应用，为北京城市就业中心的识别和分级提出了更为直观、更有说服力的视角，并为改善北京城市交通出行压力提供更加科学的依据。

记者：您认为模型在规划界的应用前景如何？在应用中有哪些注意点可以告诫广大规划师？

王良：城市是一个复杂的巨系统，城市中主要包括人口的聚集和经济活动的聚集，城市规划师在面对这样一个城市系统，对城市未来发展的预测仅凭描述性、经验性的分析方法已经不足以支撑，定量化的模型研究方法则用其更为直观、更有说服力的结论。大量涌现的城市现象与问题的可视化表达，也离不开量化分析的支撑。这种通过一系列数学公式，描述城市发展变化的规律与内在机制的方法，能够为我们揭示城市现象的产生，解决城市问题，促进城市未来发展提供更加科学的依据。在使用模型方法时，选择合适的数据、标定合理的参数对于模型应用来说至关重要。北规院自20世纪80年代以来就率先开展定量模型技术辅助城乡规划决策的实践，自主研发的城乡规划决策平台搭载的多种规划决策模型对规划编制和管理提供了重要支撑，团队也将不遗余力地推动模型在规划行业的应用，同时支持更多的规划人员参与到定量模型的研究中。

记者：作为上届竞赛大奖的获得者，在整个过程中，您认为研究中有哪些环节是最难的，您是怎么克服完成的呢？有哪些参赛经验可以分享给今年准备参赛的小伙伴们？

王良：我觉得我们遇到的比较大的挑战在于最终的成果汇报上，我们需要在有限的时间内，给在座的评审专家组完整地、通俗地介绍模型成果，且不乏专业性，还是蛮有挑战的。这里要特别感谢领导和同事们的帮助，在正式比赛前的演练中，领导和同事提出了很多有效的意见，使得成果逻辑思路更清晰，表达效果更好。

访谈时间：2019年3月

吕京弘：
《基于共享单车骑行大数据的电子围栏规划模型研究》获一等奖

吕京弘，第二届"城垣杯·规划决策支持模型设计大赛"一等奖作品《基于共享单车骑行大数据的电子围栏规划模型研究》团队代表，麻省理工学院城市规划硕士在读，伦敦大学学院高级空间分析中心硕士。

记者：你们的团队成员来自麻省理工学院、伦敦大学学院、慕尼黑工业大学，不同的国家，非常具有特色，这么多元化的团队是如何形成的？这种团队特色对合作和最终成果有什么影响？

吕京弘：我们团队中的三个人虽然目前在不同的国家和学校，但是之前在同一所学校学习过，并且共同参加过一些会议、兴趣小组等。大家都对数据分析、建模、城市研究等话题有浓厚的兴趣，所以这次比赛也是我们共同合作的一个难得的机会。

在准备这次比赛的过程中，我们处于不同的国家和时区，没有办法坐在一起讨论问题，所以都是线上交流。我们所学和所擅长的技术有所不同，每个人负责不同的技术部分并在线上交流。虽然远程交流的成本比较大，但是在研究中互相合作，最后也取得了十分满意的成绩。

记者：现有的共享单车电子围栏规划的背景和主要技术是什么？此次研究相对于传统课题研究的改进主要体现在哪里？

吕京弘：我们做研究的时候大概是一年前，那时候主要有国家交通运输部等十个部门发布的《关于鼓励和规范互联网租赁自行车发展的指导意见》提出了有关电子围栏的政策性指导意见，北京和上海在内的多个城市也对共享单车电子围栏设施进行了小范围试点。但是还没有精细的政策去指导共享单车电子围栏的具体位置。我们的研究主要是希望对电子围栏的政策进行一些补充，希望能够通过分析共享单车骑行数据去估计电子围栏可能的位置。

在我们做电子围栏的研究时，利用共享单车骑行数据进行的研究多为骑行特点的时空分析，或者估算共享单车带来的环境效益等。但是共享单车市场的爆发也带来了许多问题。所以我们从共享单车带来的社会问题出发，希望能够从一定程度上提供解决方法，让共享单车健康地发展下去，支持城市的可持续发展。

记者：研究过程中遇到的挑战有哪些？

吕京弘：比较大的一个挑战是模型中使用的数据比较单一，主要依赖于单车骑行大数据，比较缺乏其他的数据支持。比如说，如果我们有多家公司单车骑行数据、人行道上可停放的区域、城市基础设施等数据，肯定会增加运算量，但是应该会得到更具备参考性的结果。

记者：位置分配模型有不同的类型分别针对不同的研究目的，请问是如何选择出问题类型的？

吕京弘：这次研究的目的定为最大化地覆盖共享单车停放需求，所以我们选取了最大化覆盖范围作为问题类型。根据不同的研究目的也可以选择不同的问题类型，比如说如果想节约成本、尽可能减少电子围栏的数量，那么就可以选择最小化设施点数这个问题类型。

记者：电子围栏的位置布局规划中，所谓的最优情景是怎么衡量的？

吕京弘：我们设立了6个情景，即在全上海市规划2 500、5 000、7 500、10 000、12 500和15 000个电子围栏。在不同情境下，我们计算了上海市每个区内能够被满足的单车停放需求。

我们发现被满足的边际停放需求随着电子围栏数量的增长而降低，例如围栏个数从2 500增加到5 000时能够额外满足超过16%的停放需求，而围栏个数从10 000个增长到12 500个时，仅能额外满足2.3%的停放需求。我们选择7 500个电子围栏为最优情景，因为在这个情景下全上海第一次有超过90%的单车停放需求可以被满足。

记者：目前有哪些城市实际设置了电子围栏？实际设置中的方法是什么？和研究的模型有什么区别？

吕京弘：不同的共享单车运营商在各自进行电子围栏的建设，比如摩拜建成了4 000多个电子围栏，ofo在北京和上海进行试点，小鸣单车在福建、广东和湖南有10 000余个电子围栏等。目前电子围栏多为试点，因此电子围栏的位置大多是在中心城区内有高密度停车需求的地方。有通过城市建模来区分市内可停车和不可停车的区域，但没有通过骑行大数据和系统地规划电子围栏位置。我们的模型运用了骑行大数据和位置分配模型，系统地规划了在城市内电子围栏的位置和规模，既包括高密度停放区域也包括低密度停放区域。

记者：运用模型的计算结果在实际落位的时候需要注意的地方是什么？

吕京弘：研究结果基于共享单车骑行数据，即基于用户在实际骑行行为中单车的停放位置。模型结果精细到了每一个共享单车电子围栏的位置和大小，在结果中也可以看到这些计算出的电子围栏位置大多位于交叉路口、公交站点附近。但是模型中暂时没有纳入政策制度、城市基础设施和民众意愿等限制因素。所以在将结果实际落位的时候，我们还要将上述因素考虑进来，例如城市该区域是否能够停放单车、民众是否希望在该处设置停放点等。

记者：获奖成果中提到"第一项针对共享单车停放问题进行精细量化分析的研究"，"第一项"是指该研究为首创吗？

吕京弘：在我们做这份研究的时候，还没有看到针对无桩共享单车停放问题的量化研究，已有的多为针对无桩共享单车政策性的梳理和建议，或者是针对有桩共享单车的量化分析。所以我们认为这是第一项用量化方法尝试分析单车停放问题并希望给出精细的电子围栏设施布局建议。

记者：不同国家在城市模型这块的研究各自处于什么阶段？在城市的实际规划、建设与管理中，模型是否被广泛应用？

吕京弘：随着技术发展和数据公开，各个国家都在尝试城市模型并且在实际规划建设中使用，比如说从环境和交通等角度出发的软件和平台等。城市模型离不开城市数据和计算机的计算能力，如果在数据方面能够做到更加精细化、更加公开，再加上有强大的运算能力，也许可以有更多城市模型助力城市的管理和可持续发展。

访谈时间：2019年3月

黄玲：
《广州市新一轮总规的量化分析模型建设》获二等奖

黄玲，第二届"城垣杯·规划决策支持模型设计大赛"二等奖作品《广州市新一轮总规的量化分析模型建设》团队代表，广州市城市规划自动化中心总工程师，教授级高工。

记者：作为少有的规划机构和企业合作的获奖团队，请问双方都有什么样的优势和特色融入了竞赛成果中？在模型的研究过程中，企业具体能带来哪些不一样的效果？

黄玲：广州市城市规划自动化中心三十多年来始终如一地致力于城市规划领域信息化服务，积累了大量的空间数据和规划的应用实践。2002年开始研究模型应用，"十三五"期间逐步深化和开展城乡空间分析模型、现状综合分析模型和多个专业的实施评价模型研究与应用。广州奥格智能有限公司作为国内最早作多规合一信息平台研发和实施的IT公司，在规划决策系统研发方面，具有丰富的案例，在信息技术的应用方面，有着成熟的经验。

规划机构与企业合作，实现了"两条腿"走路。企业高效的研发能力，能够快速实现我中心的"想法"，企业良好的宣传推广能力，能够真正让模型得到更多应用。双方相辅相成，在实现中不断优化模型，真正实现共赢。

记者：传统的"三区三线"方法是什么？这套模型带来的技术进步主要体现在哪些方面？

黄玲：传统的"三区三线"划定方式是通过辅助设计软件中将各类管控要素叠加，根据现状数据，结合规划师传统经验划定，然后收集相关部门意见核实并调整确定，存在着操作繁杂、精准度低、衔接繁琐、耗时长、成本高等问题。

技术进步主要表现在以下三个方面：①空间开发评价指标体系的建立，提高"三区三线"划分量化依据的客观性；②结合各类单项指标建立调控综合评价模型，提高结果的科学性；③可根据该模型搭建出量化分析系统，实现一键划定"三区三线"规划底图，提高编制效率。

记者：在《广州市新一轮总规的量化分析模型建设》中，成果包括了十项空间单指标评价模型、两项综合评价模型等，请问这套模型中有哪些是最具创新力的？

黄玲：单项指标评价中"规划（已批未建）影响模型"和两个综合评价"多指标综合评价模型""三类空间划分规则模型"较有创新力，尤其是规划（已批未建）影响模型在目前的相关文献中还未见有人使用过。

具体创新点如下：第一，"规划（已批未建）影响模型"创新点：模型充分考虑了各类规划审批通过未建设地块对城市规模及未来发展的影响，例如，一个已经审批通过还未建设地铁站，势必会对该区域的交通情况，人口密度等产生较大的影响。第二，"多指标综合评价模型"创新点：对单项指标结果权重根据城市现状、发展方向和功能区划等不同，可赋予了不同的权重，例如，广州属于丘陵地带，沿海区域，平均坡度在20°以下，因此地形地势因子的影响较小，赋予较低的权重，而台风等自然灾害比较严重，赋予较高的权重。第三，"三类空间划分规则模型"创新点：综合评价方法和主导因素方法相结合，将地表分区现状为主导因素，结合适宜性评价结果进行划分，使"三区三线"结果符合实际。

记者：获奖成果不仅有模型，还建立了量化分析工具，实现评价指标的计算和城镇、农业、生态三类空间底版的自动划定，该工具的适用范围有哪些？是否可以在各类规划中推广应用？

黄玲：虽然该工具根据广州特色制定，但是各项评价指标分值、权重均可配置，具有通用性。适用于基础数据比较完善的大中城市，对于小城市通常因为数据缺乏而无法实现"三区三线"底图自动划定。模型主要适合空间规划和专项规划。具体来说，单项指标评价模型可用于专项规划，而综合评价模型工具用于空间规划。

记者：模型可进行参数配置的调节，当应用在不同特征或范围等的区域时，调节的具体标准是什么？

黄玲：各项评价指标分值配置主要是根据城市现状，结合城市发展方向、政府规划文献和当地人文环境等情况调节。例如，在一些小城市各镇街的人均可利用土地资源较小，远远低于国家标准中的66.7～1 333.3m²/人的区间，因此根据实际情况，可将区间调整至40～160m²/人等。又例如有些内陆区域自然灾害影响几乎没有，就可以将此影响权重设置为最低。

记者：报告中提到模型中的数据很全面，请问具体汇总了哪些数据类型？数据的全面性是否对模型的结果有质的影响？

黄玲：数据类型有现状、规划、审批数据，如现状数据包括有土地利用现状、地理国情普查、基础测绘成果、生态环境评价、人口与资源环境、历史文化现状和全市经济社会发展水平等数据。数据的全面性对模型结果有质的影响，数据越全面结果越科学，所以对于数据不完整的小城市可能不适用。

记者：在模型中融入如此全面且大量的数据，有应用什么技术吗？有哪些需要注意的地方？

黄玲：主要是通过网格化技术，根据广州市空间范围大小、技术条件许可，将评价单元进行网格化，使大量数据精准至合适大小的网格单元区域进行分析处理。需要注意的是需结合城市区域大小、数据量，以及分析结果精度要求，对网格化评价单元大小要作科学的划定。

记者：总规是否都需要一套自己的量化分析模型？是否有可以标准化的适合于所有总规的量化分析模型"套装"？

黄玲：规划编制是否科学并能否最终实施需要进行评价，从这个意义上来说总规编制需要一套自己的量化分析模型。如果未来国土空间规划标准统一，数据也是统一标准，那么空间规划的量化分析模型可以做到统一。

记者：广州市城市规划自动化中心作为国内代表性的规划新技术机构，在模型领域近年来有哪些代表性成果？在实际规划中应用量化分析模型，有哪些经验可以分享给规划师们？

黄玲：中心日常提供给规划和自然资源局工具软件包括：①国土空间规划一体化系统，建立了大量的业务模型，如，底线管控模型，对地块是否突破三线，能够自动进行预警，实现廉政风险防控；②广州市多规合一管理平台，建立了合规性审查模型，充分考虑各种规划，用地报批、土地征储等因素，对项目用地选址的合理性进行分析，确保项目的落地；③BIM报批系统，建立了建筑物信息模型，可以有效进行建筑物控高、退让、日照、通视和天际线分析，还可判断建筑物是否突破管控盒子。

此外我们还开发一些专业工具软件，包括：①通过传统规划数据与手机信令、城市交通数据和POI等新兴大数据结合，进行人口空间分布、职住平衡、居民出行特征和公共设施分布及服务能力评价等分析研究，搭建创新应用平台进行数据管理及成果展示，为国土空间规划的编制提供决策支撑；②在人工智能方面进行了初步的尝试，比如，自然语言处理，在总规试点里的指标展现中可以进行语音识别，用户输入语音信息，系统接通在线语音识别系统进行语音信息处理，经过大数据智能分析与计算，快速解析出相匹配的结果。

若要达到智慧型生态规划，规划师就需要掌握大量的数据，并能通过建立模型对数据进行有效的分析，这样规划师编出来的规划才能富有智慧。

访谈时间：2019年3月

影像
记忆

01

全体合影

第三届大赛全体合影

第四届大赛专家合影

第四届大赛全体合影

02
选手精彩瞬间

03
专家讨论及
会场花絮

附录

2019 年"城垣杯·规划决策支持模型设计大赛"获奖结果公布

作品名称	工作单位	参赛选手	获得奖项
中国城市公共空间失序：识别、测度与影响评价	清华大学	陈婧佳、梁潇、徐婉庭、张昭希	特等奖
城市居住区生活圈划定模型研究	北京大学、美国伊利诺伊大学-香槟分校	李春江、夏万渠、王珏、李彦熙、陶印华、杨婕	一等奖
基于延时摄影与深度学习的人群时空行为研究模型	清华大学	张恩嘉、侯静轩、雷链	一等奖
耦合城市生态资本与生态系统服务的自然资源保护研究	北京师范大学	杨青、王雪琪、刘畅、刘耕源	一等奖
基于CA-WRF的大气污染物时空分布模型	武汉大学	范域立、米子豪、赵伟玮	二等奖
基于传奇小说的历史名城评价系统的构建 ——以《华州参军》为例	天津大学	姜怡丞、康润琦、刘帅帅、马昭仪、张立阳	二等奖
基于热点警务策略的城市巡逻警务站评价与选址	武汉大学	何思源、赖思云	二等奖
基于POI数据的城市土地利用布局多智能体模型研究	山东科技大学、上海大学	冯文翰、李八一、孔令达、贾琼、戎筱	二等奖
基于浮动车数据的道路拥堵及交通线源排放时空分布分析	上海市城市建设设计研究总院（集团）有限公司	张开盛、彭庆艳、范宇杰	二等奖
基于多源数据的公共服务设施与人口平衡性评估	平安城市建设科技（深圳）有限公司	王丹希、程平、李晓华	三等奖
基于多源数据与多方式融合的区域客货OD模型	中设设计集团股份有限公司大数据研发中心	白桦、周涛、张雪琦	三等奖
城市再生绿地效益评估及优化布局策略研究	华南师范大学	洪建智、覃小玲、李久枫、苏立贤、郭碧云	三等奖
多元数据融合与系统耦联的城市空间应急救援能力评估	北京工业大学	费智涛、张猛、张瑞、李甜甜、马嘉、刘子艺	三等奖
耦合城市用地与农田适宜性评价的UGBs演化模型构建及应用	河南大学	王海鹰、刘小萌、白楠屹、王紫恒、何炜欢	三等奖
城市公园空间品质测度与提升模型 ——以成都市老城区公园为例	成都理工大学、同济大学、汉嘉设计集团	孙强、盛硕、孙淑芳	三等奖
基于开源数据的定制公交网络设计	同济大学中国交通研究院（CTIT）、同骥管理咨询（上海）有限公司	刘畅、王天佐、成诚、王洧、唐鹏程、郭文恺	三等奖
基于复杂网络模型的城市网络研究：徐州市城市发展定位	上海交通大学规划建筑设计研究院、杭州数云信息技术有限公司、上海市城市规划设计研究院	崔嘉男、张恺、蔡广妊、杨英姿	三等奖
以地铁站为载体的一线城市居住性价比评判指标体系构建	天津大学	金石、唐伟洋、李嫣	三等奖
基于街景照片的街道空间品质量化研究	南京大学	宫传佳、杨华武、童滋雨、王坦、刘晨、徐沙、徐亭亭、罗羽	三等奖

2020 年"城垣杯·规划决策支持模型设计大赛"获奖结果公布

作品名称	工作单位	参赛选手	获得奖项
个体视角下的新冠疫情时空传播模拟 ——以北京市为例	北京市城市规划设计研究院、北京城垣数字科技有限责任公司	梁弘、张靖宙、吴兰若	特等奖
基于手机信令数据的轨道交通线网建设时序决策支持模型	同济大学	林诗佳、刘思涵、张竹君	一等奖
"食物-能源-水"目标耦合约束下的城市未来人居	北京师范大学	薛婧妍、郭丽思、廖丹琦、刘耕源	一等奖
城市空间安全评价与设计决策——基于犯罪空间数据集成学习	清华大学	郝奇、冯嘉嘉、梁月冰、许可	一等奖
基于多源数据的15分钟生活圈划定、评估与配置优化研究——以长沙市为例	长沙市规划信息服务中心	吴海平、周健、尹长林、陈伟、孙曦亮、欧景雯、汤炼、胡兵、何锡顺、陈炉	二等奖
基于Agent仿真模拟行人友好的地铁周边建成环境设计	荷兰埃因霍芬理工大学、天津大学	刘亚南、张宇程	二等奖
城市功能设计与形态结构交互演进及对环境影响的模型研究	北京城垣数字科技有限责任公司、北京数城未来科技有限公司、北京市城市规划设计研究院	高娜、辜培钦、孙子云、杨琦、曹娜	二等奖
疫情防控下的城市公共空间呼吸暴露风险评价模型	沈阳建筑大学	李绥、石铁矛、周诗文、陈雨萌、吴尚遇、徐开臣、张天禹、周雪轲	二等奖
基于多源大数据的城市贫困空间测度研究 ——以广州市为例	华南理工大学	陈桂宇、林宇栋、芦嘉慧、黄培倬、李佳悦、吴玥玥、李星、李贝欣、刘懿漩	二等奖
治愈之城——基于城市街景与面部情绪识别的"城市场景-情绪"研究	加泰罗尼亚高等建筑研究院(IAAC)	张陆洋	三等奖
面向全域同城化的广州-佛山城际客流预测模型研究	佛山市城市规划设计研究院	罗典、陆虎、卢火平、黄雪莲、叶凝蕊、潘哲、阎泳楠、孔爱婷	三等奖
北京市心肌梗死患者医疗可达性评价模型	清华大学、武汉大学	苏昱玮、张雨洋、龙瀛	三等奖
城市应急设施防灾韧性评估模型	北京工业大学	费智涛、武佳佳、刘子艺	三等奖
基于多源数据与机器学习的城市用地布局生成方法研究	南京大学	夏心雨、童滋雨、周珏伦	三等奖
基于国土空间韧性的"三区三线"多层级划定技术研究	湖南省建筑设计院有限公司	李松平、王柱、毛磊、姜沛辰、段献、陈垚霖、游想、方立波、周红燕	三等奖
基于人口迁徙网络的新型传染病扩散风险预测模型	南京林业大学	盖振宇、吴越榕、范晨璟、殷洁、申世广	三等奖
基于图神经网络的城市产业集群发展路径预测模型	南京大学	崔喆、刘梦雨	三等奖
基于多元需求的城市商业设施评价和优化模型	南京大学、中国科学院地理科学与资源研究所、浙江大学	傅行行、赵潇、高若男、李逸超	三等奖
城市居住区绿地"健康品质体检"	天津大学、济南市中医医院、汉嘉设计集团股份有限公司	卢杉、孟雨、徐敏、孙强	三等奖

后记

　　《城垣杯·规划决策支持模型设计大赛获奖作品集》出版到了第二集，我们欣喜地看到，在2019、2020两届大赛中，越来越多的青年才俊在大赛舞台上展现风采，创作出一篇篇构思精巧、研究扎实、技术深厚、特色鲜明的参赛作品。在向获奖者表示祝贺之余，本作品集将其中的精彩之作进行收录，以飨读者，不仅仅是对这场学术盛宴的实录，同时旨在宣扬规划行业的新技术创新，鼓励面向规划应用的学科交汇、交流、交融，推动我国的规划工作向着科学、严谨、精细的方向发展，面向未来，促进规划行业的进一步提升。

　　近两年的大赛不断在主题与形式上推陈出新，2019年大赛响应国土空间规划体系实施而增设了自然资源保护、城市环境优化等主题；2020年在新冠疫情影响下大赛采用在线参赛与现场评审相结合的形式，成为一届特殊的大赛。本届大赛不仅对于参赛主题设置进行了全新调整，响应当前防疫需求增设了城市安全卫生模型系列、城市卫生健康研究方向，而且在往年赛事规则的基础上，增加了开放大数据的申请与应用环节，以高质量的数据资源支持新技术创新。

　　大赛从筹备到举办，再到此次作品集的成书，受到了业内的广泛关注与大力支持。在此，特别向以下专家学者表示由衷的感谢：汤海、毛其智、党安荣、詹庆明、柴彦威、钟家晖、林文棋、刘文霞、杨镜宇、钮心毅、龙瀛、柳泽、任超、彭明军、李雪草、胡海、黄晓春、张晓东。他们不仅对于赛事的举办给予了充分肯定与帮助，而且在赛场上秉承公平、公正、公开的原则，以严谨的学术视角对参赛作品进行了一丝不苟的审定和鞭辟入里的点评。此外，感谢中国城市规划学会新技术应用学术委员会、北京市城市规划设计研究院对大赛的指导与支持。感谢大赛承办单位北京城垣数字科技有限责任公司、协办单位北京城市实验室（BCL）在大赛筹办中作出周密细致的工作。感谢协办单位百度地图慧眼、中国联通智慧足迹两家单位为大赛提供国内多个城市的大数据资源。感谢城市数据派和国匠城对赛事的鼎力宣传。

　　风劲潮涌，自当扬帆破浪；任重道远，更需策马扬鞭。规划的技术创新需要把握先机，规划决策支持模型的研究工作仍要上下求索。规划决策支持模型设计大赛，仍将继续为有志于规划模型研究工作之士提供展现作品的舞台，欢迎业界同仁持续关注。

　　作品集难免有疏漏之处，敬请各位读者不吝来函指正。

编委会

2020年12月

Postscrip

The Planning Decision Support Model Design Compilation has been published to the second episode. We are so glad to see that in the recent two contests of 2019 and 2020, more and more young entrants are showcasing their elegant demeanor on the stage of the contest, by their exquisite ideas, solid research, profound technology and distinctive features. In addition to congratulations for the winners, this collection of works includes some excellent works for readers. It is not only a record of this academic grand occasion, but also aims to promote the new technological innovation in the planning industry, to encourage the convergence, exchange and integration of planning application oriented disciplines, and to promote the development of China's planning work towards the direction of scientificity, preciseness and refinement, in order to promote the further improvement of the planning industry in future.

In the past two years, the contest constantly innovated in theme and form. In response to the implementation of Land-Space Planning System, the contest in 2019 involved themes such as natural resources protection and urban environment optimization. Under the epidemic situation of COVID-19, the 2020 contest was held by combination of online contest and on-site review, which has become a special contest. This contest not only made a new adjustment to the theme setting of the contest in response to the needs of epidemic prevention, urban safety and health model series and urban health and health research direction brought in, but also added the application and application of open Big Data in comparison to previous contests, which has added weight to the entries.

From the preparation to the holding, and then to the completion of this collection of works, the contest has been widely concerned and strongly supported by the industry. Here, we would like to express our heartfelt thanks to the following experts and scholars: Tang Hai, Mao Qizhi, Dang Anrong, Zhan Qingming, Chai Yanwei, Zhong Jiahui, Lin Wenqi, Liu Wenxia, Yang Jingyu, Niu Xinyi, Long Ying, Liu Ze, Ren Chao, Peng Mingjun, Li Xuecao, Hu Hai, Huang Xiaochun and Zhang Xiaodong. They not only gave full affirmation and help to the holding of the contest, but also scrupulously reviewed and commented the entries from a rigorous academic perspective, by principles of fairness, fairness and openness in the contest field. In addition, we would like to thank China Urban Planning New Technology Application Academic Committee in Academy of Urban Planning as well as Beijing Municipal Institute of Urban Planning & Design, for their guidance and support to the contest! Thanks to Beijing Chengyuan Digital Technology Co. LTD. (the organizer of the contest), and Beijing City laboratory (BCL) (the co-organizer), for their meticulous work in holding the contest! Thanks to the co-organizers Baidu Map Insight and Smart Steps for providing Big Data! Thanks to Urban Data Party and CAUP.NET for publicizing of the contest!

The technological innovation of planning needs to seize the opportunity, and the research work of planning decision support model still has a long way to go. The Planning Decision Support Model Design Contest will continue to provide a stage for those who are interested in planning model research. We welcome the industry colleagues to continue to follow it.

Some mistakes in the collection of works may be unavoidable. It would be pleasure to hear from you for correction.

Editorial Board

December, 2020